HONGYEYANG XUANYU

红叶杨选育

主 编 杨淑红 朱延林

西北工業大學出版社
西 安

【内容简介】 本书从栽培学角度研究外界环境和栽培措施对叶片光合特性和叶色的影响，探讨了红叶杨不同彩叶新品种的园林观赏性，红叶杨品种与2025杨芽、叶色随季节变化的差异性，红叶杨返祖现象的可能机理，红叶杨品种与2025杨抗干旱和水淹胁迫的能力差异，红叶杨叶片色泽与花色素苷含量的相关性等，并尝试建立一种利用色差计快速估测叶片花色素苷含量的方法，探讨其叶片的呈色机理。

本书既可作为从事植物学特别是红叶杨选育的科研工作者的重要参考资料，也可作为广大喜爱园林学、植物学尤其是红叶杨的读者的重要读物。

图书在版编目(CIP)数据

红叶杨选育 / 杨淑红，朱延林主编. —西安：西北工业大学出版社，2018.3

ISBN 978-7-5612-5928-3

Ⅰ.①红… Ⅱ.①杨… ②朱… Ⅲ.①杨树－选择育种 Ⅳ.①S792.110.4

中国版本图书馆CIP数据核字(2018)第067166号

策划编辑：付高明 李 杰

责任编辑：杨丽云

出版发行：西北工业大学出版社

通信地址：西安市友谊西路127号 **邮编**：710072

电　　话：(029)88493844 88491757

网　　址：www.nwpup.com

印 刷 者：陕西奇彩印务有限责任公司

开　　本：787 mm×1 092 mm 1/16

印　　张：20.25

字　　数：440千字

版　　次：2018年3月第1版 2018年3月第1次印刷

定　　价：98.00元

《红叶杨选育》编委会

主　编　杨淑红　朱延林

副主编　张江涛　程相军　晏　增　马永涛

编　者　（以姓氏笔画为序）

丁　鑫　王海波　田　丽　朱　镝

朱建国　李小康　陈小灵　苏雪辉

杨亚锋　杨清淮　张瑞粉　罗晓雅

赵蓬晖　姚莹莹　高福玲　董玉山

本书由河南省基础与前沿技术研究计划项目(132300413223)和河南省林业科学研究院基本科研业务费项目(2016JB02—001)资助。

前 言

观赏植物品质特性主要包括花形、花色、花姿、花香、叶型、叶色及株型等，其中与花色的重要性一样，叶色也是观赏植物非常重要的观赏性状之一。在园林绿化及盆景材料中，叶色与花色相互交辉，有着同等重要的地位，在某种程度上叶色具有更高的观赏价值。彩叶植物因其独特的叶色近年来在园林绿化中备受重视，随着人民生活水平的提高，更多的园林彩叶植物走进人们的生活，应用越来越广泛。通常彩叶植物是指在生长期内，叶色与自然绿色有明显区别的植物类群，基本特征是具备一致的变色期、较长的观赏期和整齐的落叶期。彩叶植物具有色彩鲜艳、观赏期长、易于形成大色块景观的特点，可以弥补城市淡花季节色彩单调的缺憾。有专家预测，彩色苗木应该占到整个绿化苗木总量的15%～20%，未来彩叶灌木将占到国内灌木类产品的60%以上，由此国内园林绿化市场也将从单纯的"绿化"迅速转向"彩化、美化、香化、净化"。可见，发展彩叶苗木前景广阔，不仅是当前市场的亮点，而且比传统品种更有生命力。因而，对于彩叶形成机理的研究和叶色新品种的培育受到人们的普遍重视和关注，叶色改良也正成为观赏植物育种的又一重要目标。

国外发达国家彩叶植物的选种、人工杂交育种和栽培的历史已近200年，园林彩叶植物品种也比较丰富，多达近千个，原因在于他们很早就重视园林植物品种的收集、选择和培育，并已做了大量工作。早在100多年前，就有欧洲的园艺公司从中国等地收集原始的植物资源，园林植物学的研究工作远远超前于国内。国内园林植物发展相对迟缓，可应用的园林绿化彩叶植物品种也较少，据调查，我国有记载的彩色叶植物有400多种，分别属于62个科108个属。但是当针对某一城市的具体环境条件，园林工作者常会感觉到彩色叶植物种源不足，尤其缺乏彩叶乔木树种。随着国际交流的深入和人们审美水平的提高，我国在彩叶植物的研究领域也开始了多方面的探索，在更多城市中可见到一些彩叶新树种尝试性的应用。

以往国内外对彩叶植物的研究大多主要集中在斑叶植物，尤以绿白斑的植物为多，近年来逐渐重视了对常年异色叶植物的研究。在彩叶形成的生理变化、彩叶的形态和解剖、生态因子、遗传稳定性、生态因子和栽培措施等方面的研究也逐渐深入，对黄栌(*Cotinus coggygria*)、红花继木(*Loropepalum chinense* Oliver var. rubrum Yieh)、紫叶李(*Prunus . cerasifera* "pissardii")、紫叶稠李(*Prunus virginiana* "Schubert")等优良园林彩叶树种的研究也取得了瞩目的成果。但在生态学和栽培学对叶色影响的生理生化机制，彩叶植物的变色机理，叶色的基因调控，结合先进的技术手段繁殖和培育出丰富多彩的彩叶植物等研究方面仍有待深入。目前国内外对彩叶植物的研究大多还以花灌木为多,几乎很少进行本土植物的色彩变化研究,尤其是缺乏对高大乔木类彩叶品种的研究工作。因此如何科学地从国外引种优良的彩叶树种、开发本土优良彩叶植物新品种,如何栽培养护、保持植物观赏色彩的稳定性、提高植株抗性和环境适应能力等是我们目前面临的主要问题。

红叶杨品种中红杨(*P. deltoids* "Zhonghong")、全红杨(*P. deltoids* "Quanhong")和金红杨(*P. deltoides* "Jinhong")是在美洲黑杨 2025 杨(*P. deltoidescv.* "Lux"(I-69/55)×*P. deltoidscv.* "Shan Hai Guan")基础上相继研发的 3 个芽变彩叶新品种,作为乡土彩色观赏树种和速生用材兼用品种,可有效弥补彩色高大乔木在绿化空间创作上的空白,在营造特色通道绿化上有极大的发展潜力。同母本 2025 杨一样,中红杨属高大乔木,而全红杨和金红杨则为相对低矮、娇小些的乔木。红叶杨品种中红杨、全红杨和金红杨栽植容易,叶片色彩靓丽但又各具特色,不仅可广泛应用于防护林和通道绿化中,又可在园林绿化中用作草坪点植、道路线植和风景片植等景观布局。每个品种都能形成特色鲜明的园林植物景观,观赏价值极高。自 2000 年第一个红叶杨彩叶新品种中红杨研发以来,16 年来河南省林业科学研究院的科研团队持续、努力地进行了中红杨、全红杨和金红杨的综合研究及开发利用,实践证明 3 个杨树彩叶新品种具有较大的经济、生态和社会效益,其发展前景十分广阔。科研组逐步开展了针对红叶杨的呈色机理、适生性、栽培及抗性等方面的深入研究,从栽培学角度研究外界环境和栽培措施对叶片光合特性和叶色的影响,探讨了红叶杨不同彩叶新品种的园林观赏性,红叶杨品种与 2025 杨芽、叶色随季节变化的差异性,红叶杨返祖现象的可能机理,红叶杨品种与 2025 杨抗干旱和水淹胁迫的能力差异,红叶杨叶片色泽与花色素苷含量的相关性等,并尝试建立一种利用色差计快速估测叶片花色素苷含量的方法,探讨其叶片的呈色机理。该研究旨在为红叶杨彩叶新品种的园林观赏评价及推广应用提供系统、权威性科学依据。

在本书的编写过程中,参考或引用了国内外专家学者或有关单位及个人的研究成果,均在参考文献中列出,在此一并致谢。

由于水平水限,错误和不足之处希望广大读者不吝赐教。

编　者

2017 年 11 月

目　录

第1章　彩叶植物研究概况

1.1　彩叶植物的定义与分类

1.1.1　彩叶植物的定义

彩叶植物是一类在自然界中存在的或经人工栽培选育，其叶片在整个生长季节或生长季节的某些阶段表现出与自然绿色显著不同的色彩，有较高观赏价值的植物总称。彩叶植物按来源可分为自然彩叶植物（自然长期形成的）和人工彩叶植物（通过人工育种或芽变选种形成的），根据色彩在叶面上的观赏期，彩叶植物可分为：秋色叶、春色叶、双色叶、常色叶和斑色叶树种等五大类（张启翔等，1998；藏德奎，2000）。根据叶片色彩分布可以分为：单色叶类、双色叶类、花叶类、彩脉类、镶边类等（袁涛，2001）。根据叶色可分为：紫（红）色叶类、黄（金）色叶类、蓝色叶类、花叶类；其中紫（红）色叶类包括紫色、紫红色、棕红色、红色等，黄（金）色叶类包括黄色、金色系列，紫色叶类包括蓝绿色、蓝灰色、蓝白色等，花叶类叶片同时呈现两种或者两种以上的颜色（王慧娟等，2004）。常见的栽培色系种类有黄色系、褐色系、橘红系、红色系、紫色系、斑色系，其中红色系、紫红色系等占了相当大的比例。色叶树种显示红色、紫红色，以及一些秋色叶树种秋季叶片变红的物质基础、条件、生物学意义，一直是生物学家关心并进行广泛研究的问题。近年研究认为，叶片变红主要是花色素苷大量合成的结果（王庆菊，2007）。

从狭义上说，彩叶植物不包括秋色叶植物，而是指在春秋两季甚至春夏秋三季均呈现彩色，尤其在夏季旺盛生长的季节仍保持彩色不变的植物。它们与传统的仅在秋季变色的秋色叶植物不同，且呈现色叶的机理也不尽相同。广义上的彩叶植物是指在生长季节可以较稳定呈现非绿色（排除栽培和环境条件等外界因素的影响）的植物，它们在生长季节或生长季节的某些阶段全部或部分叶片呈现非绿色。

1.1.2　彩叶植物的分类

1.1.2.1　按季节分类

彩叶植物一般分为常色叶植物、春色叶植物和秋色叶植物3类。春色叶类：春季新发生的嫩叶呈现显著不同叶色的树种，春色叶树种一般呈现红色、紫色或黄色。如红叶石楠（*Photinia*×*fraser* “Red robin”）、臭椿（*Ailanthus altissima* (Mill.) Swingle）、五角枫（*Acer mono* Maxim）的春叶呈红色，黄连木（*Pistacia chinensis* Bunge）的春叶呈紫红色。秋色叶类：在秋季叶子能有显著变化的树种，变色比较均匀一致、持续时间长（挂叶期长）、观赏价值高的树种。如黄栌、火炬树（*Rhus typhina* Nutt）的秋叶为红色，银杏（*Ginkgo biloba* L.）、水杉（*Metasequoia glyptostruboides*）、复叶槭（*Acer negundo* L.）的秋叶为黄或黄褐色。常色叶类：有些树木的变种或变型，大多是指由芽变或杂交产生，并经人工选育的观赏品种，其叶在整个生活史内都表现出非绿色的叶色，常见的有紫叶矮樱(*Prunu*×*cistena*)、金叶女贞(*Ligustrum vicaryi*)、紫叶小檗(*Berberis thunbergii* "Atropurpurea")、紫叶桃(*Prinus persica* "Atropurpurea")等。

1.1.2.2 按色素种类分类

黄(金)色类：包括黄色、金色、棕色等黄色系列，如中华金叶榆(*Ulmus pumila* cv. Jinye)、金叶女贞等；橙色类：包括橙色、橙黄色、橙红色等橙色系列，如金叶刺槐(*Robinia pseudoacasia* "Frilis")；紫(红)色类：包括紫色、紫红色、棕红色、红色等，如紫叶黄栌(*Cotinus coggygria* Scop. Var. *purpurens* Rehd)、紫叶榛(*Corylus maximacy*. Purea)；蓝色类：包括蓝绿色、蓝灰色、蓝白色等，如蓝杉(*Picea pungens*)；多色类：叶片同时呈现2种或2种以上的颜色，如粉白绿相间或绿白、绿黄、绿红相间，如金叶红瑞木(*Conus alba* "Aurea")等。

1.1.2.3 按色素分布分类

单色叶类：指叶片仅呈现一种色调，或黄色或紫色，如加拿大紫荆(*Cercis canadensis*)等；双色叶类：叶片的上下表面颜色不同，如杜英(*Elaeocarpus sylvestris*)等；斑叶类或花叶类：叶片上呈现不规则的彩色斑块或条纹，或叶缘呈现异色镶边(可统称彩斑)的树种，斑色叶树种的彩斑可分为两大类，即遗传性彩斑和病毒导致的彩斑，如洒金东瀛珊瑚(*Aucuba japonica var. variegata* Dom-Brain)、变叶木(*Codiaeum variegatum*)、金边女贞(*Ligustrum ovalifoli* "Aurueo-marginatum")等；彩脉类：叶脉呈现彩色，如红脉、白脉、黄脉等，如金叶连翘(*Forsythia* "Koreanma Sawon Gold")、金叶莸(*Caryopteris clandonensis* "Worcester Gold")等；镶边类：叶片边缘的彩色通常为黄色，如胡颓子(*Elaeagnus pungens* Thunb)、金边马褂木(*Liriodendron tulipifera* "Aureomarginatum")等。

1.1.2.4 根据生长习性分类

非落叶彩叶植物：金边黄杨(*Buxus sinica* Cheng)、红花檵木(*Loropetalum chinense* var. rubrum)、金叶女贞、洒金柏(*Platycladus orientalis cv. Aurea Nanna*)等。落叶彩叶植物：美国红枫(*Acer rubrum*)、红叶李(*Prunus Cerasifera* "Pissardii")、红叶碧桃(*Amygdalus persica* f. atropurpurea)、紫叶小檗等。

1.2 彩叶植物呈色机理的研究

植物叶片色彩发生变化的原因很多，遗传的、生理的、环境的、栽培措施甚至病虫害都可能造成植物叶色的改变。总之，彩叶植物的叶色表现是遗传因素和外部环境共同作用的结果，通过改变植物叶片中各种色素的种类、含量以及分布形成了多彩的叶色(姜卫兵等，2005)。国外对彩叶树种叶色表达机制研究起步比较早，而中国处于初步起步阶段。

1.2.1 彩叶植物叶片呈色

1.2.1.1 春、秋色叶植物呈色机理

春秋季节气候因素的变化是引起春、秋色叶植物变色的主要原因。春季叶片刚刚萌发，叶绿素合成还较少，花色素苷在各种色素中占主导作用，所以叶片通常呈现红色。秋季温度较低，叶绿素净含量下降，而类胡萝卜素类和花色素苷的稳定性较好，所以银杏、金钱松（*Pseudolarix amabilis*（Nelson）Rehd.）等叶片含有较多的类胡萝卜素而呈现黄色；鸡爪槭（*Acerpa lmatum*）、三角枫（*Acer buergerianum* Miq.）等花色素苷含量升高呈现红色（姜卫兵等，2005）。雁来红（*Amaranthus tricolor*）秋季叶片由紫色转变为鲜红色也是由于细胞衰老、叶绿素减少，使花色素苷的颜色显示出来的结果（何奕昆等，1995）。

1.2.1.2 常色叶植物呈色机理

常色叶植物叶色形成一般是受内在或外界环境因素的影响，使生长点细胞的基因表达发生差异或者形成遗传嵌合体造成各种各样的叶色类型。目前对于叶色表现控制基因的研究还主要集中在大田作物上。一般认为控制非绿叶色表达的基因大多为隐性基因，突变属于核基因控制的突变。对胡萝卜（*Daucus carota* L. var. sativa Hoffm.）（Nothnagel T，2003）、水稻（*Oryza sativa*）（夏英武等，1995）、烟草（*Nicotiana tabacum* L.）（Wang YingChun，2000）等叶色突变体的研究都认为叶色表达受隐型核基因控制，并且绿叶基因对紫叶或黄叶为显性。但是在黄瓜（*Cucumis sativus* L. var. sativus）（国艳梅等，2003）上研究表明：绿叶基因对于紫叶或黄叶基因并不是完全显性。在金鱼草（*Antirrhinum majus* L.）（Coen E S，1986；Fincham J R S，1987）上的研究表明：基因位置的变化，转座子的插入或剪切，引起染色体断裂、基因重组。如果这些变化影响了色素形成的基因的正常表达时就会形成彩叶现象。对于叶色突变体植物的叶色表现基因控制研究还有待于进一步深入研究。

植物彩色叶色形成一般是受内在或外界环境因素的影响，使生长点细胞的基因表达发生差异或者形成遗传嵌合体造成各种各样的叶色类型。一般认为控制非绿叶色表达的基因大多为隐性基因，突变属于核基因控制的突变。对于叶色突变体植物的叶色表现基因控制研究还有待于进一步深入研究（姜卫兵等，2005）。

1.2.1.3 白色叶片或斑叶的呈色机理

斑叶天竺葵（*Pelargonium zonale*）叶片白斑部分表皮细胞不含叶绿素（Jamieson，1984）；豌豆（*Pisum sativum* L.）银叶突变体（Arg）是由于表皮层下大的细胞空隙引起的（Hoch，1980）；花叶冷水花（*Pilea cadierei* Gagnep）叶片的银色或灰色斑点，是由于栅栏组织中存在气泡造成的，其作用可能是过滤有害辐射（Vaughn，1980）。花叶冷水花叶片发育的早期，上下表皮层被1个小的细胞内间隙分离，发育的后期细胞内间隙增大，打断细胞间的联系（Vaughn，1981）；冬青卫矛（*Euonymus japonicus*）的斑叶由界限明显的绿

色和白色部分组成，白色部分几乎不含叶绿素(Tatsuru M,1996)。

花叶类、彩脉类、镶边类彩叶植物的叶色呈现一般认为是形成嵌合体所致。在叶绿体的合成或质体形成过程中的自发突变是产生嵌合体花叶现象最普遍的原因，如金鱼草的白绿斑叶就是自发核突变形成的嵌合体(Mc pheeters K,1983)。白云杉(*Picea glauca*)(Isabel N,1996)的变异叶片为一种白色组织和绿色组织组成的嵌合体。四季橘(*Fortunella margarita* "Calamondin")花斑叶片的绿色、淡绿色和淡黄色 3 部分的栅栏组织和海绵组织的结构所含叶绿素数量和分布不同(Singh S,1988)，所以造成了 3 个部分不同的叶色。一种杂交矮牵牛叶色突变体叶色局部变白的原因也是叶片中存在不正常质体造成的(Nothnagel T,2003)。

1.2.1.4 色素与叶片呈色的关系

植物缤纷多彩的颜色主要与其不同部位的色素种类、色素比例以及呈色部位细胞形态结构密切相关。植物中与呈色相关的色素主要包括叶绿素、类胡萝卜素、生物碱类色素和类黄酮类色素四大类群，均为次生代谢产物。其中类黄酮类色素与植物色彩多样化最为密切。植物中的色素，可以分为脂溶性和水溶性两大类。前者存在于细胞质中，常见的有叶绿素和类胡萝卜素，后者含于细胞液中，有花黄素类(狭义类黄酮)、花青素类和丹宁 3 大类。高等植物叶片中的色素主要有 3 大类：一为叶绿素类，主要有叶绿素 a、叶绿素 b；二为类胡萝卜素类，主要有类胡萝卜素和叶黄素；三为类黄酮类色素，主要为花色素苷。不同的色素在外观上表现为不同的颜色：叶绿素 a 为蓝绿色，叶绿素 b 为黄绿色，类胡萝卜素为橙黄色，叶黄素为黄色，花色素苷在酸性和碱性条件下分别呈现红色、蓝色、紫色和红紫色等颜色。植物叶片呈色是相当复杂的，它与叶片细胞内色素的种类、含量以及在叶片中的分布有关(何亦昆等,1995)。由于普通叶片中叶绿素比类胡萝卜素多，所以叶片总是呈现绿色(潘瑞炽,1995)。彩叶植物呈现彩色的直接原因就是叶片中的色素种类和比例发生了变化。桑树(*Morus alba* L.)叶色突变体 Cyt-Ym 叶绿素 a 和叶绿素 b 的含量明显减少是导致叶色黄化的主要原因(谈建中等,2003)。变叶木的斑斓叶色也是光合色素(叶绿素 a、b 及类胡萝卜素)和非光合色素(花色素苷)的比例变化的结果(Singh,1988)。

植物叶片细胞内的色素叶绿素、花色素苷和类胡萝卜素，它们在细胞中的相对含量和存在位置决定了叶片的颜色。叶绿素占比例较大时，叶片呈现绿色；花色素苷占比例大时，叶片呈现红色；类胡萝卜素占比例大时，叶片呈现橙色或黄色(晁月文等,2008)。昆亭尼亚(*Quintinia serrata* A. Cunn)红色叶片含 2 种花色素苷，绿色叶片缺乏花色素苷(Gould,2000)。紫叶桃等 4 种红叶树种的花色素苷含量显著高于绿叶树种油蟠桃(*A. persca*)和玉皇李(*Prunus salicina*)，红叶树种花色素苷含量是绿叶树种的 5 倍以上(王庆菊等,2007)。小叶女贞(*Prunus atropurea*)叶绿素 a 和 b 的含量分别是金叶女贞的 5.23 倍和 13.34 倍，金叶女贞叶绿素与胡萝卜素的质量比是 1.90 ∶ 1，而小叶女贞则为 5.17 ∶ 1，因此金叶女贞表现为黄色，而小叶女贞表现为绿色(李保印等,2004)。

1.2.1.5 遗传因素对叶色影响的研究

彩叶植物的遗传方式有易变核基因、质体突变、半配合遗传、转座遗传因子等几种。其中最主要的是易变核基因遗传方式，许多彩叶植物的遗传都属于该方式。

质体突变一般存在两种，且不容易区分，一类是受隐性基因控制的质体突变，另一类是质体的自发突变，葎草的彩斑属于这一类突变。Lebowtz 等(1986)对具有粉色彩斑的彩叶草(*Coleus blumei*)研究发现，气候带分离规律不属于孟氏遗传，认为是受转座遗传因子的影响；半配合是一种比较少见的现象，它是由不正常受精引起的，即雄核进入卵细胞但不与卵细胞结合。雄核和雌核彼此单独进行分裂，形成嵌合的胚，同时具有父本和母本的部分组织。这种嵌合体是有性起源的，是单倍体(Michael，1997；Mmatin，et al.，1981； Dolan，et al.，1991)。转座遗传因子是指在一些特定的植物种和特定的基因背景下，一系列遗传因子可以从染色体上的一个位点移到另一个位点，使染色体发生断裂，形成基因镶嵌。

观赏植物品质特性的具体含义通常包括花形、花色、花姿、花香、叶型、叶色及株型等。通常对各类色素的化学组成、生物合成及其基因调控的研究，几乎都是以花瓣为材料进行的，而对色叶植物叶片中的色素种类、生物合成等则很少涉及。近年来国内对叶色变异的研究和叶色新品种的培育越来越受到人们的普通重视和关注，主要集中在水稻方面，对观赏植物研究较少。在小麦(*Triticum aestivum* L.)、大麦(*Hordeum vulgare* L.)、水稻、大豆(*Glycine max* (Linn.) Merr.)、棉花(*Gossypium spp*)中先后发现了一类特殊的色素突变体，其基因突变是自然突变的结果，并对叶色突变系的遗传、生理、生化等方面做了一些研究。在金鱼草(Coen，1986；Fincham，1987)、矮牵牛(*Petunia hybrida* (J. D. Hooker) Vilmorin)(Prakash，1992)上的研究表明：基因位置的变化，转座子的插入或剪切，引起染色体断裂、基因重组，如果这些变化影响了色素形成的基因的正常表达时就会形成彩叶现象。

1.2.2 彩叶植物叶片中花色素苷的代谢途径及与合成有关活动

长期以来，花色苷的合成受到了科学家们的大量关注，一些学者对植物器官中花色苷的提取、成分分析鉴定、相关合成酶活性和物质元素的关系等方面进行了研究。20世纪80年代末90年代初，对于花青素的生物合成与代谢途径，生物化学家已经进行了较为细致的研究(Chen，1981；Griesbach，1983)，对于相关酶的基因表达已基本研究清楚，关键酶的基因已被克隆(赵昶灵等，2003)。自然界广泛分布的花色素苷以天竺葵色素(pelargonidin)、矢车菊色素(cyanidin)及翠雀素(delphinidin)为主，由此再衍生出其他3种花色素，如芍药花色素(peonidin)是由矢车菊素甲基化形成的；矮牵牛花色素(petunidin)及锦葵色素(mavlvidin)则由翠雀素不同程度的甲基化而来的(Kondo，et al.，1992；Martin，et al.，1993)。天竺葵色素呈现砖红色，矢车菊素及芍药花色素表现为紫红色，而翠雀素、矮牵牛色素及锦葵色素表现蓝紫色系(Mazza，et al.，1993)。

1.2.2.1 花色素苷的生物合成

目前花色苷的生物合成途径已经基本清楚(Takos, et al., 2006),在矮牵牛、金鱼草与玉米(*Zea mays* L.)上已得到了广泛的研究(吴江等,2006)。其合成主要是在一系列酶的作用下在细胞质和内质网膜内合成,主要在细胞质中转化为花色苷,然后被有效地运输到液泡中予以固定、积累与贮存,通过液泡膜进入液泡中,即花色素苷的液泡沉积与扣押,以糖苷的形式存在,具有吸光性而表现出粉色、紫色、红色及蓝色等(于晓南等,2002)。花色苷的合成系统是植物体内类黄酮类物质合成途径的分支之一,也是研究基因表达和调控的最佳系统之一,因为花色苷生物合成基因表达的改变,最终在颜色上反映出来(Farzard 等,2002; Winkel-Shirley, 2001)。根据同位素示踪结果显示,花青素的碳原子分别来自苯丙氨酸和乙酸,开始由苯丙氨酸解氨酶(PAL)催化苯丙氨酸到肉桂酸,而后在肉桂酸羟化酶(C4H)和对香豆酰-COA 链接酶(4CL)的催化下形成香豆素-COA,一分子香豆素-COA 与来自乙酸的三分子丙二酰-COA 在查尔酮合成酶(CHS)催化下,形成黄色的 4-羟查尔酮,4-羟查尔酮在查尔酮异构酶(CHI)作用下,形成 4,5,7-三羟黄烷酮,4,5,7-三羟黄烷酮经不同的酶修饰可形成不同的类黄酮化合物,其中包括花青素,与糖形成花色素苷而贮存于液泡中(Czygan, 1980; Holton, 1995; Hugo, 1991)。

1.2.2.2 花色素苷的生理功能

花色素苷主要存在于植物细胞的液泡中,是决定花色的主要色素。花色素苷最突出的作用就是使植物呈现五彩缤纷的颜色,同时花色苷也是一类具有植物体保健功能的活性成分,吸引动物帮助授粉外,还具有防止紫外线灼伤和抵御病虫害的作用(张龙等,2008)。在叶片组织中,花色素苷除对叶片色彩的形成有重要影响以外,它的主要生理功能是:一,作为致害因子或致害辐射波长的吸收剂;二,作为渗透调节剂,当表皮水势降低时,它不仅可以避免叶表面结冰,而且可避免干旱(祝钦泷等,2007;刘玉琴等,2011)。

Drumm-Herrel(1984)提出,花色素苷能减轻植物光损伤程度,特别是减轻高能量蓝光对发育中的原叶绿素的损伤。但花色素苷对紫外线的强效应波(UV-B, 280~320nm)的射线损伤是否起同样的保护作用还有疑义。据 Beggs 和 Wellman 的观察,花色素苷对 UV-B 射线区域吸收并不理想,没能找到证明花色素苷能保护植物免受 UV-B 损伤的直接证据。但 Brandt 等人肯定了花色素苷紫外防护的作用,认为花色素苷相对其他可吸收 UV-B 的复合物来说,通常以较低的浓度存在,并且需要经 UV-B 辐射较长时间才可以合成(Brandt, et al., 1995)。矢车菊(*Centaurea cyanus*)细胞培养中能明显看到花色素苷抑制 UV-B 诱导的 DNA 损伤(Antonelli F, et al., 1998)。

1. 提高植物抗冻能力

Parker(1962)将洋常春藤(*Hedera helix*)叶片中花色苷的出现和消失与抗冻性联系起来。但最近,Singh 等(1995)用田间生长的鹰嘴豆研究花色素苷的含量与抗冻性关系时认为花色素苷与抗冻性之间没有联系。某些研究认为,低温诱导花色素苷的合成暗示了一种保护机制。根据对 4 种低温敏感的拟南芥(*Arabidopsis thaliana*)突变体不能合成花色素苷的事实，McKown 等提出花色素苷生物合成与抗冻性具有一致性（McKown, et al.，1996）。通常许多木本植物在秋季产生花色素苷，随后引发休眠和抗寒性。抗寒组织中含有高浓度的花色素苷，这些色素一般在第二年春季减少或消失。

2.提高植物抗旱能力

渗透胁迫可诱导花色素苷的产生，因而含有花色素苷的植物组织能够抵抗干旱胁迫就表现得很正常。人们通常在研究这一问题时，一般不把抗旱性与花色素苷的含量联系起来，但文献中常出现偶然一致的报道，如紫胡椒的栽培品种比绿胡椒的栽培品种更耐水分胁迫（Bahler, et al.，1991）；复苏植物在脱水期间比水分充足时期多积累3～4倍的花色素苷，因而显示出惊人的耐脱水能力等（Sherwin H W, et al.，1998）；黄檀（Brachystegia）在雨季之前的2个月长出富含花色苷的春季红叶，这种叶子的气孔导度比雨季的绿色叶子更低（Tuohy J M, et al.，1990）。

3.提高植物抗氧化能力

类黄酮都富含羟基，这些羟基都具有给出质子H的潜能，因此具有很强的清除活性氧中间体（ROIs）如 O_{2^-}，H_2O_2，OH-和脂过氧化物的能力（Jovanovic, et al.，1994）。花色素苷作为类黄酮的一种，具有多羟基的性质，因此同样具有抗氧化能力。Grace 等（1995）注意到，在十大功劳属植物中，抗氧化酶如 SOD 含量的轻微上升与下降都与光诱导花色素苷的产生有联系。Tsuda 等（1996）研究脂质体、微粒体和膜系统的结果表明，所有膜系统中经诱导产生的花色素苷均能清除自由基，抑制脂质过氧化，彭长连等（2006）发现紫叶稻的花色素苷有利于增强植物对因不良环境造成胞内氧化胁迫的抗氧化能力；Coley 和 Aide（1989）认为花色素苷有抗菌作用。Tuohy 和 Choinski（1990）报道，含有花色苷的春季红叶（*Brachystegia*）能抗真菌。Bongue Barteleman 和 Phillips（1995）认为番茄的花色素苷有抗虫作用。

1.2.2.3 花色素苷合成过程中的相关酶

花色素苷是一类广泛存在于植物中的水溶性天然色素，属类黄酮类。在自然状态下，花色素苷常与各种单糖形成花色苷，由于具有吸光性而表现出红色、紫色和蓝色等色彩。因此，可以通过提高花色素苷生物合成途径中关键酶基因的表达水平，促进花色素苷合成，从而改变叶片颜色（晁月文等，2008）。有关调节花青苷合成的酶，大多数学者集中于 PAL（苯丙氨酸解氨酶）、CHS（查尔酮合成酶）、DFR（二氢黄铜醇还原酶）和 UFGT（类黄酮糖基转移酶），有研究表明，苯丙氨酸解氨酶（PAT）、查儿酮异构酶（CHI）二氢黄酮醇还原酶和类黄酮糖基转移酶（UFGT）与花色苷的合成密切相关，但对不同酶在花色苷合成中的作用研究结果不尽一致（周爱琴等，1997；Kobayashi, et al.，2001；Ashraf et al.，2002；王惠聪等，2004；Takos, et al.，2006；Bogs, et al.，2007）。以往花色苷合成相关酶及物质元素关系的研究在果树上的研究取得比较突出的成就，多集中于植物果实和花朵的着色过程（Sweeney, et al.，2006；吴丽媛等，2011；韩海华等，2011；刘晓东等，2011；朱振宝等，2012），有关彩叶植物叶片中花色苷基定性定量和相关酶促合成机理的研究报道较少(徐鑫科等,2008)。

从来源上看,花色素的碳原子分别来自苯丙氨酸和乙酸,同位素示踪技术揭示了这一过程的详细步骤。开始由苯丙氨酸解氨酶(PAL)催化苯丙氨酸到肉桂酸,而后在肉桂酸羟化酶(C4H)和对香豆酰-CoA 链接酶(4CL)的催化下形成香豆素-CoA,六大类花色素苷的合成前体都是来自乙酸的三分子的丙二酰-COA 和一分子的肉桂酰-COA,在查尔酮合成酶(chalcone synthase,CHS)催化下两者合成 4-羟基查尔酮(2,4,4′,6′-tetea-hydroxychalcone),查尔酮异构酶(CHI)催化黄色的 4-羟基查尔酮形成无色的 4′,5,7-三羟黄烷酮,即柚皮素(naringenin)。柚皮素经不同酶的修饰可行成不同的类黄酮化合物,在黄烷酮 3-羟化酶(flavanone 3-hydroxylase,F3H)的催化下形成 3-羟基黄烷酮 DHK(dihydrokaemPferol),或先在类黄酮 3′-羟化酶(flavonoid 3′-hydroxylase,F3′H)催化下形成黄烷酮 DHQ(dihydropuerctin)或 DHM(dihydromyrecetin),DHK 也可以在 F3′H 或类黄酮 3′,5′-羟化酶(flavonoid 3′5′hydroxylase,F3′5′H)的催化下转化为 DHQ 与 DHM。无色的二氢黄酮醇(DHK,DHQ 和 DHM)是进一步合成各类花色素的必要前体物质。不同植物中 F3H,F3′H 和 F3′5′H 的底物特异性和酶活性的差异,导致 DHK,DHQ 和 DHM 合成量的差异,从而形成不同的花色素。从二氢黄酮醇到有一色的稳定的花色素苷的形成,至少需要在二氢黄酮醇 4-还原酶(dihydroflavonol 4-reductas,DFR)、花色素合成酶(Anthocyanidin synthase,ANS)和类黄酮葡萄糖苷转移酶(UDPG-flavonoid glucosyltransferase,UFGT)三种酶的催化下完成。DHK,DHQ 和 DHM 分别合成天竺葵色素、矢车菊色素和飞燕草色素前体,经氧化、脱水、甲基化和糖苷化分别合成砖红色的天竺葵色素苷、红色的矢车菊色素苷(3′-羟基花色素苷)和蓝紫色的飞燕草色素苷的衍生物(3′,5′-羟基花色素苷)(祝钦泷,2007;王庆菊,2007)。

从功能上而言,参与类黄酮类和花色素苷生物合成途径的基因被分为两类,一类是结构基因,即编码那些可以直接参与花色素苷形成的酶的基因,如查尔酮合成酶基因(CHS)、黄烷酮 3-羟化酶基因(F3H)、二氢黄酮醇 4-还原酶基因(DFR)和花色素合成酶基因(ANS)等;另一类是调控基因,即那些不直接参与花色素苷的形成,但是它们表达的蛋白可以调控结构基因表达的基因,如 MYB,bHLH 和 WD40 等转录调控因子。

1.2.2.4 花色素苷合成过程中的相关基因

已有的研究表明,植物花色素苷的生物合成受两类基因的共同调控,一类是结构基因,编码生物合成途径中所需的酶;另一类是调节基因,编码转录因子调控结构基因的时空表达(晁月文等,2008)。结构基因直接编码花色素苷代谢生物合成酶类,调节基因控制基因表达的强度和程式。

结构基因主要包括:查尔酮合成酶基因(CHS 基因),在大多数植物中,它只在花中特异性表达,并且受不同发育阶段的调控,在特殊情况下,如真菌侵染或机械损伤诱导,或被紫外线照射,它也能在叶、茎等组织中被诱导表达(Ryder,1987);苯丙氨酸解氨酶(PAL 基因)在植物中的表达具有组织特异性;二氢黄酮醇 4-还原酶基因(DFR 基因)在不同的品种间表达的变化表现出空间专一性基因调节，矮牵牛中，只有 DFR-A 在花中转录，且 DFR 基因仅在花色素苷着色的器官中表达，并且此种基因的表达与花色素苷的产生相协调；中国克隆的查尔酮异构酶(CHI 基因)绝大部分集中于花卉植物，其他植物的 CHI 基因较少，主要集中于美人蕉以及茶属植物等，不同物种的 CHI 基因具有较高的同源性，葡萄、草莓、柑橘、矮牵牛、洋葱、玉米和大花美人蕉的 CHI 基因同源性在 70%～85%之间(李军等，2006)，CHI 基因具有时间和空间表达特异性和损伤诱导表达特性；其他还有 F3′H，F3′5′H5，ANS，UFGT 基因也已经得到分离及克隆。

调节基因只要包括：R，S，Sn，Lc，B，CI，PL，VpL，Del，An2，An4，TED3，GTCHSI，DEF 等且均已被克隆。花色素苷生物合成由多步酶促反应完成，在这一复杂的过程中，调节基因影响着结构基因的表达方式、表达强度和积累，每一步酶促反应均是调节基因作用的靶位点。已经证实许多调节基因作用于两个或多个结构基因。目前利用转座子标签技术，已在不同植物中分离和克隆了一系列花色素苷的调节基因，其中 R 基因家族的玉米 Lc 基因应用最多。除了改变花色外，Lc 基因的异源表达也可以引起叶片颜色的改变。Golesbrough 等(1996)发现，Lc 基因导入番茄的多数再生植株在叶片、茎和根中积累高含量的花色素苷，颜色显著加深，甚至变为黑色，因此 Lc 基因可以作为一种非破坏性的筛选标记 。Lc 基因导入矮牵牛，发现 22 个转基因系表现稳定的叶片着色水平显著提高，叶片表现出紫红色。Lc 基因不仅可以增加番茄果实和叶片花色素苷的含量，一些植株的节和老叶显著变为红紫色。Li 等(2005)首次将 Lc 导入观叶植物花叶芋(*Caladium bicolor*)中发现在转基因植株叶片和根中积累花色素苷。这是第一个将 Lc 基因用于改变叶片颜色，培育彩叶植物的报道。

1.3 彩叶植物的形态与解剖研究

自然界中的植物都具有结构与功能相适应的特点。植物在对环境适应时，在其形态及生理生化方面均发生相应的变化。K. 伊稍(1979)认为：在分辨不同环境的植物特征时，以叶的结构变化最为明显。多年来为了选择和培育彩叶植物用于观赏，园艺学家对叶片组织结构与色彩表达的关系进行了探索。单子叶植物叶片的分生组织一般分为 3 层：原表皮层(L1)，皮下层(L2)和亚皮下层(L3)(于晓楠等，2000) 。例如红胶木(*Lophostemon confertus*)的叶绿体突变发生在 L1 层，则叶片表面看不出变化(尽管这会影响叶片的正常功能)；发生在 L2 层则表现叶片白边绿心，发生在 L3 层，叶片表现深绿边浅绿心的特征(Hoch，1980)。

自然界中的植物都具有结构与功能相适应的特点，植物在对环境适应时，在其形态及生理生化方面均发生相应的变化。在对花色的研究中发现，事实上我们所看到的花色并不是细胞内色素的直接反映。花瓣色素被具有各种构造的组织包围着，这种组织结构使光照受阻，从而使细胞内的色素在映入我们视觉时发生了变化(安田齐，1989)。何奕昆(1995)等的研究中发现，同一叶片顶部的鲜红色部分与基部的紫色部分的细胞结构明显不同。紫色部分的细胞中细胞器丰富，叶绿体结构完整，其基粒片层和基质片层清晰可见。红色部分的细胞细胞器极少，叶绿体膨胀，基粒解体，基质片层分散于叶绿体基质中，并逐渐消失，同时出现油滴和结晶状颗粒，这些现象说明叶片由紫色转变为鲜红色时由于细胞衰老，叶绿体内片层结构解体，叶绿素消失，花色素颜色显示出来的结果。谢洋等(2005)对银杏观叶新品种的研究表明：黄叶银杏叶片为金黄色，栅栏组织分化不明显，无明显的栅栏组织的海绵组织之分，这种结构可能是黄叶银杏叶片的主要特征，金条叶银杏叶片绿色部位与银杏原种相似，黄色部位与黄叶银杏相似。于晓南(2001)对美人梅(*Prunus* × *blireana* cv. Meiren)的研究结果表明，叶片结构与光合作用、呼吸作用以及蒸腾作用等一系列生理代谢活动以及叶色的表达均有密切关系。Vaughn 在 1980 年报道了冷水花(*Pilea cadierei*)叶片表现的银色或灰色斑点，是由于叶片栅栏组织下侧的表皮细胞分离形成“气泡”造成的，使叶片在散射光下呈现出颜色的差异。另外，在豌豆的突变体和彩叶秋海棠中也发现了类似的结构（Vaughn，1980；Hoch，1980；陈容茂，1989）。

1.4 彩叶植物的光合特性研究

光合作用是植物体内碳素的唯一来源，植物的光合研究一直受到重视(曾云英等，2005；于晓楠等，2000；刘弘等，2004；王得祥，2002；甘德欣等，2006)。彩叶植物作为一种特殊的观叶植物，虽叶色表现各有不同但都涉及色素的变化，因而光合特性也必然受到影响，从而影响植株的生长速度和生长量，并进一步影响生产周期和商品质量(姜卫兵等，2005)。因此，研究彩叶植物的光合生理特性有着重要的理论价值和现实意义。

1.4.1 色素和彩叶植物光合作用的关系

叶绿素是参与光合作用的最重要的色素，关于叶绿素与光合速率的关系因叶龄、叶绿素含量而表现出一定的差异性。目前基本认同叶绿素在光化学反应中起着重要作用，叶绿素 a 是植物利用日光能的主要色素，叶绿素 b 是辅助色素。在一定范围内，它的数量与光合作用呈正相关(解思敏等，1993；于继洲等，1994)。植物叶片叶绿素含量越高，光合作用越强(潘瑞炽，2001)。庄猛(2005，2006)等对 Rutgers 桃和紫叶李的研究则表明光合能力降低并不是叶绿素含量的差异造成的。因此，叶绿素含量的高低不能完全代表品种的光合性能。

花青苷在叶片中的分布一方面可以通过遮光保护叶绿体，另一方面可以耗散光能，使光合机构免受过剩光能的破坏(Chalker-Scott，1999；Thomas，1997；Pietrini，et al.，2002)，提高植物的光破坏防御能力(姜卫兵，2006)。王庆菊(2007)等对紫叶桃、紫叶李、美人梅及紫叶矮樱 4 种红叶树种的研究表明，红叶树种叶片中的花青苷对其净光合速率、光合“午休”持续时间以及叶绿素荧光参数均存在一定的影响，进一步了解花青苷在植物体内所起的生理生化作——有助于揭示花青苷影响植物光合作用的机制，值得进行深入研究。

1.4.2　光合酶和彩叶植物光合作用的关系

RuBPCase作为光合碳同化的关键酶，也常被称为光合作用的限速酶。光饱和的光合速率与该酶的活性之间存在良好的正相关关系，即其活性高低直接影响光合速率的高低（许大全，2002）。

1.4.3　叶片结构和彩叶植物光合作用的关系

植物叶片光合速率受到叶发育程度的影响，这与随叶龄增大而发生的解剖学、生理学变化是密切相关的。生长期叶片发育不完全，栅栏组织分化程度低、与光合作用有关酶类活性低、呼吸旺盛，致使光合速率较成龄叶低。张志（2006）对紫叶李、紫叶碧桃（*Amygdalus persica* L. var. *persica f. atropurpurea*）的研究结果表明，栅栏组织发育程度及气孔长度是影响叶片光合速率的重要因子。气孔密度、大小影响叶片与大气CO_2交换量的大小。叶片生长初期，尽管气孔密度大，但气孔纵径、横径小，光合速率低。随着叶龄增大，细胞膨大，气孔密度下降，但气孔纵径、横径增大，光合速率也增大。紫叶李、紫叶碧桃的气孔密度随叶龄的增大而降低，这与日野昭等（1978）在桃树（*Amygdalus persica* L.）上的研究报道一致。

1.4.4　叶绿体结构和彩叶植物光合作用的关系

在光合作用中，光能的吸收、传递和转化过程是在叶绿体的类囊体膜上进行的。高等植物叶绿体中的类囊体不是杂乱无章排列的，而是大多垛叠形成基粒。对水稻（吴殿星等，1997）、甘蓝型油菜（*Brassica napus* L.）（董遵等，2000）叶色突变体研究发现其变异叶片中叶绿体的基粒发育不良，类囊体大多平行排列，很少垛叠，处于叶绿体发育的初始阶段；叶绿体内缺乏淀粉粒，嗜锇颗粒较多。在电镜下观察到苏铁（*Cycas revoluta Thunb.*）白化苗叶片细胞中仅存在呈支解、游离状类似叶绿体片层的结构，而不存在完整的叶绿体（傅瑞树等，1997）。雁来红的红色叶片细胞中叶绿体膨胀，基粒解体，基质片层分散于叶绿体基质中（何亦昆，1995）。红花檵木的叶绿体比檵木（*Loropetalum chinensis* (R. Br.) Oliv.）的要小，基粒厚度大于檵木，而基粒片层数少于檵木。与一般的叶色突变体不同的是，相对檵木，红花檵木叶绿体中含有大量同化淀粉粒（唐前瑞，2003）。

1.4.5　CO_2和彩叶植物光合作用的关系

CO_2含量升高对光合作用的促进效应已有许多报道。有研究指出，在一定范围内提高环境中CO_2含量，增大CO_2与O_2的比值，可以降低植物的氧化活性，抑制光呼吸，提高光合速率。红花檵木、金叶女贞、紫叶李的光合速率均随光照强度的增加而增大，在一定的CO_2含量范围内，增加CO_2含量可以提高这3种植物的光合速率和水分利用率，同时CO_2含量和其光合速率、水分利用率间存在着一定的正相关关系（甘德欣等，2006）。气孔阻力变化较大，往往是光合作用的一种限制因子（许大全，2002）。中红杨叶片对CO_2

的吸收和水分的散失都是通过气孔完成的，气孔通过张开和关闭实现调控（朱延林等，2005）。早晨，杨树叶片的气孔开始张大，光合作用增强，蒸腾速率也升高，气孔导度在12:00左右达到最大值，此时光合作用和蒸腾速率也达到峰值。午间过后，光照逐渐减弱，外界温度降低，气孔导度开始减少，光合作用和蒸腾速率也随着下降，在整个日变化中，三者的变化几乎同步波动，这与张利平等人的观点是一致的（张利平等，1996）。但是气孔调节也是有限度的，它与植物本身的生理特性有关，同时还受到环境的影响（张景光等，2002）。在高 CO_2 条件下植物的光合效率一般都有较大幅度的提高（戴日春等，1995；张富仓等，1999；林舜华等，1998），但是许多研究表明，在高 CO_2 浓度下，高的光合速率不能维持很长时间，光合速率的减少（下调反应）可能在数天或数星期后发生，形成"光驯化"现象（蒋高明等，2000；王森等，2000）。一般认为彩叶植物比绿叶植物能够更好地适应高 CO_2 环境。在高 CO_2 下，常春藤（*Hedera nepalensis* var. sinensis (Tobl.) Rehd）Rubisco 最大梭化效率（V_{max}）和最大电子传递速率（J_{max}）两项指标都逐步降低，而变异彩叶植株比正常植株下降少，并且能够更持久地保持 Pn 的升高（Li J H，2000）。欧美夹竹桃（Weisburg 等，1988）的叶色变异植株对高 CO_2 生长反应明显也快于完全绿色植株。彩叶植物的变异叶片能够较好地适应 CO_2 升高带来的长期光合能力逐步下降的问题。

1.4.6 彩叶植物光合能力

已有报道表明，彩叶植物的光合特性与同种绿叶植物是不同的（谭新星，许大全，1996；Weisburg 等，1988；庄猛等，2005，2006）。彩叶植物的光合能力一般较绿色植物低。日本花叶卫矛（*Euonymus fortunei*）（Funayama 等，1997）的黄色叶片同正常叶片相比表观量子效率低，这可能是聚光色素蛋白复合体减少的结果。金叶国槐（*Sophora japonica*）的净光合速率基本上都低于同期的普通国槐（*Sophora japonica* Linn.）（刘桂林等，2003）；红花檵木在绿叶期的光合速率比在红叶期高许多（唐前瑞等，2003）。彩叶草（Weisburg，1988）、龙舌兰（*Agave americana* L.）（Raveh E，1998）上的研究表明，花叶类彩叶植物的白色或黄色叶片部分几乎没有光合能力，而只是作为叶片光合作用产物的一个"库"，欧美夹竹桃叶片的黄色部分几乎没有光合能力，可通过较低的叶绿素荧光证明（Downton，1994）。但是也有一些彩叶植物的光合能力并没有降低，反而比普通绿叶植物升高，如美国红栌（*cotinus coggygria atropurpureus*）的光合速率明显高于普通黄栌，这可能是因为美国红栌叶片中叶绿体对温度的敏感度小于普通黄栌（姚砚武等，2000）。一般认为叶色突变减少了捕光色素蛋白复合体的含量，因而影响到光系统Ⅱ供体侧的稳定性，使突变体对光强和高温的耐受性比野生型降低（Havaux M，1997），但对南黄大麦（汤泽生等，1990）的研究认为：叶色突变体的饱和光强较普通绿叶植物高，在强光下有较强的热耗散能力。这可能是因为天线色素叶绿素 b 的含量处在一定水平，使叶绿素 a/b 处于较为适当的范围，使植株既有一定的捕光能力又能避免光照过强引起的光抑制，并且类胡萝卜素降低较少也对其有一定的作用（Reinbothe S，1996）。彩叶植物的光合特性较绿叶植物的差异，是多种因素的综合结果，应根据彩叶植物光合生理生态的特点，有针对性地选择当地适栽树种。研究彩叶植物的光合生理特性有着重要的理论价值和现实意义。

1.5 生态因子对叶色变化影响的研究

环境因素主要是光照、温度、水分以及土壤条件等的变化干扰了叶绿素的正常合成，引起永久或暂时的叶片变色反应(徐华金等,2007)。

1.5.1 光照对叶色的影响

光是一个重要的环境因子，影响很多植物花瓣的着色，低强度的光照花瓣着色变浅。如果光强降低，花色会相应降低。

光照是影响彩叶植物叶色变化最重要的环境因素(李红秋等,1998)。HPLC分析显示类黄酮和花青素的总含量不受光的影响，但是花青素的含量在低强度光下却降低了，而且高强度的光促进了植物器官内可溶性糖的含量。葡萄糖是花青素的糖配体，糖含量也是影响花青素合成的因子之一(闫海芳,2003)。另外，光照强度、时间和光质等光因子影响植物色素的合成及调节有关的酶活性进而影响彩叶植物的呈色和生长，其中光照强度和光质对叶色影响最为明显(张瑞粉,2010)。

光强直接影响叶绿素、类胡萝卜素和花青素的含量及比例，从而影响叶色的鲜艳程度，通常以一个独立的因子影响植物的生长与变色。在同一株树上树冠上部叶片叶色变化较下部快也是由于上、下部叶片接受光强不同造成的(Stamps,1995)。光强对不同的彩叶植物的影响是不同的，一类是植物的彩化程度随光强增加而增强，它们叶子在弱光下严重变浅，失去了观赏价值(Micheal,1997)，光强还直接影响叶绿素、类胡萝卜素和花色素苷的含量和比例，从而直接影响叶的鲜艳程度。例如，张启翔等(1998)发现紫叶小檗、美人梅、紫叶矮樱等在全光照条件下才能表现出正常的紫红色；紫叶小檗、红桑(*Acalypha wikesiana*)、紫叶李等常色叶树种叶片在弱光下叶绿素合成偏多，在强光下一部分叶绿素被破坏而由花青素或类胡萝卜素取而代之，这些彩叶植物光照越充足，色彩越鲜艳，并且不遮阴颜色较深，而遮阴的颜色较浅(赵亚洲,2006)；李红秋(1998)、陈翠果(2002)分别发现金叶女贞、金叶接骨木(*Sambucus racemosa Plumosa Aurea*)在全光下叶片金黄，而在遮阴条件下有返绿现象；甘德欣等(2006)对3种植物的光合速率测定结果表明：在弱光条件下，红花檵木的光合作用能够正常进行，在光子量照度较强时，3种植物的光合速率都较大。这说明红花檵木的适应性很强，是一种较耐荫的强光性植物，而金叶女贞和紫叶李则是明显的强光性植物，不耐荫。另一类是植物的彩化程度随光强的降低而增加，一些彩叶植物只有在较弱的散射光下才呈现斑斓色彩，强光会使彩斑严重褪色(梁蕴等,2004)。如龙血树(*Dracaena angustifolia*)，豆瓣绿(*Peperomia tetraphylla*)等表现为弱光下彩斑或彩条清晰，数目较多(黄敏玲等,1989)；花叶一叶兰(*Aspidistra elatior* Blume.)在63%遮阴度下才能够较好地呈现花叶性状(李红秋等,1998)。

光照时间对叶色及生长都有影响。较耐荫植物若长期摆放于室内光照不足处，也易造成叶色发黄,失去光泽,应定期轮换以利于植物的正常生长(刘冬云等,2000)。李红秋等(1998)等对紫叶李、紫叶矮樱、金叶接骨木等 8 种色叶树在生长季节叶片自身的光合色素含量及花色素含量生理指标进行测定,认为光照度的强弱及日照时间的长短等外部因素的变化都可导致色叶树叶色深浅的变化。金焰绣线菊(*Spiraea*×*bumalda* cv. Gold Flame)日照时间达到 12h 以上时,叶色变化极为明显,特别是连续阴雨过后,植物得到充分的光照后,叶色变得更加鲜艳(李红秋等,1998)。

不同光质的单色光对植物的影响不同。红光可促进光系统Ⅱ(PSⅡ)相关基因的表达(Leong,1985),并影响光合产物的运输(Sæbø,et al.,1995),而反射光谱的红移与叶绿素的低能态及叶绿素光能在 PSI 内部传递的调节作用均有关(Kochubey and Samokhval,2000),叶片中低红光比例不利于 Chl b 的合成,同时蓝光不足也可导致 PSII 激发能分配降低(陈登举等, 2013)。另有研究表明植物叶片由绿色向紫红色转变过程中其光谱反射峰明显向长波红光波段方向移动,红光波反射率显著增大,同时蓝紫光波段的反射率也有所提高(王庆菊等,2007;李雪飞等,2011)。蓝光和绿光对紫叶小檗、美人梅、紫叶李、紫叶矮樱、金山绣线菊(*Spiraea japonica* Gold Mound)、金焰绣线菊的色彩表现有较严重的影响,使紫红色或黄色叶色向绿色或绿褐色方向转化,红光有利于彩叶植物向紫色方向发展(张启翔等,1998)。

1.5.2 温度和季节变化对叶色的影响

彩叶植物多原产于热带、亚热带地区,耐寒性较差,生长适温一般在 20℃以上,冬季室温不能低于 10℃,否则冻害发生。而且彩叶植物的叶片颜色随温度变化而变化,温度对花色素苷生成的影响很早就已经开始研究。Kosaka(1932)、Uota(1952)、Schleep(1956)、Creasy(1968)、Halevy(1968)认为较低温度促进花色素苷生成,很多彩叶植物在较低温度下才能表现出最佳色彩。这是因为一方面较低的温度可以诱导植物体内花色素苷的合成,另一方面光合色素在低温下合成受阻,从而引起叶色的变化(晁月文等,2008),对拟南芥(Graham, 1998)、黄栌属(*Cotinus*)植物(Oren,1997)的研究认为较低的温度可以诱导植物体内花色素苷的合成。也有研究证明,一些彩叶植物需要较高的温度才能更好地呈色,认为高温有利于叶子着色。如黄金榕(*Ficus microcarpa* cv. Golden-Leaves.)、黄素梅(*Duranta repens* cv. Gold leaves)的黄色叶片和绿色叶片中类胡萝卜素与叶绿素之比都随温度升高而增加(文祥凤等,2003)。而 Siegelman(1958)等则认为常温促进花色苷的生成。

季节变化引起的温度变化,是许多学者研究温度影响叶色的重要环境因子。胡永红(2004)等研究表明春秋季较大的昼夜温差有利于植物体内糖分的积累及花青素的形成,从而使秋色叶呈现鲜艳的色彩。金叶莸在初春低温期(6℃)叶片呈现最佳叶色(陈秀龙等,2001)。春夏季节,叶片内富含叶绿素而类胡萝卜素较少,叶片呈现绿色。如金焰绣线菊在 5 月初为金色,随着温度逐渐上升,叶绿素 a 的含量增加,叶片呈现出蓝绿色;进入秋冬季节,温度下降,光照增强,由于叶绿素对温度的适应性较差,低温加速了叶绿素的分解，而且限制了叶绿素的合成，叶绿素 a 和 b 的含量降低。这时，类胡萝卜素和花色素苷的含量比例明显增高，叶片内原来的类胡萝卜素和花色素苷就表现出来，使叶片变成了黄色和红色叶片（李红秋等，1998）。另一方面，Kramerand 指出，秋天叶片中花色素苷的合成与衰老期间糖分的积累有关，进入秋天以后，昼夜温差较大，树木叶片内糖分的积累增加，进而促进花青素的合成，加上这时气候比较干燥，树木体内水分含量降低，引起花色素苷的含量升高，叶片色彩就会变成更加鲜艳的红色或橙红色（赵亚洲，2006）。

昼夜温差大于 15℃有利于美人梅、紫叶李的彩叶表现（张启翔等，1998）。夜温高于 14℃，在较高的夜温下，呼吸作用加强，暗呼吸速率随温度的升高而升高，致使糖分不能积累，花色素也被消耗，造成叶色褪失（Deal，1990）。秋季由于日照缩短，温度降低，叶绿素停止合成而分解成黄色的小颗粒作为补充糖类的花青素仍存在于叶片中，最明显的是那些光谱呈现深红到粉红范围的色素。如果秋季光照充足，空气湿润，夜晚凉爽，就会使深重的色彩加强，如日本红叶槭（*Acerpal matum atropurpureum*）在夜温 14～18℃时，叶色保持最好，这时的红色指数比高夜温 26℃时大一倍。Deal D. L.（1990）研究了红叶鸡爪槭从美国北部移至南部时发生的叶色褪失的问题，由于红叶鸡爪槭的叶色随温度升高转淡并且生长减缓，指出限制南方红叶表达的主要原因是当地较高的夜温，也说明花色素苷的合成与碳水化合物的代谢有关。不同的彩叶植物对最佳叶色呈现的温度要求不同，有待于进一步研究。

1.5.3　土壤条件对叶色的影响

张佐双等（1997）报道了微酸性或中性土壤促进彩叶呈色，碱性土壤则抑制呈色。唐前瑞（2001）认为偏酸环境有利于红花檵木叶片中花色素苷的稳定。也有一些彩叶植物如金叶莸喜中性及微碱性土壤，土壤 pH 值为 6.7～8.3 时对其呈色有利，而在酸性土壤中叶色暗淡，生长不良（袁涛等，2004）。

施肥水平也对彩叶植物叶色有较大的影响，氮肥施用过多会引起植物徒长，使绿色组织快速增长并占据优势，影响彩叶的表现。张启翔（1998）报道高光强和低氮量的土壤有利于金黄色叶的表现，而在低光强和高水平含氮量下，叶片更绿更长。P 在碳水化合物的代谢中起重要作用，能加速糖的代谢，有利于色素的形成，适度缺氮、缺磷或者二者同时缺少均可以引起花色素苷增加（孙明霞等，2003）。Steven（1990）对 5 年生红花槭（*Acer rubrum*）进行的实验表明，秋色叶的色泽与夏末时叶片中的 P 有关，减少土壤中 P 的含量有利于花色素苷的表达，使秋色叶呈现鲜艳的色彩。钾可以促进糖的合成和运输（郭衍银等，2003），而糖可作为能源物质，为花色素苷的合成提供碳骨架，作为代谢过程中的前体物质，促进花色素苷的代谢。并且在植物环境胁迫时，作为渗透调节因子调节细胞的渗透势，从而促进花色素苷的合成，也可作为信号分子，通过特异的信号转导途径诱导花色素苷的合成（Neta，2000）。于晓南（2000）、吴静（1997）认为增施钾肥，有利于花色素苷的形成，可以促进彩叶植物呈色。

1.5.4 糖源对叶色的影响

田齐(1989)认为糖类对花色素苷生成的影响仅次于光。Blank 在 1947 年摘录了最早的研究成果,此后,一直进行着研究,却未得出确切的结论,但基本上一致认为某些糖能促使花色素苷的形成,其作用机理尚不清楚。于晓南(2001)在对美人梅的外源喷糖研究中发现葡萄糖、果糖和蔗糖对叶片中花色素苷的合成均有明显的促进作用。在高浓度的糖存在下,由于水分活度降低,花色苷生成假碱式结构的速度减慢,所以花色苷的颜色得到了保护;在低浓度的糖存在下,花色苷的降解或变色却加速。果糖、阿拉伯糖、乳糖和山梨糖的这种作用比葡萄糖、蔗糖和麦芽糖更强。花色苷的降解速率和糖本身降解时生成糖醛类化合物的速率有关,孟祥春(2004)等研究表明,花色素苷的积累水平与蔗糖的质量浓度成正比,暗示糖在非洲菊花(*Gerbera jamesonii Bolus*)生长和着色中主要是一种代谢性功能,为花色素苷的合成提供能源和物质基础,温度和氧能加快这种作用。

1.5.5 其他因子对叶色的影响

由组织发育年龄对叶色影响来说,组织发育年龄小的部分,如彩叶植物的新叶、幼梢及修剪后长出的二次枝等呈色明显。如夏季返青的红继木(*Loropetalum chinense* var. rubrum)品种,萌发的新叶色彩鲜艳夺目,随着植株的生长,中下部叶片逐渐复绿。对这类彩叶植物来说,多次修剪对其呈色十分有利(彭尽晖,2004)。由病毒引发的彩斑可以在许多植物中看到,从某种意义上说,这类彩斑可称为嵌合体。因为它包含有受感染和未受感染的基因信息。据报道花叶芋的花斑也与病原物的侵染有关,在其叶片中发现了类菌质体和病毒。病毒是斑叶树种形成的重要原因,但是病毒并不影响树木的生长发育,甚至还会使叶片更美丽(赵亚洲,2006)。另外一些特殊元素和化合物也会影响叶色。如氟化物会引起室内栽植的香龙血树(*Dracaena fragrans*)产生黄化或白色的斑点。Janssen(1995)用 NaCl 对彩叶草的着色进行了研究,认为 NaCl 的浓度在 2～20 mmol · L^{-1}时,叶的红色保持最好,浓度大于 20 mmol · L^{-1} 时,颜色变浅。在对紫萍(*Spirodela polyrhiza* (L.) *Schleid. Lemna polyrhiza*)叶片色素的研究中发现,硫化物对花色素苷的合成有抑制作用,但其抑制机理尚不清楚。另外,某些金属元素能以化合物或离子态促进花色素苷的合成,尤其以铜离子的促进作用最显著,有人推断铜离子是花色素苷合成的必需物质(于晓南等,2000)。

第2章 红叶杨的选育

2.1 概述

随着我国经济的快速发展和人民生活水平的逐步提高，改善居住环境日益为人们重视，尤其在大中城市更显突出，在绿化树种选择上人们在不断追求新的品种、不同的配置、独具特色的效果等，尤其彩叶乔木树种成为新的追求。园林绿化常色树种众多，虽然近年来新选育的彩叶树种不少，但多为灌木和小乔木，选育较速生的彩叶乔木树种成为新的目标。

在2000年第21届国际杨树会议上，耶鲁大学John Gordon教授提出，人们必须认识杨树在提供生物资源和环境改良的持续发展中的双重作用的重要意义，并指出将来杨树（*Populus* L.）在流域及河岸生态环境恢复和保护、美学及环境改良、CO_2 固持、植物修复以及环境评价和检测中发挥越来越大的作用（张绮纹等，1999；卢万鸿，2008）。美洲黑杨（*Populus deltoids* Bartr.）原产于北美密西西比河沿岸，是北美重要森林树种，又是当今世界中纬度地区最适合的短轮伐期工业用材集约经营树种之一（张绮纹等，1999；赵风君等，2005）。我国虽为世界杨树分布中心区之一，具有杨树5大派中青杨派、白杨派、大叶杨派和胡杨派的丰富资源，但自然分布或缺黑杨派的美洲黑杨。近年来随着杨树木材加工工业的发展和对杨树木材产品的大量需求，我国自20世纪70年代引种美洲黑杨。实践证明，美洲黑杨在我国亚热带、暖温带冲积土上生长良好，并作为重要的育种亲本，已成功筛选出适合我国自然条件的主栽无性系20余个（张绮纹等，1999）。由于这些优良无性系生长快、材质好、抗性强及造林易成活等特点，目前已在全世界传播和栽培，为我国杨树短轮伐期工业用材如造纸材、纤维板材及建筑材提供优良原料（赵天锡，1980；卢万鸿，2008；李文文等，2010）。其天然林具有丰富的遗传变异，已在我国育种中发挥了重要作用，是杨树育种不可缺少的资源基础（李世峰等，2006；李文文等，2010）。国内外学者对美洲黑杨无性系已开展了大量深入的研究，包括收集、建立基因库（张绮纹等，1999）、生长动态分析（李火根等，1996）、光合特性（江锡兵等，2009；李文文等，2010）、无性系遗传变异规律（解荷峰等，1985、1995；卢万鸿，2008）、生理生化遗传多样性及选择（李火根等，1997；唐罗中等，1999；李金花等，2004；李世峰等，2006；黄秦军等，2010）、抗逆性（俆红等，1994；高爱琴等，2004；赵风君等，2005；焦绪娟，2007；汤玉喜等，2008；潘惠新等，2008；李环等，2010）、cDNA文库构建（胡建军，2002；周祥明等，2006、2007）等。

中红杨原名中华红叶杨，它是2000年春从美洲黑杨派杨树2025杨（*P. deltoidescv.* “Lux”（Ⅰ-69/55）×*P. deltoidscv.* “Shan Hai Guan”）中发现的芽变品种，在此之前国内外均未发表用于园林观赏彩色杨树品种的报道，而中红杨的成功选育填补了这方面的空白。中红杨高大挺拔、树冠丰满、苍劲秀丽，叶片颜色独特，随季节变化而变化，较母株2025杨季相变化显著，观赏性状表现极为稳定，有极强的景观效果，是世界上第一个彩叶类杨树品种，如今已被广泛应用于用材和城市园林绿化。中国林科院杨树育种专家黄东森教授说："该树种填补了我国杨树育种的一项空白"。美国俄勒冈州杨树专家在山东泰安绿博会上见到该树种时大为惊讶连说："稀世珍品，世界一绝"。全红杨和金红杨是在中红杨基础上相继选育出另外 2 个彩叶芽变新品种，全红杨全年叶片都是紫红色的，叶片红色更加厚重、饱满、持久，10 月中旬以后整株叶片逐渐变为橘红色。金红杨新长出的叶片色彩与中红杨和全红杨又有更大差别，生长季叶片色彩更偏重于橘红和金黄色，色泽亮丽夺目，犹如花朵开在枝头一般，季相变化也更加丰富多彩。全红杨、金红杨均是继中红杨之后难得的彩叶乔木。红叶杨新品种作为我国自主选育的乡土彩色类观赏树种及速生用材兼用品种，对其进行综合开发利用具有较大的经济、生态和社会效益，发展前景广阔。

2.1.1 红叶杨试验地概况

红叶杨研发试验地苗圃位于河南省虞城县，地处北纬 33°43′～34°52′，东经 114°49′～116°39′，属黄淮海平原，暖温带大陆性季风气候。春季温暖大风多，夏季炎热雨水集中，秋季凉爽日照长，冬季寒冷少雨雪，年平均气温 13.9～14.3℃，年降水量为 726.5 mm，无霜期 207～214 d，年平均日照时数 2 204.0～2 427.6 h。土壤为黄潮土，pH 值 8.1 以上，耕层 0～20 cm。多点取样分析结果：有机质 0.82%～0.93%，全氮 0.072%～0.081% ，碱解氮 60～75 mg · kg^{-1}，速效磷(P_2O_5)8.5～11.5 mg · kg^{-1}，速效钾(K_2O)98.5～105.6 mg · kg^{-1}(朱延林，2005)。

河南省林业科学研究院位于郑州市区，地处华北地层区的西南部，属暖温带大陆性气候，四季分明，年平均气温 14.4℃。7 月最热，平均 27.3℃ ，1 月最冷，平均气温 0.2℃。年平均降雨量 640.9 mm，无霜期 220 d，全年日照时间约 2 400 h。河南省林业科学研究院新郑试验林场，位于郑州东南广阔的黄淮平原。1 月平均气温 0.1℃，极端最低温度 −22.6℃，7 月平均气温 27℃，极端最高气温 40.6℃，年平均气温 14.3℃，年平均降雨量 647.9 mm，无霜期 220 d，全年日照时间约 2 400 h。

2.1.2 选育过程

中红杨是 2000 年春从 1 棵 1 年生 2025 杨平茬苗下端发现一个紫红色芽特别鲜艳，并且与该芽对应以下苗干的表皮上有一宽度 1mm 左右鲜红的线直达根基。从该芽以上 1 cm 处打顶，1 周后萌发，表现出鲜红的顶芽、紫红色的叶片，其叶柄、叶脉和枝干均为深紫红色，并能长期保持紫红色。经连续 5 年对其无性系原株的观测以及 2001 年开始每年进行不同时期、不同砧木的嫁接、扦插繁殖试验，其芽、枝、叶颜色和颜色变化与母株一致，品种叶片叶色及变化表现出较好的一致性和稳定性。2006 年在河南省进行新品种审定，同年申请国家林木新品种保护权，8 月获得批准，品种权号：20060007。

全红杨是由中红杨的芽变而来。为了提高中红杨观赏性、稳定性，解决夏季个别枝叶出现的返绿现象，经过多年持续的选育研究，于 2006 年初夏选育出了生长季叶色为全红的杨树新品种全红杨。2006年7月底在河南省虞城县平茬的中红杨苗圃地(22 500株·hm^{-2},苗高2 m左右),发现1株中红杨苗在其干高80 cm处的一个侧枝的第5片叶出现变异:沿叶脉一分为二,一半叶为绿色,该半片叶对应的一半侧枝为绿色;而另一半叶为深紫红色,该深紫红色半片叶所对应的侧枝一边为紫红色。沿紫红色枝条向上伸展,第7片叶全部为紫红色,该叶对应芽为紫红色。在该芽上部1.5 cm处剪除上部梢头,促该芽萌发,待第7个芽萌发出了紫红色的枝条和深紫红色叶片,把该枝条的芽进行嫁接,长出的叶片红色比中红杨更为饱满、色彩更加艳丽,又经过连续5年对芽变无性系繁育并表现稳定,命名为全红杨,2011年3月获得国家新品种保护权,品种权号:20110002。

金红杨是继全红杨之后,在中红杨苗中选育出的又一芽变彩叶新品种。2008年5月底在平茬的中红杨苗圃地(22 500株·hm^{-2},苗高1.5m左右),发现一棵苗在高度65 cm处的一个侧枝第6片叶出现异常颜色:此叶沿叶脉一分为二、一半叶为中红杨的玫瑰红色,该半片叶应对的侧枝为玫瑰红色,另一半叶为鲜红色,该鲜红色半片叶对应一侧的枝为鲜红色。沿鲜红色枝条向上伸展,第8个叶全部为鲜红色,该叶对应芽亦为全鲜红色。在该芽上部2 cm剪除上部梢头,剪下带第8个芽萌发出的全鲜红色的枝条,把该枝条的芽经过嫁接繁育,植株叶片表现出比中红杨更为艳丽的叶色,经过连续6年对该芽变无性系的繁殖研究和生长观察,苗木生长状态良好,其叶片叶色表现稳定,命名为金红杨。2014年在河南省进行新品种审定,同年申请国家林木新品种保护权,2015年获得批准,品种权号:20150083。

2.1.3　特征特性

作为2025杨3个芽变彩叶新品种的全红杨、中红杨和金红杨,基本生长特性均具备遗传相似特点。中红杨、全红杨和金红杨均是从雄性植株芽变所得,因此在绿化上不会形成飞絮对空气造成污染,中红杨、全红杨为高大乔木,干形通直圆满,生长迅速,金红杨株型则相对矮小,秀丽。3个品种均芽卵形,叶片正三角形或三角形,叶缘具钝锯齿,主侧枝生长速度协调,侧枝分布均匀对称。一般正常年份,在春季3月底到4月初期间叶芽开始萌动、展叶,直到5月中旬,封闭期为9月18日至9月24日,落叶期为10月20日至11月20日。

中红杨在速生上与2025杨相似,一年生平茬苗地径粗度3.5 cm左右,年生长可达到4.5 cm左右,平均生长高度一般可达到4.3 m以上。中红杨的高生长量稍弱于69杨和中林46杨,粗生长量则要比69杨、中林46杨、2025杨大。中红杨扦插苗年生长高度在3～4 m之间,节间长3～5 cm,叶面宽12～23 cm、长12～25 cm;平茬苗年生长高度在4～5 m之间,节间长3～6 cm,叶面宽在12～25 cm之间,叶面长度在12～25 cm之间。全红杨、金红杨叶片较中红杨小,生长速度也较为缓慢。全红杨扦插苗年生长高度在2.5～3 m之间,节间长1～3 cm,叶面宽10～18 cm、长10～20 cm;平茬苗年生长高度在3～4 m之间,节间长2～4 cm,叶面宽在12～15 cm之间,叶面长度在12～25 cm之间。金红杨扦插苗年生长高度在1～2.5 m之间，节间长1～2 cm,叶面宽12～20 cm、长12～24 cm;平茬苗年生长高度在2～3.5 m之间,节间长2～3.5 cm,叶面宽在12～20 cm之间,叶面长度在12～25 cm之间。

中红杨在3月20日前后展叶,春季3～5月中旬新发叶片为紫红色或玫瑰红色,叶柄、叶脉和新梢始终为红色;夏季5～9月下旬叶片为褐绿色或暗绿色;秋季10月叶子变为深绿色,但新梢25 cm左右始终保持紫红色;11月到落叶前,植株上半部叶片颜色逐渐变为橘红色或杏红色,下半部叶片则或金黄色,直至落叶。

全红杨春季3～5月中下旬新发叶片为深紫红色;5月～10月中旬成熟叶片均为紫红色;10月中旬直至落叶,植株上半部叶片为鲜红色,下半部叶片变为橙红色或橘红色。

金红杨春季3～4月中旬新发幼叶的上表面和成熟叶片为红色;5月～10月中下旬植株从顶端向下不同叶片则呈现橘红至浅黄色;秋季10月底至落叶前,植株从上至下不同叶片呈现橘红、金黄至黄绿色。

相比较,中红杨叶色季相变化明显,全红杨叶片红色持久饱满,金红杨叶色亮丽夺目,季相变化更为丰富多彩,三者均属少有的彩叶类乔木树种。

2.2 繁育技术及栽培管理

2.2.1 无性繁殖

全红杨、中红杨和金红杨3个品种目前栽培区域繁殖均主要采用硬枝扦插和嫁接2种方法。

扦插繁殖通常采用硬枝扦插,有时也会在夏季进行半木质化的当年生枝条扦插。

截制硬枝插穗:插穗的粗度以0.8～1.6 cm为宜,长度10～15 cm,上切口距芽1.0～1.5 cm,下切口距芽0.5 cm,保证切口平滑,避免劈裂,注意保护好芽体不被损坏(才淑英,1998)。插穗要按粗细分级捆扎,每50根1捆。

插穗的贮藏:对于越冬的插穗,采用室外湿沙贮藏法。要选择地势较高、排水良好的背阴处挖沟,沟宽1 m,深0.6～0.8 m,长度以接穗数量而定。存放基本要求是:避免插穗接触土壤,接穗平放或直立,层间用湿沙隔离,湿沙的含水量为60%(湿沙的含水量大致确定的方法:用手用力握之,流不出水来,松手后沙团不散)。注意每隔一定距离(约1.0～1.5 m)立秸秆束做通气孔。另外早春在气温回升时,即在2月,要注意检查,防止插穗发热。

硬枝扦插多在春季、秋季进行,也可以用夏季用半木质化的当年生枝条扦插。春插宜早,通常在腋芽萌动前进行;秋插在土壤冻结前进行。扦插密度一般为6.00～6.75万株·hm^{-2}。扦插前将插穗最好用流水或容器浸泡,浸泡时间一般为4～8 h。扦插有直插和斜插两种,以直插为佳。扦插深度以地上部分露1个芽为宜。扦插时可将插穗全部插入土中,上端与地面相平,周围踩实,浇水后插穗最上端的1个芽自然露出地面为最佳。秋季扦插时,要注意插穗上面覆土或采用覆膜措施,成活率可达95%以上。

夏季用半木质化的当年生枝条扦插，剪取8 cm长，扦插于加基质的营养钵中，遮阴或全光照迷雾喷水，生根后进入大田正常管理，成活率可达90%以上。

嫁接繁殖：中红杨通常以其亲本母体2025杨为砧木，嫁接成活率最高生，生长量也最大；全红杨通常以中红杨或2025杨等作砧木；金红杨通常以中红杨做砧木进行嫁接。砧木要选取健壮、无病虫害1年生扦插苗或平茬苗。

嫁接一般在3～6月嫁接最好，嫁接砧木栽植52 500株·hm^{-2}左右为宜。取中红杨、全红杨或金叶杨的健壮枝条上无病虫害的饱满芽，采用带木质部嵌芽接。接穗最好随采随用，剩余接穗要及时用湿沙贮藏于阴凉通风处以备使用，以免影响嫁接成活，另外5月下旬后至7月采用带木质芽接，也有较好成活率。秋季，嫁接芽接成活后，如生长期较短，可采用“闷芽”措施越冬到翌年。第2年芽萌发前剪去上部的砧木，然后进行正常管护。注意：嫁接操作要避开雨天，防止雨水渗入影响成活(丁鑫，2007)。

2.2.2 抚育管理

2.2.2.1 土地整理

育苗地应选择地势平坦、排水良好、具备灌溉条件和土壤肥沃、疏松的地方。一般犁地在春秋两季进行，以秋季更好，一般土壤条件下耕地深度在25～35 cm为宜。结合犁地，每667 m^2施入经过充分腐熟的农家肥1 500～2 500 kg。翌年3月耙地前，进行再次施肥，每667 m^2再施入钾肥20 kg、氮肥10～20 kg、硫酸亚铁15 kg。苗床多采用低床，床宽2 m，长10 m左右，埂高20 cm，多采用南北走向，要求做到埂直、床平。

2.2.2.2 灌溉与排水

苗地要有水源保障，扦插后育苗地要立即浇透水，7 d后浇第2次透水，15 d后浇第3次透水。实践证明，这3次水是决定插穗成活的关键。灌水次数也不宜过多，以免降低土壤温度和影响土壤通气，不利于插穗生根。倘若土壤水分过多，苗木根部经常处于水分饱和状态，就可能会导致插穗底部腐烂死亡，苗木生根后要适当延长浇水间隔期。5至9月进入正常管理后，每15 d浇1次水，天旱天涝时适当增减浇水次数，雨季要注意排水，勿使育苗地积水。经验表明，在5月下旬采用“蹲苗”的方法适当控制浇水，适当控制苗木的高生长，促使根部生长，可促使其根部发育良好，对之后的苗木旺季生长非常有利。9月后，每月浇1次水即可。对越冬苗木，在入冬后要1次封冻水即可。

2.2.2.3 追肥

6月开始进行追肥，通常以尿素为主。追肥本着少量、多次的原则。6～8月每隔半月施肥1次，每亩每次施用量150～225 kg·hm^{-2}；进入9月后则要停止追肥。追肥方式分沟施、浇施和撒施3种：沟施，在苗木行间开沟施肥，沟深6～10 cm，施后覆土；浇施，先把肥料加水稀释，再浇于苗行间，然后灌水；撒施，将肥料均匀撒于苗床，然后灌水。以上3种方法以沟施效果最好，利用率最高，此外，还有根外追肥，即叶面追肥，此方法仅作为补给营养的一种辅助措施。

2.2.2.4 中耕除草

扦插或嫁接后的第 1 个月，要浅锄 2 次，以除草为目的，勿伤根系。5～8 月，以松土除草为目的，每月深锄 2 次，进入 9 月后，每月深锄 1 次。中耕除草应在每次灌溉或降雨后土壤湿度适宜时进行。

2.2.2.5 除萌、抹芽及补接

在插穗成活后要及时选留 1 枝新稍培养苗干，除掉基部多余的萌生条，这项工作在插穗上的芽萌发 1 个月内进行。进入 6 月后，要及时抹掉苗干上萌动的侧芽和嫩枝，以利于苗木的正常生长。尤其嫁接繁殖更应及时抹掉苗干上萌动的侧芽和嫩枝，通常在嫁接后 3 周内要及时检查接芽是否成活，并及时进行补接。当接芽长到 20 cm 左右时应进行解绑，避免缢痕影响生长，并及时绑扶，避免接芽部位风折。

2.2.3 病虫害防治

2.2.3.1 主要病害

(1)杨树黑斑病：多发生于苗圃，引起早期落叶。病状为叶面或叶背出现凹陷小点，后变为褐色或深褐色病斑，病斑随后扩大使叶片部分或全部变黑，提前落叶。幼苗感病叶片变黑，茎扭曲死亡。发病初期喷施 50%多菌灵或 70%甲基拖布津，10～15 d 喷施 1 次，连续喷施 2～3 次(丁鑫，2007)。

(2)杨皮层溃疡：在皮层出现大小不同的栗色斑，然后变褐或黑色。病斑处凹陷，或呈小皮包状。用刀背挠起，可见下面组织呈褐色甚至发黑，比正常组织潮湿。后期皮层鼓起，潮湿条件下皮层破裂，排出乳黄色黏液。该病全年发生，5～6 月及 9～10 月为高峰发病期。可喷施 1%波尔多液或 0.5%次氯化铜水液进行防治，在 6 月中旬至 9 月初喷施效果良好。

(3)杨水泡溃疡：树皮孔附近发生泡状、圆形小斑、渐水泡变大，充满褐色液体。水泡破裂后水液遇空气变为黑褐色，病斑连在一起时成大块病斑，导致植株死亡。以 50%代森铵 100 倍液喷防效果最好，用退菌特 100 倍液、10 倍碱水或 3°Bé 石硫合剂防治亦可。同时还要改善生长条件，提高植株自然免疫力(田志峰，2010)。

2.2.3.2 主要虫害

(1)蚜虫：用 40%的氧化乐果乳油 1 500～2 000 倍液喷洒。

(2)舟蛾：主要是杨扇舟蛾和杨二尾舟蛾，为食叶害虫。发生数量不多时可以摘除虫苞和幼虫或用黑光灯诱杀成虫；幼虫大量发生初期，可用白僵菌粉或 90%晶体敌百虫 1 000倍液、80%敌敌畏 1 000 倍液或 4.5%高效氯氰菊酯乳油 1 500～2 000 倍液喷杀。

(3)金龟子：成虫危害叶子，幼虫危害根部。成虫防治可用黑光灯诱杀、人工捕杀或用 90%敌百虫晶体 1 000 倍液。加入 0.05%～0.10%的洗衣粉可提高杀虫效果，或用 40%的氧化乐果乳油 1 500～2 000 倍液、50%杀螟松 1 000 倍液 4.5%高效氯氢菊酯乳

油1 500～2 000 倍液喷洒。幼虫防治方法用 2.5％敌百虫粉剂加细土 30 倍，在耙地前撒施地面，翻入土中，用药量 7.5 $kg \cdot hm^{-2}$。

(4)杨黄卷夜螟：在幼虫初卵化时，喷洒 90％敌百虫 1 000 倍液或 50％杀螟松 1 000 倍液(田志峰，2010；丁鑫，2007)。

2.2.4 栽植管理

在起苗、运苗、栽植的各个环节，都要防止苗木失水。苗木起运中要注意保护好根系，使根系完整、新鲜、湿润，尽量做到随起、随运、随栽。不能及时栽植的苗木，要妥善假植。苗木在栽植前，最好用清水浸泡 1～2 d。

一般在春季落叶后及春季萌芽前栽植，栽种时，尽量缩短运输苗木时间。栽植深度根据土壤条件而定，栽植易采用 100 cm×100 cm×100 cm 大穴，在较干旱疏松的土壤中栽植深度 60 cm 左右为宜，该深度可增加苗木的生根量，提高苗木抗旱抗风能力，而在比较黏重的土壤和低洼地不宜深栽。造林时要求大穴栽植，扶正，栽直，分层填土，分层踩实，使苗木根系舒展与土壤密接，栽后立即浇透水，水渗后扶正苗木，培土封穴(田志峰，2010)。

2.2.5 适种区域

红叶杨树种在全国各地进行了多年的种植试验，适生区大多为年平均温度 10℃以上的地区，并可短时间内忍耐－30～－33℃的极端低温。中红杨表现良好的地区为：河南、陕西、甘肃、新疆(乌鲁木齐、伊宁、喀什)、四川、重庆、湖北、安徽、江西、江苏、山东、河北、北京、天津、辽宁(大连)、黑龙江(牡丹江)、内蒙古南部、宁夏河套等地；全红杨表现良好的地区为河南、陕西、甘肃、四川、重庆、湖北、安徽、江西、江苏、山东、河北、北京、天津、辽宁(大连)、黑龙江(牡丹江)、内蒙古南部、宁夏河套等地；金红杨表现良好的地区为河南、陕西、甘肃、四川、重庆、湖北、安徽、江西、江苏、山东、河北、北京、天津、内蒙古南部、宁夏河套等地。

2.3 中红杨区域试验结果

2.3.1 河南淮滨

试验地点：淮滨县地处北亚热带与暖温带气候过渡地带，季风气候明显，平均气温 15.6℃；积温 5 587℃；降水量 955.6 mm，多雨年份达 1 500.6 mm(1991 年)，无霜期年均 226 d，最长年份可达 271 d，最短年份也有 178 d。

试验过程及结果：2007 年 3 月栽植，对比品种有中红杨、2025 杨、CK(中林 46 杨)，4 年生中红杨树高平均值为 5.24 m，胸径平均 7.17 cm，2025 杨树高平均值为 4.97 m，胸径平均 6.3 cm，对照(中林 46 杨)树高平均值为 4.77 m，胸径平均 4.6 cm。中红杨生长量均超过 2025 杨及中林 46 杨。

2.3.2 新疆伊犁

试验地点:伊犁州察布尔县伊犁州林科院。区域海拔高程为 598 m,土层较厚,土壤类型属栗钙土,质地为轻壤。

气候属大陆性干旱气候,光照充足,冬春长,夏秋短。年降雨量 140～260 mm,春末夏初降雨量多,夏季炎热,降水较少,蒸发量大。降雪平均始于 11 月 2 日,终止于 3 月 14 日,积雪厚度 65～100 cm。年平均气温 7.9 ℃。冬季寒冷,1 月平均－12.2 ℃,极端最低温度－43.2 ℃,7 月平均气温 22.8 ℃,极端最高温度 43.2 ℃。年无霜期平均 146 d,最长 177 d,最短 130 d,初霜于 10 月下旬,终霜于 1 月中旬。一年四季盛行西风,年平均风速 2.5 $m \cdot s^{-1}$,最大风速 285 $m \cdot s^{-1}$。

试验过程及结果:2007 年 4 月 5 日栽植,对比品种有中红杨、2025 杨、对照 CK(当地一般杨树:新疆杨、中天杨、乡土杨、箭杆杨)。

中红杨区域品种生物学性状描述:4 月 15 日开始萌动发芽,幼叶紫红色;5 月 20 日叶发育完全,夏季叶片从红色逐渐变为暗绿色,叶脉及叶柄仍为红色;10 月 20 日叶片开始变黄,11 月 7 日叶片完全脱落。

经调查,4 年生中红杨树高平均值为 11.8 m,胸径平均 13.9 cm,2025 杨树高平均值为 12.7 m,胸径平均 14.3 cm,对照 CK 树高平均值为 9.2 m,胸径平均 10.1 cm。中红杨生长量稍弱于 2025 杨,但均超过对照 CK。冻害情况:栽植第二年有 25％发生抽梢,第三年以后均无冻害发生。

2.3.3 吉林长春

试验地点:长春市园林科学研究所试验苗圃。地理位置为东经 125°37′,北纬 43°37′,海拔高程为 234 m。土壤为中性褐色土壤,表土深 25 cm 左右。年降雨量 640 mm,年平均气温 4.9 ℃,1 月平均－18.7 ℃,极端最低温度－36.5 ℃,7 月平均气温 24.1 ℃,无霜期 130～145 d,苗木生长期 180 d 左右。

试验过程及结果:2007 年 4 月栽植,对比品种有中红杨、2025 杨、对照 CK(银中杨)。

中红杨区域品种生物学性状描述:5 月 20 至 30 日为春季展叶期,幼叶紫红色;6 至 7 月末叶片为紫绿色;9 月 20 日至 10 月 1 日为封顶期,叶片为褐绿色;10 月 15 日至 11 月初为落叶期,叶片为黄色或橘黄色。整个生长季,较对照银中杨中红杨发芽晚,落叶晚。梢部树干、叶柄及叶脉始终为红色,叶片稠密、大而肥厚,有光泽。

经调查,3 年生中红杨树高平均值为 2.55 m,胸径平均 2.19 cm;2025 杨树高平均值为 2.9 m,胸径平均 2.42 cm;对照 CK(银中杨)树高平均值为 4.25 m,胸径平均 4.11 cm。中红杨生长量最低,2025 杨次之,均明显低于对照 CK。中红杨同 2025 杨一样,每年均有冻梢冻害发生(大约 0.5～1 m 左右),严重的地上树干部分完全冻死,翌年春天从根部重新发芽,因此严重影响其生长。中红杨耐旱性较强,对甲类害虫抗性较弱,对天牛、锈病的抗性与对照银中杨相当。

2.3.4 四川德阳

试验地点:德阳市东北部旌阳区双东镇。位于龙泉山背斜西北部,地处东经 104°15′～104°35′,北纬 31°11′～31°19′,区域海拔 457～764 m,相对高度 100～200 m,东北向西斜坡,坡度一般 25～30°。土壤以中性至微碱性土壤为主,土质疏松、土壤肥沃,部分为黏重、肥力较差的老冲击黄壤土。气候属亚热带湿润季风气候,冬暖夏热,日照少,霜雪少,雨量充沛。年降雨量 893.4 mm,5 至 10 月降水占全年降水量的 88%以上,年蒸发量平均为 1 060.7 mm,常年空气相对湿度多在 80%以上,无霜期 278 d。年平均气温 16 ℃,极端最低温度－6.7 ℃,极端最高温度 36.5 ℃,大于或等于 10 ℃的积温 5 053 ℃,计 246.4 d,日照时数为 1.215.6 h。

试验过程及结果:2007 年 3 月栽植,对比品种有中红杨、2025 杨、CK(当地一般杨树)。

中红杨区域品种生物学性状描述:中红杨叶片色泽季相变化显著,表现稳定。5 月初春季展叶期至 6 月初夏,整株叶片及新发幼叶为紫红色;初夏以后至 10 月中旬,新发嫩枝及嫩叶为红色,中下部成熟叶片为暗绿色或绿色;10 月 15 日至 11 月整株叶片逐渐变为杏红色或黄色,直到落叶。

经调查,3 年生中红杨、2025 杨生长量都明显高于对照当地杨树品种,几乎是对照的 2 倍。中红杨繁殖容易,适应性强,对天牛、蚜虫、螨虫及锈病等抗性较强。

第3章　中红杨研究

3.1　中红杨园林观赏性研究

3.1.1　材料与准备

实验地点为红叶杨研发试验地苗圃(虞城)、河南林业科学研究院试验场(郑州、新郑)与河南郑州河南林业科学研究院(郑州),为暖温带季风气候,春季温暖大风多,夏季炎热雨集中,秋季凉爽日照长,冬季寒冷少雨雪。年平均气温 14.4℃,7 月最热,平均 27.3℃;1 月最冷,平均气温 0.2℃;年平均降雨量 640.9 mm,无霜期 220 d,全年日照时间约 2 400 h。

材料分别为中红杨嫁接苗,砧木为 2025 杨、中林 46 杨和 107 杨(虞城);中红杨当年生平茬苗、扦插苗,以 2025 杨当年生平茬苗、扦插苗为对照(新郑);中红杨 2 年生大田苗,以 2025 杨 2 年生大田苗木为对照(新郑);中红杨 4 年生苗木(郑州)。选取长势均匀一致、无病虫害的植株。

实验仪器:CR-400 测色色差计;LI-3100 扫描式叶面积仪;冰盒;冰箱;TU-1810 紫外可见分光光度计;数显恒温水浴锅;电子天平;数码相机;恒温振荡培养箱;Li-6400 便携式光合测定仪等。

3.1.2　试验设计与测定方法

3.1.2.1　物候、叶色及嫁接成活率

虞城红叶杨研发试验地苗圃,2000—2005 年连续 5 年对中红杨的嫁接苗及扦插苗的性状及物候进行了观察,并于 2004 年对不同砧木嫁接中红杨成活率随机抽取 100 株进行调查。

3.1.2.2　生长量

2005 年 5 月 6 日,在虞城红叶杨研发试验地苗圃,对不同砧木同一时期嫁接(3 月 25 日)、同种方法嫁接(带木质芽接)、同一密度(40 cm × 50 cm)已嫁接成活的中红杨嫁接苗进行了随机百株高度测量,取其平均值;2008—2010 年在河南林业科学研究院新郑试验场,选取 10 株 2 年生中红杨苗木,自 2008 年 3 月 31 日开始,利用测高杆测量其年生长高度(H)、游标卡尺测量胸径(D),以后每年的同一时间进行测定,根据测定数据分析中红杨的年生长速度。

3.1.2.3　叶面积

2005 年 5 月 6 日,在河南林业科学研究院新郑试验场,对嫁接繁殖的中红杨和扦插

繁殖的2025杨树当年苗进行了叶面积测定,其中红叶杨嫁接苗选择嫁接口40 cm以上高度的叶片,2025杨扦插苗选择距离根部50 cm以上高度的叶片,采集叶片均为枝条顶芽向下第5～8片叶子,每个品种各选取30片叶子进行测量;2009年8月在河南林业科学研究院新郑试验场,选取30株中红杨当年生平茬苗,采集其顶芽向下第3～4片叶子,选取30片叶子进行测量。测量采用美国Licor公司生产的LI 3100扫描式叶面积仪测定叶面积(cm^2)、叶片长度(cm)、叶片平均宽度(cm)。

3.1.2.4 发芽与抽枝

2009年4月,在河南林业科学研究院新郑试验场,挑选健康、粗度相近的中红杨1年生平茬苗90株,每30株分别进行高度为1 m,1.5 m,2 m的截干,对每个高度截干后的苗木每10株分别进行刻伤、抽枝宝涂抹、苗木横埋处理,即每个处理为10株。具体方法如下:

刻伤:每20 cm左右选取健康、饱满的1个芽,在芽的上方1 cm处刻一伤口,深度至木质部。

抽枝宝涂抹:截干后的苗干上每个芽涂抹抽枝宝。抽枝宝为洛阳林科所研制的复合型广谱高效植物芽眼生枝促进剂,可以促进植物细胞分裂,打破芽眼休眠,促进芽眼迅速萌动,促进新梢早长、快长和壮长。

苗木横埋:在发芽前将截干的苗木横埋入土中,树干上面覆土深为3～5cm,待树干下部的芽萌动后立即移栽入盆中,目的是加大苗干下部芽的抽枝数量。

观察不同处理对苗干抽枝数量的影响,以形成圆柱形树冠为目的,并通过定时修剪来丰满扩大中红杨植株的冠形冠幅,期望提高其植株景观观赏性,能更好地应用于园林植物景观的创作中。

数据处理:使用Excel 2007,SPSS 17.0和DPS v7.05软件进行数据处理和统计分析,图表中均用"平均值±标准误"表示。

3.1.3 结果与分析

许多灌木或小乔木由于植株娇小,容易修剪,在园林绿化上应用非常广泛,比如作为绿篱或屏风,也可修剪成球形进行孤植,或是修剪成绿植等,均能取得良好的绿化效果(邹文玲,2008)。灌木高度一般都在3～6 m以下,小乔木高度一般在6～10 m之间,易修剪,易管理。中红杨为高大乔木,叶色鲜艳,且三季四变,观赏价值颇高,其全部为雄株,不会形成飞絮,对空气不会造成污染。由于中红杨为高大乔木,通常被用作行道树、防护生态林、景观片林等,因此在园林上的应用形式比较单一,景观贡献存在一定的局限性。本实验试图从调控中红杨年生长速度、增加叶片面积、抽枝数量、并通过树形的整形与修剪等,进行株型可塑观赏性研究分析,以期增大中红杨在园林绿化上的应用范围和可能性。

3.1.3.1 物候期、嫁接成活率及生长量

在河南虞城，中红杨春季3月30日～4月3日期间萌动，比中林46杨早6～9 d，比69杨早3～5 d，比2025杨晚3～4 d；封顶期9月18日～9月24日；落叶期10月28日～11月5日，比中林46杨晚30 d左右，比69杨晚15 d左右，与2025杨差别不大。

不同砧木嫁接的中红杨均表现出较高的成活率。由表3-1可见，3种砧木嫁接的中红杨成活率均在90%以上，方差分析差异不显著。2025杨作为砧木嫁接成活率最高，达到97%；中林46杨树嫁接成活率次之，为95%；107杨嫁接成活率最低，为90%。可见中红杨是从美洲黑杨2025杨中选出的芽变品种，砧木和接穗之间有着共同的遗传基础，两者之间的组织结构和新陈代谢类型最相似，产生的次生代谢产物具有一致性和相融性（龙光生，1990）。

表3-1 不同砧木嫁接中红杨效果对比

嫁接砧木（Tree stock）	107杨	2025杨	中林46杨
嫁接成活率（Survival rate）/%	90.00	97.00	95.00
5月平均生长量(Growth increment in May)/cm	18.35	26.12	12.51
9月平均生长量(Growth increment in Sept.)/cm	260.50	290.80	245.30

通过比较可知，以3种杨树为砧木嫁接的中红杨生长量以2025杨做砧木的嫁接苗为最大，5月和9月的生长量分别为26.12 cm和290.8 cm。而以中林46杨为砧木的嫁接苗生长量最小，5月和9月的生长量分别较2025杨为砧木的嫁接苗少13.61 cm和45.5 cm，107杨为砧木的中红杨嫁接苗生长量介于以中林46杨为砧木和以2025杨做砧木的中红杨嫁接苗之间。进一步说明以2025杨为嫁接中红杨的砧木，最遵循遗传基础一致性强嫁接亲和力强的理论，更有利于苗木后期的成活和生长，因此2025杨是嫁接中红杨的最佳砧木。中红杨当年生扦插苗平均年高生长为3.1 m，平均地径粗度为2.3 cm；平茬苗年平均高生长一般可达4.3 m，平均地径粗度3.5 cm左右。和69杨、中林46杨、2025杨相比，中红杨的高生长量稍弱于69杨、中林46杨和2025杨，粗生长量则比69杨、中林46杨和2025杨高，中红杨生长量是反映其生长速度的重要标准，其高、粗度生长速度及其寇幅大小、丰满度决定其在园林绿化上的应用范围和价值。

由表3-2、表3-3可以看出，从2007年至2008年，2年生的中红杨树木高度年平均生长为141.5 cm，胸径粗度年平均生长为3.7 cm；2008年至2009年，高度年平均生长为348.7 cm，胸径粗度年平均生长为5.1 cm；2009年至2010年，高度年平均生长为122.3 cm，胸径粗度年平均生长为4.9 cm；3年当中，高度年平均生长为204.2 cm，胸径年平均生长为4.6 cm。另外，2008年至2009年生长最快，高度年平均生长和胸径年平均生长分别是2007年至2008年的2.46倍、1.38倍，是2009年至2010年的2.85倍、1.04倍，可能是当年的雨水、光照等天气因素有利于中红杨生长。

表 3-2 中红杨高度(H)年生长情况(cm)

编号	1	2	3	4	5	6	7	8	9	10	平均值
2008年	90	110	130	125	155	140	200	135	170	160	141.5
2009年	250	315	350	300	350	360	400	352	380	430	348.7
2010年	145	98	110	100	130	120	140	130	110	140	122.3

表 3-3 中红杨胸径(D)年生长情况(cm)

编号	1	2	3	4	5	6	7	8	9	10	平均值
2008年	2.5	3.0	4.0	3.1	3.5	3.5	4.1	3.9	4.0	5.0	3.7
2009年	3.1	4.3	5.1	5.1	5.5	6.6	6.5	5.4	5.3	4.3	5.1
2010年	5.4	3.5	4.7	5.0	5.3	6.3	4.1	4.8	4.4	5.7	4.9

3.1.3.2 中红杨的叶面积

叶片是植物进行光合作用的主要器官，其大小、数量直接影响光合作用制造营养物质的能力，进而影响植物的生长(朱延林等，2005)。另外叶片大小、数量会也影响对植物的整形与修剪，进而制约着其在园林绿化上的应用范围和效果。

由表 3-4 可见，调查的中红杨叶片无论是长度、宽度，还是叶面积均小于 2025 杨。中红杨的叶面平均长度仅小于 2025 杨 0.12 cm，但是中红杨的叶面平均宽度较 2025 杨小 2.76 cm。从叶面积来看，中红杨叶面积平均值为 140.48 cm^2，是 2025 杨的 73.31%。中红杨叶片尽管长度、宽度和面积都较 2025 杨小一些，但叶片仍属于较大型的，因此不适宜进行园艺整形与修剪，且株型粗放，难以控制不易造型。因此控制和减小中红杨叶片面积，或选育出叶面积较小的红叶杨品种将成为其能更好用于园林绿化的新要求。

表 3-4 中红杨和 2025 杨叶面积大小

指 标	中红杨	2025 杨
叶面长平均值 (Leaf length)/cm	22.58Aa	22.70Aa
叶面宽平均值(Leaf width)/cm	13.50Bb	16.26Aa
叶面积平均值(Leaf area)/cm^2	140.48Bb	191.60Aa

注：A(a)—C(c)表示不同品种的差异水平，小写字母表示在 $P=0.05$ 水平上差异显著，大写字母表示在 $P=0.01$ 水平上差异极显著，字母相同表示差异不显著。

3.1.3.3 不同处理对中红杨苗干抽枝数量的影响

在城市园林中，园林植物的园艺整形修剪作用重大，通过调控和修剪，不仅能增加园林植物优美的观赏性，多形态展现其美化城市的效果，还能通过不同修剪方式的合理运用，起到调控树势，促进或抑制园林植物的生长发育，改变植物形态，调整树体结构，促进枝干布局合理，使树形更加健壮、丰满、美观。树木的发芽或抽枝数量，特别是抽枝部位对树木树冠以及整体树形起着决定性的作用。我们主要研究了对树芽进行刻伤、涂抹抽枝宝或苗干横埋处理的方法对中红杨苗干中下部抽枝数量的影响，结果如图 3-1 所示。

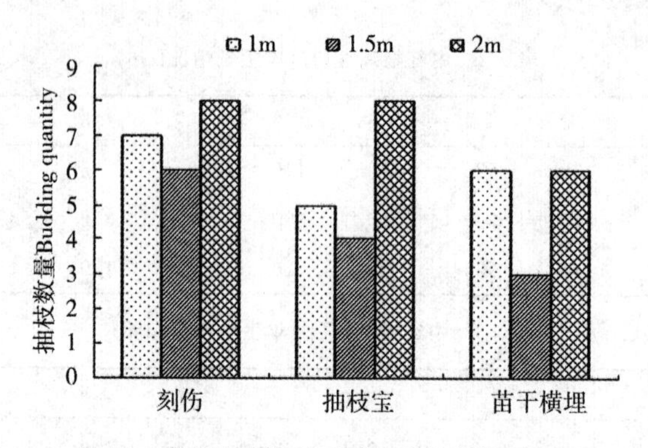

图 3-1 不同处理对中红杨苗干抽枝数量的影响

由图 3-1 可知，刻伤、抽枝宝、苗干横埋处理中，刻伤促使 1 m，1.5 m，2 m 高度的中红杨苗干中下部抽枝数量分别为 7，6，8；对芽涂抹抽枝宝促使 1 m，1.5 m，2 m 高度的中红杨苗干中下部抽枝数量分别为 5，4，8；苗干横埋促使 1 m，1.5 m，2 m 高度的中红杨苗干中下部抽枝数量分别为为 6，3，6。可见刻伤促使树干抽枝数量最多，效果最佳，对芽芽涂抹抽枝宝次之，苗干横埋则是少。另外，在中红杨 1 m，1.5 m，2 m 高度的 3 种苗干截干处理中，2 m 高度的苗干中下部抽枝数量最多，1 m 高度次之，1.5 m 高度最少。由以上分析可知，刻伤能使中红杨 2 m 高度的苗干中下部抽枝数量最多，但其抽枝数量与在此处理下 1 m 高度的苗干几乎没有差别。因此当需要对中红杨的树形进行修剪或调控时，可以选择苗木截干高度为 1 m 左右，然后对芽采用刻伤处理来增加苗干的抽枝数量即可。

3.1.4 讨论

通过调查以不同杨树 2025 杨、中林 46 杨和 107 杨为砧木的中红杨嫁接苗的成活率、年生长高度(H)、年胸径(D)生长量、叶片面积以及抽枝数量，测定与分析可知，中红杨以其母本 2025 杨为砧木的嫁接苗成活率最高，年生长量也最大，中红杨嫁接苗尤其在前 3 年生长迅速，当生长到一定高度后生长速度会有所变缓。中红杨年生长量低于 2025 杨，中红杨叶片平均叶面积是 2025 杨的 73.31％，明显小于 2025 杨，但叶面积仍为较大类型，不适宜进行整形与修剪。叶片是植物进行光合作用的主要器官，其大小直接影响光合作用制造营养物质的能力，进而影响植物的生长(朱延林等，2005)；通过对中红杨苗干上的芽通过刻伤、涂抹抽枝宝或进行苗干横埋处理等方法，调查 3 种处理情况下中红杨 1 m，1.5 m，2 m 高度截干的苗干中下部抽枝数量，结果表明：芽上方 1 cm 处刻伤法促使中红杨 1 m 截干苗干中下部抽枝数量最多最密集，可根据需要对中红杨苗木在高度为 1 m左右处截干，然后进行芽刻伤处理，尝试适当调控中红杨的树形。中红杨为高大乔木，可迅速形成大面积高档次的园林景观，它既可用于公路、铁路、城市郊区等通道沿线的绿化，又可用作草坪点缀、园林置景及丰产林的建设等。今后可以尝试通过育种和选育多种方法培育出叶色更加鲜艳，生长速度相对缓慢，积叶片面积和株型较小的红叶杨品种，来更广泛地满足园林植物配置中的需求。

3.2　生长季不同时期中红杨叶芽、叶色的变化及呈色机理研究

3.2.1　试验设计与准备

3.2.1.1　初春新芽色光值及色素含量的测定

在河南林业科学研究院试验场(新郑),2009年3月22日选取生长良好的当年生中红杨和2025杨平茬苗上相同部位的初春新芽,早上9:00左右进行采样,设3个重复,样叶冰盒保存立即送到河南省林业科学研究院重点实验室进行花色素苷含量、质体色素的提取与测定。

3.2.1.2　不同时期叶片色光值及色素含量的测定

在河南林业科学研究院试验场(新郑),2009年4月8日至2009年10月10日选取生长良好的当年生中红杨、2025杨平茬苗各10株,每次早上9:00左右采样,取样部位选择顶芽向下第3～4片叶子,样叶冰盒保存并立即送到河南省林业科学研究院重点实验室取回试验室进行花色素苷含量、质体色素的提取与测定,3个重复。

3.2.1.3　中红杨叶片花色素苷含量与叶色参数的关系分析

在河南林业科学研究院试验场(新郑),自2009年4月8日至2009年10月10日,以当年生中红杨和2025杨平茬苗、扦插苗树干,两年生树木枝条为实验材料。扦插苗与平茬苗色差值测定位置为顶芽向下第3～4片叶子及最下部芽向上每50 cm处的2片叶子;两年生树木枝条选取树冠中部的健康分枝,测定位置为该枝条顶芽向下第3～4片叶子及最下部芽向上每30 cm处的2片叶子。试验开始前确定需要测定的叶片并加以标记,根据实地情况设计测定顺序,如有叶片脱落,可选取位置同等或相近的叶片顶替该叶片进行以后的测定。每15 d测定一次(根据天气情况,遇阴雨天可前后调整1～2 d),每次测定从上午9点开始,按预先设定的叶片测定顺序进行测定。同时选取色差值测定部位相同或相近的叶片进行采样,用于花色素苷含量、质体色素的提取与测定,设3个重复,样叶冰盒保存并立即送到河南省林业科学研究院重点实验室进行指标测定。

3.2.2　生理指标与测定方法

3.2.2.1　色光值测定,根据Richardson(1987)的方法

在完全模拟自然的条件下,用便携式日本原装进口柯尼卡美能达色差仪CR-400测定叶片明亮度L^*值、色相a^*值和b^*值。L^*反映颜色的明亮度,当L^*值从0到100时,明亮度逐渐变强,即由黑变白;参数a^*值反映红、绿属性的色相,由负值变为正值,表示绿色减弱,红色增强;参数b^*值反映黄、蓝属性的色相,由负值变正值时,意味着蓝色逐渐减退,黄色增强。通过测得的色相a^*值、b^*值和明亮度L^*值,计算出彩度C^*值和色光值,$C^*=(a^{*2}+b^{*2})^{\frac{1}{2}}$,色光值$=\dfrac{2000\cdot a^*}{L^*\cdot(a^{*2}+b^{*2})^{\frac{1}{2}}}$(Wang Liangsheng, et, 2004; Richardson C, et, 1987)。

3.2.2.2 特征色素溶解性的鉴定，根据徐娟，邓秀新(2002)的方法

2007年7月5日，在河南林业科学研究院试验场(郑州)，于上午9:00～10:00采集中红杨枝条顶部第3～4片叶，擦净组织表面污物(去掉中脉)，剪碎混匀。称取5.0 g，避光条件下进行以下两种处理。

处理1:用10%盐酸甲醇溶液浸提48 h，浸提液于TU-1810紫外可见分光光度计上作200～700 nm的紫外可见区吸收峰的扫描；

处理2:将剪碎的叶片置于研钵中，分5次加入约60 mL丙酮，边研磨边浸提，合并提取液，加少量水洗去丙酮和少量杂质，用石油醚萃取2～4次，直至石油醚层无色，合并石油醚，定容至50 mL，将萃取液做紫外可见区吸收峰的扫描。

3.2.2.3 叶绿素、类胡萝卜素含量测定，根据张宪政(1986)的方法

取新鲜植物叶片，擦净组织表面污物(去掉中脉)，剪碎混匀。称取剪碎的新鲜样品0.2 g，共3分，放入25 mL刻度试管中。加丙酮-乙醇(1:1)各10 mL于25 mL刻度试管盖塞后置于室温下暗储藏24 h至组织变白。以提取液作对照，将叶绿体色素提取液倒入光径1 cm的比色皿内。在波长663 nm、645 nm、470 nm下测定吸光值(OD)，并代入公式计算。

$$叶绿素\ a(mg \cdot g^{-1})=(12.72\times A_{663}-2.59\times A_{645})\times\frac{V}{1000FW}$$

$$叶绿素\ b(mg \cdot g^{-1})=(22.88\times A_{645}-4.67\times A_{663})\times\frac{V}{1000FW}$$

$$叶绿素的总量(Tch1)(mg \cdot g^{-1})=叶绿素\ a+叶绿素\ b$$

$$类胡萝卜素(mg \cdot g^{-1})=\frac{(1000A_{470}-3.27C_a-104C_b)}{229}\times\frac{V}{1000FW}$$

注:V为提取液的体积;FW为叶片鲜重。

3.2.2.4 花色素苷的测定，根据何奕昆(1995)、于晓南(2000)、Rabino & Mancinelli (1986)等的方法

花色素苷浸提液的选择:分别称取1.00 g叶片，加入10 mL不同浸提剂:0.1 mol/L盐酸、1%盐酸甲醇、1%盐酸乙醇，于32 ℃恒温培养箱(32 ℃ 160转)中浸提5 h，不时摇荡。取出过滤用浸提液稀释5倍后，立即用TU-1810紫外可见分光光度计在400～700 nm范围内扫描。

取新鲜植物叶片，擦净组织表面污物(去掉中脉)，剪碎混匀。称取剪碎的新鲜样品1.00 g，置于50 mL三角瓶中，加入10 mL 1%盐酸甲醇溶液，杯口用封口膜扎紧以防水分蒸发。于32℃恒温培养箱(32 ℃ 160转)中浸提5 h，不时摇荡。取出过滤用1%盐酸甲醇稀释5倍后作为待测溶液。以1%盐酸甲醇为对照，测定530 nm和657 nm处的吸光值(*OD*)，并代入公式计算。

$$花色素苷含量(mg \cdot g^{-1})=OD_{530}-0.25\times OD_{657}$$

3.2.2.5　可溶性总糖的测定，采用蒽酮比色法（李合生，2000）

标准曲线的制作：1%蔗糖标准液：将分析纯蔗糖在 80 ℃下烘至恒重，精确称取 1.000 g。加少量水溶解，转入 100 mL 容量瓶中，加入 0.5 mL 浓硫酸，用蒸馏水定容至刻度。100 μg · L^{-1} 蔗糖标准液：精确吸取 1%蔗糖标准液 1 mL 加入 100 mL 容量瓶中，加水至刻度。取 20 mL 刻度试管 11 支，从 0～10 分别编号，按表 3-5 加入溶液和水。

然后按顺序向试管中加入 0.5 mL 蒽酮乙酸乙酯和 5 mL 浓硫酸，充分振荡，立即将试管放入沸水浴中，准确保温 1 min，取出后自然冷却至室温，以空白作对比，在 630 nm 波长下测定其吸光值（*OD*），以吸光值为纵坐标，以糖含量为横坐标，绘制标准曲线，并求出标准线性方程。

表 3-5　蒽酮法测可溶性糖标准曲线试剂量

试　剂	试　管　号					
	0	1,2	3,4	5,6	7,8	9,10
100 μg · L^{-1}　蔗糖液/L	0	0.2	0.4	0.6	0.8	1.0
水/mL	2.0	1.8	1.6	1.4	1.2	1.0
蔗糖量/μg	0	20	40	60	80	100

取新鲜植物叶片，擦净组织表面污物，剪碎混匀，称取新鲜植物叶片 0.10～0.30 g，加水 10 mL 于 25 mL 具塞试管，于沸水浴 60 min；提取液冷却过滤入 25 mL 容量瓶，反复漂洗试管及残渣，定容。吸取样品提取液 0.5 mL 于 20 mL 刻度试管，加蒸馏水 1.5 mL，0.5 mL 蒽酮乙酸乙酯和 5 mL 浓硫酸，充分振荡，立即将试管放入沸水浴中，准确保温1 min，取出后自然冷却至室温，以空白作对比，在 630 nm 波长下测定其吸光值（*OD*）。

注：对照为 2 mL 水＋0.5 mL 蒽酮乙酸乙酯＋5 mL 浓硫酸。

$$可溶性糖含量=\frac{\dfrac{从回归方程求得糖含量}{吸取样品液的体积积}\times 提取液量\times 稀释倍数}{样品干重\times 10^{6}}\times 100\%$$

3.2.3 结果与分析

3.2.3.1 中红杨特征色素溶解性的鉴定

植物中的色素，可以分为脂溶性和水溶性两大类。前者存在于细胞质中，常见的有叶绿素和类胡萝卜素，后者含于细胞液中，有花黄素类（狭义类黄酮）、花青素类和丹宁 3 大类。中红杨叶片中色素溶解性及呈色状况如图 3-2、图 3-3 所示。

从图 3-2 中可以看出，处理 1 的萃取液于 500 nm 以后有吸收峰的存在，显示有花色素的存在，存在 2 个吸收峰，分别在 530 nm 和 660 nm 处，说明水溶性色素是中红杨呈色的原因之一。

从图 3-3 可知，处理 2 萃取液的吸收光谱在 400～500 nm 之间有类胡萝卜素的特征吸收，波峰分别为 410 nm，440 nm，470 nm 左右，以 410 nm 处吸收峰最大，因而中红杨中的特征色素也包含类胡萝卜素。

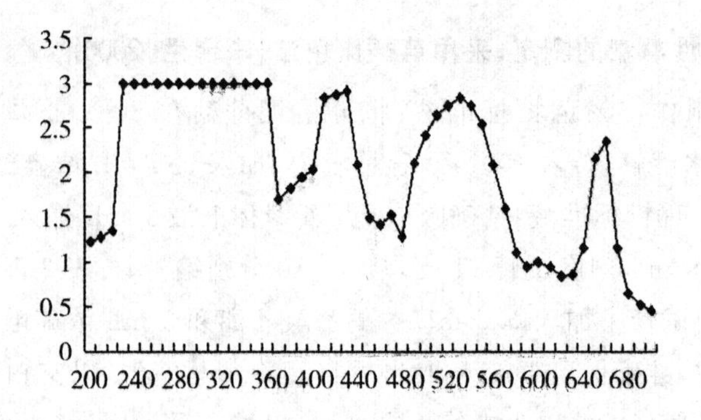

图 3-2 中红杨水溶性色素的紫外可见吸收光谱图

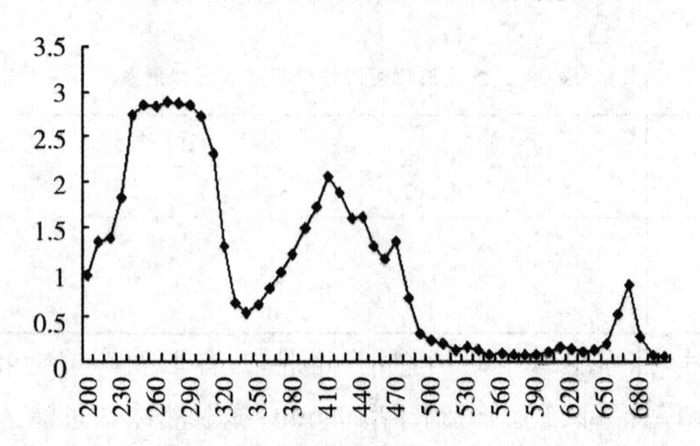

图 3-3 中红杨叶片中脂溶性色素的紫外可见吸收光谱图

3.2.3.2 不同浸提液对花色素苷提取效果的影响

花色素苷是 100 多种水溶性植物色素的总称，由于种类和含量的不同其特征吸收峰也有所不同，而提取液的种类对其特征吸收峰也有明显的影响。从图 3-4 可以看出不同浸提液对花色素苷提取效果的影响，1％盐酸甲醇和 1％盐酸乙醇的吸收光谱大致相同，有 3 个吸收峰：420 nm，530 nm，650 nm；0.1 mol・L^{-1} 盐酸的吸收峰单一为 510 nm。0.1 mol・L^{-1} 盐酸提取的花色素苷含量明显低于 1％盐酸甲醇和 1％盐酸乙醇提取的花色素苷含量。因此在提取中红杨叶片中花色素苷时应选用 1％盐酸甲醇或 1％盐酸乙醇作为提取液，以充分抽提植物组织中的花色素苷。

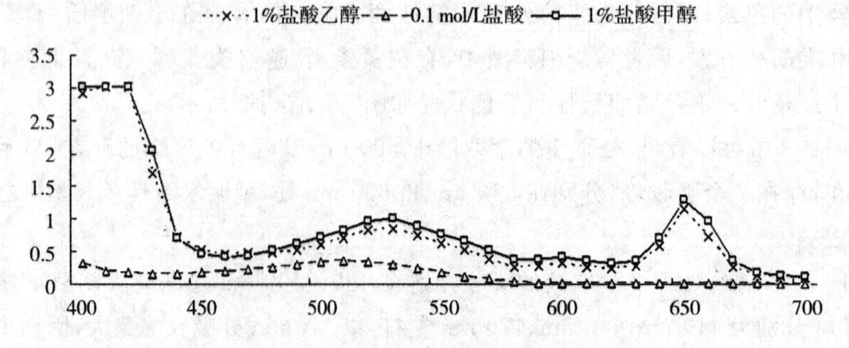

图 3-4 不同浸提液中花色素苷的含量

3.2.3.3　中红杨与 2025 杨春芽及不同时期叶片色素含量的变化及显著性分析

1. 叶绿素 a 含量变化及显著性分析

由图 3-5 可知，中红杨与对照 2025 杨叶片中叶绿素 a 含量随季节变化的趋势均呈先升高后降低的趋势。3 月下旬为萌芽时期，中红杨与 2025 杨叶芽中叶绿素 a 含量最低，分别为 0.186 45 mg・g^{-1}，0.171 83 mg・g^{-1}；4 月初为展叶时期，中红杨叶片叶绿素 a 含量开始上升，7 月初达到最大值为 1.937 57 mg・g^{-1}，较 2025 杨高 30.5%；5～9月中红杨叶片叶绿素 a 含量开始下降，且与 2025 杨叶片叶绿素 a 含量逐渐相近；10 月中旬，中红杨叶片叶绿素 a 含量较 2025 杨低 32.5%。

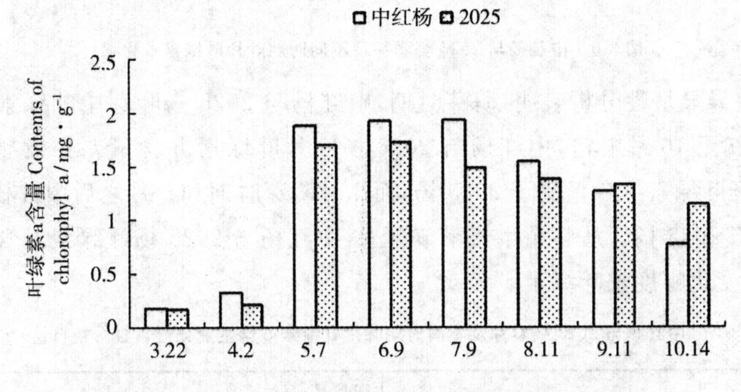

图 3-5　中红杨与 2025 杨春芽及不同时期叶片叶绿素 a 含量

表 3-6 差异显著性分析表明，萌芽时期，中红杨与 2025 杨叶芽中叶绿素 a 含量差异不显著；7 月初中红杨极显著高于 2025 杨；10 月中旬 2025 杨极显著高于中红杨。整个生长季节看来，中红杨与对照 2025 杨叶片叶绿素 a 含量变化趋势基本一致，且变化幅度都不大。

表 3-6　中红杨与 2025 杨春芽及不同时期叶片叶绿素 a 含量变化显著性分析(mg・g^{-1})

名称	时间(月、日)							
	3.22	4.2	5.7	6.9	7.9	8.11	9.11	10.14
中红杨	0.18645Aa	0.33150Aa	1.88440Aa	1.92755Aa	1.93757Aa	1.53958Aa	1.26357Aa	0.77262Bb
2025 杨	0.17183Aa	0.21513Bb	1,69902Bb	1.72283Aa	1.48510Bb	1.38022Ab	1.32367Aa	1.14394Aa

注：A(a)—C(c)表示不同品种的差异水平，小写字母表示在 $P=0.05$ 水平上差异显著，大写字母表示在 $P=0.01$ 水平上差异极显著，字母相同表示差异不显著。

2. 叶绿素 b 含量变化及显著性分析

由图 3-6 可以看出，中红杨与对照 2025 杨叶片中叶绿素 b 含量随季节变化的趋势均与叶绿素 a 基本一致，即先升高后降低。萌芽时期，中红杨叶芽中叶绿素 b 含量最低，为 0.065 75 mg・g^{-1}，较 2025 杨低 45.3%；展叶期，叶绿素 b 含量开始上升，7 月初达到最大值为 0.706 97 mg・g^{-1}，较 2025 杨高 44.8%；8～9 月中红杨叶片叶绿素 b 含量开始下降，9 月初和 10 月中旬 中红杨叶片叶绿素 b 含量分别较同期 2025 杨低

11.0%和33.3%。

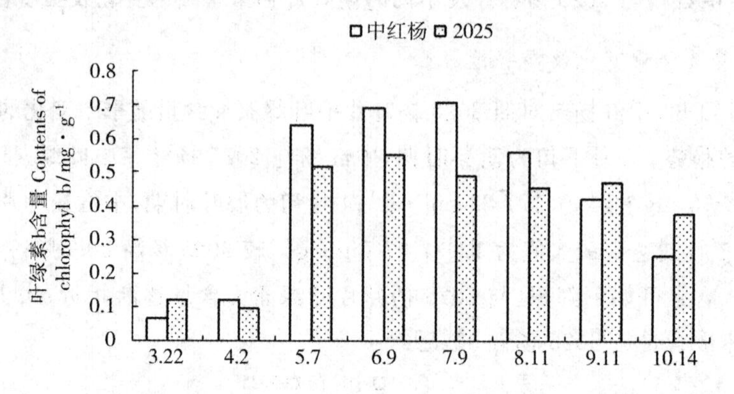

图 3-6 中红杨与 2025 杨春芽及不同时期叶片叶绿素 b 含量

表 3-7 差异显著性分析表明，萌芽时期，中红杨与 2025 杨叶芽中叶绿素 b 含量差异不显著；4 月初至 10 月中旬，中红杨与 2025 杨叶片叶绿素 b 含量差异极显著。生长季 4—8月中红杨叶绿素 b 含量高于 2025 杨，而 3 月萌芽时期和 9 月之后中红杨叶绿素 b 含量极显著低于 2025 杨。从整个生长季节看来，中红杨与 2025 杨叶绿素 b 含量变化趋势基本一致，但变化幅度较叶绿素 a 大。

表 3-7 中红杨与 2025 杨春芽及不同时期叶片叶绿素 b 含量变化显著性分析($mg \cdot g^{-1}$)

名称	时间(月、日)							
	3.22	4.2	5.7	6.9	7.9	8.11	9.11	10.14
中红杨	0.06575Aa	0.12375Aa	0.64059Aa	0.69049Aa	0.70697Aa	0.56059Aa	0.42132Bb	0.25348Bb
2025 杨	0.12021Aa	0.0.0972Bb	0.51822Bb	0.55364Ab	0.48831Bb	0.45627Bb	0.47356Aa	0.37976Aa

注：A(a)—B(b)表示不同品种的差异水平，小写字母表示在 $P=0.05$ 水平上差异显著，大写字母表示在 $P=0.01$ 水平上差异极显著，字母相同表示差异不显著。

3. 叶绿素含量的变化及显著性分析

由图 3-7 可以看出，中红杨与对照 2025 杨叶片中叶绿素含量随季节变化的趋势也基本相同，均呈先升高后降低。3 月萌芽时期，中红杨叶芽与 2025 杨叶芽叶绿素含量最低，分别为 0.252 14 $mg \cdot g^{-1}$，0.292 56 $mg \cdot g^{-1}$，二者差别不大；4 月初展叶期，叶绿素含量有所升高，中红杨较 2025 杨高 45.8%，在芽和幼嫩新叶时期，叶绿素含量非常低，说明光合作用很弱，叶绿素含量是衡量叶片光合性能和发育程度的重要标志(谭大海等，2009)；7 月初二者叶片叶绿素含量均达到最高，中红杨较 2025 杨高 34.0%，主要是由于高温对花色素苷的形成有不利影响，却有利于叶绿素的合成，从而造成中红杨叶片高温返青现象；8 月中旬中红杨叶片叶绿素含量开始下降，9 月中旬中红杨叶片叶绿素含量开始低于 2025 杨，二者叶片叶绿素含量分别为 1.684 9$mg \cdot g^{-1}$，1.797 2 $mg \cdot g^{-1}$，10 月中旬，中红杨较 2025 杨降低 32.6%。这是由于叶绿素对温度的适应性比较差，夏末秋初季节气温开始下降，昼夜温差也逐渐增大，低温加速了叶绿素的分解，而且限制了新叶绿素的合成，此时中红杨叶绿素含量较 2025 杨降低，可能是由于中红杨叶片叶绿素在生物合成途径过程中受到了抑制(计玮玮等,2008)。

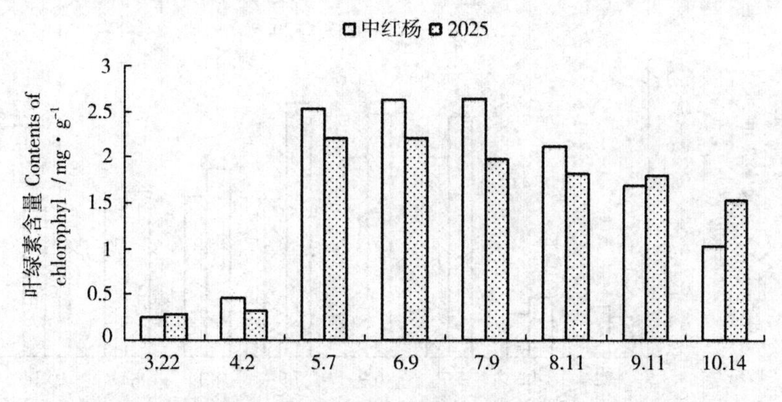

图 3-7　中红杨与 2025 杨春芽及不同时期叶片叶绿素含量的变化

表 3-8 方差分析表明,萌芽时期,中红杨和 2025 杨叶芽中叶绿素含量差异不显著,4 月幼嫩新叶时期至 8 月中旬中红杨叶绿素含量极显著高于 2025 杨;9 月中旬,中红杨与 2025 杨叶片叶绿素含量差异不显著;10 月中旬,2025 杨叶片叶绿素含量极显著高于中红杨。在整个季节看来,中红杨叶片叶绿素含量变化幅度较大,而 2025 杨叶绿素含量较为平缓。

表 3-8　中红杨与 2025 杨春芽及不同时期叶片叶绿素含量变化显著性分析(mg·g-1)

名称	时间(月、日)							
	3.22	4.2	5.7	6.9	7.9	8.11	9.11	10.14
中红杨	0.25214Aa	0.45525Aa	2.52498Aa	2.61804Aa	2.64455Aa	2.11736Aa	1.68489Aa	1.02610Bb
2025 杨	0.29256Aa	0.31229Bb	2.21725Bb	2.20995Bb	1.97342Bb	1.81930Bb	1.79723Aa	1.52369Aa

注:A(a)—B(b)表示不同品种的差异水平,小写字母表示在 $P=0.05$ 水平上差异显著,大写字母表示在 $P=0.01$ 水平上差异极显著,字母相同表示差异不显著。

4. 类胡萝卜素含量的变化及显著性分析

由图 3-8 可以看出,中红杨与对照 2025 杨叶片中类胡萝卜素含量随季节变化的趋势与叶绿素含量随季节变化的变化趋势基本一致。3 月萌芽时期,中红杨叶芽类胡萝卜素含量较 2025 杨低 21.4%,4 月新叶时期,较 2025 杨高 39.0%;7 月初,中红杨叶片类胡萝卜素含量达到最高,中红杨较 2025 杨高 50.6%;8 月中红杨叶片类胡萝卜素含量开始明显下降,9 月初中红杨与 2025 杨叶片类胡萝卜素含量相近,分别为 0.461 7mg·g^{-1},0.443 4mg·g^{-1};10 月中旬,中红杨较 2025 杨下降 21.8%。

表3-9方差分析结果表明,萌芽时期,中红杨与 2025 杨叶芽中类胡萝卜素含量差异显著;4 月新叶时期至 8 月,中红杨叶片类胡萝卜素含量极显著高于 2025 杨;9 月初,中红杨与 2025 杨叶片类胡萝卜素含量差异不显著;10 月中旬,2025 杨叶片类胡萝卜素含量极显著高于中红杨。中红杨、2025 杨叶片中类胡萝卜素含量变化与叶绿素含量的变化基本相同,因为叶绿素与类胡萝卜素均为光合色素,且叶绿素与类胡萝卜素呈正相关性(胡

敬志等,2007)。

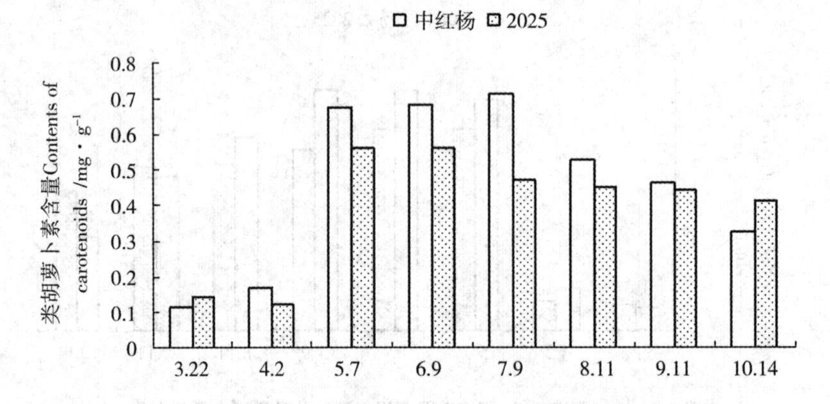

图 3-8 中红杨与 2025 杨春芽及不同时期叶片类胡萝卜素含量的变化

表 3-9 中红杨与 2025 杨春芽及不同时期叶片类胡萝卜素含量变化显著性分析($mg \cdot g^{-1}$)

名称	时间(月、日)							
	3.22	4.2	5.7	6.9	7.9	8.11	9.11	10.14
中红杨	0.11272Aa	0.16879Aa	0.67390Aa	0.68091Aa	0.71146Aa	0.52530Aa	0.46116Aa	0.32251Bb
2025 杨	0.14354Aa	0.12143Bb	0.56005Bb	0.56090Bb	0.47251Bb	0.45118Bb	0.44345Aa	0.41259Aa

注:A(a)—B(b)表示不同品种的差异水平,小写字母表示在 $P=0.05$ 水平上差异显著,大写字母表示在 $P=0.01$ 水平上差异极显著,字母相同表示差异不显著。

5.花色素苷含量的变化及差异显著性分析

由图 3-9 可以看出,中红杨与对照 2025 杨叶片中花色素苷含量随季节变化的趋势不同,中红杨呈升——降——升——降的趋势,而 2025 杨变化不明显,二者花色素苷含量差异也较为明显。3 月萌芽时期,中红杨叶芽中花色素苷含量较 2025 杨高 318%,4 月展叶时期,中红杨叶片中花色素苷含量较 2025 杨高 857%;5 至 8 月,中红杨叶片中花色素苷含量均低于萌芽、展叶初期,7 月初中红杨叶片花色素含量达到最低,较 2025 杨高 77.9%,夏季较高的气温和光照不利于花色素苷的合成;随着气温的降低,中红杨叶片中花色素苷含量又开始上升,9 月初达到高峰,较 2025 杨高 216%。可见中红杨 4 月初和 9 月中旬 中红杨叶片中花色素苷含量较高,为最佳呈色时期,说明这两个时期的环境条件可能有利于叶片形成更多的花色素苷,满足中红杨叶片呈现红色的条件。春秋昼夜温差较大,树木叶片中的糖分积累增加,进而促进花色素的合成,加上这时气候比较干燥,树木体内水分含量降低,引起花色素苷的浓度升高;10 月中旬中红杨叶片中花色素苷含量有所降低,可能是由于叶片渐渐衰老导致花色素苷含量下降。整个生长季 2025 杨叶片花色素苷含量很低,并且随时间的推移无明显变化。

表 3-10 方差分析结果表明,在整个生长季中,中红杨叶芽和叶片中花色素苷含量始终极显著高于 2025 杨。

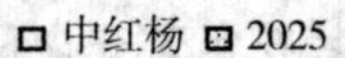

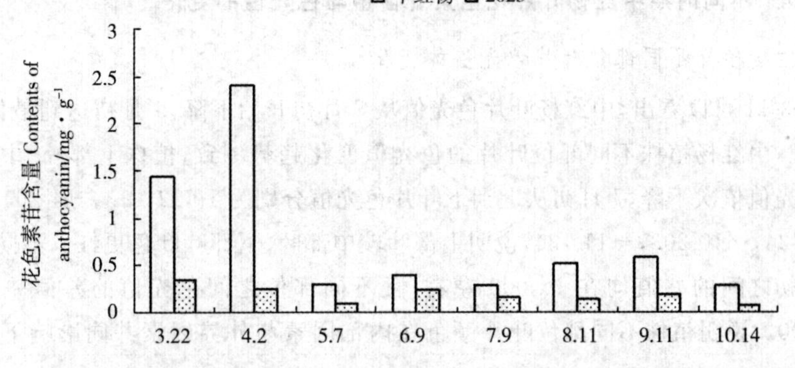

图 3-9　中红杨与 2025 杨春芽及不同时期叶片花色素苷含量的变化

表 3-10　中红杨与 2025 杨春芽及不同时期叶片花色素苷含量变化显著性分析($mg \cdot g^{-1}$)

名称	时间(月、日)							
	3.22	4.2	5.7	6.9	7.9	8.11	9.11	10.14
中红杨	1.43950Aa	2.39808Aa	0.29528Aa	0.40256Aa	0.28625aA	0.52617Aa	0.59178Aa	0.28850Aa
2025 杨	0.34450Bb	0.25050Bb	0.09109Bb	0.24172Bb	0.16092Bb	0.14475Bb	0.18747Bb	0.08624Bb

注：A(a)—B(b)表示不同品种的差异水平，小写字母表示在 $P=0.05$ 水平上差异显著，大写字母表示在 $P=0.01$ 水平上差异极显著，字母相同表示差异不显著。

6. 叶片可溶性糖含量的变化

从图 3-10 可以看出，中红杨与 2025 杨叶片中的可溶性糖含量的变化趋势基本一致。中红杨叶片中的可溶性糖随着植物在个体发育的各个时期代谢活动也发生相应的变化，从 7 月初随着光强的增加和温度的升高，叶片的光合作用不断增强，可溶性糖含量却逐渐降低，表明可溶性糖可能作为原料，用于花色素苷的合成，从而使叶片中可溶性糖积累减少，8 月底达到最低，中红杨较 2025 杨低 20.7%。之后随着光强的减弱和温度的降低，叶片的光合作用逐渐下降，而可溶性糖的含量缓慢上升，9 月中旬后迅速上升，这可能是植物对逆境的适应，以利于植物的生长。整个生长季中中红杨叶片中可溶性糖含量基本低于 2025 杨，这可能是由于可溶性糖可能作为原料，大多用于花色素苷的合成。

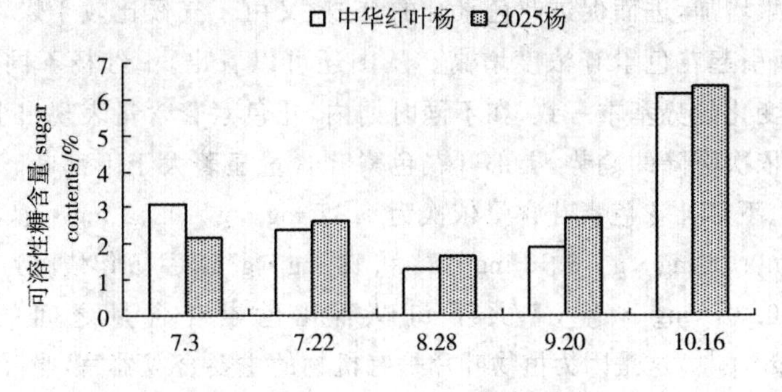

图 3-10　中红杨和 2025 杨叶片可溶性糖含量的季节变化

3.2.3.4 不同时期中红杨叶片花色素苷含量与色光值的变化

1. 中红杨植株不同部位叶片色光值的变化

由图 3-11 可以看出，中红杨叶片色光值从 7 月初开始下降，9 月初达到最低，随后又迅速升高。中红杨植株不同部位叶片的色光值变化趋势一致，植株上部叶、中部叶及下部叶的色光值依次下降，7 月初从上到下叶片色光值分别为 1 622，213，－4 204，9 月初分别为－7 724，－10 203，－11 134，说明上部叶较中部叶、下部叶叶色更红。不同部位 7 月初与 9 月初之间的差值均在 10 000 左右，且不同部位之间色光值的差值一直稳定在 200～4 000。说明植株不同部位叶片颜色在内部因素与外界因素共同影响下变化比较稳定。

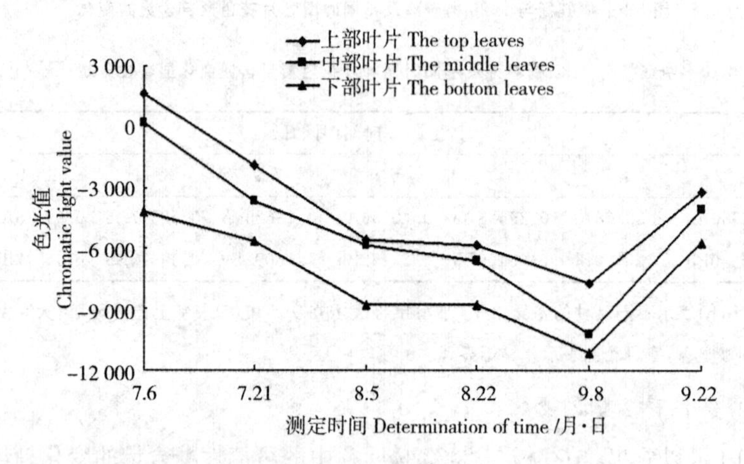

图 3-11 不同时期中红杨不同部位叶片色光值的变化

2. 中红杨植株不同部位叶片花色素苷含量的变化

由图 3-12 可以看出，中红杨叶片中花色素苷含量从 7 月初开始下降，8 月下旬达到最低值，由于 7—8 月随着温度的升高，植物呼吸作用加快，养分消耗增加，叶片中与花色素苷合成有关的可溶性糖等碳水化合物含量减少，致使花色素苷含量大大降低，7 月下旬后温度与光照强度有所降低，花色素苷含量下降速度变缓。8 月下旬后随着温度的继续降低，花色素苷含量又逐渐回升，这是由于进入深秋天后，昼夜温差较大，叶片中的糖分积累增加，进而促进花色素苷的合成，又由于气候比较干燥，树木体内水分含量降低，从而引起花色素苷浓度增高。从图还可以看出，中红杨不同部位叶片的花色素苷含量的变化趋势基本一致，在不同时期内，花色素苷含量表现出上部叶、中部叶和下部叶三者依次下降的趋势，上部叶花色素苷含量显著大于下部叶。7 月初，中红杨植株上部、中部、下部叶花色素苷含量依次为 1.11 $mg \cdot g^{-1}$，0.42 $mg \cdot g^{-1}$，0.20 $mg \cdot g^{-1}$，7 月下旬依次为 0.26 $mg \cdot g^{-1}$，0.18 $mg \cdot g^{-1}$，0.18 $mg \cdot g^{-1}$，8 月下旬依次为 0.14 $mg \cdot g^{-1}$，0.13 $mg \cdot g^{-1}$，0.07 $mg \cdot g^{-1}$，7 月下旬以后花色素苷含量之间的差值稳定在 0.07～0.17 $mg \cdot g^{-1}$。这是因为植物叶片是有机物的主要合成器官，当叶片生长发育到一定程度后，叶片中花色素苷含量趋于稳定，随着叶片衰老花色素苷含量也会逐渐减少。

7 月 18 日左右中红杨植株上部叶花色素苷含量达到 7 月初中部叶的水平，8 月下旬上部叶与中部叶花色素苷含量分别为 0.13 mg·g^{-1}，0.12 mg·g^{-1}，7 月下旬中部叶与下部叶花色素苷含量均为 0.18 mg·g^{-1}。说明不同部位叶片在相同的发育阶段花色素苷含量是基本相同的。

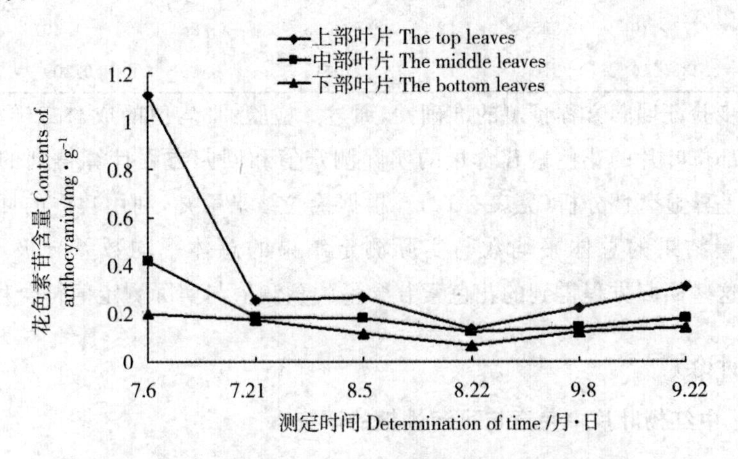

图 3-12　不同时期中红杨不同部位叶片花色素苷含量的变化

3. 中红杨叶片色光值与花色素苷含量的关系

中红杨叶片的色光值与花色素苷含量存在显著的相关性。根据得出的相关系数建立花色素苷含量的回归方程(见表 3-11)。

表 3-11　中红杨叶片色光值与花色素苷含量的相关性及回归方程

叶片部位	相关系数 r	r 值显著性	回归方程
上部叶	0.828	0.042	$y=10^{-4}x+0.873$
中部叶	0.823	0.044	$y=3.777\times10^{-5}x+0.395$
下部叶	0.739	0.093	$y=2.336\times10^{-5}x+0.310$

注：x 代表色光值；y 代表花色素苷含量，下表同。

对中红杨上、中、下部叶片的色光值与花色素苷含量进行相关分析，$1>|r|\geqslant0.7$ 为极显著相关；$0.7>|r|\geqslant0.4$ 为显著相关；$0.4>|r|\geqslant0$ 为低相关。结果表明，中红杨不同时期上部叶片、中部叶处、下部叶片色光值与花色素苷含量的相关系数分别为 0.828，0.823，0.739，均为极显著正相关。中红杨上、中、下部色光值与花色素苷含量的相关系数差别很小，说明中红杨不同部位叶片的色光值与花色素苷含量变化基本一致，能很好地解释叶片呈现红色的内在原因。

4. 回归预测分析

利用建立的回归方程，对中红杨平茬苗的 12 个单株上、中、下部叶片进行花色素苷含量的预测，同时利用何奕昆、于晓南等的方法测定这些植株叶片的花色素苷含量，进行回归预测分析(见表 3-12)。

表 3-12 回归方程 t 检验结果

叶片部位	回归方程	植株数量	平均实测值 mg·g^{-1}	平均预测值 mg·g^{-1}	统计量 t	显著水平 P
上部叶	$y=10^{-4}x+0.873$	12	0.50	0.52	−0.419	0.346 2
中部叶	$y=3.777\times10^{-5}x+0.395$	12	0.23	0.26	−1.404	0.109 6
下部叶	$y=2.336\times10^{-5}x+0.310$	12	0.15	0.15	0.209	0.421 3

为进一步验证回归方程预测的准确性，通过 t 检验：平均值的成对二样本分析，对这些苗木不同部位叶片的花色素苷含量的实际测定值和回归方程计算得到的预测值进行总体平均值差异显著性分析(见表 3-12)。根据检验结果可知，利用建立的回归方程预测花色素苷含量结果的总体平均数与实际测定结果的总体平均数差异极不显著($P>0.05$)，表明这些回归方程得到的花色素苷含量的预测值与实际测定值符合程度高。

3.2.4 讨论

3.2.4.1 中红杨叶片中色素与可溶性糖的研究

植物中的主要色素有脂溶性和水溶性两大类，水溶性色素如花青素，脂溶性色素如类胡萝卜素(徐娟，邓秀新，2002)。植物叶片的呈色与叶片细胞内色素的种类、含量、比例以及在叶片中的分布等多种因素有关(庄猛等，2006)。

本研究中从处理 1、处理 2 所得中红杨水溶性色素和脂溶性色素的紫外可见吸收光谱可知，中红杨叶片中的特征色素包含花色素苷和类胡萝卜素，叶片中叶绿素类与胡萝卜素及花色素苷含量之间的比例关系共同决定中红杨叶片的呈色差异。

花色素苷的提取方法国内外许多学者都做了大量的研究(陆国权等，1997；侯曼玲等，2000；周红，2000；L. Gao，1996；Victor Hong，1990)。花色素苷在中性和弱碱性溶液中不太稳定，因此，提取过程通常要采用酸性溶剂，酸性溶剂在破坏植物细胞膜的同时溶解出水溶性色素。最常用的提取溶剂是 1%的盐酸甲醇溶液(Markakis，1982)，但是用于食品着色时，考虑到甲醇的毒性，可以选择 1%的盐酸乙醇溶液。因此在不同的研究中应根据提取的目的和花色素苷本身的组成不同，合理选择提取溶剂。本研究中 3 种花色素苷提取液吸收峰不同表明：不同溶剂提取的化合物种类和含量不尽相同。就中红杨而言，应选用 1%盐酸甲醇作为提取液，提取 5 h，提取效率较高。花色素苷含量的计算方法有多种，常用的为鲜重的①A530/g(张志良，1990)，②A530-0.25A657/g(Rabino & Mancinelli，1986)，③A525-A585/g(Nemat Alla，1995)，④A510/g，在 pH 值为 3 时测定(蒋世云等，1999)，⑤A530-A600/g(林植芳等，1988)。中红杨叶片中含有大量的叶绿素，在检测花色素苷含量时必须考虑叶绿素及其降解产物的干扰性吸收，对其花色素苷的提取液在 400～700 nm 范围内扫描，发现在 530 nm、657 nm 有明显的吸收峰，因此以鲜重 A530-0.25A657/g 来计算中红杨叶片中花色素苷的含量。

植物叶片所表现的颜色不是由某一种光合色素的绝对含量所决定，它主要受各种光合色素之间的相对含量，以及光合色素与叶片中其他色素的相对含量的多少所决定。单从某一天叶片色素的含量上看，中红杨叶片中各色素含量均高于2025杨。从色素的相对含量上看，中红杨叶片中同时含有较多的花色素苷和叶绿素，并且叶片中叶绿素/花色素苷的比值明显小于2025杨，这也是中红杨呈现紫红色的直接原因之一。

在高浓度的糖存在下，由于水分活度降低，花色苷生成假碱式结构的速度减慢，所以花色素苷的颜色得到了保护，在低浓度的糖存在下，花色苷的降解或变色却加速。不同季节中红杨叶片中的花色素苷随着光强的增加和温度的升高，可溶性糖含量却逐渐降低，表明可溶性糖可能作为原料，用于花色素苷的合成，从而使叶片中可溶性糖积累减少。不同昼夜温差条件下，随着昼夜温差的增大，叶片中可溶性糖含量增加，渐渐增加幅度变缓，这可能是可溶性糖含量积累超过用于植物立即生长的需要时，花色素苷才得以积累。这与于晓南(2000)对美人梅，孟祥春(2004)等对非洲菊花的研究结果一致，基本上一致认为某些糖能促使花色素苷的形成，但其作用机理尚不清楚。

3.2.4.2 中红杨春芽及不同时期叶片色素变化的研究

叶色是在多种色素和外界环境等综合影响的结果(李保印等，2004)，其中叶绿素、类胡萝卜素、花色素苷等色素都属于次生植物物质，是植物呈色的最主要的因素，色素的含量、色素在叶片中的分布直接影响着植物叶片的呈色水平(潘瑞炽，1985；聂庆娟等，2008)。

3至10月，中红杨叶芽和叶片中叶绿素a、叶绿素b含量呈先升高后降低的趋势，与叶绿素总量、类胡萝卜素含量的变化趋势基本一致；花色素苷含量随季节变化呈升高——降低——升高——降低的变化。从叶片色彩及色素季节变化来看，4月初展叶期与9月中旬中红杨叶片呈色最佳，7月叶片出现严重返青现象。3月底4月初中红杨叶片刚开始发育，幼嫩叶片中叶绿素含量低，因为新形成的嫩叶由于组织发育不健全，叶绿体片层结构不发达，光和色素叶绿素含量少且。由于3月底4月初环境温度较低，有利于花色素苷的合成，叶片中花色素苷含量相对较大，中红杨叶片中的花色素苷能够得以充分表达，从而使中红杨叶片呈色最佳，并且此时中红杨各色素含量极显著高于对照2025杨；7至8月环境温度升高，光照强度加强，中红杨叶片伸展，叶面积最大，叶绿素含量也达到最大，叶片光合速率最大，而花色素苷含量降低。一方面是因为当碳水化合物储备不足时，花色色素苷上的糖苷键可以通过简单的水解，就可以为植物体迅速补充能量，另一方面原因是高温不利于花色苷的形成。中红杨叶片中花色素苷含量大大降低而叶绿素含量则保持在较高水平，因此叶色发生褪失现象，叶片返青。我们可以尝试在高温季节采取遮阴、叶面喷施低浓度的酸性水溶液(如柠檬酸水溶液)等措施来防止叶色的褪失。研究表明7至8月中红杨叶片光和色素含量与对照2025杨差异不显著，花色素苷含量仍极显著高于2025杨；9月中旬逐渐进入秋天，环境温度降低，昼夜温差增大，降低了暗呼吸的速率，同时叶片开始衰老，叶绿素含量下降，光合速率下降，叶片中可溶性糖含量会积累增加，这有利于花色素苷的合成，此时叶片中叶绿素与花色素的比值也达到最低。另外秋季气候比较干燥，树木体内水分含量降低，引起花色素苷的浓度升高，此时叶片呈色较好，这与张国君等(2009)研究结果一致。

色素含量的比例直接影响着植物叶片呈现的颜色(朱书香等，2009)，花色素苷含量的比例大小又影响叶色的变化，花色素苷含量的比值越大，叶色越红。植物叶片中叶绿素 a 与叶绿素 b 含量的比值反映植物对光能利用的多少，阳生植物叶绿素 a 与叶绿素 b 含量的比值大，阴生植物叶绿素 a 与叶绿素 b 含量的比值小，中红杨叶绿素 a 与叶绿素 b 含量平均值的比值为 2.84∶1，对照 2025 杨比值为 3.0∶1，中红杨较 2025 杨低 4%，表明中红杨对光能的利用率比 2025 杨高，适当的遮阴对中红杨叶片中叶绿素和类胡萝卜素得合成有一定的效应。中红杨在 4 月初展叶期叶片呈现鲜艳红色，花色素苷含量与叶绿素含量的比值为 5.27∶1，7 月初出现严重的返青现象，花色素苷含量与叶绿素含量的比值降为 0.11∶1，9 月中旬叶片颜色较好，花色素苷含量与叶绿素含量的比值为 0.35∶1，因此中红杨叶片呈色的直接原因是受叶片中花色素苷和叶绿素含量比值的影响，其中花色素苷含量是最直接的原因，比值大叶片呈现红色效果越好，比值小叶片出现返青，这与聂庆娟等(2008)对红栌叶片研究结果一致。整个生长季中红杨叶片叶绿素含量平均值较对照 2025 杨高。中红杨花色素苷合成有关的多种因素还有待于进一步的研究。

3.2.4.3 不同时期中红杨叶片花色素苷含量与色光值的关系

分析结果表明，中红杨不同时期色光值、花色素苷含量的变化趋势基本一致。7—8 月，随着气温的升高和光照强度的增加，叶片中花色素苷含量大大降低，因此叶片红色发生褪失现象，色光值降低，叶片呈现深绿色。进入秋天以后，昼夜温差较大，降低了暗呼吸的速率，树木叶片中的糖分积累增加，进而促进花色素苷的合成，加上这时气候比较干燥，树木体内水分含量降低，引起花色素苷的浓度升高，此时中红杨红色呈色较好，色光值也变大。

中红杨不同部位叶片色光值、花色素苷含量都遵循从上到下依次降低的规律，说明叶片内花色素苷是影响叶片表面呈色的主要色素之一。随着叶片的生长发育，花色素苷含量也发生相应的变化，随着叶片的衰老，花色素苷含量减少，色光值也随之变小，当叶片衰老到一定程度后，花色素苷含量变化会趋于稳定，且不同部位叶片在相同的发育阶段花色素苷含量几乎相同。中红杨不同部位叶片色光值 9 月初均达到最低值，而叶片花色素苷含量均在 8 月下旬达到最低值，这可能与植物叶片的呈色机理有关，叶片颜色与叶片细胞内色素的种类、色素含量、色素在叶片中的分布等遗传和生理因素及外部环境有关，它们共同作用从而导致叶片呈色与花色素苷含量不一致。另外光照强度也会影响叶片的呈色水平，上部叶片受到的光照强度较大，叶片中花色素苷的含量较高，而中部叶与下部叶受到的光照较少，花色素苷的含量较少。因为花色素苷可以由光诱导产生，具有光保护作用，受光调节的 PAL 是花色素苷合成的关键酶，PAL 能阻止戊糖代谢中形成的苯丙酮酸与氨结合生成苯丙氨酸向形成蛋白质方向发展，而是朝着合成花色素苷方向进行(曾骧，1992；池方等，1997)，所以上部叶片红色更明显，色光值高。7 月上部叶花色素苷含量迅速下降，中部叶次之，下部叶最慢，这是由于 7 至 8 月，随着气温的升高和光照强度的增加，碳水化合物储备不足，花色素苷上的糖苷键可以通过简单的水解，就可以为植物体迅速补充能量，叶片中花色素苷含量大大降低，又由于新叶中可溶性糖含量较多，花色素苷合成较多，叶绿素合成较少（姜卫兵等，2005），因此当到了7月时中红杨植株上部叶片花色素苷含量下降速度最快。孟祥春等研究也表明，花色素苷的积累水平与蔗糖的质量浓度成正比，暗示糖在彩色植物生长和着色中主要是一种代谢性功能，为花色素苷的合成提供能源和物质基础（孟祥春，2004）。

由 L^*、a^*、b^* 值计算得到的色光值可以很好地解释颜色深浅程度的差异性。根据中红杨平茬苗叶片色光值与花色素苷含量的相关分析得出，叶片色光值与花色素苷含量相关性达到显著水平，上部叶片相关系数最大，但与中部相关系数、下部相关系数差别不大。

12株平茬苗单株的花色素苷含量的回归预测结果表明，中红杨上、中、下部叶片建立的回归方程得到的花色素苷含量预测值和实际测定值间偏差都很小，准确性和可靠性较好，这与国艳梅等的研究结果一致（国艳梅等，2008）。本试验对中红杨不同时期不同部位叶片的颜色进行了数量分析，并对花色素苷含量进行了预测，结果表明用色差仪对花色素苷含量进行预测简单方便、省时省力，本试验结果也为其他彩叶植物叶片颜色评价提供了良好的参考。

3.3　中红杨叶片光合特性研究

3.3.1　材料与准备

试验地点河南林业科学研究院试验场（郑州）。试验材料为中红杨当年生扦插苗，以当年生2025杨扦插苗为对照。

3.3.2　试验设计与测定方法

3.3.2.1　光响应曲线

2007年7月17日（天气晴朗），利用Li-6400便携式光合测定仪LED人工光源，于上午8:30～11:30测定光合——光响应曲线。设定叶室 CO_2 浓度为370（±5）$\mu l \cdot L^{-1}$，叶片温度为25（±3）℃，相对湿度为大气湿度的80%左右。将光合有效辐射（PAR）在0～2 000 $\mu mol \cdot m^{-2} \cdot s^{-1}$ 范围内设定梯度0，50，100，150，200，400，600，800，1 200，1 500，测定 *Pn-PAR* 曲线。通过曲线求出光补偿点（LCP）和光饱和点（LSP）。将PAR在0～200 $\mu mol \cdot m^{-2} \cdot s^{-1}$ 范围内的测定值进行线性回归分析，斜率即为表观量子效率（*AQY*）。取样时株高约为1.2 m，每次测定3株，每株选中上部的3片叶，取平均值。

3.3.2.2　光合作用日变化

2007年8月19日（天气晴朗）从7:00～17:00每隔2 h在完全模拟自然的条件下测定净光合速率（*Pn*）、气孔导度（*Gs*）、蒸腾速率（*Tr*）、细胞间隙 CO_2 浓度（*Ci*）等生理参数。取样时株高约为1.2 m，分别在树冠阴、阳2个方位和上、下2个冠层共4个部位，每个部位选择2～3片叶子进行测定，取平均值。

3.3.2.3 光合作用季节变化

从 2007 年 7 月 17 日至 2007 年 10 月 16 日，每月选取中下旬一个晴天，于 10:00～11:00 在完全模拟自然的条件下测定净光合速率(*Pn*)、气孔导度(*Gs*)、蒸腾速率(*Tr*)、细胞间隙 CO_2 浓度(*Ci*)等生理参数。每次测定 3 株，每株选中上部的 3 片叶，取平均值。

3.3.3 结果与分析

3.3.3.1 中红杨与 2025 杨叶片的光合——光响应曲线

光合响应曲线(*Pn-PAR*)可反映植物光合速率随光合有效辐射改变的变化规律。中红杨与 2025 杨光合响应曲线(*Pn-PAR*)变化规律如图 3-13 所示。

从图 3-13 可以看出，中红杨和 2025 杨的 *Pn-PAR* 变化呈相似的二次曲线关系。在相同光合有效辐射条件下，中红杨的净光合速率均低于 2025 杨。当 *PAR* 约为 38.9 μmol mol · m^{-2} · s^{-1}时，中红杨的 *Pn* 由负转正，表观光合速率为零，此时的光合有效辐射为光补偿点(LCP)，较对照 2025 杨高 18.2%，说明中红杨耐荫性较 2025 杨差一些。随着 *PAR* 的继续增强，*Pn* 上升速度减慢，当达到某一光强时，光合速率不再增加，呈饱和状态，此时的光合有效辐射为光饱和点(LSP)。

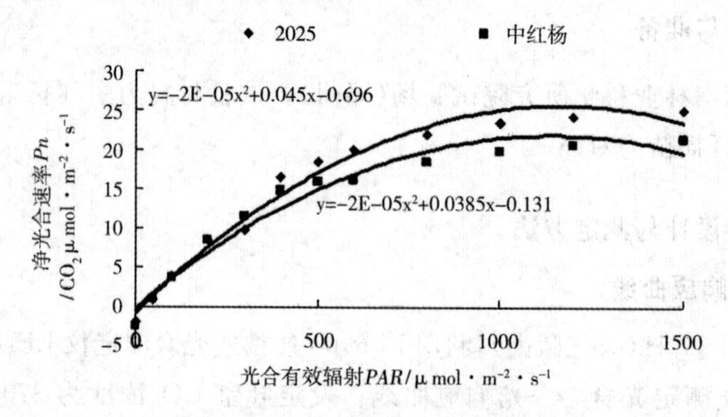

图 3-13 中红杨和 2025 杨的 *Pn-PAR* 响应曲线

中红杨的 LSP 为 962.5μmol mol · m^{-2} · s^{-1}，较 2025 杨低 14.4%(见表 3-13)。从中可以看出，中红杨对光的需求低于 2025 杨，这有利于其叶色的表达。相对于 2025 杨，中红杨较高光补偿点和较低光饱和点表明中红杨对光照的适应范围相对较窄。光饱和时的净光合速率可以反映叶片的光合潜能(潘瑞炽，1995)，中红杨光饱和时的净光合速率为 18.4 CO_2 μmol · m^{-2} · s^{-1}，较 2025 杨低 25.5%，表明中红杨光合潜能较弱。而表观量子效率是表示光合作用光能利用率高低的参数(张其德，1992)，中红杨的表观量子效率为 0.054，较 2025 杨高 3.8%(见表 3-13)。该结果表明，中红杨对光能的利用率较 2025 杨高，究其原因，中红杨叶片中叶绿素 a/b 值显著低于 2025 杨(见表 3-13)，叶片的光合效能较高。

表 3-13　中红杨与 2025 杨的光补偿点、光饱和点和表观量子效率

植物材料	光补偿点	光饱和点 LSP	表观量子效率 *AQY*
2025 杨	32.9	1125	0.052
中红杨	38.9	962.5	0.054

3.3.3.2　中红杨与 2025 杨光合特性日变化

净光合速率(*Pn*)能够反映植物的光合能力，是研究植物光合作用的重要指标。从图 3-14(a)可以看出，中红杨和 2025 杨的 *Pn* 日变化趋势相似，均呈单峰曲线。在7:00 中红杨和 2025 杨的 *Pn* 均较低，随着光合有效辐射的增加和气温的升高，酶系统充分活化，光合速率迅速上升。13:00 左右达到峰值，此时中红杨的净光合速率为 28.66 CO_2 $\mu mol \cdot m^{-2} \cdot s^{-1}$，较 2025 杨低 8.9%。之后，随着光合有效辐射的减少，两者净光合速率均逐渐降低，这可能与光合碳同化有关的酶活性降低有关。*Pn* 的变化规律与太阳光照强度变化一致，有人认为光合速率在一定范围内随光照强度的增强而提高(黄振英，2002)。从图中可以看出，在相同光合有效辐射条件下，中红杨的净光合速率基本低于 2025 杨，9:00～10:00 差异达到最大，13:00～15:00 差异最小，初步印证中红杨叶绿素含量低于 2025 杨，其制造营养物质的能力也低于 2025 杨。但中红杨 *Pn* 降低幅度小于 2025 杨，15:00 以后，中红杨的 *Pn* 逐渐高于 2025 杨，表明中红杨的光合衰退较 2025 杨缓慢，这可能与中红杨较低的光饱和点有关，此时的光合作用可补充、满足快速生长的生理需求，对其保持速生特性有着极大的意义。

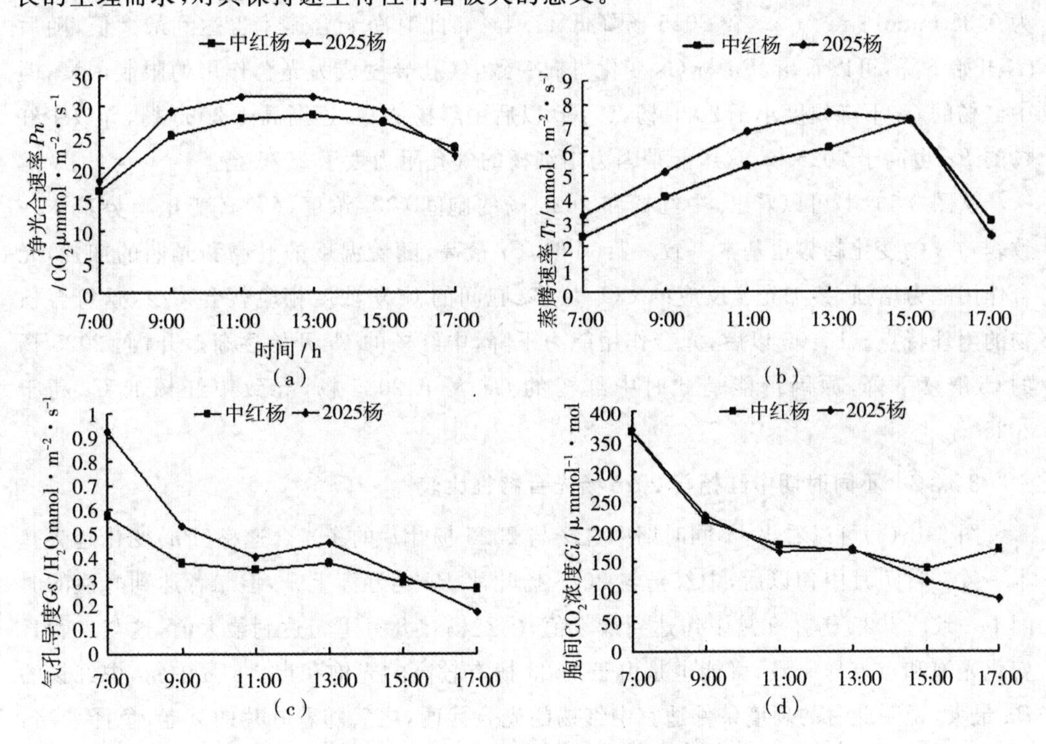

图 3-14　中红杨和 2025 杨光合特性日变化

蒸腾速率(*Tr*)是计量蒸腾作用强弱的一项重要指标。从图 3-14(b)可以看出,中红杨和 2025 杨的 *Tr* 日变化均呈单峰曲线。从早晨开始,*Tr* 随着光照强度和气温的升高而逐渐加强,中红杨的 *Tr* 低于 2025 杨。二者峰值出现时间不一致,2025 杨峰值出现在 13:00,中红杨峰值则出现在 15:00,此时中红杨的 *Tr* 为 7.31 $mmol \cdot m^{-2} \cdot s^{-1}$,峰值较 2025 杨减少 4.3%。此后,随着光合有效辐射的减弱和温度的下降,中红杨和 2025 杨的 *Tr* 均减少,但中红杨下降的幅度较小。就不同时间段单个值而言,7:00～11:00 的 *Tr*,中红杨上升缓慢,但是随着光照强度的增加(11:00～ 15:00),中红杨 *Tr* 迅速增大,并且在 15:00 逐渐高于 2025 杨,这可能是因为在光照强度减弱时中红杨植株内水蒸气在细胞及气孔间的扩散阻力大于 2025 杨缘故。可以看出,二者蒸腾速率变化规律随着光照强度的增加而逐渐增大,与光合作用基本一致,这与潘瑞炽(1995)的观点基本一致。

气孔开张程度或气孔阻力的大小对植物水分状况和 CO_2 同化有着重要影响。图 3-14(c)所示,CO_2 的吸收和水分的散失都是通过气孔完成的,气孔通过张开和关闭实现调控。但是气孔调节也是有限度的,它与植物本身的生理特性有关,同时还受到环境的影响(许大全,2002)。气孔阻力变化较大,往往是光合作用的一种限制因子(张利平,1996)。从图 3-14(c)可以看出,中红杨和 2025 杨的 *Gs* 日变化均逐渐降低,二者 *Gs* 的最高值均出现在上午7:00,此后降迅速降低,这是由于此时胞间 CO_2 浓度高,保卫细胞失水而使气孔关闭,导致气孔导度降低。相比较,中红杨 *Gs* 日变化幅度不明显,基本在 0.2～0.6 $mmol \cdot m^{-2} \cdot s^{-1}$之间。11:00 以后略有回升,13:00 时达到峰值 中红杨的 *Gs* 值为 0.38 $mmol \cdot m^{-2} \cdot s^{-1}$,较 2025 杨降低 17.4%。此时净光合速率也达到最大值,随后 *Gs* 开始下降,可以看出,*Pn* 与 Gs 变化方向一致,气孔导度成为光合作用的限制因素,但中红杨的 *Gs* 下降幅度小于 2025 杨,15:00 以后中红杨的 Gs 逐渐高于 2025 杨,导致中红杨的 *Pn* 也高于 2025 杨,这可能是因为中红杨的气孔阻力大于 2025 杨。

从图 3-14(d)可以看出,中红杨和 2025 杨的胞间 CO_2 浓度(*Ci*)日变化趋势基本一致,与 *Gs* 的变化趋势也基本一致。7:00 时,*Ci* 最高,随着温度的升高和光照的加强,光合作用能力增强,参加光合反应的 CO_2 增多,胞间的 CO_2 浓度相应就会减少,这符合植物的生理特点。15:00 以后,光合作用能力下降,中红杨的 *Ci* 开始逐渐上升,而 2025 杨的 Ci 继续下降,原因可能是此时中红杨的 *Gs* 大于 2025 杨,导致中红杨的 *Ci* 高于 2025 杨。

3.3.3.3 不同时期中红杨与 2025 杨光合特性比较

图 3-15(a)可以看出,不同时期中红杨与 2025 杨叶片的净光合速率(*Pn*)变化趋势基本一致。自 7 月中旬以后,中红杨与 2025 杨叶片 *Pn* 均逐渐上升,但二者达到峰值的时间不一致。2025 杨在 9 月中旬达到最大值,中红杨在 8 月下旬达到最大值,这与二者日变化光饱和点差异一致,可能也是由于 2025 杨有较高的光饱和点。8 月中旬,中红杨的 *Pn* 最大,说明此时的环境条件适宜中红杨的光合代谢,之后随着叶片的衰老,色泽变暗,质地硬而脆,光合能力开始明显下降。与 2025 杨相比,中红杨叶片 *Pn* 总体低于 2025

杨,表明中红杨光合能力较低,这可能与叶色减少对光合有效光的吸收及光合碳同化有关的酶活性降低有关。

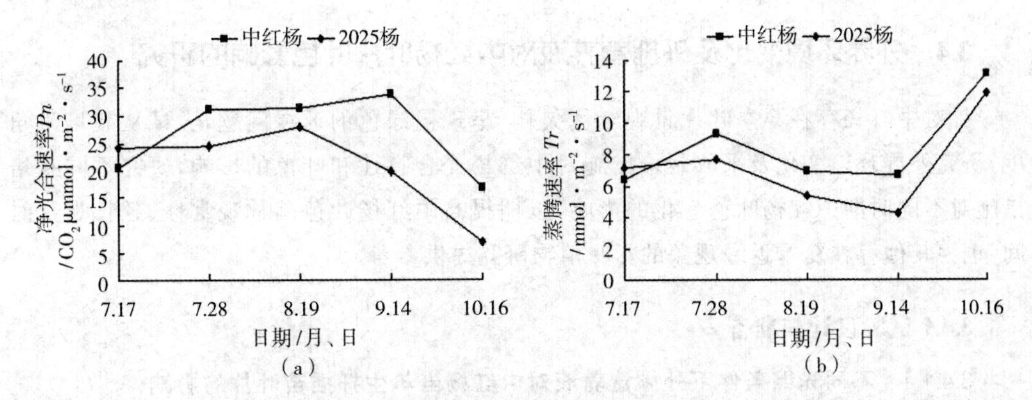

图 3-15　不同时期中红杨和 2025 杨 *Pn* 变化

从图 3-15(b)可以看出,中红杨与 2025 杨的蒸腾速率(*Tr*)为 7 月底最高,分别为 7.65 mmol · m^{-2} · s^{-1}和 9.29 mmol · m^{-2} · s^{-1}。此后随着光强的增加和温度的升高,*Tr* 迅速降低,9 月中旬达到最低,这是植物适应环境的表现。秋季气候转凉,二者的 *Tr* 均开始升高,变化趋势亦很相似。总体来看,不同时期中红杨 *Tr* 低于 2025 杨,这可能是因为中红杨的气孔导度低于 2025 杨,气孔导度差异造成的。

3.3.4　讨论

彩叶植物的光合特性较同种绿叶植物会发生变化,一般彩叶植物的光合能力较绿色植物低。但是也有一些彩叶植物的光合能力并没有降低,反而比普通绿叶植物升高,如美国红栌的光合速率明显高于普通黄栌(姚砚武等,2000)。本研究中中红杨较 2025 杨的光合能力降低,属于前者。中红杨的光补偿点(LCP)约为 38.9 μmol · m^{-2} · s^{-1},光饱和点约为 LSP 约为 962.5 μmol · m^{-2} · s^{-1},光饱和时的净光合速率可以反映叶片的光合潜能(潘瑞炽,1995)。中红杨光饱和时的净光合速率为 18.4 CO_2 μmol · m^{-2} · s^{-1},较 2025 杨低 25.5%,表明中红杨光合潜能较弱。说明相对于 2025 杨,中红杨对光照的适应范围相对较窄,并且中红杨对光照的要求较 2025 杨低,这样有利于叶片的呈色。而表观量子效率是表示光合作用光能利用率高低的参数(张其德,1992),中红杨的表观量子效率较 2025 杨高 3.8%,叶片的光合效能较高。

由于自身生理代谢及不同季节生态环境条件变化,中红杨与 2025 杨的光合指标的日变化和不同时期变化均比较明显。中红杨的 *Pn* 日变化总体趋势与 2025 杨均差异不明显,且均呈单峰曲线。但中红杨 *Pn* 的绝对值明显低于 2025 杨,这与刘桂林等 (2003) 在金叶国槐和普通国槐中的研究结果一致。不同时期,中红杨叶片叶绿素和类胡萝卜素含量均显著高于 2025 杨,净光合速率却低于 2025 杨,表明光合能力降低并不是叶绿素含量的差异造成的,这可能与光合碳同化有关的酶活性降低有关,这与庄猛(2005,2006)等对 Rutgers 桃和紫叶李的研究结果一致。生长季不同时期中红杨叶片的净光合速率、蒸腾速率、气孔导度基本上都小于 2025 杨。对于中红杨自身 8 月中旬叶片 Pn 最大，说明此时的环境条件适宜中红杨的光合代谢。

3.4 外界环境变化及外施营养液对中红杨叶片叶色影响的研究

针对中红杨存在夏季叶片景观红色欠佳，呈现褐绿色的返绿问题，尝试从栽培学角度，研究外界环境变化及采取栽培措施对中红杨光合特性和叶色的影响，研究不同栽培措施对不同时期中红杨叶色变化的影响，以期提高中红杨叶色园林观赏性、延长观赏时间，也为其他存在夏季返绿现象的彩叶植物研究提供参考。

3.4.1 试验设计与准备

3.4.1.1 不同光照条件下外施营养液对中红杨当年生扦插苗叶片的影响

在河南林业科学研究院试验场(郑州)，试验材料为中红杨当年生扦插苗，以 2025 杨当年生扦插苗为对照。试验设计光照强度和外施不同营养液 2 个因素。因素光照强度设 3 个水平，即全光照(CK1)、50％光照、20％光照，通过覆盖遮阳网(不改变光质)控制样地光照水平；因素外施不同营养液设 4 个水平，分别为清水(CK2)、3‰KH_2PO_4(K)、3‰柠檬酸(N)及 3‰蔗糖(T)。每个品种每个处理组合苗木为 15 株，即中红杨和 2025 杨分别为 3×4×15＝180(株)，处理组间间相距在 1 m 以上。自 2007 年 7 月 24 日起至 2007 年 8 月 23 日每 7 d 喷施 1 次营养处理液(根据天气情况可前后调动 1 d)。一个月后采样测定，取样时中红杨株高约平均为 1.5 m，2025 杨株高平均为1.7 m，选取每株由枝条顶端往下数第 3～4 片叶，每个处理组共选取 6～9 片叶，样品放入冰盒中立即带回林科院重点实验室进行生化指标测定。

3.4.1.2 不同昼夜温差对中红杨当年生扦插苗叶片的影响

在河南省林科院重点实验室(郑州)，试验材料为中红杨当年生扦插苗，以 2025 杨当年生扦插苗为对照。2007 年 7 月 24 日试验在 GXZ-智能型(310B)光照培养箱中进行，以正常日温(22～26 ℃)，夜温(12～18 ℃)为标准，设置 4 个昼夜温差处理，分别为0 ℃(25 ℃～25 ℃)、7℃(25 ℃～18 ℃)、14 ℃(26 ℃～12 ℃)、20 ℃(32 ℃～12 ℃)，每个品种每个处理苗木为 15 株，即中红杨和 2025 杨分别为 4×15＝60(株)，处理时间为 6 d。选取每株由枝条顶端往下数第 3～4 片叶，每个处理组共选取 6～9 片叶，样品立即放入冰盒中保存备用。

3.4.1.3 外施不同浓度 KH_2PO_4 营养液对 4 年生中红杨树木叶片的影响

在河南林业科学研究院院内(郑州)，试验材料为院东侧栽植的 4 年生中红杨树木，选择其中 39 株树高均在 9 m 以上，胸径 9～10 cm，生长状况基本一致、无病虫害的树木作为试验对象。2009 年 4 月 2 日至 2009 年 10 月 28 日，试验设喷施间隔天数和不同浓度 KH_2PO_4 营养液浓度 2 个因素。喷施间隔天数分别为 5 d、10 d 和 15 d；KH_2PO_4 营养液浓度分别为 1‰ KH_2PO_4、3‰ KH_2PO_4、5‰ KH_2PO_4 和 7‰ KH_2PO_4。分 3×4＝12

个处理组，1个对照组(CK)，每组设为3株重复。喷施在全光照条件下进行(根据天气情况可前后调动1d)，下午14:00开始，对处理组每组材料喷施相应处理浓度的 KH_2PO_4 营养液，对照组设计为每隔10 d叶面喷施1次清水。每次喷施时要全方位均匀喷施3遍至整株叶片完全湿润，喷施两个月后采样测定。每株取树冠中部枝条的顶芽下第3～4片叶片，不同方位选取叶片6～8片，共18片，样品放入冰盒中立即带回林科院重点实验室进行生化指标测定。

3.4.2 生理指标与测定方法

3.4.2.1 色光值测定根据Richardson(1987)的方法

在完全模拟自然的条件下，用便携式日本原装进口柯尼卡美能达色差仪CR-400测定叶片明亮度 L^* 值、色相 a^* 值和 b^* 值。L^* 反映颜色的明亮度，当 L^* 值从0到100时，明亮度逐渐变强，即由黑变白；参数 a^* 值反映红、绿属性的色相，由负值变为正值，表示绿色减弱，红色增强；参数 b^* 值反映黄、蓝属性的色相，由负值变正值时，意味着蓝色逐渐减退，黄色增强。通过测得的色相 a^* 值、b^* 值和明亮度 L^* 值，计算出彩度 C^* 值和色光值，$C^*=(a^{*2}+b^{*2})^{1/2}$，色光值 $=2000\cdot a^*/L^*\cdot(a^{*2}+b^{*2})^{1/2}$ (Wang Liangsheng, et al., 2004; Richardson C, et al., 1987)。

3.4.2.2 特征色素溶解性的鉴定根据徐娟，邓秀新(2002)的方法。

2007年7月5日，在河南林业科学研究院试验场(郑州)，于上午9:00～10:00采集中红杨枝条顶部第3～4片叶，擦净组织表面污物(去掉中脉)，剪碎混匀。称取5.0 g，避光条件下进行以下两种处理。

处理1：用10%盐酸甲醇溶液浸提48h，浸提液于TU-1810紫外可见分光光度计上作200～700 nm的紫外可见区吸收峰的扫描；

处理2：将剪碎的叶片置于研钵中，分5次加入约60 mL丙酮，边研磨边浸提，合并提取液，加少量水洗去丙酮和少量杂质，用石油醚萃取2～4次，直至石油醚层无色，合并石油醚，定容至50 mL，将萃取液做紫外可见区吸收峰的扫描。

3.4.2.3 叶绿素、类胡萝卜素含量测定，根据张宪政(1986)的方法

取新鲜植物叶片，擦净组织表面污物(去掉中脉)，剪碎混匀。称取剪碎的新鲜样品0.2 g，共3分，放入25 mL刻度试管中。加丙酮-乙醇(1∶1)各10 mL于25 mL刻度试管盖塞后置于室温下暗储藏24 h至组织变白。以提取液作对照，将叶绿体色素提取液倒入光径1 cm的比色皿内。在波长663 nm、645 nm、470 nm下测定吸光值(OD)，并代入公式计算。

叶绿素a($mg\cdot g^{-1}$) $=(12.72\times A_{663}-2.59\times A_{645})\times V/1000\ FW$

叶绿素b($mg\cdot g^{-1}$) $=(22.88\times A_{645}-4.67\times A_{663})\times V/1000\ FW$

叶绿素的总量(Tch1) ($mg\cdot g^{-1}$)＝叶绿素a＋叶绿素b

类胡萝卜素($mg\cdot g^{-1}$) $=[(1000A_{470}-3.27C_a-104C_b)/229]\times V/1000\ FW$

注：V 为提取液的体积；FW 为叶片鲜重。

3.4.2.4 花色素苷的测定，根据何奕昆(1995)，于晓南(2000)、Rabino & Mancinelli(1986)等的方法

花色素苷浸提液的选择：分别称取 1.00 g 叶片，加入 10 mL 不同浸提剂：0.1 mol・L^{-1} 盐酸、1%盐酸甲醇、1%盐酸乙醇，于 32 ℃恒温培养箱(32 ℃ 160 转)中浸提 5h，不时摇荡。取出过滤用浸提液稀释 5 倍后，立即用 TU-1810 紫外可见分光光度计在 400～700 nm 范围内扫描。

取新鲜植物叶片，擦净组织表面污物(去掉中脉)，剪碎混匀。称取剪碎的新鲜样品 1.00 g，置于 50 mL 三角瓶中，加入 10 mL 1%盐酸甲醇溶液，杯口用封口膜扎紧以防水分蒸发。于 32℃恒温培养箱(32℃ 160 转)中浸提 5 h，不时摇荡。取出过滤用 1%盐酸甲醇稀释 5 倍后作为待测溶液。以 1%盐酸甲醇为对照，测定 530 nm 和 657 nm 处的吸光值(OD)，并代入公式计算。

花色素苷含量(mg・g^{-1})$=OD_{530}-0.25\times OD_{657}$

3.4.2.5 可溶性总糖的测定，采用蒽酮比色法(李合生，2000)

标准曲线的制作：1%蔗糖标准液：将分析纯蔗糖在 80 ℃下烘至恒重，精确称取 1.000 g。加少量水溶解，转入 100 mL 容量瓶中，加入 0.5 mL 浓硫酸，用蒸馏水定容至刻度。100 μg・L^{-1} 蔗糖标准液：精确吸取 1%蔗糖标准液 1 mL 加入 100 mL 容量瓶中，加水至刻度。取 20 mL 刻度试管 11 支，从 0～10 分别编号，按表 1 加入溶液和水。

然后按顺序向试管中加入 0.5 mL 蒽酮乙酸乙酯和 5 mL 浓硫酸，充分振荡，立即将试管放入沸水浴中，准确保温 1 min，取出后自然冷却至室温，以空白作对比，在 630 nm 波长下测定其吸光值(*OD*)，以吸光值为纵坐标，以糖含量为横坐标，绘制标准曲线，并求出标准线性方程(见表 3-14)。

表 3-14 蒽酮法测可溶性糖标准曲线试剂量

试剂	试管号					
	0	1、2	3、4	5、6	7、8	9、10
100 μg・L^{-1} 蔗糖液/L	0	0.2	0.4	0.6	0.8	1.0
水/mL	2.0	1.8	1.6	1.4	1.2	1.0
蔗糖量/μg	0	20	40	60	80	100

取新鲜植物叶片，擦净组织表面污物，剪碎混匀，称取新鲜植物叶片 0.10～0.30 g，加水 10 mL 于 25 mL 具塞试管，于沸水浴 60 min；提取液冷却过滤入 25 mL 容量瓶，反复漂洗试管及残渣，定容。吸取样品提取液 0.5 mL 于 20 mL 刻度试管，加蒸馏水 1.5 mL，0.5 mL蒽酮乙酸乙酯和 5 mL 浓硫酸，充分振荡，立即将试管放入沸水浴中，准确保温 1 min，取出后自然冷却至室温，以空白作对比，在 630 nm 波长下测定其吸光值(*OD*)。

注：对照为 2 mL 水+0.5 mL 蒽酮乙酸乙酯+5 mL 浓硫酸。

$$\text{可溶性糖含量} = \frac{\dfrac{\text{从回归方程求得糖含量}}{\text{吸取样品液的体积积}} \times \text{提取液量} \times \text{稀释倍数}}{\text{样品干重} \times 10^6} \times 100\%$$

3.4.3 结果与分析

3.4.3.1 不同光照条件下外施营养液对中红杨当年生扦插苗叶片的影响

1. 叶绿素含量

叶片中叶绿素含量是维持观叶植物正常光合作用以及叶片色泽、彩化度的主要指标，它受光照条件的制约(于晓南，2001)。不同光照条件下外施营养液对中红杨叶片中叶绿素含量的影响如图 3-16 所示。

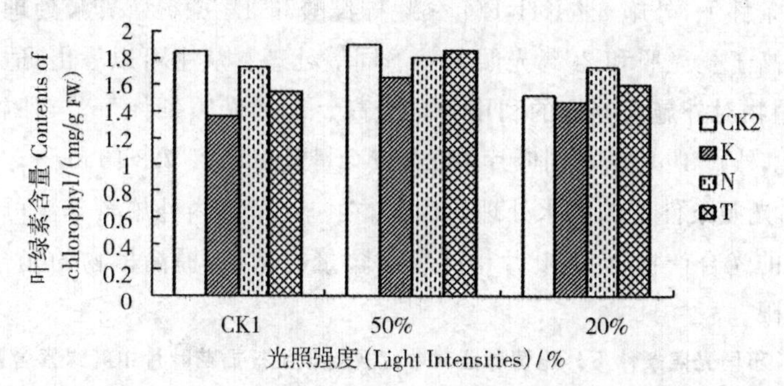

图 3-16 不同光照条件下外施营养液对中红杨当年生扦插苗叶片叶绿素含量的影响

从图 3-16 及表 3-15 可以看出，在没有任何营养液处理情况下，随着光照强度的减弱，中红杨叶片叶绿素含量呈先增加后降低的趋势。50%光照条件下叶片中叶绿素含量较 CK1 增加了 2.9%，差异不显著；而 20%光照条件下叶片中叶绿素较 CK1 下降了 18.0%，差异显著。随着光照强度的减弱，叶片光合作用能力降低，为了维持一定量的光合作用产物，在一定光照强度范围内，植株通过自我调节来增加叶片中叶绿素的含量，从而使叶片光合作用能力维持在一定的水平。但随着光照强度的进一步降低，中红杨叶片中叶绿素含量呈下降趋势，表明叶绿素的合成与一定的光照强度有关。

表 3-15 不同光照条件下中红杨当年生扦插苗叶片色素及可溶性糖含量的显著性分析($mg \cdot g^{-1}$)

处理	叶绿素	类胡萝卜素	花色素苷	可溶性糖
CK1	1.84595Aa	0.4738Aa	0.58217Aa	1.79739Aa
50%光照	1.89907Aa	0.50777Aa	0.55068Aa	1.30723AaB
20%光照	1.51363Bb	0.41485Bb	0.45476Bb	0.6753Bb

注：A(a)—B(b)表示不同品种的差异水平，小写字母表示在 $P=0.05$ 水平上差异显著，大写字母表示在 $P=0.01$ 水平上差异极显著，字母相同表示差异不显著。

由表 3-16 可知，在全光照条件下，叶面喷施 3‰ KH_2PO_4 和 3‰蔗糖营养液后，中红杨叶片中叶绿素含量分别较 CK2 下降了 26.5%和 16.1%，差异显著；而 3‰柠檬酸处理较 CK2 仅下降了 6.4%，无显著差异。50%光照条件下，叶面喷施 3‰ KH_2PO_4 营养液后，叶片中叶绿素含量较 CK2 下降了 12.6%，差异显著；而 3‰柠檬酸和 3‰蔗糖处理分别较 CK2 下降了 4.9% 和 2.0%，无显著差异。研究表明，在光照充足时，外施 3‰ KH_2PO_4、3‰柠檬酸和 3‰蔗糖营养液对促进植物叶绿素合成的作用不大，叶片中叶绿素含量反而降低，这可能与外施营养液促进叶绿素酶的活性有关。相比之下，在 20% 光照的弱光条件下，外施营养液对中红杨叶片叶绿素合成影响较大，其中柠檬酸处理作用最明显，较 CK2 增加了 14.2%，差异显著；蔗糖处理次之，较 CK2 增加了 6.1%，差异显著；而 KH_2PO_4 处理较 CK2 仅降低了 3.4%，无显著差异。可见，在弱光条件下，中红杨叶片的光合作用能力降低，为了维持正常生长，植物优先吸收与细胞构成有关的营养，促进叶绿素含量的增加，进而提高光合作用能力，这是植物对逆境适应性的表现。

50% 光照条件下，外施 3‰ KH_2PO_4、3‰柠檬酸和 3‰蔗糖营养液处理后中红杨叶片叶绿素含量均高于全光照和 20% 光照条件下同等处理。从中可以看出，适当遮阴有利于植物的生长，植物对外施营养液的利用率也最高。20% 光照条件下，与外施 3‰ KH_2PO_4 和 3‰蔗糖相比，外施 3‰柠檬酸时叶片中叶绿素含量最高，为 1.728 16 $mg \cdot g^{-1}$FW，但仍低于全光照和 50% 光照条件下的清水处理。因此，在一定范围内外施营养液可以弥补由于光照不足而减少的光合产物，促进叶片中叶绿素含量的增加，提高植物的光合作用能力，但其调节能力有限。

表 3-16　不同光照条件下外施营养液对中红杨当年生扦插苗叶片中叶绿素含量影响的显著性分析($mg \cdot g^{-1}$)

处理	CK1	50%光照	20%光照
CK2	1.84595Aa	1.89907Aa	1.51363BCc
3‰KH_2PO_4	1.35717Cc	1.66062Ab	1.46192Cc
3‰柠檬酸	1.72746ABa	1.8055Aab	1.72816Aa
3‰蔗糖	1.54822BCb	1.86048Aab	1.60573Bb

注：A(a)—C(c)表示不同品种的差异水平，小写字母表示在 $P=0.05$ 水平上差异显著，大写字母表示在 $P=0.01$ 水平上差异极显著，字母相同表示差异不显著。

2. 类胡萝卜素含量

在植物中，类胡萝卜素担当叶绿体光合作用的辅助色素并保护叶绿素免受强光破坏，同时也是许多重要观赏植物的色源物质(Bartley Scolnik，1995)。不同光照条件下外施营养液对中红杨叶片类胡萝卜素含量的影响如图 3-17 所示。

从图 3-17、表 3-15 可以看出，在没有任何营养液处理情况下，中红杨叶片类胡萝卜素含量变化趋势与叶绿素含量变化趋势基本一致。随着光照强度的减弱，中红杨叶片类胡萝卜素含量呈先增加后降低的趋势。50% 光照条件下叶片类胡萝卜素含量较 CK1 增加了 7.2%，差异不显著；而 20% 光照条件下叶片类胡萝卜素含量较 CK1 下降了 12.4%，差异显著。结果表明，适度的光照能促进叶片中类胡萝卜素的合成。

由表 3-17 可知，在全光照和 50% 光照条件下，外施营养液使中红杨叶片类胡萝卜素含量明显降低，虽然 50% 光照条件下，外施 3‰蔗糖后中红杨叶片类胡萝卜素含量较 CK2 增

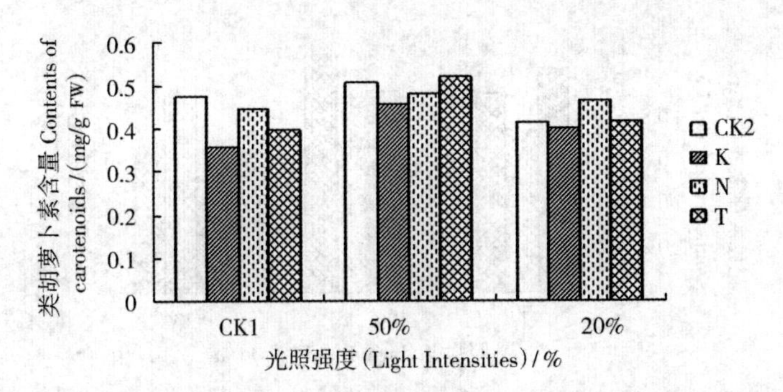

图 3-17 不同光照条件下外施营养液对中红杨当年生扦插苗叶片类胡萝卜素含量的影响

加了2.5%，但差异不显著。而在20%光照的弱光条件下，外施营养液对提高中红杨叶片类胡萝卜素含量有一定影响，其中叶面喷施3‰柠檬酸营养液后，叶片类胡萝卜素含量较CK2提高12.5%，差异显著；而3‰KH_2PO_4 和3‰蔗糖处理与CK2无显著差异。

表 3-17 不同光照条件下外施营养液对中红杨当年生扦插苗叶片中类胡萝卜素含量影响的显著性分析($mg \cdot g^{-1}$)

处理	CK1	50%光照	20%光照
CK2	0.4738Aa	0.50777Aa	0.41485Bb
3‰KH_2PO_4	0.35997Cb	0.4569bAb	0.40196Bb
3‰柠檬酸	0.4467ABa	0.47997Aab	0.46672Aa
3‰蔗糖	0.39839BCb	0.52058Aa	0.41685Bb

注：A(a)—C(c)表示不同品种的差异水平，小写字母表示在 $P=0.05$ 水平上差异显著，大写字母表示在 $P=0.01$ 水平上差异极显著，字母相同表示差异不显著。

此外表3-17可见，50%光照条件下，中红杨叶片类胡萝卜素含量的绝对值基本上高于全光照和20%光照下同等处理。20%光照条件下，外施3‰柠檬酸时叶片类胡萝卜素含量最高，为0.466 72 $mg \cdot g^{-1}$ FW。但仍低于全光照和50%光照条件下的清水处理。此结果与不同光照条件下外施营养液对中红杨叶片叶绿素含量的变化相似，二者呈正相关。

3.花色素苷含量

花色素苷含量的多少是影响叶色的主要因素之一。不同光照条件下外施营养液对中红杨叶片花色素苷含量的影响如图3-18所示。

从图3-18、表3-15可以看出，在没有任何营养液处理情况下，随着光照强度的减弱，中红杨叶片花色素苷的含量呈下降趋势。50%光照条件下，叶片花色素苷含量较CK1降低了5.4%，差异不显著；20%光照条件下，叶片花色素苷含量较CK1降低了21.9%，差异显著。该结果表明，光能明显地促进花色素苷的生成，且光照强度越强则促进作用越大，这与安田齐(1989)的观点一致。在不同光照条件下，叶面喷施3‰KH_2PO_4、3‰柠檬酸和3‰蔗糖营养液后，中红杨叶片花色素苷含量均显著提高。这主要是因为营养胁迫作为一种环境因子，它能影响花色素苷的表达水平。但是KH_2PO_4、柠檬酸和蔗糖对叶片中花色素苷含量积累的影响由于光照条件的不同而差异很大。全光照条件下叶片花

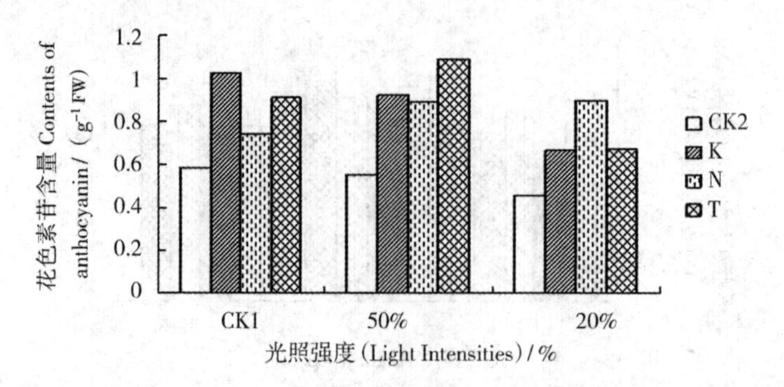

图 3-18 不同光照条件下外施营养液对中红杨当年生扦插苗叶片花色素苷含量的影响

色素苷含量分别较 CK2 增加了 76.1%,27.4%,56.4%,其中 3‰KH_2PO_4 处理,叶片花色素苷含量达到 1.025 25 g^{-1} FW;50%光照下叶片花色素苷含量分别较 CK2 增加了 67.7%,62.0%,98.0%,其中 3‰蔗糖处理,叶片花色素苷含量达到 1.090 08 g^{-1} FW。这是因为在光照充足的条件下,光合作用能力强,光明显促进花色素苷的合成,而 KH_2PO_4 和蔗糖的存在强化了光的促进作用。在 20%光照下叶片花色素苷含量分别较 CK2 增加了 46.4%,98.1%,48.0%,其中 3‰柠檬酸处理,叶片花色素苷含量达到 0.900 77 g^{-1} FW。表明,随着光照强度的减弱,光合作用能力大大降低,柠檬酸降低花色素苷分解速率的作用逐渐体现出来,促进了叶片中花色素苷的积累(吕福梅,2005)。总之,不同光照条件下外施营养液使中红杨叶片花色素苷含量均能保持在较高水平,对叶片花色素苷含量的影响达到极显著水平,可有效加深叶色,提高观赏价值。

表 3-18 不同光照条件下外施营养液对中红杨当年生扦插苗叶片中花色素苷含量影响的显著性分析(mg·g^{-1})

处理	CK1	50%光照	20%光照
CK2	0.58217Dd	0.55068Cc	0.45476Cc
3‰KH_2PO_4	1.02525Aa	0.92364Bb	0.66583Bb
3‰柠檬酸	0.74194Cc	0.892Bb	0.90077Aa
3‰蔗糖	0.91054Bb	1.09008Aa	0.67287Bb

注:A(a)—C(c)表示不同品种的差异水平,小写字母表示在 P=0.05 水平上差异显著,大写字母表示在 P=0.01 水平上差异极显著,字母相同表示差异不显著。

4.可溶性糖含量

植物体中色素的产生需要光合作用提供足够的可溶性糖,糖代谢在花色素苷合成中有重要功能(王小菁等,2003)。不同光照条件下外施营养液对中红杨叶片中可溶性糖含量的影响如图 3-19 所示。在没有任何营养液处理情况下,中红杨叶片中可溶性糖含量随着光照强度的减弱而降低。50%光照条件下,叶片中可溶性糖含量较 CK1 降低了 27.3%,20%光照条件下,叶片中可溶性糖含量较 CK1 降低了 62.4%,差异显著,这是由于充足的光照能有效地促进叶片中可溶性糖的合成。

由表 3-19 可知,全光照条件下,中红杨叶面喷施 3‰柠檬酸处理,叶片中可溶性糖含

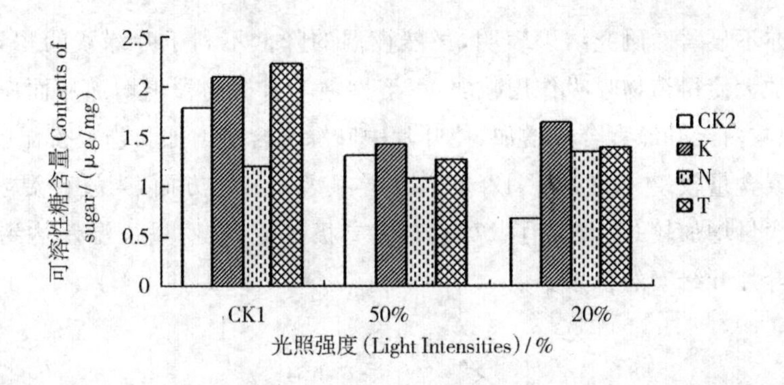

图 3-19 不同光照条件下外施营养液对中红杨当年生扦插苗叶片中可溶性糖含量的影响

量较 CK2 下降了 33.1%,差异显著;而 3‰KH_2PO_4 和 3‰蔗糖处理分别较 CK2 增加了 16.4%和 24.1%。50%光照条件下,叶面喷施 3‰KH_2PO_4 处理较 CK2 增加了 9.1%, 3‰柠檬酸和 3‰蔗糖处理分别较 CK2 下降 17.4%和 2.5%,各种处理叶片中可溶性糖含量均与对照差异不显著。理论上讲,可溶性糖含量主要来自叶片自身的光合作用和叶片同化产物的输入,尤其在光照充足的条件下,外施营养液对提高叶片中可溶性糖含量的作用有限,一旦外施营养液的种类或浓度不当,反而会引起可溶性糖含量的下降。但 20%光照条件下中红杨叶片中花色素苷含量分别较 CK2 增加了 144%,100%,106%,其中 3‰KH_2PO_4 处理,中红杨叶片中可溶性糖含量达到 1.644 97 $\mu g \cdot mg^{-1}$。从中可以看出,在弱光条件下,外施营养液可以显著提高中红杨叶片的光合作用能力,使得可溶性糖等碳水化合物合成增多。

表 3-19 不同光照条件下外施营养液对中红杨当年生扦插苗叶片中可溶性糖含量影响的显著性分析($mg \cdot g^{-1}$)

处理	CK1	50%光照	20%光照
CK2	1.79739ABa	1.30723Aa	0.6753Bb
3‰KH_2PO_4	2.09243Aa	1.42635Aa	1.64497Aa
3‰柠檬酸	1.20297Bb	1.08004Aa	1.34777Aa
3‰蔗糖	2.2357Aa	1.27465Aa	1.38865Aa

注:A(a)—B(b)表示不同品种的差异水平,小写字母表示在 $P=0.05$ 水平上差异显著,大写字母表示在 $P=0.01$ 水平上差异极显著,字母相同表示差异不显著。

3.4.3.2 不同昼夜温差对中红杨当年生扦插苗叶片的影响

从图 3-20(a)、表 3-20 可以看出,随着昼夜温差的增大,中红杨叶片叶绿素含量呈先下降、后上升的趋势。叶绿素合成的最低温度是 2～4℃,最适温度是 30℃上下,最高温度是 40℃。当昼夜温差为 7℃时叶片叶绿素含量较 0℃下降 2.0%,差异不显著。该结果表明恒温处理较变温处理不利于叶绿素的积累,这是由于恒温处理时的温度更接近于叶绿素合成的最适温度,有利于叶绿素的积累。但随着夜温的进一步降低和温差的增大,昼夜温差为 14℃时叶片中叶绿素含量较 0℃增加了 4.6%,差异不显著;较 7℃增加了

6.8%,差异亦不显著。研究结果表明,虽然夜温的降低不利于叶绿素的积累,但昼夜温差的进一步加大使得植物呼吸作用减弱,可溶性糖等有机物积累增加从而应用于植物生长,植物组织在白天叶绿素合成增加,使叶片中叶绿素含量增加。当昼夜温差为 20℃时,叶片中叶绿素含量较 14℃增加了 12.2%,差异显著。另一方面,当昼夜温差为 20℃时,叶片叶绿素含量增加较 0℃增加了 17.4%,差异极显著,表明昼夜温差达到一定范围有利于中红杨叶片叶绿素的积累。

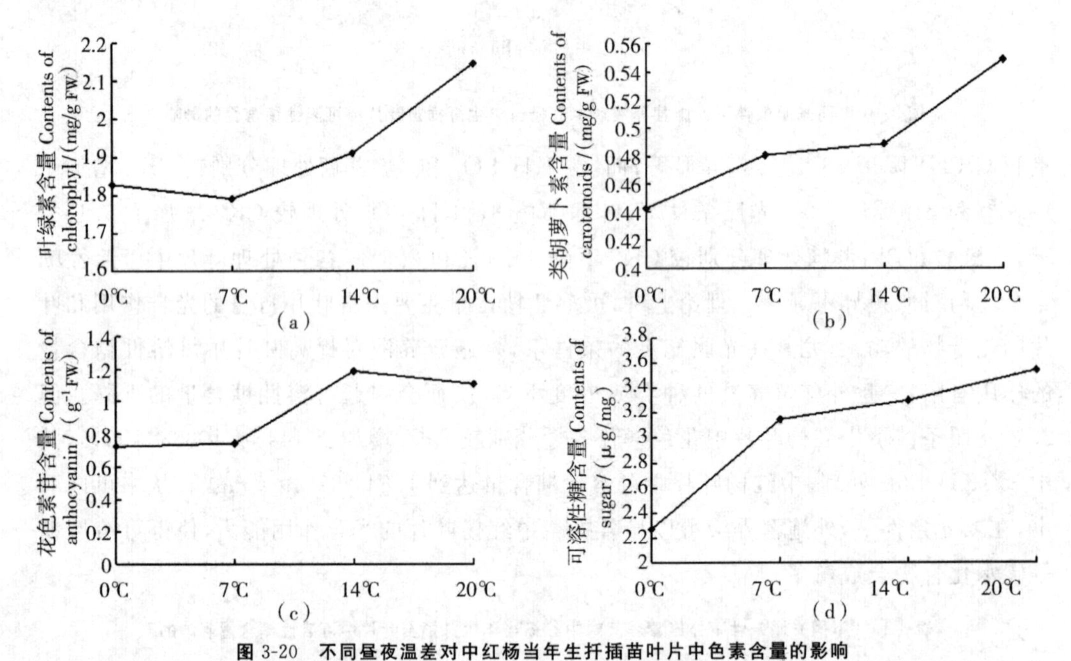

图 3-20 不同昼夜温差对中红杨当年生扦插苗叶片中色素含量的影响

表 3-20 不同昼夜温差条件下中红杨当年生扦插苗叶片色素及可溶性糖含量的显著性分析

昼夜温差	叶绿素	类胡萝卜素	花色素苷	可溶性糖
0℃	1.826864Bb	0.442431Bc	0.723176Bb	2.269321Bb
7℃	1.789716Bb	0.480216Bbc	0.742623Bb	3.151915ABa
14℃	1.911221ABb	0.488188Bb	1.188643Aa	3.302283ABa
20℃	2.144887Aa	0.548594Aa	1.107031Aa	3.550166Aa

注:A(a)—C(c)表示不同品种的差异水平,小写字母表示在 $P=0.05$ 水平上差异显著,大写字母表示在 $P=0.01$ 水平上差异极显著,字母相同表示差异不显著。

从图 3-20(b)、表 3-20 可以看出,随着昼夜温差的增大,中红杨叶片类胡萝卜素含量不断上升。当昼夜温差为 7℃时叶片类胡萝卜素含量较 0℃增加 8.5%,差异不显著。这是由于类胡萝卜素随温度的降低而升高(Chen HsiuYu 等,1995)。随着夜温的进一步降低和昼夜温差的加大,昼夜温差为 14℃时叶片类胡萝卜素的含量较 0℃增加了 10.3%,差异显著;而较 7℃仅增加了 1.7%,差异不显著,表明当夜温降低到一定范围,温度的降低对类胡萝卜素积累的促进作用将减弱。当昼夜温差为 20℃时,叶片中类胡萝卜素含量较 14℃增加了 12.4%,差异极显著,表明夜温不变,由于昼夜温差的加大使得植物组织中类胡萝卜素含量增加。当昼夜温差为20℃时，叶片中类胡萝卜素含量增加较0℃增加了24.0%，与昼夜温差为0℃相比达到极显著水平，表明昼夜温差对中红杨叶片类胡萝卜素的积累有明显的促进作用。

从图3-20c、表3-20可以看出，随着昼夜温差的增大，中红杨叶片花色素苷含量呈先上升、后下降的变化趋势。当昼夜温差为7℃时叶片中花色素苷含量较0℃增加2.7%，差异不显著，表明在一定范围内夜温的降低对中红杨叶片花色素苷含量的影响不大。这可能是由于加大昼夜温差可以使植物呼吸作用减弱，可溶性糖等有机物积累增加，但可溶性糖含量仍主要用于植物生长，因此花色素苷含量增加不明显。随着夜温的进一步降低和温差的增大，昼夜温差为14℃时叶片中花色素苷的含量较0℃增加了64.6%，差异极显著；较7℃增加了60.1%，差异亦达到极显著水平。研究表明，昼温不高且夜温较低降低了暗呼吸的速率加速了糖的积累，从而促进了花色素苷的合成。当昼夜温差达到20℃时，叶片花色素苷含量较14℃降低了6.9%，差异不显著，表明在夜温不变的情况下，昼夜温差的加大对于中红杨叶片花色素苷含量的影响不大，证明了低温有利于彩叶的表现的观点(张启翔等，1998)。另一方面，当昼夜温差为20℃时，中红杨叶片花色素苷含量较0℃增加了53.1%，差异极显著，则表明昼夜温差不断加大有利于中红杨叶片的呈色，但超过了一定范围则对大大减弱叶片花色素苷含量的促进作用。

从图3-20(d)、表3-20可以看出，随着昼夜温差的增大，中红杨叶片中的可溶性糖含量迅速增加，昼夜温差为7 ℃时叶片可溶性糖含量较0 ℃增加38.9%，差异显著。这是由于夜温的降低使植物呼吸作用减弱，可溶性糖等有机物积累增加。此后，随着昼夜温差继续增加和夜温的继续下降，可溶性糖含量增加缓慢，昼夜温差为14 ℃时中红杨叶片中可溶性糖的含量较0 ℃增加了45.5%，差异显著；较7 ℃增加了4.8%，差异不显著。研究结果表明，夜温的降低，昼夜温差的加大，会促进叶片中可溶性糖的积累，当其超过植物用于立即生长量时，花色素苷得以积累，使得可溶性糖积累缓慢。当昼夜温差为20 ℃时，叶片中可溶性糖含量较14 ℃增加了7.5%，差异不显著，叶片中可溶性糖含量较0 ℃增加了56.4%，差异极显著，夜温不变，由于增加昼温，酶系统充分活化，促进可溶性糖等碳水化合物合成，随着昼夜温差加大，植物呼吸作用减弱，可溶性糖等碳水化合物的积累。

3.4.3.3 外施不同浓度 KH_2PO_4 营养液对4年生中红杨叶片的影响

叶绿素是叶片进行光合作用最重要的色素，是光合作用中捕获光的主要成分，而且是影响叶片颜色的主要指标。在全光照条件下，不同间隔时间外施不同浓度 KH_2PO_4 营养液对中红杨叶片叶绿素含量的影响见图3-21。

由图3-21、表3-21可知，在全光照条件下，间隔5 d、10 d、15 d进行叶面喷施1‰ KH_2PO_4 营养液后，中红杨叶片叶绿素含量分别为2.902 41 mg·g^{-1}，3.070 44 mg·g^{-1}，3.089 50 mg·g^{-1}，较喷施3‰KH_2PO_4，5‰ KH_2PO_4，7‰KH_2PO_4 营养液的叶片叶绿素含量高，但是较叶面喷施清水叶片分别下降13.9%，8.9%，8.4%，差异不显著；间隔5 d，10 d，15 d叶面喷施7‰KH_2PO_4 营养液后，中红杨叶片叶绿素含量分别为2.715 32 mg·g^{-1}，

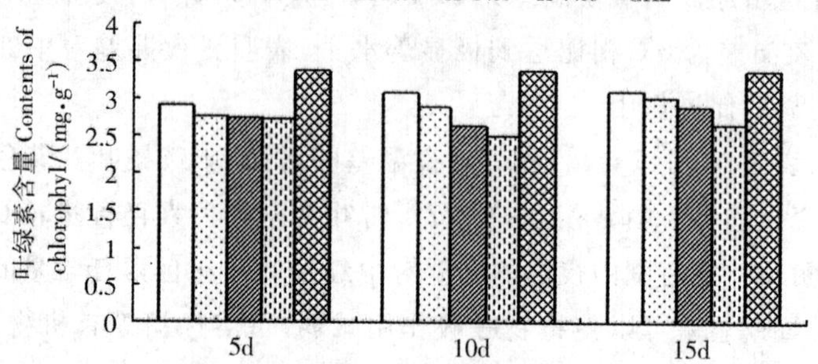

图 3-21　外施 KH_2PO_4 营养液对 4 年生中红杨叶片叶绿素含量的影响

2.501 95 mg·g^{-1}，2.64871 mg·g^{-1}，较喷施 1‰KH_2PO_4，3‰KH_2PO_4，5‰KH_2PO_4 营养液的叶片低，较叶面喷施清水叶片下降 19.5%，25.8%，21.4%。其中，间隔 10 d 叶面喷施 7‰KH_2PO_4 营养液和叶片叶绿素含量最低，差异显著，间隔 15 d 叶面喷施 7‰ KH_2PO_4 营养液的次之，差异极显著。研究结果表明，在全光照条件下，叶面喷施 KH_2PO_4 营养液对促进中红杨叶片叶绿素合成的作用不大，反而使叶片中叶绿素含量降低，其中间隔 10 d 叶面喷施 7‰KH_2PO_4 营养液叶片叶绿素含量最低。且叶面喷施 KH_2PO_4 营养液浓度越高，叶绿素含量越低，浓度越低，叶绿素含量越高，且叶绿素含量均低于叶面喷施清水后的叶绿素含量，这可能与 KH_2PO_4 营养液促进叶绿素酶的活性有关，浓度越高酶活性越强，越不利于叶绿素的合成（刘国顺等，2005），KH_2PO_4 营养液不利于叶绿素的合成。

表 3-21　外施 KH_2PO_4 营养液对 4 年生中红杨叶片叶绿素含量影响的显著性分析（mg·g^{-1}）

处　理	5 d	10 d	15 d
1‰KH_2PO_4	2.90241Aa	3.07044Aab	3.08950ABab
3‰KH_2PO_4	2.74777Aa	2.89005Aab	3.00338ABabc
5‰KH_2PO_4	2.73969Aa	2.62421Ab	2.87906ABbc
7‰KH_2PO_4	2.71532Aa	2.50195Ab	2.64871Bc
清　　水	3.37124Aa	3.37124Aa	3.37124Aa

注：A(a)—C(c)表示不同品种的差异水平，小写字母表示在 $P=0.05$ 水平上差异显著，大写字母表示在 $P=0.01$ 水平上差异极显著，字母相同表示差异不显著。

由图 3-22、表 3-22 可知，在全光照条件下，间隔 5 d、10 d、15 d 叶面喷施 1‰KH_2PO_4 营养液后，中红杨叶片类胡萝卜素含量分别为 0.804 83 mg·g^{-1}，0.833 07 mg·g^{-1}，0.839 17 mg·g^{-1}，较喷施 3‰KH_2PO_4，5‰KH_2PO_4，7‰KH_2PO_4 营养液的叶片类胡萝卜素含量高，较叶面喷施清水叶片分别下降 5.0%，1.6%，0.9%，差异不显著；间隔 5 d，15 d 叶面喷施 7‰KH_2PO_4 营养液后，中红杨叶片类胡萝卜素含量分别为 0.729 07 mg·g^{-1}，0.714 24 mg·g^{-1}，较喷施 1‰KH_2PO_4，3‰KH_2PO_4，5‰KH_2PO_4 营养液的叶片低，较叶面喷施清水叶片分别下降 14.0%，18.3%，差异分别不显著和显著。其中，间隔 10 d 叶面喷施 5‰KH_2PO_4，7‰KH_2PO_4 营养液的叶片类胡萝卜素含量分别为 0.637 43 mg·g^{-1}，

0.691 97 mg·g^{-1}，较叶面喷施清水叶片分别下降了24.8%，18.3%，差异显著，且叶片类胡萝卜素含量较喷施其他浓度 K KH_2PO_4 营养液都低。研究结果表明，在全光照条件下，叶面喷施 KH_2PO_4 营养液使中红杨叶片类胡萝卜素含量降低，其变化趋势与喷施 KH_2PO_4 营养液使中红杨叶片叶绿素含量的变化趋势一致，间隔 10 d 叶面喷施 5‰ KH_2PO_4，7‰KH_2PO_4 营养液叶片类胡萝卜素含量最低。在植物中，类胡萝卜素是叶绿素进行光合作用的辅助色素，并保护叶绿素免受强光的破坏，通常类胡萝卜素含量与叶绿素含量呈正相关（李小康等，2008）。

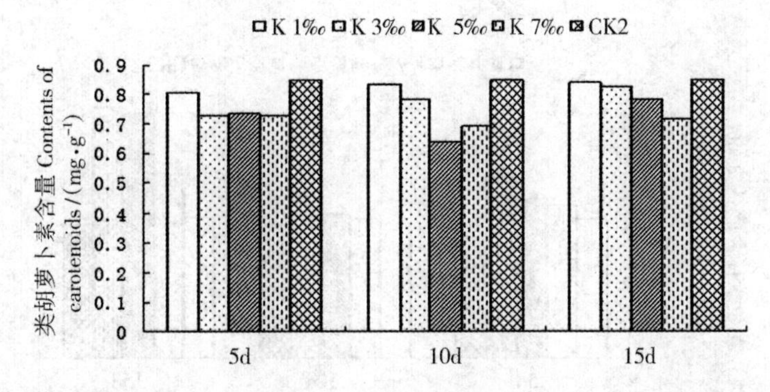

图 3-22　外施 KH_2PO_4 营养液对4年生中红杨叶片类胡萝卜素含量的影响

表 3-22　外施 KH_2PO_4 营养液对4年生中红杨叶片类胡萝卜素含量影响的显著性分析(mg·g^{-1})

处　理	5d	10d	15d
1‰KH_2PO_4	0.80483Aa	·0.83307Aa	0.83917Aa
3‰KH_2PO_4	0.73144Aa	0.77952Aab	0.82360Aa
5‰KH_2PO_4	0.73407Aa	0.63743Ab	0.77927Aab
7‰KH_2PO_4	0.72907Aa	0.69197Aab	0.71424Ab
清　　水	0.84745Aa	0.84745Aa	0.84745Aa

注：A(a)—B(b)表示不同品种的差异水平，小写字母表示在 $P=0.05$ 水平上差异显著，大写字母表示在 $P=0.01$ 水平上差异极显著，字母相同表示差异不显著。

花色素苷是自然界一类广泛存在于植物中的水溶性天然色素，属于类黄酮化合物，主要存在于彩色植物叶片、花或种子的叶肉细胞和表皮细胞的液泡中，使植物器官呈多彩色（冯立娟等，2008），花色素苷含量的多少直接影响叶片的呈色。

由图 3-23、表 3-23 可知，在全光照条件下，间隔 5 d，10 d，15 d 叶面喷施 7‰KH_2PO_4 营养液后，中红杨叶片花色素苷含量分别为 0.236 21 mg·g^{-1}，0.247 33 mg·g^{-1}，0.328 75 mg·g^{-1}，较喷施 1‰KH_2PO_4，3‰KH_2PO_4，5‰KH_2PO_4 营养液后的叶片花色素苷含量高，较叶面喷施清水叶片分别升高 35.6%，41.9%，88.7%，差异极显著；间隔5 d，10 d，15 d 叶面喷施 1‰KH_2PO_4 营养液后，中红杨叶片花色素苷含量分别为 0.183 00 mg·g^{-1}，0.176 50 mg·g^{-1}，0.183 67 mg·g^{-1}，较喷施 3‰KH_2PO_4，5‰KH_2PO_4，7‰KH_2PO_4 营养液后叶片花色素苷含量低，较叶面喷施清水叶片分别升高

5.0%,1.3%,5.4%,差异不显著;叶面喷施不同浓度 KH_2PO_4 营养液后,中红杨叶片花色素苷含量均高于喷施清水后叶片中花色素苷含量,间隔 15 d 叶面喷施 7‰KH_2PO_4 营养液叶片花色素苷含量最高,间隔 10d 喷施 7‰KH_2PO_4 营养液次之。研究结果表明,在全光照条件下,叶面喷施 KH_2PO_4 营养液后中红杨叶片花色素苷含量较喷施清水后叶片升高,变化趋势与叶绿素,类胡萝卜素变化趋势相反,差异极显著。间隔 15 d 喷施 7‰ KH_2PO_4 营养液后叶片中花色素苷含量最高,表明间隔 15 d 喷施 7‰KH_2PO_4 营养液浓度有利于中红杨叶片中花色素苷的合成,可有效提高叶片中花色素苷的含量,有利于叶片呈现红色。

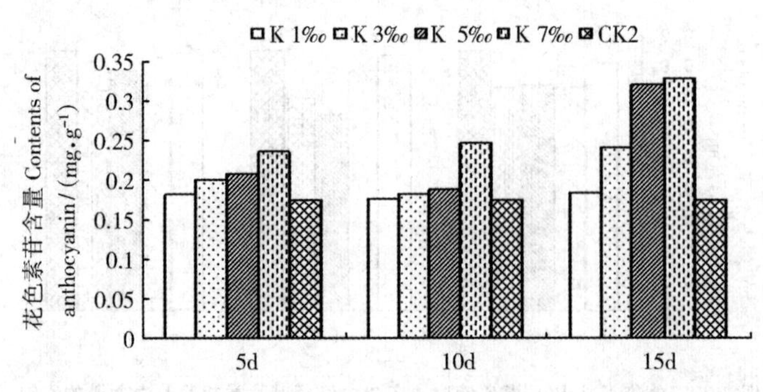

图 3-23 外施 KH_2PO_4 营养液对 4 年生中红杨叶片花色素苷含量的影响

表 3-23 外施 KH_2PO_4 营养液对 4 年生中红杨叶片花色素苷含量影响的显著性分析($mg \cdot g^{-1}$)

处 理	5d	10d	15d
1‰KH_2PO_4	0.18300ABb	0.17650Bb	0.18367Bb
3‰KH_2PO_4	0.20108ABab	0.18296Bb	0.24071Aa
5‰KH_2PO_4	0.20888ABab	0.18758Bb	0.32133Aa
7‰KH_2PO_4	0.23621Aa	0.24733Aa	0.32875Aa
清 水	0.17425Bb	0.17425Bb	0.17425Bb

注:A(a)—B(b)表示不同品种的差异水平,小写字母表示在 $P=0.05$ 水平上差异显著,大写字母表示在 $P=0.01$ 水平上差异极显著,字母相同表示差异不显著。

可溶性糖是植物体内重要的营养物质,也是叶片合成花色素苷必不可少的成分。可溶性糖含量在一定程度上决定着叶片红色的显现(聂庆娟等,2008)。

由图 3-24、表 3-24 可知,在全光照条件下,喷施 KH_2PO_4 营养液后,中红杨叶片可溶性糖含量均明显高于对照 CK(喷施清水),且变化趋势与花色素苷变化一致。间隔5 d,10 d,15 d 叶面喷施 1‰KH_2PO_4 营养液后,中红杨叶片可溶性糖含量较叶面喷施清水叶片分别升高 40.9%,27.9%,27.7%,差异显著;间隔 5 d,10 d,15 d 叶面喷施 3‰ KH_2PO_4 营养液后,中红杨叶片可溶性糖含量较叶面喷施清水叶片分别升高 46.9%,32.7%,49.7%,差异显著;间隔 5 d,10 d,15 d 叶面喷施 5‰KH_2PO_4 营养液后,中红杨叶片可溶性糖含量较叶面喷施清水叶片分别升高 48.8%,36.5%,73.8%,差异显著;间隔 5 d,10 d,15 d 叶面喷施 7‰KH_2PO_4 营养液后,中红杨叶片可溶性糖含量较叶面喷施清水叶片分别升高 58.7%，80.4%，110%，差异显著。研究结果表明，在全光照条件下，叶面喷施 KH_2PO_4 营养液后中红杨叶片可溶性糖含量较喷施清水后升高，间隔15 d喷施 7‰KH_2PO_4 营养液叶片中可溶性糖含量升高最多。

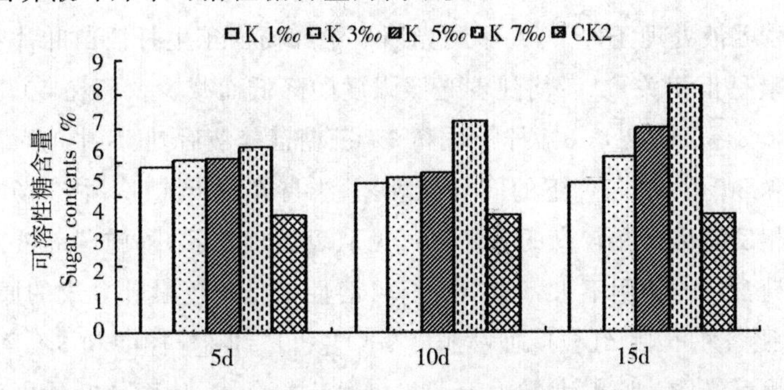

图 3-24　外施 KH_2PO_4 营养液对 4 年生中红杨叶片可溶性糖含量的影响

表 3-24　外施 KH_2PO_4 营养液对 4 年生中红杨叶片可溶性糖含量影响的显著性分析($mg \cdot g^{-1}$)

处　理	5d	10d	15d
1‰KH_2PO_4	4.83458Aab	4.38879Aab	4.38370Aab
3‰KH_2PO_4	5.03984Aab	4.55308Aab	5.13719Aab
5‰KH_2PO_4	5.10516Aa	4.68295Aab	5.96355Aab
7‰KH_2PO_4	5.44456Aa	6.19107Aa	7.21039Aa
清　　水	3.43172Ab	3.43172Ab	3.43172Ab

注：A(a)—B(b)表示不同品种的差异水平，小写字母表示在 $P=0.05$ 水平上差异显著，大写字母表示在 $P=0.01$ 水平上差异极显著，字母相同表示差异不显著。

3.4.4 讨论

3.4.4.1 不同光照条件下外施营养液对中红杨当年生扦插苗叶片的影响

在全光照和弱光照(20%)条件下，无论是否外施营养液，中红杨当年生扦插苗叶片叶绿素含量和类胡萝卜素含量均低于 50%光照条件下的含量，说明过强、过弱的光照均不利于叶绿素和类胡萝卜素的合成，而适当的遮阴(50%)光照，对植物叶片叶绿素和类胡萝卜素的合成有一定的效应。且在 20%弱光条件下，适当外施柠檬酸，对植物合成叶绿素和类胡萝卜素效果显著。

在不同光照条件下，叶面喷施 3‰KH_2PO_4、3‰柠檬酸和 3‰蔗糖营养液均可显著提高中红杨当年生扦插苗叶片花色素苷含量，表明这 3 种营养液对中红杨当年生扦插苗叶片花色素苷的合成均有促进作用，有利于提高中红杨叶片中花色素苷含量，使叶片红色色调加强，提高观赏价值，这与吕福梅(2005)对紫叶矮樱、紫叶李等彩叶树种的研究结果一致。但由于光照条件不同使外施营养液对叶片色素生成的影响差异较大，全光照条件下，3‰KH_2PO_4 提高中红杨叶片花色素苷含量的效果最好；50%光照条件下，3‰蔗糖营养液处理效果最好；20%光照条件下，3‰柠檬酸营养液处理效果最好。从生产实用性看，树木长大后进行遮光的难度加大，甚至无法遮光，这时直接喷施 KH_2PO_4 效果会更好，其次是蔗糖，3‰柠檬酸也能有一定效果。不过外施营养液对彩叶植物叶色的机理影响有待进一步研究。

没有任何营养液处理条件下，在不同光照下中红杨当年生扦插苗叶片花色素苷含量与可溶性糖含量呈正相关，二者均随着光照强度的降低而减少。而在 50％光照条件下，中红杨叶面喷施 3‰KH_2PO_4，3‰柠檬酸和 3‰蔗糖营养液后，叶片中的可溶性糖含量普遍低于全光照和 20％光照条件下的同等处理，并维持在较低水平，中红杨叶片花色素苷的含量则正好相反能维持在较高的水平。可见从表面现象看，外施营养液对提高中红杨叶片中可溶性糖含量的作用不大，但理论上，可溶性糖是花色素苷合成的原料，所以本研究在在 50％光照条件下，中红杨叶面喷施 3‰KH_2PO_4、3‰柠檬酸和 3‰蔗糖营养液后，叶片中可溶性糖可能作为原料大量用于了花色素苷的合成，从而使叶片中可溶性糖积累减少(OhtoM，2001)。

综上所述，不同光照条件下外施营养液均可以显著提高中红杨叶片花色素苷含量，改善叶色，提高观赏价值。但叶面喷施作为一种调节手段，其喷施浓度、使用次数，不同植物品种的敏感性等问题还需要深入研究和实践验证。

3.4.4.2 外施不同浓度 KH_2PO_4 营养液对 4 年生中红杨叶片的影响

在全光照条件下，对中红杨 4 年生树木叶片进行不同间隔天数的喷施不同浓度 KH_2PO_4 营养液处理后，叶片叶绿素和类胡萝卜素含量均较对照降低，并且喷施的 KH_2PO_4 营养液浓度越高，叶片中叶绿素和类胡萝卜素含量越低，与喷施清水对照植株叶片叶绿素和类胡萝卜素含量差异越显著，可见喷施高浓度的 KH_2PO_4 营养液影响了中红杨叶片叶绿素、类胡萝卜素的合成，喷施间隔时间 5 d 和 15 d 都不同程度地抑制了植株叶片叶绿素和类胡萝卜素的合成。其中，间隔 10 d 叶面喷施 7‰KH_2PO_4 营养液后，中红杨叶片叶绿素、类胡萝卜素含量均达到较低水平，间隔 15 d 叶面喷施 7‰KH_2PO_4 营养液次之。可见对中红杨定期喷施 KH_2PO_4 营养液会降低叶片叶绿素、类胡萝卜素含量，叶绿素含量的高低又可能直接影响叶片光合速率的强弱。

在全光照条件下，不同间隔天数、喷施不同浓度 KH_2PO_4 营养液均可以显著提高中红杨 4 年生树木叶片中花色素苷和可溶性糖含量。12 种处理方法均在一定水平上提高了 4 年生中红杨叶片中花色素苷和可溶性糖的含量，二者受到的影响结果也基本相似。相比较，间隔 15 d 叶面喷施 7‰KH_2PO_4 营养液后，4 年生中红杨叶片中花色素苷和可溶性糖含量提高的幅度明显高于其他处理，与喷施清水对照植株差异最为显著，说明该处理可使中红杨叶片更充分、更好地吸收和利用营养液，体内充足的营养成分能更有效地促进叶片中花色素苷和可溶性糖的合成和积累，使叶片红色色调更为突出，叶色更加鲜艳。

花色素苷与叶绿素、类胡萝卜素等其他色素共同决定植物器官的着色，有研究表明紫叶稠李叶片色素的变化和比例直接影响紫叶稠李叶色的表达，主要取决于花色苷和叶绿素的含量(李雪飞等，2011)，花色素苷含量的增多是导致紫叶稠李新梢红色层次不同的重要原因(王庆菊等,2008)。因此对彩叶植物中红杨来说,定期喷施 KH_2PO_4 营养液能降低植物叶片中叶绿素、类胡萝卜素含量,增加花色素苷和可溶性糖含量,提高花色素苷所占色素的比例,从而有效提高中红杨叶色的红色呈色效果。研究中,叶面喷施的 KH_2PO_4 营养液的浓度与叶绿素、类胡萝卜素含量成负相关,与花色素苷和可溶性糖含量成正相关。这可能是因为 KH_2PO_4 营养液中钾离子在植物中参与多个蛋白质的生物合成以及酶活性的活化,其中包括叶绿素酶的活化,钾离子浓度越高叶绿素酶的活性越强,越不利于叶绿素的合成,类胡萝卜素通常与叶绿素呈正相关性。在花色素苷生物合成过程中,钾离子直接作用于某个基因或酶,也可能是通过电子传递链发挥非直接调控作用(任彦等,2006)。花色素苷形成前叶绿素的降解是与蛋白质降解、氨基酸及糖的增加、代谢增强等过程同时发生的,这些都可能对花色素苷的合成产生影响(吕福梅等,2005;Saure Mc,1991)。糖是花色素苷合成的前体物质,花色素苷由花青素与糖形成,而花青素又是在糖代谢的基础上生成的,糖还可作为信号物质,诱导花色素苷合成的基因表达和调节酶的活性(甘志军等,2002;杨瑞因等,1986;Hara et al,2002)。对中红杨叶片喷施一定浓度的 KH_2PO_4 营养液可以促进了这些过程的发生,因此对中红杨叶片花色素苷的合成和积累以及显色都起到积极的作用(吕福梅,2005)。

综上所述,中红杨叶片花色素苷含量及其所占色素的比例对叶片的呈色起着重要作用,同时叶绿素和类胡萝卜素含量的高低又直接影响光合速率的强弱。间隔 15 d 叶面喷施 7‰KH_2PO_4 营养液能在显著提高叶片花色素苷含量的同时,又能合理控制叶片叶绿素和类胡萝卜素的含量,有效的提高中红杨叶色的观赏性,使中红杨在长势和叶色上均达到最佳效果。但由于中红杨为速生高大乔木,随着树木的长大,给叶面喷施营养液带来很大的不便,因此控制树高、培育树形低矮、丰满健壮,叶色更为稳定鲜艳的红叶杨品种将能更好地满足生产和应用的需要。同时不同间隔天数和叶面喷施 KH_2PO_4 营养液浓度对中红杨叶片中花色素苷的影响机理还有待进一步探讨。

3.4.4.3 不同昼夜温差对中红杨当年生扦插苗叶片的影响

有研究表明昼夜温差大于 15℃有利于美人梅、紫叶李的彩叶表现。夜温高于 14℃,红叶鸡爪槭的叶色随温度升高转淡并且生长减缓,暗呼吸速率随温度的升高而升高。但是也有一些彩叶植物需要较高的温度才能更好的呈色。如黄金榕、黄素梅的黄色叶片和绿色叶片中类胡萝卜素与叶绿素之比都随温度升高而增加。一定范围内昼温不变,随着夜温的降低叶片中花色素苷含量升高。昼夜温差的不断加大可以使植物呼吸作用减弱,可溶性糖等有机物积累增加,但可溶性糖含量仍主要用于植物立即生长的需要,只有随着昼夜温差的继续增加,可溶性糖等有机物积累到一定程度,花色素苷才得以积累。另一方面,维持较低的夜温不变,虽随着昼温的增加和昼夜温差的加大,但叶片中花色素苷的含量没有显著增加。本研究结果表明,不同昼夜温差下叶绿素/花色素苷的比值分别为:14℃<20℃<7℃<0℃,昼夜温差为 14℃时有利于中红杨叶片可溶性糖等有机物的增加及花色素苷的积累,使叶色红色表达更为突出。

第4章　全红杨研究

4.1　全红杨、中红杨和2025杨生物特性对比

4.1.1　材料与准备

在河南林业科学研究院红叶杨研发试验地苗圃(虞城),试验材料为全红杨、中红杨和2025杨当年生平茬苗各30株,2年生苗木各10株。

4.1.2　生理指标与测定方法

于2009年6月6日利用测高杆测量年生长高度(H)、用游标卡尺测量胸径(D),根据测定数据分析全红杨的年生长速度。

采集各无性系当年生平茬苗枝条顶端向下第3～4个叶片,每个品种同部位叶片共采集50片,放入冰桶带回 河南省林木种质资源保护与良种选育重点实验室(郑州),利用美国LI－COR公司生产的LI—3100台式叶面积测定仪测定3个无性系各50片叶的叶面积(cm^2)、长度(cm)、平均宽度(cm),计算取其平均值。

数据处理:使用Excel 2007,SPSS 17.0和DPS v7.05软件进行数据处理和统计分析,图中均用"平均值±标准误"表示。

4.1.3　结果与分析

叶片是植物进行光合作用的主要器官,其大小直接影响光合作用制造营养物质的能力,进而影响植物的生长。叶片大小也影响对植物的整形与修剪,进而制约其在园林绿化上的应用范围(朱延林等,2005)。

表4-1　全红杨、中红杨和2025杨当年生平茬苗的物理学特性(平均值±标准误)

种类	株高/cm	叶片长度/cm	叶片宽度/cm	叶片面积/cm^2	叶片特性
2025杨	88.65±24.00Aa	20.39±4.48Aa	18.36±1.75Aa	255.89±62.68Aa	发芽—6月:黄绿色 6月—10月:绿色 10月—落叶:黄绿色
中红杨	86.88±23.83Aa	18.63±4.51Aa	15.40±1.77Bb	194.54±48.45Bb	发芽—6月:紫红色 6月—10月:暗绿色 10月—落叶:橙黄色
全红杨	72.35±12.10Ab	13.23±2.90Bb	10.50±1.23Cc	100.37±27.70Cc	发芽—6月:深紫红色 6月—10月:紫红色 10月—落叶:橙红色

注:A(a)—B(b)表示不同品种的差异水平,小写字母表示在$P=0.05$水平上差异显著,大写字母表示在$P=0.01$水平上差异极显著,字母相同表示差异不显著。

由表4-1、表4-2可知,全红杨、中红杨和2025杨的叶片面积差异很大,相比较,全红杨叶片长度、宽度和叶面积均较中红杨和2025杨小,全红杨叶面积分别为中红杨和2025杨的51.33%和39.03%,差异极显著($P<0.01$)。全红杨植株高生长速度相对也缓慢一些,同龄株高是中红杨的63.25%~83.26%,2025杨的57.36%~81.61%,差异显著($P<0.05$)。

表4-2 全红杨、中红杨和2025杨2年生苗高及地径(平均值±标准误)

种类	平均高/m	平均地径 /cm
全红杨	1.48±0.392Bb	1.80±0.042 BCbc
中红杨	2.34±0.418Aa	1.95±0.051 Bb
2025杨	2.58±0.467Aa	2.40±0.062 Aa

注:A(a)—B(b)表示不同品种的差异水平,小写字母表示在$P=0.05$水平上差异显著,大写字母表示在$P=0.01$水平上差异极显著,字母相同表示差异不显著。

实践证明,在园林植物园艺修整上慢生及叶面积较小的树种更适宜进行整形与修剪,株型也较易控制成型。全红杨的成功选育,不仅在叶色上较中红杨更为鲜艳亮丽,同时也改善了中红杨在园林绿化应用中树型和叶型较大,不适宜进行整形与修剪,株型不易成型、难以控制的问题,全红杨是杨树家族中更加难得的适合园林景观绿化的彩叶树种。

4.2 全红杨、中红杨和2025杨初春叶芽、新叶色素含量差异

4.2.1 材料与准备

2011年4月18日,在河南省林业科学研究院院内(郑州),材料是以1年生2025杨为砧木的全红杨、中红杨和2025杨当年生嫁接苗。早上9:00左右采样,各品种采取相同部位的初春新芽25~30枚和新展叶片9~12片,设3个重复,样叶冰盒保存并立即带到省林科院重点实验室进行指标测定。

4.2.2 生理指标与测定方法

叶绿素(Chl)、类胡萝卜素(Car)含量测定根据张宪政(1986)的方法;花色素苷(Ant)含量测定根据何奕昆等(1995)、于晓南(2000)的方法。

数据处理:使用Excel 2007,SPSS 17.0和DPS v7.05软件进行数据处理和统计分析,图中均用“平均值±标准误”表示。

4.2.3 结果与分析

本试验以全红杨为研究对象,以中红杨、2025杨为对照,比较全红杨、中红杨和2025杨初春叶芽和新展开叶片中色素含量及叶色参数的差异,探讨全红杨、中红杨叶片初期的呈色机理,主要为全红杨优良性状评定提供理论依据。

由图 4-1 和表 4-3 可见，全红杨、中红杨和 2025 杨在新展开的叶片中叶绿素 a、叶绿素 b、类胡萝卜素和花色素苷含量均高于叶芽，全红杨类胡萝卜素和花色素苷叶片和叶芽含量差异极显著（$P<0.01$），叶绿素含量差异不显著（$P>0.05$）；而中红杨叶片各色素含量均极显著高于叶芽（$P<0.01$），2025 杨叶绿素和类胡萝卜素差异显著（$P<0.01$），花色素苷含量差异不显著（$P>0.05$）。同时，在叶芽中全红杨叶绿素 a 和类胡萝卜素含量极显著低于中红杨和 2025 杨（$P<0.01$），三者叶绿素 b 含量差异不显著（$P>0.05$），全红杨和中红杨叶绿素含量差异不显著（$P>0.05$），二者显著低于 2025 杨（$P<0.05$）；而在新展开的叶中，全红杨叶绿素、叶绿素 a、类胡萝卜素极显著低于中红杨和 2025 杨（$P<0.01$），全红杨和中红杨花色素苷含量差异不显著（$P>0.05$），二者极显著高于 2025 杨，发现中红杨叶绿素 b 极显著高于全红杨和 2025 杨（$P<0.01$），使得中红杨新展开的叶中叶绿素总含量也极高于 2025 杨和全红杨（$P<0.01$）；总体上，在全红杨叶芽和幼叶中花色素苷含量均高于中红杨和 2025 杨，在叶芽中全红杨花色素苷极显著高于中红杨（$P<0.01$），而在全红杨新展开的叶中花色素苷含量与中红杨差别不明显，但叶芽和新展开的叶中二者花色素苷含量均极显著高于 2025 杨（$P<0.01$）。

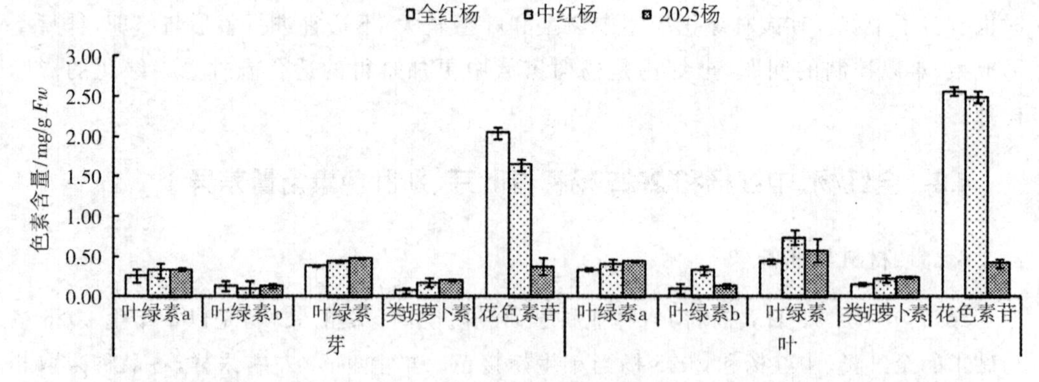

图 4-1　全红杨、中红杨和 2025 杨初春新芽、幼叶中色素含量的不同（平均值±标准误）

表 4-3　全红杨、中红杨和 2025 杨初春新芽、幼叶中色素含量的不同（平均值±标准误）(mg · g⁻¹)

部位	种类	2011-4-18				
		叶绿素	叶绿素 a	叶绿素 b	类胡萝卜素	花色素苷
芽	全红杨	0.392±0.0244Cc	0.262±0.0258Cd	0.130±0.0050Bb	0.073±0.0063Dd	2.049±0.1181Bb
	中红杨	0.437±0.0012Cc	0.330±0.0040BCcd	0.108±0.0048Bb	0.179±0.0036Cc	1.648±0.0598Cc
	2025 杨	0.473±0.0372BCc	0.340±0.0503ABCbc	0.132±0.0133Bb	0.214±0.0017Bb	0.374±0.0444Dd
叶	全红杨	0.443±0.0808Cc	0.341±0.0608ABCbc	0.102±0.0203Bb	0.162±0.0121Cc	2.565±0.2502Aa
	中红杨	0.740±0.0567Aa	0.408±0.0360ABab	0.332±0.0373Aa	0.228±0.0198ABab	2.488±0.0324Aa
	2025 杨	0.575±0.0276Bb	0.443±0.0229Aa	0.133±0.0080Bb	0.244±0.0083Aa	0.424±0.0260Dd

注：A(a)—D(d)表示不同品种的差异水平，小写字母表示在 $P=0.05$ 水平上差异显著，大写字母表示在 $P=0.01$ 水平上差异极显著，字母相同表示差异不显著。

4.3　生长季不同时期全红杨、中红杨和 2025 杨叶片色素含量、叶色参数的变化

4.3.1　试验设计与准备

2009 年 5—10 月，在河南林业科学研究院红叶杨研发试验地苗圃（虞城），材料为生长健康、长势一致的全红杨、中红杨和 2025 杨当年生嫁接苗，株高平均约为1.2 m。每月中旬测定一次（根据天气情况可前后调动 1～2 d）。每个无性系品种采取枝条顶端往下第 3～5 片叶，设 3 个重复，共计 12 片，样叶冰盒保存带回河南省林业科学研究院重点实验室进行色素含量测定。

4.3.2　生理指标与测定方法

叶色参数：在完全模拟自然的条件下，用便携式日本原装进口柯尼卡美能达色差仪 CR-400 测定叶片明亮度 L^* 值、色相 a^* 值和 b^* 值。按全红杨、中红杨、2025 杨的顺序，每次 10:00 开始，从上到下的顺序测定顶芽下第 3～5 片叶片的叶色参数值，重复 3 次，取平均值。

L^* 反映颜色的明亮度，当 L^* 值从 0 到 100 时，明亮度逐渐变强，即由黑变白；参数 a^* 值反映红、绿属性的色相，由负值变为正值，表示绿色减弱，红色增强；参数 b^* 值反映黄、蓝属性的色相，由负值变正值时，意味着蓝色逐渐减退，黄色增强。通过测得的色相 a^* 值、b^* 值和明亮度 L^* 值，计算出彩度 C^* 值和色光值，$C^*=(a^{*2}+b^{*2})^{1/2}$，色光值$=2000\cdot a^*/L^*\cdot(a^{*2}+b^{*2})^{1/2}$（Wang Liangsheng, et al., 2004; Richardson C, et al., 1987）。

叶片色素含量：叶绿素（Chl）、类胡萝卜素（Car）含量测定根据张宪政（1986）的方法；花色素苷（Ant）含量测定根据何奕昆等（1995）、于晓南（2000）的方法。

数据处理：使用 Excel 2007、SPSS 17.0 和 DPS v7.05 软件进行数据处理和统计分析，图中均用“平均值±标准误”表示。

4.3.3　结果与分析

本试验以全红杨为研究对象，以 中红杨、2025 杨为对照，比较生长季不同时期全红杨和中红杨、2025 杨之间叶片色素含量、叶色参数的变化和差异，探讨全红杨、中红杨的生长季呈色变化机制，为全红杨优良性状稳定、持续性评价及实际应用提供理论依据。

4.3.3.1　生长季不同时期全红杨、中红杨和 2025 杨叶片色素含量的变化

由图 4-2 及表 4-4 可知，5 月 14 日至 9 月 15 日全红杨、中红杨和 2025 杨叶片叶绿素 a 含量变化趋势基本相同，均是先升高后降低。全红杨 5 月和 7 月至 9 月及平均值极显著高于中红杨和 2025 杨（$P<0.01$），6 月差异不显著（$P>0.05$），10 月中红杨叶片叶绿素 a 含量极显著高于全红杨和 2025 杨。全红杨叶片叶绿素 a 含量变化相对稳

定，在 1.823 5(8 月 14 日)～2.101 1 mg·g^{-1}(6 月 11 日)浮动，月变化绝对值小于 0.188 mg·g^{-1}；10 月 14 日 全红杨叶绿素 a 含量达到最低水平(0.887 4 mg·g^{-1})，低于中红杨(1.002 mg·g^{-1})，接近 2025 杨(0.880 mg·g^{-1})。中红杨和 2025 杨叶绿素 a 含量在 5 月至 6 月和 9 月至 10 月期间上升和下降的幅度都较大，6 月二者叶绿素 a 含量均达到最高值，分别为 2.059 mg·g^{-1} 和 1.817 mg·g^{-1}，10 月降均达到最低水平分别为 1.015 mg·g^{-1}和 0.870 mg·g^{-1}。6 月 11 日全红杨叶绿素 a 含量是中红杨的 1.02 倍，增加 2.06%，二者差异不显著($P>0.05$)；10 月 14 日全红杨是 2025 杨的 1.01 倍，升高 0.83%，二者差异不显著($P>0.05$)；5 月 14 日全红杨叶片叶绿素 a 含量是中红杨、2025 杨的 1.30 和 2.01 倍，分别升高 29.92%、100.62%，幅度最大，差异极显著水平($P<0.01$)。

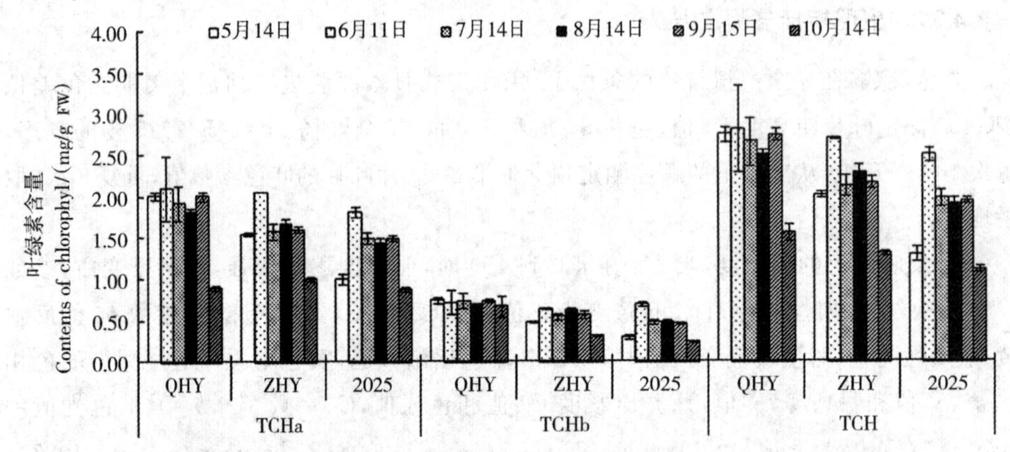

图 4-2 生长季不同时期全红杨、中红杨和 2025 杨叶片叶绿素含量的变化(平均值±标准误)

由图 4-2 及表 4-4 可知，全红杨、中红杨和 2025 杨叶绿素 b 含量明显均明显低于叶绿素 a 含量，全红杨叶片叶绿素 b 含量变化较叶绿素 a 稳定，并且始终高于中红杨和 2025 杨，除 6 月差异不显著($P>0.05$)外，其余时期及平均值均差异极显著($P<0.01$)。生长季全红杨和中红杨叶片叶绿素 b 含量均呈起伏变化，总体呈先升高后降低，2025 杨 5 月至 6 月升高后逐级下降。生长季全红杨叶片叶绿素 b 含量在 0.685 0(8 月 14 日)～0.739 9 mg·g^{-1}(5 月 14 日)之间浮动，差值小于 0.064 mg·g^{-1}，变化幅度小，说明含量非常稳定；中红杨叶绿素 b 含量的变化与叶绿素 a 含量的变化趋势基本一致，6 月达到最高值 0.646 mg·g^{-1}，10 月降为最低值 0.306 mg·g^{-1}；2025 杨叶绿素 b 含量 6 月快速上升至 0.695 mg·g^{-1}，随后逐渐下降，10 月达到最低值 0.242 mg·g^{-1}。整体比较，8 月 14 日全红杨叶绿素 b 含量为中红杨 1.10 倍，升高 10.37%，6 月 11 日为 2025 杨 1.03 倍，升高 3.11%，差异均不显著($P>0.05$)，10 月14 日全红杨叶片叶绿素 b 含量分别为中红杨、2025 杨的 2.16 和 2.81 倍，分别升高 115.59%，180.79%，差异幅度最大，极显著水平($P<0.01$)。

植物叶片中叶绿素总量是叶绿素 a 和叶绿素 b 累加的结果，生长季不同时期全红杨叶绿素含量是中红杨的 1.04～1.36 倍，是 2025 杨的 1.12～2.12 倍。5 月 14 日为叶片生长初期，全红杨叶绿素含量为 2.754 6 mg·g^{-1}，较中红杨和 2025 杨分别升高 36.31% 和 112.25%，三者叶绿素含量差异最大，极显著水平(P<0.01)；6 月 11 日三者叶绿素含量均达到最高值，中红杨和 2025 杨叶绿素含量上升幅度大于全红杨，全红杨叶绿素含量为 2.818 0 mg·g^{-1}，较中红杨、2025 杨分别升高 4.18%、12.15%，差异幅度最小，同叶绿素 a、叶绿素 b 一样三者均差异不显著(P>0.05)，这可能是由于全红杨叶绿素在生物合成途径过程中受到了某种抑制。同样，由于叶绿素对温度的适应性较差，低温加速了叶绿素的分解，而且限制了新叶绿素的合成，10 月 14 日三者叶绿素含量均有明显下降，尤其是全红杨叶片叶绿素 a 含量的急速下降直接影响到全红杨叶片叶绿素总量也大幅下降，与中红杨和 2025 杨差异保持极显著水平(P<0.01)，但显著性明显变弱。

由图 4-3a 和表 4-4 可见，全红杨、中红杨和 2025 杨叶片中类胡萝卜素含量均较低，各自变化的趋势与叶绿素的变化趋势基本一致，出现峰值的时期也基本相同，这是由于叶绿素与类胡萝卜素均为光合色素，且通常叶绿素与类胡萝卜素呈正相关性(Steward F C,1960)。生长季不同时期全红杨叶片类胡萝卜素含量始终高于中红杨和 2025 杨，全红杨类胡萝卜素含量是中红杨的 1.01～1.38 倍，2025 杨的 1.15～2.12 倍，平均值差异极显著(P<0.01)。5 月 14 日，全红杨类胡萝卜素含量为 0.784 9 mg·g^{-1}，是中红杨、2025 杨的 1.38 和 2.12 倍，分别高出 37.98%、112.09%，三者间差异极显著(P<0.01)；6 月 11 日至 9 月 15 日，三者叶片类胡萝卜素含量均呈起伏变化，9 月 15 日全红杨叶片类胡萝卜素达到最高值 0.785 8 mg·g^{-1}，极显著高于中红杨和 2025 杨。10 月 14 日，三者叶片类胡萝卜素含量均有明显下降，全红杨下降幅度最大，降为 0.432 9 mg·g^{-1}，此时是中红杨、2025 杨的 0.97 和 1.13 倍，分别高出 3.03%、12.44%，三者间差异显著(P<0.05)。

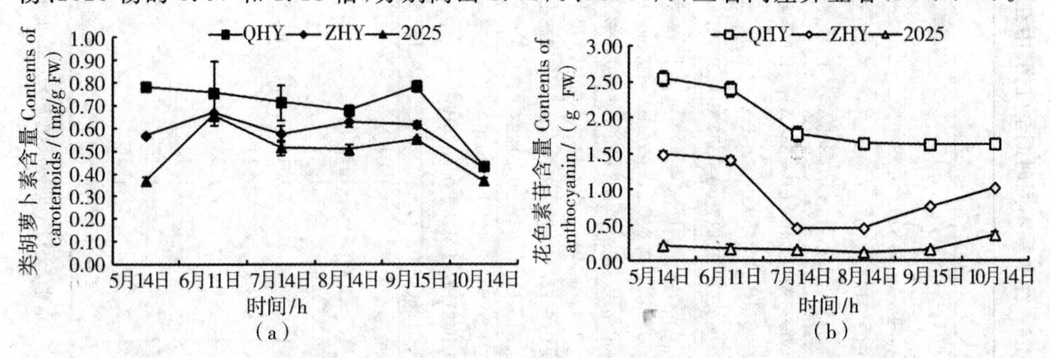

图 4-3　生长季不同时期全红杨、中红杨和 2025 杨叶片类胡萝卜、花色素苷含量的变化

(平均值±标准误)

由图 4-3b 和表 4-4 可见，生长季不同时期三者叶片花色素苷含量变化趋势均为先降后升，变化幅度和出现峰值时间有所不同。生长季不同时期全红杨叶片中花色素苷含量始终极显著高于中红杨和 2025 杨(P<0.01)，大致是中红杨的 1.60～3.86 倍，2025 杨的 4.45～13.73 倍。5 月 14 日，全红杨、中红杨花色素苷含量分别为 2.551 mg·g^{-1} 和 1.489 mg·g^{-1}，均为最高值，而 2025 杨花色素苷含量处于相对较低水平，为 0.224 mg·g^{-1}，此时全红杨分别是中红杨、2025 杨的 1.71 和 11.41 倍，较其升高 71.30%，1041.39，二者间

表 4-4　生长季不同时期全红杨、中红杨和 2025 杨叶片中色素含量的不同(平均值±标准误)

色素参数	种类	时　间/d						平均值
		5-14	6-11	7-14	8-14	9-15	10-14	
总叶绿素	全红杨	2.755±0.0895Aa	2.818±0.5300Aa	2.661±0.2922Aa	2.509±0.0666Aa	2.744±0.0709Aa	1.556±0.1014Aa	2.507±0.498Aa
Chl(a+b)	中红杨”	2.021±0.0325Bb	2.705±0.0061Aa	2.130±0.1299ABb	2.295±0.0889Ab	2.167±0.0681Bb	1.313±0.0280ABb	2.105±0.429Bb
/mg·g[1]	2025 杨	1.298±0.0913Cc	2.513±0.0805Aa	1.980±0.1061Bb	1.916±0.0781Bc	1.953±0.0330Cc	1.118±0.0335Bc	1.796±0.484Cc
叶绿素 a	全红杨	2.015±0.0525Aa	2.101±0.3858Aa	1.925±0.2022Aa	1.823±0.0436Aa	2.012±0.0517Aa	0.887±0.0299Bb	1.794±0.453Aa
Chla	中红杨	1.551±0.0214Bb	2.059±0.0040Aa	1.585±0.0969Ab	1.674±0.0588ABb	1.601±0.0379Bb	1.015±0.0247Aa	1.581±0.317Bb
/mg·g[1]	2025 杨	1.004±0.0692Cc	1.817±0.0557Aa	1.497±0.0791Ab	1.444±0.0571Bc	1.499±0.0297Bc	0.870±0.0259Bb	1.355±0.334Cc
叶绿素 b	全红杨	0.740±0.0372Aa	0.717±0.1458Aa	0.736±0.0900Aa	0.685±0.0239Aa	0.733±0.0203Aa	0.669±0.1294Aa	0.713±0.081Aa
Chlb	中红杨	0.470±0.0115Bb	0.646±0.0079Aa	0.545±0.0341ABb	0.621±0.0302Aa	0.566±0.0480Bb	0.306±0.0038Bb	0.526±0.119Bb
/mg·g[1]	2025 杨	0.294±0.0221Cc	0.695±0.0255Aa	0.482±0.0271Bb	0.473±0.0211Bb	0.453±0.0068Cc	0.242±0.0077Bb	0.440±0.152Cc
类胡萝卜素	全红杨	0.785±0.0190Aa	0.756±0.1420Aa	0.716±0.0779Aa	0.680±0.0212Aa	0.786±0.0213Aa	0.416±0.0115ABa	0.690±0.144Aa
Car	中红杨	0.569±0.0105Bb	0.670±0.0031Aa	0.578±0.0381ABb	0.630±0.0248Aa	0.617±0.0177Bb	0.429±0.0086Aa	0.582±0.080Bb
/mg·g[1]	2025 杨	0.370±0.0156Cc	0.657±0.0122Aa	0.517±0.0318Bb	0.508±0.0236Bb	0.555±0.0088Cc	0.370±0.0147Bb	0.496±0.106Cc
花色素苷	全红杨	2.551±0.1098Aa	2.403±0.1036Aa	1.775±0.1063Aa	1.644±0.0752Aa	1.628±0.0346Aa	1.638±0.0123Aa	1.940±0.403Aa
Ant	中红杨	1.489±0.0481Bb	1.418±0.0570Bb	0.460±0.0274Bb	0.457±0.0208Bb	0.768±0.0263Bb	1.025±0.0043Bb	0.936±0.428Bb
/mg·g[1]	2025 杨	0.224±0.0126Cc	0.175±0.0702Cc	0.165±0.0252Cc	0.126±0.0163Cc	0.168±0.0190Cc	0.378±0.0531Cc	0.206±0.091Cc
叶绿素	全/中	1.36	1.04	1.25	1.09	1.27	1.19	1.19
	全/2025	2.12	1.12	1.34	1.31	1.41	1.39	1.40
叶绿素 a	全/中	1.30	1.02	1.21	1.09	1.26	0.87	1.13
	全/2025	2.01	1.16	1.29	1.26	1.34	1.02	1.32
叶绿素 b	全/中	1.57	1.11	1.35	1.10	1.30	2.16	1.36
	全/2025	2.52	1.03	1.53	1.45	1.62	2.76	1.62
类胡萝卜素	全/中	1.38	1.13	1.24	1.08	1.27	0.97	1.19
	全/2025	2.12	1.15	1.38	1.34	1.42	1.13	1.39
花色素苷	全/中	1.71	1.69	3.86	3.60	2.12	1.60	2.07
	全/2025	11.41	13.73	10.78	13.03	9.67	4.33	9.42

注：A(a)—C(c)表示不同品种的差异水平，小写字母表示在 $P=0.05$ 水平上差异显著，大写字母表示在 $P=0.01$ 水平上差异极显著，字母相同表示差异不显著。

差异极显著($P<0.01$)。随后三者叶片花色素苷含量均呈下降趋势,6 至 7 月中红杨花色素苷含量较全红杨下降迅速,7 月 14 日,全红杨叶片花色素苷含量为 1.774 5 mg·g^{-1},为中红杨、2025 杨的 3.86 和 10.78 倍,较其升高 285.83%,978.18%,此时全红杨与中红杨差异为极显著水平($P<0.01$),差异最大。8 月至 10 月随着气温逐渐下降,通常昼夜温差的变大可以诱导植物体内花色苷的合成和积累(胡敬志,2007;Oren S M,1997;Zhang Z Q,2001;张启翔,1998),8 月 14 日中红杨和 2025 杨花色素苷含量出现最低水平,分别为 0.457 1 mg·g^{-1},0.126 2 mg·g^{-1},之后又有明显的上升趋势,8 月 14 日全红杨叶片花色素苷含量降为 1.643 6 mg·g^{-1}之后变化较小,9 月 15 日为降最低水平(1.627 8 mg·g^{-1}),10 月 14 日较 9 月 15 日上升幅度较小,仅上升了 0.01 mg·g^{-1},此时全红杨叶片花色素苷含量为中红杨、2025 杨的 1.60 和 4.33 倍,较二者分别升高 59.78%,344.54%,三者差异减小,为极显著水平($P<0.01$),可能由于全红杨叶片本身含有较高的花色素苷,气温的下降对合成和积累花色素苷的影响没有中红杨和 2025 杨明显。

4.3.3.2　生长季不同时期全红杨、中红杨和 2025 杨叶色参数的变化

由图 4-4 和表 4-5 可知,生长季不同时期全红杨叶片叶色参数 a^* 值始终为较高的正值,极显著高于中红杨和 2025 杨($P<0.01$),红、绿色相呈现为明显红色色系,变化趋势为先减小再增大,即:5.432(5 月 14 日)→3.458(8 月 14 日)→4.500(10 月 14 日);中

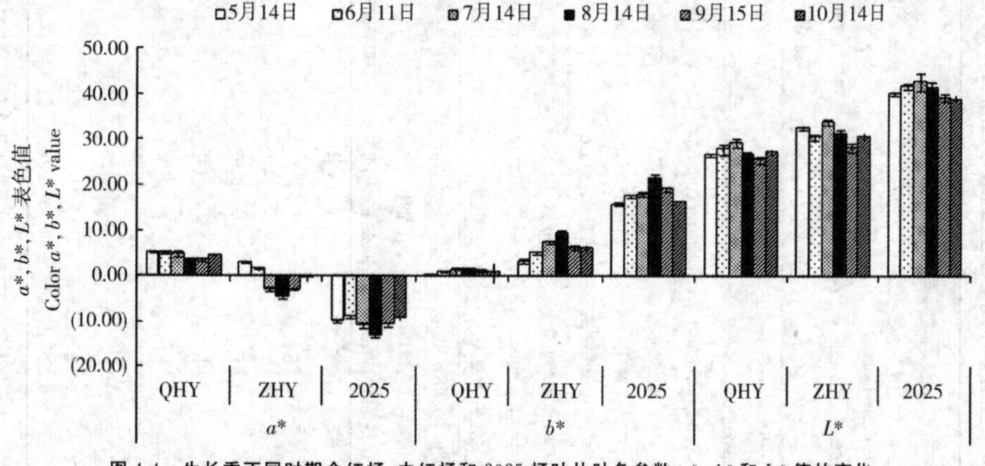

图 4-4　生长季不同时期全红杨、中红杨和 2025 杨叶片叶色参数 a^*、b^* 和 L^* 值的变化
(平均值±标准误)

红杨叶片叶色参数 a^* 值变化趋势与全红杨基本相同,但 5 月 14 日至 6 月 11 日为正值,7 月14 日至 10 月 14 日变为负值,即:2.902(5 月 14 日)→−4.742(8 月 14 日)→−0.387(10 月 14 日),说明叶片由红色逐渐转为绿色;2025 杨叶色参数 a^* 则始终为较高的负值,表明叶片红绿色相始终呈现为绿色色系,变化趋势与全红杨、中红杨略有不同,为先升高后降低再升高,即:−9.814(5 月 14 日)→−8.953(6 月 11 日)→−13.005(8 月 14 日)→−9.257(10 月 14 日)。总体来看,三者叶色参数 a^* 值为:a^* 2025 杨<a^* 中红杨<a^* 全红杨,绝对值 8 月为|a^* 全红杨|<|a^* 中红杨|<|a^* 2025 杨|,其他时期

表 4-5　生长季不同时期全红杨、中红杨和 2025 杨叶片叶色参数的不同(平均值±标准误)

色素参数	种类	时间/d						平均值
		5-14	6-11	7-14	8-14	9-15	10-14	
a^*	全红杨	5.432±0.166Aa	5.076±0.134Aa	4.643±0.645Aa	3.458±0.349Aa	3.596±0.325Aa	4.500±0.383Aa	4.451±0.791Aa
	中红杨	2.902±0.155Bb	1.692±0.235Bb	−2.890±0.370Bb	−4.742±0.383Bb	−2.964±0.199Bb	−0.387±0.590Bb	−1.065±2.776Bb
	2025 杨	-9.814±0.282Cc	-8.953±0.259Cc	-10.840±0.734Cc	-13.005±0.568Cc	-10.645±0.425Cc	-9.257±0.330Cc	-10.419±1.412Cc
b^*	全红杨	0.245±0.047Cc	0.976±0.247Cc	1.178±0.815Cc	1.432±0.224Cc	1.110±0.129Cc	0.767±2.059Cc	0.951±0.722Cc
	中红杨	3.364±0..441Bb	5.082±0.254Bb	7.430±0.321Bb	9.246±0.879Bb	6.224±0.400Bb	6.060±0.825Bb	6.234±1.1921Bb
	2025 杨	15.856±0.414Aa	17.528±0.217Aa	18.013±0.637Aa	21.520±0.798Aa	19.020±0.577Aa	16.210±0.377Aa	18.024±1.970Aa
L^*	全红杨	26.735±0.252Cc	27.814±1.100Cc	29.275±1.138Cc	26.630±0.745Cc	25.610±0.839Cc	27.273±0.564Cc	27.223±1.341Cc
	中红杨	32.550±0.279Bb	30.636±0.747Bb	33.850±0.553Bb	31.308±1.033Bb	28.156±0.996Bb	30.593±0.843Bb	31.182±1.922Bb
	2025 杨	40.090±0.323Aa	41.653±0.548Aa	42.600±1.979Aa	41.308±1.242Aa	39.215±0.782Aa	38.860±0.936Aa	40.621±1.612Aa
C^*	全红杨	5.438±0.166Bb	5.168±0.137Bb	4.790±0.644Cc	3.743±0.380Cc	3.763±0.316Cc	4.565±0.409Cc	4.578±0.730Cc
	中红杨	4.443±0.354Cc	5.356±0.246Bb	7.972±0.397Bb	10.391±0.819Bb	6.894±0.317Bb	6.072±0.893Bb	6.855±2.018Bb
	2025 杨	18.647±0.401Aa	19.681±0.165Aa.	21.023±0.728Aa	25.144±0.529Aa	21.796±0.658Aa	18.667±0.487Aa	20.827±2.327Aa
色光值	全红杨	2209.585±144.99Aa	1886.292±89.50Aa	1519.061±418.21Aa	972.026±195.75Aa	1056.872±205.61Aa	1506.364±149.87Aa	1525.033±475.07Aa
	中红杨	792.190±90.56Bb	591.644±97.29Bb	-1361.291±252.83Bb	-3147.734±451.56Bb	-1451.414±102.80Bb	-153.495±269.33Bb	-788.350±1406.43Bb
	2025 杨	-9129.761±426.61Cc	-8460.401±330.22Cc	-10698.899±1012.90Cc	-15832.612±986.84Cc	-11833.281±999.50Cc	-8893.077±737.92Cc	-10808.005±2648.12Cc
a^* 值	全/中	1.87	3.00	-1.61	-0.73	-1.21	-11.64	-2.29
	全/2025	-0.55	-0.57	-0.43	-0.27	-0.34	-0.49	-0.40
b^* 值	全/中	0.07	0.19	0.16	0.15	0.18	0.13	0.16
	全/2025	0.02	0.06	0.07	0.07	0.06	0.05	0.06
L^* 值	全/中	0.82	0.91	0.86	0.85	0.91	0.89	0.88
	全/2025	0.67	0.67	0.69	0.64	0.65	0.70	0.67
C^* 值	全/中	1.22	0.96	0.60	0.36	0.55	0.75	0.60
	全/2025	0.29	0.26	0.23	0.15	0.17	0.24	0.21
色光值	全/中	2.79	3.19	-1.12	-0.31	-0.73	-9.81	-1.26
	全/2025	-0.24	-0.22	-0.14	-0.06	-0.09	-0.17	-0.12

注：A(a)—C(c)表示不同品种的差异水平，小写字母表示在 $P=0.05$ 水平上差异显著，大写字母表示在 $P=0.01$ 水平上差异极显著，字母相同表示差异不显著。

均为：|a^* 中红杨|＜|a^* 全红杨|＜|a^* 2025 杨|，可知，2025 杨叶片生长季呈现为常绿色，中红杨叶片春季呈现出红色，随后变绿，而全红杨叶片生长季始终呈现为红色。

由图 4-5 和表 4-5 可知，全红杨、中红杨和 2025 杨叶片叶色参数 b^* 均为正值，意味着三者叶片黄、蓝色相均在黄色色度内，但 2025 杨叶色参数 b^* 值明显高于中红杨和全红杨，三者差异极显著（$P<0.01$）。三者叶片叶色参数 b^* 值变化趋势均为先增大后减小，出现峰值的时间均在 8 月 14 日，变化动态分别为：全红杨，0.25（5 月 14 日）→1.432（8 月 14 日）→0.767（10 月 14 日）；中红杨，3.364（5 月 14 日）→9.246（8 月 14 日）→6.060（10 月 14 日）；2025 杨，15.856（5 月 14 日）→21.520（8 月 14 日）→16.210（10 月 14 日）。生长季不同时期三者叶色参数 b^* 值始终为：b^* 全红杨＜b^* 中红杨＜b^* 2025 杨，全红杨叶色参数 b^* 值始终小于 1.432，春秋季接近于 0，即接近蓝色色系，2025 杨叶片更多偏向于黄色色调。

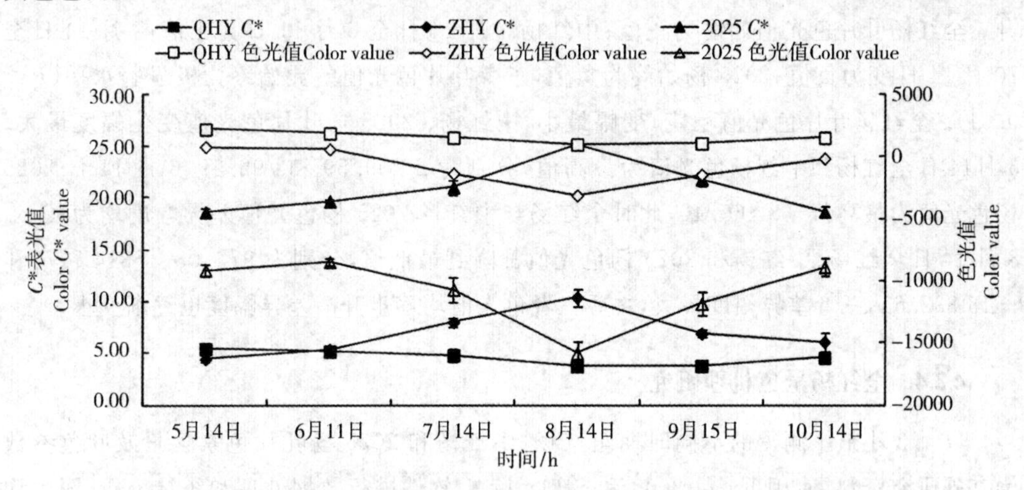

图 4-5 生长季不同时期全红杨、中红杨和 2025 杨叶片叶色参数 C^* 值和色光值的变化（平均值±标准误）

生长季不同时期全红杨、中红杨和 2025 杨叶片明亮度 L^* 均为：L^* 全红杨＜L^* 中红杨＜L^* 2025 杨，差异极显著（$P<0.01$），三者变化趋势各不相同但变化幅度均较小，全红杨明亮度 L^* 在 29.28（7 月 14 日）和 25.61（9 月 15 日）之间起伏变化，月变化幅度小于 2.65；中红杨明亮度 L^* 在 33.850（7 月 14 日）和 28.156（9 月 15 日）之间起伏变化，月变化幅度小于 3.21；2025 杨明亮度 L^* 在 42.600（7 月 14 日）和 38.860（10 月14 日）之间起伏变化，月变化幅度小于 2.09。说明不同时期全红杨、中红杨和 2025 杨叶片明亮度基本相对稳定，2025 杨叶片明亮度最高，中红杨次之，全红杨叶片明亮度最低。

由图 4-5 和表 4-5 可见，生长季全红杨、中红杨和 2025 杨叶片彩度 C^* 值和色光值的变化曲线似呈镜像对称。三者略有不同，全红杨叶片彩度 C^* 变化趋势与中红杨和 2025 杨正好相反，全红杨为先降后升，中红杨和 2025 杨为先升后降。叶片彩度 C^* 值全红杨始终极显著低于中红杨和 2025 杨（$P<0.01$），色光值则始终极显著高于中红杨和 2025 杨（$P<0.01$）。C^* 值表示叶片彩度，C^* 值越大，叶片彩度越深。由公式 $C^*=(a^{*2}+$

$b^{*2})^{1/2}$可知，彩度 C^* 值大小由叶色参数 a^* 值和 b^* 值的多少共同决定。全红杨叶色参数 b^* 值相对较小，因此全红杨彩度 C^* 值大小主要是色相 a^* 值决定，因此与 a^* 值非常相近，并且相对较小，全红杨叶片彩度 C^* 值中含 a^* 值比例在 5 月 14 日达最高，为 95.6%；8 月 14 日最低，为 70.7%，也就是说全红杨叶片红绿色相 a^* 几乎决定了叶片的彩度 C^*。而中红杨和 2025 杨叶片彩度 C^* 值都明显高于 a^* 值或 b^* 值的绝对值，受二者累加影响。月变化来看，5 月 14 日全红杨叶片彩度 C^* 值高于中红杨，而明显低于 2025 杨，其他月份全红杨叶片彩度 C^* 值依次低于中红杨和 2025 杨，三者差异始终为极显著水平（$P<0.01$）。8 月 14 日，全红杨叶片彩度 C^* 降为最低值 3.743，此时中红杨和 2025 杨叶片彩度 C^* 上升为最高值，分别为 10.391 和 25.144，差异最大。色光值＝$2000\cdot a^*/L^*\cdot(a^{*2}+b*2)^{1/2}$，生长季不同时期全红杨、中红杨和 2025 杨色光值变化趋势基本相同，总体趋势均为先降后升。全红杨叶片色光值始终为正值；中红杨 5 月 14 日至 6 月 11 日为正值，7 月 14 日至 10 月 14 日变为负值；2025 杨始终为负值，三者叶片色光值差异始终为极显著水平（$P<0.01$）。全红杨叶片色光值稳定，变幅最小，中红杨、2025 杨叶片色光值变化幅度最大。5 月14 日全红杨和中红杨色光值为最高值，分别为 2 209.59 和 792.19，6 月 11 日 2025 杨色光值为最高值－8 460.40，此时全红杨与中红杨 2025 杨色光值差异幅度均为最小。8 月 14 日全红杨、中红杨和 2025 杨色光值都降到最低值，分别为 972.03、－314 7.73和－15 832.61，三者差异幅度最大，之后三者色光值均逐步升高差异幅度也逐渐变小。

4.3.4 全红杨呈色机理研究

以 4.3 小节中测得的不同时期全红杨、中红杨和 2025 杨叶片色素含量及叶色参数为基础研究资料，使用 Excel 2007 和 SPSS 17.0 软件进行数据处理和统计分析，图中均用“平均值±标准误”表示。通过回归分析和检验：在同一样地内各无性系另外选取 4 株作为固定样株，同样方法测定叶色和色素含量，采用一元回归和 t 检验进行回归分析和检验。

4.3.4.1 生长季不同时期全红杨、中红杨和 2025 杨叶片色素比例与叶色关系

由表 4-6 可见，生长季不同时期 全红杨和中红杨叶片色素中所占比例较高的为花色素苷和叶绿素 a，并且全红杨叶片中花色素苷所占色素比例明显高于中红杨，说明花色素苷和叶绿素 a 是影响全红杨和中红杨叶色及叶色差异的主要色素。6 月11 日至 9 月 15 日，全红杨和中红杨叶片中花色素苷所占色素比例均有下降，中红杨最为显著，此时全红杨叶色由深紫红色转为鲜艳的紫红色，而中红杨叶片红色转淡，出现返绿现象。10 月 14 日，全红杨叶片叶绿素 a 比例急速下降至低于中红杨水平，而叶绿素 b 含量相对稳定，由于叶绿素 a 的颜色为蓝绿色，叶绿素 b 的颜色为黄绿色（葛雨萱等，2011；董金一等；2008），这也是 10 月之后部分植物叶片变黄，而全红杨叶片逐渐变为橙红色的原因之一。2025 杨叶片中始终含有较高比例的叶绿素 a，因此不同时期叶色呈现为黄绿色或绿色。

表 4-6　生长季不同时期全红杨、中红杨和 2025 杨叶片色素比例(%)及叶色

种类	指　标	时　间(月—日)					
		5-14	6-11	7-14	8-14	9-15	10-14
全红杨	Ant:Chla:Chlb:Car	41.9:33.1:12.1:12.9	40.2:35.2:12.0:12.7	34.4:37.4:14.3:13.9	34.0:37.7:14.2:14.1	31.6:39.0:14.2:15.2	45.2:24.5:18.4:11.9
	叶片颜色	深紫红色	深紫红色	紫红色	紫红色	紫红色	橙红色
中红杨	Ant:Chla:Chlb:Car	36.5:38.0:11.5:13.9	29.6:43.0:13.5:14.0	14.5:50.0:17.2:18.2	13.5:49.5:18.4:18.6	21.6:45.1:15.9:17.4	37.1:36.2:11.2:15.5
	叶片颜色	紫红色	红绿色	暗绿色	深绿色	橙绿色	橙黄色
2025 杨	Ant:Chla:Chlb:Car	11.8:53.1:15.5:19.6	5.2:54.3:20.8:19.6	6.2.0:56.3:18.1:19.4	4.90:56.6:18.5:19.9	6.3.0:56.0:16.9:20.7	19.8:47.4:12.8:19.9
	叶片颜色	黄绿色	黄绿色	绿色	绿色	绿色	黄绿色

由图 4-4 和图 4-5 也可见,全红杨叶片 a^* 值和色光值始终为正值,b^* 值为较小的正值,说明在内部因素与外界因素共同影响下全红杨叶片颜色变化比较稳定,始终以红色为主,略带黄色色相,明亮度弱;中红杨叶片 a^* 值和色光值在 6 月 11 日至 7 月 14 日由正值转变为负值,b^* 值始终为正值,叶色也由红色逐渐转为以绿色为主,明亮度较强;2025 杨叶片 a^* 值和色光值始终为负值,b^* 值为较大的正值,因此,叶片常年呈现为黄绿色或绿色,明亮度最强。叶片彩度总体上是全红杨＜中红杨＜2025 杨,而色光值的绝对值为中红杨＜全红杨＜2025 杨,说明从叶片明亮度和色彩的综合角度上看,2025 杨叶片色度最高,色泽更为纯正,全红杨次之,中红杨叶片色度最低。此结果与叶片色素比例的变化反映出的叶色影响结果相一致。

4.3.4.2　生长季不同时期全红杨叶色参数与色素组成的相关性研究

以全红杨为研究对象,分析不同时期叶片的色素含量和叶色变化规律,叶片色素含量及比例变化与叶色变化的相关性,探讨全红杨叶片的呈色机制,进而探索利用色差仪对影响全红杨叶片显色的主要色素含量进行预测的可行性,为色差仪法初步筛选全红杨优良单株提供理论依据。本研究也为其他彩叶树种的优株选育工作提供了可借鉴的方法和指标。

1. 生长季不同时期全红杨叶片色素质量分数的变化

全红杨叶片色素主要成分为花色素苷(Ant)、叶绿素(Chl)和类胡萝卜素(Car),叶绿素由叶绿素 a(Chla)和叶绿素 b(Chlb)组成。生长季不同时期全红杨叶片色素质量分数变化如图 4-6 所示。

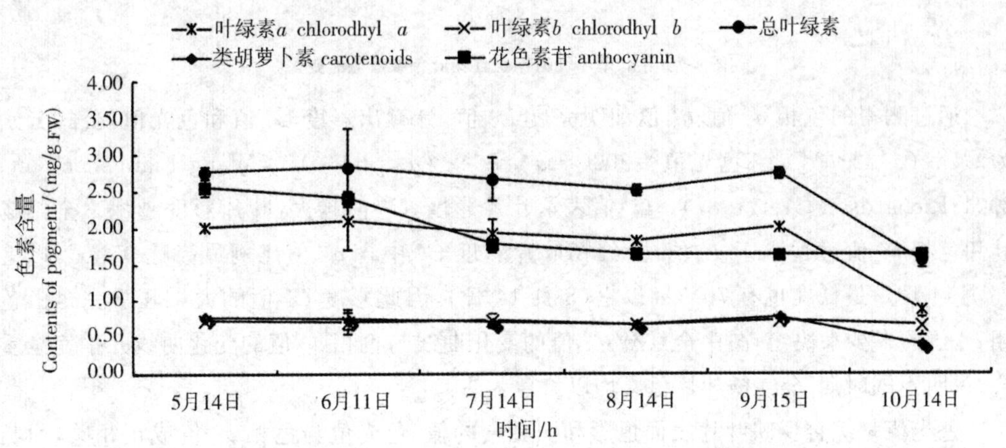

图 4-6　生长季不同时期全红杨叶片色素质量分数的变化

生长季不同时期全红杨叶片中花色素苷和叶绿素 a 质量分数远远高于叶绿素 b 和类胡萝卜素质量分数，变化幅度和趋势也各不相同。花色素苷和叶绿素 a 质量分数变化幅度较大。花色素苷质量分数 7 月 14 日较 5 月 15 日下降 30.4%，之后下降平缓，9 月 15 日后又显回升趋势；叶绿素 a 质量分数 9 月之前变化幅度不大，9 月 15 日至 10 月 14 日迅速下降，下降幅度达 55.88%，而叶绿素 b 质量分数却非常稳定，因此叶绿素 a 质量分数的变化主导着全红杨叶片中总叶绿素质量分数的变化；由于叶绿素与类胡萝卜素均为光合色素，且叶绿素与类胡萝卜素呈正相关性（董金一等，2008），全红杨叶片中类胡萝卜素质量分数变化趋势同总叶绿素基本一致。

2. 生长季不同时期全红杨叶色参数的变化

由图 4-7 可见，全红杨叶片色相 a^* 值始终为正值，红、绿色相呈红色，变化趋势先减小再增大，即：5.432（5 月 14 日）→3.458（8 月 14 日）→4.5（10 月 14 日）；色相 b^* 值始终为较小的正值，意味着叶片黄、蓝色相偏浅黄色，变化趋势为先增大再减小，即：0.25（5 月 14 日）→1.432（8 月 14 日）→0.767（10 月 14 日）；明亮度 L^* 值 5 月到 7 月逐渐变强，随后减弱，7 月 14 日为最强 29.28，9 月 15 日为最弱 25.61，10 月 14 日有增强趋势，变化幅度小于 9%，叶片明亮度总体较弱。

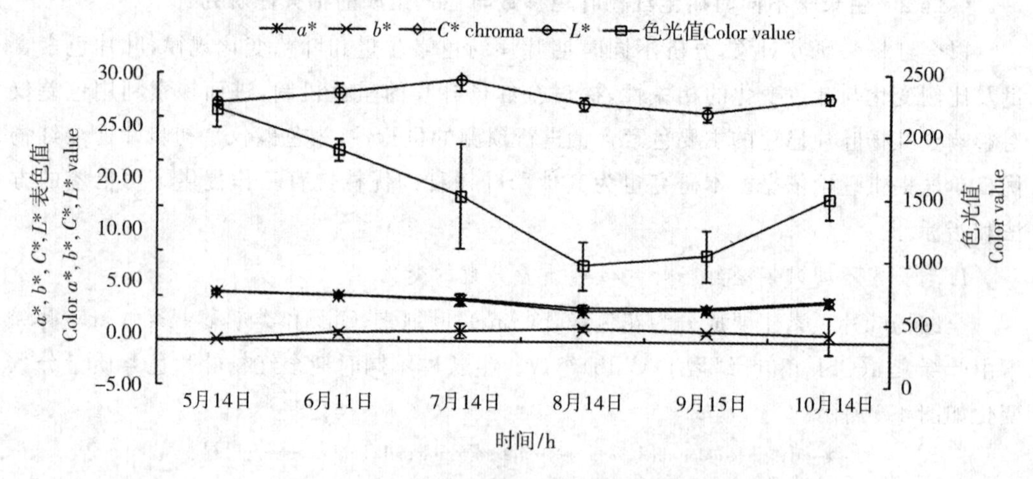

图 4-7　生长季不同时期全红杨叶色参数值的变化

通过测得的色相 a^* 值、b^* 值和明亮度 L^* 值，计算出彩度 C^* 值和色光值，公式分别为 $C^*=(a^{*2}+b^{*2})^{1/2}$、色光值 $=2000\cdot a^*/L^*\cdot(a^{*2}+b^{*2})^{1/2}$（Wang Liangsheng, et, 2004；Richardson C, et, 1987）。C^* 值表示叶片彩度，C^* 值越大，叶片彩度越深。全红杨叶片色相 b^* 值远远小于 a^* 值，全红杨叶片彩度 C^* 中含 a^* 值比例最高达 95.6% 以上（5 月14 日），最低在也有 70.7% 以上（8 月 14 日），因此彩度 C^* 值的大小几乎完全由色相 a^* 值的多少来决定，图中全红杨 C^* 值的变化曲线与色相 a^* 值的变化曲线几乎完全重合，说明不同时期 全红杨叶片色彩均以红色为主。

色光值是综合反映叶片表面色彩和明亮度的值，色光值与色相 a^* 值成正相关，而与色相 b^* 值和明亮度 L^* 值成负相关。全红杨叶片色光值随时间变化趋势与色相值 a^* 变化趋势基本一致，出现峰值的时期也相同，但变化幅度大于色相 a^* 值，5 月 14 日色光值为最高 2 194.73，8 月 14 日色光值为最低 972.03，10 月 14 日升为 1 506.36。说明全红杨叶片色彩和明亮度的综合性状随季节气温升高呈逐渐降低趋势（红色变浅，明亮度变强），综合性状 8 月中旬最弱，10 月 14 日又逐渐回升到 7 月中旬水平。色相 a^* 值决定了全红杨叶片色光值始终为正值，值越大全红杨叶片红色越深，明亮度越弱，值越小红色越浅，明亮度越强，说明可以用色相 a^* 值作为全红杨叶片彩度和色光值的代表性参数来反映全红杨叶片色彩和明亮度的变化。

3. 不同时期全红杨叶色与色素质量分数的相关性分析

以叶色参数 a^*，b^*，L^*，C^* 和色光值为因变量，叶片中花色素苷（Ant）、叶绿素 a 质量分数（Chla）、叶绿素 b 质量分数（Chlb）及类胡萝卜素（Car）质量分数为自变量，进行多元逐步线性回归分析（Multiple Liner Regrssion，MLR-Stepwise），变量置信度设为 95%，探讨全红杨叶片中色素组成与叶色之间的关系。结果如下：

$a^* = 2.5059 + 1.9175\text{Ant} - 1.1662\text{Chla} - 1.5775\ \text{Chlb} + 2.0930\text{Car}\ (R = 0.7997)$

$b^* = 0.2525 - 0.8616\text{Ant} + 4.1533\text{Chla} + 5.9960\ \text{Chlb} - 13.578\text{Car}\ (R = 0.4947)$

$L^* = 27.5787 + 0.4265\text{Ant} + 8.6587\text{Chla} + 5.8163\text{Chlb} - 30.2249\text{Car}\ (R = 0.4728)$

$C^* = 0.2494 + 1.7050\text{Ant} + 0.2039\text{Chla} + 5.1439\ \text{Chlb} - 4.334\text{Car}\ (R = 0.8540)$

色光值 $= -1378.31 + 1193.994\text{Ant} - 580.839\text{Chla} + 2171.229\text{Chlb} + 106.39\text{Car}\ (R = 0.8784)$

回归分析表明：全红杨叶片色素质量分数与叶色 a^* 值、C^* 值和色光值密切相关，其中花色素苷和类胡萝卜素质量分数与叶色 a^* 成正相关，叶绿素 a 和叶绿素 b 与 a^* 成负相关，即花色素苷和类胡萝卜素质量分数增加，将使叶片红色增强，叶绿素 a 和叶绿素 b 增加，将使红色减弱；花色素苷、叶绿素 a 和叶绿素 b 质量分数与 C^* 成正相关，类胡萝卜素与 C^* 成负相关，即花色素苷、叶绿素 a 和叶绿素 b 质量分数增加，将使叶片彩度增强，类胡萝卜素增加，将使叶片彩度减弱；花色素苷、叶绿素 b 和类胡萝卜素质量分数与色光值成正相关，叶绿素 a 质量分数与色光值成负相关，即花色素苷、叶绿素 b 和类胡萝卜素质量分数增加，将使叶片色泽变深，明亮度减弱。叶绿素 a 增加，将使叶片色泽变浅，明亮度增强。全红杨叶片叶绿素 b 和类胡萝卜素质量分数和变化都较小，对全红杨叶色变化的贡献不大，因此认为叶片花色素苷和叶绿素 a 质量分数主要影响着全红杨叶色。

全红杨叶片叶色参数与色素质量分数的相关性大小，$1 > |r| \geqslant 0.7$ 为显著相关；$0.7 > |r| \geqslant 0.4$ 为有相关；$0.4 > |r| \geqslant 0$ 为无相关（北京林业大学，1988）。叶色参数与色素质量分数相关系数见表 4-7。结果表明，全红杨叶片中花色素苷质量分数与叶片色相 a^* 值和色光值的相关系数分别为 0.736 1 和 0.785 6，显著相关；花色素苷质量分数与彩度 C^* 值的相关系数为 0.674 2，为有相关；其他相关系数均小于 0.4，相关性小。说明花色素苷是影响全红杨叶片色彩和光泽的最主要色素。

表 4-7 全红杨叶片叶色参数与色素质量分数相关系数

叶色参数	花色素苷	叶绿素 a	叶绿素 b	类胡萝卜素
色相 a^*	0.736 1	0.078 5	−0.054 5	0.080 7
色相 b^*	−0.267 5	0.025 2	0.220 4	−0.007 4
明亮度 L^*	0.052 6	−0.014 0	0.153 1	−0.079 8
彩度 C^*	0.674 2	−0.014 5	0.279 6	−0.008 6
色光值	0.785 6	0.106 3	0.264 3	0.125 1

4.不同时期全红杨叶片色素组成比例及叶色的变化

生长季不同时期全红杨叶片色素比例及相关叶色参数值见表 4-8。5 月 14 日到 6 月 11 日全红杨叶片色素比例中花色素苷质量分数大于 40%，叶绿素 a 小于 36%，其色相 a^* 和彩度 C^* 值均大于 5，色光值在 1 850 以上，此时全红杨叶片为深紫红色，明亮度较弱；7 月 14 日至 9 月 15 日全红杨叶片中叶绿素 a 质量分数反超花色素苷，花色素苷质量分数小于 35%，叶绿素 a 大于 37%，此时由于叶绿素 a 质量分数过高，影响了花色素苷的呈色效果，色相 a^* 和彩度 C^* 值开始变小，尤其是 8 月和 9 月色相 a^* 和彩度 C^* 值均低于 4.0，色光值降至 1000 左右，全红杨叶片颜色逐渐转为紫红色，明亮度变强；10 月 14 日由于全红杨叶片中叶素 a 质量分数大幅下降，花色素苷质量分数最显著高于叶绿素 a，此时花色素苷质量分数大于 45%，叶绿素 a 小于 25%，色相 a^* 和彩度 C^* 值开始大于 4.5，色光值高于 1 500，全红杨叶片转为橙红色，明亮度变弱。

表 4-8 生长季不同时期全红杨叶片色素比例(%)及相关叶色参数

日期/d	Ant:Chla:Chlb:Car/%	色相 a^*	明亮度 L^*	彩度 C^*	色光值	叶片颜色
5-14	41.9:33.1:12.1:12.9	5.43	26.74 (较弱)	5.44	2209.58	深紫红色
6-11	40.2:35.2:12.0:12.7	5.08	27.81 (较强)	5.17	1886.29	深紫红色
7-14	34.4:37.4:14.3:13.9	4.64	29.28(强)	4.79	1519.06	紫红色
8-14	34.0:37.7:14.2:14.1	3.46	26.63 (较弱)	3.74	972.03	紫红色
9-15	31.6:39.0:14.2:15.2	3.6	25.61 (弱)	3.76	1056.87	紫红色
10-14	45.4:24.6:18.5:11.5	4.5	27.27 (较强)	4.56	1506.36	橙红色

总体来看，随着时间的变化，全红杨叶片花色素苷质量分数在色素中所占的比例 5 月 14 日到 9 月 15 日为逐渐减小，其中 5 月到 6 月最为迅速。9 月 15 日之后又快速增大。不同时期花色素苷质量分数所占比例的变化使得全红杨叶片颜色发生变化。

5.回归分析和预测

色差仪使用简单方便、省时省力，鉴于全红杨叶片中花色素苷质量分数与叶色 a^* 值、C^* 值和色光值均呈显著正相关，探讨能否用色差仪对全红杨叶片花色素苷质量分数进行初步预测，为全红杨的研究提供新的方法和依据。

进行花色素苷质量分数与叶色 a^* 值、C^* 值和色光值回归分析，y 为花色素苷质量分数，x 为色相参数(见表 4-9)。结果表明全红杨叶片色相 a^* 值、彩度 C^* 值和色光值与花色素苷质量分数直线回归关系在 0.01 水平上极显著。进一步验证回归方程预测的准确性，利用通过颜色系数 a^*、C^* 和色光值建立的 3 个回归方程，分别对全红杨不同时期的 24 个单株叶片进行花色素苷质量分数的预测，预测值与实际值的对比见表 4-10。

表 4-9 全红杨叶片花色素苷质量分数和叶色参数的相关性及回归方程

叶色参数	相关系数(r)	F 值	回归方程
色相 a^*	0.736 1	26.01	$y=0.3401x+0.4255$
色光值	0.785 6	46.94	$y=0.000685x^{-}+0.8913$
彩度 C^*	0.674 2	18.33	$y=0.3476x^{-}+0.3402$

注：$F0.01(1,22)=7.95$。

表 4-10 回归方程得到的花色素苷质量分数预测值与实际测定值对比

日期/d	测定方式	花色素苷质量分数/mg·g^{-1}			
		单株 1	单株 2	单株 3	单株 4
5—14	实际测定值	2.574 5	2.514 0	2.564 5	2.551 0
	色差值 a^* 回归预测值	2.326 9	2.197 6	2.303 1	2.265 0
	彩度 C^* 回归预测值	2.285 9	2.153 4	2.260 0	2.222 0
	色光值回归预测值	2.510 5	2.283 3	2.455 9	2.372 1
6—11	实际测定值	2.437 3	2.485 3	2.286 8	2.403 1
	色差值 a^* 回归预测值	2.218 1	2.143 2	2.116 0	2.130 3
	彩度 C^* 回归预测值	2.196 8	2.153 7	2.086 3	2.116 3
	色光值回归预测值	2.212 9	2.250 4	2.108 0	2.167 8
7—14	实际测定值	1.838 5	1.833 3	1.651 8	1.774 5
	色差值 a^* 回归预测值	2.272 5	2.082 0	1.772 5	1.891 5
	彩度 C^* 回归预测值	2.152 3	1.719 2	1.971 9	1.860 9
	色光值回归预测值	2.190 0	1.821 0	1.722 5	1.805 7
8—14	实际测定值	1.676 8	1.696 5	1.557 5	1.643 6
	色差值 a^* 回归预测值	1.588 8	1.578 6	1.601 7	1.459 6
	彩度 C^* 回归预测值	1.664 7	1.584 5	1.628 8	1.641 2
	色光值回归预测值	1.531 8	1.545 8	1.573 6	1.475 6
9—15	实际测定值	1.613 5	1.667 3	1.602 8	1.627 8
	色差值 a^* 回归预测值	2.017 4	1.531 0	1.648 7	1.582 0
	彩度 C^* 回归预测值	2.012 9	1.570 3	1.609 2	1.648 4
	色光值回归预测值	2.050 3	1.521 0	1.564 6	1.574 8
10—14	实际测定值	1.662 0	1.629 0	1.622 3	1.637 8
	色差值 a^* 回归预测值	2.269 1	1.925 5	1.673 8	1.956 2
	彩度 C^* 回归预测值	1.592 3	2.237 3	2.260 7	1.926 9
	色光值回归预测值	1.929 1	2.127 6	1.834 5	1.922 2

对不同时期全红杨叶片的花色素苷质量分数的实际测定值和回归方程计算得到的预测值进行成对双样本均值 t 检验，差异显著性分析见表 4-11。检验结果均为 $|t|$ <

t 0.01(23)，建立的回归方程预测的花色素苷质量分数结果的总体平均数与实际测定结果的总体平均数差异在 0.01 水平上均极不显著。表明这些回归方程得到的花色素苷质量分数的预测值与实际测定值符合程度高。

表 4-11 回归方程 t 检验结果

叶色参数	回归方程	样本量	平均实测值 mg·g^{-1}	平均预测值 mg·g^{-1}	t 值
色相 a^*	$y=0.340\,1x+0.425\,5$	24	1.939 625	1.939 627	−0.000 035 75
色光值	$y=0.000\,685x^{-}+0.891\,3$	24	1.939 625	1.939 624	0.000 012 11
彩度 C^*	$y=0.347\,6x^{-}+0.340\,2$	24	1.939 625	1.939 829	−0.003 41

注：t 0.01(23)=2.807。

4.3.5 讨论

4.3.5.1 生长季不同时期全红杨、中红杨和 2025 杨叶片色素含量、叶色参数的变化

便携式色彩色差仪有数据贮存功能，测得的数据又能直接体现样品颜色的亮度和色系，因此被国内外很多领域的实验室和企业所采用。目前为了对植物样品颜色进行量化反映，色差仪法在许多植物的叶片颜色、花颜色和果实颜色研究中都得到了广泛应用(吴丹，2007、Arias R，2000)，利用色差仪对植物叶片色泽进行对比，方法科学可靠、简单方便、省时省力，也为其他彩叶植物品种选育提供了方便可行的方法及可借鉴的量化指标。

生长季不同时期全红杨、中红杨和 2025 杨叶片中各色素含量及变化进行了比较分析，除 10 月 14 日全红杨叶片中叶绿素 a 含量低于中红杨和 2025 杨外，不同时期红叶全红杨叶片中光合色素(叶绿素 a，b 及类胡萝卜素)和非光合色素(花色素苷)含量均高于彩叶中红杨和绿叶 2025 杨，差异极显著($P<0.01$)。

全红杨叶色参数 a^* 始终为较大的正值，叶片红、绿色相显红色；中红杨叶色参数 a^* 5 月 14 日至 6 月 11 日为正值，7 月 14 日至 10 月 14 日变为负值，说明叶片由红色逐渐转为绿色；2025 杨叶色参数 a^* 始终为很大的负值，表明叶片始终呈现为绿色。三者叶色参数 b^* 始终都为正值，意味着三者叶片黄、蓝色相均在黄色色度内，但全红杨叶色参数 b^* 极显著小于中红杨和 2025 杨($P<0.01$)，春秋季节接近于 0，说明叶色偏向蓝色色调。三者叶片明亮度也基本相对稳定，2025 杨叶片明亮度最高，中红杨次之，全红杨叶片明亮度最低，三者差异极显著($P<0.01$)。C^* 值表示叶片彩度，C^* 值越大，叶片彩度越深。虽然全红杨叶片彩度 C^* 值极显著低于中红杨和 2025 杨($P<0.01$)，但全红杨叶色参数 b^* 值相对较小，彩度 C^* 值主要由 a^* 值决定，也就是说全红杨叶片红绿色相 a^* 几乎决定了叶片的彩度 C^*，因此叶片彩度为更纯的红色色调，叶片彩度 C^* 值中含 a^* 值比例在 5 月 14 日最高，为 95.6%，8 月 14 日最低，为 70.7%。色光值是综合反映叶片表面色彩和明亮度的值，色光值与 a^* 值和 C^* 值成正相关，而与 L^* 值成负相关。色相 a^* 值的正负对色光值正负起着决定性作用，全红杨叶片色光值始终为正值，叶片颜色在红色色度内，值越

大红色色泽越强；中红杨5月14日至6月11日为正值，7月14日至10月14日变为负值；2025杨始终为负值，叶片颜色在绿色色度内，绝对值越大绿色色泽越强，三者色光值差异始终为极显著水平($P<0.01$)。

2. 生长季不同时期全红杨、中红杨和2025杨叶片色素比例与叶色关系

彩叶植物的叶色表现是遗传因素和外部环境共同作用的结果，彩叶植物呈现彩色的直接原因就是叶片中的色素种类和比例发生了变化，它与叶片细胞内色素的种类、含量以及在叶片中的分布有关(何亦昆等，1995；安田齐，1989)，已有一些研究表明，多种彩叶植物如变叶木的斑斓叶色和四季橘花斑叶片都是光合色素(叶绿素a，b和类胡萝卜素)和非光合色素(花色素苷)的比例变化的结果(姜卫兵，2005；Singh S，1988)。其中，花色素苷和其他类黄酮类色素是植物体内的一类次生代谢物质，在细胞质和内质网膜内合成运输到液泡，以糖苷的形式存在，具有吸光性而表现出粉色、紫色、红色及蓝色等(于晓南等，2002)。2008年萧力争等证实茶树(*Camellia sinensis*)芽叶紫色深浅与色差计测色值a，b，L及花青素的含量密切相关。2011年葛雨萱等研究表明黄栌叶片花色素苷含量和色相a^*值成正相关。

全红杨叶片全年呈现深紫红色或紫红色、橙红色的直接原因是同时含有较多的光合色素和非光合色素，这不同于那些因为叶绿素合成较少或大量分解而在春季或秋季时间呈现红色的植物。其中花色素苷含量的差异显著，不同时期全红杨叶片花色素苷含量是中红杨的1.60～3.86倍，是2025杨的4.45～13.73倍；不同时期全红杨叶片叶绿素含量是中红杨的1.04～1.36倍，2025杨的1.12～2.12倍；全红杨叶片类胡萝卜素含量是中红杨的1.01～1.38倍，2025杨的1.15～2.12倍。因此认为，全红杨叶片全年呈现深紫红色或紫红色、橙红色的直接原因是同时含有较多的光合色素和非光合色素，这不同于那些因为叶绿素合成较少或大量分解而在春季或秋季时间呈现红色的植物。全红杨和中红杨叶片色素的变化和比例直接影响叶色的表达，主要取决于花色素苷和叶绿素a的含量，其中花色素苷含量的差异最为明显，花色素苷是影响全红杨、中红杨和2025杨叶色差异的主要色素，花色素苷含量的增多也是导致全红杨与中红杨红色层次不同的重要原因。

不同时期全红杨、中红杨不同部位叶片色光值、色相a^*值和花色素苷含量都遵循上、中、下部叶依次降低的规律。不同时期色相a^*值、色光值和花色素苷含量的变化趋势也基本一致。比较各叶色参数，叶色参数a^*和色光值与花色素苷含量关系密切，可以很好地量化反映全红杨、中红杨的色泽状况，解释全红杨、中红杨不同时期叶片颜色深浅程度的差异性，可用色相a^*值和色光值作为全红杨、中红杨叶色的代表性参数来反映叶片色彩和明亮度的变化(李小康，2008；张瑞粉，2010)。5月到6月全红杨叶片花色素苷含量占色素比例高于40%，色相a^*值大于5，叶片明亮度L值低，此时叶片为色泽浓亮的深紫红色。中红杨叶片花色素苷含量占色素比例最高达36.5%，色相a^*值为正值，叶片为色泽鲜艳的紫红色，二者观赏效果最佳；7月全红杨叶片花色素苷含量高于34%，色相a^*值大于4.5，

明亮度 L 值较低，叶片为靓丽的紫红色，观赏效果优秀。8 月至 9 月全红杨叶片花色素苷含量高于 31%，色相 a^* 值大于 3.4，明亮度 L 值高，叶片为鲜艳的紫红色，观赏效果良好。全红杨叶色由深紫红转紫红过程中，花色素苷和色相 a^* 值的变化最大。7 月至 9 月中红杨叶片花色素苷含量占色素比例低于 29.6%，叶绿素 a 含量占色素比例高于 42%，色相 a^* 值由正值变为负值，色相 b^* 值逐渐变大，叶片由紫红色转变为暗绿色，观赏效果降低，又由于新叶中可溶性糖含量较多，花色素苷的积累水平与蔗糖的质量浓度成正比，叶绿素合成较少，因此幼叶保持着较好的红色色泽；10 月全红杨、中红杨叶片花色素苷含量比例、色相 a^* 值和色光值均有所升高，全红杨叶片花色素苷含量保持高于 34% 水平，色相 a^* 值大于 4.5，明亮度 L 值较低，叶片为靓丽的橙红色，观赏效果优秀。中红杨叶片为橙黄色，表现出一定的观赏效果。在整个生长季，2025 杨叶片中叶绿素 a 含量占色素比例始终高于 47.4%，花色素苷含量占色素比例非常低，色相 a^* 为较低的负值，色相 b^* 为较高的正值，叶片始终呈现黄绿色或绿色。

全红杨同中红杨一样成熟叶片花色素苷含量会逐渐减少，但当叶片生长发育到一定程度后，花色素苷含量趋于稳定，临近秋季，气温的下降和昼夜温差的变大可以诱导全红杨植物体内花色苷的合成和积累（胡敬志，2007；Oren S M，1997；Zhang Z Q，2001；张启翔，1998）。由于全红杨叶片本身含有较高的花色素苷，气温的下降对其合成和积累花色素苷的影响并不明显。另外由于叶绿素对气温的变化较为敏感，低温明显加速了全红杨叶片中叶绿素 a 的分解，而且限制了叶绿素的合成，致使全红杨叶片总叶绿素含量大幅下降。同时叶绿素 a 的颜色为蓝绿色，叶绿素 b 的颜色为黄绿色（董金一，2008），这也是 10 月之后部分植物叶片会变黄，而全红杨叶片逐渐变为橙红色的原因之一。通过以上分析，说明全红杨叶片颜色在内部因素与外界因素共同影响下，全生长季叶片颜色以红色色调为主，具有色彩变化稳定、丰富持久的高品质观赏性。

3. 生长季不同时期全红杨叶色参数与色素组成的相关性研究

分析不同时期全红杨、中红杨叶色与叶片色素组成二者之间的关系，探讨叶片呈色机制，通过多元线性回归和一元相关系数分析结果表明：影响全红杨叶色变化的主要色素为花色素苷和叶绿素 a，叶绿素 b 和类胡萝卜素对其影响不大。同时，全红杨叶片中花色素苷含量与反映红、绿属性的色相 a^* 值、彩度 C^* 值和色光值为显著正相关；中红杨叶片色光值与花色素苷含量为显著正相关，上部叶片相关系数最大，但与中部、下部相关系数差别不大。其他色素与叶色参数均为无相关。即测得全红杨、中红杨叶色参数 a^* 和色光值与花色素苷含量关系密切，色相 a^* 和色光值可以很好地量化反映全红杨的色泽状况，不同时期叶片颜色深浅程度的差异性。叶色 a^*、C^* 和色光值越大的叶片所含有的花色素苷含量越高，叶片红色和彩度变深，明亮度变弱，可作为全红杨和中红杨叶色的代表性参数来反映叶片内部花色素苷含量的变化，更加确定花色素苷是影响全红杨叶色变化的主要色素。需要提出的是色差仪对评估叶片的感观光泽有一定的局限性，色差仪测得的明亮度 L^* 值反映的是颜色深浅所引起的明亮度的改变，而不能作为叶片光泽度的依据。

通过全红杨、中红杨叶色与色素含量的相关性分析，全红杨、中红杨叶片中花色素苷含量与叶色 a^* 值、C^* 值和色光值有显著性相关，用色差仪来初步估测全红杨、中红杨叶片花色素苷含量。通过 12 株中红杨平茬苗单株的花色素苷含量的回归预测，中红杨上、中、下部叶片建立的回归方程得到的花色素苷含量预测值和实际测定值间偏差都很小，准确性和可靠性较好(张瑞粉，2010)。进行花色素苷含量与叶色回归分析和不同时期全红杨 24 个单株叶片的花色素苷含量的回归预测结果表明，a^* 值、C^* 值和色光值建立的回归方程得到的花色素苷含量预测值和实际测定值在 0.01 水平上均无显著差异，准确性和可靠性非常好，而色光值的回归方程得到的花色素苷含量的预测与实际测定值符合性最好。表明使用便捷、直观的色差仪法对全红杨、中红杨叶片花色素苷含量进行预测是可行的，此方法能很大程度减少红叶杨初步选优的工作量。并得知全红杨叶片叶绿素和类胡萝卜素含量与叶色参数均为相关不显著，因此用色差仪法预测全红杨叶片中叶绿素和类胡萝卜素含量是不可行的，但可尝试在绿叶或黄叶树种中进行相关预测研究。另外为了更好、全面地评估全红杨叶片色泽观赏效果，全红杨叶片中主要花色素苷的种类、数量及其共色作用、叶片感观光泽度的指标分析等方面还有待深入研究。

4.4 全红杨、中红杨和 2025 杨光合特性研究

4.4.1 试验设计与准备

时间 2009 年，地点河南林业科学研究院红叶杨研发试验地苗圃(虞城)，材料为生长健康、长势一致的全红杨、中红杨和 2025 杨当年生嫁接苗，株高平均约为 1.2 m。5—10 月，每月中上旬测定一次(可根据天气情况可前后调动 1～7 d)。分别于 5 月 7 日、6 月 6 日、7 月 8 日、8 月 12 日、9 月 14 日和 10 月 9 日进行测定，均为晴天。6 月、7 月、8 月测定时间为 8:00、10:00、12:00、14:00、16:00、18:00，9 月测定时间为 8:00、10:00、12:00、14:00、16:00，5 月和 10 月测定时间为 10:00。

4.4.2 生理指标与测定方法

采用美国 LI-COR 公司生产的 LI-6400 便携式光合作用测定系统，测定叶片的净光合速率(Pn)(μ mol·m^{-2}·s^{-1})、蒸腾速率(Tr)(mmol·m^{-2}·s^{-1})、叶片气孔导度(Gs)(mol·m^{-2}·s^{-1})、胞间 CO_2 浓度(Ci)(μmol·mol^{-1})，全红杨、中红杨和 2025 杨测量部位均为每株苗木枝条顶芽下 1～4 片叶(上部)，枝条顶芽往下第 5～7 片叶(中部)和枝条顶芽下 1～4 片叶(下部)各 2～3 枚，设 3 株重复，取平均值。

水分利用效率为净光合速率与蒸腾速率之比($WUE= Pn/Tr$)，羧化效率(CE)为 Pn 与 Ci 之比($CE=Pn/Ci$)。

数据处理：使用 Excel 2007、SPSS 17.0 和 DPS v7.05 软件进行数据处理和统计分析，图中均用“平均值±标准误”表示。

4.4.3 结果与分析

本试验以全红杨为研究对象，比较分析生长季不同时期全红杨、中红杨和2025杨植株枝条上部、中部和下部叶片光合特性的差异，为全红杨优良性状评定及实际应用提供理论指导。

4.4.3.1 光合特性日变化

1.6月6日光合特性日变化

由图4-8(a)及表4-12(见本章末尾)可知，6月6日全红杨、中红杨和2025杨上部、中部和下部叶片净光合速率(Pn)日变化均为先升高后降低。但达到峰值的时间有所不同，全红杨上部、中部和下部叶片Pn均在12:00达到最高值，分别为6.02 $\mu mol \cdot m^{-2} \cdot s^{-1}$，9.02 $\mu mol \cdot m^{-2} \cdot s^{-1}$和8.68 $\mu mol \cdot m^{-2} \cdot s^{-1}$；中红杨和2025杨则在10:00即达到最高值，随后逐渐下降，此时二者上、中、下部位叶片Pn分别为7.72 $\mu mol \cdot m^{-2} \cdot s^{-1}$，19.89 $\mu mol \cdot m^{-2} \cdot s^{-1}$，13.83 $\mu mol \cdot m^{-2} \cdot s^{-1}$和16.25 $\mu mol \cdot m^{-2} \cdot s^{-1}$，25.11 $\mu mol \cdot m^{-2} \cdot s^{-1}$，14.90 $\mu mol \cdot m^{-2} \cdot s^{-1}$。分析表明，净光合速率平均值从高到低依次为：2025杨中部——中红杨中部——2025杨下部——2025杨上部——中红杨下部——全红杨中部——全红杨下部——中红杨上部——全红杨上部，全红杨上部叶片净光合速率平均值最低，为4.14 $\mu mol \cdot m^{-2} \cdot s^{-1}$，中部和下部叶片$Pn$也仅高于中红杨上部叶片。多重比较表明，除2025杨上部与中红杨下部叶片差异不显著($P>0.05$)，全红杨中部、全红杨上部和中红杨上部差异显著($P<0.05$)外，其余均差异极显著($P<0.01$)。同一品种不同部位来看，全红杨、中红杨和2025杨均为中部叶片Pn最高，下部叶片次之，上部叶片最低，除全红杨中部和上部叶片Pn差异显著($P<0.05$)外，每个品种各部位叶片间Pn均差异极显著($P<0.01$)。品种间相同部位来看，全红杨上、中、下部叶片Pn均依次低于中红杨和2025杨相同部位叶片，差异极显著($P<0.01$)。光照强度下降，18:00时彩叶品种中红杨和全红杨叶片净光合速率下降相对平缓，尤其是全红杨日变化较中红杨和2025杨平缓，而绿叶2025杨叶片净光合速率则快速下降，甚至低于中红杨，这可能是红叶类植物光合能力受光照强度的影响要弱于绿叶类植物，使其在低光照环境中也能维持相对稳定的光合机能。

由图4-8(b)及表4-12可知，6月6日全红杨、中红杨和2025杨上部、中部和下部叶片蒸腾速率(Tr)日变化均为呈振荡起伏，整体有先升高后降低的趋势。各品种各部位叶片达到峰值的时间有所不同，全红杨和中红杨上部、中部、下部叶片Tr均在12:00达到最高值，分别为3.77 $mmol \cdot m^{-2} \cdot s^{-1}$，5.95 $mmol \cdot m^{-2} \cdot s^{-1}$，6.62 $mmol \cdot m^{-2} \cdot s^{-1}$和4.08 $mmol \cdot m^{-2} \cdot s^{-1}$，7.90 $mmol \cdot m^{-2} \cdot s^{-1}$，6.45 $mmol \cdot m^{-2} \cdot s^{-1}$；2025杨则在14:00才达到最高值，上、中、下部位叶片Tr分别为5.71 $mmol \cdot m^{-2} \cdot s^{-1}$，8.49 $mmol \cdot m^{-2} \cdot s^{-1}$，7.64 $mmol \cdot m^{-2} \cdot s^{-1}$，随后三者各部位叶片蒸腾速率快速下降。分析表明，蒸腾速率平均值从高到低依次为：2025杨中部——中红杨下部——中红杨中部——2025杨下部——

全红杨下部——全红杨中部——2025 杨上部——中红杨上部——全红杨上部，全红杨上部叶片蒸腾速率平均值最低，为 2.61 mmol·m^{-2}·s^{-1}。同一品种不同部位来看，全红杨、中红杨为下部叶片 *Tr* 最高，中部叶片次之，上部叶片最低，而 2025 杨为中部叶片 *Tr* 最高，下部叶片次之，上部叶片最低。全红杨和 2025 杨各部位叶片间 *Tr* 差异极显著（$P<0.01$），而中红杨中部和下部叶片 *Tr* 差异不显著（$P>0.05$），与上部叶片差异极显著（$P<0.01$）。品种间相同部位来看，"全红杨"上、中、下部叶片 *Tr* 均依次低于中红杨和 2025 杨相同部位叶片，全红杨上部叶片 *Tr* 与"中红杨"差异不显著（$P>0.05$），与 2025 杨差异极显著（$P<0.01$）；三者中部叶片 *Tr* 差异极显著（$P<0.01$）；三者下部叶片 *Tr* 差异不显著（$P>0.05$）。18:00 时光照强度快速下降，3 个品种各部位叶片蒸腾速率均迅速下降。

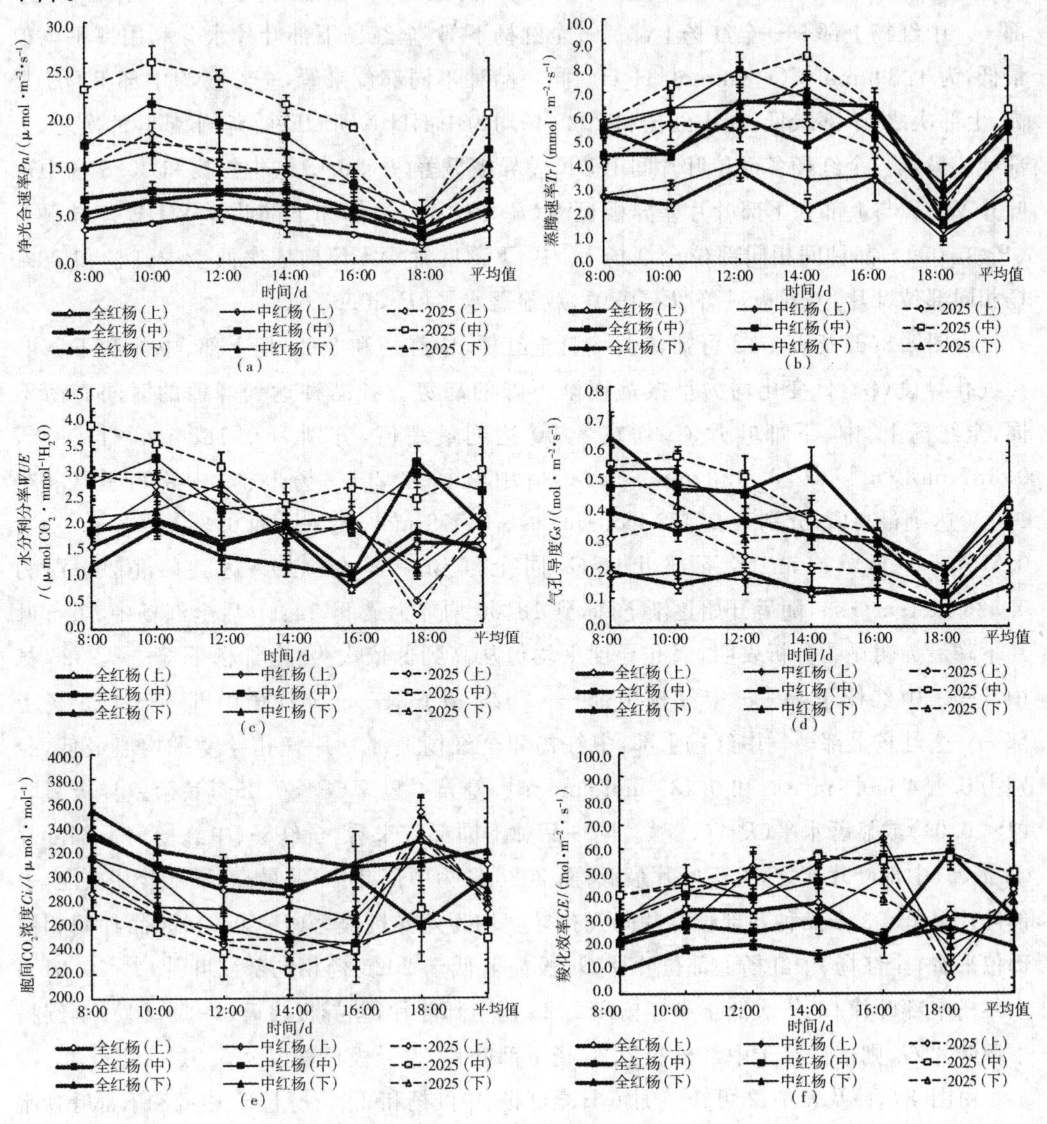

图 4-8　全红杨、中红杨和 2025 杨叶片 6 月 6 日光合特性日变化的不同(平均值±标准误)

由图 4-8(c)及表 4-12 可知，6 月 6 日全红杨、中红杨和 2025 杨上部、中部和下部叶片水分利用率(*WUE*)日变化均为呈振荡起伏变化。各品种各部位叶片水分利用率达到峰值的时间有所不同，全红杨上部和下部叶片 *WUE* 在 10:00 达到最大值，分别为 2.06 μmol CO_2 · $mmol^{-1}$ H_2O 和 1.88 μmol CO_2 · $mmol^{-1}$ H_2O，中部叶片 *WUE* 在 18:00 达到峰值 3.11 μmol CO_2 · $mmol^{-1}$ H_2O；中红杨上部和中部叶片 WUE 在 10:00 达到最高值，分别为 2.55 μmol CO_2 · $mmol^{-1}$ H_2O 和 3.20 μmol CO_2 · $mmol^{-1}$ H_2O，下部叶片在 12:00达到峰值 2.71 μmol CO_2 · $mmol^{-1}$ H_2O；2025 杨上、中、下部位叶片 *WUE* 在 8:00 即达到最大值，分别为 2.89 μmol CO_2 · $mmol^{-1}$ H_2O、3.81 μmol CO_2 · $mmol^{-1}$ H_2O、2.92 μmol CO_2 · $mmol^{-1}$ H_2O。分析表明，水分利用率平均值从高到低依次为：2025 杨中部——中红杨中部——2025 杨下部——2025 杨上部——中红杨下部——全红杨"中部——中红杨上部——全红杨上部——全红杨下部，全红杨下部叶片水分利用率平均值最低，为 1.39μmol CO_2 · $mmol^{-1}$ H_2O。同一品种不同部位来看，全红杨为中部 *WUE* 最高，上部次之，下部最低；而中红杨和 2025 杨均为中部叶片 *WUE* 最高，下部叶片次之，上部叶片最低。全红杨各部位叶片间 *WUE* 差异极显著($P<0.01$)；中红杨和 2025 杨中部叶片 WUE 与上部和下部叶片差异极显著($P<0.01$)，上部和下部叶片 WUE 差异显著($P<0.05$)。品种间相同部位全红杨上、中、下部叶片 WUE 均依次低于中红杨和 2025 杨相同部位叶片，差异极显著($P<0.01$)或显著水平($P<0.05$)。

由图 4-8(d)及表 4-12 可知，6 月 6 日全红杨、中红杨和 2025 杨上部、中部和下部叶片气孔导度(*Gs*)日变化均为呈振荡逐渐下降的趋势。各品种达到峰值的时间有所不同，全红杨上、中、下部叶片 *Gs* 均在 8:00 达到最高值，分别为 0.188 mol · m^{-2} · s^{-1}，0.387 mol · m^{-2} · s^{-1}，0.632 mol · m^{-2} · s^{-1}；中红杨和 2025 杨上部、中部叶片 Gs 在 10:00达到最高值，分别为 0.182 mol · m^{-2} · s^{-1}，0.478 mol · m^{-2} · s^{-1} 和 0.346 mol · m^{-2} · s^{-1}，0.570 mol · m^{-2} · s^{-1}，二者下部叶片 *Gs* 同全红杨一样在 8:00 达到峰值，分别为 0.526 mol· m^{-2} · s^{-1}，随后开始逐渐下降，到 18:00 均降为最低，14:00 后全红杨中、下部叶片下降最为明显。分析表明，气孔导度平均值从高到低依次为：全红杨下部——2025 杨中部——中红杨下部——中红杨中部——2025 杨下部——全红杨中部——2025 杨上部——全红杨上部——中红杨上部，中红杨和全红杨上部叶片气孔导度平均值最低，分别为 0.134 mol · m^{-2} · s^{-1} 和 0.133 mol · m^{-2} · s^{-1}，差异不显著($P>0.05$)，其余差异极显著($P<0.01$)或显著水平($P<0.05$)。同一品种不同部位来看，全红杨、中红杨为下部叶片 *Gs* 最高，中部叶片次之，上部叶片最低；而 2025 杨为中部叶片 *Gs* 最高，下部叶片次之，上部叶片最低。3 个品种各部位叶片间气孔导度均为差异极显著($P<0.01$)。品种间相同部位来看，全红杨、中红杨上部位叶片 *Gs* 极显著低于 2025 杨相同部位叶片($P<0.01$)；全红杨中部叶片 *Gs* 依次低于中红杨和 2025 杨中部叶片，差异极显著($P<0.01$)；全红杨下部叶片 *Gs* 则依次高于中红杨和 2025 杨下部叶片，差异极显著($P<0.01$)。

由图 4-8(e)及表 4-12 可知，6 月 6 日全红杨、中红杨和 2025 杨上部、中部和下部叶片胞间 CO_2 浓度(*Ci*)日变化除全红杨中部和下部叶片为逐级下降趋势外，其余均为先下降

14:00后快速升高的变化趋势。各品种各部位叶片胞间 CO_2 浓度达到最低值的时间有所不同，全红杨上部叶片 *Ci* 在 14:00 达到最低值 286.58 μmol·mol^{-1}，中部叶片 18:00 达到谷值 259.83 μmol·mol^{-1}，下部叶片 *Ci* 在 16:00 达到谷值 308.42 μmol·mol^{-1}；中红杨上、中和下部叶片 Ci 均在 16:00 达到最低值，分别为 237.58 μmol·mol^{-1}，245.00 μmol·mol^{-1}和 265.00 μmol·mol^{-1}；2025 杨上、中和下部位叶片 *Ci* 在 14:00 均达到谷值，分别为 237.50 μmol·mol^{-1}，222.75 μmol·mol^{-1}和 248.25 μmol·mol^{-1}，由图可见除全红杨中部和下部叶片，其余叶片 *Ci* 16:00 后均快速升高，全红杨上部叶片 *Ci* 升高幅度也明显小于其他 2 个品种。分析表明，胞间 CO_2 浓度平均值从高到低依次为：全红杨下部——全红杨上部——全红杨中部——中红杨下部——中红杨上部——2025 杨下部——2025 杨上部——中红杨中部——2025 杨中部，全红杨下部叶片胞间 CO_2 浓度平均值最高，为 320.42 μmol·mol^{-1}，其次是“全红杨”的上部和中部叶片。同一品种不同部位来看，全红杨、中红杨和 2025 杨均为下部 *Ci* 最高，上部次之，中部最低。全红杨各部位叶片间 *Ci* 差异极显著($P<0.01$)；中红杨和 2025 杨上部和下部叶片间 *Ci* 差异显著($P<0.05$)，并均极显著高于各自中部叶片($P<0.01$)。品种间相同部位来看，全红杨上、中、下部叶片 *Ci* 均依次高于中红杨和 2025 杨相同部位叶片，差异极显著($P<0.01$)或显著水平($P<0.05$)。16:00 时至 18:00 时中红杨和 2025 杨上部、下部叶片 *Ci* 急速上升过程，上部叶片 *Ci* 升高幅度分别为 41.28%和 43.00%，下部叶片 *Ci* 升高幅度分别为 21.11%和 21.75%；全红杨中部叶片 *Ci* 则快速下降了 13.65%，这可能是因为全红杨在低光照环境中也能维持相对稳定的光合机能的缘故。

由图 4-8(f)及表 4-12 可知，6 月 6 日全红杨、中红杨和 2025 杨上部、中部和下部叶片羧化效率(*CE*)日变化在 14:00 之前均相对比较平稳，并有逐渐上升的趋势；随后全红杨中部叶片 *CE* 下降后又快速升高，其上部和下部叶片同中红杨和 2025 杨中部叶片一样保持原有平稳缓慢升高的状态，而中红杨和 2025 杨上部和下部叶片 *CE* 则出现明显的下降趋势。说明全红杨叶片尤其是中部片在弱光强下也能充分利用胞间 CO_2 进行光合作用。由图表可见，各品种各部位叶片羧化效率达到峰值的时间有所不同，全红杨上、中、下部叶片羧化效率均在 18:00 达到最大值，分别为 32.06mol·m^{-2}·s^{-1}，58.28 mol·m^{-2}·s^{-1}，56.12 mol·m^{-2}·s^{-1}；中红杨和 2025 杨中部叶片 *CE* 在 18:00 达到峰值 58.20 mol·m^{-2}·s^{-1}，56.12 mol·m^{-2}·s^{-1}；二者上部、下部叶片 *CE* 则在 16:00 即达到最高值，分别为 64.12 mol·m^{-2}·s^{-1}，47.76 mol·m^{-2}·s^{-1}和 56.35 mol·m^{-2}·s^{-1}，39.39 mol·m^{-2}·s^{-1}。分析表明，羧化效率平均值从高到低依次为：2025 杨中部——中红杨中部——2025 杨上部——中红杨上部——2025 杨下部——中红杨下部——全红杨中部——全红杨上部——全红杨下部，全红杨下部叶片羧化效率平均值最低，为 19.02 mol·m^{-2}·s^{-1}。同一品种不同部位来看，全红杨、中红杨和 2025 杨均为中部叶片羧化效率最高，上部次之，下部最低。全红杨中部和上部叶片间 *CE* 差异不显著($P>0.05$)，但显著高于下部叶片($P<0.05$)；中红杨和 2025 杨各部位叶片间 *CE* 均差异显著($P<0.05$)。品种间相同部位来看，全红杨上、中、下部叶片 CE 均依次低于中红杨和 2025 杨相同部位叶片，差异极显著

($P<0.01$)或显著水平($P<0.05$)。

2.7月8日光合特性日变化

由图4-9(a)及表4-13(见本章末尾)可知,7月8日全红杨、中红杨和2025杨上部、中部和下部叶片净光合速率(Pn)日变化除2025杨上部叶片为逐渐下降外,其余均为先升高后降低。达到峰值的时间有所不同,全红杨上部、中部叶片Pn均在14:00达到最高值,分别为11.36 $\mu mol \cdot m^{-2} \cdot s^{-1}$,12.71 $\mu mol \cdot m^{-2} \cdot s^{-1}$,下部在10:00达到峰值6.03 $\mu mol \cdot m^{-2} \cdot s^{-1}$;中红杨和2025杨除2025杨上部叶片$Pn$在8:00点即出现峰值15.43 $\mu mol \cdot m^{-2} \cdot s^{-1}$,二者上、中、下其他部位叶片$Pn$则在10:00达到最高值,$Pn$分别为12.31 $\mu mol \cdot m^{-2} \cdot s^{-1}$,13.10 $\mu mol \cdot m^{-2} \cdot s^{-1}$,22.67 $\mu mol \cdot m^{-2} \cdot s^{-1}$,19.88 $\mu mol \cdot m^{-2} \cdot s^{-1}$和26.37 $\mu mol \cdot m^{-2} \cdot s^{-1}$,16.31 $\mu mol \cdot m^{-2} \cdot s^{-1}$,随后各叶片$Pn$均逐渐下降。分析表明,净光合速率平均值从高到低依次为:2025杨中部——中红杨中部——中红杨下部——2025杨上部——2025杨下部——全红杨中部——中红杨上部——全红杨上部——全红杨下部,全红杨下部叶片净光合速率平均值最低,为3.85 $\mu mol \cdot m^{-2} \cdot s^{-1}$,其次是上部叶片,中部叶片$Pn$也仅高于中红杨上部叶片。多重比较表明,除全红杨中部与中红杨上部叶片Pn差异显著($P<0.05$)外,其余均差异极显著($P<0.01$)。同一品种不同部位来看,全红杨和2025杨均为中部叶片Pn最高,上部叶片次之,下部叶片最低,而中红杨为中部叶片Pn最高,下部叶片次之,上部叶片最低,每个品种各部位叶片间Pn均差异极显著($P<0.01$)。品种间相同部位来看,全红杨上、中部叶片Pn均依次低于中红杨和2025杨相同部位叶片,差异极显著($P<0.01$);下部叶片Pn均依次低于2025杨和中红杨相同部位叶片,差异极显著($P<0.01$)。随着光照强度下降,3个品种叶片净光合速率在14:00时以后均快速下降,全红杨因原来叶片净光合速率就低,因此下降幅度较中红杨和2025杨平缓,而绿叶2025杨光合作用降日照强度降低则快速下降,全红杨中部叶片Pn高于中红杨各部位叶片以及2025杨的上部和下部叶片的Pn,这可能是红叶类植物光合能力受光照强度的影响要弱于绿叶类植物,使其在低光照环境中也能维持相对稳定的光合机能。

由图4-9(b)及表4-13可知,7月8日全红杨、中红杨和2025杨上部、中部和下部叶片蒸腾速率(Tr)日变化整体均有先升高后降低的趋势。各品种各部位叶片达到峰值的时间有所不同,全红杨上部叶片Tr在10:00达到最高值3.40 $mmol \cdot m^{-2} \cdot s^{-1}$,中部、下部叶片$Tr$均在12:00达到最高值,分别为4.94 $mmol \cdot m^{-2} \cdot s^{-1}$,4.75 $mmol \cdot m^{-2} \cdot s^{-1}$;中红杨和2025杨上部叶片$Tr$在8:00即出现最高值3.64 $mmol \cdot m^{-2} \cdot s^{-1}$和4.59 $mmol \cdot m^{-2} \cdot s^{-1}$,二者中部、下部叶片$Tr$均在10:00达到最高值5.93 $mmol \cdot m^{-2} \cdot s^{-1}$,6.64 $mmol \cdot m^{-2} \cdot s^{-1}$和6.84 $mmol \cdot m^{-2} \cdot s^{-1}$,6.73 $mmol \cdot m^{-2} \cdot s^{-1}$,随后三者各部位叶片蒸腾速率均逐渐下降。分析表明,蒸腾速率平均值从高到低依次为:2025杨中部——中红杨下部——2025杨下部——中红杨中部——全红杨下部——全红杨中部——2025杨上部——中红杨上部——全红杨上部,全红杨上部叶片蒸腾速率平均值最低,为2.43 $mmol \cdot m^{-2} \cdot s^{-1}$。同一

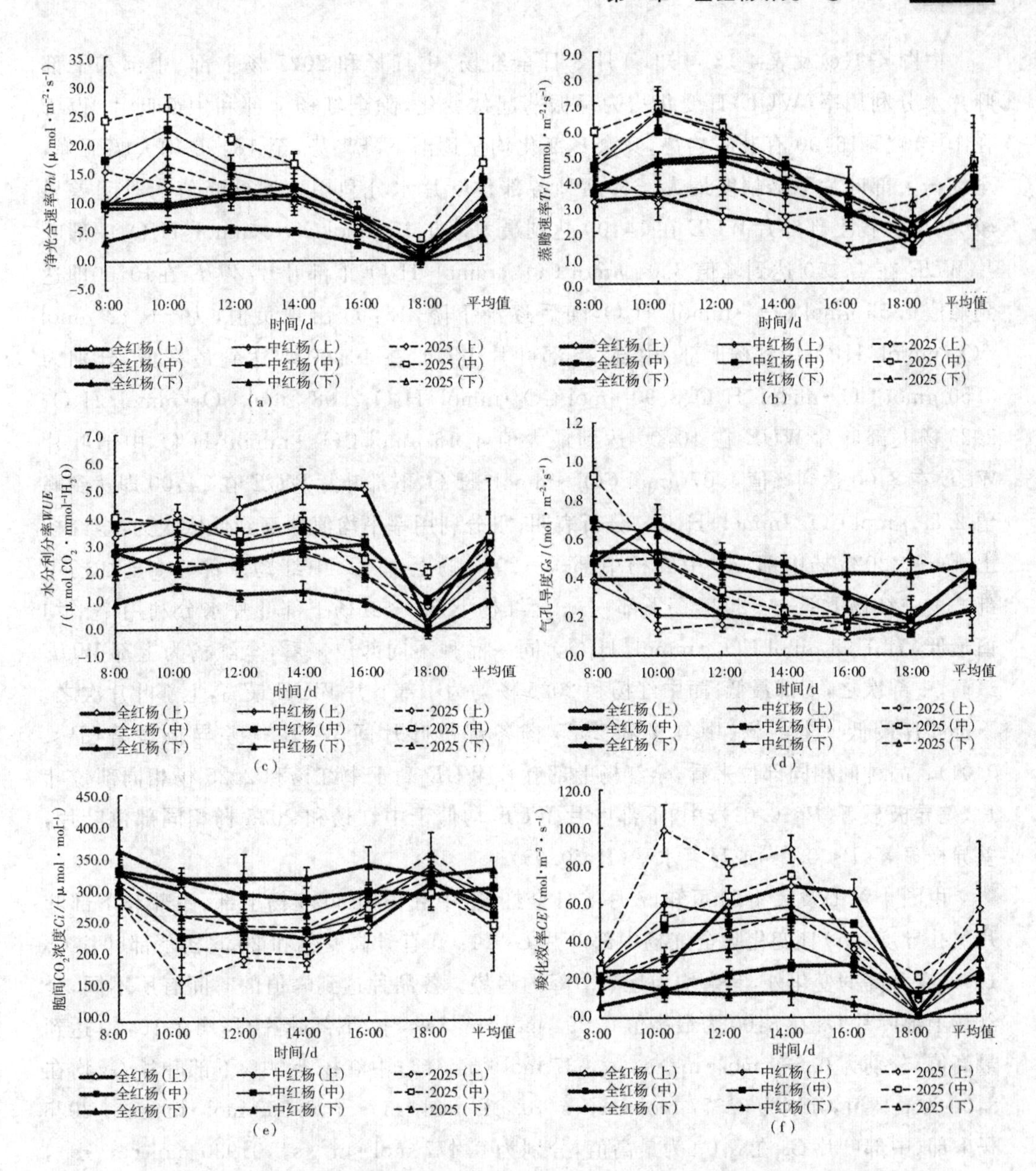

图 4-9　**全红杨、中红杨和 2025 杨叶片 7 月 8 日光合特性日变化的不同(平均值±标准误)**

品种不同部位来看,全红杨、中红杨为下部叶片 Tr 最高,中部叶片次之,上部叶片最低,而 2025 杨为中部叶片 Tr 最高,下部叶片次之,上部叶片最低。全红杨中部和下部叶片 Tr 差异显著($P<0.05$),均极显著高于其上部叶片($P<0.01$);中红杨各部位叶片间 Tr 差异极显著($P<0.01$);2025 杨中部和下部叶片 Tr 差异不显著($P>0.05$),与上部叶片差异极显著($P<0.01$)。品种间相同部位来看,全红杨上、中、下部叶片 Tr 均依次低于中红杨和 2025 杨相同部位叶片,全红杨上部、下部叶片 Tr 均极显著低于中红杨和 2025 杨($P<0.01$),中红杨与 2025 杨间差异不显著($P>0.05$);全红杨中部叶片 Tr 显著低于中红杨($P<0.05$),二者极显著低于 2025 杨($P<0.01$)。

由图4-9(c)及表4-13可知，7月8日全红杨、中红杨和2025杨上部、中部和下部叶片水分利用率（WUE）日变化均为呈振荡起伏变化，除全红杨上部和中部叶片*WUE*在10:00至16:00有升高趋势，其余日变化均呈逐渐下降趋势，至18:00均大幅下降，全红杨上部叶片下降幅度最大。各品种各部位叶片水分利用率达到峰值的时间差异较大，全红杨上部叶片*WUE*在14:00达到最大值5.15 $\mu mol\ CO_2 \cdot mmol^{-1}\ H_2O$，中部叶片*WUE*在16:00达到峰值3.04 $\mu mol\ CO_2 \cdot mmol^{-1}\ H_2O$，下部叶片*WUE*在10:00即达到峰值1.55 $\mu mol\ CO_2 \cdot mmol^{-1}\ H_2O$，随后逐渐下降，18:00出现负值，为−0.12 $\mu mol\ CO_2 \cdot mmol^{-1}\ H_2O$；中红杨上部、中部、下部叶片*WUE*在10:00均达到最高值，分别为3.50 $\mu mol\ CO_2 \cdot mmol^{-1}\ H_2O$、3.90 $\mu mol\ CO_2 \cdot mmol^{-1}\ H_2O$，2.98 $\mu mol\ CO_2 \cdot mmol^{-1}\ H_2O$；2025杨上部叶片*WUE*在10:00达到最大值4.16 $\mu mol\ CO_2 \cdot mmol^{-1}\ H_2O$，中部叶片*WUE*在8:00达到峰值4.07 $\mu mol\ CO_2 \cdot mmol^{-1}\ H_2O$，下部叶片*WUE*在14:00即达到峰值2.89 $\mu mol\ CO_2 \cdot mmol^{-1}\ H_2O$。分析表明，水分利用率平均值从高到低依次为：全红杨上部——2025杨中部——中红杨中部——2025杨上部——中红杨上部——全红杨中部——中红杨下部——2025杨下部——全红杨下部，全红杨下部叶片水分利用率平均值最低，为0.98 $\mu mol\ CO_2 \cdot mmol^{-1}\ H_2O$。同一品种不同部位来看，全红杨为上部*WUE*最高，中部次之，下部最低；而中红杨和2025杨均为中部叶片*WUE*最高，上部叶片次之，下部叶片最低。全红杨、中红杨和2025杨各部位叶片间*WUE*均差异极显著（$P<0.01$）。品种间相同部位来看，全红杨上部叶片*WUE*高于中红杨和2025杨相同部位叶片，差异极显著（$P<0.01$）；中、下部叶片*WUE*均低于中红杨和2025杨相同部位叶片，差异极显著（$P<0.01$）或显著水平（$P<0.05$）。

由图4-9(d)及表4-13可知，7月8日全红杨、中红杨和2025杨上部、中部和下部叶片气孔导度（*Gs*）日变化除全红杨中部叶片*Gs* 10:00有升高变化和2025杨下部叶片*Gs* 18:00有升高的变化外，其余均为逐渐下降的趋势。各品种达到峰值的时间有所不同，全红杨上部叶片*Gs*在8:00为最高值0.394 $mol \cdot m^{-2} \cdot s^{-1}$，中、下部叶片*Gs*均在10:00达到最高值，分别为0.639 $mol \cdot m^{-2} \cdot s^{-1}$，0.537 $mol \cdot m^{-2} \cdot s^{-1}$；中红杨上、中、下部叶片*Gs*均在8:00为最高值，分别为0.377 $mol \cdot m^{-2} \cdot s^{-1}$，0.702 $mol \cdot m^{-2} \cdot s^{-1}$，0.669 $mol \cdot m^{-2} \cdot s^{-1}$；2025杨上部、中部叶片*Gs*在8:00为最高值，分别为0.477 $mol \cdot m^{-2} \cdot s^{-1}$，0.930 $mol \cdot m^{-2} \cdot s^{-1}$，下部叶片*Gs*在18:00达到峰值0.511 $mol \cdot m^{-2} \cdot s^{-1}$。14:00后全红杨上部、下部叶片下降幅度相对平缓。分析表明，气孔导度平均值从高到低依次为：全红杨下部——全红杨中部——中红杨下部——2025杨中部——2025杨下部——中红杨中部——全红杨上部——中红杨上部——2025杨上部，2025杨、中红杨和全红杨上部叶片气孔导度平均值最低，分别为0.198 $mol \cdot m^{-2} \cdot s^{-1}$，0.217 $mol \cdot m^{-2} \cdot s^{-1}$和0.233 $mol \cdot m^{-2} \cdot s^{-1}$，之间差异不显著（$P>0.05$）。同一品种不同部位来看，全红杨、中红杨和为下部叶片*Gs*最高，中部叶片次之，上部叶片最低；而2025杨为中部叶片*Gs*最高，下部叶片次之，上部叶片最低。3个品种各部位叶片间气孔导度均为差异极显著（$P<0.01$）。品种间相同部位来看，全红杨上部叶片*Gs*略高于中红杨和2025杨，三者间差异不显著（$P>0.05$）；全红杨中部叶片*Gs*依次高于2025

杨和中红杨，三者间差异极显著($P<0.01$)；全红杨下部叶片 Gs 则依次高于中红杨和2025杨下部叶片，差异显著($P<0.05$)或极显著($P<0.01$)。

由图4-9(e)及表4-13可知，7月8日全红杨、中红杨和2025杨上部、中部和下部叶片胞间 CO_2 浓度(Ci)日变化均为先下降，14:00后升高的变化趋势，全红杨中部、下部叶片升高、下降幅度均相对平缓，18:00时全红杨中部、下部叶片 Ci 还有小幅下降。各品种各部位叶片胞间 CO_2 浓度达到最低值的时间有所不同，全红杨上部、中部叶片 Ci 在14:00达到最低值227.008 $\mu mol \cdot mol^{-1}$，289.428 $\mu mol \cdot mol^{-1}$，下部叶片 Ci 在12:00达到谷值320.928 $\mu mol \cdot mol^{-1}$；中红杨上部叶片 Ci 均在14:00达到最低值237.008 $\mu mol \cdot mol^{-1}$，中部和下部叶片 Ci 均在12:00到最低值，分别为237.008 $\mu mol \cdot mol^{-1}$，261.678 $\mu mol \cdot mol^{-1}$；2025杨上部叶片 Ci 在10:00均达到谷值160.928 $\mu mol \cdot mol^{-1}$，中部、下部位叶片 Ci 在14:00达到谷值，分别为201.838 $\mu mol \cdot mol^{-1}$，243.258 $\mu mol \cdot mol^{-1}$。分析表明，胞间 CO_2 浓度平均值从高到低依次为：全红杨下部——全红杨中部——中红杨下部——2025杨下部——全红杨上部——中红杨上部——中红杨中部——2025杨中部——2025杨上部，全红杨下部叶片胞间 CO_2 浓度平均值最高，为332.358 $\mu mol \cdot mol^{-1}$，其次是全红杨的中部叶片。同一品种不同部位来看，全红杨和2025杨均为下部 Ci 最高，中部次之，上部最低，中红杨叶片 Ci 为下部最高，上部次之，中部最低。全红杨和中红杨各部位叶片间 Ci 差异极显著($P<0.01$)；2025杨上部和中部叶片间 Ci 差异不显著($P>0.05$)，但均极显著低于各自下部叶片($P<0.01$)。品种间相同部位来看，全红杨上、中、下部叶片 Ci 均依次高于中红杨和2025杨相同部位叶片，差异极显著($P<0.01$)或显著水平($P<0.05$)。16:00时至18:00时中红杨和2025杨上部、下部叶片 Ci 急速上升过程，而全红杨中部和下部叶片 Ci 则有小幅降低，这可能是因为全红杨在低光照环境中也能维持相对稳定的光合机能的缘故。

由图4-9(f)及表4-13可知，7月8日全红杨、中红杨和2025杨上部、中部和下部叶片羧化效率(CE)日变化均为先升高在14:00－18:00先后快速下降，全红杨中部叶片 CE 下降较晚和下降幅度最小，说明全红杨中部片在弱光强下也能充分利用胞间 CO_2 进行光合作用。由图表可见，各品种各部位叶片羧化效率达到峰值的时间有所不同，全红杨上部、下部叶片羧化效率均在14:00达到最大值，分别为69.53 $mol \cdot m^{-2} \cdot s^{-1}$，27.97 $mol \cdot m^{-2} \cdot s^{-1}$，下部叶片 CE 在16:00达到最大值27.97 $mol \cdot m^{-2} \cdot s^{-1}$；中红杨和2025杨上部、中部、下部叶片 CE 均在14:00达到最大值，分别为58.36 $mol \cdot m^{-2} \cdot s^{-1}$，51.75 $mol \cdot m^{-2} \cdot s^{-1}$，39.50 $mol \cdot m^{-2} \cdot s^{-1}$ 和88.95 $mol \cdot m^{-2} \cdot s^{-1}$，75.07 $mol \cdot m^{-2} \cdot s^{-1}$，55.4 $mol \cdot m^{-2} \cdot s^{-1}$。分析表明，羧化效率平均值从高到低依次为：2025杨上部——2025杨中部——全红杨上部——中红杨上部——中红杨中部——2025杨下部——中红杨下部——全红杨中部——全红杨下部，全红杨下部叶片羧化效率平均值最低，为8.85 $mol \cdot m^{-2} \cdot s^{-1}$。同一品种不同部位来看，全红杨、中红杨和2025杨均为上部叶片羧化效率最高，中部次之，下部最低，全红杨上部叶片间 CE 依次高于中部、下部叶片，差异极显著($P<0.01$)；中红杨上部和中部叶片 CE 差异不显著($P>0.05$)，但均极显著高于下部叶片；2025杨上部叶片间

CE 依次高于中部和下部叶片，均差异极显著($P<0.01$)。品种间相同部位来看，全红杨上部叶片 CE 高于中红杨，差异不显著($P>0.05$)，二者极显著低于 2025 杨($P<0.01$)；全红杨中部、下部叶片 CE 均依次低于中红杨和 2025 杨相同部位叶片，差异极显著($P<0.01$)。

3.8 月 12 日光合特性日变化

由图 4-10(a)及表 4-14(见本章末)知，8 月 12 日全红杨、中红杨和 2025 杨上部、中部和下部叶片净光合速率(Pn)日变化均为先升高后降低，16:00 后快速下降。达到峰值的时间有所不同，全红杨上、中、下部叶片 Pn 在 12:00 达到最高值，分别为 11.76 $\mu mol \cdot m^{-2} \cdot s^{-1}$，14.43 $\mu mol \cdot m^{-2} \cdot s^{-1}$，6.72 $\mu mol \cdot m^{-2} \cdot s^{-1}$；中红杨上、中、下部叶片 Pn 均在10:00达到最高值，分别为 8.70 $\mu mol \cdot m^{-2} \cdot s^{-1}$，13.39 $\mu mol \cdot m^{-2} \cdot s^{-1}$，13.48 $\mu mol \cdot m^{-2} \cdot s^{-1}$；2025 杨上部叶片 Pn 在 12:00 点达到最高值 11.58 $\mu mol \cdot m^{-2} \cdot s^{-1}$，中、下部位叶片 Pn 在 10:00 达到最高值 19.28 $\mu mol \cdot m^{-2} \cdot s^{-1}$，14.23 $\mu mol \cdot m^{-2} \cdot s^{-1}$，随后各叶片 Pn 均逐渐下降。分析表明，净光合速率平均值从高到低依次为：2025 杨中部——中红杨中部——全红杨中部——中红杨下部——2025 杨上部——全红杨上部——2025 杨下部——中红杨上部——全红杨下部，全红杨下部叶片净光合速率平均值最低，为 4.60 $\mu mol \cdot m^{-2} \cdot s^{-1}$，全红杨中部叶片 Pn 平均值处于较高水平，略低于中红杨中部叶片，且二者间差异不显著略($P>0.05$)，其余之间差异显著($P<0.05$)或极显著水平($P<0.01$)。品种中不同部位来看，全红杨和 2025 杨均为中部叶片 Pn 最高，上部叶片次之，下部叶片最低，各部位叶片间 Pn 均差异极显著($P<0.01$)；中红杨为中部叶片 Pn 最高，下部叶片次之，上部叶片最低，中部和下部叶片间差异显著($P<0.05$)，二者与上部叶片 Pn 差异极显著($P<0.01$)。品种间相同部位来看，全红杨上部叶片 Pn 低于 2025 杨，高于中红杨相同部位叶片，差异极显著($P<0.01$)；中部叶片 Pn 均低于中红杨相同部位叶片，差异不显著略($P>0.05$)，低于 2025 杨，差异极显著($P<0.01$)；全红杨下部叶片 Pn 均依次低于 2025 杨和中红杨相同部位叶片，差异极显著($P<0.01$)。8 月全红杨各部位叶片 Pn 与中红杨和 2025 杨相差幅度较 6、7 月变小。随着光照强度下降，3 个品种叶片净光合速率在 16:00 时以后均快速下降，全红杨上部和中部叶片 Pn 下降幅度较 6—7 月也明显增加，下部叶片日变化仍较平缓。

由图 4-10(b)及表 4-14 可知，8 月 12 日全红杨、中红杨和 2025 杨上部、中部和下部叶片蒸腾速率(Tr)日变化整体均为先升高后降低的趋势，2025 杨上部叶片振荡明显。各品种各部位叶片达到峰值的时间有所不同，全红杨上、中、下部叶片 Tr 在 12:00 均达到最高值，分别为 6.11 $mmol \cdot m^{-2} \cdot s^{-1}$，7.20 $mmol \cdot m^{-2} \cdot s^{-1}$，7.26 $mmol \cdot m^{-2} \cdot s^{-1}$；中红杨上部叶片 Tr 在 14:00 达到最高值 6.11 $mmol \cdot m^{-2} \cdot s^{-1}$，中、下部叶片 Tr 在 10:00 达到峰值，分别为 8.35 $mmol \cdot m^{-2} \cdot s^{-1}$ 和 9.39 $mmol \cdot m^{-2} \cdot s^{-1}$；2025 杨上部叶片 Tr 在 12:00 出现最高值 7.04 $mmol \cdot m^{-2} \cdot s^{-1}$，中部、下部叶片 Tr 在 10:00 达到最高值 7.26 $mmol \cdot m^{-2} \cdot s^{-1}$，10.37 $mmol \cdot m^{-2} \cdot s^{-1}$，随后三者各部位叶片 Tr 逐渐下降，16:00 后快速下降。分析表明，蒸腾速率平均值从高到低依次为：2025 杨中部——2025 杨下部——中红杨下部——中

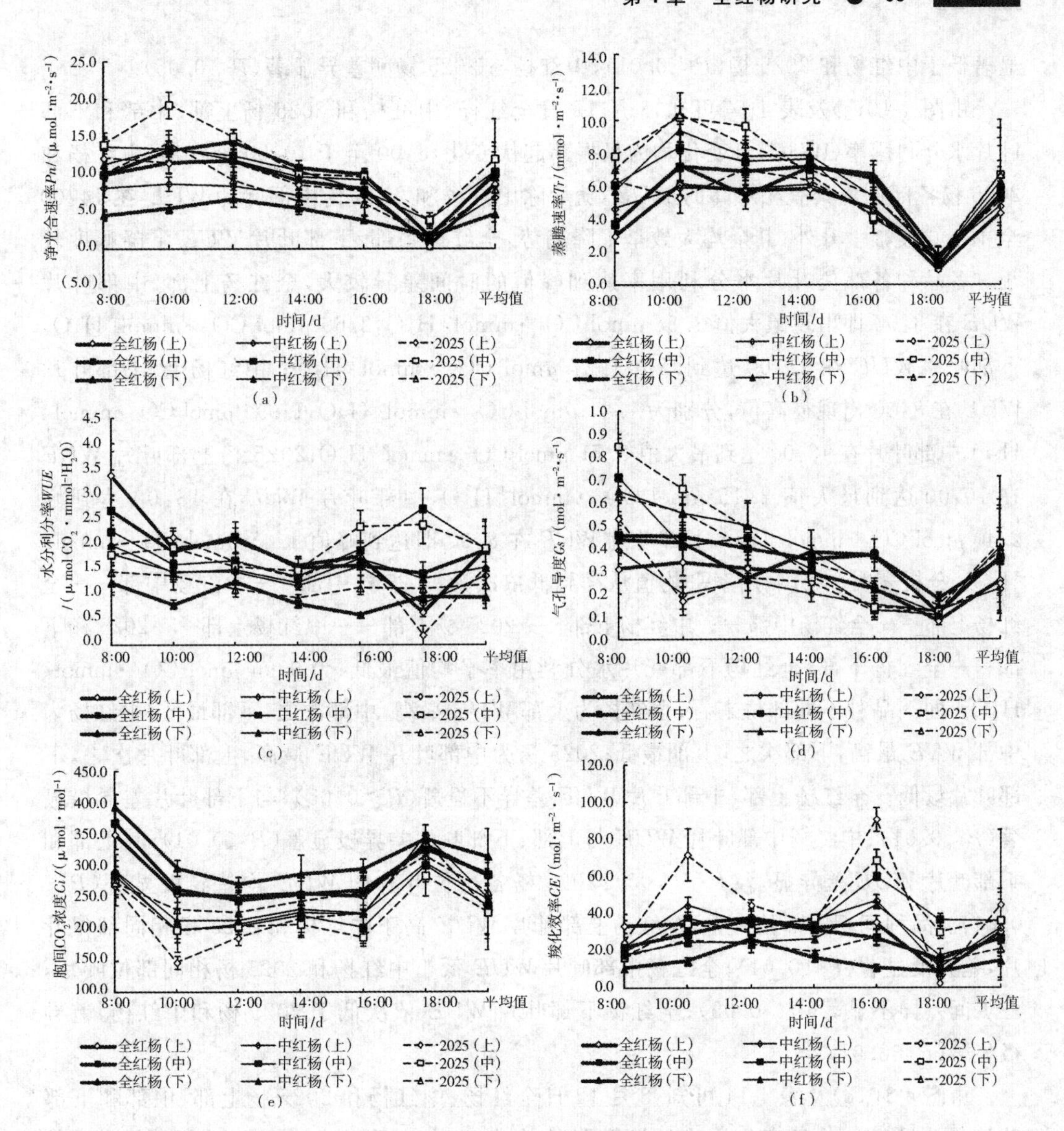

图 4-10　全红杨、中红杨和 2025 杨叶片 8 月 12 日光合特性日变化的不同(平均值±标准误)

红杨中部——全红杨中部——全红杨下部——2025 杨上部——中红杨上部——全红杨上部,全红杨上部叶片蒸腾速率平均值最低,为 4.37 mmol·m^{-2}·s^{-1}。同一品种不同部位来看,全红杨和 2025 杨为中部叶片 *Tr* 最高,下部叶片次之,上部叶片最低,中红杨为下部叶片 *Tr* 最高,中部叶片次之,上部叶片最低。全红杨中部和下部叶片 *Tr* 差异显著($P<0.05$),均极显著高于其上部叶片($P<0.01$);中红杨各部位叶片间 *Tr* 差异极显著($P<0.01$);2025 杨中部和下部叶片 *Tr* 差异不显著($P>0.05$),与上部叶片差异极显著($P<0.01$)。品种间相同部位来看,全红杨上、中、下部叶片 *Tr* 均依次低于中红杨和 2025 杨相同部位叶片。三者上部叶片 *Tr* 差异显著($P<0.05$);中部叶片 *Tr* 全红杨与中红杨差异显著($P<0.05$),二者与 2025 杨差异极显著($P<0.01$);下部叶片 *Tr* 全红杨极

显著低于中红杨和2025杨($P<0.01$),中红杨与2025杨间差异显著($P<0.05$)。

由图4-10(c)及表4-14可知,8月12日全红杨、中红杨和2025杨上部、中部和下部叶片水分利用率(*WUE*)日变化均为呈振荡起伏变化,8:00至于10:00全红杨、中红杨和2025杨各部位均具有相对高的*WUE*,随后除中红杨和2025杨中部叶片*WUE*在14:00至18:00大幅上升外,其余均大致呈下降趋势,全红杨中部、下部叶片*WUE*下降幅度较小。各品种各部位叶片水分利用率达到峰值的时间差异较大,全红杨上部、中部叶片*WUE*在8:00即出现最大值3.38 μmol CO_2 ·$mmol^{-1}$ H_2O,2.69 μmol CO_2 ·$mmol^{-1}$ H_2O,下部叶片*WUE*在12:00达到峰值1.27 μmol CO_2 ·$mmol^{-1}$ H_2O;中红杨上、下部叶片*WUE*在8:00出现最高值,分别为1.81 μmol CO_2 ·$mmol^{-1}$ H_2O,1.996 μmol CO_2 ·$mmol^{-1}$ H_2O,中部叶片在18:00达到最大值2.71 μmol CO_2 ·$mmol^{-1}$ H_2O;2025杨上部叶片*WUE*在10:00达到最大值2.15 μmol CO_2 ·$mmol^{-1}$ H_2O,中部叶片*WUE*在18:00达到峰2.40 μmol CO_2 ·$mmol^{-1}$ H_2O,下部叶片*WUE*在8:00即达到峰值1.45 μmol CO_2 ·$mmol^{-1}$ H_2O。分析表明,水分利用率平均值从高到低依次为:2025杨中部——中红杨中部——全红杨上部——全红杨中部——中红杨下部——2025杨上部——中红杨上部——2025杨下部——全红杨下部,全红杨下部叶片水分利用率平均值最低,为0.95 μmol CO_2 ·$mmol^{-1}$ H_2O。同一品种不同部位来看,全红杨为上部*WUE*最高,中部次之,下部最低;中红杨为中部*WUE*最高,下部次之,上部最低;2025杨为中部叶片*WUE*最高,上部叶片次之,下部叶片最低。全红杨上部、中部叶片*WUE*差异不显著($P>0.05$),与下部叶片差异极显著($P<0.01$);中红杨中部叶片*WUE*与上部、下部叶片差异极显著($P<0.01$),其上部和下部叶片*WUE*差异显著($P<0.05$);2025杨各部位叶片间*WUE*均差异极显著($P<0.01$)。品种间相同部位来看,全红杨上部叶片*WUE*高于中红杨和2025杨相同部位叶片,差异极显著($P<0.01$);全红杨中部叶片*WUE*低于中红杨和2025杨相同部位叶片,三者间差异不显著($P>0.05$);全红杨下部叶片*WUE*依次低于2025杨和中红杨,差异极显著($P<0.01$)。

由图4-10(d)及表4-14可知,8月12日全红杨、中红杨和2025杨上部、中部和下部叶片气孔导度(*Gs*)日变化均为逐渐下降的趋势,中红杨和2025杨在10:00有明显的下降振荡。各品种达到峰值的时间有所不同,全红杨上部叶片*Gs*在10:00为最高值0.340 mol·m^{-2}·s^{-1},中、下部叶片*Gs*均在8:00出现最高值,分别为0.639mol·m^{-2}·s^{-1},0.440 mol·m^{-2}·s^{-1};中红杨和2025杨上、中、下部叶片*Gs*均在8:00为最高值,分别为0.394 mol·m^{-2}·s^{-1},0.711 mol·m^{-2}·s^{-1},0.653 mol·m^{-2}·s^{-1}和0.531 mol·m^{-2}·s^{-1},0.846 mol·m^{-2}·s^{-1},0.630 mol·m^{-2}·s^{-1}。全红杨上部、中部叶片*Gs*下降幅度相对平缓,下部叶片*Gs*在12:00大幅下降后又快速升高至16:00后再快速下降。分析表明,气孔导度平均值从高到低依次为:2025杨中部——中红杨下部——2025杨下部——全红杨中部——中红杨中部—— 全红杨下部——全红杨上部——2025杨上部——中红杨上部,中红杨、2025杨和全红杨上部叶片气孔导度平均值最低,分别为0.222 mol·m^{-2}·s^{-1},0.246 mol·m^{-2}·s^{-1}和0.260 mol·m^{-2}·s^{-1},之间差异不显著($P>0.05$)。品种中不同部位来看，全红杨和 2025 杨为中部叶片 *Gs* 最高，下部叶片次之，上部叶片最低；中红杨为下部叶片 *Gs* 最高，中部叶片次之，上部叶片最低。3 个品种各部位叶片间气孔导度均为差异极显著($P<0.01$)。品种间相同部位来看，全红杨上部叶片 *Gs* 略低于中红杨和 2025 杨，三者间差异不显著($P>0.05$)；全红杨中部叶片 *Gs* 显著高于中红杨($P<0.05$)，二者极显著高于 2025 杨中部叶片 *Gs*($P<0.01$)；全红杨下部叶片 *Gs* 极显著低于 2025 杨和中红杨下部叶片($P<0.01$)。

由图 4-10(e)及表 4-14 知，8 月 12 日全红杨、中红杨和 2025 杨上部、中部和下部叶片胞间 CO_2 浓度(*Ci*)日变化均呈现先下降 14:00 后逐渐升高的变化趋势，全红杨下部、中部、上部叶片 *Ci* 明显始终处于相对较高的位置，18:00 时升高幅度相对较小。各品种各部位叶片胞间 CO_2 浓度达到最低值的时间有所不同，全红杨上、中、下部叶片 *Ci* 在 12:00 均达到最低值，分别为 252.338 $\mu mol \cdot mol^{-1}$，245.928$\mu mol \cdot mol^{-1}$，272.428 $\mu mol \cdot mol^{-1}$；中红杨上、中、下部叶片 *Ci* 在 10:00 均达到最低值，分别为 198.008 $\mu mol \cdot mol^{-1}$，200.088 $\mu mol \cdot mol^{-1}$，213.678 $\mu mol \cdot mol^{-1}$；2025 杨上部叶片 *Ci* 在 10:00 均达到谷值 147.678 $\mu mol \cdot mol^{-1}$，中部在 16:00 达到谷值 187.838 $\mu mol \cdot mol^{-1}$，下部位叶片 *Ci* 在 12:00 均达到谷值 226.508 $\mu mol \cdot mol^{-1}$。分析表明，胞间 CO_2 浓度平均值从高到低依次为：全红杨下部—— 全红杨中部——全红杨上部——2025 杨下部——中红杨下部——中红杨上部——中红杨中部——2025 杨上部——2025 杨中部，全红杨下部叶片胞间 CO_2 浓度平均值最高，为 314.928 $\mu mol \cdot mol^{-1}$，其次是全红杨的中部和上部叶片。同一品种不同部位来看，全红杨叶片 *Ci* 为下部 *Ci* 最高，中部次之，上部最低，下部极显著高于中部和上部叶片($P<0.01$)，中部和下部叶片差异不显著($P>0.05$)；中红杨和 2025 杨均叶片 *Ci* 为下部最高，上部次之，中部最低。中红杨下部与上部差异显著($P<0.05$)，与中部叶片差异极显著($P<0.01$)，2025 杨上部和中部叶片 *Ci* 差异显著($P<0.05$)，与下部叶片差异极显著($P<0.01$)。品种间相同部位来看，全红杨上、中部叶片 *Ci* 均依次高于中红杨和 2025 杨相同部位叶片，差异极显著($P<0.01$)或显著水平($P<0.05$)，全红杨下部叶片 *Ci* 均依次高于 2025 杨和中红杨相同部位叶片，差异极显著($P<0.01$)。

由图 4-10(f)及表 4-14 可知，8 月 12 日全红杨、中红杨和 2025 杨上部、中部和下部叶片羧化效率(*CE*)日变化有所不同，全红杨为先升高在 12:00 后逐渐下降，中红杨和 2025 杨则呈 M 升降变化，2025 杨振荡幅度最大，全红杨变化幅度最小，说明光合作用对 CO_2 的利用较稳定。由图表可见，各品种各部位叶片羧化效率达到峰值的时间有所不同，全红杨上、中、下部叶片羧化效率均在 12:00 达到最大值，分别为 38.18 $mol \cdot m^{-2} \cdot s^{-1}$，37.01 $mol \cdot m^{-2} \cdot s^{-1}$，26.65 $mol \cdot m^{-2} \cdot s^{-1}$；中红杨和 2025 杨上、中、下部叶片 *CE* 则均在 10:00 和 16:00 出现次峰和最大峰值，最大峰值分别为 47.00 $mol \cdot m^{-2} \cdot s^{-1}$，60.04 $mol \cdot m^{-2} \cdot s^{-1}$，44.73 $mol \cdot m^{-2} \cdot s^{-1}$ 和 90.68 $mol \cdot m^{-2} \cdot s^{-1}$，68.55 $mol \cdot m^{-2} \cdot s^{-1}$，27.76 $mol \cdot m^{-2} \cdot s^{-1}$。分析表明，羧化效率平均值从高到低依次为：2025 杨上部——2025 杨中部——中红杨中部——中红杨上部——全红杨上部——全红杨中部——中红杨下部——2025 杨下

部——全红杨下部,全红杨下部叶片羧化效率平均值最低,为 14.61 mol·m^{-2}·s^{-1}。同一品种不同部位看,全红杨上部叶片羧化效率最高,中部次之,下部最低,之间差异极显著(P<0.01);中红杨和 2025 杨均为中部叶片羧化效率最高,上部次之,下部最低,中红杨上部和中部叶片 CE 差异显著(P<0.05),其余均为差异极显著(P<0.01)。品种间相同部位来看,全红杨上部叶片 CE 低于中红杨,差异显著(P<0.05),二者极显著低于 2025 杨(P<0.01);全红杨中部叶片 CE 极显著低于中红杨和 2025 杨相同部位叶片,(P<0.01),中红杨和 2025 杨差异不显著(P>0.05);全红杨下部叶片 CE 均依次低于中红杨和 2025 杨相同部位叶片,差异极显著(P<0.01)。

4.9 月 14 日光合特性日变化

由图 4-11(a)及表 4-15(见本章末)可知,9 月 14 日全红杨、中红杨和 2025 杨上部、中部和下部叶片净光合速率(Pn)日变化,除全红杨上部叶片 Pn 在 12:00 有个大幅下降外,其余均在 14:00 前呈先升高后下降的变化,之后至 16:00 除全红杨上部、中部叶片 Pn 继续下降,其余均有所升高。各叶片 Pn 达到峰值的时间有所不同,全红杨上、中、下部叶片 Pn 分别在 14:00,10:00,16:00 达到最高值,分别为 6.18 μmol·m^{-2}·s^{-1},7.44 μmol·m^{-2}·s^{-1},2.02 μmol·m^{-2}·s^{-1};中红杨和 2025 杨上、中、下部叶片 Pn 均在 12:00达到最高值,分别为 8.94 μmol·m^{-2}·s^{-1},14.66 μmol·m^{-2}·s^{-1},7.59 μmol·m^{-2}·s^{-1}和 12.03 μmol·m^{-2}·s^{-1},13.78 μmol·m^{-2}·s^{-1},7.49 μmol·m^{-2}·s^{-1}。分析表明,净光合速率平均值从高到低依次为:2025 杨中部——中红杨中部——2025 杨上部——全红杨中部——中红杨上部——全红杨上部——中红杨下部——2025 杨下部——全红杨下部,全红杨下部叶片净光合速率平均值最低,为 1.66 μmol·m^{-2}·s^{-1}。同一品种不同部位来看,全红杨、中红杨和 2025 杨均为中部叶片 Pn 最高,上部叶片次之,下部叶片最低,各品种各部位叶片间 Pn 均差异极显著(P<0.01)。品种间相同部位来看,全红杨上部、中部叶片 Pn 均依次低于中红杨和 2025 杨相同部位叶片,均差异极显著(P<0.01);全红杨下部叶片 Pn 均依次低于 2025 杨和中红杨相同部位叶片,差异极显著(P<0.01)。全红杨各部位叶片 Pn 均低于中红杨和 2025 杨相等部位叶片,但日变化均较二者平缓稳定,说明全红杨红色叶片 Pn 受光照强度变化的影响相对较小。

由图 4-11(b)及表 4-15 可知,9 月 14 日全红杨上部、中部和下部叶片蒸腾速率(Tr)日变化均为先升高后降低,而中红杨和 2025 杨各部位叶片 Tr 均为先升高后降低,到16:00又有所升高的变化。各品种各部位叶片达到峰值的时间有所不同,全红杨和中红杨上、下部叶片 Tr 在 10:00 均达到最高值,分别为 4.89 mmol·m^{-2}·s^{-1},6.69 mmol·m^{-2}·s^{-1}和 6.63 mmol·m^{-2}·s^{-1},8.21 mmol·m^{-2}·s^{-1},二者中部叶片 Tr 也均在 12:00 达到最大值 5.82 mmol·m^{-2}·s^{-1}和 8.51 mmol·m^{-2}·s^{-1};2025 杨上部叶片 Tr 在 10:00 出现最大值 6.74 mmol·m^{-2}·s^{-1},中部、下部叶片 Tr 在 12:00 达到最大值 8.51 mmol·m^{-2}·s^{-1},7.86 mmol·m^{-2}·s^{-1}。随后全红杨 14:00 后快速下降,中红杨和 2025 杨 12:00 后快速下降。分析表明,蒸腾速率平均值从高到低依次为:中红杨中部——中红杨下部——2025

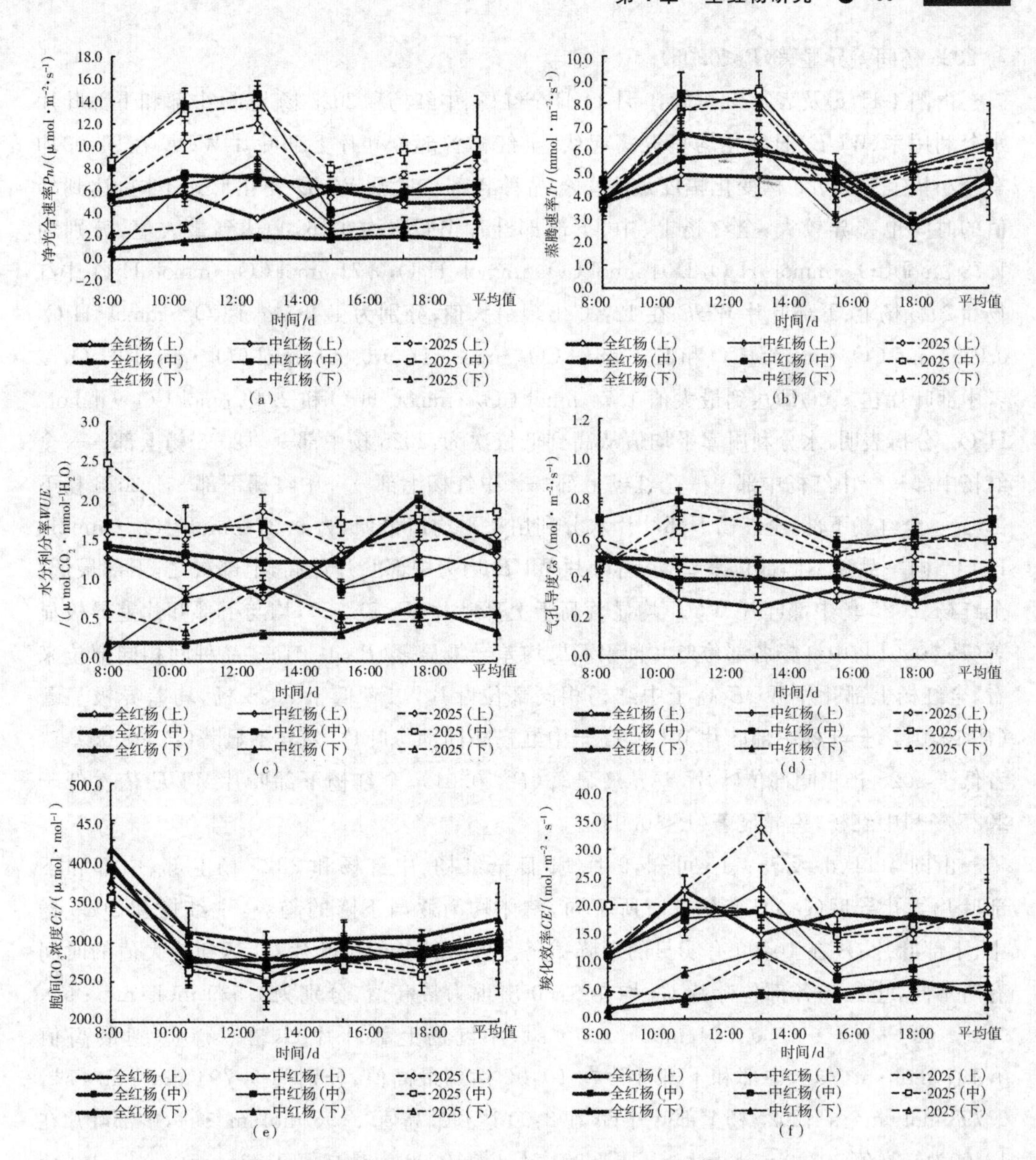

图 4-11　全红杨、中红杨和 2025 杨叶片 9 月 14 日光合特性日变化的不同(平均值±标准误)

杨中部——2025 杨下部——2025 杨上部——全红杨下部——中红杨上部——全红杨中部——全红杨上部,全红杨上部叶片蒸腾速率平均值最低,为 4.12 mmol·m^{-2}·s^{-1}。同一品种不同部位来看,全红杨和中红杨为下部叶片 *Tr* 最高,中部叶片次之,上部叶片最低,2025 杨为中部叶片 *Tr* 最高,下部叶片次之,上部叶片最低。全红杨各部位叶片 *Tr* 差异显著($P<0.05$);中红杨中部和下部叶片 *Tr* 差异显著($P<0.05$),均极显著高于其上部叶片($P<0.01$);2025 杨各部位叶片 *Tr* 差异显著($P<0.05$)。品种间相同部位来看,全红杨上部叶片 *Tr* 均依次低于 2025 杨和中红杨相同部位叶片,差异极显著($P<0.01$);全红杨中、下部叶片 *Tr* 均依次低于中红杨和 2025 杨相同部位叶片,均差异极显著($P<0.01$),中红杨

与2025杨间差异显著($P<0.05$)。

由图4-11(c)及表4-15可知,9月14日全红杨、中红杨和2025杨上部、中部和下部叶片水分利用率(WUE)日变化均呈振荡起伏,全红杨各部位叶片上部叶片WUE在16:00均有个小幅上升,2025杨变化幅度最小。各品种各部位叶片WUE变化形式不同,达到峰值的时间也差异较大,全红杨上、中、下部部叶片WUE均在16:00达到最大值,分别为1.78 $\mu mol\ CO_2 \cdot mmol^{-1}\ H_2O$,2.04 $\mu mol\ CO_2 \cdot mmol^{-1}\ H_2O$,0.71 $\mu mol\ CO_2 \cdot mmol^{-1}\ H_2O$;中红杨和2025杨上、下部叶片$WUE$在12:00出现最大值,分别为1.45 $\mu mol\ CO_2 \cdot mmol^{-1}\ H_2O$,0.957 $\mu mol\ CO_2 \cdot mmol^{-1}\ H_2O$和1.88 $\mu mol\ CO_2 \cdot mmol^{-1}\ H_2O$,0.961 $\mu mol\ CO_2 \cdot mmol^{-1}\ H_2O$,二者中部叶片在8:00即达到最大值1.74 $\mu mol\ CO_2 \cdot mmol^{-1}\ H_2O$和2.49 $\mu mol\ CO_2 \cdot mmol^{-1}\ H_2O$。分析表明,水分利用率平均值从高到低依次为:2025杨中部——2025杨上部——全红杨中部——中红杨中部——全红杨上部——中红杨上部——中红杨下部——2025杨下部—— 全红杨下部,全红杨下部叶片水分利用率平均值最低,为0.37 $\mu mol\ CO_2 \cdot mmol^{-1}\ H_2O$。同一品种不同部位来看,三者叶片$WUE$均为中部叶片最高,上部次之,下部最低。全红杨、2025杨中部叶片WUE均显著高于上部叶片($P<0.05$),均与下部叶片差异极显著($P<0.01$);中红杨各部位叶片间WUE均差异极显著($P<0.01$)。品种间相同部位来看,全红杨上部叶片WUE高于中红杨相同部位叶片,二者低于2025杨,均差异极显著($P<0.01$);全红杨中部叶片WUE高于中红杨相同部位叶片,差异不显著($P>0.05$),二者低于2025杨相同部位叶片,差异极显著($P<0.01$);全红杨下部叶片WUE依次低于2025杨和中红杨,差异显著($P<0.05$)。

由图4-11(d)及表4-15可知,9月14日全红杨、中红杨和2025杨上部、中部和下部叶片气孔导度(Gs)日变化各有所不同,整体均为逐渐下降的趋势,中红杨和2025杨中、下部叶片Gs在10:00有明显的下降振荡。各品种各部位叶片Gs达到最大值的时间有所不同,全红杨各部位叶片Gs均在8:00出现为最高值,分别为0.539 $mol \cdot m^{-2} \cdot s^{-1}$,0.494 $mol \cdot m^{-2} \cdot s^{-1}$,0.504 $mol \cdot m^{-2} \cdot s^{-1}$;中红杨上部叶片$Gs$在8:00达到最高值0.497 $mol \cdot m^{-2} \cdot s^{-1}$,中部和下部叶片在10:00达到最高值,分别为0.794 $mol \cdot m^{-2} \cdot s^{-1}$,0.798 $mol \cdot m^{-2} \cdot s^{-1}$;2025杨上部叶片$Gs$在8:00达到最高值0.596 $mol \cdot m^{-2} \cdot s^{-1}$,中部叶片在12:00为最高值0.740 $mol \cdot m^{-2} \cdot s^{-1}$,下部叶片$Gs$在10:00为最高值0.731 $mol \cdot m^{-2} \cdot s^{-1}$。全红杨上部叶片$Gs$在10:00和12:00之间有明显的下降,下部和中部叶片Gs相对平稳,全红杨各部位叶片Gs在16:00均有明显下降。分析表明,气孔导度平均值从高到低依次为:中红杨中部——中红杨下部——2025杨下部——2025杨中部——2025杨上部——全红杨下部——红杨中部——中红杨上部——全红杨上部,全红杨上部叶片气孔导度平均值最低,为0.335 $mol \cdot m^{-2} \cdot s^{-1}$。同一品种不同部位来看,全红杨和2025杨为下部叶片Gs最高,中部叶片次之,上部叶片最低,全红杨下部和中部叶片Gs差异显著($P<0.05$),均与上部叶片差异极显著($P<0.01$),2025杨下部和中部叶片Gs差异不显著($P>0.05$),均与上部叶片Gs差异极显著($P<0.01$);中红杨为中部叶片Gs最高,下部叶片次之,上部叶片最低,中部与下部叶片Gs叶片差异不显著($P>0.05$),与上部叶片

*Gs*差异极显著($P<0.01$)。品种间相同部位来看，全红杨上部叶片*Gs*低于中红杨和2025杨，与中红杨差异显著($P<0.05$)，与2025杨差异极显著($P<0.01$)；全红杨中部、下部叶片*Gs*均依次低于2025杨和中红杨，三者间均差异极显著($P<0.01$)。

由图4-11(e)及表4-15可知，9月14日全红杨、中红杨和2025杨上部、中部和下部叶片胞间CO_2浓度(*Ci*)日变化均呈逐渐下降趋势，全红杨各部位叶片在16:00均有略微上升变化，而中红杨和2025杨呈继续下降。各品种各部位叶片胞间CO_2浓度达到最低值的时间有所不同，全红杨上部叶片在14:00达到最低值276.008 $\mu mol \cdot mol^{-1}$，中、下部叶片*Ci*在12:00均达到最低值，分别为269.508 $\mu mol \cdot mol^{-1}$，301.508 $\mu mol \cdot mol^{-1}$；中红杨和2025杨上、中、下部叶片*Ci*均在12:00均达到最低值，分别为255.008 $\mu mol \cdot mol^{-1}$，253.258 $\mu mol \cdot mol^{-1}$，276.258 $\mu mol \cdot mol^{-1}$和236.388 $\mu mol \cdot mol^{-1}$，257.388 $\mu mol \cdot mol^{-1}$，279.388 $\mu mol \cdot mol^{-1}$。分析表明，胞间CO_2浓度平均值从高到低依次为：全红杨下部——2025杨下部——中红杨下部——全红杨上部——全红杨中部——中红杨中部——中红杨上部——2025杨上部——2025杨中部，全红杨下部叶片胞间CO_2浓度平均值最高，为328.488 $\mu mol \cdot mol^{-1}$，其次是2025杨和中红杨下部叶片。同一品种不同部位来看，全红杨和2025杨叶片*Ci*均为下部*Ci*最高，上部次之，中部最低。全红杨下部叶片*Ci*极显著高于中部和上部叶片($P<0.01$)，中部和下部叶片*Ci*差异显著($P<0.05$)，2025杨下部叶片*Ci*极显著高于中部和上部叶片($P<0.01$)，中部和下部叶片*Ci*差异不显著($P>0.05$)；中红杨叶片*Ci*为下部最高，中部次之，上部最低，下部叶片*Ci*与中部与上部差异极显著($P<0.01$)，中部与上部叶片*Ci*差异显著($P<0.05$)。品种间相同部位来看，全红杨上、中部叶片*Ci*均依次高于中红杨和2025杨相同部位叶片，差异极显著($P<0.01$)，全红杨下部叶片*Ci*均依次高于2025杨和中红杨相同部位叶片，差异极显著($P<0.01$)。

由图4-11(f)及表4-15可知，9月14日全红杨、中红杨和2025杨上部、中部和下部叶片羧化效率(*CE*)日变化除全红杨下部叶片呈逐渐上升趋势外，其余均呈先有个明显升高后再逐渐下降趋势。12:00时中红杨和2025杨上部和下部叶片*CE*升高幅度最大，全红杨各部位叶片*CE*变化幅度均最小，尤其是下部叶片，说明光合作用对CO_2的利用稳定。由图表可见，各品种各部位叶片羧化效率达到峰值的时间有所不同，全红杨上、中部叶片羧化效率均在10:00达到最大值，分别为22.92 $mol \cdot m^{-2} \cdot s^{-1}$，19.18 $mol \cdot m^{-2} \cdot s^{-1}$，下部叶片在16:00达到最大值6.75 $mol \cdot m^{-2} \cdot s^{-1}$；中红杨上、中、下部叶片*CE*均在12:00达到最大值，分别为23.36 $mol \cdot m^{-2} \cdot s^{-1}$，18.69 $mol \cdot m^{-2} \cdot s^{-1}$，11.86 $mol \cdot m^{-2} \cdot s^{-1}$；2025杨上部和下部叶片*CE*在12:00达到最大值，分别为33.89 $mol \cdot m^{-2} \cdot s^{-1}$，11.54 $mol \cdot m^{-2} \cdot s^{-1}$，中部叶片*CE*在10:00达到最大值20.41 $mol \cdot m^{-2} \cdot s^{-1}$。分析表明，羧化效率平均值从高到低依次为：2025杨上部——2025杨中部——全红杨上部——全红杨中部——中红杨上部——中红杨中部——中红杨下部——2025杨下部——全红杨下部，全红杨下部叶片羧化效率平均值最低，为4.04 $mol \cdot m^{-2} \cdot s^{-1}$。同一品种不同部位来看，全红杨、中红杨和2025杨均为上部叶片羧化效率最高，中部次之，下部最低。三者上部叶片*CE*与中部叶片之间均为差异显著($P<0.05$),中部叶片与下部叶片 *CE* 之间均为差异极显著($P<0.01$)。品种间相同部位来看,全红杨上部和中部叶片 *CE* 均极显著高于中红杨($P<0.01$),显著低于 2025 杨($P<0.05$);全红杨下部叶片 *CE* 均依次低于 2025 杨和中红杨相同部位叶片,差异不显著($P>0.05$)。

4.4.3.2 光合特性月变化

由图 4-12(a)及表 4-16(见本章末)可知,生长季 5 月至 10 月全红杨、中红杨和 2025 杨上部、中部和下部叶片净光合速率(*Pn*)10:00 点的月变化趋势基本相同,均为先升高后降低,部分叶片在 10 月 9 日净光合作用较 9 月 14 日有所升高,这主要可能是每次测定日天气晴朗程度差异造成的,也有可能是叶片衰老程度相对较轻的原因。生长季各品种各部位叶片 *Pn* 达到最大值的时间有所不同,全红杨上、中部叶片 Pn 在 8 月 12 日达到最高值,分别为 11.48 $\mu mol \cdot m^{-2} \cdot s^{-1}$,13.18 $\mu mol \cdot m^{-2} \cdot s^{-1}$,下部叶片在 6 月 6 日达到最大值 7.82 $\mu mol \cdot m^{-2} \cdot s^{-1}$;中红杨上、中、下部叶片 *Pn* 均在 7 月 8 日达到最高值,分别为 12.31 $\mu mol \cdot m^{-2} \cdot s^{-1}$,22.67 $\mu mol \cdot m^{-2} \cdot s^{-1}$,19.88 $\mu mol \cdot m^{-2} \cdot s^{-1}$;2025 杨上部叶片 *Pn* 在6 月6 日达到最大值 14.90 $\mu mol \cdot m^{-2} \cdot s^{-1}$,中、下部叶片在 7 月 8 日达到最大值,分别为 26.37 $\mu mol \cdot m^{-2} \cdot s^{-1}$,16.31$\mu mol \cdot m^{-2} \cdot s^{-1}$。分析表明,生长季净光合速率月变化平均值从高到低依次为:2025 杨中部——中红杨中部——中红杨下部——2025 杨上部——2025 杨下部——全红杨中部——中红杨上部——全红杨上部——全红杨下部,全红杨下部叶片净光合速率平均值最低,为 5.06 $\mu mol \cdot m^{-2} \cdot s^{-1}$,上部次之。同一品种不同部位来看,全红杨和 2025 杨均为中部叶片 *Pn* 最高,上部叶片次之,下部叶片最低。全红杨各部位叶片间 *Pn* 差异极显著($P<0.01$),2025 杨上部和下部叶片差异不显著($P>0.05$),均与中部叶片差异极显著($P<0.01$);中红杨为中部叶片 *Pn* 最高,下部叶片次之,上部叶片最低,各部位叶片间 *Pn* 差异极显著($P<0.01$)。品种间相同部位来看,全红杨上部、中部叶片 *Pn* 均依次低于中红杨和 2025 杨相同部位叶片,全红杨上部叶片 *Pn* 显著低于中红杨($P<0.05$),极显著低于 2025 杨($P<0.01$),中部叶片三者间均差异极显著($P<0.01$);全红杨下部叶片 *Pn* 均依次低于 2025 杨和中红杨相同部位叶片,均差异极显著($P<0.01$)。总体上,生长季全红杨各部位叶片 *Pn* 明显低于中红杨和 2025 杨相同部位叶片,月变化也均较二者平缓稳定,这与各月测定的日变化相类似。

由图 4-12(b)及表 4-16 可知,生长季 5—10 月全红杨、中红杨和 2025 杨上、中和下部叶片蒸腾速率(*Tr*)10:00 点的月变化非常相似,均为先下降后升高然后持续下降。生长季各品种各部位叶片 *Tr* 达到峰值的时间有所不同,全红杨上、中、下部叶片 *Tr* 均在 8 月 12 日达到最大值,分别为 6.11 $mmol \cdot m^{-2} \cdot s^{-1}$,7.20 $mmol \cdot m^{-2} \cdot s^{-1}$,7.26 $mmol \cdot m^{-2} \cdot s^{-1}$;中红杨上部、中部叶片 *Tr* 在 9 月 14 日达到最高值,分别为6.63 $mmol \cdot m^{-2} \cdot s^{-1}$、8.39 $mmol \cdot m^{-2} \cdot s^{-1}$,下部叶片 *Tr* 在8 月12 日达到最大值 9.39 $mmol \cdot m^{-2} \cdot s^{-1}$;2025 杨上部叶片 *Tr* 在9 月14 日达到最大值 6.74 $mmol \cdot m^{-2} \cdot s^{-1}$,中、下部叶片在 8 月 12 日达到最大值 10.22 $mmol \cdot m^{-2} \cdot s^{-1}$,10.37 $mmol \cdot m^{-2} \cdot s^{-1}$。随后三者叶片 *Tr* 均逐渐下降。分析表明,生长季蒸腾速率月变化

平均值从高到低依次为：2025 杨中部——中红杨下部——2025 杨下部——中红杨中部——全红杨下部——全红杨中部——2025 杨上部——中红杨上部——全红杨上部，全红杨上部叶片蒸腾速率平均值最低，为 4.03 $mmol \cdot m^{-2} \cdot s^{-1}$，其次是中红杨和 2025 杨上部叶片。同一品种不同部位来看，全红杨和中红杨为下部叶片 *Tr* 最高，中部叶片次之，上部叶片最低，2025 杨为中部叶片 *Tr* 最高，下部叶片次之，上部叶片最低。三者各部位叶片 *Tr* 之间差异均极显著水平（$P<0.01$）。品种间相同部位来看，全红杨上部、中部叶片 *Tr* 均依次低于中红杨和 2025 杨相同部位叶片，三者间均差异极显著（$P<0.01$）；全红杨下部叶片 *Tr* 均依次低于 2025 杨和中红杨相同部位叶片，三者间均差异极显著（$P<0.01$）。生长季全红杨各部位叶片 *Tr* 均明显低于中红杨和 2025 杨相同部位的叶片。

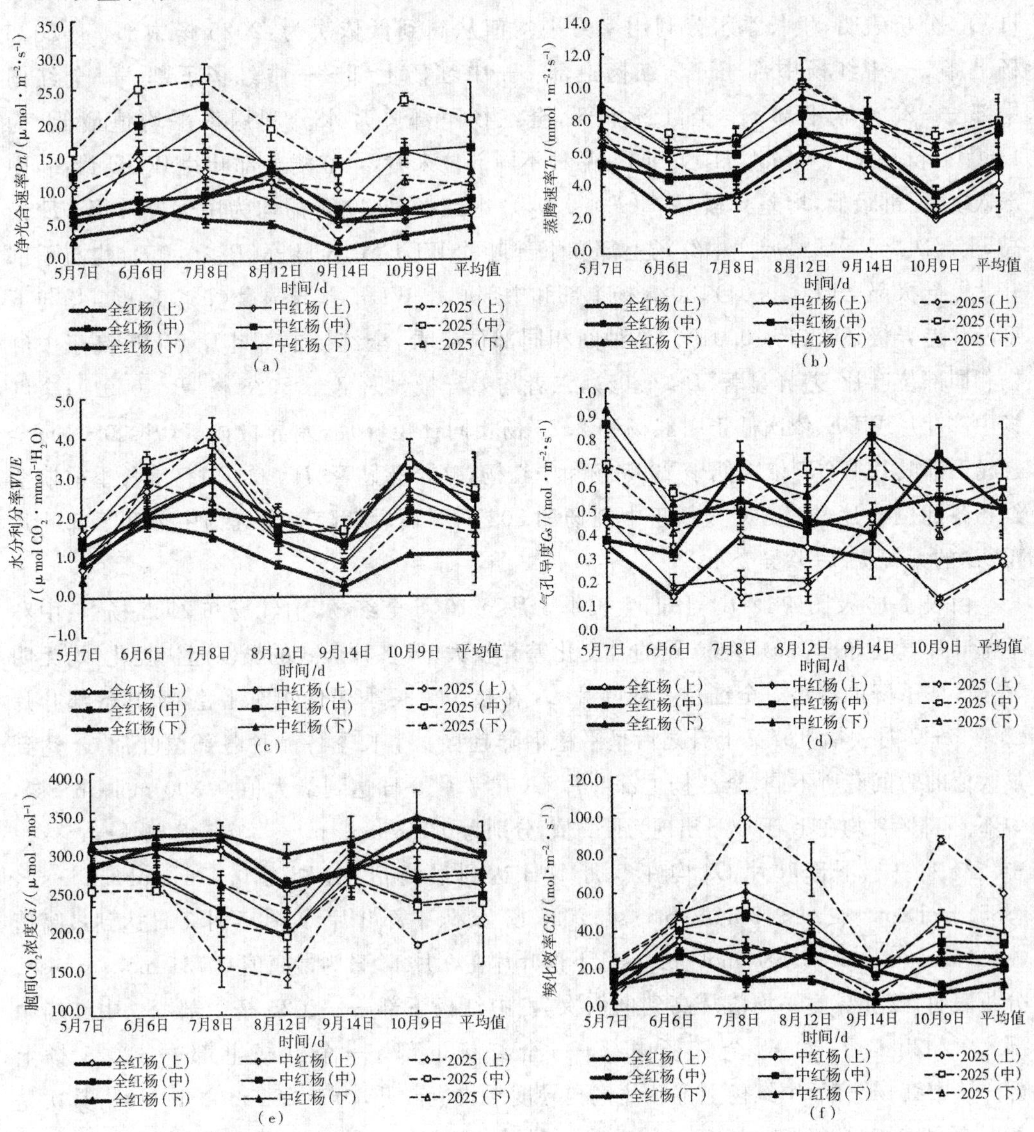

图 4-12　全红杨、中红杨和 2025 杨叶片 10:00 光合特性月变化的不同(平均值±标准误)

由图 4-12(c)及表 4-16 可知，生长季 5 月至 10 月全红杨、中红杨和 2025 杨上部、中部和下部叶片水分利用率(*WUE*)10:00 点的月变化均呈先升高生下降再升高的变化趋势。生长季各品种各部位叶片水分利用率达到最大值的时间略有不同，全红杨上、中部叶片 *WUE* 均在 10 月 9 日达到最大值，分别为 3.495 $\mu mol\ CO_2 \cdot mmol^{-1}\ H_2O$、2.151 $\mu mol\ CO_2 \cdot mmol^{-1}\ H_2O$，其下部叶片 *WUE* 在 6 月 6 日达到最大值 1.882 $\mu mol\ CO_2 \cdot mmol^{-1}\ H_2O$；中红杨上、下部叶片 *WUE* 在 7 月 8 日均出现最大值，分别为 3.497 $\mu mol\ CO_2 \cdot mmol^{-1}\ H_2O$，3.896 $\mu mol\ CO_2 \cdot mmol^{-1}\ H_2O$，2.981 $\mu mol\ CO_2 \cdot mmol^{-1}\ H_2O$；2025 杨上、中部叶片 *WUE* 在 7 月 8 日达到最大值，分别为 4.163 $\mu mol\ CO_2 \cdot mmol^{-1}\ H_2O$，3.866 $\mu mol\ CO_2 \cdot mmol^{-1}\ H_2O$，下部叶片在 6 月 6 日达到最大值 2.871 $\mu mol\ CO_2 \cdot mmol^{-1}\ H_2O$。分析表明，生长季水分利用率月平均值从高到低依次为：2025 杨中部——2025 杨上部——中红杨中部——全红杨上部——中红杨上部——中红杨下部——全红杨中部——2025 杨下部——全红杨下部，全红杨下部叶片水分利用率平均值最低，为 1.800 $\mu mol\ CO_2 \cdot mmol^{-1}\ H_2O$。同一品种不同部位来看，全红杨上部叶片 *WUE* 最高，中部次之，下部最低，均差异极显著($P<0.01$)；中红杨和 2025 杨均为中部叶片 *WUE* 最高，上部次之，下部最低。中红杨上部和下部叶片 *WUE* 差异显著($P<0.05$)，均与下部叶片差异极显著($P<0.01$)，2025 杨上部和中部叶片 *WUE* 差异显著($P<0.05$)，均与下部叶片差异极显著($P<0.01$)。品种间相同部位来看，全红杨上部叶片 *WUE* 高于中红杨相同部位叶片，差异显著($P<0.05$)，二者均差异极显著低于 2025 杨($P<0.01$)；全红杨中部叶片 *WUE* 依次低于中红杨和 2025 杨相同部位叶片，差异极显著($P<0.01$)；全红杨下部叶片 *WUE* 依次低于 2025 杨和中红杨，差异极显著($P<0.01$)。生长季前期全红杨各部位叶片 *WUE* 明显低于中红杨和 2025 杨，而后期随着全红杨中部和下部叶片 *WUE* 的大幅提高，差异变小。

由表 4-16 及图 4-12(d)可知，生长季 5 月至 10 月全红杨、中红杨和 2025 杨上、中和下部叶片气孔导度(*Gs*)10:00 点的月变化差异较大，成多种形式的振荡起伏变化，均无明显上升或下降的趋势。全红杨上部叶片 *Gs* 在整个生长季变化相对平稳，而其下部叶片 *Gs* 在 6—7 月大幅下降又上升之后呈平稳下降趋势。生长季各品种各部位叶片 *Gs* 达到最大值的时间有所不同，全红杨上部叶片 *Gs* 在 7 月 8 日达到最大值 0.390 $mol \cdot m^{-2} \cdot s^{-1}$，中部、下部叶片均在 10 月 9 日出现为最高值，分别为 0.718 $mol \cdot m^{-2} \cdot s^{-1}$，0.542 $mol \cdot m^{-2} \cdot s^{-1}$；中红杨上、中、下部叶片 *Gs* 均在 5 月 7 日达到最高值，分别为 0.476 $mol \cdot m^{-2} \cdot s^{-1}$，0.854 $mol \cdot m^{-2} \cdot s^{-1}$，0.918 $mol \cdot m^{-2} \cdot s^{-1}$；2025 杨上部、中部叶片 *Gs* 在 5 月 7 日达到最高值 0.449 $mol \cdot m^{-2} \cdot s^{-1}$，0.688 $mol \cdot m^{-2} \cdot s^{-1}$、下部叶片在 9 月 14 日为最高值 0.731 $mol \cdot m^{-2} \cdot s^{-1}$。分析表明，气孔导度平均值从高到低依次为：中红杨下部——2025 杨中部——中红杨中部——2025 杨下部——全红杨中部——全红杨下部——全红杨上部——2025 杨上部——中红杨上部，中红杨上部叶片气孔导度平均值最低，为 0.261 $mol \cdot m^{-2} \cdot s^{-1}$，其次是 2025 杨和全红杨上部叶片，三者间差异不显著($P>0.05$)。同一品种不同部位来看，全红杨和 2025 杨均为中部叶片 *Gs* 最高，下部叶片次之，上部叶片最低，全红杨中部和下部

叶片 Gs 差异显著($P<0.05$),均与上部叶片差异极显著($P<0.01$),2025 杨上、中、下部叶片 Gs 均差异极显著($P<0.01$);中红杨为下部叶片 Gs 最高,中部叶片次之,上部叶片最低,均差异极显著($P<0.01$)。品种间相同部位来看,全红杨上部、中部叶片 Gs 依次高于 2025 杨和中红杨,三者间差异不显著($P>0.05$);全红杨中部叶片 Gs 依次低于中红杨和 2025 杨,三者间均差异极显著($P<0.01$);全红杨下部叶片 Gs 均依次低于 2025 杨和中红杨,三者间均差异极显著($P<0.01$)。

由图 4-12(e)及表 4-16 可知,生长季 5 月至 10 月全红杨、中红杨和 2025 杨上、中和下部叶片胞间 CO_2 浓度(Ci)10:00 点的月变化 8 月 12 日前均呈逐渐下降趋势,之后全红杨各部位叶片 Ci 均为逐渐上升变化,而中红杨和 2025 杨则呈上升再下降的变化。生长季各品种各部位叶片胞间 CO_2 浓度达到最低值的时间相同,全红杨和中红杨和 2025 杨上、中、下部叶片均在 8 月 12 日达到最低值,分别为 256.178 $\mu mol \cdot mol^{-1}$,262.178 $\mu mol \cdot mol^{-1}$,297.588 $\mu mol \cdot mol^{-1}$ 和 198.008 $\mu mol \cdot mol^{-1}$,200.088 $\mu mol \cdot mol^{-1}$,213.678 $\mu mol \cdot mol^{-1}$ 和 147.678 $\mu mol \cdot mol^{-1}$,199.258 $\mu mol \cdot mol^{-1}$,231.588 $\mu mol \cdot mol^{-1}$。分析表明,胞间 CO_2 浓度平均值从高到低依次为全红杨下部——全红杨中部——全红杨上部——2025 杨下部——中红杨下部——中红杨上部——中红杨中部——2025 杨中部——2025 杨上部,全红杨下部叶片胞间 CO_2 浓度平均值最高,为 318.018 $\mu mol \cdot mol^{-1}$,其次是全红杨中部和上部叶片。同一品种不同部位来看,全红杨和 2025 杨叶片 Ci 均为下部 Ci 最高,中部次之,上部最低。全红杨上部和中部叶片 Ci 差异不显著($P>0.05$),均极显著低于下部叶片($P<0.01$),2025 杨上、中、下部叶片 Ci 均差异极显著($P<0.01$);中红杨叶片 Ci 为下部最高,上部次之,中部最低,上、中、下部叶片 Ci 均差异极显著($P<0.01$)。品种间相同部位来看,全红杨上、中部叶片 Ci 均依次高于中红杨和 2025 杨相同部位叶片,均差异极显著($P<0.01$),全红杨下部叶片 Ci 均依次高于 2025 杨和中红杨相同部位叶片,差异极显著($P<0.01$),中红杨和 2025 杨差异不显著($P>0.05$)。

由图 4-12(f)及表 4-16 可知,生长季 5 月至 10 月全红杨、中红杨和 2025 杨上部、中部和下部叶片羧化效率(CE)10:00 点的月变化各不相同,全红杨下部叶片呈逐渐下降趋势,中、下部叶片成 Z 形变化,而中红杨和 2025 杨各部位叶片大致均为先升高后下降再升高的变化。由图表可见,生长季各品种各部位叶片羧化效率达到峰值的时间有所不同,全红杨上、下部叶片羧化效率均在 6 月 6 日达到最大值,分别为 35.29 $mol \cdot m^{-2} \cdot s^{-1}$,18.51 $mol \cdot m^{-2} \cdot s^{-1}$,中部叶片在 8 月 12 日达到最大值 29.20 $mol \cdot m^{-2} \cdot s^{-1}$;中红杨上部叶片 CE 均在 6 月 6 日达到最大值 48.92 $mol \cdot m^{-2} \cdot s^{-1}$,中、下部叶片 CE 均在 7 月 8 日达到最大值,分别为 48.43 $mol \cdot m^{-2} \cdot s^{-1}$,31.85 $mol \cdot m^{-2} \cdot s^{-1}$;2025 杨上部和中部叶片 CE 在 7 月 8 日达到最大值,分别为 98.96 $mol \cdot m^{-2} \cdot s^{-1}$,52.72 $mol \cdot m^{-2} \cdot s^{-1}$,下部叶片 CE 在 6 月 6 日达到最大值 40.93 $mol \cdot m^{-2} \cdot s^{-1}$。分析表明,羧化效率平均值从高到低依次为 2025 杨上部——中红杨上部——2025 杨中部——中红杨中部——全红杨上部——2025 杨下部——中红杨下部——全红杨中部——全红杨下部,全红杨下部叶片羧化效率平均值最低,为 11.56 $mol \cdot m^{-2} \cdot s^{-1}$,其次是全红杨中部叶片。同一品种不同部位来看,全红杨、中红杨和 2025 杨 均为上部叶片羧化效率最高，中部次之，下部最低，三者各部位叶片间 *CE* 均为差异极显著($P<0.01$)。品种间相同部位来看，全红杨上、部、下部叶片 *CE* 均依次低于中红杨和 2025 杨，均差异极显著($P<0.01$)；中红杨和 2025 杨上部叶片间 *CE* 差异极显著($P<0.01$)，二者中部、下部叶片间 *CE* 差异显著($P<0.05$)。

4.4.4 讨论

净光合速率是评价植物光合能力的一个重要依据。植物的蒸腾作用在植物水分代谢中起着重要的调节支配作用，是植物体水分吸引和水分运转的主要动力，同时，蒸腾作用对植物体内矿质元素的吸收以及矿质元素在植物体内的运输都起着非常重要的作用，因此蒸腾速率是衡量植物水分平衡的一个重要生理指标。植物体地上部分各器官主要是靠蒸腾作用获得所需水分，蒸腾作用消耗的水分在很大程度上来自根系土壤水分。单叶水平上水分利用效率(*WUE*)一般采用净光合速率(*Pn*)与蒸腾速率(*Tr*)之比来表示，表明植物消耗单位水分所产生的同化物量(颜淑云等，2011)，可反映植物水分的利用水平。提高水分利用效率是植物提高生存能力的一种方式，其值越大，植物固定单位重量的 CO_2 所需水分越少，生产力越高，节水能力也越强(张建国等，2000；姜中珠等，2006；颜淑云等，2011)。气孔是植物叶片上的重要器官之一，它是植物与外界联系的重要通道，直接影响和控制植物的蒸腾和光合(颜淑云等，2011)。在树木光合作用中，CO_2 从空气中向叶绿体光合部位扩散受到诸多因素的影响，如叶面 CO_2 浓度、气孔导度、叶肉导度、气孔内 CO_2 浓度及蒸腾速率等(杨敏生等，1999)。气孔导度(*Gs*)的大小，可影响胞间 CO_2 浓度和蒸腾速率下降，进而影响光合速率。植物的蒸腾一般分为气孔蒸腾、角质层蒸腾和皮孔蒸腾，植物在受到逆境胁迫时，气孔会关闭，而气孔关闭是树木蒸腾速率大幅度下降的主要原因，一般情况下，气孔蒸腾占总蒸腾量的 80%～90%以上。研究表明，气孔关闭是整个植物对环境变化最敏感的一项指标。引起植物叶片光合速率降低的因素主要是气孔的部分关闭导致的气孔限制和叶肉细胞光合活性下降导致的非气孔限制两类。前者使 *Ci* 值降低，而后者使 *Ci* 值增高，在气孔导度下降时，*Ci* 值同时下降才表明光合的气孔限制。当这两种因素同时存在时，*Ci* 值变化的方向取决于占优势的那个因素，哪个因素占优势，要看 *Ci* 的变化方向。当气孔导降低，而 *Ci* 值升高时，则可判定为光合作用的非气孔限制(付士磊等，2006；许大全等，1992；许大全，1997)。羧化效率(*CE*)为 *Pn* 与 *Ci* 之比，可以反映叶片对进入叶片细胞间隙 CO_2 的同化状况，*CE* 越高，说明光合作用对 CO_2 的利用越充分(董晓颖等，2005；秦景等，2009)。

全红杨、中红杨和 2025 杨上部、中部、下部叶片的净光合速率从 6 月至 9 月日变化及 5 月至 10 月 10:00 点的月变化来看，三者变化趋势基本相同，总体没有明显差异。全红杨各部位叶片的净光合速率均低于中红杨和 2025 杨相同部位叶片，差异极显著($P<0.01$)或显著($P<0.05$)水平。全红杨上部叶片净光合速率除 8 月 12 日略低于中部叶片外，其他月份日变化均值及 10:00 月变化均值依次低于其中部和下部叶片，差异均为极显著($P<0.01$)。可见红叶的全红杨各部位叶片净光合速率均较低，前面研究表明全红

杨叶片中最重要的光合有效色素叶绿素和类胡萝卜素均显著高于中红杨和 2025 杨，可见，全红杨光合能力降低并不是叶绿素含量的差异造成的。因此更大原因可能是，红光和蓝光是叶片光合作用的主要有效光，全红杨叶片红色对红光和蓝光的反射率相对较高，考虑对其吸收及利用率就会降低，影响了全红杨和中红杨叶片的净光合效率。

全红杨、中红杨和 2025 杨上部、中部、下部叶片的蒸腾速率从 6 月至 9 月日变化及 5 月至 10 月 10:00 点的月变化来看，三者变化趋势总体并没有明显差异。全红杨各部位叶片的蒸腾速率均低于中红杨和 2025 杨相同部位的叶片，差异大多为极显著($P<0.01$)或显著($P<0.05$)水平，三者下部叶片蒸腾速率差别幅度减小，这可能与下部叶片均处于能力逐步丧失活力有关。全红杨上部叶片蒸腾速率日变化均值及 10:00 点的月变化均值依次低于其中部和下部叶片，差异均为极显著($P<0.01$)。但在 6 月至 9 月日变化中，全红杨各部位叶片蒸腾速率升高或下降均较中红杨和 2025 杨时间晚一些，全红杨从上部、中部到下部叶片蒸腾速率与中红杨和 2025 杨差异幅度逐渐变小。

由于单叶水平上水分利用效率是通过净光合速率与蒸腾速率之比计算得来，因此全红杨、中红杨和 2025 杨上部、中部、下部叶片的水分利用率从 6 月至 9 月日变化及 5 月至 10 月 10:00 的月变化来看，三者变化趋势总体也没有明显差异。全红杨 7、8 份上部叶片水分利用率高于中红杨和 2025 杨，差异极显著($P<0.01$)；9 月全红杨上部叶片水分利用率高于中红杨，但低于 2025 杨，差异均极显著($P<0.01$)；全红杨 7—9 月中部和下部叶片及其他时间各部位叶片的水分利用率均低于中红杨和 2025 杨相同部位的叶片，差异大多为极显著($P<0.01$)或显著($P<0.05$)水平；从10:00的月变化来看，前期全红杨各部位叶片水分利用率明显低于中红杨和 2025 杨，而后期随着全红杨中部和下部叶片水分利用率的大幅提高，差异变小。全红杨上部叶片水分利用率 6 月和 9 月日变化均值为中部最高，其次是上部和下部，而 7、9 月叶片水分利用率日变化均值及 10:00 点的月变化均值为上部最高，其次为中部和下部叶片，差异均为极显著($P<0.01$)。

全红杨、中红杨和 2025 杨上部、中部、下部叶片的气孔导度从 6 月至 9 月日变化及 5 月至 10 月 10:00 的月变化来看，三者变化趋势总体大致相似，日变化均为逐渐下降趋势，10:00 的月变化成振荡起伏变化。全红杨各部位叶片的气孔导度在 6—7 月是变化均值大多高于中红杨和 2025 杨相同部位的叶片，差异大多为显著($P<0.05$)或不显著($P>0.05$)水平，随后在 8—9 月全红杨各部位叶片的气孔导度逐渐低于中红杨和 2025 杨，差异幅度增加；全红杨气孔导度 10:00 月变化上部叶片均值高于中红杨，差异不显著($P>0.05$)，而中、下部叶片极显著低于中红杨和 2025 杨相同部位的叶片。全红杨气孔导度无论是日变化还是 10:00 的月变化，上部和中部叶片均高于其下部叶片，差异均为极显著($P<0.01$)。气孔关闭是树木蒸腾速率大幅度下降的主要原因，因此全红杨 8—9 月叶片气孔导度下降导致其叶片蒸腾速率下降均较中红杨和 2025 杨减缓，致使全红杨从上部、中部到下部叶片蒸腾速率与中红杨和 2025 杨差异幅度逐渐变小。

全红杨、中红杨和 2025 杨上部、中部、下部叶片的胞间 CO_2 浓度从 6 月至 9 月日变化及 5 月至 10 月 10:00 的月变化来看，三者变化总体趋势上相类似。全红杨各部位叶片

的胞间 CO_2 浓度均高于中红杨和 2025 杨相同部位叶片，差异极显著（$P<0.01$）。全红杨上部叶片胞间 CO_2 浓度日变化均值及 10:00 的月变化均值均高于于其中部和下部叶片，差异均为极显著（$P<0.01$），其中部和下部叶片差异幅度变小。因此在全红杨和中红杨叶色影响其对红光和蓝光吸收利用的情况下，叶片拥有相对较高的叶绿素和胞间 CO_2 浓度对调节光合作用机制，以维持其生存所需的光合能力具有重要意义。

羧化效率用叶片净光合速率与胞间 CO_2 浓度之比来计算，全红杨、中红杨和 2025 杨上部、中部、下部叶片的羧化效率从 6 月至 9 月日变化及 5 月至 10 月 10:00 点的月变化来看，三者变化总体趋势也基本没太大的差别。全红杨 7 月上部叶片和 9 月上部、中部叶片羧化效率高于中红杨外，该时间内其他部位叶片及其他时间各部位叶片的羧化效率均低于中红杨和 2025 杨相同部位叶片，差异大多处于极显著（$P<0.01$）或显著（$P<0.05$）水平。全红杨上部和中部叶片（$P<0.01$）日变化均值及 10:00 月变化均值均高于其下部叶片，差异均为极显著（$P<0.01$）或显著（$P<0.05$）水平。可见全红杨叶片对进入叶片细胞间隙 CO_2 的同化和利用弱于中红杨和 2025 杨，致使其生长较为缓慢，这与大多红叶类植物情况相类似（王庆菊等，2007；姜卫兵等，2005，2006；姚砚武等，2000）。

3 个杨树品种不同部位叶片的净光合速率、蒸腾速率等的大小，日变化、月变化的上升、下降幅度、峰值出现时间及大小、次数等也存在一些差异，这些差异不仅取决于无性系特性，而且与叶片的大小、发育程度、结构等紧密相关，同时也受外界环境的影响。主要是不同无性系本身生理过程与光强、温度、湿度等环境条件反应不同造成的，可反映出叶色不同的不同无性系的生长特征。

表 4-12 全红杨、中红杨和 2025 杨叶片 6 月 6 日光合特性日变化的不同(平均值±标准误)

参数	部位	种类	时间 8:00	10:00	12:00	14:00	16:00	18:00	平均值
净光合速率 Pn /μmol·m²·s¹	上部	全红杨	4.20±0.963Ef	4.95±0.311Ff	6.02±1.005Hf	4.25±1.015Fg	3.43±0.164Ef	1.97±0.714Gg	4.14±3.138Gg
		中红杨	5.46±1.489Eef	7.72±0.590Ee	6.58±0.632GHf	6.56±0.678Ef	6.60±0.506Dde	2.84±0.667EFGefg	5.96±1.048Ff
		2025 杨	11.92±1.880Cc	16.25±1.258Cc	12.38±0.349CDd	10.98±0.995Cd	9.83±1.669Cc	2.41±0.007FGfg	10.63±4.097Dd
	中部	全红杨	7.97±0.862Dd	9.01±1.162Ee	9.02±1.182EFe	8.93±0.864De	6.49±1.056Dde	4.13±0.377BCDcd	7.59±2.062Ee
		中红杨	14.77±1.193Bb	19.89±1.278Bb	17.51±1.284Bb	15.83±1.996Bb	9.67±0.602Cc	6.40±1.337Aa	14.01±4.934Bb
		2025 杨	21.78±1.001Aa	25.11±2.059Aa	23.04±1.109Aa	19.80±1.114Aa	16.82±0.432Aa	4.84±1.705BCbc	18.57±6.795Aa
	下部	全红杨	6.27±1.806DEe	7.82±0.864Ee	8.68±0.875FGe	7.58±0.108DEef	5.67±1.290De	3.25±0.858DEFdef	6.55±2.139EFf
		中红杨	11.99±2.320Cc	13.83±2.263Dd	11.28±1.678DEd	11.51±2.104Cd	7.10±1.601Dd	5.16±1.236Bb	10.14±3.542Dd
		2025 杨	15.38±1.050Bb	14.90±1.382CDcd	14.12±2.717Cc	13.87±1.422Bc	11.48±0.808Bb	3.74±0.769CDEde	12.25±4.837Cc
蒸腾速率 Tr /mmol·m²·s¹	上部	全红杨	2.71± 0.296Cc	2.37±0.257De	3.77±0.433Ed	2.14±0.465Eg	3.38±0.870Ce	1.32±0.636CDef	2.61±1.615Dd
		中红杨	2.78±0.303Cc	3.21±0.198Dd	4.08±0.585Ed	3.37±0.567Ef	3.57±0.232Cde	0.97±0.097Df	2.99±1.423Dd
		2025 杨	4.13±0.282Bb	5.66±0.595Bb	5.36±0.419Dd	5.71±0.419CDde	4.60±0.764BCcd	1.53±0.021CDdef	4.50±1.565Cc
	中部	全红杨	4.44±0.480Bb	4.49±0.282Cc	5.95±0.530CDbc	4.83±0.902De	6.41±0.753Aa	1.65±0.165BCDdef	4.63±1.780Cc
		中红杨	5.44±0.378Aa	6.24±0.438Bb	7.90±0.719Aa	6.76±0.721BCbc	5.11±0.419ABbc	2.30±0.303ABCbcd	5.63±1.905Bb
		2025 杨	5.76±0.623Aa	7.25±0.219Aa	7.66±0.594ABa	8.49±0.787Aa	6.42±0.539Aa	2.00±0.328BCDcde	6.26±2.176Aa
	下部	全红杨	5.48±0.833Aa	4.41±0.206Cc	6.62±0.692BCb	6.52±0.620	6.37±0.597Aa	2.77±0.472ABabc	5.36±1.755Bb
		中红杨	5.73±0.399Aa	6.36±0.632ABb	6.45±0.123CDb	7.07±0.769Bbc	5.48±0.824ABabc	3.24±0.782Aa	5.72±2.195Bb
		2025 杨	5.30±0.276Aa	5.77±0.284Bb	5.49±0.391CDc	7.64±0.703ABab	6.13±0.705ABab	3.17±0.431Aab	5.58±1.569Bb
水分利用率 WUE /μmol CO_2 · mmol⁻¹ H_2O	上部	全红杨	1.54±0.165DEde	2.06±0.191EFe	1.61±0.590BCbc	1.843±0.559ABCabc	0.73±0.073Cc	1.58±0.109Aab	1.56±1.208DEef
		中红杨	1.78±0.185CDcd	2.55±0.282CDEcd	1.53±0.169Bbc	2.00±0.171ABabc	2.05±0.180Aab	0.52±0.050Ab	1.74±1.666CDEdef
		2025 杨	2.89±0.466Bb	2.68±0.290BCDc	2.32±0.221ABCab	1.923±0.117ABabc	2.17±0.417Aab	0.26±0.001Ab	2.04±0.909BCDcd
	中部	全红杨	1.84±0.188CDcd	2.01±0.255EFe	1.54±0.204BCbc	1.920±0.241ABabc	1.02±0.196BCc	3.11±0.293Aa	1.91±1.469CDEcde
		中红杨	2.73±0.316Bb	3.20±0.272ABab	2.23±0.241ABCabc	2.34±0.217ABab	2.00±0.278Aab	2.91±0.205Aa	2.57±0.678ABab
		2025 杨	3.81±0.314Aa	3.47±0.201Aa	3.02±0.281Aa	2.36±0.341Aa	2.64±0.255Aa	2.43±0.207Aab	2.96±0.655Aa
	下部	全红杨	1.16±0.137Ee	1.88±0.193FE	1.35±0.131Cc	1.17±0.204Cd	0.97±0.046BCc	1.81±0.155Aab	1.39±0.778Ef
		中红杨	2.09±0.252Cc	2.21±0.259DEFde	2.71±0.595ABa	1.66±0.190BCcd	1.91±0.154ABb	1.09±0.108Aab	1.95±1.806CDEcde
		2025 杨	2.92±0.462Bb	2.87±0.537BCbc	2.56±0.545ABCa	1.841±0.299ABCbc	1.87±0.099ABb	1.21±0.299Aab	2.21±0.738BCbc

续表

参数	部位	种类	时间						平均值
			8:00	10:00	12:00	14:00	16:00	18:00	
气孔导度 Gs /mol·m^{-2}·s^{-1}	上部	全红杨	0.188±0.0161Ef	0.140±0.0254Ef	0.181±0.0179Def	0.113±0.0116De	0.123±0.0175Ce	0.061±0.0077CDd	0.134±0.082Fg
		中红杨	0.168±0.0477Ef	0.182±0.0491Ef	0.156±0.0442Df	0.132±0.0472Dde	0.119±0.0450Ce	0.043±0.0043Dd	0.133±0.076Fg
		2025 杨	0.299±0.0456De	0.346±0.0106Dde	0.237±0.0287CDde	0.197±0.0176CDd	0.179±0.0239BCde	0.060±0.0007CDd	0.220±0.104Ef
	中部	全红杨	0.387±0.0476Cd	0.317±0.0300De	0.358±0.0487Bb	0.300±0.0422	0.279±0.0263Aab	0.090±0.0100CDcd	0.289±0.113De
		中红杨	0.469±0.0473Bc	0.478±0.0447ABCbc	0.443±0.0688Aa	0.360±0.0222BbcBCc	0.189±0.0151	0.114±0.0224BCbc	0.342±0.157Ccd
		2025 杨	0.548±0.0608Bb	0.570±0.0307Aa	0.503±0.0675Aa	0.360±0.0620Bbc	0.312±0.0444Aa	0.087±0.0085CDcd	0.397±0.180ABab
	下部	全红杨	0.632±0.0858Aa	0.454±0.0588BCbc	0.452±0.0695Aa	0.539±0.0575Aa	0.298±0.0314Aab	0.1834±0.0199Aa	0.426±0.188Aa
		中红杨	0.527±0.0722Bbc	0.526±0.0626ABab	0.355±0.0471Bbc	0.391±0.0470Bb	0.246±0.0243ABbc	0.1827±0.0380Aa	0.371±0.187BCbc
		2025 杨	0.532±0.0644Bb	0.407±0.0634CDcd	0.294±0.0215BCcd	0.307±0.0505Bc	0.294±0.0185Aab	0.163±0.0344ABab	0.333±0.133Cd
胞间 CO_2 浓度 Ci /μmol·mol^{-1}	上部	全红杨	336.67±18.52Bb	306.58±27.41ABb	289.17±20.10ABCabc	286.58±30.86Bb	309.75±27.44Aa	328.50±36.41ABab	309.54±53.27ABab
		中红杨	316.33±26.13Cc	275.25±11.34Cc	274.00±29.64ABCDdcd	251.58±32.43CDc	237.58±23.42Bd	335.67±30.91ABab	281.74±69.21CDEde
		2025 杨	286.83±18.29Df	268.75±15.18CDcd	244.75±8.27Dde	237.50±5.70DEcd	246.50±21.87Bcd	352.50±5.22Aa	272.81±41.80DEef
	中部	全红杨	332.92±8.53Bb	309.33±11.49ABab	298.67±10.46ABab	291.58±7.81ABb	300.92±11.11Aab	259.83±29.33Bc	298.87±45.69BCbc
		中红杨	298.83±8.64Dd	267.33±9.84CDcd	257.25±10.78BCDcde	248.75±14.75CDEc	245.00±20.80Bcd	260.50±22.69Bc	262.94±27.54EFfg
		2025 杨	270.08±11.70Ef	255.42±3.15Dd	237.67±12.05De	222.75±19.71Ed	239.67±13.37Bcd	273.83±23.23ABbc	249.90±23.83Fg
	下部	全红杨	354.17±7.17Aa	321.17±10.68Aa	311.75±6.45Aa	316.25±12.70Aa	308.42±16.72Aa	310.75±37.77ABabc	320.42±23.87Aa
		中红杨	316.50±8.35Cc	299.50±12.69Bb	254.20±37.94CDde	277.17±10.87BCb	265.00±32.81ABcd	320.97±43.15ABabc	288.89±85.08CDcd
		2025 杨	299.92±12.73Dd	274.75±16.42Cc	248.42±22.09CDde	248.25±16.82DEc	272.00±3.49ABbc	331.17±16.35ABab	279.08±33.06CDEde
羧化效率 CE /mol·m^{-2}·s^{-1}	上部	全红杨	22.51±2.881Cd	35.29±5.315BCbc	34.67±3.112ABab	37.98±6.057BCbc	20.81±5.782Bc	32.06±2.796Aab	30.72±30.14DEd
		中红杨	29.62±3.564BCbc	48.92±4.796Aa	39.45±5.528ABab	53.40±6.057ABa	64.12±2.867Aa	12.50±3.340Ab	41.33±41.70ABCDabc
		2025 杨	40.97±5.211Aa	46.00±2.598ABa	52.80±5.464Aa	55.80±3.291ABa	56.35±6.369Aab	6.72±0.398Ab	43.10±19.03ABCabc
	中部	全红杨	21.18±2.133Cd	28.80±2.694CDc	25.73±3.237ABb	30.29±5.073CDc	23.96±2.934Bc	58.28±6.881Aa	31.37±28.14CDd
		中红杨	31.76±2.117Bb	41.98±4.915ABab	40.38±7.156ABab	46.40±5.736ABCab	56.11±3.010Aab	58.20±4.828Aa	45.81±15.82ABab
		2025 杨	41.16±3.625Aa	44.13±1.887ABa	46.59±7.059ABa	56.90±2.298Aa	54.96±4.190Aab	56.12±5.007Aa	49.98±11.20Aa
	下部	全红杨	10.08±1.227De	18.51±1.543Dd	20.12±1.662Bb	15.77±2.199Dd	22.11±3.424Bc	27.53±3.524Aab	19.02±12.66Ee
		中红杨	23.39±1.520BCcd	28.26±2.603CDc	51.34±7.581Aa	32.63±3.084CDc	47.76±4.177ABab	19.65±3.287Aab	33.84±53.47BCDcd
		2025 杨	29.55±2.255BCbc	40.93±4.546ABab	50.04±10.797Aa	46.46±2.979ABCab	39.39±2.568ABbc	24.10±0.701AAB	38.41±12.08ABCDbcd

注：A(a)—G(g)表示不同品种的差异水平，小写字母表示在 $P=0.05$ 水平上差异显著，大写字母表示在 $P=0.01$ 水平上差异极显著，字母相同表示差异不显著。

表 4-13 全红杨、中红杨和 2025 杨叶片 7 月 8 日光合特性日变化的不同(平均值±标准误)

参数	部位	种类	时间 8:00	10:00	12:00	14:00	16:00	18:00	平均值
净光合速率 Pn /μmol·m^{2}·s^{-1}	上部	全红杨	9.05±1.234Cd	9.22±1.250EFf	10.55±1.051 De	11.36±1.509BCbc	6.56±0.720BCDcd	0.16±0.020CDde	7.82±4.075Ef
		中红杨	9.72±0.638Cd	12.31±1.464DEe	10.49±1.599 De	10.50±1.810Cc	7.42±0.317ABab	0.62±0.091CDcde	8.51±4.267DEef
		2025 杨	15.43±1.371Bc	13.10±1.449CDe	12.05±1.335CDcd	10.04±1.981Cc	5.82±0.389CDde	1.43±0.649BCbc	9.65±5.189CDd
	中部	全红杨	9.87±1.840Cd	9.65±1.060Ef	11.40±1.122CDde	12.71±1.315Bb	7.84±0.744ABab	2.14±0.520Bb	8.94±3.775DEde
		中红杨	17.38±1.655Bb	22.67±1.351Bb	16.25±2.070Bb	16.49±2.338Aa	8.66±1.597Aa	1.29±0.412BCDbc	13.79±7.213Bb
		2025 杨	24.19±1.613Aa	26.37±2.325Aa	20.97±0.892Aa	16.68±1.770Aa	8.23±0.920Aab	3.86±0.478Aa	16.72±8.426Aa
	下部	全红杨	3.40±0.842De	6.03±0.967Fg	5.62±0.737Ef	5.13±0.630Dd	2.97±0.726Ef	−0.08±0.945De	3.85±2.792Fg
		中红杨	9.82±1.369Cd	19.88±2.271Bc	15.08±1.813Bb	12.54±1.643Bb	7.81±1.505ABab	0.22±0.032CDde	10.89±6.478Cc
		2025 杨	9.26±0.761Cd	16.31±1.482 Cd	12.97±1.983Cc	10.86±1.539 BCc	5.04±0.891Df	1.00±0.680BCDcd	9.24±5.492Dde
蒸腾速率 Tr /mmol·m^{2}·s^{-1}	上部	全红杨	3.21±0.696Dd	3.40±0.464Cd	2.63±0.322Ed	2.29±0.409Ed	1.32±0.257Ee	1.72±0.359CDc	2.43±0.978De
		中红杨	3.64±0.406CDc	3.50±0.576Cd	3.74±0.268Dc	3.37±0.351Dc	2.87±0.635CDd	1.66±0.229CDcd	3.13±0.866Cd
		2025 杨	4.59±0.297Bb	3.15±0.650Cd	3.82±0.556Dc	2.61±0.405Ed	2.93±0.327BCDcd	1.73±0.063CDc	3.14±0.997Cd
	中部	全红杨	3.56±0.519CDcd	4.76±0.396Bc	4.94±0.393Cb	4.54±0.355ABa	2.697±0.573Dd	1.99±0.114BCbc	3.75±1.319Bc
		中红杨	4.60±0.299Bb	5.93±0.122Ab	5.11±0.599BCb	4.63±0.241Aa	2.83±0.147CDd	1.31±0.191Dd	4.07±1.638Bb
		2025 杨	5.94±0.166Aa	6.84±0.664Aa	6.08±0.292Aa	4.27±0.279ABCab	3.27±0.219BCbc	2.03±0.549BCbc	4.740±1.752Aa
	下部	全红杨	3.75±0.395Cc	4.65±0.495Bc	4.75±0.593Cb	3.97±0.267BCDb	3.37±0.358Bb	2.35±0.631Bb	3.81±1.159Bbc
		中红杨	4.51±0.278Bb	6.64±0.472Aa	5.92±0.315Aa	4.61±0.304Aa	4.03±0.509Aa	1.96±0.297BCbc	4.61±1.581Aa
		2025 杨	4.73±0.648Bb	6.73±0.912Aa	5.74±0.564ABa	3.84±0.314CDbc	2.698±0.288Dd	3.14±0.500Aa	4.48±1.561Aa
水分利用率 WUE /μmol CO_2·mmol^{-1} H_2O	上部	全红杨	2.87±0.176Cc	2.95±0.296BCcd	4.39±0.392Aa	5.15±0.620Aa	5.04±0.244Aa	0.22±0.043CDEcd	3.44±1.985Aa
		中红杨	2.70±0.370Cc	3.50±0.492ABbc	2.84±0.244CDcd	3.16±0.270CDEcd	2.68±0.264Bbc	0.24±0.005BCDEcd	2.52±1.235Cd
		2025 杨	3.35±0.264Bb	4.16±0.386Aa	3.21±0.309BCbc	3.83±0.389BCb	1.95±0.248Cd	0.82±0.085BCDbc	2.89±1.247Bc
	中部	全红杨	2.78±0.330Cc	2.14±0.194DEe	2.42±0.173Dde	2.92±0.239DEd	3.04±0.179Bb	1.09±0.126Bc	2.40±0.958CDd
		中红杨	3.81±0.498Aa	3.90±0.350Aab	3.18±0.498BCbc	3.59±0.312BCDbc	3.15±0.280Bb	1.01±0.166BCb	3.11±1.136ABbc
		2025 杨	4.07±0.248Aa	3.87±0.252Aab	3.45±0.150Bb	3.93±0.250Bb	2.52±0.165BCc	2.07±0.242Aa	3.32±0.882Aab
	下部	全红杨	0.93±0.103Ee	1.55±0.125Ef	1.23±0.200Ef	1.35±0.379Fe	0.95±0.142De	−0.12±0.222Ed	0.98±0.814Ff
		中红杨	2.16±0.320Dd	2.98±0.374BCcd	2.55±0.286Dde	2.75±0.410Ed	1.99±0.137Cd	0.11±0.030DEd	2.09±1.018DEe
		2025 杨	1.95±0.142Dd	2.43±0.213CDde	2.30±0.364De	2.89±0.270DEd	1.91±0.183Cd	0.27±0.044BCDEcd	1.96±0.947Ee

续表

参数	部位	种类	时间						平均值
			8:00	10:00	12:00	14:00	16:00	18:00	
气孔导度 G_s /mol·m^{-2}·s^{-1}	上部	全红杨	0.394±0.0272Dde	0.390±0.0357Dc	0.206 ±0.0869Dd	0.165 ±0.0261EFe	0.103 ±0.0270De	0.141 ±0.0321CDcd	0.233±0.1392Dd
		中红杨	0.377±0.0498De	0.206±0.0397Ed	0.197 ±0.0446Dd	0.182 ±0.0178DEde	0.188 ±0.0448Ccd	0.152 ±0.0152CDcd	0.217±0.0831Dd
		2025 杨	0.477±0.0681CDcd	0.133±0.0336Ed	0.158 ±0.0332Dd	0.112 ±0.0194Ff	0.157 ±0.0273CDd	0.150 ±0.0079CDcd	0.198±0.1315Dd
	中部	全红杨	0.480±0.0653CDc	0.693±0.0857Aa	0.513 ±0.0665Aa	0.470 ±0.0445Aa	0.302 ±0.0702Bb	0.178 ±0.0160CDcd	0.439±0.1864ABab
		中红杨	0.702±0.0834Bb	0.492±0.0503CDb	0.324 ±0.0474Cc	0.326 ±0.0475Cc	0.182 ±0.0477Ccd	0.108 ±0.0180Dd	0.356±0.2072Cc
		2025 杨	0.930±0.0509Aa	0.511±0.0971BCDb	0.332 ±0.0399Cc	0.224 ±0.0252Dd	0.200 ±0.0219Cc	0.211 ±0.0914Cc	0.401±0.2673BCb
	下部	全红杨	0.531±0.0676C	0.537±0.0712BCb	0.465 ±0.0775ABb	0.394 ±0.0732Bb	0.418 ±0.0934Aa	0.408 ±0.0695Bb	0.459±0.1134Aa
		中红杨	0.669±0.0529Bb	0.638±0.0928ABa	0.421 ±0.0582Bb	0.333 ±0.0907Cc	0.323 ±0.0842Bb	0.195 ±0.0827CDcd	0.430±0.2013ABab
		2025 杨	0.484±0.0200CDc	0.497±0.0300CDb	0.294 ±0.0451Cc	0.203 ±0.0564DEde	0.156 ±0.0256CDd	0.511 ±0.0489Aa	0.358±0.1799Cc
胞间 CO_2 浓度 Ci /μmol·mol^{-1}	上部	全红杨	328.92±43.03Bb	303.42±11.74Ab	239.75 ±33.69Dd	227.00 ±12.26De	244.42 ±22.94Ef	312.75 ±23.41CDd	276.04±44.80DEd
		中红杨	311.67±34.91Cc	229.00±29.47Cde	239.25 ±11.20Dd	237.00 ±22.24Dde	274.08 ±17.06CDd	338.13 ±15.51Bb	271.52±44.60EFde
		2025 杨	289.50±14.44Ee	160.92±23.25Df	194.42 ±9.84Ee	189.50 ±13.61Ef	284.33 ±14.00BCcd	321.38 ±23.70BCcd	240.01±63.17Gf
	中部	全红杨	333.42±26.52Bb	317.42±11.94Aab	296.17 ±37.13Bb	289.42 ±27.28Bb	300.33 ±37.58Bb	294.25 ±18.45Ee	305.17±18.43Bb
		中红杨	301.25±39.85Dd	230.83±12.32Cd	237.00 ±15.19Dd	239.25 ±22.20Dde	258.58 ±22.92DEe	312.38 ±17.33CDd	263.22±36.58Fe
		2025 杨	286.17±17.04Ee	214.92±41.37Ce	205.75 ±12.70Ee	201.83 ±15.87Ef	273.33 ±18.01CDd	297.75 ±26.45DEe	246.63±42.77Gf
	下部	全红杨	364.50±33.85Aa	322.58±14.69Aa	320.92 ±36.05Aa	322.33 ±15.71Aa	339.75 ±28.26Aa	324.00 ±14.12BCcd	332.35±19.25Aa
		中红杨	329.67±27.06Bb	261.83±16.89Bc	261.67 ±28.34Cc	265.50 ±15.16Cc	298.50 ±15.89Bb	331.38 ±26.23Bbc	291.42±32.26Cc
		2025 杨	315.83±26.64Cc	262.75±11.03Bc	247.08 ±20.76CDcd	243.25 ±23.04Dd	293.08 ±16.25Bbc	357.50±33.12Aa	286.58±43.53CDc
羧化效率 CE /mol·m^{-2}·s^{-1})	上部	全红杨	24.26±3.290BCb	24.96±2.138De	59.63 ±5.697BCbc	69.53 ±8.335Bb	65.68 ±7.169Aa	3.02 ±0.858BCDcd	41.18±27.91BCc
		中红杨	26.13±3.582Bb	60.30±4.471Bb	54.46 ±7.709BCDcd	58.36 ±4.715Cc	41.26 ±3.559BCc	1.61 ±1.153CDd	40.35±23.32Cc
		2025 杨	32.36±1.934Aa	98.96±13.327Aa	79.59 ±4.607Aa	88.95 ±7.103Aa	36.29 ±3.950CDcd	9.41 ±0.888BCbc	57.59±34.82Aa
	中部	全红杨	20.54±2.871Cc	14.33±5.413Ef	22.73 ±4.841Ff	27.34 ±2.476Ee	27.97 ±6.004DEe	12.13 ±1.680ABb	20.84±8.16Ee
		中红杨	25.23±4.503Bb	48.43±2.636Cc	50.39 ±7.615CDcd	51.75 ±7.004Cc	49.67 ±1.430Bb	12.04 ±3.856ABb	39.59±18.08Cc
		2025 杨	26.10±2.438Bb	52.72±7.339BCbc	63.97 ±5.728Bb	75.07 ±1.795Bb	40.95 ±2.149BCc	21.89 ±2.117Aa	46.78±20.68Bb
	下部	全红杨	6.60±0.141Ee	13.96±3.022Ef	12.38 ±2.983Fg	13.42 ±6.440Ff	7.55 ±3.658Ff	−0.80 ±0.644Dd	8.85±7.48Ff
		中红杨	14.73±2.177Dd	31.85±2.058Dde	36.09 ±3.988Ee	39.50 ±8.969Dd	25.81 ±4.602Ee	1.10 ±0.378CDd	24.85±14.48Ee
		2025 杨	20.94±1.810Cc	33.01±4.259Dd	45.37 ±2.634DEde	55.41±8.807C	33.00 ±3.280CDEde	1.46 ±0.310CDd	31.53±19.29Dd

注：A(a)—G(g)表示不同品种的差异水平，小写字母表示在 P=0.05 水平上差异显著，大写字母表示在 P=0.01 水平上差异极显著，字母相同表示差异不显著。

表 4-14 全红杨、中红杨和 2025 杨叶片 8 月 12 日光合特性日变化的不同(平均值±标准误)

参数	部位	种类	时间						平均值
			8:00	10:00	12:00	14:00	16:00	18:00	
净光合速率 Pn /μmol·m⁻²·s⁻¹	上部	全红杨	9.81± 1.403CDd	11.48± 1.293Cc	11.76±1.512Cb	9.05± 0.997BCcd	7.93±0.752BCDbc	0.58± 0.053CDc	8.44±4.008Dc
		中红杨	8.15±1.226De	8.70 ±0.941Dd	8.43 ±1.037DEc	7.21 ±0.656DEe	7.06 ±0.838DEcd	1.39 ±0.807BCb	6.82±3.254Ed
		2025 杨	12.10± 0.624ABbc	11.46 ±1.391Cc	11.58 ±1.793Cb	8.54 ±1.044CCDd	7.63 ±0.729CDEc	0.31 ±0.422Dc	8.60±4.317CDc
	中部	全红杨	9.92 ±0.654BCDd	13.18 ±1.329BCbc	14.43 ±1.620ABa	10.78 ±0.527Aa	9.86 ±0.847Aa	1.65 ±0.160Bb	9.97±4.297Bb
		中红杨	13.69 ±1.964Aab	13.39 ±1.067BCbc	12.48 ±1.434BCb	10.37 ±1.391ABab	7.66 ±0.553CDEc	3.74 ±0.685Aa	10.22±4.060Bb
		2025 杨	13.99 ±0.766Aa	19.28 ±1.754Aa	15.03 ±0.991Aa	9.98 ±0.935ABCabc	9.61 ±0.924ABa	3.82 ±1.002Aa	11.95±5.369Aa
	下部	全红杨	4.53 ±0.748Ef	5.38 ±0.585Ee	6.72 ±1.121Ed	5.48 ±0.885Ff	3.85 ±0.481Fe	1.64 ±0.181Bb	4.60±2.339Fe
		中红杨	11.23 ±0.581BCcd	13.48 ±1.798BCb	11.85 ±1.559Cb	9.54 ±0.747ABCbcd	9.17 ±0.330ABCab	1.90 ±0.361Bb	9.53±4.223BCb
		2025 杨	9.94 ±0.872BCDd	14.23 ±1.625Bb	9.21 ±0.734Dc	6.39 ±0.500EFef	6.03 ±1.472Ed	1.62 ±0.119Bb	7.90±4.395Dc
蒸腾速率 Tr /mmol·m⁻²·s⁻¹	上部	全红杨	2.98 ±0.394Fg	6.11 ±0.788DEe	5.73 ±0.609Ee	5.82 ±0.566De	4.62 ±0.695BCcd	0.97 ±0.092Cc	4.37±1.943Fe
		中红杨	4.65 ±0.685De	5.91 ±0.429Ee	5.83 ±0.748DEe	6.11 ±0.773CDde	4.53 ±0.441BCd	1.61 ±0.771ABa	4.77±1.805EFde
		2025 杨	6.31 ±0.198Cc	5.31 ±0.916Ee	7.04 ±0.911Ccd	6.36 ±0.508CDcde	4.22 ±0.484Cd	1.565 ±0.098ABa	5.13±2.056DEcd
	中部	全红杨	3.75 ±0.583Ef	7.20 ±0.852CDd	6.88 ±0.536CDd	7.16 ±1.122ABCabc	6.42 ±0.853Aa	1.23 ±0.352BCbc	5.44±2.430CDbc
		中红杨	6.09 ±0.842Ccd	8.35 ±0.926BCc	7.48 ±0.108BCcd	7.63 ±0.688ABab	4.03 ±0.863Cd	1.43 ±0.429ABab	5.84±2.646BCb
		2025 杨	7.84 ±0.732Aa	10.22 ±1.512Aab	9.67 ±1.055Aa	6.69 ±0.905BCDcd	4.11 ±0.339Cd	1.570 ±0.197ABsa	6.683±3.358Aa
	下部	全红杨	3.69 ±0.393Ef	7.26 ±0.982CDd	5.38 ±0.710Ee	7.08 ±0.283ABCabc	6.65 ±0.908Aa	1.74 ±0.213Aa	5.30±2.245CDEc
		中红杨	5.74 ±0.617Cd	9.39 ±0.626ABb	7.82 ±0.975BCbc	7.87 ±0.768Aa	5.38 ±0.778Bbc	1.46 ±0.187ABab	6.28±2.681ABa
		2025 杨	7.03 ±0.868Bb	10.37 ±0.555Aa	8.57 ±0.520ABb	7.01 ±1.216ABCbc	5.40 ±0.534Bb	1.69 ±0.590Aas	6.679±2.874Aa
水分利用率 WUE /μmol CO_2·mmol⁻¹ H_2O	上部	全红杨	3.38 ±0.487Aa	1.91 ±0.234ABb	2.09 ±0.247Aa	1.58 ±0.189Aa	1.75 ±0.212BCbc	0.65 ±0.087CDde	1.89±0.998Aa
		中红杨	1.81 ±0.155DEde	1.45 ±0.177Ccd	1.45 ±0.167BCcd	1.18 ±0.074Bc	1.56 ±0.316Cc	0.83 ±0.092BCDcd	1.38±0.575BCb
		2025 杨	1.993 ±0.273CDcd	2.15 ±0.194 Aa	1.65 ±0.085Bbc	1.34 ±0.179ABbc	1.84 ±0.209BCb	0.20 ±0.190De	1.53±0.696Bb
	中部	全红杨	2.69 ±0.290Bb	1.85 ±0.198Bb	2.16 ±0.307Aa	1.54 ±0.182Aa	1.57 ±0.177Cc	1.42 ±0.233Bb	1.87±0.590Aa
		中红杨	2.27 ±0.297BCc	1.60 ±0.093Cc	1.68 ±0.144Bb	1.35 ±0.150ABbc	1.89 ±0.194Bb	2.71 ±0.404Aa	1.92±0.578Aa
		2025 杨	1.80 ±0.206DEde	1.94 ±0.331ABb	1.56 ±0.092Bbc	1.49 ±0.118Aab	2.36 ±0.313Aa	2.40 ±0.385Aa	1.93±0.440Aa
	下部	全红杨	1.24 ±0.164Ef	0.81 ±0.086De	1.27 ±0.147CDde	0.82 ±0.062Cd	0.61 ±0.050Ee	0.96 ±±0.073BCbcd	0.95±0.478Dd
		中红杨	1.996 ±0.574CDcd	1.43 ±0.152Ccd	1.50 ±0.116BCbc	1.23 ±0.108Bc	1.71 ±0.213BCbc	1.31 ±0.134Bbc	1.53±0.432Bb
		2025 杨	1.45 ±0.164DEef	1.38 ±0.275Cd	1.11 ±0.134De	0.94 ±0.074Cd	1.13 ±0.126Dd	1.12 ±0.167BCbcd	1.19±0.453Cc

续表

参数	部位	种类	时间						平均值
			8:00	10:00	12:00	14:00	16:00	18:00	
气孔导度 Gs /mmol·m^{-2}·s^{-1}	上部	全红杨	0.310±0.0604Ff	0.340±0.0558Dd	0.312±0.0393CDc	0.289±0.0427BCDbc	0.225±0.0315Bb	0.082±0.0170Cd	0.260±0.0973Dd
		中红杨	0.394±0.0907EFe	0.199±0.0614Ee	0.259±0.0445Dc	0.202±0.0356Ee	0.152±0.0388Cc	0.126±0.0179BCbc	0.222±0.1095Dd
		2025杨	0.531±0.1452CDd	0.170±0.0619Ee	0.272±0.0177Dc	0.250±0.0481DEde	0.124±0.0256Cc	0.125±0.0408BCbc	0.246±0.1613Dd
	中部	全红杨	0.460±0.0816DEde	0.453±0.0515BCDc	0.400±0.0763BCb	0.352±0.0227ABab	0.371±0.0703Aa	0.119±0.0235BCbc	0.359±0.1309BCbc
		中红杨	0.711±0.1070Bb	0.410±0.0725Dcd	0.448±0.0498ABab	0.307±0.0280BCDbc	0.129±0.0418Cc	0.109±0.0111BCcd	0.352±0.2345BCc
		2025杨	0.846±0.0373Aa	0.661±0.0637Aa	0.486±0.1140ABa	0.274±0.0160CDcd	0.142±0.0386Cc	0.126±0.0215BCbc	0.422±0.2940Aa
	下部	全红杨	0.440±0.1058DEe	0.423±0.0171CDcd	0.265±0.0814Dc	0.381±0.0980Aa	0.367±0.0265Aa	0.183±0.0157Aa	0.343±0.1280Cc
		中红杨	0.653±0.0504Bbc	0.554±0.0391ABCb	0.500±0.1079Aa	0.390±0.0238Aa	0.221±0.0099Bb	0.112±0.0184BCcd	0.405±0.2092ABa
		2025杨	0.630±0.0631BCc	0.558±0.0691ABb	0.403±0.0781Bb	0.344±0.0369ABCab	0.242±0.0260Bb	0.152±0.0554ABab	0.388±0.1868ABCab
胞间 CO_2 浓度 Ci /μmol·mol^{-1}	上部	全红杨	349.83±23.03Aa	256.17±12.51Bb	252.33±10.87Bb	258.17±17.85Bb	252.92±28.45Bb	333.67±17.48ABbc	283.85±44.25Bb
		中红杨	291.67±27.53Cd	198.00±17.34De	208.67±15.30Dd	226.58±30.26EFde	223.83±15.61Cc	348.00±18.02Aa	249.46±56.35CDd
		2025杨	269.25±16.18Df	147.67±10.57Ef	186.67±10.44Ee	217.33±28.46FGef	225.08±24.03Cc	339.25±10.18ABab	230.88±62.95Eef
	中部	全红杨	367.92±10.82Bb	262.17±7.11Bb	245.92±26.56Bb	254.92±26.96BCb	260.67±6.77Bb	325.42±19.90BCcd	286.17±45.81Bb
		中红杨	285.33±15.89CDde	200.08±13.24Dde	204.83±7.83Dd	221.58±12.76EFGde	202.67±28.88Dd	301.33±26.32Df	235.97±44.25Ee
		2025杨	273.92±35.37CDef	199.25±34.53De	205.17±17.96Dd	208.33±17.02Gf	187.83±8.63De	284.58±31.43Eg	226.51±42.15Ef
	下部	全红杨	394.25±19.40Bc	297.58±12.85Aa	272.42±10.04Aa	287.67±30.44Aa	295.33±16.56Aa	342.25±10.64Aab	314.92±43.56Aa
		中红杨	292.75±23.94Cd	213.67±9.26CDd	214.42±27.13CDcd	232.00±17.89DEd	225.17±19.65Cc	304.17±35.98Def	247.03±40.63Dd
		2025杨	274.50±19.06CDef	231.58±21.71Cc	226.50±33.30Cc	243.75±15.24CDc	258.33±26.39Bb	315.50±11.99CDde	258.36±37.30Cc
羧化效率 CE /mol·m^{-2}·s^{-1}	上部	全红杨	33.63±3.515Aa	34.62±2.553CDcd	38.18±4.549ABb	32.33±1.693ABab	35.38±3.458CDEd	8.03±1.831CDef	30.36±13.33BCcd
		中红杨	22.11±3.704BCbc	44.49±4.792Bb	33.79±2.258BCDbcd	36.55±1.148Aab	47.00±3.571BCDcd	10.74±1.551BCDde	32.45±15.31BCbc
		2025杨	24.69±3.019Bb	71.76±14.083Aa	44.68±2.746Aa	34.69±2.580Aab	90.68±6.464Aa	2.56±3.864Df	44.84±40.64Aa
	中部	全红杨	22.02±1.116BCbc	29.20±2.245CDde	37.01±2.724ABCbc	31.39±1.574ABbc	27.22±4.346DEde	15.49±1.774BCcd	27.05±8.51CDd
		中红杨	19.42±2.324BCbc	37.56±3.647BCbc	29.87±3.306CDEdef	34.41±1.605Aab	60.04±1.881BCbc	36.87±3.286Aa	36.36±14.85Bb
		2025杨	16.56±1.006CDc	34.66±1.450CDcd	31.13±1.870BCDEcde	37.77±1.808Aa	68.55±6.132ABb	30.02±3.386Ab	36.45±17.39Bb
	下部	全红杨	10.59±1.268Dd	14.36±2.290Ef	26.65±1.860DEefg	15.91±2.241Dd	10.90±2.057Ee	9.23±1.552BCDdef	14.61±8.90Ef
		中红杨	17.97±1.127BCDc	24.95±1.901De	24.84±3.121Efg	26.40±1.694BCc	44.73±1.221BCDcd	17.45±3.822Bc	26.06±12.13CDde
		2025杨	16.60±1.955CDc	25.99±3.243De	23.80±4.654Eg	19.32±1.196CDd	27.76±4.040DEde	13.31±1.769BCcde	21.13±9.64DEe

注：A(a)—G(g)表示不同品种的差异水平，小写字母表示在 $P=0.05$ 水平上差异显著，大写字母表示在 $P=0.01$ 水平上差异极显著，字母相同表示差异不显著。

表 4-15 全红杨、中红杨和 2025 杨叶片 9 月 14 日光合特性日变化的不同(平均值±标准误)

参数	部位	种类	时间					平均值
			8:00	10:00	12:00	14:00	16:00	
净光合速率 *Pn* /μmol·m^{-2}·s^{-1}	上部	全红杨	4.95±0.781CDb	5.71±0.943Cc	3.64±0.055De	6.18±0.691ABCab	4.93±0.405CDc	5.08±2.021CDde
		中红杨	4.98±0.661CDb	5.56±0.489CDc	8.94±0.720Cc	3.24±0.525CDcd	5.70±0.889BCc	5.68±3.016Ccd
		2025 杨	5.98±0.622ABCb	10.37±0.909Bb	12.03±0.808Bb	5.48±0.942ABCb	7.51±0.307ABb	8.27±3.266Bb
	中部	全红杨	5.53±0.682BCb	7.44±0.477Cc	7.20±0.624Cd	6.28±0.619ABab	5.94±0.685BCbc	6.48±1.219Cc
		中红杨	8.19±0.750ABa	13.79±1.469Aa	14.66±1.182Aa	4.16±0.462BCDbc	5.54±0.338BCc	9.27±4.643ABb
		2025 杨	8.72±0.733Aa	13.03±1.970ABa	13.78±1.667ABa	7.99±0.625Aa	9.51±1.071Aa	10.60±3.866Aa
	下部	全红杨	0.91±0.798Ec	1.57±0.191Ed	1.98±0.251Df	1.81±0.130Dd	2.02±0.416Ed	1.66±0.648Fg
		中红杨	0.54±0.616Ec	6.70±0.704Cc	7.59±0.879Ccd	2.45±0.801Dcd	3.06±0.645DEd	4.07±3.069DEef
		2025 杨	2.22±0.302DEc	2.88±0.383DEd	7.49±0.511Ccd	1.94±0.108Dcd	2.60±0.357DEd	3.43±2.352Ef
蒸腾速率 *Tr* /mmol·m^{-2}·s^{-1}	上部	全红杨	3.66±0.520BCd	4.89±0.491Ce	4.76±0.724Cc	4.65±0.250ABCbc	2.66±0.609Cc	4.12±1.160Fg
		中红杨	3.87±0.351BCcd	6.63±0.725Bc	6.22±0.426Bb	2.99±0.240De	4.38±0.300Bb	4.82±1.500DEf
		2025 杨	4.16±0.640ABbc	6.74±0.039Bc	6.51±0.637Bb	4.14±0.980Ccd	5.04±0.253ABa	5.32±1.368CDde
	中部	全红杨	3.81±0.177BCcd	5.56±0.436Cd	5.82±0.833BCb	4.96±0.353ABab	2.93±0.297Cc	4.62±1.193EFf
		中红杨	4.68±0.312Aa	8.39±0.920Aa	8.51±0.241Aa	4.60±0.184ABCbc	5.26±0.208Aa	6.29±1.856Aa
		2025 杨	3.64±0.331BCd	7.63±0.720Ab	8.51±0.868Aa	4.43±0.697BCbcd	5.18±0.509Aa	5.88±1.998ABbc
	下部	全红杨	3.80±0.203BCcd	6.69±0.512Bc	5.99±1.050Bb	5.35±0.454Aa	2.89±0.319Cc	4.94±1.525DEef
		中红杨	4.53±0.458Aab	8.21±1.092Aab	8.04±0.614Aa	4.63±0.581ABCbc	5.13±1.037Aa	6.11±1.898Aab
		2025 杨	3.47±0.098Cd	7.67±0.436Ab	7.86±0.391Aa	3.88±0.577Cd	4.95±0.852ABa	5.57±1.950BCcd
水分利用率 *WUE* /μmol CO_2·mmol^{-1} H_2O	上部	全红杨	1.42±0.446BCb	1.27±0.169ABc	0.80±0.066Ee	1.33±0.158ABab	1.78±0.155ABCab	1.32±0.576BCcd
		中红杨	1.31±0.149BCb	0.86±0.100BCd	1.45±0.236BCcd	0.94±0.100BCDbc	1.31±0.258CDcd	1.17±0.614Cd
		2025 杨	1.60±0.125Bb	1.54±0.131Aabc	1.88±0.216Aa	1.42±0.070ABab	1.49±0.246BCDbc	1.59±0.646ABb
	中部	全红杨	1.46±0.231BCb	1.35±0.140Abc	1.25±0.097CDd	1.25±0.062 ABCab	2.04±0.091Aa	1.47±0.385Bbc
		中红杨	1.74±0.364ABb	1.67±0.295Aab	1.72±0.253ABab	0.91±0.103BCDbc	1.06±0.283DEde	1.42±0.473BCbc
		2025 杨	2.49±0.136Aa	1.69±0.243Aa	1.63±0.327ABbc	1.73±0.154Aa	1.83±0.180ABab	1.88±0.707Aa
	下部	全红杨	0.24±0.021Dc	0.24±0.059Ee	0.34±0.050Ff	0.34±0.024Dd	0.71±0.085EFef	0.37±0.224Df
		中红杨	0.13±0.037Dc	0.80±0.150CDd	0.957±0.127DEe	0.58±0.048CDcd	0.59±0.079EFf	0.61±0.392De
		2025 杨	0.64±0.128CDc	0.38±0.090DEe	0.961±0.060DEe	0.48±0.091Dcd	0.50±0.065Ff	0.59±0.275Def

续表

参数	部位	种类	时间 8:00	10:00	12:00	14:00	16:00	平均值
气孔导度 Gs /mol·m^{-2}·s^{-1}	上部	全红杨	0.539 ±0.0585Bbc	0.287 ±0.0814De	0.252 ±0.0388Cd	0.334 ±0.0373Cde	0.265 ±0.0190Cd	0.335±0.1559Ef
		中红杨	0.497 ±0.4863Bbc	0.380 ±0.0264CDd	0.387 ±0.0247BCc	0.285 ±0.0110Ce	0.382 ±0.0572BCc	0.386±0.1084DEef
		2025 杨	0.596 ±0.0567ABab	0.455 ±0.0110Ccd	0.402 ±0.0467Bc	0.396 ±0.0589BCcd	0.506 ±0.0638ABb	0.471±0.1237Cc
	中部	全红杨	0.494 ±0.0426Bbc	0.391 ±0.0398Cd	0.390 ±0.0756BCc	0.398 ±0.0460BCcd	0.328 ±0.0424Ccd	0.40±0.0723CDEde
		中红杨	0.704 ±0.0659Aa	0.794 ±0.0519Aa0	0.784 ±0.0741Aa	0.573 ±0.0360Aa	0.621 ±0.0365Aa	0.695±0.1100Aa
		2025 杨	0.465 ±0.0759Bc	0.633 ±0.0639Bb	0.740 ±0.0598Aab	0.523 ±0.0719Aab	0.578 ±0.0800Aab	0.588±0.1242Bb
	下部	全红杨	0.504 ±0.0372Bbc	0.484 ±0.0354Cc	0.479 ±0.0245Bc	0.479 ±0.0460ABbc	0.309 ±0.0429Ccd	0.451±0.0959CDcd
		中红杨	0.702 ±0.0868Aa	0.798 ±0.0543Aa	0.732 ±0.0893Aab	0.580 ±0.0490Aa	0.562 ±0.0840Aab	0.675±0.1942Aa
		2025 杨	0.449 ±0.0276Bc	0.731 ±0.0774ABa	0.666 ±0.0754Ab	0.501 ±0.0530ABab	0.600 ±0.0933Aab	0.589±0.1554Bb
胞间 CO_2 浓度 Ci /μmol·mol^{-1}	上部	全红杨	400.25 ±28.80Bb	276.88 ±25.11CDbcd	279.75 ±18.91Bb	276.00 ±13.90Bc	288.25 ±26.92BCDbc	304.23±50.68CDcd
		中红杨	352.38 ±11.49Ed	283.88 ±26.80BCb	255.00 ±30.88Dd	294.13 ±15.43Ab	269.88 ±16.22Ee	291.05±36.96Ee
		2025 杨	369.13 ±22.27Cc	267.75 ±22.31CDcd	236.38 ±20.06Ee	275.88 ±10.22Bc	263.25 ±16.88EFef	282.48±47.90Ff
	中部	全红杨	394.00 ±3.34Bb	279.63 ±14.84CDbc	269.50 ±24.04BCc	279.63 ±14.87Bc	282.88 ±5.36CDcd	301.13±47.45Dd
		中红杨	357.00 ±13.38DEd	271.00 ±24.24CDbcd	253.25 ±7.42Dd	295.75 ±33.49Aab	280.63 ±7.41Dd	291.53±36.76Ee
		2025 杨	356.13 ±7.95DEd	264.00 ±21.10Dd	257.38 ±30.60CDd	271.63 ±10.39Bc	258.13 ±21.64Ff	281.45±39.37Ff
	下部	全红杨	417.38 ±36.11Aa	312.38 ±31.30Aa	301.50 ±12.45Aa	304.50 ±22.07Aa	306.63 ±4.37Aa	328.48±45.36Aa
		中红杨	378.25 ±8.38CDc	299.50 ±11.71ABa	276.25 ±8.58Bbc	302.75 ±8.50Aab	290.25 ±5.87BCb	309.40±37.04BCbc
		2025 杨	394.00 ±7.56Bb	310.00 ±9.56Aa	279.38 ±9.44Bbc	299.00 ±1.60Aab	292.38 ±2.50Bb	314.95±41.80Bb
羧化效率 CE /mol·m^{-2}·s^{-1}	上部	全红杨	11.09 ±0.109Bb	22.92 ±2.657Aa	14.96 ±1.752CDcd	18.68 ±0.308Aa	17.82 ±2.203Aa	17.09±8.42ABabc
		中红杨	10.59 ±1.509Bbc	15.91 ±1.429ABb	23.36 ±3.702Bb	8.99 ±0.846BCDbc	15.35 ±1.685Aa	14.84±9.17BCcd
		2025 杨	12.15 ±1.069Bb	22.86 ±2.538Aa	33.89 ±2.292Aa	14.41 ±2.442ABCab	15.14 ±1.519Aa	19.69±11.18Aa
	中部	全红杨	11.34 ±2.097Bb	19.18 ±2.088Aab	18.92 ±2.816BCbc	15.57 ±2.808ABa	18.17 ±3.175Aa	16.64±3.88ABbc
		中红杨	11.51 ±1.546Bb	17.77 ±1.865Aab	18.69 ±2.343BCDbc	7.28 ±0.805CDc	8.95 ±1.911Bb	12.84±5.34Cd
		2025 杨	20.23 ±3.786Aa	20.41 ±3.000Aab	19.13 ±1.621BCbc	14.77 ±1.271ABCa	16.60 ±1.714Aa	18.23±6.37ABab
	下部	全红杨	1.87 ±0.582Cd	3.26 ±0.915Cc	4.43 ±0.706Ee	3.89 ±0.571Dc	6.75 ±0.718BCbc	4.04±2.21De
		中红杨	0.93 ±0.091Cd	8.28 ±0.951BCc	11.86 ±1.509CDd	5.10 ±0.448Dc	5.95 ±0.840BCbc	6.42±4.89De
		2025 杨	4.99 ±0.717BCcd	4.08±0.093Cc	11.54 ±2.043DEd	3.66±0.220Dc	4.12 ±0.711Cc	5.68±3.52De

注：A(a)—G(g)表示不同品种的差异水平，小写字母表示在 $P=0.05$ 水平上差异显著，大写字母表示在 $P=0.01$ 水平上差异极显著，字母相同表示差异不显著。

表 4-16　全红杨、中红杨和 2025 杨叶片 10:00 光合特性月变化的不同(平均值±标准误)

参数	部位	种类	时间 5-6	6-7	7-8	8-9	9-10	10-12	平均值
净光合速率 Pn /μmol·m^{-2}·s^{-1}	上部	全红杨	3. 72 ±0. 279Gg	4. 95 ±0. 311Ff	9. 22±1. 250EFf	11. 48 ±1. 293Cc	5. 71±0. 943CDd	6. 75 ±0. 919Ee	6. 97±2. 942Ff
		中红杨	6. 10 ±1. 034Ff	7. 72 ±0. 590Ee	12. 31±1. 464DEe	8. 70 ±0. 941Dd	5. 56 ±0. 489Dd	5. 74 ±0. 327Ff	7. 69±3. 238EFf
		2025 杨	10. 90 ±0. 361Cc	14. 90 ±1. 258CDcd	13. 10 ±1. 449CDe	11. 46 ±1. 391Cc	10. 37 ±0. 909Bb	8. 54 ±0. 165Dd	11. 54±2. 698Dd
	中部	全红杨	7. 02 ±0. 353Ee	9. 01 ±1. 162Ee	9. 65 ±1. 060Ef	13. 18 ±1. 329BCbc	7. 44 ±0. 477Cc	7. 21 ±0. 727Ee	8. 92±2. 583Ee
		中红杨	12. 50 ±0. 954Bb	19. 89 ±1. 278Bb	22. 67 ±1. 351Bb	13. 39 ±1. 067BCbc	13. 79 ±1. 469Aa	15. 87 ±1. 914Bb	16. 35±4. 018Bb
		2025 杨	15. 97 ±0. 839Aa	25. 11 ±2. 059Aa	26. 37 ±2. 325Aa	19. 28± 1. 754Aa	13. 03 ±1. 970Aa	23. 33 ±0. 896Aa	20. 51±5. 231Aa
	下部	全红杨	5. 93 ±0. 249Ff	7. 82 ±0. 864Ee	6. 03 ±0. 967Fg	5. 38± 0. 585Ee	1. 57 ±0. 191Ee	3. 64 ±0. 634Gg	5. 06±2. 652Gg
		中红杨	8. 39 ±0. 521Dd	13. 83 ±2. 263Dd	19. 88 ±2. 271Bc	13. 48 ±1. 798BCb	6. 70 ±0. 704CDcd	15. 83 ±1. 274Bb	13. 02±4. 784Cc
		2025 杨	3. 16 ±0. 373Gg	16. 25 ±1. 382Cc	16. 31± 1. 482Cd	14. 23 ±1. 625Bb	2. 88 ±0. 383Ee	11. 60 ±0. 700Cc	10. 74±5. 932Dd
蒸腾速率 Tr /mmol·m^{-2}·s^{-1}	上部	全红杨	5. 52 ±0. 727Ef	2. 37 ±0. 257De	3. 40 ±0. 464Cd	6. 11 ±0. 788DEe	4. 89 ±0. 491Fe	1. 93 ±0. 020Gh	4. 03±1. 742Ff
		中红杨	7. 28 ±0. 797Cd	3. 21 ±0. 198Dd	3. 50 ±0. 576Cd	5. 91 ±0. 429Ee	6. 63 ±0. 725Dc	2. 16 ±0. 062Gg	4. 78±2. 097Ee
		2025 杨	6. 76 ±0. 053De	5. 66 ±0. 595Bb	3. 15 ±0. 650Cd	5. 31 ±0. 916Ee	6. 74 ±0. 039Dc	2. 53 ±0. 131Ff	5. 02± 1. 786Ede
	中部	全红杨	5. 38 ±0. 365Ef	4. 49 ±0. 282Cc	4. 76 ±0. 396Bc	7. 20 ±0. 852CDd	5. 56 ±0. 436Ed	3. 39 ±0. 578Ee	5. 13±1. 354DEd
		中红杨	8. 70 ±0. 568ABb	6. 24 ±0. 438Bb	5. 93 ±0. 122Ab	8. 35 ±0. 926BCc	8. 39 ±0. 920Aa	5. 31 ±0. 180Dd	7. 15±1. 649Cb
		2025 杨	8. 24 ±0. 256Bc	7. 25 ±0. 219Aa	6. 84 ±0. 664Aa	10. 22 ±1. 512Aab	7. 63 ±0. 720Cb	7. 00 ±0. 465Aa	7. 86±1. 551Aa
	下部	全红杨	6. 60 ±0. 300De	4. 41 ±0. 206Cc	4. 65 ±0. 495Bc	7. 26 ±0. 982CDd	6. 69 ±0. 512Dc	3. 38 ±0. 543Ee	5. 50±1. 760Dc
		中红杨	9. 11 ±0. 176Aa	6. 36 ±0. 632ABb	6. 64 ±0. 472Aa	9. 39 ±0. 626ABb	8. 21 ±1. 092ABa	6. 42 ±0. 061Bb	7. 69±1. 448ABa
		2025 杨	7. 58 ±0. 596Cd	5. 77 ±0. 284Bb	6. 73 ±0. 912Aa	10. 37 ±0. 555Aa	7. 67 ±0. 436BCb	5. 99 ±0. 244Cc	7. 35±1. 638BCb
水分利用率 WUE /μmol CO_2· mmol^{-1} H_2O	上部	全红杨	0. 702 ±0. 320Ef	2. 062 ±0. 191EFe	2. 946 ±0. 296BCcd	1. 914 ±0. 234ABb	1. 265 ±0. 169Bc	3. 495 ±0. 444Aa	2. 064±1. 134Cc
		中红杨	0. 855 ±1. 000De	2. 551 ±0. 282CDEcd	3. 497 ±0. 492ABbc	1. 451 ±0. 177Ccd	0. 861 ±0. 100Cd	2. 663 ±0. 223Cc	1. 979±1. 099CDc
		2025 杨	1. 612 ±0. 054Bb	2. 680±0. 290BCDc	4. 163 ±0. 386Aa	2. 151 ±0. 194Aa	1. 539 ±0. 131ABab	3. 379 ±0. 148Aa	2. 587±0. 993ABab
	中部	全红杨	1. 308 ±0. 044Cd	2. 007 ±0. 255EFe	2. 138 ±0. 194DEe	1. 851 ±0. 198Bb	1. 345 ±0. 140Bbc	2. 151 ±0. 344De	1. 800±0. 551Dd
		中红杨	1. 438 ±0. 082Cc	3. 200 ±0. 272ABab	3. 896 ±0. 350Aab	1. 604 ±0. 093Cc	1. 666 ±0. 295Aa	2. 997 ±0. 453Bb	2. 467±0. 992Bb
		2025 杨	1. 936 ±0. 045Aa	3. 470 ±0. 201Aa	3. 866 ±0. 252Aab	1. 945 ±0. 331ABb	1. 691 ±0. 243Aa	3. 337 ±0. 127Aa	2. 707±0. 889Aa
	下部	全红杨	0. 899 ±0. 005De	1. 882 ±0. 193Fe	1. 553 ±0. 125Ef	0. 812 ±0. 086De	0. 235 ±0. 059De	1. 074 ±0. 018Eg	1. 076±0. 750Ff
		中红杨	0. 920 ±0. 110De	2. 209 ±0. 259DEFde	2. 981 ±0. 374BCcd	1. 434 ±0. 152Ccd	0. 801 ±0. 150Cd	2. 465 ±0. 174Cd	1. 802±0. 833Dd
		2025 杨	0. 420 ±0. 079Fg	2. 871 ±0. 537BCbc	2. 426 ±0. 213CDde	1. 378 ±0. 275Cd	0. 380 ±0. 090De	1. 937 ±0. 047Df	1. 569±0. 977Ee

续表

参数	部位	种类	时间						平均值
			5-6	6-7	7-8	8-9	9-10	10-12	
气孔导度 Gs /mol·m^{-2}·s^{-1}	上部	全红杨	0.353 ±0.0694Ee	0.140 ±0.0254Ef	0.390 ±0.0357Dc	0.340 ±0.0558Dd	0.287 ±0.0814Ff	0.276 ±0.0031Df	0.298±0.0997Ef
		中红杨	0.476 ±0.1178Dd	0.182 ±0.0491Ef	0.206 ±0.0397Ed	0.199 ±0.0614Ee	0.380 ±0.0264Ee	0.125 ±0.0047Eg	0.261±0.1421Ef
		2025 杨	0.449 ±0.0047Dd	0.346 ±0.0106Dde	0.133 ±0.0336Ed	0.170 ±0.0619Ee	0.455 ±0.0110CDd	0.099 ±0.0024Eg	0.275±0.1571Ef
	中部	全红杨	0.376 ±0.0503Ee	0.317 ±0.0300De	0.693 ±0.0857Aa	0.453 ±0.0515BCDc	0.391 ±0.0398DEe	0.718 ±0.1206Aa	0.491±0.1962Dde
		中红杨	0.854 ±0.0374Bb	0.478 ±0.0447ABCbc	0.492 ±0.0503CDb	0.410 ±0.0725Dcd	0.794 ±0.0517Aa	0.477 ±0.0181Bd	0.584±0.1985BCbc
		2025 杨	0.688 ±0.0372Cc	0.570 ±0.0307Aa	0.511 ±0.0971BCDb	0.661 ±0.0637Aa	0.633 ±0.0639Bc	0.543 ±0.0445Bc	0.601±0.1297Bb
	下部	全红杨	0.475 ±0.0188Dd	0.454 ±0.0588BCbc	0.537 ±0.0712BCb	0.423 ±0.0171CDcd	0.484 ±0.0354Cd	0.542 ±0.1193Bc	0.486±0.1131De
		中红杨	0.918 ±0.0222Aa	0.526 ±0.0626ABab	0.638 ±0.0928ABa	0.554 ±0.0391ABCb	0.798 ±0.0546Aa	0.655 ±0.0120Ab	0.681±0.1715Aa
		2025 杨	0.671 ±0.0939Cc	0.407 ±0.0634CDcd	0.497 ±0.0300CDb	0.558 ±0.0691ABb	0.731 ±0.0774Ab	0.391 ±0.0231Ce	0.543±0.1441CDcd
胞间 CO_2 浓度 Ci /μmol·mol^{-1}	上部	全红杨	301.33 ±13.32Cb	306.58 ±27.41ABb	303.42 ±11.74Ab	256.17 ±12.51Bb	276.88 ±25.11CDcde	307.33 ±20.58Cc	291.95±24.43Bb
		中红杨	303.00 ±19.54BCb	275.25 ±11.34Cc	229.00 ±29.47Cde	198.00 ±17.34De	283.88 ±26.80Cc	265.00 ±29.70Ef	259.02±40.22Dd
		2025 杨	270.00 ±20.01Ed	268.75 ±15.18CDcd	160.92 ±23.25Df	147.67 ±10.57Ef	267.75 ±22.31DEef	187.00 ±3.61Gi	217.01±53.96Fg
	中部	全红杨	282.67 ±22.08Dc	309.33 ±11.49ABab	317.42 ±11.94Aab	262.17 ±7.11Bb	279.63 ±14.84CDcd	328.00 ±2.00Bb	296.53±24.84Bb
		中红杨	272.00 ±35.57Ed	267.33 ±9.84CDcd	230.83 ±12.32Cd	200.08 ±13.24Dde	271.00 ±24.24DEdef	237.00 ±6.24Fg	246.38±28.38Ee
		2025 杨	255.00 ±11.73Fe	255.42 ±3.15Dd	214.92 ±41.37Ce	199.25 ±34.53De	264.00 ±21.10Ef	234.33 ±15.03Fh	237.15±27.36Ef
	下部	全红杨	312.00 ±19.73Aa	321.17 ±10.68Aa	322.58 ±14.69Aa	297.58 ±12.85Aa	312.38 ±31.30Aa	342.33 ±32.74Aa	318.01±18.31Aa
		中红杨	287.33 ±7.51Dc	299.50 ±12.69Bb	261.83 ±16.89Bc	213.67 ±9.26CDd	299.50 ±11.71Bb	268.00 ±18.00Ee	271.64±30.30Cc
		2025 杨	309.00 ±31.73ABa	274.75 ±16.42Cc	262.75 ±11.03Bc	231.58 ±21.71Cc	310.00 ±9.56ABa	272.33 ±21.53Dd	276.74±29.20Cc
羧化效率 CE /mol·m^{-2}·s^{-1}	上部	全红杨	11.35 ±1.091DEe	35.29 ±5.315BCbc	24.96 ±2.138De	34.62 ±2.553CDcd	22.92 ±2.657Aa	24.47 ±3.066Ff	25.60±11.41Dd
		中红杨	13.89 ±2.536CDcd	48.92 ±4.796Aa	60.30 ±4.471Bb	44.49 ±4.792Bb	15.91 ±1.429Bc	46.17 ±4.245Bb	38.28±20.34Bb
		2025 杨	24.30 ±1.030Aa	46.00 ±2.598ABa	98.96 ±13.327Aa	71.76 ±14.083Aa	22.86 ±2.538Aa	86.49 ±2.135Aa	58.39±30.77Aa
	中部	全红杨	18.80 ±1.526Bb	28.80 ±2.694CDc	14.33 ±5.413Ef	29.20 ±2.245CDde	19.18 ±2.088ABabc	10.55 ±2.794Gg	20.14±7.85Ee
		中红杨	14.66 ±1.400Cc	41.98 ±4.915ABab	48.43 ±2.636Cc	37.56 ±3.647BCbc	17.77 ±1.865ABbc	33.41 ±5.241Dd	32.30±14.01Cc
		2025 杨	23.22 ±3.204Aa	44.13 ±1.887ABa	52.72 ±7.339BCbc	34.66 ±1.450CDcd	20.41 ±3.000ABab	43.11 ±2.222Cc	36.38±13.33BCb
	下部	全红杨	12.48 ±1.093CDde	18.51 ±1.543Dd	13.96 ±3.022Ef	14.36 ±2.290Ef	3.26 ±0.915Ce	6.77 ±0.365Hh	11.56±7.75Ff
		中红杨	9.13 ±1.072Ef	28.26 ±2.603CDc	31.85 ±2.058Dde	24.95 ±1.901De	8.28 ±0.951Cd	24.15 ±1.597Ff	21.10±9.82DEe
		2025 杨	4.81 ±1.139FAg	40.93±4.546ABab	33.01 ±4.259Dd	25.99 ±3.243De	4.08 ±0.093Ce	29.67 ±0.553Ee	23.08±14.50DEde

注：A(a)—G(g)表示不同品种的差异水平，小写字母表示在 $P=0.05$ 水平上差异显著，大写字母表示在 $P=0.01$ 水平上差异极显著，字母相同表示差异不显著。

第5章　金红杨研究

金红杨是继全红杨之后，由中红杨选育出的又一芽变彩叶新品种。2008年5月下旬在河南省虞城县中红杨苗圃基地，发现1株中红杨苗有1处侧枝叶芽为红褐色，该叶芽展幼叶上表面为红色，个别叶片背面呈现艳丽的橘红色。将该枝条的芽进行嫁接，其长出的叶片色彩与中红杨和全红杨有较大差别，更偏重于橘红和金黄色，色泽亮丽如花朵一般。经过6年对该芽变无性系的繁殖研究和生长观察，其叶片叶色表现稳定，生长状态良好，命名为"金红杨"，2014年通过河南省新品种认定，同年申请国家林木新品种保护权，2015年获得批准。

5.1　金红杨、全红杨和中红杨生物特性对比

5.1.1　试验材料与准备

地点河南林业科学研究院红叶杨研发试验地苗圃（虞城），试验材料为金红杨、全红杨和中红杨当年生嫁接苗各30株，2年生苗木各10株。

5.1.2　生理指标与测定方法

于2013年6月14日利用测高杆测量年生长高度（H）、用游标卡尺测量胸径（D），根据测定数据分析金红杨和全红杨的年生长速度。

采集各无性系当年生嫁接苗枝条顶端向下第3～4个叶片，每个品种同部位叶片共采集50片，放入冰桶带回 河南省林木种质资源保护与良种选育重点实验室（郑州），利用美国LI-COR公司生产的LI-3100台式叶面积测定仪测定3个无性系各50片叶的叶面积（cm^2）、长度（cm）、平均宽度（cm），计算取其平均值。

5.1.3　结果与分析

由表5-1可知，金红杨当年生嫁接苗植株高度明显低于全红杨和中红杨，生长速度缓慢，一年同龄株高是全红杨的58.12%～78.50%，是中红杨的43.10%～58.74%，均差异显著。金红杨叶片大小明显大于全红杨，而与中红杨的叶片大小差异不明显。相比较而言，金红杨叶片宽度较长度有明显大于中红杨。金红杨叶片长度、宽度和叶面积均大于全红杨和中红杨，金红杨叶面积分别为全红杨和中红杨的199.43%和102.29%，与全红杨差异极显著。

由表5-2可知，2年生金红杨苗也无论在高度和地径粗度上均极显著小于全红杨和中红杨，可见其生长势较弱。

表 5-1 金红杨、全红杨和中红杨当年生嫁接苗的物理学特性(平均值±标准误)

种类	株高/cm	叶片长度/cm	叶片宽度/cm	叶片面积/cm^2	叶片特性
金红杨	51.60±20.65Bc	18.31±5.19Aa	16.85±2.06Aa	199.47±56.99Aa	发芽—6 月:新发幼叶的上表面和成熟叶片为红色 6 月—10 月:叶片呈现不同的橘红至浅黄色 10 月—落叶:叶片呈现不同的橘红、金黄至黄绿色
全红杨	71.86±11.02Ab	12.97±1.09Bb	10.13±2.08Bb	100.02±13.66Bc	发芽—6 月:深紫红色 6 月—10 月:紫红色 10 月—落叶:橙红色
中红杨	87.11±30.17Aa	18.29±5.16Aa	15.91±2.17Aa	195.01±48.35Ab	发芽—6 月:紫红色 6 月—10 月:暗绿色 10 月—落叶:橙黄色

注:A(a)—C(c)表示不同品种的差异水平,小写字母表示在 $P=0.05$ 水平上差异显著,大写字母表示在 $P=0.01$ 水平上差异极显著,字母相同表示差异不显著。

表 5-2 全红杨、中红杨和 2025 杨 2 年生苗高及地径(平均值±标准误)

种类	平均高/m	平均地径/cm
金红杨	1.06±0.231 Cc	1.49±0.070 Cc
全红杨	1.50±0.132 Bb	1.81±0.105 Bb
中红杨	2.35±0.319 Aa	2.01±0.066 Aa

注:A(a)—C(c)表示不同品种的差异水平,小写字母表示在 $P=0.05$ 水平上差异显著,大写字母表示在 $P=0.01$ 水平上差异极显著,字母相同表示差异不显著。

金红杨在叶色上较全红杨更为丰富并且鲜艳亮丽,在叶片色彩、生长高度等多方面突破了杨树的传统极限,尽管植株生长势较弱,但其叶片大小与中红杨相当,金红杨较大的叶片,使其能够满足植物绿化空间中的色彩构建需求,扩展了杨树品种在城市园林中的应用领域和功能,也是杨树家族中更为难得的彩叶景观树种。

5.2 生长季不同时期金红杨植株梢部、中部叶片色素含量和叶色参数差异

5.2.1 试验设计与准备

在河南林业科学研究院红叶杨研发试验地苗圃(虞城),材料为生长健康、长势一致的金红杨 2 年生嫁接苗,株高约为 1.0 m 左右。2013 年 5 月至 10 月,每月中旬测定一次(根据天气情况可前后调动 1～2 d)。梢部叶片采取顶芽下 1～4 片叶,中部叶片采取枝条顶芽往下第 6～9 片叶,每个部位设 3 个重复,分别共计 9～12 片,样叶冰盒保存带回河南省林业科学研究院重点实验室进行色素含量测定。

5.2.2 生理指标与测定方法

(1)叶色参数:在完全模拟自然的条件下,用便携式日本原装进口柯尼卡美能达色差仪 CR-400 测定叶片明亮度 L^* 值、色相 a^* 值和 b^* 值。每次 10:00 开始,每株按梢部、中部从上到下的顺序,逐株测定叶片的叶色参数值,重复 3 次,取平均值。

L^* 反映颜色的明亮度，当 L^* 值从 0 到 100 时，明亮度逐渐变强，即由黑变白；参数 a^* 值反映红、绿属性的色相，由负值变为正值，表示绿色减弱，红色增强；参数 b^* 值反映黄、蓝属性的色相，由负值变正值时，意味着蓝色逐渐减退，黄色增强。通过测得的色相 a^* 值、b^* 值和明亮度 L^* 值，计算出彩度 C^* 值和色光值，$C^* = (a^{*2} + b^{*2})^{1/2}$，色光值 $= 2000 \cdot a^* / L^* \cdot (a^{*2} + b^{*2})^{1/2}$ (Wang Lian Gs heng, et, 2004; Richardson C, et, 1987)。

(2)叶片色素含量：叶绿素(Chl)、类胡萝卜素(Car)含量测定根据张宪政(1986)的方法；花色素苷(Ant)含量测定根据何奕昆等(1995)、于晓南(2000)的方法。

(3)数据处理：使用 Excel 2007, SPSS 17.0 和 DPS v7.05 软件进行数据处理和统计分析，图中均用“平均值±标准误”表示。

5.2.3 结果与分析

本试验以金红杨为研究对象，比较生长季不同时期金红杨梢部和中部叶片之间叶片色素含量、叶色参数的变化与差异，比较分析金红杨不同时期不同部位叶片的观赏效果及变化差异，主要为金红杨优良性状评定及实际应用提供理论指导。

5.2.3.1 生长季不同时期金红杨梢部、中部叶片色素含量的变化

由图 5-1(a)和表 5-3(见本章末)可知，生长季 5 月至 10 月金红杨中部叶片和全红杨叶片中花色素苷含量变化趋势基本一致，均为逐渐下降后略有升高，而金红杨梢部叶片中花色素苷含量起伏变化比较大，5 月至 6 月略有升高后快速下降至 8 月，然后升高再下降。生长季金红杨梢部叶片花色素苷含量围绕全红杨叶片花色素苷含量水平上上下振动，平均值是其 97.6%，略低于全红杨，差异不显著($P>0.05$)；生长季金红杨中部叶片花色素苷含量平均值是其梢部叶片的 29.9%，是全红杨叶片的 29.1%，极显著低于其梢部和全红杨叶片($P<0.01$)。生长季中，5 月 14 日至 8 月 15 日期间金红杨梢部叶片花色素苷含量与全红杨叶片差异不显著($P>0.05$)，均极显著高于其中部叶片花色素苷含量($P<0.01$)。5 月 14 日金红杨中部和全红杨叶片花色素苷含量最高，分别为 0.821mg·g^{-1} 和 2.551 mg·g^{-1}，此时金红杨梢部与全红杨叶片花色素苷含量比值接近 1.00，金红杨中部是其梢部和全红杨叶片的 32.2%；6 月 14 日金红杨梢部叶片花色素苷含量达到最大值 2.641mg·g^{-1}，是全红杨叶片的 1.099 倍，此时金红杨中部叶片花色素苷含量分别是其梢部和全红杨叶片的 29.4%和 32.3%。9 月 15 日，金红杨梢部、中部和全红杨叶片花色素苷含量分别为1.891 mg·g^{-1}，0.392 mg·g^{-1} 和 1.628 mg·g^{-1}，金红杨梢部叶片花色素苷含量是全红杨叶片的 1.62，高出幅度最大，金红杨梢部、中部和全红杨叶片花色素苷含量均差异极显著($P<0.01$)；10 月 15 日，金红杨梢部、中部和全红杨叶片花色素苷含量分别为 1.230 mg·g^{-1}，0.566 mg·g^{-1} 和 1.638 mg·g^{-1}，金红杨梢部叶片花色素苷含量振荡下降，是全红杨叶片的 75.1%，金红杨梢部、中部和全红杨叶片花色素苷含量均差异极显著($P<0.01$)。

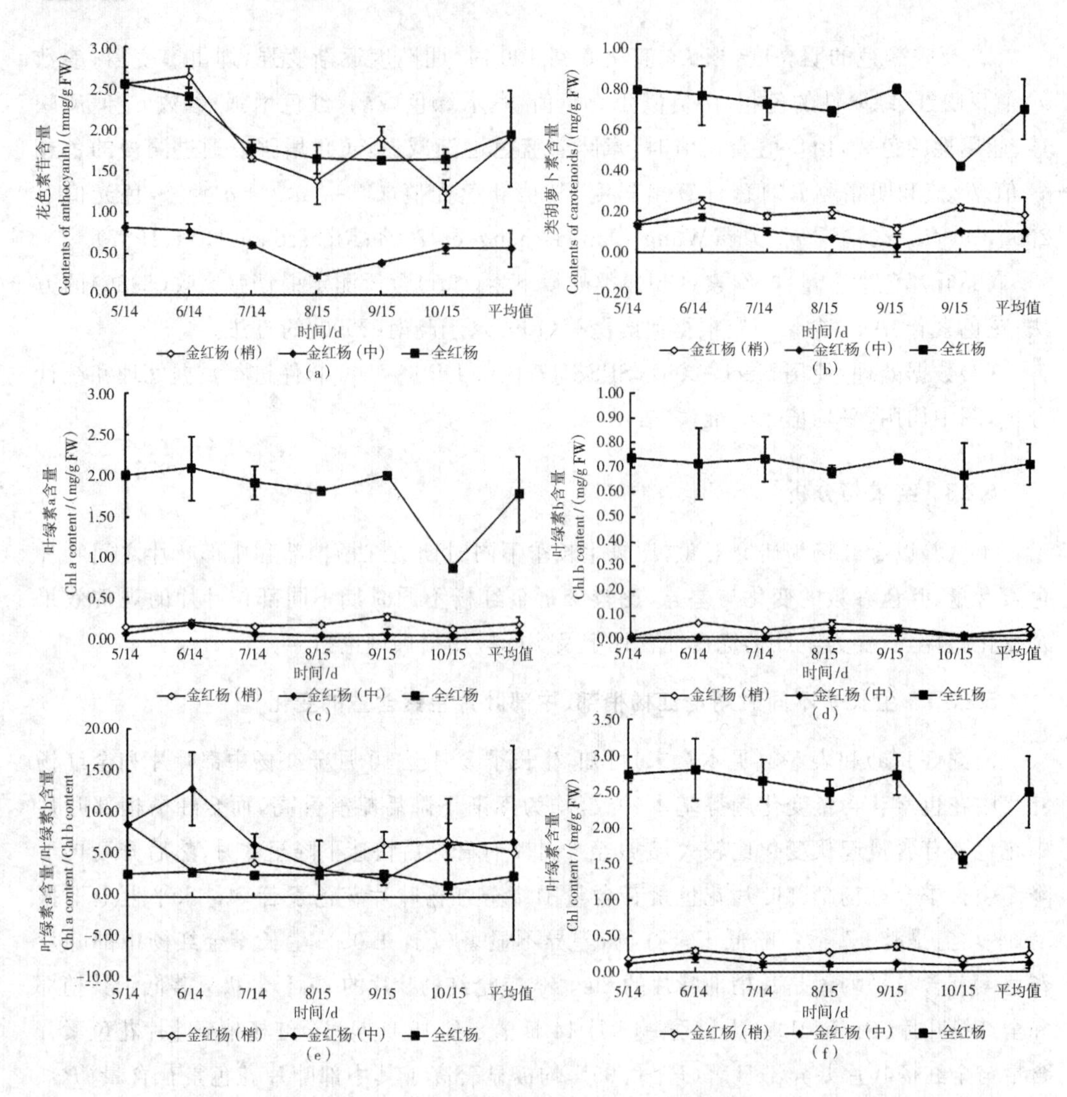

图 5-1 生长季不同时期金红杨梢部、中部叶片与全红杨叶片色素含量的变化(平均值±标准误)

由图 5-1(b)和表 5-3 可知，生长季 5 月至 10 月金红杨梢部和中部叶片类胡萝卜素含量变化趋势基本一致，均为 5 月至 6 月略有升高后逐渐下降，9 月至 10 月又略有升高，而全红杨叶片中类胡萝卜素含量逐渐下降后在 9 月有所升高，然后急速下降。生长季金红杨梢部、中部叶片类胡萝卜素含量明显低于 全红杨叶片，平均值分别是其 26.3%和 14.7%，差异极显著($P<0.01$)，金红杨梢部叶片类胡萝卜含量平均值高于其中部叶片，是其 1.80 倍，差异显著($P<0.05$)。生长季中，5 月 14 日至 7 月 14 日期间，金红杨梢部、中部叶片类胡萝卜含量差异不显著($P>0.05$)，均极显著低于“全红杨”类胡萝卜素含量($P<0.01$)。6 月 14 日金红杨梢部、中部叶片类胡萝卜素含量最高，分别为 0.241 $mg \cdot g^{-1}$ 和 0.171 $mg \cdot g^{-1}$，全红杨叶片类胡萝卜素含量为0.756 $mg \cdot g^{-1}$，金红杨梢部、中部叶片分别是全红杨叶片的 31.9%和 22.6%。8 月 15 日至 10 月 15 日期间，金红杨中部叶片类胡萝卜素含量下降幅度大于梢部叶片，差异变大，极显著水平($P<0.01$)，均仍极显著低于全红杨类

胡萝卜素含量($P<0.01$)。10 月 15 日,全红杨叶片类胡萝卜素含量大幅下降,金红杨梢部和中部叶片类胡萝卜素含量则有所升高,与全红杨差异幅度均最小,金红杨梢部、中部和全红杨叶片类胡萝卜素含量分别为 0.218 mg·g^{-1}、0.103 mg·g^{-1} 和 0.416 mg·g^{-1},此时金红杨梢部、中部叶片类胡萝卜素含量分别是全红杨叶片的 52.5%和 24.7%,差异仍极显著($P<0.01$)。

由图 5-1(c)和表 5-3 可知,生长季 5 月至 10 月金红杨梢部、中部叶片叶绿素 a 含量为先升高后降低,变化幅度较小,而全红杨叶片叶绿素 a 含量变化趋势同类胡萝卜素含量非常相似,为逐渐下降后在 9 月有所升高,然后急速下降。整个生长季金红杨梢部、中部叶片叶绿素 a 含量明显低于 全红杨叶片,平均值分别为 0.207 mg·g^{-1}、0.102 mg·g^{-1} 和 1.794 mg·g^{-1},金红杨梢部和中部叶片叶绿素 a 含量分别是全红杨叶片的 11.5%和 5.7%,差异极显著($P<0.01$),金红杨梢部和中部叶片差异不显著($P>0.05$)。生长季中,5 月 14 日至 7 月 14 日期间,金红杨梢部、中部叶片叶绿素 a 含量差异不显著($P>0.05$),均极显著低于全红杨叶片叶绿素 a 含量($P<0.01$)。8 月 15 日至 10 月 15 日期间,金红杨中部叶片叶绿素 a 含量下降幅度大于梢部叶片,差异显著($P<0.05$),仍均极显著低于全红杨叶绿素 a 含量($P<0.01$)。金红杨梢部叶片叶绿素 a 含量最高值出现在 9 月 15 日为 0.302 mg·g^{-1},中部叶片和全红杨叶绿素 a 含量最高值出现在 6 月 14 日,分别为 0.198 mg·g^{-1} 和 2.101 mg·g^{-1}。10 月 15 日,全红杨叶片叶绿素 a 含量大幅下降,与金红杨叶片差异幅度变小,此时金红杨梢部、中部和全红杨叶片类胡萝卜素含量分别为 0.155 mg·g^{-1},0.072 mg·g^{-1} 和 0.887 mg·g^{-1},之间差异均极显著($P<0.01$),金红杨梢部、中部叶片叶绿素 a 含量分别是全红杨叶片的 17.4%和 8.1%。

由图 5-1(d)和表 5-3 可知,生长季 5 月至 10 月金红杨梢部、中部和全红杨叶片叶绿素 b 含量变化幅度也较小。整个生长季金红杨梢部、中部叶片叶绿素 b 含量明显低于全红杨叶片,叶片叶绿素 b 含量平均值分别是 0.047 mg·g^{-1},0.024 mg·g^{-1} 和 0.713 mg·g^{-1}。金红杨梢部和中部叶片叶绿素 b 含量分别是全红杨叶片的 6.6%和 3.3%,差异极显著($P<0.01$),金红杨梢部和中部叶片差异不显著($P>0.05$)。生长季中,除 8 月 15 日金红杨梢部、中部叶片叶绿素 a 含量差异显著($P<0.05$)外,其余时间均差异不显著($P>0.05$),但均始终极显著低于全红杨叶片叶绿素 b 含量($P<0.01$)。金红杨梢部、中部叶片和全红杨叶片叶绿素 b 含量最高值分别出现在 6 月 14 日、9 月15 日和 7 月 14 日,为 0.074 mg·g^{-1}、0.041 mg·g^{-1} 和 0.736 mg·g^{-1}。

由图 5-1(e)和表 5-3 可见,生长季 5 月至 10 月金红杨梢部、中部和全红杨叶片叶绿素 a/b 值的变化各不相同。金红杨梢部先下降后升高;中部为 6 月 14 日升高后逐渐下降,10 月 15 日再升高;而全红杨则相对,至 10 月 15 日有所下降。整个生长季金红杨梢部、中部叶片叶绿素 a/b 值明显高于 全红杨叶片,叶片叶绿素 a/b 值平均值分别是 5.305,6.590 和 2.511,金红杨梢部和中部叶片叶绿素 a/b 值分别是全红杨叶片的 1.242 和 2.113 倍,差异极显著($P<0.01$),金红杨梢部和中部叶片差异显著($P<0.05$),说明金红杨叶片中含有相对较高的叶绿素 a,中部叶片也明显高于梢部叶片。生长季中,3 种

叶片叶绿素 a/b 值差异变化较大，5 月 14 日金红杨梢、中部叶片极显著高于全红杨叶片（$P<0.01$）；6 月 14 日至 7 月 14 日，金红杨中部叶片极显著高于梢部和全红杨（$P<0.01$）；9 月 15 日金红杨梢部叶片极显著高于中部和全红杨（$P<0.01$）；8 月 15 日和 10 月 15 日，3 种叶片间叶绿素 a/b 值差异不显著（$P>0.05$）。金红杨梢部叶片叶绿素 a/b 值出现在 5 月 14 日为 8.737，中部叶片和全红杨最高值出现在 6 月 14 日，分别为 12.987 和 2.941 $mg \cdot g^{-1}$。

由图 5-1(f)和表 5-3 可知，总叶绿素含量是叶绿素 a 和叶绿素 b 相加之和，由于生长季金红杨梢部、中部叶片叶绿素 a 含量均远远高于叶绿素 b，因此 5 月至 10 月金红杨和全红杨叶片叶绿素变化与叶绿素 a 变化趋势基本一致。金红杨梢部、中部叶片叶绿素含量为先升高后降低，变化幅度较小，而全红杨叶片叶绿素含量为逐渐下降后在 9 月有所升高，然后急速下降。整个生长季金红杨梢部、中部叶片叶绿素含量明显低于 全红杨叶片，平均值分别为 0.255 $mg \cdot g^{-1}$，0.125 $mg \cdot g^{-1}$ 和 2.507 $mg \cdot g^{-1}$，金红杨梢部和中部叶片叶绿素含量分别是全红杨叶片的 10.2%和 5.0%，差异极显著（$P<0.01$），金红杨梢部和中部叶片差异不显著（$P>0.05$）。生长季中，5 月 14 日至7 月14 日及 10 月 15 日，金红杨梢部、中部叶片叶绿素含量差异不显著（$P>0.05$），均极显著低于全红杨叶片叶绿素含量（$P<0.01$）。8 月 15 日至 9 月 15 日期间，金红杨中部叶片叶绿素含量下降幅度大于梢部叶片，差异极显著（$P<0.01$），仍均极显著低于全红杨叶绿素含量（$P<0.01$）。金红杨梢部叶片叶绿素含量最高值出现在 9 月 15 日为0.353 $mg \cdot g^{-1}$，中部叶片和全红杨叶绿素含量最高值出现在 6 月 14 日，分别为 0.204 $mg \cdot g^{-1}$ 和 2.818 $mg \cdot g^{-1}$。10 月 15 日，全红杨叶片叶绿素含量大幅下降，与金红杨叶片差异幅度变小，此时金红杨梢部、中部和全红杨叶片类胡萝卜素含量分别为 0.179 $mg \cdot g^{-1}$，0.091 $mg \cdot g^{-1}$ 和 1.556 $mg \cdot g^{-1}$，金红杨梢部、中部叶片叶绿素含量分别是全红杨叶片的 11.5%和 5.8%。

5.2.3.2 生长季不同时期金红杨梢部和中部叶片叶色参数的变化

由图 5-2 和表 5-4（见本章末）可知，生长季不同时期金红杨梢部、中部叶片和全红杨叶片叶色参数 a^* 值均始终为正值，叶片红、绿色相均在红色色度内。金红杨梢部叶片叶色参数 a^* 值呈 N 字形变化，中部和全红杨均呈 V 字形变化。整个生长季金红杨梢部、中部叶色参数 a^* 值明显高于全红杨叶片，三者平均值分别为 20.64、13.69 和 4.477，金红杨梢部、中部叶片叶色参数 a^* 值平均值分别是全红杨叶片的 4.611 倍、3.058 倍，梢部是中部的 1.508 倍，叶色参数 a^* 值平均间均差异极显著（$P<0.01$）。生长季中，3 种叶片叶色参数 a^* 值始终为：a^* 全红杨＜a^* 金红杨中＜a^* 金红杨梢，除 8 月 15 日至 9 月 15 日，金红杨梢部与中部叶片叶色参数 a^* 值差异不显著（$P>0.05$）或显著（$P<0.05$）水平，其他时间均极显著高于中部叶片（$P<0.01$），二者均极显著高于全红杨叶片。金红杨梢部、中部叶片叶色参数 a^* 值最大值均出现在10 月15 日，分别为 26.87 和 19.04，此时是全红杨叶片的 5.970 倍和 4.231 倍，高出幅度最大；全红杨叶色参数 a^* 值在 5 月 14 日为最大值 5.440。金红杨梢部、中部叶片和全红杨叶片叶色参数 a^* 值均在 8 月 15 日达到最低

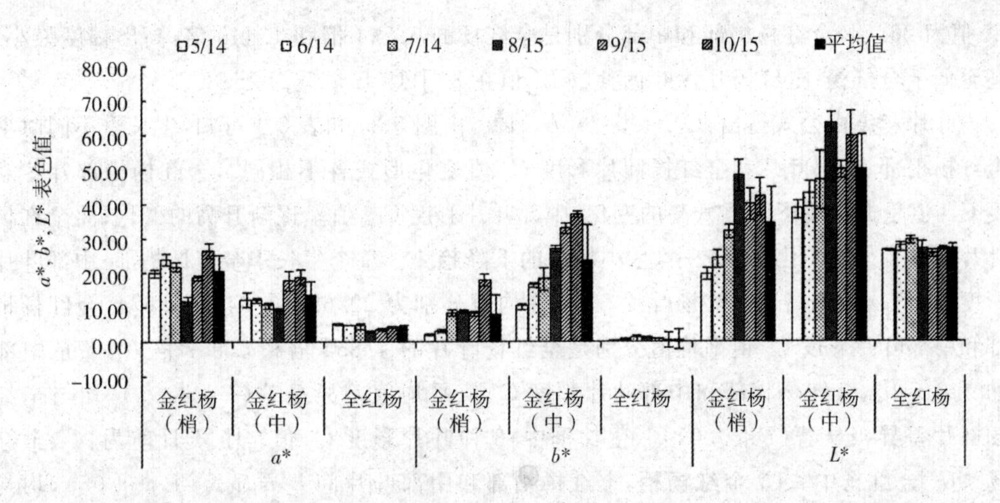

图 5-2　生长季不同时期金红杨梢部、中部叶片与全红杨叶色参数 a^*、b^* 和 L^* 值的变化（平均值±标准误）

值，分别为 11.99、9.75 和 3.297，金红杨梢部和中部分别是全红杨的 3.636 倍和 2.956 倍。

生长季不同时期金红杨梢部、中部叶片和全红杨叶片叶色参数 b^* 值均也始终为正值，意味着叶片黄、蓝色相均在黄色色度内。金红杨梢部和中部叶片叶色参数 b^* 值呈逐渐升高的变化趋势，而全红杨则呈先升高后下降的变化。整个生长季金红杨梢部、中部叶色参数 b^* 值明显高于全红杨叶片，三者平均值分别为 8.24、23.82 和 0.971，金红杨梢部、中部叶片叶色参数 b^* 值平均值分别是全红杨叶片的 8.484 倍、24.529 倍，梢部是中部的 34.6%，叶色参数 b^* 值间均差异极显著（$P<0.01$）。生长季中，3 种叶片叶色参数 b^* 值始终为：b^* 全红杨 $<b^*$ 金红杨梢 $<b^*$ 金红杨中，金红杨梢部叶片叶色参数 b^* 值始终极显著低于中部叶片（$P<0.01$），二者均极显著高于全红杨叶片。金红杨梢部、中部叶片叶色参数 b^* 值最大值均出现在 10 月 15 日，分别为 18.17 和 37.31，此时是全红杨叶片的 23.694 倍和 48.648 倍，高出幅度最大；全红杨叶色参数 a^* 值在 8 月 15 日为最大值 1.360。金红杨梢部、中部叶片和全红杨叶片叶色参数 b^* 值均在 5 月 14 日为最低值，分别为 2.18、10.36 和 0.243，金红杨梢部和中部分别是全红杨的 8.971 倍和 42.620 倍。

生长季不同时期金红杨梢部、中部叶片和全红杨叶片叶色参数 L^* 值均为逐渐升高后振荡下降的变化趋势。整个生长季金红杨梢部、中部叶色参数 L^* 值明显高于全红杨叶片，三者平均值分别为 34.56、50.50 和 27.39，金红杨梢部和中部叶片叶色参数 L^* 值平均值分别是全红杨叶片的 1.262 倍和 1.844 倍，梢部是中部的 68.4%，叶色参数 L^* 值间均差异极显著（$P<0.01$）。生长季中，3 种叶片叶色参数 L^* 值始终为：L^* 全红杨 $<L^*$ 金红杨梢 $<L^*$ 金红杨中，金红杨梢部叶片叶色参数 L^* 值始终极显著低于中部叶片（$P<0.01$），二者均极显著高于全红杨叶片。金红杨梢部、中部叶片叶色参数 L^* 值最大值均出现在 8 月 15 日，分别为 48.38 和 63.90，此时是全红杨叶片的 1.795 倍和 2.371 倍，高出幅度最大；全红杨叶色参数 L^* 值在 7 月 14 日为最大值 29.63。金红杨梢部、中部叶片叶色参数 L^* 值在 5 月 14 日为最低值，分别为 19.19、38.66 此时全红杨叶片叶色参数

L^* 值为 26.74，金红杨梢部和中部分别是全红杨的 0.744 倍和 1.446 倍，高出幅度最小，甚至低于全红杨；全红杨叶片叶色参数 L^* 值在 8 月 15 日最低为 25.80。

叶片彩度由公式得出：$C^* = (a^{*2} + b^{*2})^{1/2}$，由图 5-3a 和表 5-4 可知，生长季不同时期金红杨梢部、中部叶片和全红杨叶片彩度 C^* 值变化形式各不相同。金红杨梢部叶片彩度 C^* 值呈升高后下降再升高的变化；中部叶片彩度 C^* 值呈逐渐升高的变化；而全红杨叶片彩度 C^* 值变化幅度较小，呈小幅度的下降趋势。整个生长季金红杨梢部、中部叶片彩度 C^* 值均明显高于全红杨叶片，三者平均值分别为 22.69、27.84 和 4.674，金红杨梢部和中部叶片彩度 C^* 值平均值分别是全红杨叶片的 4.854 倍和 5.957 倍，梢部是中部的 0.815 倍，金红杨梢部和中部叶片彩度 C^* 值平均值差异显著（$P<0.05$），均与全红杨叶片差异极显著（$P<0.01$）。生长季中，3 种叶片彩度 C^* 值7 月14 日前为：C^* 全红杨＜C^* 金红杨中＜C^* 金红杨梢，金红杨梢部和中部叶片间差异显著（$P<0.05$），均与全红杨差异极显著（$P<0.01$）；之后变为：C^* 全红杨＜C^* 金红杨梢＜C^* 金红杨中，金红杨梢部和中部叶片间差异极显著（$P<0.01$），均与全红杨差异极显著（$P<0.01$）。金红杨梢部、中部叶片彩度 C^* 值最大值均出现在 10 月 15 日，分别为 32.46 和 41.92，此时是全红杨叶片的 6.674 倍和 8.620 倍，金红杨梢部叶片彩度 C^* 值高出全红杨幅度最大；全红杨叶片彩度 C^* 值在 5 月 14 日为最大值 5.464，而此时金红杨梢部、中部叶片彩度 C^* 值均为最小值 20.27、16.13，分别是全红杨叶片的 3.709 倍和 2.952 倍，高出幅度最小。9 月 15 日全红杨叶片彩度 C^* 值降为最低值 25.80，此时金红杨中部叶片彩度 C^* 值高出全红杨的幅度最大，是全红杨叶片的 9.526 倍。

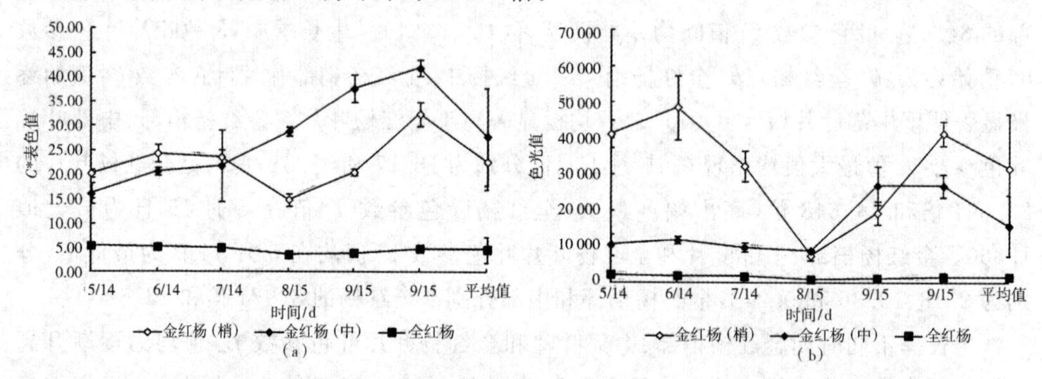

图 5-3　生长季不同时期金红杨梢部、中部叶片与全红杨叶色参数 C^* 值和色光值的不同（平均值±标准误）

叶片色光值由公式得出：色光值＝2000·a^*/L^*·$(a^{*2} + b^{*2})^{1/2}$，由图 5-3(b)和表 5-4 可知，生长季不同时期金红杨梢部、中部叶片和全红杨叶片色光值变化形式也各不相同。金红杨梢部叶片色光值呈先升高后快速下降再快速升高的变化；中部叶片色光值呈振荡升高的变化，8 月 15 日前升降幅度较小，之后快速升高 10 月 15 日略有下降；全红杨叶片色光值相对较小，呈小幅度的下降后又小幅升高的变化趋势。整个生长季金红杨梢部、中部叶片色光值均明显高于全红杨叶片，三者平均值分别为 31 696.9，15 758.4 和 1 567.01，金红杨梢部和中部叶片色光值平均值分别是全红杨叶片的 20.228 倍和 10.056

倍，梢部是中部的2.011倍，金红杨梢部和中部叶片和全红杨叶片色光值平均值均差异极显著($P<0.01$)。生长季中，除8月15日和9月15日色光值为：C^*全红杨<C^*金红杨梢<C^*金红杨中，金红杨梢部和中部叶片间差异不显著($P>0.05$)，均与全红杨差异极显著($P<0.01$)；其余时间均为：C^*全红杨<C^*金红杨中<C^*金红杨梢，金红杨梢部和中部叶片间差异极显著($P<0.01$)，均与全红杨差异极显著($P<0.01$)。金红杨梢部、中部和全红杨叶片色光值最大值分别出现在6月14日、9月15日和5月14日，分别为48 558.80、26 970.12和2 227.98。6月14日金红杨梢部叶片色光值是其中部和全红杨叶片的4.143倍和25.586倍，高出幅度均较大，9月15日金红杨中部叶片色光值高出全红杨叶片幅度最大，为其23.099倍。8月15日金红杨梢部、中部叶片和全红杨叶片色光值均降为最小值，分别为7 466.68、8 811.61和876.18，金红杨梢部和中部叶片色光值极速下降，此时分别是全红杨叶片的8.522倍和10.057倍，相差幅度最小。

5.2.3.3 不同时期金红杨梢部、中部叶片和全红杨叶片色素组成比例及叶色的变化

生长季不同时期金红杨梢部、中部叶片和全红杨叶片色素比例及相关叶色参数值见表5-5。5月14日至6月14日，金红杨梢部叶片中花色素苷所占色素比例均高于83%，叶绿素a所占比例小于8%，色相a^*值大于20，色相b^*值小于3.3，此时叶片色彩呈鲜艳的红色和亮红色；7月14日至9月15日，金红杨梢部叶片中花色素苷比例下降，叶绿素a所占色素比例增加，叶片色相a^*值明显下降，色相b^*值升高到8以上，此时叶片色彩变得更加丰富，呈现为不同的红色、橙红、橘红、黄色等；10月15日，金红杨梢部叶片花色素苷和叶绿素a所占色素比例均有所下降，而类胡萝卜素所占色素比例有所升高，超过13%，叶片色相a^*值升高至26.87，色相b^*值继续升高至18.17，此时叶片呈现为橘红色和金黄色。比较分析，金红杨中部叶片花色素苷所占比例明显低于梢部叶片，叶绿素含量所占色素比例则高于梢部叶片，其色相a^*值小于梢部叶片，色相b^*值大于梢部叶片。各个叶片变化情况也较梢部叶片复杂，变色时间及规律不明显，因此很难测定金红杨中部叶片不同月份的主打色彩，不同叶片常常以不同色彩呈现。金红杨中部叶片各色素所占色素比例基本稳定，花色素苷所占色素比例在55%～78%之间，比例虽然低于其梢部叶片，但明显高于全红杨叶片。生长季金红杨中部叶片色相a^*值逐渐下降，色相b^*值则逐渐升高，叶片色彩基本是从橙色系动态向黄色系过渡。金红杨梢部和中部叶片明亮度L^*值、彩度C^*值及色光值均基本明显高于全红杨说明其叶片亮度更高，彩度和色光度较全红杨更丰富，其中部叶片此特点更加突出。

表5-5 2013年生长季不同时期金红杨梢部、中部叶片和全红杨叶片色素比例(%)及叶色参数的变化

日期	种类(部位)	TA:Chla:Chlb:Car /%	色相 a^*	色相 b^*	明亮度 L^*	彩度 C^*	色光值	叶片颜色
5-14	金(梢)	88.3:6.0:0.7:4.9	20.15	2.18	19.90(弱)	20.27	41115.22	红色
	金(中)	77.4:9.1:1.1:12.3	12.34	10.36	38.66(强)	16.13	10439.37	橙红
	全红杨	41.9:33.1:12.1:12.9	5.44	0.24	26.74(较弱)	5.46	2227.98	深紫红色

续表

日期	种类(部位)	TA:Chla:Chlb:Car /%	色相 a^*	色相 b^*	明亮度 L*	彩度 C^*	色光值	叶片颜色
6-14	金(梢)	83.0:7.1:2.3:7.6	24.13	3.26	24.37(较强)	24.35	48558.80	红色、亮红
	金(中)	66.9:17.1:1.3:14.8	12.22	16.66	43.17(强)	20.66	11721.30	橙红、橘红
	全红杨	40.2:35.2:12.0:12.7	5.10	0.97	27.93(较强)	5.19	1897.88	深紫红色
7-14	金(梢)	80.5:8.7:2.2:8.6	22.00	8.54	32.25(强)	23.60	32306.06	橙红、橘红、黄色
	金(中)	74.1:11.6:1.9:12.4	10.84	18.30	47.23(强)	21.78	9753.37	橘红、黄色、浅黄
	全红杨	34.4:37.4:14.3:13.9	4.75	1.32	29.63(强)	5.00	1630.39	紫红色
8-15	金(梢)	74.6:11.1:3.8:10.5	11.99	8.91	48.38(强)	14.94	7466.68	橙红、橘红、黄色
	金(中)	55.8:17.4:9.7:17.0	9.75	27.17	63.90(亮)	28.87	8811.61	橘红、黄色、浅黄、黄绿
	全红杨	34.0:37.7:14.2:14.1	3.30	1.36	26.95(较弱)	3.57	876.18	紫红色
9-15	金(梢)	80.1:12.8:2.1:4.9	18.73	8.37	40.13(强)	20.51	19388.28	橙红、橘红、金黄
	金(中)	72.1:14.7:7.5:5.7	17.95	33.11	50.29(亮)	37.69	26970.12	浅黄、黄色、黄绿
	全红杨	31.6:39.0:14.2:15.2	3.78	1.17	25.80(弱)	3.96	1167.60	紫红色
10-15	金(梢)	75.6:9.5:1.5:13.4	26.87	18.17	42.30(强)	32.46	41346.59	橘红、金黄
	金(中)	74.5:9.5:2.5:13.5	19.04	37.31	59.73(亮)	41.92	26854.50	黄色、浅黄、黄绿
	全红杨	45.4:24.6:18.5:11.5	4.50	0.77	27.27(较强)	4.86	1602.02	橙红色

5.2.4 讨论

彩叶植物的叶色表现是遗传因素和外部环境共同作用的结果，彩叶植物呈现彩色的直接原因就是叶片中的色素种类和比例发生了变化，它与叶片细胞内色素的种类、含量以及在叶片中的分布有关(何亦昆等，1995；安田齐，1989)，研究表明，多种彩叶植物如变叶木的斑斓叶色和四季橘花斑叶片都是光合色素(叶绿素 a，b 和类胡萝卜素)和非光合色素(花色素苷)的比例变化的结果(姜卫兵，2005；Singh S，1988)。其中，花色素苷和其他类黄酮类色素是植物体内的一类次生代谢物质，在细胞质和内质网膜内合成运输到液泡，以糖苷的形式存在，具有吸光性而表现出粉色、紫色、红色及蓝色等(于晓南等，2002)。全红杨叶片全年呈现深紫红色或紫红色、橙红色的直接原因是同时含有较多的光合色素叶绿素 a 和非光合色素花色素苷，花色素苷含量的增多也是导致全红杨红色层次不同的重要原因，这不同于那些因为叶绿素合成较少或大量分解而在春季或秋季时间呈现红色的植物(杨淑红等，2012；2013)。生长季金红杨梢部叶片花色素苷含量围绕全红杨叶片花色素苷含量水平上上下振动，二者平均值分别为 $1.892\ mg \cdot g^{-1}$ 和 $1.940\ mg \cdot g^{-1}$，金红杨梢部叶片花色素苷含量是全红杨叶片的 97.6%，之间差异不显著($P>0.05$)，金红杨中部叶片花色素苷含量平均值是其梢部叶片的 29.9%，是全红杨的 29.1%，极显著低于其梢部和全红杨叶片($P<0.01$)。秋季金红杨中部叶片花色素苷有明显的积累，但其梢部叶片却出现明显下降，可能由于梢部叶片本身含有较高的花色素苷，气温的下降对合成和积累花色素苷的影响不及其机体自身花色素苷合成能力的变化，而在花色素苷

含量相对较低的中部叶片中有明显的花色素苷积累现象。金红杨梢部和中部叶片叶色变化丰富,梢部叶片呈现红色、橙红、橘红、黄色、金黄色等,中部叶片呈现橙红、橘红、黄色、浅黄、黄绿色等多种变化。由于类胡萝卜素可使叶片呈现黄色,从测得的结果来看,金红杨梢部、中部叶片中类胡萝卜素均极显著低于全红杨叶片($P<0.01$),推测金红杨梢部叶片的呈色主要还是受花色素苷的主导影响,花色素苷含量的振荡,是其叶色变化丰富的主要原因。而类胡萝卜主要还是起着限制其光合能力的作用;而在中部叶片中类胡萝卜素含量占色素含量比例明显增加,对叶片呈现的黄色系有相对多一些的作用。

整个生长季金红杨梢部、中部叶片光合色素叶绿素 a、叶绿素 b 和类胡萝卜素含量均极极显著低于 全红杨叶片($P<0.01$),金红杨梢部和中部叶片差异不显著($P>0.05$)。金红杨梢部和中部叶片叶绿素 a 含量平均值分别是全红杨叶片的 11.5%和 5.7%,叶绿素 b 含量分别是全红杨叶片的 6.6%和 3.3%,类胡萝卜素平均值分别是全红杨叶片的 26.3%和 14.7%,这与金红杨植株的生长势有着直接的关系,导致金红杨植株生长较慢,植株相对比全红杨更加矮小。金红杨叶绿素 a/b 值略高于全红杨,叶绿素 a 的功能主要是将汇聚的光能转变为化学能进行光化学反应,而叶绿素 b 则主要是收集光能,说明金红杨叶片在收集光能的能力已经明显减弱,这可能与其叶色对光合有效光红光和蓝光吸收产生影响有关。

生长季不同时期金红杨梢部、中部叶片和全红杨叶片叶色参数 a^* 值和 b^* 值均也始终为正值,叶片红、绿色相均在红色色度内,黄、蓝色相均在黄色色度内。叶色参数 a^* 值始终为:a^* 全红杨<a^* 金红杨中部<a^* 金红杨梢部,叶色参数 b^* 值始终为:b^* 全红杨<b^* 金红杨梢部<b^* 金红杨中部,均极显著高于全红杨叶片($P<0.01$),金红杨梢部、中部叶片叶色参数 a^* 值平均值分别是全红杨叶片的 4.611 倍、3.058 倍,梢部是中部的 1.508 倍;b^* 值平均值分别是全红杨叶片的 8.484 倍、24.529 倍,梢部是中部的 34.6%。金红杨梢部叶片红色色相水平高于中部叶片,而黄色色相水平低于中部叶片,说明梢部叶片偏红色系,中部叶片偏向于黄色系。生长季不同时期金红杨梢部、中部叶片和全红杨叶片叶色参数 L^* 值始终为:L^* 全红杨<L^* 金红杨梢部<L^* 金红杨中部,均差异极显著($P<0.01$),金红杨梢部和中部叶片叶色参数 L^* 值平均值分别是全红杨叶片的 1.262 倍和 1.844 倍,梢部是中部的 68.4%,较全红杨叶片亮度层次多。彩度 C^* 值表示叶片彩度,C^* 值越大,叶片彩度越深,全红杨叶色参数 b^* 值相对较小,因此全红杨彩度 C^* 值大小主要是色相 a^* 值决定。而金红杨梢部、中部叶片彩度 C^* 值由叶色参数 a^* 值和 b^* 值的多少共同决定,明显高于 a^* 值或 b^* 值的绝对值,也明显高于全红杨叶片,差异始终为极显著水平($P<0.01$),并且每月测定样品的标准误值也明显高于全红杨,叶片红、黄色相月变化和当日差异均十分明显、特异,使叶片色光值差异显著,叶片呈现红色、橘红、金黄、黄绿等多种色彩,叶片无论从色彩和亮度的层次、丰富度上均比全红杨观赏性更佳。

生长季不同时期金红杨梢部、中部叶片和全红杨叶片色素比例中可知,5 月 14 日至 6 月 14 日,金红杨梢部叶片中花色素苷所占色素比例高于 83%,叶片呈现红色;随后金红杨梢部叶片中花色素苷比例有所下降,叶绿素 a 所占色素比例增加,叶片色相 a^* 值也随之下降，b^* 值升高，此时叶片色彩变得更加丰富，差异较大，呈现为不同的红色、橙红、橘红、黄色等；10 月 15 日，金红杨梢部叶片花色素苷和叶绿素 a 比例下降，而类胡萝卜素占色素比例超过 13%，叶片色相 a^* 值、b^* 值分别升高至 26.87、18.17，此时叶片呈现为橘红色和金黄色。整个生长季，金红杨中部叶片花色素苷所占色素比例明显低于梢部叶片，叶绿素含量所占色素比例高于梢部叶片，其色相 a^* 值小于梢部叶片，色相 b^* 值大于梢部叶片，各个叶片变化情况比梢部叶片复杂，变色时间及规律不明显，因此很难测定金红杨中部叶片不同月份的主打色彩，不同叶片常常以不同色彩呈现。金红杨中部叶片各色素所占比例基本稳定，花色素苷所占色素比例略低于其梢部叶片，但明显高于全红杨叶片，色相 a^* 值逐渐下降，色相 b^* 值则逐渐升高，叶片色彩基本是从橙色系动态向黄色系过渡。金红杨梢部和中部叶片明亮度 L^* 值、彩度 C^* 值及色光值也基本明显高于全红杨叶片，说明其叶片亮度更高，彩度和色光度也较全红杨更丰富，其中部叶片此特点更加突出。

总体来看，随着时间的变化，金红杨叶片花色素苷含量在色素中始终占有较高的比例，同时较高的色相 a^* 值和色相 b^* 值证实了叶片偏向红色与黄色色系的特征，整株叶片从梢部红色向中部黄色逐渐过渡，下部砧木中红杨的绿色叶片使其梢部、中部叶片表现得犹如花朵一样鲜艳亮丽、多层次的色彩。

5.3 生长季不同时期金红杨植株梢部、中部和全红杨、中红杨、2025 杨叶片光合特性研究

5.3.1 试验设计与准备

时间 2013 年，地点河南林业科学研究院红叶杨研发试验地苗圃（虞城），材料为生长健康、长势一致的金红杨、全红杨、中红杨和 2025 杨当年生嫁接苗。5—10 月，每月中旬测定一次（可根据天气情况可前后调动 1～3 d）。分别于 5 月 14 日、6 月 14 日、7 月 14 日、8 月 15 日、9 月 15 日和 10 月 15 日进行测定，均为晴天。6 月、8 月、10 月测定时间为 8:00，10:00，12:00，14:00，16:00，5 月和 10 月测定时间为 10:00。

5.3.2 生理指标与测定方法

水分利用效率用净光合速率与蒸腾速率之比计算（$WUE = Pn/Tr$），羧化效率（CE）为 Pn 与 Ci 之比（$CE=Pn/Ci$）。数据处理：使用 Excel 2007 和 SPSS 17.0 软件进行数据处理和统计分析，图中均用“平均值±标准误”表示。

5.3.3 结果与分析

本试验以金红杨为研究对象，比较生长季不同时期金红杨植株枝条梢部和中部叶片之间及其与全红杨、中红杨和 2025 杨叶片光合特性的变化差异，为金红杨优良性状评定及实际应用提供理论指导。

5.2.3.1　光合特性日变化

1.6 月 14 日光合特性日变化

由图 5-4(a)及表 5-6(见本章末)可知,6 月 14 日金红杨梢部、中部叶片和全红杨、中红杨、2025 杨叶片净光合速率(*Pn*)日变化基本相同,均大致为先升高后逐渐降低。达到峰值的时间有所不同,金红杨梢部叶片 *Pn* 同中红杨叶片一样均在 12:00 达到最高值,分别为 2.49 $\mu mol \cdot m^{-2} \cdot s^{-1}$,16.366 $\mu mol \cdot m^{-2} \cdot s^{-1}$;金红杨中部叶片 *Pn* 同全红杨和 2025 杨叶片在 10:00 达到最高值,分别为 6.219 $\mu mol \cdot m^{-2} \cdot s^{-1}$,10.215 $\mu mol \cdot m^{-2} \cdot s^{-1}$ 和 19.019 $\mu mol \cdot m^{-2} \cdot s^{-1}$;除金红杨梢部叶片 *Pn* 在 8:00 达到最低值 0.690 $\mu mol \cdot m^{-2} \cdot s^{-1}$,其中部叶片和全红杨、中红杨、2025 杨叶片 *Pn* 在 16:00 达到最低值,分别为 2.082 $\mu mol \cdot m^{-2} \cdot s^{-1}$ 和 5.529 $\mu mol \cdot m^{-2} \cdot s^{-1}$、9.114 $\mu mol \cdot m^{-2} \cdot s^{-1}$,12.020 $\mu mol \cdot m^{-2} \cdot s^{-1}$。分析表明,各品种叶片净光合速率平均值从高到低依次为:2025 杨——中红杨——全红杨——金红杨中部——金红杨梢部,金红杨梢部叶片净光合速率 *Pn* 平均值最低,为 1.185 $\mu mol \cdot m^{-2} \cdot s^{-1}$,中部叶片 *Pn* 为 4.376 $\mu mol \cdot m^{-2} \cdot s^{-1}$,日变化中各品种叶片间 *Pn* 始终差异极显著($P<0.01$)。

由图 5-4(b)及表 5-6 可知,6 月 14 日金红杨梢部、中部叶片与全红杨、中红杨、2025 杨叶片蒸腾速率(*Tr*)日变化有所不同,金红杨梢部、均为降低后快速升高再逐渐下降,全红杨和中红杨则为振荡起伏逐渐下降,2025 杨叶片 *Tr* 呈略升高后逐渐下降趋势。*Tr* 达到峰值的时间有所不同,金红杨梢部、中部叶片和中红杨叶片 *Tr* 均在 12:00 达到最高值,分别为 2.181 $mmol \cdot m^{-2} \cdot s^{-1}$,3.212 $mmol \cdot m^{-2} \cdot s^{-1}$ 和 4.248 $mmol \cdot m^{-2} \cdot s^{-1}$,全红杨和 2025 杨叶片则在 10:00 才达到最高值,分别为 3.862 $mmol \cdot m^{-2} \cdot s^{-1}$ 和 4.322 $mmol \cdot m^{-2} \cdot s^{-1}$;金红杨梢部、中部叶片 *Tr* 在 10:00 达到最低值,分别为 1.207 $mmol \cdot m^{-2} \cdot s^{-1}$,2.027 $mmol \cdot m^{-2} \cdot s^{-1}$,全红杨、中红杨和 2025 杨叶片 *Tr* 则在 16:00 达到最低值,分别为 2.095 $mmol \cdot m^{-2} \cdot s^{-1}$,2.412 $mmol \cdot m^{-2} \cdot s^{-1}$ 和 2.942 $mmol \cdot m^{-2} \cdot s^{-1}$。分析表明,各品种叶片蒸腾速率平均值从高到低依次为:2025 杨——中红杨——全红杨——金红杨中部——金红杨梢部,金红杨梢部叶片蒸腾速率平均值最低,为 1.647$mmol \cdot m^{-2} \cdot s^{-1}$,中部叶片为 2.481 $mmol \cdot m^{-2} \cdot s^{-1}$。日变化中各品种叶片间 *Tr* 始终差异极显著($P<0.01$)。

由图 5-4(c)及表 5-6 可知,6 月 14 日金红杨梢部、中部叶片与全红杨、中红杨、2025 杨叶片水分利用率(*WUE*)日变化略有不同,金红杨梢部为升高后下降,中部叶片为振荡起伏下降,而全红杨、中红杨和 2025 杨均大致为逐渐下降趋势。叶片水分利用率达到峰值的时间不同,金红杨梢部叶片 *WUE* 在 12:00 达到最大值 1.142 $\mu mol\ CO_2 \cdot mmol^{-1}\ H_2O$,其中部叶片和中红杨叶片在 10:00 达到最大值,分别为 3.069 $\mu mol\ CO_2 \cdot mmol^{-1}\ H_2O$ 和 4.262 $\mu mol\ CO_2 \cdot mmol^{-1}\ H_2O$;全红杨和 2025 杨叶片 *WUE* 在 8:00 为最高值,分别为 2.835 $\mu mol\ CO_2 \cdot mmol^{-1}\ H_2O$ 和 4.177 $\mu mol\ CO_2 \cdot mmol^{-1}\ H_2O$;金红杨梢部、中部叶片和 2025 杨叶片 *WUE* 分别在 8:00,16:00 和 12:00 达到最低值,分别为 0.497 $\mu mol\ CO_2 \cdot mmol^{-1}\ H_2O$,1.001 $\mu mol\ CO_2 \cdot mmol^{-1}\ H_2O$ 和 3.870 $\mu mol\ CO_2 \cdot mmol^{-1}\ H_2O$,全红

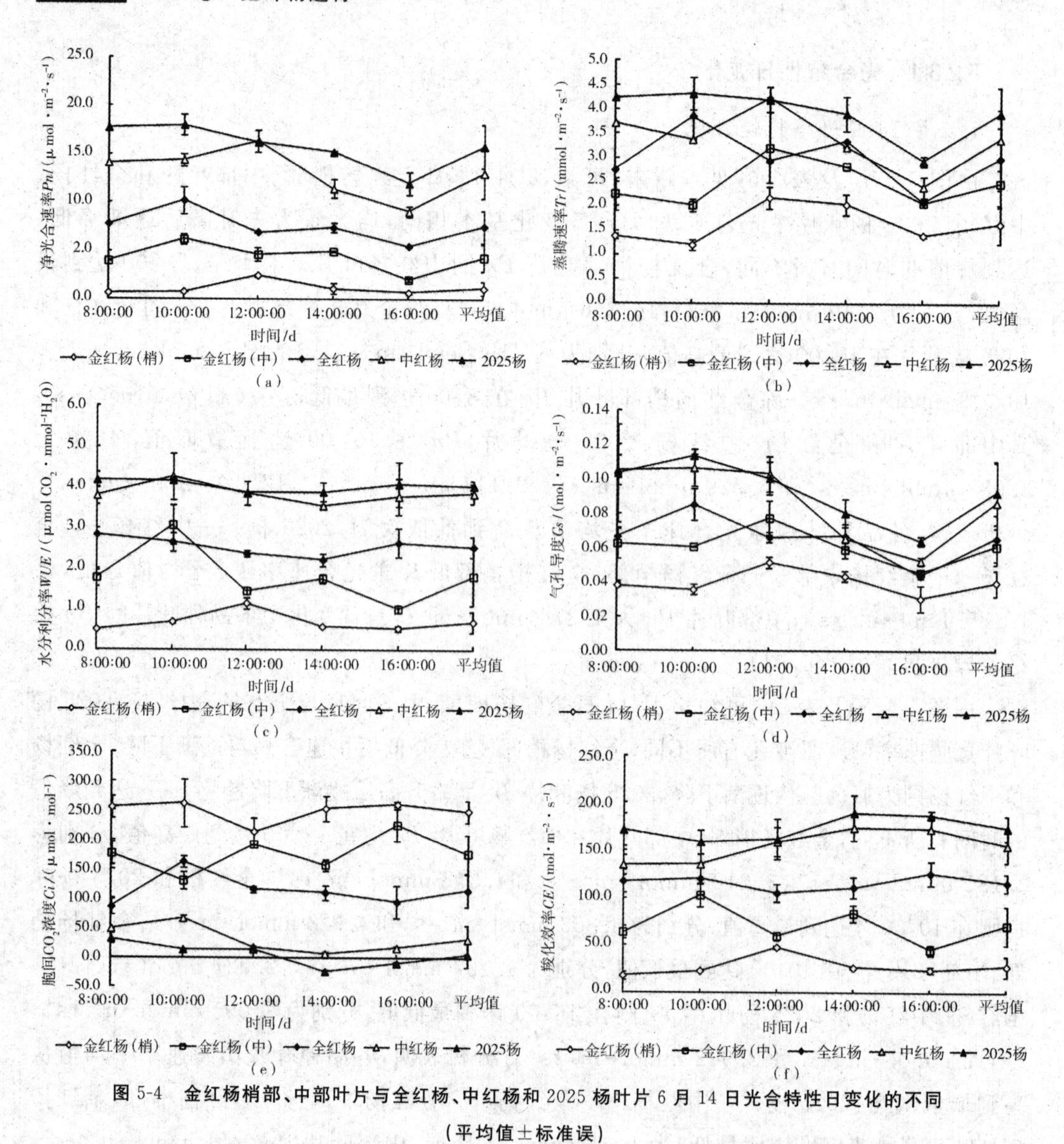

图 5-4 金红杨梢部、中部叶片与全红杨、中红杨和 2025 杨叶片 6 月 14 日光合特性日变化的不同

(平均值±标准误)

杨和中红杨在 14:00 达到最低值,分别为 2.219 μmol CO_2 ·$mmol^{-1}$ H_2O 和 3.546 μmol CO_2 ·$mmol^{-1}$ H_2O。分析表明,各品种叶片水分利用率 *WUE* 平均值从高到低依次为:2025 杨——中红杨——全红杨——金红杨中部——金红杨梢部,金红杨梢部叶片平均值最低,为 0.685 μmol CO_2 ·$mmol^{-1}$ H_2O,中部叶片为 1.806 μmol CO_2 ·$mmol^{-1}$ H_2O。日变化中 10:00 和 12:00 中红杨和 2025 杨叶片 *WUE* 值差异不显著($P>0.05$),其余时间及各品种叶片间 *WUE* 始终差异极显著($P<0.01$)。

由图 5-4(d)及表 5-6 可知,6 月 14 日金红杨梢部、中部叶片与全红杨、中红杨、2025 杨叶片气孔导度(*Gs*)日变化均为先升高后逐渐下降,金红杨梢部和中部叶片 *Gs* 在 10:00 时较 8:00 略有下降,呈振荡逐渐下降的趋势。各品种叶片 *Gs* 达到峰值的时间有所不同,金红杨梢部、中部叶片 *Gs* 均在 10:00 达到最高值,分别为

0.051 7 mol·m^{-2}·s^{-1},0.077 3 mol·m^{-2}·s^{-1},全红杨、中红杨和2025杨叶片在8:00达到最高值,分别为0.085 1 mol·m^{-2}·s^{-1},0.106 4 mol·m^{-2}·s^{-1}和0.113 4 mol·m^{-2}·s^{-1};金红杨梢部、中部叶片和全红杨、中红杨、2025杨叶片Gs均在16:00达到最低值,为0.030 6 mol·m^{-2}·s^{-1},0.045 8 mol·m^{-2}·s^{-1}和0.044 0 mol·m^{-2}·s^{-1},0.0527mol·m^{-2}·s^{-1},0.064 3 mol·m^{-2}·s^{-1}。分析表明,各品种叶片气孔导度平均值从高到低依次为:中红杨——2025杨——全红杨——金红杨中部——金红杨梢部,金红杨梢部、中部叶片气孔导度平均值最低,为0.039 9 mol·m^{-2}·s^{-1},0.061 0 mol·m^{-2}·s^{-1},中红杨和2025杨叶片Gs日变化上下交错,不同时间差异均为极显著水平($P<0.01$),日变化平均值间差异不显著($P>0.05$),其余叶片间Gs始终差异极显著($P<0.01$)。

由图5-4(e)及表5-6可知,6月14日金红杨梢部、中部叶片与全红杨、中红杨、2025杨叶片胞间CO_2浓度(Ci)日变化趋势略有不同,金红杨梢部为先下降后升高,中部叶片为振荡升高;全红杨和中红杨为先升高后逐渐下降;而2025杨叶片Ci为振荡下降趋势,在14:00之后下降为负值。各品种叶片胞间CO_2浓度达到最峰值的时间不同,金红杨梢部叶片和全红杨、中红杨叶片Ci均在10:00达到最大值,分别为262.177 μmol·mol^{-1}和162.989 μmol·mol^{-1},66.881 μmol·mol^{-1},金红杨中部叶片Ci均在16:00达到最大值225.992 μmol·mol^{-1},2025杨叶片Ci均在8:00达到最大值32.514 μmol·mol^{-1};金红杨梢部、中部叶片和全红杨叶片Ci分别在12:00,10:00和8:00达到最低值,为214.495 μmol·mol^{-1},130.830 μmol·mol^{-1}和86.303 μmol·mol^{-1},中红杨和2025杨则在14:00达到最低值,为7.26 μmol·mol^{-1}和-22.773 μmol·mol^{-1}。分析表明,各品种叶片胞间CO_2浓度平均值从高到低依次为:金红杨梢部——金红杨中部——全红杨——中红杨——2025杨,金红杨梢部和中部叶片胞间CO_2浓度平均值最高,分别为249.387 μmol·mol^{-1},176.808 μmol·mol^{-1}。日变化中叶片间Ci始终差异极显著($P<0.01$),金红杨叶片Ci变化幅度最小,说明光照强弱对其光合机能影响相对较小。

由图5-4(f)及表5-6可知,6月14日金红杨梢部、中部叶片与全红杨、中红杨、2025杨叶片羧化效率(CE)日变化趋势有所不同,金红杨梢部叶片CE为先升高后下降,中部叶片为振荡起伏变化,略有下降趋势;全红杨为下降后升高,变化幅度较小;而中红杨和2025杨叶片CE为逐渐升高的变化趋势。各品种叶片羧化效率CE达到峰值的时间有所不同,金红杨梢部、中部和全红杨叶片分别在12:00,10:00和16:00达到最大值,为48.171 mol·m^{-2}·s^{-1},102.620 mol·m^{-2}·s^{-1}和125.758 mol·m^{-2}·s^{-1},中红杨和2025杨叶片在14:00达到峰值,分别为174.309 mol·m^{-2}·s^{-1}和189.800 mol·m^{-2}·s^{-1};金红杨梢部叶片和中红杨叶片CE在8:00达到最低值,分别为18.167 mol·m^{-2}·s^{-1}和134.472 mol·m^{-2}·s^{-1},金红杨中部叶片和全红杨、2025杨叶片分别在16:00和12:00,10:00达到最低值,分别为45.507mol·m^{-2}·s^{-1}和105.058 mol·m^{-2}·s^{-1},158.837 mol·m^{-2}·s^{-1}。分析表明,各品种叶片羧化效率平均值从高到低依次为:2025杨——中红杨——全红杨——金红杨中部——金红杨梢部,金红杨梢部、中部叶片羧化效率平均值最低,分别为28.191 mol·m^{-2}·s^{-1},71.148 mol·m^{-2}·s^{-1}。各品种叶片间CE始终差异极显著($P<0.01$)。

2. 8月15日光合特性日变化

由图5-5(a)及表5-7(见本章末)可知,8月15日金红杨梢部、中部叶片和全红杨、中红杨、2025杨叶片净光合速率(*Pn*)日变化基本相同,均大致为先升高后逐渐降低。各品种叶片*Pn*均分别在10:00和16:00达到最大值和最低值,金红杨梢部、中部叶片和全红杨、中红杨、2025杨叶片*Pn*最大值分别为4.175 $\mu mol \cdot m^{-2} \cdot s^{-1}$,6.894 $\mu mol \cdot m^{-2} \cdot s^{-1}$和13.890 $\mu mol \cdot m^{-2} \cdot s^{-1}$,21.542 $\mu mol \cdot m^{-2} \cdot s^{-1}$,25.214 $\mu mol \cdot m^{-2} \cdot s^{-1}$;最低值分别为0.849 $\mu mol \cdot m^{-2} \cdot s^{-1}$,1.029 $\mu mol \cdot m^{-2} \cdot s^{-1}$和8.025 $\mu mol \cdot m^{-2} \cdot s^{-1}$,11.491 $\mu mol \cdot m^{-2} \cdot s^{-1}$,12.121 $\mu mol \cdot m^{-2} \cdot s^{-1}$。分析表明,各品种叶片净光合速率平均值从高到低依次为:2025杨——中红杨——全红杨——金红杨中部——金红杨梢部,金红杨梢部叶片净光合速率平均值最低,为2.048 $\mu mol \cdot m^{-2} \cdot s^{-1}$,中部叶片*Pn*为4.394 $\mu mol \cdot m^{-2} \cdot s^{-1}$,日变化中各品种叶片间*Pn*始终差异极显著($P<0.01$)。

由图5-5(b)及表5-7可知,8月15日金红杨梢部、中部叶片与全红杨、中红杨、2025杨叶片蒸腾速率(*Tr*)日变化趋势基本相同,均为先升高后降低。各品种叶片*Tr*达到峰值的时间基本相同,除金红杨中部叶片*Tr*在14:00达到最高值9.010 $mmol \cdot m^{-2} \cdot s^{-1}$,金红杨梢部叶片和全红杨、中红杨、2025杨叶片*Tr*均在12:00达到最高值,分别为4.484 $mmol \cdot m^{-2} \cdot s^{-1}$和8.767 $mmol \cdot m^{-2} \cdot s^{-1}$,10.110 $mmol \cdot m^{-2} \cdot s^{-1}$,13.645 $mmol \cdot m^{-2} \cdot s^{-1}$;金红杨梢部、中部叶片和全红杨、中红杨、2025杨叶片*Tr*均在8:00为最低值,分别为0.652 $mmol \cdot m^{-2} \cdot s^{-1}$,2.273 $mmol \cdot m^{-2} \cdot s^{-1}$和3.253 $mmol \cdot m^{-2} \cdot s^{-1}$,3.440 $mmol \cdot m^{-2} \cdot s^{-1}$,3.720 $mmol \cdot m^{-2} \cdot s^{-1}$。分析表明,各品种叶片*Tr*平均值从高到低依次为:2025杨——中红杨——全红杨——金红杨中部——金红杨梢部,金红杨梢部叶片*Tr*平均值最低,为2.891 $mmol \cdot m^{-2} \cdot s^{-1}$,中部叶片*Tr*为6.409 $mmol \cdot m^{-2} \cdot s^{-1}$。日变化中,金红杨梢部叶片*Tr*与中部叶片及其他叶片间差异极显著($P<0.01$),金红杨中部叶片*Tr*与全红杨为差异显著($P<0.05$)或差异不显著($P>0.05$)水平,与中红杨和2025杨叶片间差异递增,全红杨、中红杨和2025杨间*Tr*差异显著($P<0.05$)或极显著($P<0.01$)水平。

由图5-5(c)及表5-7可知,6月14日金红杨梢部、中部叶片与全红杨、中红杨、2025杨叶片水分利用率(*WUE*)日趋势基本相同,均呈现逐渐下降的趋势。金红杨梢部、中部叶片和全红杨、中红杨、2025杨叶片*WUE*均在8:00达到最大值,分别为1.142 $\mu mol\ CO_2 \cdot mmol^{-1}\ H_2O$, 3.069 $\mu mol\ CO_2 \cdot mmol^{-1}\ H_2O$和4.262 $\mu mol\ CO_2 \cdot mmol^{-1}\ H_2O$,2.835 $\mu mol\ CO_2 \cdot mmol^{-1}\ H_2O$,4.177 $\mu mol\ CO_2 \cdot mmol^{-1}\ H_2O$;各品种叶片水分利用率达到最低值的时间不同,金红杨梢部叶片和中红杨叶片*WUE*在14:00达到最低值,分别为0.394 $CO_2 \cdot mmol^{-1}\ H_2O$和1.475 $\mu mol\ CO_2 \cdot mmol^{-1}\ H_2O$,金红杨中部叶片和全红杨、2025杨叶片*WUE*在16:00达到最低值,分别为0.230 $\mu mol\ CO_2 \cdot mmol^{-1}\ H_2O$和1.307 $\mu mol\ CO_2 \cdot mmol^{-1}\ H_2O$,1.471 $\mu mol\ CO_2 \cdot mmol^{-1}\ H_2O$。分析表明,各品种叶片水分利用率平均值从高到低依次为:2025杨——中红杨——全红杨——金红杨中部——金红杨梢部,金红杨梢部、中部叶片水分利用率平均值最低,分别为0.816 6 $\mu mol\ CO_2 \cdot mmol^{-1}$

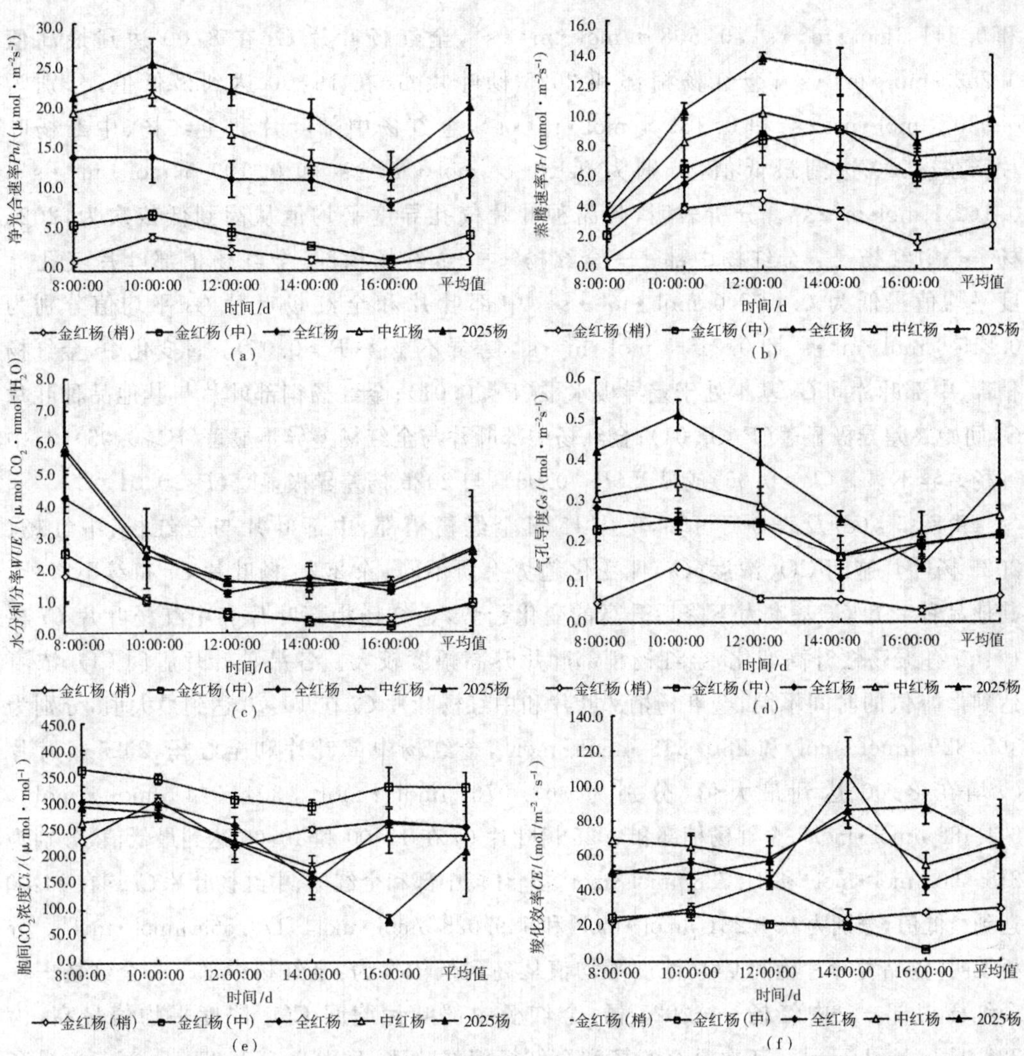

图 5-5 金红杨梢部、中部叶片与全红杨、中红杨和 2025 杨叶片 8 月 15 日光合特性日变化的不同

(平均值±标准误)

H_2O,0.952 μmol CO_2 ·mmol⁻¹ H_2O,差异不显著($P>0.05$)。日变化中,金红杨梢部、中部叶片间 *WUE* 除 16:00 为差异显著($P<0.05$)水平外,其余时间均为差异不显著($P>0.05$),二者 *WUE* 均始终极显著($P<0.01$)低于全红杨、中红杨和 2025 杨叶片,全红杨、中红杨和 2025 杨之间差异显著($P<0.05$)或不显著($P>0.05$)。

由图 5-5(d)及表 5-7 可知,8 月 15 日金红杨梢部、中部叶片与全红杨、中红杨、2025 杨叶片气孔导度(*Gs*)日变化有所不同,金红杨梢部叶片为先升高后逐渐下降,金红杨中部叶片和中红杨为先升高后逐渐下降再升高,全红杨为逐渐下降后升高,2025 杨为先升高后逐渐下降的变化,各品种叶片 *Gs* 日变化整体趋势基本一致,均为下降趋势。各品种叶片 *Gs* 达到峰值的时间略有不同,金红杨梢部、中部叶片和中红杨 2025 杨叶片 *Gs* 均在 10:00 达到最高值,分别为 0.138 0 $mol\cdot m^{-2}\cdot s^{-1}$,0.249 8 $mol\cdot m^{-2}\cdot s^{-1}$

和 0.341 6mol·m^{-2}·s^{-1}，0.508 1 mol·m^{-2}·s^{-1}，全红杨叶片 *Gs* 在 8:00 达到最高值 0.282 7mol·m^{-2}·s^{-1}；金红杨梢部和 2025 杨叶片 *Gs* 在 16:00 达到最低值，分别为 0.030 5 mol·m^{-2}·s^{-1} 和 0.139 4 mol·m^{-2}·s^{-1}，金红杨中部叶片和全红杨、中红杨叶片 *Gs* 在14:00 达到最低值，分别为 0.161 4 mol·m^{-2}·s^{-1} 和 0.109 5 mol·m^{-2}·s^{-1}，0.162 1 mol·m^{-2}·s^{-1}。分析表明，各品种叶片气孔导度平均值从高到低依次为：2025 杨——中红杨——金红杨中部——全红杨 ——金红杨梢部，金红杨梢部叶片气孔导度平均值最低为 0.067 0 mol·m^{-2}·s^{-1}、中部叶片和全红杨叶片 *Gs* 平均值分别为 0.215 6 mol·m^{-2}·s^{-1} 和 0.215 5 mol·m^{-2}·s^{-1}，差异不显著($P>0.05$)。日变化中，金红杨梢部、中部叶片间 *Gs* 基本处于差异极水平($P<0.01$)；金红杨梢部叶片与其他品种叶片 *Gs* 间始终差异极显著($P<0.01$)；金红杨中部叶片与全红杨差异不显著($P>0.05$)，与中红杨差异不显著($P>0.05$)或显著($P<0.05$)，与 2025 杨差异极显著($P<0.01$)。

由图 5-5(e)及表 5-7 可知，8 月 15 日金红杨梢部、中部叶片与全红杨、中红杨、2025 杨叶片胞间 CO_2 浓度(*Ci*)日变化趋势有所不同，除 2025 杨叶片 *Ci* 持续下降外，其他品种叶片 *Ci* 基本为下降后升高的变化趋势，金红杨梢部叶片和中红杨叶片 *Ci* 在 10:00 有振荡性升高变化，金红杨梢部叶片升高幅度较大。各品种叶片胞间 CO_2 浓度达到最峰值的时间不同，金红杨梢部叶片和中红杨叶片 *Ci* 在 10:00 达到最大值，分别为 305.829 μmol·mol^{-1} 和 280.333 μmol·mol^{-1}，金红杨中部叶片和全红杨、2025 杨叶片 *Ci* 均在 8:00 达到最大值，分别为 363.070 μmol·mol^{-1}，304.344 μmol·mol^{-1}，294.488 μmol·mol^{-1}；金红杨梢部和 2025 杨叶片 *Ci* 在 12:00 和 16:00 达到最低值，分别为 218.550 μmol·mol^{-1} 和 81.728 μmol·mol^{-1}，金红杨中部和全红杨、中红杨叶片 *Ci* 均在 14:00 达到最低值，分别为 294.281 μmol·mol^{-1} 和 149.028 μmol·mol^{-1}，179.569 μmol·mol^{-1}。分析表明，各品种叶片胞间 CO_2 浓度平均值从高到低依次为：金红杨中部——全红杨——金红杨梢部——中红杨——2025 杨，金红杨中部叶片胞间 CO_2 浓度平均值最高，为 328.417 μmol·mol^{-1}，其次是全红杨和金红杨梢部叶片，分别为 254.354 μmol·mol^{-1} 和 253.864 μmol·mol^{-1}，二者间差异不显著($P>0.05$)。日变化中，12:00 前金红杨梢部叶片间 *Ci* 与全红杨、中红杨和 2025 杨差异性较小，为差异不显著($P>0.05$)或显著($P<0.05$)，随后与 2025 杨差异变大，16:00 与之差异极显著($P<0.01$)，与全红杨和中红杨差异不显著($P>0.05$)。金红杨中部叶片 *Ci* 变化幅度最小，并始终极显著高于其他叶片($P<0.01$)，说明光照强弱对其光合机能影响相对较小，自身光合能力处于较弱状态。

由图 5-5(f)及表 5-7 可知，8 月 15 日金红杨梢部、中部叶片与全红杨、中红杨、2025 杨片羧化效率(*CE*)日变化趋势有所不同，金红杨梢部叶片 *CE* 为先升高后下降，中部叶片为振荡起伏呈下降趋势；全红杨中红杨和 2025 杨叶片 *CE* 前期呈下降趋势，在 14:00 有不同幅度的提高，随后全红杨和中红杨叶片 *CE* 有所下降，而 2025 杨叶片 *CE* 处于较高水平。各品种叶片 *CE* 达到峰值的时间有所不同，金红杨梢部、中部和 2025 杨叶片 *CE* 分别在 12:00，10:00 和 16:00 达到最大值，为45.272 mol·m^{-2}·s^{-1}，27.841 mol·m^{-2}·s^{-1} 和 87.770 mol·m^{-2}·s^{-1}，全红杨和中红杨叶片 *CE* 均在 14:00 达到最大值，分别为

106.531 $mol \cdot m^{-2} \cdot s^{-1}$ 和 82.434 $mol \cdot m^{-2} \cdot s^{-1}$；金红杨梢部叶片和2025杨叶片 *CE* 分别在14:00和10:00达到最低值，为24.220 $mol \cdot m^{-2} \cdot s^{-1}$ 和 49.751 $mol \cdot m^{-2} \cdot s^{-1}$，金红杨中部叶片和全红杨、中红杨叶片 *CE* 均在16:00达到最低值，分别为7.024 $mol \cdot m^{-2} \cdot s^{-1}$ 和42.383 $mol \cdot m^{-2} \cdot s^{-1}$，55.070 $mol \cdot m^{-2} \cdot s^{-1}$。分析表明，各品种叶片羧化效率平均值从高到低依次为：2025杨——中红杨——全红杨——金红杨梢部——金红杨中部，金红杨梢部、中部叶片羧化效率平均值最低，分别为30.070 $mol \cdot m^{-2} \cdot s^{-1}$，20.465 $mol \cdot m^{-2} \cdot s^{-1}$，之间差异不显著($P>0.05$)。日变化中，金红杨梢部叶片 *CE* 在12:00与全红杨差异不显著($P>0.05$)，其他时间均显著($P<0.05$)或极显著($P<0.01$)低全红杨、中红杨和2025杨，金红杨中部叶片 *CE* 始终显著($P<0.05$)或极显著($P<0.01$)低于各品种叶片。

3.10月15日光合特性日变化

由图5-6(a)及表5-8(见本章末)可知，10月15日金红杨梢部、中部叶片和全红杨、中红杨、2025杨叶片净光合速率(*Pn*)日变化有所不同，金红杨梢部、中部叶片在10:00升高后逐渐下降，金红杨梢部叶片 *Pn* 在8:00和16:00时均为负值，全红杨、中红杨和2025杨在14:00前振荡升高后快速下降。各品种叶片 *Pn* 达到峰值的时间有所不同，金红杨梢部、中部叶片 *Pn* 在10:00达到最大值，分别为0.825 $\mu mol \cdot m^{-2} \cdot s^{-1}$，5.030 $\mu mol \cdot m^{-2} \cdot s^{-1}$，全红杨、中红杨和2025杨叶片 *Pn* 在14:00达到最大值，分别为11.154 $\mu mol \cdot m^{-2} \cdot s^{-1}$，19.953 $\mu mol \cdot m^{-2} \cdot s^{-1}$ 和 20.497 $\mu mol \cdot m^{-2} \cdot s^{-1}$；金红杨梢部、中部叶片和全红杨叶片在8:00达到最低值，分别为−4.089 $\mu mol \cdot m^{-2} \cdot s^{-1}$，0.563 $\mu mol \cdot m^{-2} \cdot s^{-1}$ 和 6.030 $\mu mol \cdot m^{-2} \cdot s^{-1}$，中红杨和2025杨叶片在16:00达到最低值，分别为6.785 $\mu mol \cdot m^{-2} \cdot s^{-1}$ 和 9.089 $\mu mol \cdot m^{-2} \cdot s^{-1}$。分析表明，各品种叶片净光合速率平均值从高到低依次为：2025杨——中红杨——全红杨——金红杨中部——金红杨梢部，金红杨梢部叶片净光合速率平均值最低，为−0.663 $\mu mol \cdot m^{-2} \cdot s^{-1}$，中部叶片 *Pn* 为2.143 $\mu mol \cdot m^{-2} \cdot s^{-1}$。日变化中，金红杨梢部、中部叶片在10:00前差异极显著($P<0.01$)或显著($P<0.05$)，之后差异不显著($P>0.05$)，金红杨梢部、中部叶片 *Pn* 始终极显著($P<0.01$)低于全红杨、中红杨和2025杨。

由图5-6(b)及表5-8可知，10月15日金红杨梢部、中部叶片与全红杨、中红杨、2025杨叶片蒸腾速率(*Tr*)日变化趋势基本相同，均为先升高后降低，金红杨梢部叶片 *Tr* 在10:00时快速升高后逐渐降低，其他叶片 *Tr* 均在14:00前振荡升高，然后快速下降。各品种叶片 *Tr* 达到峰值的时间略有不同，金红杨梢部叶片 *Tr* 在10:00达到最高值2.588 $mmol \cdot m^{-2} \cdot s^{-1}$，金红杨中部叶片和全红杨、中红杨、2025杨叶片 *Tr* 均在14:00达到最高值，分别为1.959 $mmol \cdot m^{-2} \cdot s^{-1}$ 和 1.981 $mmol \cdot m^{-2} \cdot s^{-1}$，2.455 $mmol \cdot m^{-2} \cdot s^{-1}$，4.032 $mmol \cdot m^{-2} \cdot s^{-1}$；金红杨梢部、中部叶片和全红杨、中红杨、2025杨叶片 *Tr* 均在16:00是最低值，分别为0.213 $mmol \cdot m^{-2} \cdot s^{-1}$，0.169 $mmol \cdot m^{-2} \cdot s^{-1}$ 和 0.437 $mmol \cdot m^{-2} \cdot s^{-1}$，0.382 $mmol \cdot m^{-2} \cdot s^{-1}$，0.527 $mmol \cdot m^{-2} \cdot s^{-1}$。分析表明，各品种叶片蒸腾速率平均值从高到低依次为：2025杨——中红杨——全红杨——金红杨梢部——金红杨中部，金红杨中部叶片蒸腾速率平均值最低，为1.139 $mmol \cdot m^{-2} \cdot s^{-1}$，梢部叶片 *Tr* 为1.163 $mmol \cdot m^{-2} \cdot s^{-1}$，之

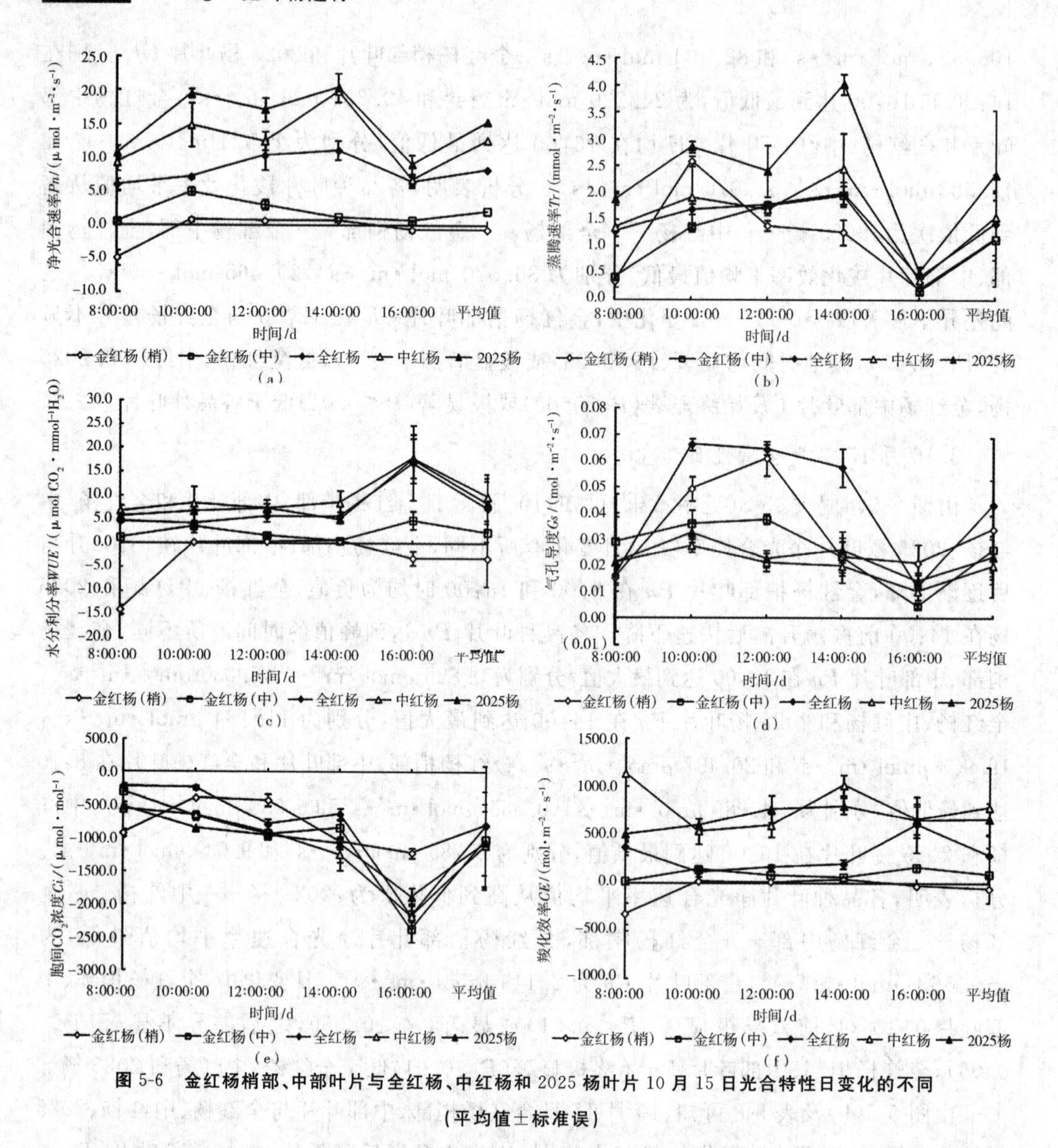

图 5-6　金红杨梢部、中部叶片与全红杨、中红杨和 2025 杨叶片 10 月 15 日光合特性日变化的不同

(平均值±标准误)

间差异不显著($P>0.05$)。日变化中,金红杨梢部叶片 Tr 在 10:00 时极显著高于中部叶片($P<0.01$),其他时间差异显著($P<0.05$)或不显著($P>0.05$);金红杨梢部、中部叶片 Tr 差异性变化不定,总体为差异显著($P<0.05$),金红杨梢部、中部叶片 Tr 均极显著低于 2025 杨叶片($P<0.01$)。

由图 5-6(c)及表 5-8 可知,6 月 14 日金红杨梢部水分利用率(WUE)日变化趋势与其中部叶片及全红杨、中红杨、2025 杨叶片的变化有所不同,金红杨梢部叶片 WUE 在 8:00 时为负值,至 10:00 快速升高,16:00 略有下降;而其他叶片均在 10:00 略升高后至 16:00 又有不同幅度的升高。金红杨梢部叶片 WUE 在 14:00 达到最大值,为 0.613 μmol CO_2 ·mmol^{-1} H_2O,其中部叶片和全红杨、中红杨、2025 杨叶片 WUE 均在 16:00 达到最大值,分别为 4.975 μmol CO_2 ·mmol^{-1} H_2O 和 16.939 μmol CO_2 ·mmol^{-1}

H_2O,18.029 μmol CO_2 ·mmol^{-1} H_2O,17.806 μmol CO_2 ·mmol^{-1} H_2O;各品种叶片水分利用率达到最低值的时间不同,金红杨梢部叶片和中红杨叶片 *WUE* 在 8:00 达到最低值,分别为-13.839 CO_2 ·mmol^{-1} H_2O 和 6.879 μmol CO_2 ·mmol^{-1} H_2O,金红杨中部叶片和2025 杨叶片 *WUE* 在 14:00 达到最低值,分别为 0.640 μmol CO_2 ·mmol^{-1} H_2O 和 5.107 μmol CO_2 ·mmol^{-1} H_2O,全红杨叶片 *WUE* 在 10:00 达到最低值 4.281 μmol CO_2·mmol^{-1} H_2O。分析表明,各品种叶片水分利用率平均值从高到低依次为:中红杨——2025 杨——全红杨——金红杨中部——金红杨梢部,金红杨梢部、中部叶片水分利用率平均值最低,分别为-3.089 μmol CO_2 ·mmol^{-1} H_2O,2.468 μmol CO_2 ·mmol^{-1} H_2O,之间差异极显著($P<0.01$)。日变化中,金红杨梢部、中部叶片间 *WUE* 在 10:00 前为差异极显著($P<0.01$)和差异显著($P<0.05$),之后变为差异不显著($P>0.05$),二者 *WUE* 均始终极显著($P<0.01$)低于全红杨、中红杨和 2025 杨叶片,全红杨、中红杨和 2025 杨之间差异显著($P<0.05$)或不显著($P>0.05$)。

由图 5-6(d)及表 5-8 可知,10 月 15 日金红杨梢部、中部叶片与全红杨、中红杨、2025 杨叶片气孔导度(*Gs*)日变化趋势基本相同,均为先升高后快速下降,金红杨梢部叶片和全红杨叶片 10:00 升高和 16:00 下降幅度较大。叶片 *Gs* 达到峰值的时间略有不同,金红杨梢部、中部叶片 *Gs* 均在 12:00 达到最高值,分别为 0.060 9 mol·m^{-2}·s^{-1},0.037 8 mol·m^{-2}·s^{-1},全红杨、中红杨和 2025 杨叶片 *Gs* 在 10:00 达到最高值,分别为 0.066 2 mol·m^{-2}·s^{-1},0.027 8 mol·m^{-2}·s^{-1} 和 0.032 9 mol·m^{-2}·s^{-1};除金红杨梢部叶片 *Gs* 在 8:00 达到最低值 0.015 4 mol·m^{-2}·s^{-1},其中部叶片和全红杨、中红杨、2025 杨叶片 *Gs* 均在 16:00 达到最低值,分别为 0.005 0 mol·m^{-2}·s^{-1} 和 0.012 1 mol·m^{-2}·s^{-1},0.010 4 mol·m^{-2}·s^{-1},0.014 3 mol·m^{-2}·s^{-1}。分析表明,各品种叶片 *Gs* 平均值从高到低依次为:全红杨——金红杨梢部——金红杨中部——2025 杨——中红杨,全红杨和金红杨梢部、中部叶片气孔导度平均值较低,依次为 0.043 3 mol·m^{-2}·s^{-1} 和 0.034 1 mol·m^{-2}·s^{-1},0.026 4 mol·m^{-2}·s^{-1},之间差异显著($P<0.05$)。日变化中,金红杨梢部、中部叶片间 *Gs* 在 8:00 和 14:00 差异不显著($P>0.05$),其余时间均差异显著($P<0.05$)或极显著($P<0.01$);8:00 时金红杨梢部、中部叶片与其他品种叶片 *Gs* 间差异不显著($P>0.05$),10:00至 12:00 金红杨梢部、中部叶片 *Gs* 低于全红杨,高于中红杨和 2025 杨,差异显著($P<0.05$)或极显著($P<0.01$),12:00 金红杨梢部叶片与全红杨叶片 *Gs* 间差异不显著($P>0.05$),14:00 金红杨梢部、中部叶片和中红杨、2025 杨叶片间 *Gs* 间差异不显著($P>0.05$),均极显著低于全红杨($P<0.01$),之后金红杨梢部叶片各叶片 *Gs* 最高,各叶片 *Gs* 间差异显著($P>0.05$)。

由图 5-6(e)及表 5-8 可知,10 月 15 日金红杨梢部、中部叶片与全红杨、中红杨、2025 杨叶片胞间 CO_2 浓度(*Ci*)均为负值,日变化趋势也基本相同,金红杨梢部叶片 *Ci* 在 10:00略升高后持续下降,其他叶片 *Ci* 基本为持续下降,且较金红杨梢部叶片在 16:00 *Ci* 下降迅速。金红杨梢部叶片胞间 CO_2 浓度在 10:00 达到最大值-388.17 μmol·mol^{-1},其中部叶片和全红杨、中红杨、2025 杨叶片 *Ci* 在 8:00 达到最大值,分别为-294.85 μmol·mol^{-1}

和$-212.16\ \mu mol \cdot mol^{-1}$，$-552.46\ \mu mol \cdot mol^{-1}$，$-514.85\ \mu mol \cdot mol^{-1}$；金红杨梢部、中部叶片和全红杨、中红杨、2025杨叶片胞间CO_2浓度Ci均在16:00达到最低值，分别为$-1\ 217.77\ \mu mol \cdot mol^{-1}$，$-2\ 362.51\ \mu mol \cdot mol^{-1}$和$-2\ 161.95\ \mu mol \cdot mol^{-1}$，$-2\ 172.54\ \mu mol \cdot mol^{-1}$，$-1\ 880.04\ \mu mol \cdot mol^{-1}$。分析表明，各品种叶片胞间$CO_2$浓度平均值从高到低依次为：金红杨梢部——全红杨——金红杨中部——2025杨——中红杨，金红杨中部叶片胞间CO_2浓度平均值最高为$-800.05\ \mu mol \cdot mol^{-1}$，其次是全红杨和金红杨中部叶片，分别为$-805.57\ \mu mol \cdot mol^{-1}$和$-1\ 017.57\ \mu mol \cdot mol^{-1}$，金红杨梢部叶片与全红杨差异不显著($P>0.05$)，与其中部叶片差异显著($P<0.05$)。日变化中，金红杨梢部、中部叶片$Ci$与全红杨、中红杨和2025杨差异均较小，大多为差异不显著($P>0.05$)或显著($P<0.05$)，16:00金红杨梢部叶片Ci明显高于其他叶片，差异极显著($P<0.01$)。

由图5-6(f)及表5-8可知，10月15日金红杨梢部、中部叶片与全红杨、中红杨、2025杨片羧化效率(CE)日变化趋势有所不同，金红杨梢部、中部叶片CE大致为先升高后下降，中部叶片为在16:00时CE略有升高，梢部叶片CE在8:00和16:00时为负值；全红杨和中红杨为先下降后升高，中红杨叶片CE在16:00有下降趋势，而2025杨叶片CE为先升高后逐渐下降。各品种叶片CE达到峰值的时间有所不同，金红杨梢部和2025杨叶片CE在14:00达到最大值，分别为$37.03\ mol \cdot m^{-2} \cdot s^{-1}$和$806.04\ mol \cdot m^{-2} \cdot s^{-1}$，金红杨中部叶片和中红杨叶片$CE$在16:00达到最大值，分别为$160.66\ mol \cdot m^{-2} \cdot s^{-1}$和$611.47 mol \cdot m^{-2} \cdot s^{-1}$，中红杨叶片在8:00达到最大值$1139.46\ mol \cdot m^{-2} \cdot s^{-1}$；金红杨梢部、中部叶片和2025杨叶片$CE$在8:00达到最低值，分别为$-323.01\ mol \cdot m^{-2} \cdot s^{-1}$，$19.23\ mol \cdot m^{-2} \cdot s^{-1}$和$506.21\ mol \cdot m^{-2} \cdot s^{-1}$，全红杨和中红杨叶片$CE$均在10:00达到最低值，分别为$111.66\ mol \cdot m^{-2} \cdot s^{-1}$和$539.44\ mol \cdot m^{-2} \cdot s^{-1}$。分析表明，各品种叶片$CE$平均值从高到低依次为：中红杨——2025杨——全红杨——金红杨中部——金红杨梢部，金红杨梢部、中部叶片CE平均值最低，分别为$-57.68\ mol \cdot m^{-2} \cdot s^{-1}$，$92.41\ mol \cdot m^{-2} \cdot s^{-1}$，之间差异不显著($P>0.05$)。日变化中，金红杨梢部叶片$CE$在8:00和16:00与中部叶片差异略显著($P<0.05$)，其余时间差异不显著($P>0.05$)。金红杨梢部、中部叶片$CE$大多时间极显著低于中红杨和2025杨叶片($P<0.01$)，8:00和16:00与全红杨叶片差异显著($P<0.05$)或极显著($P<0.01$)，其他时间均差异不显著($P>0.05$)。

5.2.3.2 光合特性月变化

由图5-7(a)及表5-9(见本章末)可知，生长季5月至10月金红杨梢部、中部叶片和全红杨、中红杨、2025杨叶片净光合速率(Pn)10:00的月变化趋势基本相同，均为先逐渐升高后逐渐降低。生长季各品种叶片Pn达到峰值的时间略有不同，金红杨梢部叶片和全红杨、中红杨、2025杨叶片Pn在8月15日达到最大值，分别为$4.175\ \mu mol \cdot m^{-2} \cdot s^{-1}$和$13.871\ \mu mol \cdot m^{-2} \cdot s^{-1}$，$21.542\ \mu mol \cdot m^{-2} \cdot s^{-1}$，$25.214\ \mu mol \cdot m^{-2} \cdot s^{-1}$，金红杨中部叶片$Pn$在7月14日达到最大值$7.373\ \mu mol \cdot m^{-2} \cdot s^{-1}$；金红杨梢部、中部叶片和全红杨、中红杨、2025

杨叶片 Pn 均在 8:00 达到最低值，分别为 -1.523 μmol·m^{-2}·s^{-1}，3.850 μmol·m^{-2}·s^{-1} 和 6.980 μmol·m^{-2}·s^{-1}，9.973 μmol·m^{-2}·s^{-1}，14.055 μmol·m^{-2}·s^{-1}。分析表明，生长季各品种叶片 Pn 月平均值从高到低依次为：2025 杨——中红杨——全红杨——金红杨中部——金红杨梢部，金红杨梢部叶片净光合速率月平均值最低，为 1.353 μmol·m^{-2}·s^{-1}，中部叶片为 5.734 μmol·m^{-2}·s^{-1}，之间差异极显著（$P<0.01$）。生长季各品种叶片 Pn 月变化中，金红杨梢部、中部叶片始终极显著低于全红杨、中红杨和 2025 杨（$P<0.01$）。总体上，生长季金红杨各部位 Pn 叶片月变化均较全红杨、中红杨和 2025 杨平缓稳定，这与各月测定的日变化基本类似。

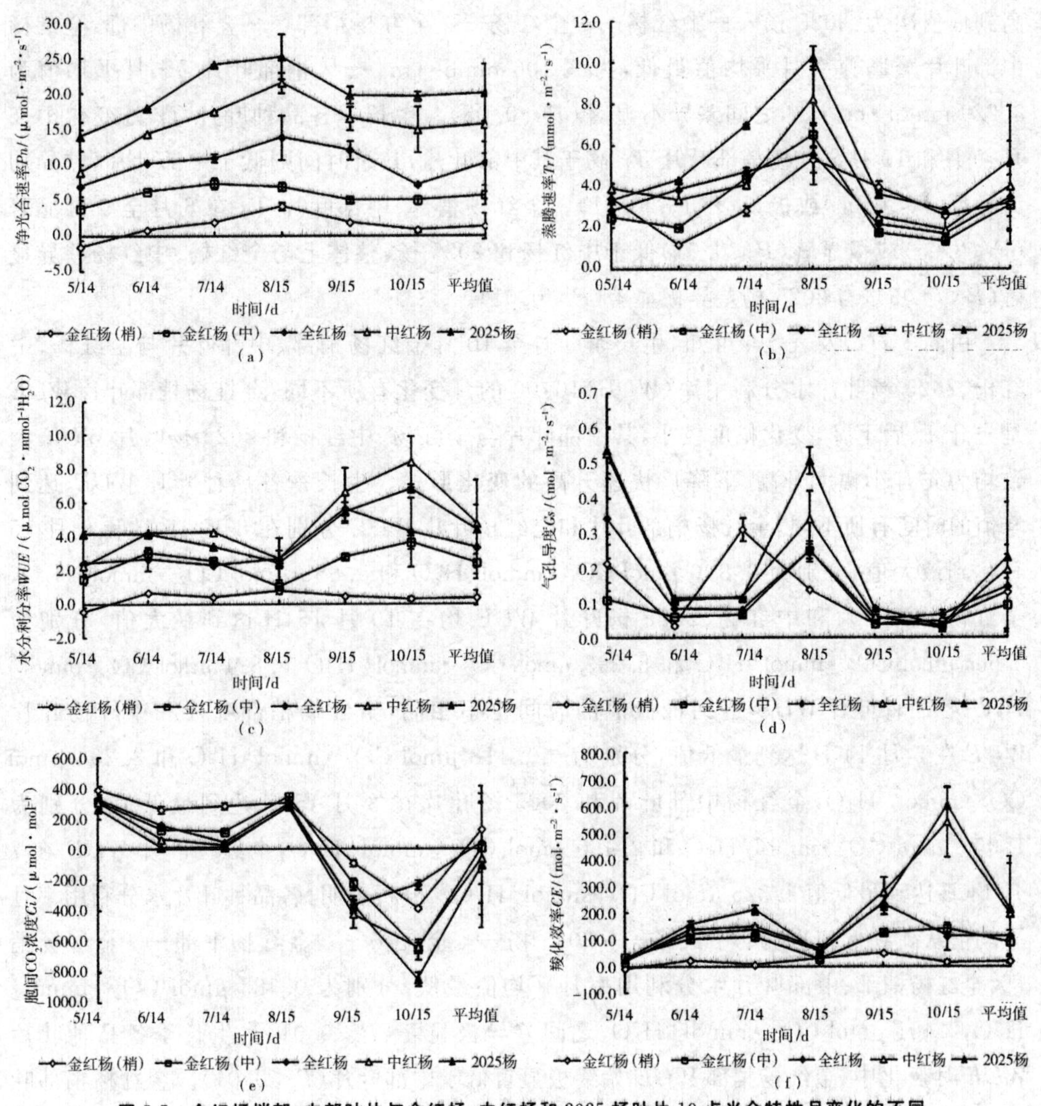

图 5-7　金红杨梢部、中部叶片与全红杨、中红杨和 2025 杨叶片 10 点光合特性月变化的不同

（平均值±标准误）

由图 5-7(b)及表 5-9 可知，生长季 5 月至 10 月金红杨梢部、中部叶片与全红杨、中红杨、2025 杨叶片的蒸腾速率(Tr)10:00 的月变化趋势基本相同,均为先升高后降低的趋势,升高过程中 10:00 金红杨梢部、中部和中红杨叶片 Tr 略有下降。生长季各品种叶片 Tr 达到峰值的时间基本相同,金红杨梢部、中部叶片和全红杨、中红杨、2025 杨叶片 Tr 均在 8 月 15 日达到最大值,分别为 5.313 mmol·m^{-2}·s^{-1},6.528 mmol·m^{-2}·s^{-1}和 5.558 mmol·m^{-2}·s^{-1},8.253 mmol·m^{-2}·s^{-1},10.251 mmol·m^{-2}·s^{-1};除金红杨梢部叶片 Tr 在 6 月 14 日达到最低值 1.207 mmol·m^{-2}·s^{-1},其中部叶片和全红杨、中红杨、2025 杨叶片 Tr 均在 10 月 15 日到达最值,分别为 1.372 mmol·m^{-2}·s^{-1}和 1.695 mmol·m^{-2}·s^{-1},1.917 mmol·m^{-2}·s^{-1},2.867 mmol·m^{-2}·s^{-1}。分析表明,各品种叶片蒸腾速率月平均值从高到低依次为:2025 杨——中红杨——全红杨——金红杨梢部——金红杨中部,金红杨中部叶片蒸腾速率月平均值最低,为 3.106 mmol·m^{-2}·s^{-1},梢部叶片 Tr 月平均值为 3.229 mmol·m^{-2}·s^{-1},之间差异不显著($P>0.05$)。生长季各品种叶片 Tr 月变化中,5 月、9 月和 10 月金红杨梢部叶片 Tr 高于其中部叶片,其余时间则低于中部叶片,差异均为显著($P<0.05$)或极显著($P<0.01$)。金红杨梢部、中部叶片 Tr 在 6 月至 9 月显著($P<0.05$)或极显著($P<0.01$)低于中红杨和 2025 杨,整体上与全红杨、中红杨差异显著($P<0.05$),与 2025 杨差异极显著($P<0.01$)。

由图 5-7(c)及表 5-9 可知,生长季 5 月至 10 月金红杨梢部、中部叶片与全红杨、中红杨、2025 杨叶片水分利用率(WUE)10:00 的月变化有所不同,金红杨梢部叶片 WUE 是先升高、后下降,变化幅度较小,其中部叶片与全红杨、中红杨和 2025 杨叶片 WUE 大致均为先有小幅度升高、下降后快速升高的变化形式。生长季各品种叶片 WUE 达到峰值的时间有所不同,金红杨梢部叶片和全红杨叶片 WUE 分别在 8 月 15 日和 9 月 15 日达到最大值,分别为 0.800 μmol CO_2·$mmol^{-1}$ H_2O 和 5.653 μmol CO_2·$mmol^{-1}$ H_2O,金红杨中部叶片和中红杨、2025 杨叶片 WUE 均在 10 月 15 日达到最大值,分别为 3.665 μmol CO_2·$mmol^{-1}$ H_2O 和 8.393 μmol CO_2·$mmol^{-1}$ H_2O,6.824 μmol CO_2·$mmol^{-1}$ H_2O;各品种叶片 WUE 达到最低值的时间也不相同,金红杨梢部叶片和中红杨叶片 WUE 在 5 月 14 日达到最低值,分别为−0.418 μmol CO_2·$mmol^{-1}$ H_2O 和 2.294 μmol CO_2·$mmol^{-1}$ H_2O,金红杨中部叶片和 2025 杨叶片在 8 月 15 日达到最低值,分别为 1.056 μmol CO_2·$mmol^{-1}$ H_2O 和 2.460 μmol CO_2·$mmol^{-1}$ H_2O,全红杨叶片 WUE 在 7 月 14 日达到最低值 2.325 μmol CO_2·$mmol^{-1}$ H_2O。分析表明,各品种叶片水分利用率月平均值从高到低依次为:中红杨——2025 杨——全红杨——金红杨中部——金红杨梢部,金红杨梢部、中部叶片水分利用率月平均值最低,分别为 0.383 μmol CO_2·$mmol^{-1}$ H_2O,2.451 μmol CO_2·$mmol^{-1}$ H_2O,之间差异极显著($P<0.01$)。生长季各品种叶片 WUE 月变化中,金红杨梢部 WUE 始终极显著低于中部叶片($P<0.01$)。金红杨梢部叶片 WUE 始终极显著低于全红杨、中红杨和 2025 杨($P<0.01$),金红杨中部叶片 WUE 在 6 月 14 日与全红杨差异不显著($P>0.05$),其余时间均显著($P<0.05$)或极显著($P<0.01$)低于全红杨、中红杨和 2025 杨叶片。

由图 5-7(d)及表 5-9 可知，生长季 5 月至 10 月金红杨梢部、中部叶片与全红杨、中红杨、2025 杨叶片气孔导度(Gs)10：00 的月变化趋势基本相同，均为先下降后升高再快速下降，升高和下降幅度均较大。生长季各品种叶片 Gs 达到峰值的时间有所不同，金红杨梢部、中部叶片 Gs 分别在 7 月 14 日和 8 月 15 日达到最高值，为 0.311 4 $mol \cdot m^{-2} \cdot s^{-1}$、0.249 8 $mol \cdot m^{-2} \cdot s^{-1}$，全红杨、中红杨和 2025 杨叶片 Gs 在 6 月 14 日达到最高值，为 0.344 1 $mol \cdot m^{-2} \cdot s^{-1}$、0.529 5 $mol \cdot m^{-2} \cdot s^{-1}$ 和 0.539 2 $mol \cdot m^{-2} \cdot s^{-1}$；金红杨梢部叶片和全红杨叶片 Gs 分别在 6 月 14 日和 9 月 15 日达到最低值，分别为 0.035 6 $mol \cdot m^{-2} \cdot s^{-1}$ 和 0.053 7 $mol \cdot m^{-2} \cdot s^{-1}$，其中部叶片和中红杨和 2025 杨叶片 Gs 均在 10 月 15 日达到最低值，分别为 0.036 2 $mol \cdot m^{-2} \cdot s^{-1}$ 和 0.027 8 $mol \cdot m^{-2} \cdot s^{-1}$、0.032 9 $mol \cdot m^{-2} \cdot s^{-1}$。分析表明，各品种叶片气孔导度月平均值从高到低依次为：2025 杨——中红杨——全红杨——金红杨中部——金红杨梢部，金红杨梢部、中部叶片气孔导度月平均值较低，分别为 0.131 2 $mol \cdot m^{-2} \cdot s^{-1}$、0.093 8 $mol \cdot m^{-2} \cdot s^{-1}$，之间差异显著($P<0.05$)。生长季各品种叶片 Gs 月变化中，金红杨梢部叶片 Gs 在 6 月 14 日和 10 月 15 日低于中部叶片，差异极显著($P<0.01$)和显著($P<0.05$)，其余时间均为梢部叶片高于中部叶片，7 月和 8 月差异极显著($P<0.01$)，5 月差异显著($P<0.05$)，10 月差异不显著($P>0.05$)。金红杨梢部叶片 Gs 在生长季中与全红杨、中红杨和 2025 杨叶片差异极显著($P<0.01$)，5 月至 6 月、8 月至 9 月低于三者，7 月高于三者叶片($P<0.01$)，10 月极低于全红杨高于中红杨和 2025 杨。金红杨中部叶片 Gs 大多时间显著($P<0.05$)或极显著($P<0.01$)低于全红杨、中红杨和 2025 杨叶片。

由图 5-7(e)及表 5-9 可知，生长季 5 月至 10 月金红杨梢部、中部叶片与全红杨、中红杨、2025 杨叶片胞间 CO_2 浓度(Ci)10：00 的月变化趋势基本一致，先略有下降升高后快速下降，10 月 15 日全红杨叶片 Ci 又略有升高，5 月 14 日至 8 月 15 日均为正值之后迅速降为负值。生长季各品种叶片 Ci 达到峰值的时间有所不同，金红杨梢部叶片和全红杨、中红杨叶片 Ci 均在 5 月 14 日达到最大值，分别为 393.732 $\mu mol \cdot mol^{-1}$ 和 322.201 $\mu mol \cdot mol^{-1}$，311.509 $\mu mol \cdot mol^{-1}$，金红杨中部叶片和 2025 杨叶片 Ci 在8月15日达到最大值，分别为 346.790 $\mu mol \cdot mol^{-1}$ 和 282.268 $\mu mol \cdot mol^{-1}$；金红杨梢部、中部叶片和中红杨、2025 杨叶片 Ci 均在 10 月 15 日达到最低值，分别为 −388.167 $\mu mol \cdot mol^{-1}$，−655.868 $\mu mol \cdot mol^{-1}$ 和 −640.335 $\mu mol \cdot mol^{-1}$，−851.019 $\mu mol \cdot mol^{-1}$，全红杨叶片 Ci 在 9 月 15 日为最低值 −362.634 $\mu mol \cdot mol^{-1}$。分析表明，各品种叶片胞间 CO_2 浓度月平均值从高到低依次为：金红杨梢部——全红杨——金红杨中部——中红杨——2025 杨，金红杨中部叶片 Ci 月平均值最高为 128.213 $\mu mol \cdot mol^{-1}$，其次是全红杨和金红杨中部叶片，分别为 40.394 $\mu mol \cdot mol^{-1}$ 和 5.174 $\mu mol \cdot mol^{-1}$，叶片 Ci 间均差异极显著($P<0.01$)。而中红杨和 2025 杨叶片 Ci 月平均值均为负值，差异显著($P<0.05$)。生长季各品种叶片 Ci 月变化中，金红杨梢部除 8 月 15 日与全红杨、中红杨和 2025 杨叶片 Ci 差异不显著($P>0.05$)外，其余时间均为差异极显著($P<0.01$)；金红杨中部叶片 Ci 在 7 月至

9 月极显著高于全红杨($P>0.05$),其他时间低于全红杨差异不显著($P>0.05$)或极显著($P>0.05$),大多时间极显著高于中红杨和 2025 杨($P<0.01$)。

由图 5-7(f)及表 5-9 可知,生长季 5 月至 10 月金红杨梢部、中部叶片与全红杨、中红杨、2025 杨片羧化效率(*CE*)10:00 的月变化略有不同,金红杨梢部叶片和全红杨叶片 *CE* 大致呈 M 变化,金红杨中部叶片和中红杨、2025 杨叶片 *CE* 为先升高后下降再持续升高,中红杨和 2025 杨叶片 *CE* 在 8 月 15 日至 10 月 15 日升高幅度较大。生长季各品种叶片羧化效率达到峰值的时间有所不同,金红杨梢部叶片和全红杨叶片 *CE* 在 9 月 15 日达到最大值,分别为 49.782 $mol \cdot m^{-2} \cdot s^{-1}$ 和 231.278 $mol \cdot m^{-2} \cdot s^{-1}$,金红杨中部叶片和中红杨、2025 杨叶片 *CE* 在 10 月 15 日达到最大值,分别为 139.794 $mol \cdot m^{-2} \cdot s^{-1}$ 和 539.443 $mol \cdot m^{-2} \cdot s^{-1}$,599.867 $mol \cdot m^{-2} \cdot s^{-1}$;金红杨梢部叶片和全红杨、中红杨、2025 杨叶片 *CE* 在 5 月 14 日达到最低值,分别为 −6.670 $mol \cdot m^{-2} \cdot s^{-1}$ 和 21.693 $mol \cdot m^{-2} \cdot s^{-1}$,17.612 $mol \cdot m^{-2} \cdot s^{-1}$,26.363 $mol \cdot m^{-2} \cdot s^{-1}$,金红杨中部叶片在 8 月 15 日达到最低值 36.105 $mol \cdot m^{-2} \cdot s^{-1}$。分析表明,各品种叶片羧化效率月平均值从高到低依次为:2025 杨——中红杨——全红杨——金红杨中部——金红杨梢部,金红杨梢部、中部叶片羧化效率月平均值最低,分别为 19.937$mol \cdot m^{-2} \cdot s^{-1}$,90.404 $mol \cdot m^{-2} \cdot s^{-1}$,之间差异极显著($P<0.01$)。生长季各品种叶片 *CE* 月变化中,金红杨梢部叶片 *CE* 在 8 月 15 日和 10 月 15 日与中部叶片差异不显著($P>0.05$),其余时间均差异极显著($P<0.01$)。金红杨梢部、中部叶片 *CE* 大多时间均极显著($P<0.01$)或显著($P<0.05$)低于全红杨、中红杨和 2025 杨叶片,金红杨中部叶片 *CE* 在 10 月 15 日高于全红杨叶片,差异不显著($P>0.05$)。

5.2.4 讨论

净光合速率是评价植物光合能力的一个重要依据。植物的蒸腾作用在植物水分代谢中起着重要的调节支配作用,是植物体水分吸引和水分运转的主要动力,同时,蒸腾作用对植物体内矿质元素的吸收以及矿质元素在植物体内的运输都起着非常重要的作用,因此蒸腾速率是衡量植物水分平衡的一个重要生理指标。植物体地上部分各器官主要是靠蒸腾作用获得所需水分,蒸腾作用消耗的水分在很大程度上来自根系土壤水分。单叶水平上水分利用效率(*WUE*)一般采用净光合速率(*Pn*)与蒸腾速率(*Tr*)之比来表示,表明植物消耗单位水分所产生的同化物量(颜淑云等,2011),可反映植物水分的利用水平。提高水分利用效率是植物提高生存能力的一种方式,其值越大,植物固定单位重量的 CO_2 所需水分越少,生产力越高,节水能力也越强(张建国等,2000;姜中珠等,2006;颜淑云等,2011)。气孔是植物叶片上的重要器官之一,它是植物与外界联系的重要通道,直接影响和控制植物的蒸腾和光合(颜淑云等,2011)。在树木光合作用中,CO_2 从空气中向叶绿体光合部位扩散受到诸多因素的影响,如叶面 CO_2 浓度、气孔导度、叶肉导度、气孔内 CO_2 浓度及蒸腾速率等(杨敏生等,1999)。气孔导度(*Gs*)的大小,可影响胞间

CO_2 浓度和蒸腾速率下降，进而影响光合速率。植物的蒸腾一般分为气孔蒸腾、角质层蒸腾和皮孔蒸腾，植物在受到逆境胁迫时，气孔会关闭，而气孔关闭是树木蒸腾速率大幅度下降的主要原因，一般情况下，气孔蒸腾占总蒸腾量的80%～90%以上。研究表明，气孔关闭是整个植物对环境变化最敏感的一项指标。引起植物叶片光合速率降低的因素主要是气孔的部分关闭导致的气孔限制和叶肉细胞光合活性下降导致的非气孔限制两类。前者使 Ci 值降低，而后者使 Ci 值增高，在气孔导度下降时，Ci 值同时下降才表明光合的气孔限制。当这两种因素同时存在时，Ci 值变化的方向取决于占优势的那个因素，哪个因素占优势，要看 Ci 的变化方向。当气孔导降低，而 Ci 值升高时，则可判定为光合作用的非气孔限制(付士磊等，2006；许大全等，1992；许大全，1997)。羧化效率(CE)为 Pn 与 Ci 之比，可以反映叶片对进入叶片细胞间隙 CO_2 的同化状况，CE 越高，说明光合作用对 CO_2 的利用越充分(董晓颖等，2005；秦景等，2009)。

各品种叶片光合特性6月、8月和10月日变化及5月至10月10:00点的月变化来看，金红杨梢部、中部叶片和全红杨、中红杨和2025杨叶片的净光合速率各品种叶片变化趋势基本相同，总体没有明显差异。金红杨梢部、中部叶片的净光合速率始终低于全红杨、中红杨和2025杨叶片，差异极显著($P<0.01$)，金红杨梢部叶片净光合速率极显著低于其中部叶片。可见彩叶的金红杨各部位叶片净光合速率均较低，梢部叶片净光合速率几度接近0，甚至在5月和10月的8:00及16:00出现负值。前面研究表明金红杨叶片中最重要的光合有效色素叶绿素和类胡萝卜素整个生长季均极显著低于全红杨，生长季5月至10月金红杨梢部、中部叶片和全红杨叶片中叶绿素含量月平均值分别为0.255 $mg\cdot g^{-1}$、0.125 $mg\cdot g^{-1}$ 和2.507，金红杨梢部、中部叶片叶绿素含量分别是全红杨的10.2%和5.0%。可见金红杨极低光合能力主要是其光合色素含量所造成的，这也是导致金红杨生长势较弱的主要原因。金红杨梢部、中部叶片和全红杨、中红杨、2025杨叶片的蒸腾速率和水分利用率的变化趋势也没有明显差异。金红杨梢部、中部叶片的蒸腾速率和水分利用始终均低于全红杨、中红杨和2025杨叶片，差异为极显著($P<0.01$)或显著($P<0.05$)水平。总体上金红杨梢部叶片蒸腾速率高于中部叶片，差异不显著($P>0.05$)。由于单叶水平上水分利用效率是通过净光合速率与蒸腾速率之比计算得来，致使金红杨梢部叶片水分利用率极显著低于其中部叶片($P<0.01$)。金红杨叶片较低的蒸腾速率对其植株生长起到一定的保护作用。

各品种叶片光合特性6月、8月和10月日变化及5月至10月10:00点的月变化来看，金红杨梢部、中部叶片和全红杨、中红杨和2025杨叶片的气孔导度、胞间 CO_2 浓度和羧化效率用的变化趋势也基本相同。金红杨梢部、中部叶片气孔导度大多时间低于全红杨、中红杨和2025杨，当叶片气孔导度7月15日和10月15日出现短暂升高的时候，金红杨叶片蒸腾速率会有一些增加，这对植株生长十分不利，但在大多时候，金红杨叶片都能保持较的低的气孔导度，减少植株体内水分的流失。金红杨叶片内胞间 CO_2 浓度显著高于全红杨、中红杨和2025杨($P<0.05$)，梢部叶片显著高于其中部叶片($P<0.05$)，叶

片中较高的胞间 CO_2 浓度在供给光合作用方面会有一定的补偿作用，这可能也对其生存所需的光合能力具有重要意义，但也可能是其机体没有足够的消化能力所造成的叶片胞间 CO_2 浓度增加。羧化效率用叶片净光合速率与胞间 CO_2 浓度之比来计算，金红杨梢部、中部叶片较低的净光合速率，其生理机能较低，因此金红杨梢部、中部叶片的羧化效率均极显著低于全红杨、中红杨和 2025 杨叶片（$P<0.05$），梢部叶片羧化效率显著低于中部叶片（$P<0.05$）。金红杨梢部叶片羧化效率在 5 月 14 日和 10 月 15 日出现负值的现象，可见金红杨叶片对进入叶片细胞间隙 CO_2 的同化和利用弱于全红杨、中红杨和 2025 杨，致使其生长较为缓慢，这与大多彩叶类植物情况相类似（王庆菊等，2007；姜卫兵等，2005，2006；姚砚武等，2000）。

表 5-3 生长季不同时期金红杨梢部、中部叶片与全红杨叶片色素含量的变化(平均值±标准误)

色素参数	种类(部位)	时间 5-14	6-14	7-14	8-15	9-15	10-15	平均值
花色素苷	金红杨(梢)	2.552±0.1947Aa	2.641±0.1288Aa	1.664±0.0518Aa	1.376±0.2734Aa	1.891±0.1424Aa	1.230±0.1642Bb	1.892±0.528Aa
Ant	金红杨(中)	0.821±0.0544Bb	0.776±0.0866Bb	0.607±0.0341Bb	0.230±0.0249Bb	0.392±0.0168Cc	0.566±0.0400Cc	0.565±0.213Bb
/mg·g-1	全红杨	2.551±0.1098Aa	2.403±0.1036Aa	1.775±0.1063Aa	1.644±0.1752Aa	1.628±0.0346Bb	1.638±0.1213Aa	1.940±0.403Aa
类胡萝卜素	金红杨(梢)	0.142±0.0162Bb	0.241±0.0258Bb	0.178±0.0177Bb	0.193±0.0269Bb	0.116±0.0211Bb	0.218±0.0126Bb	0.182±0.084Bb
Car	金红杨(中)	0.130±0.0171Bb	0.171±0.0159Bb	0.102±0.0154Bb	0.070±0.0053Cc	0.031±0.0458Cc	0.103±0.0078Cc	0.101±0.046Bc
/mg·g-1	全红杨	0.785±0.0190Aa	0.756±0.1420Aa	0.716±0.0779Aa	0.680±0.0212Aa	0.786±0.0213Aa	0.416±0.0115Aa	0.690±0.144Aa
叶绿素 a	金红杨(梢)	0.174±0.0112Bb	0.227±0.0322Bb	0.179±0.0200Bb	0.205±0.0260Bb	0.302±0.0420Bb	0.155±0.0205Bb	0.207±0.092Bb
Chla	金红杨(中)	0.097±0.0154Bb	0.198±0.0087Bb	0.095±0.0021Bb	0.072±0.0087Cc	0.080±0.0078Cc	0.072±0.0091Cc	0.102±0.066Bb
/mg·g-1	全红杨	2.015±0.0525Aa	2.101±0.3858Aa	1.925±0.2022Aa	1.823±0.0436Aa	2.012±0.0157Aa	0.887±0.0299Aa	1.794±0.453Aa
叶绿素 b	金红杨(梢)	0.021±0.0042Bb	0.074±0.0026Bb	0.0445±0.0032Bb	0.071±0.0160Bb	0.051±0.0153Bb	0.024±0.0041Bb	0.047±0.023Bb
Chlb	金红杨(中)	0.012±0.0046Bb	0.0152±0.0015Bb	0.0156±0.0028Bb	0.040±0.0265Bc	0.041±0.0153Bb	0.019±0.0122Bb	0.024±0.018Bb
/mg·g-1	全红杨	0.740±0.0372Aa	0.717±0.1458 Aa	0.736±0.0900Aa	0.685±0.0239Aa	0.733±0.0203Aa	0.669±0.1294Aa	0.713±0.081Aa
	金红杨(梢)	8.737±2.461Aa	3.076±0.206Bb	4.039±0.149ABb	2.996±0.656Aa	6.256±1.528Aa	6.725±2.209Aa	5.305±2.513ABab
叶绿素 a/b	金红杨(中)	8.724±3.115Aa	12.987±4.388Aa	6.257±1.346Aa	3.315±3.466Aa	2.113±0.655Bb	6.144±5.699Aa	6.590±11.535Aa
	全红杨	2.726±0.070Ab	2.941±0.114Bb	2.620±0.150Bb	2.663±0.393Aa	2.745±0.290Bb	1.371±0.347Aa	2.511±0.550Bb
总叶绿素	金红杨(梢)	0.195±0.0182Bb	0.301±0.0423Bb	0.224±0.0130Bb	0.276±0.0206Bb	0.353±0.0446Bb	0.179±0.0165Bb	0.255±0.066Bb
Chl(a+b)	金红杨(中)	0.109±0.0156Bb	0.204±0.0598Bb	0.111±0.0415Bb	0.112±0.0297Cc	0.121±0.0178Cc	0.091±0.0187Bb	0.125±0.081Bb
/mg·g-1	全红杨	2.755±0.0895Aa	2.818±0.4300Aa	2.662±0.2922Aa	2.509±0.1666Aa	2.744±0.2709Aa	1.556±0.1014Aa	2.507±0.498Aa
	金梢/金中	3.110	3.403	2.740	5.985	4.823	2.172	3.347
花色素苷	金梢/全	1.000	1.099	0.937	0.837	1.162	0.751	0.976
	金中/全	0.322	0.323	0.342	0.140	0.241	0.346	0.291
	金梢/金中	1.095	1.408	1.749	2.756	3.757	2.124	1.795
类胡萝卜素	金梢/全	0.182	0.319	0.248	0.284	0.148	0.525	0.263
	金中/全	0.166	0.226	0.142	0.103	0.039	0.247	0.147

续表

色素参数	种类（部位）	5-14	6-14	7-14	8-15	9-15	10-15	平均值
		时间						
叶绿素 a	金梢/金中	1.800	1.146	1.890	2.858	3.783	2.154	2.027
	金梢/全	0.087	0.108	0.093	0.113	0.150	0.174	0.115
	金中/全	0.048	0.094	0.049	0.039	0.040	0.081	0.057
叶绿素 b	金梢/金中	1.704	4.843	2.856	1.764	1.238	1.261	1.989
	金梢/全	0.028	0.103	0.060	0.103	0.069	0.036	0.066
	金中/全	0.016	0.021	0.021	0.059	0.056	0.028	0.033
叶绿素 a/b	金梢/金中	1.002	0.237	0.645	0.904	2.961	1.095	0.805
	金梢/全	3.205	1.046	1.541	1.125	2.279	4.905	2.113
	金中/全	3.200	4.416	2.388	1.245	0.770	4.481	2.624
总叶绿素	金梢/金中	1.790	1.473	2.026	2.466	2.922	1.968	2.044
	金梢/全	0.071	0.107	0.084	0.110	0.129	0.115	0.102
	金中/全	0.040	0.072	0.042	0.045	0.044	0.058	0.050

注：A(a)—C(c)表示不同品种的差异水平，小写字母表示在 $P=0.05$ 水平上差异显著，大写字母表示在 $P=0.01$ 水平上差异极显著，字母相同表示差异不显著。

表 5-4　生长季不同时期金红杨梢部、中部叶片与全红杨叶片叶色参数的变化（平均值±标准误）

表色参数	种类（部位）	5-14	6-14	7-14	8-15	9-15	10-15	平均值
		时间						
a^*	金红杨（梢）	20.15±0.895Aa	24.13±1.810Aa	22.00±1.349Aa	11.99±1.229Aa	18.73±0.575Aa	26.87±2.005Aa	20.64±4.97Aa
	金红杨（中）	12.34±2.168Bb	12.22±0.528Bb	10.84±0.948Bb	9.75±0.123Ab	17.95±2.975Aa	19.04±2.279Bb	13.69±3.93Bb
	全红杨	5.440±0.166Cc	5.097±0.155Cc	4.753±0.742Cc	3.297±0.222Bc	3.777±0.325Bb	4.500±0.383Cc	4.477±0.826Cc
b^*	金红杨（梢）	2.18±0.191Bb	3.26±0.368Bb	8.54±0.790Aab	8.91±0.409Bb	8.37±0.496Bb	18.17±1.885Bb	8.24±5.37Bb
	金红杨（中）	10.36±0.784Aa	16.66±0.701Aa	18.30±3.284Aa	27.17±0.944Aa	33.11±1.669Aa	37.31±1.079Aa	23.82±10.33Aa
	全红杨	0.243±0.057Cc	0.970±0.303Cc	1.320±0.935Bb	1.360±0.224Cc	1.167±0.146Cc	0.767±2.059Cc	0.971±2.883Cc
C^*	金红杨（梢）	20.27±0.870Aa	24.35±1.833Aa	23.60±1.522Aa	14.94±1.232Bb	20.51±0.713Bb	32.46±2.548Bb	22.69±5.63Ab
	金红杨（中）	16.13±2.105Ab	20.66±0.864Ab	21.78±7.331Bb	28.87±0.928Aa	37.69±2.882Aa	41.92±1.707Aa	27.84±10.02Aa
	全红杨	5.464±0.202Bc	5.194±0.8160Bc	4.997±0.690Cc	3.570±0.589Cc	3.957±0.616Cc	4.863±0.409Cc	4.674±2.764Bc

续表

表色参数	种类（部位）	时间						平均值
		5-14	6-14	7-14	8-15	9-15	10-15	
L^*	金红杨(梢)	19. 90±1. 576Cc	24. 37±2. 686Bc	32. 25±1. 849Ab	48. 38±4. 467Bb	40. 13±4. 520Bb	42. 30±5. 372ABb	34. 56±10. 74Bb
	金红杨(中)	38. 66±2. 679Aa	43. 17±3. 621Aa	47. 23±8. 541Aa	63. 90±2. 956 Aa	50. 29±2. 414Aa	59. 73±7. 792Aa	50. 50±10. 02Aa
	全红杨	26. 74±0. 252Bb	27. 93±1. 317Bb	29. 63±1. 096Ab	26. 95±2. 745Cc	25. 80±1. 074Cc	27. 27±0. 564Bc	27. 39±1. 433Cc
色光值	金红杨(梢)	41115. 22±3824. 782Aa	48558. 80±8880. 194Aa	32306. 06±4285. 849Aa	7466. 68±1338. 139Aa	19388. 28±3220. 766Aa	41346. 59±3215. 209Aa	31696. 9±15115. 4Aa
	金红杨(中)	10439. 37±3004. 072Bb	11721. 30±1071. 255Bb	9753. 37±1269. 180Bb	8811. 61±264. 319Aa	26970. 12±5243. 456Aa	26854. 50±3143. 663Bb	15758. 4±8511. 8Bb
	全红杨	2227. 98±173. 073Bc	1897. 88±107. 733Bb	1630. 39±479. 50Bc	876. 18±120. 923Bb	1167. 60±212. 431Bb	1602. 02±149. 868Cc	1567. 01±501. 32Cc
a^*	金梢/金中	1. 633	1. 974	2. 029	1. 230	1. 043	1. 411	1. 508
	金梢/全	3. 703	4. 734	4. 629	3. 636	4. 958	5. 970	4. 611
	金中/全	2. 268	2. 398	2. 281	2. 956	4. 752	4. 231	3. 058
b^*	金梢/金中	0. 210	0. 196	0. 467	0. 328	0. 253	0. 487	0. 346
	金梢/全	8. 971	3. 361	6. 470	6. 551	7. 169	23. 694	8. 484
	金中/全	42. 620	17. 172	13. 861	19. 978	28. 375	48. 648	24. 529
C^*	金梢/金中	1. 257	1. 179	1. 083	0. 518	0. 544	0. 774	0. 815
	金梢/全	3. 709	4. 688	4. 723	4. 185	5. 184	6. 674	4. 854
	金中/全	2. 952	3. 978	4. 360	8. 086	9. 526	8. 620	5. 957
L^*	金梢/金中	0. 515	0. 565	0. 683	0. 757	0. 798	0. 708	0. 684
	金梢/全	0. 744	0. 873	1. 088	1. 795	1. 556	1. 551	1. 262
	金中/全	1. 446	1. 546	1. 594	2. 371	1. 949	2. 190	1. 844
色光值	金梢/金中	3. 938	4. 143	3. 312	0. 847	0. 719	1. 540	2. 011
	金梢/全	18. 454	25. 586	19. 815	8. 522	16. 605	25. 809	20. 228
	金中/全	4. 686	6. 176	5. 982	10. 057	23. 099	16. 763	10. 056

注：A(a)—C(c)表示不同品种的差异水平，小写字母表示在 $P=0.05$ 水平上差异显著，大写字母表示在 $P=0.01$ 水平上差异极显著，字母相同表示差异不显著。

表 5-6 金红杨梢部、中部叶片与全红杨、中红杨和 2025 杨叶片 6 月 14 日光合特性日变化的不同(平均值±标准误)

参数	种类	时间 8:00	10:00	12:00	14:00	16:00	平均值
	金红杨(梢)	0.690±0.1929Ee	0.829±0.0447Ee	2.491±0.1061Dd	1.166±0.5182Ee	0.750±0.0914Ee	1.185±0.700Ee
净光合速率	金红杨(中)	3.976±0.0390Dd	6.219±0.5309Dd	4.643±0.6837Cc	4.959±0.0403Dd	2.082±0.1966Dd	4.376±1.407Dd
Pn	全红杨	7.796±0.0690Cc	10.215±1.3998Cc	6.962±0.0510Bb	7.434±0.4983Cc	5.529±.0.942Cc	7.587±1.664Cc
/μmol·m^{-2}·s^{-1}	中红杨	14.099±0.0337Bb	14.397±0.6151Bb	16.366±1.1025Aa	11.447±0.9629Bb	9.114±.05303Bb	13.085±2.618Bb
	2025 杨	17.736±0.1220Aa	18.019±1.0418Aa	16.250±0.0224Aa	15.244±0.0537Aa	12.020±1.2232Aa	15.854±2.243Aa
	金红杨(梢)	1.389±0.0498Ee	1.207±0.1046De	2.181±0.2195Ee	2.043±0.2145Ee	1.414±0.0343Ee	1.647±0.403Ee
蒸腾速率	金红杨(中)	2.254±0.3326Dd	2.027±0.1271Cd	3.212±0.7310Dd	2.833±0.0055Dd	2.080±0.0051Dd	2.481±0.481Dd
Tr	全红杨	2.750±0.0064Cc	3.862±0.4788 ABb	2.941±0.0133Cc	3.351±0.0005Bb	2.095±0.0073Cc	3.000±0.639Cc
/mmol·m^{-2}·s^{-1}	中红杨	3.716±0.0287Bb	3.378±0.0211Bc	4.248±0.0072Aa	3.228±0.0093Cc	2.412±0.2114Bb	3.397±0.626Bb
	2025 杨	4.246±0.0183Aa	4.322±0.3311Aa	4.199±0.2567Bb	3.920±0.3597Aa	2.942±0.1162Aa	3.926±0.529Aa
	金红杨(梢)	0.497±0.0121Ee	0.686±0.0365Dd	1.142±0.1426Dd	0.571±0.0281Ee	0.530±0.0634Ee	0.685±0.248Dd
水分利用率	金红杨(中)	1.764±0.1993Dd	3.069±0.4823Bb	1.445±0.0937Cc	1.751±0.1166Dd	1.001±0.0922Dd	1.806±0.714Cc
WUE	全红杨	2.835±0.0187Cc	2.650±0.2288Cc	2.367±0.0693Bb	2.219±0.1518Cc	2.639±0.3570Cc	2.542±0.244Bb
(μmol CO_2·	中红杨	3.794±0.2024Bb	4.262±0.5774Aa	3.852±0.3032Aa	3.546±0.0222Bb	3.778±0.4535Bb	3.846±0.241Aa
mmol^{-1} H_2O)	2025 杨	4.177±0.1901Aa	4.169±0.0204Aa	3.870±0.0239Aa	3.889±0.2196Aa	4.086±0.5459Aa	4.038±0.139Aa
	金红杨(梢)	0.0380±0.00111Ee	0.0356±0.00298Ee	0.0517±0.0031Ee	0.0435±0.0031Ee	0.0306±0.00754Ee	0.0399±0.0075Cc
气孔导度	金红杨(中)	0.0624±0.00880Dd	0.0606±0.00039Dd	0.0773±0.0098Cc	0.0592±0.00501Dd	0.0458±0.0011Cc	0.0610±0.0104Bb
Gs	全红杨	0.0665±0.0053Cc	0.0851±0.00926Cc	0.0663±0.0031Dd	0.0669±0.00704Bb	0.0440±0.0015Dd	0.0657±0.0135Bb
/mol·m^{-2}·s^{-1}	中红杨	0.1049±0.0086Aa	0.1064±0.01070Bb	0.1029±0.01018Aa	0.0657±0.0021Cc	0.0527±0.0026Bb	0.0865±0.0235Aa
	2025 杨	0.1033±0.0284Bb	0.1134±0.00064Aa	0.1005±0.00970Bb	0.0803±0.0082Aa	0.0643±0.0028Aa	0.0924±0.0183Aa
	金红杨(梢)	255.684±18.321Aa	262.177±40.004Aa	214.495±22.104Aa	253.660±21.113Aa	260.921±4.669Aa	249.387±18.506Aa
胞间 CO_2 浓度	金红杨(中)	176.974±19.704Bb	130.830±15.448Cc	192.591±6.728Bb	157.650±9.349Bb	225.992±26.729Bb	176.808±33.229Bb
Ci	全红杨	86.303±13.559Cc	162.989±9.398Bb	116.597±5.283Cc	110.739±12.484Cc	95.345±27.508Cc	114.394±27.541Cc
/μmol·mol^{-1}	中红杨	49.507±1.142Dd	66.881±4.999Dd	18.271±2.070Dd	7.261±1.833Dd	17.083±3.757Dd	31.801±23.386Dd
	2025 杨	32.514±9.208Ee	14.170±1.333Ee	14.873±1.732Dd	−22.773±1.866Ee	−8.587±1.879Ee	6.0394±20.165Ee
	金红杨(梢)	18.167±4.600Ee	23.289±1.240De	48.171±1.778De	26.819±1.318Ee	24.509±2.928Ee	28.191±10.849Ee
羧化效率	金红杨(中)	63.741±6.716Dd	102.620±11.965Cd	60.049±4.332Cd	83.821±8.558Dd	45.507±5.419Dd	71.148±20.639Dd
CE	全红杨	117.367±11.810Cc	120.050±16.202BCc	105.058±9.290Bc	111.080±10.756Cc	125.758±12.707Cc	115.863±9.657Cc
/mol·m^{-2}·s^{-1}	中红杨	134.472±10.780Bb	135.268±20.200Bb	159.007±15.252Ab	174.309±14.123Bb	173.064±19.186Bb	155.224±18.095Bb
	2025 杨	171.660±16.622Aa	158.837±12.536Aa	161.712±21.130Aa	189.800±19.625Aa	187.056±1.091Aa	173.813±13.183Aa

注：A(a)—E(e)表示不同品种的差异水平，小写字母表示在 $P=0.05$ 水平上差异显著，大写字母表示在 $P=0.01$ 水平上差异极显著，字母相同表示差异不显著。

表 5-7 金红杨梢部、中部叶片与全红杨、中红杨和 2025 杨叶片 8 月 15 日光合特性日变化的不同(平均值±标准误)

参数	种类	时间 8:00	10:00	12:00	14:00	16:00	平均值
	金红杨(梢)	1.175±0.5548Dd	4.175±0.4519Cd	2.658±0.5843Dd	1.382±0.3331Cc	0.849±0.4577Cc	2.048±1.335Ee
净光合速率	金红杨(中)	5.646±0.9801Cc	6.894±0.5935Cd	4.775±0.9575Dd	3.068±0.1759Cc	1.029±0.7871Cc	4.349±2.093Dd
Pn	全红杨	13.871±1.7017Bb	13.890±3.1213Bc	11.167±2.1845Cc	11.025±1.2521Bb	8.025±0.7219Bb	11.596±2.809Cc
$/\mu mol \cdot m^{-2} \cdot s^{-1}$	中红杨	19.295±0.8113Aa	21.542±1.4304Ab	16.656±1.1559Bb	13.239±1.4147Bb	11.491±0.7060Aa	16.445±3.9638Bb
	2025 杨	21.215±1.2659Aa	25.214±3.1238Aa	21.986±1.9091Aa	19.071±1.8053Aa	12.121±2.3042Aa	19.921±5.044Aa
	金红杨(梢)	0.652±0.0363Cc	3.979±0.2628Cd	4.484±0.6115Cc	3.598±0.3867Bc	1.740±0.5268Dd	2.891±1.545Cd
蒸腾速率	金红杨(中)	2.273±0.4277Bb	6.528±0.5767BCcd	8.326±1.6082BCb	9.010±2.2356ABab	5.909±0.2672Cc	6.409±2.779Bc
Tr	全红杨	3.253±0.1597ABa	5.558±1.4417BCbc	8.767±1.1423Bb	6.596±0.6760ABbc	6.173±0.8226BCc	6.069±2.089Bc
$/mmol \cdot m^{-2} \cdot s^{-1}$	中红杨	3.440±0.8682ABa	8.253±1.5581ABb	10.110±1.1623ABb	9.011±1.3051ABab	7.220±0.5152ABb	7.607±2.556Bb
	2025 杨	3.720±0.3355Aa	10.251±0.5571Aa	13.645±0.3877Aa	12.762±1.5465Aa	8.198±0.6526Aa	9.715±4.081Aa
	金红杨(梢)	1.814±0.8559Bb	1.0564±0.1708Ab	0.6029±0.1649Cc	0.394±0.1400Bb	0.464±0.1210Bc	0.8166±0.644Bb
水分利用率	金红杨(中)	2.513±0.4736Bb	1.0562±0.0154Ab	0.6032±0.1832Cc	0.356±0.0983Bb	0.230±0.0327Bd	0.952±0.881Bb
WUE	全红杨	4.268±0.4454ABa	2.689±1.2554Aa	1.268±0.1057Bb	1.744±0.4484Aa	1.307±0.0916Ab	2.255±1.285Aa
$/\mu mol\ CO_2 \cdot$	中红杨	5.859±1.4923Aa	2.673±0.5205Aa	1.656±0.1371Aa	1.475±0.0685Aa	1.597±0.1580Aa	2.652±1.821Aa
$mmol^{-1}\ H_2O$	2025 杨	5.731±0.5677Aa	2.460±0.2897Aa	1.611±0.1265ABa	1.597±0.4905Aa	1.471±0.1691Aab	2.574±1.703Aa
	金红杨(梢)	0.0497±0.0101Bc	0.1380±0.0005Cd	0.0599±0.0075Bc	0.0571±0.0007Bb	0.0305±0.00098Cc	0.0670±0.0385Cc
气孔导度	金红杨(中)	0.2290±0.0105ABb	0.2498±.0307BCc	0.2445±0.0024Ab	0.1614±0.0521ABab	0.1931±00146ABa	0.2156±0.0615Bb
Gs	全红杨	0.2827±0.0587Aab	0.2497±0.0217BCc	0.2442±0.0391Ab	0.1095±0.0321ABb	0.1914±0.0309ABa	0.2155±0.0706Bb
$(mol \cdot m^{-2} \cdot s^{-1})$	中红杨	0.3059±0.0199Aab	0.3416±0.0304Bb	0.2858±0.0466Aab	0.1621±0.0286ABab	0.2189±0.0521Aa	0.2629±0.0907Bb
	2025 杨	0.4201±0.0791Aa	0.5081±0.0380Aa	0.3946±0.0773Aa	0.2548±0.0169Aa	0.1394±0.0157Bc	0.3434±0.1489Aa
	金红杨(梢)	230.239±22.92Cc	305.829±6.60Bb	218.550±27.25Cc	250.491±5.27ABab	264.211±26.27Bb	253.864±32.83Bb
胞间 CO_2 浓度	金红杨(中)	363.070±29.25Aa	346.790±10.31Aa	307.531±14.17Aa	294.281±14.02Aa	330.414±36.84Aa	328.417±27.833Aa
Ci	全红杨	304.344±17.84ABb	298.091±19.78Bb	259.224±17.48Bb	149.028±27.90Bc	261.084±6.90Bb	254.354±61.49Bb
$/\mu mol \cdot mol^{-1}$	中红杨	263.895±39.90BCbc	280.333±13.47Bb	229.386±10.79BCc	179.569±8.64Bbc	236.224±30.44Bb	237.881±41.10BCbc
	2025 杨	294.488±15.71ABCb	282.268±6.68Bb	224.740±28.06Cc	165.009±37.05Bc	81.728±9.90Cc	209.647±85.37Cc
	金红杨(梢)	22.780±1.495Bc	30.252±3.321Bb	45.272±3.645Ab	24.220±5.808Bb	27.843±1.009BCcd	30.073±11.940Bb
羧化效率	金红杨(中)	25.367±2.828Bbc	27.841±3.967Bb	21.596±1.852Bc	20.452±1.097Bb	7.024±0.768Cd	20.456±9.021Bb
CE	全红杨	50.262±5.200ABab	56.517±16.978ABa	45.637±2.918Ab	106.531±20.826Aa	42.383±4.635Bbc	60.266±28.171Aa
$/mol \cdot m^{-2} \cdot s^{-1}$	中红杨	69.428±4.268Aa	65.609±6.709Aa	58.999±7.110Aa	82.434±6.556ABa	55.070±6.724ABb	66.308±16.546Aa
	2025 杨	51.604±3.242ABab	49.751±6.765ABab	57.451±14.011Aab	86.058±9.634ABa	87.770±9.708Aa	66.527±25.116Aa

注：A(a)—E(e)表示不同品种的差异水平，小写字母表示在 $P=0.05$ 水平上差异显著，大写字母表示在 $P=0.01$ 水平上差异极显著，字母相同表示差异不显著。

表 5-8 金红杨梢部、中部叶片与全红杨、中红杨和 2025 杨叶片 10 月 15 日光合特性日变化的不同(平均值±标准误)

参数	种类	时间					平均值
		8:00	10:00	12:00	14:00	16:00	
净光合速率 Pn /μmol·m^{-2}·s^{-1}	金红杨(梢)	−4.809±1.1174Dd	0.825±0.3152Cd	0.681±0.0777Cc	0.784±0.2310Cc	−0.647±0.3138Cc	−0.633±2.2821Ee
	金红杨(中)	0.563±0.0052Cc	5.030±0.5634BCc	3.083±0.7445Cc	1.254±0.0319Cc	0.786±0.0735Cc	2.143±1.7888Dd
	全红杨	6.030±0.8941Bb	7.167±0.2386Bc	10.381±2.1894Bb	11.154±1.4488Bb	6.515±0.8524Bb	8.249±2.7265Cc
	中红杨	9.308±1.1793Aa	14.941±3.2549Ab	12.560±1.3257Bb	19.953±0.2582Aa	6.785±0.8814ABb	12.709±4.9395Bb
	2025 杨	10.756±0.0906Aa	19.558±0.6668Aa	17.239±1.7417Aa	20.497±2.1105Aa	9.089±1.4197Aa	15.428±4.9743Aa
蒸腾速率 Tr /mmol·m^{-2}·s^{-1}	金红杨(梢)	0.353±0.1103Cc	2.588±0.0996ABa	1.392±0.0925Bb	1.271±0.2305Cc	0.213±0.0226Bbc	1.163±0.8916Bc
	金红杨(中)	0.430±0.0404Cc	1.372±0.0314Cc	1.762±0.0172Bb	1.959±0.1624BCbc	0.169±0.0169Bc	1.139±0.7409Bc
	全红杨	1.280±0.0935Bb	1.695±0.0900Ccb	1.786±0.0616ABb	1.981±0.2333BCb	0.437±0.1702ABa	1.436±0.5816Bbc
	中红杨	1.356±0.0315Bb	1.917±0.6292BCb	1.691±0.1035Bb	2.455±0.6639Bb	0.382±0.0359ABab	1.560±0.7939Bb
	2025 杨	1.879±0.1095Aa	2.867±0.1064Aa	2.410±0.4784Aa	4.032±0.1880Aa	0.527±0.1091Aa	2.343±1.2110Aa
水分利用率 WUE /μmol CO_2·mmol^{-1} H_2O	金红杨(梢)	−13.839±0.9990Dd	0.320±0.1304Cd	0.492±0.0742Bb	0.613±0.0968Bc	−3.030±1.4524Bb	−3.089±5.7783Cc
	金红杨(中)	1.315±0.1192Cc	3.665±0.3861BCc	1.747±0.4100Bb	0.640±0.0183Bc	4.975±1.8946ABb	2.468±1.8239Bb
	全红杨	4.694±0.3630Bc	4.281±2.0273ABCbc	5.807±1.1542Aa	5.670±0.9366Ab	16.939±7.8198Aa	7.478±5.8300Aa
	中红杨	6.879±1.0282Aa	8.393±3.4936Aa	7.452±0.9998Aa	8.596±2.6001Aa	18.029±4.1116Aa	9.870±4.8651Aa
	2025 杨	5.726±0.5017ABab	6.824±0.2394ABab	7.371±1.7575Aa	5.107±0.7441Ab	17.806±5.0446Aa	8.567±5.2673Aa
气孔导度 Gs /mol·m^{-2}·s^{-1}	金红杨(梢)	0.0154±0.0030Aa	0.0494±0.0047Bb	0.0609±0.0065Aa	0.0234±0.0059Bb	0.0211±0.0071Aa	0.0341±0.0188ABb
	金红杨(中)	0.0293±0.0093Aa	0.0362±0.0050BCc	0.0378±0.0020Bb	0.0236±0.0098Bb	0.0050±0.0006Cc	0.0264±0.0130BCbc
	全红杨	0.0164±0.0029Aa	0.0662±0.0022Aa	0.0644±0.0020Aa	0.0575±0.0072Aa	0.0121±0.0048BCb	0.0433±0.0254Aa
	中红杨	0.0212±0.0263Aa	0.0278±0.0024Cc	0.0214±0.0034Cc	0.0199±0.0036Bb	0.0104±0.0010BCb	0.0202±0.0117Cc
	2025 杨	0.0214±0.0023Aa	0.0329±0.0039Cc	0.0227±0.0032Cc	0.0263±0.0048Bb	0.0143±0.0032ABb	0.0235±0.0070BCc
胞间 CO_2 浓度 Ci /μmol·mol^{-1}	金红杨(梢)	-924.19±57.73Cd	-388.17±10.55Bb	-424.04±91.79Aa	-1046.08±318.40ABbc	-1217.77±73.27Aa	-800.05±370.40Aa
	金红杨(中)	-294.85±6.97Aab	-655.87±65.22Cc	-931.37±33.91Bbc	-840.78±134.51ABab	-2362.51±198.12BbB	-1017.07±738.13Aab
	全红杨	-212.16±38.81Aa	-234.70±31.51Aa	-789.59±73.37Bb	-629.44±90.72Aa	-2161.95±178.83Bb	-805.57±905.62Aa
	中红杨	-552.46±52.55Bc	-640.33±26.90Cc	-904.04±99.52Bbc	-1238.72±240.88Bc	-2172.54±81.76Bb	-1101.62±631.97Ab
	2025 杨	-514.85±70.04Bc	-851.02±14.78Dd	-954.50±60.68Bc	-1079.63±80.49ABbc	-1880.04±127.86Bb	-1056.01±486.96Aab
羧化效率 CE /mol·m^{-2}·s^{-1}	金红杨(梢)	-323.01±112.928Bc	16.74±6.530Bb	11.36±2.554Bc	37.03±21.709Bb	-30.52±14.693Cb	-57.68±145.950Cc
	金红杨(中)	19.23±0.647Bbc	139.79±16.695Bb	81.01±14.586Bc	61.34±30.035Bb	160.66±29.916BCb	92.41±56.468BCc
	全红杨	371.14±52.603ABb	111.66±51.191Bb	161.17±32.357Bc	197.57±46.529Bb	611.47±287.398ABa	290.60±220.876Bb
	中红杨	1139.46±852.724Aa	539.44±132.169Aa	598.89±119.435Ab	1020.36±105.167Aa	659.18±150.404Aa	791.47±421.385Aa
	2025 杨	506.21±60.066ABab	599.87±65.832Aa	768.77±142.226Aa	806.04±88.807Aa	655.95±176.976Aa	667.37±166.197Aa

注：A(a)—E(e)表示不同品种的差异水平，小写字母表示在 $P=0.05$ 水平上差异显著，大写字母表示在 $P=0.01$ 水平上差异极显著，字母相同表示差异不显著。

表 5-9　金红杨梢部和中部叶片与全红杨、中红杨和 2025 杨叶片 10 点光合特性月变化的不同(平均值±标准误)

参数	种类	时间						平均值
		5-14	6-14	7-14	8-15	9-15	10-15	
	金红杨(梢)	-1. 523±0. 9607De	0. 829±0. 0447Ee	1. 939±0. 1332Ee	4. 175±0. 4519Cd	1. 873±0. 0803Ee	0. 8250±0. 3152Cd	1. 353±1. 794Ee
净光合速率	金红杨(中)	3. 850±1. 2102Cd	6. 219±0. 0309Dd	7. 373±0. 7487Dd	6. 894±0. 5935Cd	5. 038±0. 3810Dd	5. 030±0. 5634BCc	5. 734±1. 374Dd
Pn	全红杨	6. 980±1. 3998Bc	10. 215±0. 0336Cc	10. 986±0. 6308Cc	13. 871±3. 1213Bc	12. 092±1. 3590Cc	7. 167±0. 2386Bc	10. 218±3. 077Cc
/μmol·m^{-2}·s^{-1}	中红杨	8. 973±0. 4098Bb	14. 397±0. 1151Bb	17. 525±0. 1029Bb	21. 542±1. 4304Ab	16. 574±1. 6340Bb	14. 941±3. 2549Ab	15. 659±4. 117Bb
	2025 杨	14. 055±2. 0483A	18. 019±0. 0284Aa	24. 098±0. 0418Aa	25. 214±3. 1238Aa	19. 795±1. 1782Aa	19. 558±0. 6668Aa	20. 123±4. 071Aa
	金红杨(梢)	3. 443±0. 7781ABab	1. 207±0. 0010De	2. 843±0. 2292Cd	5. 313±0. 6140Cc	3. 979±0. 2628Aa	2. 588±0. 0996ABa	3. 229±1. 351Bc
蒸腾速率	金红杨(中)	2. 523±0. 2478Bc	2. 027±0. 0127Cd	4. 398±0. 0356Bbc	6. 528±0. 5767BCbc	1. 786±0. 0481Bc	1. 372±0. 0314Cc	3. 106±1. 874Bc
Tr	全红杨	2. 870±0. 4788Bbc	3. 862±0. 5212ABb	4. 724±0. 2028Bb	5. 558±1. 4417BCc	2. 190±0. 5590Bbc	1. 695±0. 0900Cbc	3. 483±1. 517Bbc
/mmol·m^{-2}·s^{-1}	中红杨	3. 921±0. 2488Aa	3. 378±0. 0211Bc	4. 096±0. 0154Bc	8. 253±1. 5581ABb	2. 529±0. 2760Bb	1. 917±0. 6292BCb	4. 016±2. 181Bb
	2025 杨	3. 369±0. 4916ABab	4. 322±0. 0093Aa	6. 992±0. 0311Aa	10. 251±0. 5571Aa	3. 625±0. 1691Aa	2. 867±0. 1064Aa	5. 238±2. 695Aa
	金红杨(梢)	-0. 418±0. 2365Dd	0. 686±0. 0365Cc	0. 262±0. 0168De	0. 800±0. 1778Bb	0. 471±0. 0115Cd	0. 320±0. 1304Cd	0. 383±0. 419Cd
水分利用率	金红杨(中)	1. 507±0. 3237Cc	3. 069±0. 0282Bb	2. 591±0. 0807Cc	1. 056±0. 0154ABb	2. 819±0. 1395Bc	3. 665±0. 3861BCc	2. 451±0. 943Bc
WUE	全红杨	2. 432±0. 1478Bb	2. 706±0. 7254Bb	2. 325±0. 0436Cd	2. 689±1. 2554Aa	5. 653±0. 8188Aab	4. 281±2. 027ABCbc	3. 347±1. 544Bb
/μmol CO_2·	中红杨	2. 294±0. 1712Bb	4. 262±0. 0077Aa	4. 279±0. 0408Aa	2. 673±0. 5205Aa	6. 654±1. 4128Aa	8. 393±1. 4936Aa	4. 759±2. 568Aa
$mmol^{-1}$ H_2O	2025 杨	4. 172±0. 2382Aa	4. 169±0. 0055Aa	3. 450±0. 0204Bb	2. 460±0. 2897ABa	5. 477±0. 5443Ab	6. 824±0. 2394ABab	4. 425±1. 463Aa
	金红杨(梢)	0. 2149±0. 0546Bbc	0. 0356±0. 00298Ee	0. 3114±0. 0320Aa	0. 1380±0. 00054Cd	0. 0378±0. 00358Cc	0. 0494±0. 00047Bb	0. 1312±0. 108BCbc
气孔导度	金红杨(中)	0. 1094±0. 0255Bc	0. 0606±0. 000395Dd	0. 0671±0. 00620Ee	0. 2498±0. 03070BCc	0. 0400±0. 00159Cc	0. 0362±0. 00505BCc	0. 0938±0. 077Cc
Gs	全红杨	0. 3441±0. 1137ABb	0. 0851±0. 000258Cc	0. 0799±0. 000575Dd	0. 2497±0. 02167BCc	0. 0537±0. 01445BCb	0. 0662±0. 01223Aa	0. 1464±0. 120ABCbc
/mol·m^{-2}·s^{-1}	中红杨	0. 5295±0. 1270Aa	0. 1064±0. 000702Bb	0. 1161±0. 001098Bb	0. 3416±0. 08037Bb	0. 0609±0. 00652Bb	0. 0278±0. 00242Cc	0. 1971±0. 192ABab
	2025 杨	0. 5392±0. 0669Aa	0. 1134±0. 00064Aa	0. 1134±0. 000641Cc	0. 5081±0. 03799Aa	0. 0845±0. 00442Aa	0. 0329±0. 00388Cc	0. 2319±0. 216Aa
	金红杨(梢)	393. 732±28. 006Aa	262. 177±24. 00Aa	287. 074±20. 809Aa	305. 829±36. 601Bb	-91. 366±21. 715Aa	-388. 167±10. 554Bb	128. 213±285. 09Aa
胞间 CO_2 浓度	金红杨(中)	317. 365±18. 943Bb	130. 830±1. 545Cc	116. 751±10. 462Bb	346. 790±23. 308Aa	-224. 824±37. 880Ab	-655. 868±65. 216Cc	5. 174±360. 50BCb
Ci	全红杨	332. 201±16. 072Bb	162. 989±10. 940Bb	46. 419±1. 012Cc	298. 091±19. 777Bb	-362. 634±55. 022Bc	-234. 700±31. 510Aa	40. 394±268. 28Bb
/μmol·mol^{-1}	中红杨	311. 590±24. 786Bb	66. 881±6. 500Dd	28. 896±2. 677Dd	280. 333±13. 471Bb	-424. 039±91. 792Bc	-640. 335±26. 904Cc	-62. 779±364. 63CDc
	2025 杨	268. 560±8. 639Cc	14. 170±1. 333Ee	14. 170±1. 332Ee	282. 268±16. 678Bb	-365. 462±40. 275Bc	-851. 019±44. 778Dd	-106. 219±408. 07Dc
	金红杨(梢)	-6. 670±3. 736Bc	23. 289±1. 240De	6. 223±0. 388Dd	30. 252±3. 321Bb	49. 782±3. 664Cc	16. 744±6. 530Bb	19. 937±18. 644Dc
羧化效率	金红杨(中)	36. 105±10. 945Aa	102. 620±10. 965Cd	109. 964±11. 438Cc	27. 841±3. 967Bb	126. 102±8. 283Bb	139. 794±16. 695Bb	90. 404±45. 084CDb
CE	全红杨	21. 693±6. 468Ab	120. 050±16. 202BCc	137. 535±8. 702Bb	56. 517±16. 978ABa	231. 278±35. 651Aa	111. 658±51. 191Bb	113. 122±71. 797BCb
/mol·m^{-2}·s^{-1}	中红杨	17. 612±4. 170Ab	135. 268±9. 200Bb	150. 950±2. 296Bb	65. 609±16. 709Aa	276. 062±57. 683Aa	539. 443±132. 169Aa	197. 491±184. 530ABa
	2025 杨	26. 363±3. 555Aab	158. 837±10. 536Aa	212. 483±19. 126Aa	49. 751±6. 765ABab	235. 030±25. 182Aa	599. 867±65. 832Aa	213. 722±196. 212Aa

注：A(a)—E(e)表示不同品种的差异水平，小写字母表示在 $P=0.05$ 水平上差异显著，大写字母表示在 $P=0.01$ 水平上差异极显著，字母相同表示差异不显著。

第6章　中红杨、全红杨返祖现象研究

6.1　植物返祖现象研究进展

返祖(atavism)是由一个拉丁字“先祖”(atavus)衍变出来的(达尔文,1996)。顾名思义,返祖现象是指生物体偶然出现了祖先的某些性状的现象,它是一种不太常见的生物“退化”现象存在于自然界的各种生物中(路端正,1192;徐智民等,1997;Hall BK. 1995;María Ydelia Sánchez-Tinoco,2004;Trevor D. Pri*CE*,2002;Lennart Olsson,2009;Ricardo Noguera-Solano,2009;Y. -S. Liu,et al. ,2009;张光辉,2007)。

有关植物返祖现象研究的文献,多见于20世纪80年代以后,然而这方面的深入研究却很少。可能原因:第一,分子生物学技术得到迅速发展,人们常将注意力集中到发育突变体和分子机制方面;第二,人们常常忽视这种现象,有时将其视为畸形;第三,栽培植物经过长期的人工选择和自然选择,已经适应当地的环境条件和栽培耕作制度,加上播种期又相对稳定,返祖发生的频率较低;野生植物在自然选择过程中,只有适应其所处的环境,方可繁衍后代,所以植物发生返祖的频率也很低(吴存祥等,2002)。

6.1.1　返祖与突变的差异

突变是指生物在繁衍后代的过程中,会产生各种各样的可遗传的变异,这些可遗传的变异为生物进化提供了原材料。现代遗传学的研究表明,可遗传的变异来源于基因突变、基因重组和染色体变异。其中,基因突变和染色体变异常称为突变。植物经常会发生叶色突变,如菊花(*Dendranthema morifolium* (Ramat.) Tzvel.)中产生的黄绿叶突变体(常青山等,2008)、水稻中产生的淡黄叶(王聪田等,2007)、白色(董红霞,2010)等突变体、四季橘产生的花斑变异(林友河等,2000)、向日葵(Helianthus annuus)中有黄叶突变体 *xanl*(Fambrini *M*,*et al*.,2004)、桑树中存在白色和黄色突变体(谈建中等,2003),同时桑树还存在枝条、叶形、叶色上的变异(贾俊丽等,2008)。返祖是在生物进化过程中,已经退化消失的祖先性状又在后代个体中重现的现象。

返祖不同于突变的重演性。突变的重演性,是指同一突变可以在同种生物不同个体间多次发生,又叫突变的多次性。玉米植株分蘖突变,在不同个体间多次发生,这与突变的重演性很相似,但为返祖遗传。怎样区分突变的重演性和返祖遗传呢?主要看突变性状本身的来源,如果突变性状是原来祖先就有的性状,为返祖遗传;如果突变性状是原来祖先没有的新性状,为突变的重演性。如玉米经辐射产生的双穗、白色条纹叶片等突变就为突变的重演性。

返祖不同于突变的可逆性。突变的可逆性,是指由显性基因A变为隐性基因a,这称为正突变。相反,由隐性基因a回复突变为显性基因A,称为反突变或称回复突变。基因突变的可逆性表明，基因突变并不是基因的丧失，而是基因内化学分子结构的改变。返祖遗传表明，控制祖先原有性状的一些基因，在长期的进化过程中，这些基因并没有丧失。这一点与突变的可逆性是相似的，但返祖基因绝不是由 a-A 的简单回复突变，很可能与多基因调控有关。回复突变的基因 a 和 A，都具有活性，都有一定的表型效应；而返祖遗传的基因，在被激活前，虽然存在，但不具活性，这是返祖遗传与突变可逆性的区别（钱远槐等，1996）。

6.1.2　返祖现象发生的类型

通常依据返祖发生的器官对返祖现象进行分类。

6.1.2.1　花

玫瑰（*Rosa rugosa Thunb.*），蔷薇科蔷薇属植物，夏季 4—8 月开花，花单生或簇生于枝顶，有紫红色、白色，然而 1992 年湘西辰溪县花卉个体户黄永安在采集兰花休息时发现了一株花瓣为绿色的绿玫瑰（吴道南，2003）。月季花（*Rosa chinensis* Jacq.）的花蕊中有时也会长出绿色的叶子。小花草玉梅（*Anemone rivularis* Buch.-Ham. var. *flore-minore* Maxim.），毛茛科银莲属多年生草本植物，其变态的花被片显示出苞片或叶的形态特征（常鸿莉等，2005）。李微等（2006）在研究塔叶苔属（*Jungermannia*）的中国标本时，发现一新种，其配子体为叶状体，生殖枝具茎叶返祖现象，应置于带叶苔目中。Bonet（1998）在进行花药（anther）培养研究时认为花粉出现胚胎形成现象也是返祖现象的一种表现。

除了花的性状发生变化之外，同时还会出现花逆转现象。华北落叶松（*Larix principis-rupprechtii* Mayr）成熟的球果轴顶端继续生长，抽出了新的枝条，长满了绿叶。苏建英等（2001）在研究落叶松属孢子叶球时，发现一些大孢子叶球或两性孢子叶球的顶端会重新生出营养枝条。河南省林业科学研究院办公楼前也经常发现部分麦冬花序上长满枝叶。

6.1.2.2　果实

吴明泉等（2000）利用本地农用蔬菜大棚探索玉米冬繁加代技术，在大棚内，聊系 1、聊系 2、聊系 4、488 等均有不同程度的"返祖"现象，表现为雌花开在雄穗上并可部分结实。银杏一般为雌雄异株，雌树银杏，先花后果，常规果实生长在果枝上，然而在 1891 年，日本人 Sharai 发现了第 1 株具有叶生胚珠（种子）的银杏——叶籽银杏，现今共发现有 47 株叶籽银杏（李士美等，2007）。韦霄等（2007）研究银杏通常每一雌花具一长柄，上载一对胚珠，最后存留一个成熟，而有些银杏树一个花柄上载有 3～4 个胚珠，甚至达 15 个以上。H. H. Kuang（1945）在水稻中发现除了具有正常的外稃和内稃外，还有一些水稻在小穗的一侧或两侧具有类似外稃的种皮。丁丙扬等（1999）用居群调查时采集的菱属植物果实进行试验，发现野菱绍兴居群 60 个果实中有 4 个双苗；欧菱洪泽湖居群栽培第二代的 24 个果实中有 2 个双苗等。通常菱属植物子房 2 室，每室含 1 胚珠，1 室正常发育,另 1 室退化,成熟果实只有 1 粒,果实萌发长出 1 个幼苗,而产生双苗的果实内有 2 粒种子,表明系 2 室的胚珠同时发育所致,这也是一种返祖现象。

6.1.2.3 叶

斑叶植物如金边瑞香(*Daphne odora*)、金心大叶黄杨(*EuonymusjaponicusL*. Cv. "Aureo-variegatus")、花叶常春藤等,会多次出现返祖现象,个别分枝上新生叶变为全绿色(李万芳等,2009)。银波锦因芽变而产生的叶片完全金黄色或青翠相间黄色的品种,品质不稳定,种植一久,也会叶片重新变为绿色的现象。2007 年中科院武汉植物园出现的"鸳鸯"黄杨,一边是单一的翠绿色,另一边却是绿叶镶了金边。桑树叶子边缘通常都是锯齿状的,然而在某种特定环境中,却出现了裂叶。有趣的是这与同属于桑科的无花果很类似,这使我们相信桑树出现了属于同属于一科的祖先的性状—裂叶(Sebanek J, 1991;Sladky Z,1991)。

6.1.2.4 枝

河南省林业科学研究院实验基地(新郑孟庄)有 5 株 10 年生的高接刺槐,其枝条弯弯曲曲,分枝角度也相差很大,很难看到有长过 1 m 的直枝条,俗称"拐枝刺槐"。然而近两年发现 1 株母树上有两三条树枝竟然非常笔直,同母树有显著的区别。

6.1.2.5 由雌雄异株变为雌雄同株

生物的进化方向是由雌雄同株进化为雌雄异株,如连香树(CE*rcidiphyllum japonicum* Sieb. et Zucc.)、银杏、杨树、铁树(*Cycas revoluta* Thunb.)、松树(*Pinus*)等。西安植物园中栽培的连香树存在雌雄同株的返祖现象,其在同一枝条上有雌、雄及两性花序,比例为 4%,54%,41%(张莹等,2009)。树木学上记载,杨树雌雄异株。但在新疆一个林场种植园内,发现有两株杨树已由雌雄异株转化为雌雄同株。一株是欧洲黑杨,1981 年由杨庭兰发现的,一株是小美 8273 杨,1982 年新疆林场工作人员在搞杂交育种水培花枝时,由王旭发现的。当时,经在显微镜下进一步观察,确认为雌雄同株。在同一根花枝上不但有雌花序,也有雄花序;而且有的花序上,同时开有雌花和雄花(王爱珍,1985)。胡杨(*Populus diversifolia*),杨柳科,杨属,胡杨派,雌雄异株,在北纬 40°22′,东经 80°14′,海拔 1046.7 m 的新疆哈拉库勒发现一株雌雄同株的胡杨,该株胡杨胸径 56.0 cm,树高 11.5 m,分叉高 4.0 m,树冠圆球形,冠幅东西长 9 m(陈勇,1983)。银杏中也有这种雌雄同株的现象(梁立兴,2002)。

6.1.2.6 多肉植物

变异为株茎上错落有致地布满大大小小红色乳晕的高纱石化变异种可能又返祖为满身绒毛细刺的样子(黄献生,2007)。仙人掌科星球属植物在背阴、缺少光照,水肥过大时,就会出现增棱现象(王颖翔,2004)。山影,仙人掌科仙人柱属多肉植物,形态似山非山,似石非石,日常管理中,水肥过大、光强不够是造成山影返祖、长成柱状的主要原因。

6.1.3　返祖现象产生的原因

6.1.3.1　在自然中偶然发生

由于某种原因在自然界中偶然会产生返祖的个体。如 1992 年湘西辰溪县花卉个体户黄永安在采集兰花休息时发现了一株花瓣为绿叶的绿玫瑰(吴道南,2003)。

6.1.3.2　在有性繁殖中出现

有性繁殖产生的种子在育苗时,有些苗会有不同程度的返祖。红花檵木一般很少用有性繁殖进行繁育,因为有性繁殖不仅苗期长,生长慢,而且会出现白花檵木(*Loropetalum chinensis* (R. Br.) Oliv.)。百度百科有介绍 1978 年长沙烈士陵园利用种子育苗,由于实生苗遗传稳定性不强,有 15.8%返祖,变为檵木。栽植桑树时,如果采用有性繁殖,则后代具有返祖野生性,即往往表现出生长势旺、花果多等对生物本身有利的性状,而不能保持优良的经济性状(杨今后,1981)。紫叶小檗用种子实生繁殖过程中也会约有 5%的小苗会返祖成叶片绿色的日本小檗(吴锦华,1997)。吴明泉等 (2000) 利用本地农用蔬菜大棚探索玉米冬繁加代技术,在大棚内,聊系 1、聊系 2、聊系 4、488 等均有不同程度的"返祖"现象,表现为雌花开在雄穗上并可部分结实。星球属(*Astrophytum*)植物进行有性繁殖时,五棱星球系列之间,或三棱鸾凤玉系列之间,互为父母亲本,相互授粉做有性繁殖,他们结实播种后子代少被遴选的比例非常之高;而母本为少棱,父本为正常棱数品种,其子代少棱遴选的比例就非常少(王颖翔,2004)。

6.1.3.3　由物理化学刺激诱导而产生

通过实验诱导也可以产生返祖,如辐射或者化学药品的处理等。钱远槐等 (1996) 用 X 射线照射处理玉米,玉米表现出植株分蘖、雌雄同穗、穗柄节间伸长等野生祖先的特征。周鹊轩等 (1984) 用无残毒、广谱的化学去雄剂"HAC-123"会使实验材料发生的雄性败育、花穗和花器变异等现象。陈彦慧等 (1999) 将不同剂量的离子束注入玉米自交系、单交种、综合种不同类型材料中,在其处理的自交系当代植株 M1 中发现一个返祖不育突变个体。

6.1.3.4　环境条件的改变

环境条件如水肥,阳光的改变也会引起植物出现返祖现象。紫叶小檗种植在阳光充足时叶色纯正,阳光不足则会出现叶色转绿的返祖现象(吴锦华,1997)。一些斑叶植物在光照不足、氮肥比例过高时会返绿,如金心大叶黄杨、花叶常春藤、金边吊兰、斑叶绿萝、斑叶天竺葵、金边瑞香等(李万芳等,2009)。星球属植物在背阴、缺少光照,水肥过大时,会出现增棱现象(王颖翔,2004)。山影,仙人掌科仙人柱属多肉植物,形态似山非山,似石非石。

6.1.4　返祖现象产生的机理

植物界出现的各种返祖现象说明,在系统发育过程中,控制祖先原有性状的一些基因既没有死亡,也没有丧失,而是失活。由于一些外在环境的因素,激活了在系统发育过程中已失活的基因,出现了返祖现象。在进化过程中,祖先原有性状的一些基因是怎样失活的?已失活的基因怎样被激活?搞清楚这些问题,对于揭示生物的进化机理有着十分重要的意义。

对于返祖现象,现代遗传学有两种解释:一是由于在物种形成期间已经分开的,决定某种性状所必需的两个或多个基因,通过杂交或其他原因又重新组合起来,于是该祖先性状又得以重新表现;二是决定这种祖先性状的基因,在进化过程中早已被组蛋白为主的阻遏蛋白所封闭,但由于某种原因,产生出特异的非组蛋白,可与组蛋白结合而使阻遏蛋白脱落,结果被封闭的基因恢复了活性,又重新转录和翻译,表现出祖先的性状。

6.1.5 对于产生返祖现象的处理

6.1.5.1 去除返祖器官

在园艺上,有观赏价值的,应防止其返祖。如叶艺兰(梁立兴,2002)、斑叶植物、彩叶植物以及多肉植物,为了保持其艺术性、观赏性,应防止返祖发生。处理方法:已经产生返祖现象的枝条,要将其剪取。如番茄因品种种性退化或育苗栽培条件不适宜时而产生的花后枝,剪除可促进果实膨大(陕建伟等,2001)。

6.1.5.2 提供适宜的栽培条件

采取以下措施:①光照要充足;②适当给水;③合理施肥。施肥不要太多,特别是氮肥。

6.1.5.3 采用无性繁殖

因有性杂交会引起植物后代出现返祖现象,因此可采用无性繁殖来减少发生的概率。如栽植桑树时,多采用无性繁殖,以保证其优良性状(杨今后,1981)。繁育红花檵木和紫叶小檗的时候,也多采用无性繁殖的方法。

6.1.5.4 不进行处理

有些植物出现的返祖属于退化返祖现象,由偶然变异而产生的。如进行卡特兰花朵研究时,发现约有1%的植株在某年中花朵会以不同的方式产生变异,但是第二年花朵会正常开放(郑宝强等,2008)。

6.1.6 研究返祖现象的意义

对返祖现象进行研究,首先可以了解植物器官的演化,特别是对花器官演化的研究有重要的意义([俄罗斯]Takh tajan A,1997)。其次,在园艺上可利用返祖产生的新性状培育新品种。如野生的芍药(*Paeonia lactiflora Pall.*)、蔷薇(*Rosa*)、榆叶梅(*Amygdalus triloba*)等都是单层花瓣的,由于返祖现象,某些雄蕊的花丝扩大成为花瓣状,许多栽培观赏的重瓣品种正是由此选育出来的。再次,现在植物发生的许多畸形现象都属于返祖性畸形,返祖性畸形可再现出某个历史时期祖先的某些特征,可作为系统演化研究的佐证,同时可研究畸形现象的发生机理等。

6.2 红叶杨返祖现象调查

在中红杨和“全红杨”种植过程中,总会发现叶片或枝条有不同程度的变绿现象,即返祖现象。如有些返祖的中红杨植株整个枝条叶片及枝干呈现返绿,“全红杨”顶部红色叶片上,部分变成为绿色,后来渐渐长出来的叶子都成绿色的了等等。针对红叶杨发生的返祖现象,我们进行了全红杨、中红杨种植地区的返祖情况调查,调查其返祖表现形式及返祖率,并研究了因返祖而对植株产生的生理上的变化,以及对发生返祖现象的可能机理。

6.2.1 试验材料与准备

红叶杨研发试验地苗圃(虞城)1 年生中红杨、全红杨生平茬苗,以 3m 高干 2025 杨为砧木的 1 年生全红杨高接苗,3 年生全红杨嫁接苗;河南林业科学研究院(郑州)4 年生中红杨嫁接苗及华美生物工程院内 5 年生的中红杨苗木;河南林业科学研究院试验场(新郑)栽植的以 1.3 m 高 2025 杨为砧木的 1 年生 全红杨高接苗,2011 年的中红杨扦插苗,3 年生中红杨嫁接苗木。

6.2.2 试验设计与方法

在 2011 年 4—7 月分别对虞城和新郑实验林场全红杨和中红杨种植地及郑州绿化中红杨大树进行样方划分,每个样方苗地进行随机抽查 4 行,样本在 50 棵以上,详细记录植株发生返祖枝条的方位(东、西、南、北)和状况。

对发生返祖现象的枝条的处理:用修枝剪剪除出现返祖现象的全红杨、中红杨枝条,并做好标记。2 个月之后跟踪观察记录剪除之后树木枝条叶片状况,尤其是被剪除的返祖枝条周边枝条及剪除部位新萌生枝条叶片的状况。

6.2.3 结果与分析

6.2.3.1 返祖类型

从调查结果来看,中红杨、全红杨返祖主要表现有四种类型:

(1)幼树返祖。苗木栽植后,从萌芽长枝起,植株就发生返祖,所有叶片不表现红色,而直接表现为绿色。

(2)枝条返祖。植株生长几年后,个别枝条发生返祖,整个枝条的枝、叶均为绿色。

(3)枝条半红半绿返祖。在植株生长过程中,个别枝条的一半枝及相应叶片表现为红色,另一半枝及相应叶片表现为绿色。

(4)部分叶片返祖。植株生长过程中,个别枝条上有部分叶片发生返祖。叶片返祖现象常常表现为某些叶片整个变绿,某些叶片色彩大致延着中间叶脉呈现一半红一半绿，某些叶片只有小部分变绿 3 种情况。另外在发生返祖的植株上，发生返祖现象的叶片，其叶柄及叶片根部以下的茎会产生不同程度绿色的纵向条纹。

6.2.3.2 返祖概率

在调查有返祖现象的苗木中，上述四种返祖类型发生的概率如图 6-1 所示，幼树返祖、枝条返祖、枝条半红半绿返祖、部分叶片返祖的概率分别为：4.9%，45.3%，10.4%和39.4%。这说明幼树返祖及枝条半红半绿返祖概率较枝条返祖及部分叶片返祖概率小。且部分叶片返祖大多出现 1～2 年生树木上，枝条返祖大多出现 3～4 年生树木上。

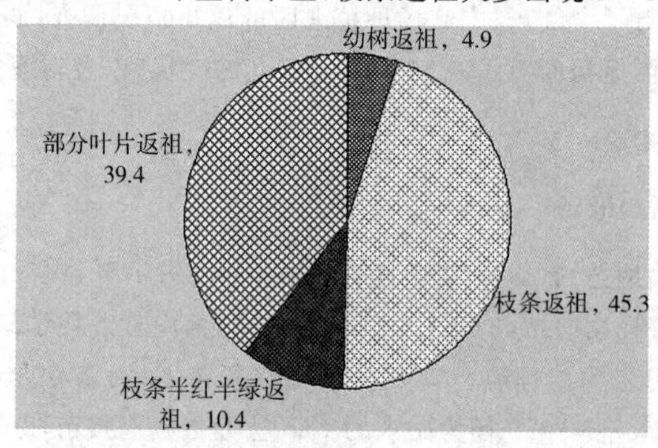

图 6-1　四种返祖形式及所占比例(%)

(1)不同品种的返祖率。从不同品种和不同的栽植方式来看，发生返祖概率(发生返祖的植株占调查总植株的比率)不一致。如图 6-2 所示，中红杨共调查 284 株，有 26 株返祖，返祖概率为 9.15%；全红杨共调查 2 572 株，有 80 株返祖，返祖概率为 3.11%，可见中红杨返祖概率高于全红杨。

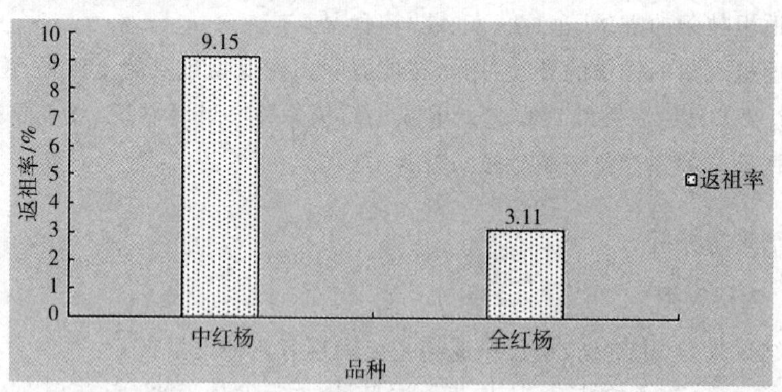

图 6-2　中红杨、全红杨的返祖概率

(2) 不同试验地的返祖率。通过对河南林业科学研究院试验场(新郑)和红叶杨研发试验地苗圃(虞城)两地的全红杨和中红杨的返祖调查。如图 6-3 所示，新郑实验林场总共调查了 924 株，其中返祖的有 14 株，返祖概率为 1.52%；虞城红叶杨研发试验地总共调查了 1 731 株，其中返祖的有 68 株，返祖概率为 3.93%。对比来看，虞城红叶杨研发试验地林场红叶杨的返祖概率小于新郑实验林场。

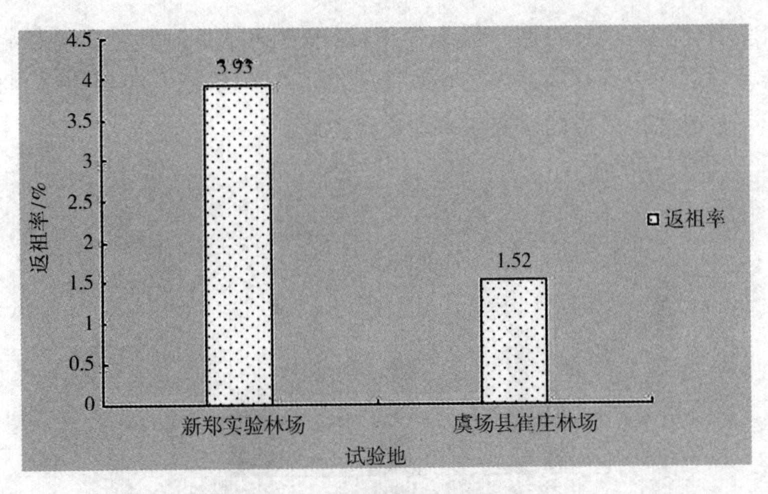

图6-3 不同试验地的返祖概率

(3) 不同繁殖方式的返祖率。在所调查的红叶杨中，有平茬、嫁接、高干嫁接、扦插四种繁殖形式。

从图6-4可看出，嫁接苗共调查888株，返祖的有55株，返祖概率为6.19%；高干嫁接的共调查421株，返祖的有24株，返祖概率为5.7%；平茬苗共调查806株，有7返祖，返祖概率为0.87%；扦插苗共调查741株，20株返祖，返祖概率为2.7%。因此采用嫁接与高干嫁接的返祖概率较采用平茬及扦插的返祖率高。

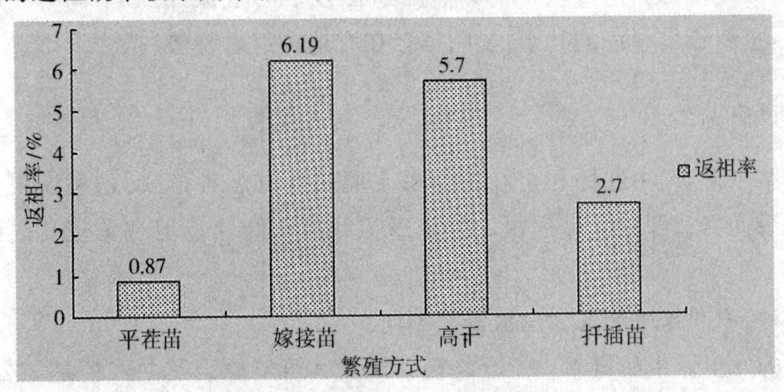

图6-4 不同繁殖方式的返祖概率(%)

对发生返祖现象的每株红叶杨苗木上的返祖枝条，按东、西、南、北四个方向分别统计，计算每个方向返祖枝数占总返祖枝数的比率。

从图6-5中可以看出1年生全红杨嫁接苗中，北向枝条占返祖枝条的比率最高，达47.06%，西向最低，为11.76%。2年生全红杨嫁接苗中，东向枝条占返祖枝条的比率最高，达38.23%，南向最低，为17.65%。3年生嫁接苗中，北向枝条占返祖枝条的比率最高，达35.71%，西向和南向的同等，为14.29%。由此得出，不管几年生的嫁接苗，大多都是北边和东边的枝条发生返祖的比率高，可能是北边及东边受光照较西边与南边少的缘故。说明光照充足不仅对植物的正常生长有非常重要的作用，而且对彩叶植物保持叶片色泽也是十分有利的。光照不足时就会影响其正常叶色表现，发生返祖、返青等现象。

光合色素含量及比例的增加有利于光合作用，缓解光照不足对其生长的影响。另外，说明红叶杨叶片中的花色素苷的形成与光照强度也是有关的，这与王颖翔(2004)对星球属植物在光照不足时发生增棱的研究结果理论相类似。

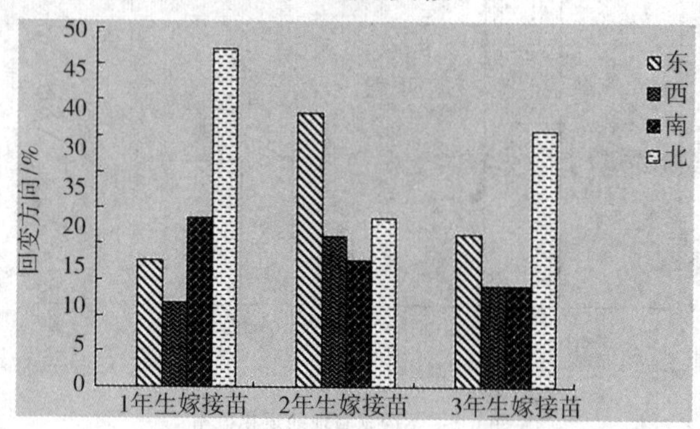

图 6-5 全红杨不同林龄嫁接苗返祖枝条的方向统计图

6.2.3.3 剪除返祖枝条的情况调查

对发生返祖的全红杨、中红杨枝条进行剔除修剪。根据树龄不同，其修剪程度也不同，对 1 年生高接全红杨刚刚产生的返祖枝条采取全部剪除；4 年生的发生返祖的中红杨枝条只剪除出现返祖现象的部分。2 个月后跟踪调查发现，全部剪除返祖枝条的可以很好地控制植株返青的趋势；而只是部分剪除返祖枝条的植株，随后不同时期枝条会又出现返绿现象，重新长出绿色的叶子，说明还存在有这种返祖趋势。

6.2.4 讨论

从调查结果来看，中红杨和全红杨返祖主要表现有 4 种形式：幼树返祖、枝条返祖、枝条半红半绿返祖和部分叶片返祖。枝条返祖及部分叶片返祖现象较其他两种发生概率大。

不同品种、不同繁殖形式的返祖概率不同。

中红杨的发生返祖的概率高于全红杨。推测其可能原因是中红杨是 2025 杨的第一代芽变品种，有着更为相近的遗传特性，有很大程度原因是其芽变体的性质不稳定，因此造成 中红杨比全红杨的返祖率高。

嫁接与高干嫁接的返祖率较采用平茬及扦插的返祖率高。其原因可能是嫁接苗的砧木大多为嫁接体的亲本 2025 杨，为了生长和适生需要，体现出更好的亲和性，嫁接体更容易受到砧木特性的干扰和影响，因此其返祖的趋势较独立成苗的平茬苗和扦插苗的返祖概率要高一些。

调查发现，不同生长年份的嫁接苗，均是北边和东边的枝条发生返祖的比例要高一些，可能是北边及东边受光照较西边与南边少的原因。说明光照充足不仅对植物的正常生长有非常重要的作用，而且对彩叶植物保持叶片色泽也是十分有利的。另外说明红叶杨中的光合色素和花色素苷的形成均与光照强度有关，当光照不足时，光合色素含量及比例的增加有利于叶片光合作用，缓解光照不足对其生长的影响，但同时引起花色素苷含量大幅下降，影响叶片色彩的表现，利于返青等返祖现象发生。

在新郑实验林场剪除全红杨发生返祖的枝条，从剪除返祖枝条的措施效果来看，无论返祖程度如何，剪除时一定要从远离发生返祖枝叶的根部剪除，这样的植株没有再次生长出带有绿色叶片的枝条，能很好地抑制返祖现象的发生。

6.3　返祖植株生理指标分析

6.3.1　试验材料与准备

红叶杨研发试验地苗圃（虞城）、河南省林业科学研究院（郑州）、河南省林业科学研究院试验场（新郑）栽植的全红杨、中红杨苗木。

6.3.2　试验设计与方法

6.3.2.1　生物量

2010 年河南省林业科学研究院院内，试验材料为以 2025 杨为砧木的当年生嫁接苗，4 月中旬在每个 2025 杨砧木上不同方向嫁接 2～3 个全红杨健康饱满芽，采用带木质部嵌芽接。10 月中旬测量嫁接枝条一个生长季的生长量，包括正常的及发生返祖的植株高度及嫁接部位向上 1 cm 处的直径。

6.3.2.2　叶片面积、色素含量和叶色参数

2011 年 9 月在红叶杨研发试验地苗圃（虞城），在 2 年生全红杨、中红杨嫁接苗中分别选取发生返祖的全红杨、中红杨苗木各 5～6 株，以全红杨、中红杨正常苗木及 2025 杨苗木为对照。选取植株上不同类型（全红、全绿、半红半绿、小部分绿）的成熟健康叶片各 3～4 片，测定其叶色参数，对于部分红部分绿的叶片，叶色参数分开测量，设 3 个重复，取平均值。随后采集各类植株不同类型的叶片各 5～6 片，样叶置于冰盒保存带回重点实验室，用于叶面积和叶片色素含量的测定。全红或全绿叶片的叶面积和色素含量可整片测量；部分红部分绿的叶片的叶面积要先测量整片叶的面积，然后将叶片红色部分与绿色部分分开，进行单独叶面积和色素含量测量，设 3 个重复，取其平均值。

6.3.2.3　净光合速率

2011 年 9 月在红叶杨研发试验地苗圃（虞城），在 2 年生全红杨、中红杨嫁接苗中分别选取发生返祖的全红杨、中红杨，以全红杨、中红杨正常苗木及 2025 杨为对照，分别选取不同类型（正常植株全红叶片、返祖植株全红叶片、返祖半红半绿叶片、返祖全绿叶片）的成熟健康叶片各 3～4 片，对叶片进行净光合速率的测定，半红半绿叶片的红、绿部分进行分别测量，各类型设 3 个重复，取平均值。

叶面积，净光合速率，叶色参数，叶片叶绿素、类胡萝卜素、花色素苷含量的测定方法

同本书 3.3.2 节和 3.4.2 节。数据使用 Excel 软件和 SPSS 17.0、DPS 3.01 软件系统进行分析处理。

6.3.3 结果与分析

6.3.2.1 生物量

调查全红杨、中红杨嫁接苗上嫁接芽所生长成的枝条返祖情况，并进行分类和统计。

测量无返祖现象全红杨植株及发生返祖现象全红杨植株的各枝条嫁接部位向上 1 cm处的直径，进行分类统计和计算，取平均值。测得砧木 2025 杨的地径，取平均值。

经计算，砧木 2025 杨地径平均值为 2.32 cm。由表 6-1 可见全红杨嫁接位向上 1 cm 处枝条的平均直径高于 2025 杨，约是其 1.15 倍。表 6-2 显示二者差异性分析 P=0.081>0.05，说明无返祖现象的全红杨与 2025 杨嫁接部位向上 1 cm 处的直径并无显著性差异。

表 6-1 无返祖现象全红杨和 2025 杨嫁接枝条直径值测定

品种	胸径/cm										平均值/cm
	1	2	3	4	5	6	7	8	9	10	
全红杨	1.35	1.12	1.60	1.00	1.42	0.85	1.22	1.30	1.50	1.10	1.246
2025 杨	1.18	1.02	1.30	1.38	1.10	1.02	1.00	0.90	0.88	1.02	1.080

表 6-2 无返祖现象全红杨与 2025 杨嫁接枝条直径的方差分析

	平方和	*df*	均方	*F*	显著性
组间	0.138	1	0.138	3.409	0.081
组内	0.727	18	0.040		
总数	0.865	19			

在全红杨嫁接苗木中，分别测量没有发生返祖现象的正常苗和发生返祖现象的苗木（嫁接成活的 2～3 个芽中，其中 1 个芽长成的枝条发生返祖现象）的各个枝条嫁接部位向上 1 cm 处的直径。在图 6-6 中，第 1 个数据是正常全红杨苗木枝条直径的平均值，第 2 和 3 个数据分别是返祖的全红杨苗木，其红叶枝条和有绿叶枝条的直径平均值。可见，嫁接在同一砧木上的全红杨枝条，如果其中 1 个发生返祖现象，造成全红叶的枝条和有绿叶的枝条的直径的变化均较大。其中，全红叶枝条的根部直径明显小于 全红杨正常植株上的枝条直径，约为其 0.64 倍；而发生返祖的有绿叶枝条的直径则是 全红杨正常植株枝条的直径 1.77 倍，是 2025 杨植株枝条的 2.04 倍；发生返祖现象的植株上有绿叶枝条的直径则是其红叶枝条的 2.75 倍。

由表 6-3 可见，全红杨正常苗木平均高度略低于 2025 杨，约是其 0.86 倍。表6-4显示，二者差异性分析 $P=0.346(>0.05)$，说明正常的全红杨与 2025 杨 1 个生长季生长的高度并无显著性差异。

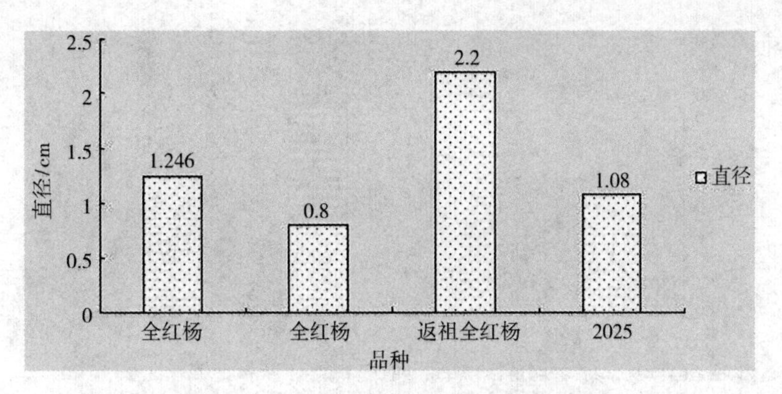

图 6-6　发生返祖的全红杨与 2025 杨直径的变化

注:第 1 列为全红杨正常苗木;第 2、3 列为同一砧木上发生返祖现象的全红杨不同枝条;第 3 列为 2025 杨正常苗木。

表 6-3　无返祖现象全红杨与 2025 杨嫁接苗高度值测定

品种	高度/cm										平均值/cm
	1	2	3	4	5	6	7	8	9	10	
全红杨	112.3	69.0	120.5	53.6	23.4	34.7	78.5	85.2	98.8	76.0	75.2
2025 杨	100.7	93.3	112.0	133.4	101.3	82.6	75.0	58.1	48.7	70.9	87.6

表 6-4　无返祖现象全红杨与 2025 杨嫁接苗高度的方差分析

	平方和	*df*	均方	*F*	显著性
组间	768.800	1	768.800	0.937	0.346
组内	14 762.000	18	820.111		
总数	15 530.800	19			

在全红杨嫁接苗木中,分别测量没有发生返祖现象的正常苗和发生返祖现象的苗木(嫁接成活的 2～3 个芽中,其中 1 个芽长成的枝条发生返祖现象)的各个枝条的高度。在图 6-7 中,第 1 个数据是正常苗木枝条高度的平均值,第 2 和 3 个数据分别是发生返祖的全红杨苗木,其红叶枝条和有绿叶的枝条的高度平均值。可见,嫁接在同一砧木上的全红杨枝条,其中 1 个发生返祖现象所引起的红叶枝条和有绿叶的枝条高生长的变化较粗生长更加明显。其中,红叶枝条的高度明显小于 全红杨正常植株枝条的高度,约为其 0.56 倍;发生返祖的枝条高度则大约是 全红杨正常植株枝条高度的 2.55 倍,是 2025 杨枝条的 2.19 倍速;发生返祖现象的植株上有绿叶枝条的直径是其红叶枝条的 4.57 倍。

根据观察,在同等嫁接情况下,嫁接芽整个生长季表现正常的全红杨、中红杨植株,其每个嫁接芽长成的枝条分枝情况也大体一致,植株形态均匀;而个别嫁接芽出现返祖现象的植株,如图 6-8(b),其发生返祖的枝条长势明显高于正常表现的枝条,分枝趋势明显,大多出现了 3 个以上分枝,并且返祖枝条占据整个植株顶端优势,极端化的发展使红叶枝条明显处于弱势。

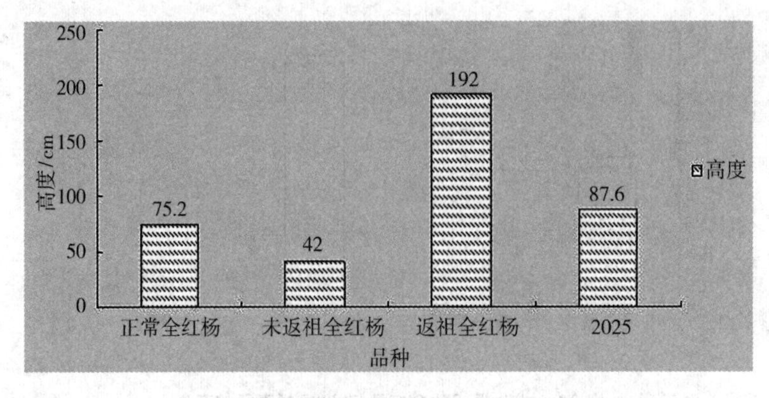

图 6-7 发生返祖的全红杨与 2025 杨高度的变化

注:第 1 列为全红杨正常苗木;第 2、3 列为同一砧木上发生返祖现象的全红杨不同枝条;第 3 列为 2025 杨正常苗木。

分别测量全红杨出现返祖现象植株的全红叶片、半红半绿叶片、全绿叶片及 2025 杨叶片的叶面积。如图 6-8(a)所示,叶面积大小为:全红叶片<2025 杨叶片<半红半绿叶片<全绿叶片。说明全红杨嫁接芽出现返祖现象之后,无论半红半绿叶片还是全绿叶片的叶面积均较其红色叶的叶面积有明显的增大,并且还有超出正常 2025 杨绿叶叶面积的可能。测定返祖全红杨其为半红半绿叶片的红色部分与绿色部分的叶面积,进行统计分析,结果如图 6-8(b),说明大部分返祖叶片其绿色部分大于红色部分,绿色部分面积平均值约为红色部分面积平均值的 2.27 倍,推测此类叶片变大主要是变绿部分叶片带动引起的。通过观测,全红杨发生返祖改变之后,其返祖叶片和枝条生长速度均有明显增加,可见当植物出现返祖现象之后,会表现出较为明显的原有性状补偿性增长。

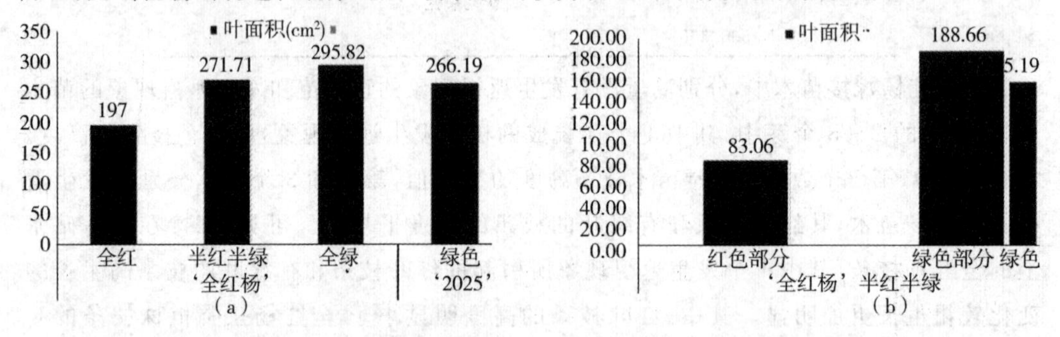

图 6-8 出现返祖现象的全红杨全红叶片、半红半绿叶片及全绿叶片的叶面积(cm^2)

分别测量中红杨出现返祖现象植株的红色叶片、半红半绿叶片、全绿叶片及 2025 杨叶片的叶面积。如图 6-9(a)所示,叶面积大小为:全红叶片<半红半绿叶片<全绿叶片<2025 杨叶片。说明中红杨嫁接芽出现返祖现象之后,其半红半绿、全绿叶片叶面积较中红杨红叶叶面积均有所增加,但变化幅度并不明显,仍明显低于 2025 杨正常绿叶的叶面积。分别测量返祖中红杨半红半绿叶片的红色部分与绿色部分的叶面积,测定结果如图 6-9(b),红色部分与绿色部分的面积比例接近 1∶1,说明返祖中红杨叶片红色部分和绿色部分长势基本相当。

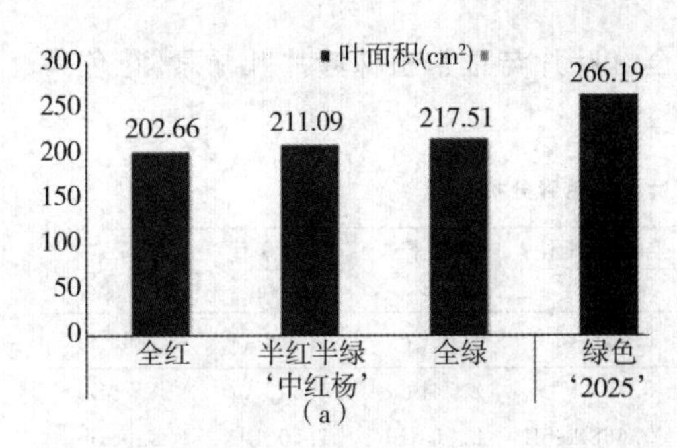

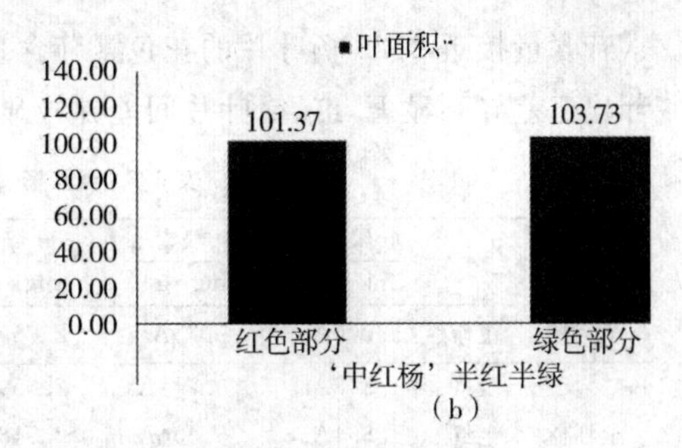

图 6-9　出现返祖现象的"中红杨"全红叶片、半红半绿叶片及全绿叶片的叶面积(cm^2)

通过对比可知，中红杨返祖只是表现在发生返祖的叶片和枝条颜色上的变化，其叶片面积和枝条高生长变化并不明显。而全红杨发生返祖现象之后，其返祖叶片和枝条生长速度加快，叶面积和枝条高生长较正常全红杨和 2025 杨枝叶均有明显增加。推测当出现性状返祖现象之后，全红杨会出现对原有性状更强的补偿性增长，这可能是由于全红杨较 2025 杨叶色变化比中红杨更为突出，因此叶色变化的内在因素差异也会更大。当发生返祖现象时，性状补偿幅度会更明显甚至出现溢补偿可能。因此进一步研究红叶杨叶片呈色机理，找出调控其色彩优势的基因片段，了解叶片色彩性状基因表达的稳定性具有一定可行性，这也将是红叶杨乃至杨树研究以来的重大突破。

6.3.2.2　色素含量

由表 6-5 可知，全红杨正常植株的叶片叶绿素 a、叶绿素 b 及叶绿素含量均略高于出现返祖现象植株的叶片，无论是全红叶片、半红半绿叶片的红、绿部分和全绿叶片，但之间差异显著性均不大。植株叶片返祖现象加重，即叶片绿色部分逐级增多，叶片中类胡萝卜素含量随之减少，但叶绿素 a/b 值有所升高，差异极显著。影响叶色的主要色素花色素苷在正常植株红色叶片和返祖植株红色叶片中的含量变化不大，差异不显著；而在返祖的半红半绿叶片红色部分花色素苷含量较正常植株红色叶片明显降低，且与正常叶片差异显著；半红半绿叶片绿色部分和全绿叶片花色素苷含量大幅下降，接近 2025 杨叶片花色素苷含量，较红色叶片差异极显著。返祖植株全红叶片花色素苷含量是全绿叶片的 5.1 倍以上，由此，返祖植株叶片叶绿素/花色素苷比值也随着增大，返祖植株红色叶片与正常植株红色叶片差异不显著，红、绿叶片间差异极显著。

由表 6-6 可知，中红杨出现返祖现象植株的叶片中叶绿素 a、叶绿素 b、叶绿素及类胡萝卜素含量均较正常植株的叶片有所升高，尤其是全绿叶片光合色素含量极显著高于正常植株叶片，而叶绿素 a/b 值变化不显著。返祖中红杨植株上，全绿叶片中叶绿素 a、叶绿素含量显著高于其红色叶片和半红半绿叶片；全红叶片叶绿素 b 显著低于其半红半绿叶片和全绿叶片；全绿叶片类胡萝卜素含量显著高于其他叶片。返祖的中红杨叶片中花色素苷含量较正常植株叶片有大幅降低，返祖植株上的叶片中花色素苷含量大致是呈全红——半红——半绿——全绿逐渐递减的趋势，之间差异显著，叶片叶绿素/花色素苷比值也随着增大。返祖植株上全红叶片中花色素苷含量是全绿叶片的 2 倍，全绿叶片花色素苷含量接近 2025 杨叶片的花色素苷含量，但全红叶片与正常植株叶片叶绿素/花色素苷比值差异不显著，红、绿叶片间差异极显著。

表 6-5　全红杨、2025 杨叶片的色素分析

类别		叶绿素 a mg·g⁻¹	叶绿素 b mg·g⁻¹	叶绿素 mg·g⁻¹	类胡萝卜素 mg·g⁻¹	叶绿素 a/b	花色素苷 mg·g⁻¹	叶绿素/花色素苷
全红杨	正常	2.009Aa	0.75Aa	2.759Aa	0.716Aa	2.68Cc	1.624Aa	1.65Bb
全红杨返祖	全红	1.948Aa	0.711Aa	2.659Aa	0.76Aa	2.74Bc	1.612Aa	1.70Bb
	半红	1.894Aa	0.654Aab	2.548Aa	0.668AabB	2.90ABb	1.402Bb	2.06Bb
	半绿	1.838Aa	0.631Aab	2.469Aa	0.65ABab	2.91ABb	0.309Cc	7.99Aa
	全绿	1.866aA	0.604Ab	2.469Aa	0.623Bb	3.09Aa	0.258Cc	9.57Aa
2025 杨		1.634Bb	0.493Bb	2.126Bb	0.552BCbc	3.32Aa	0.254Cc	8.38Aa

注：A(a)—C(c)表示不同品种的差异水平，小写字母表示在 $P=0.05$ 水平上差异显著，大写字母表示在 $P=0.01$ 水平上差异极显著，字母相同表示差异不显著。

表 6-6　中红杨叶片的色素分析

类别		叶绿素 a mg·g⁻¹	叶绿素 b mg·g⁻¹	叶绿素 mg·g⁻¹	类胡萝卜素 mg·g⁻¹	叶绿素 a/b	花色素苷 mg·g⁻¹	叶绿素/花色素苷
中红杨	正常	1.758Bb	0.576Bb	2.334Bb	0.619Bb	3.06Aa	0.561Aa	4.16Bb
中红杨返祖	全红	1.944Bb	0.638Bb	2.582Bb	0.692Aab	3.04Aa	0.496Aa	5.21Bb
	半红	1.980Bb	0.651ABb	2.634Bb	0.688Aab	2.94ABab	0.474ABa	5.56Bb
	半绿	1.984Bb	0.673ABb	2.654Bb	0.667Ab	2.93ABab	0.353BCb	7.52ABb
	全绿	2.218Aa	0.791Aa	3.009Aa	0.736Aa	2.81Bb	0.247Cc	12.18Aa
2025 杨		1.634Bbc	0.493BCbc	2.126Bb	0.552BCc	3.32Aa	0.254Cc	8.38ABb

注：A(a)—C(c)表示不同品种的差异水平，小写字母表示在 $P=0.05$ 水平上差异显著，大写字母表示在 $P=0.01$ 水平上差异极显著，字母相同表示差异不显著。

中红杨叶色三季多变，本次试验测量时间在 9 月份，中红杨正常叶色已经褪红为褐绿色，其返祖的叶片叶色则变为绿色。全红杨叶片生长季中均会呈现亮丽的红色，其返祖叶片为绿色，所以全红杨返祖叶片与正常植株叶片色素含量的变化幅度明显大于中红杨，叶片色泽差异显著。

6.3.2.3 叶色参数

由 L^*、a^*、b^* 值计算得到的色光值是对植物叶片的量化评价。色光值为正值时，绝对值越大，叶片红色越深，色泽越暗；绝对值越小，叶片红色越浅，色泽越亮。同样，如果色光值为负值，绝对值越大，绿色越深，色泽越暗；绝对值越小，色泽越亮。

由表 6-7 可知，全红杨返祖植株叶片的红色部分叶色参数 L^*、a^* 和色光值较正常植株叶片均有所下降，说明叶片红色减弱，明亮度也有所下降；全红叶片 b^* 转变为负值，说明叶色向蓝色显相。而返祖成绿色的部分叶色参数 a^*、色光值均变为较大负值，L^*、b^* 升高。全红杨返祖植株上的叶片叶色参数从全红——半红——半绿——全绿逐渐与 2025 杨叶片接近，这与内在的色素变化趋势相一致。

表 6-7 全红杨叶片的叶色参数

类别		L^*	a^*	b^*	色光值
全红杨	正常	27.56	4.92	0.57	1 768.4
	全红	25.40	4.00	−1.90	1 394.7
全红杨	半红	25.16	4.09	0.80	1 354.9
返祖	半绿	42.05	−11.94	20.51	−13 477.5
	全绿	44.7	−12.01	22.14	−13 534.9
2025 杨		41.96	−11.35	20.47	−12 662.5

注：L^* 表示颜色的明亮程度（0～100）、a^* 表示叶色参数红、绿值（$-a^*$～$+a^*$）、b^* 表示叶色参数黄、蓝值（$-b^*$～$+b^*$）。

由表 6-8 可知，"中红杨"返祖植株上各类叶片的叶色参数同返祖的全红杨变化趋势基本相同。但返祖植株红色叶片较正常植株叶片 a^* 和色光值变化相对明显，其他参数变化不明显，绿色叶片其 L^* 值、b^* 值逐渐增大，a^* 值、色光值负绝对值增大，叶片各参数绝对值均较 2025 杨叶片有所增大，说明叶片较 2025 杨蓝绿色更明显，叶片色泽更加明亮。

表 6-8 中红杨叶片的叶色参数

类别		L^*	a^*	b^*	色光值
"中红杨"	正常	33.10	−1.29	7.94	−627.0
	全红	31.67	−2.47	7.7	−1261.4
"中红杨"	半红	32.99	−1.23	8.53	−642.6
返祖	半绿	41.62	−11.80	19.17	−12 764.3
	全绿	42.12	−12.45	23.56	−15 753.0
2025 杨		41.96	−11.35	20.47	−12 662.5

注：L^* 表示颜色的明亮程度（0～100）、a^* 表示叶色参数红、绿值（$-a^*$～$+a^*$）、b^* 表示叶色参数黄、蓝值（$-b^*$～$+b^*$）。

整体来说全红杨、中红杨返祖植株上的红色叶片与正常植株上的红色叶片的色泽变化不是很明显，叶色均显示出明显的红色，色泽较为深厚；而返祖植株上的绿色叶片均与 2025 杨叶片色泽接近，呈现为明亮的绿色。

6.3.3.4 净光合速率

由表 6-9、表 6-10 及图 6-10 可见，全红杨正常植株叶片净光合速率低于中红杨，中红杨低于 2025 杨。当植株出现返祖现象后，全红杨、中红杨植株上不同类型叶片的净光合速率均发生变化。中红杨返祖植株上全红、半红、半绿、全绿叶片的净光合速率呈递增趋势，且红色叶片较正常植株叶片变化不明显；绿色叶片的净光合速率明显增加，与 2025 杨叶片的净光合速率相似。全红杨返祖植株上红色叶片的净光合速率较正常植株叶片有一定下降；半红半绿叶片红色部分较正常植株叶片下降更加明显，而半红半绿叶片其绿色部分净光合速率则有大幅升高，同一片叶红、绿两部分差异极显著；返祖植株上全绿叶片净光合速率明显升高，但仍低于 2025 杨。由表 6-9、表 6-10 可知，全红杨、中红杨正常植株叶片和发生返祖现象植株上的各类叶片中叶绿素含量均高于 2025 杨，而叶绿素 a/b 值则低于 2025 杨，说明这些叶片中含有更高的叶绿素 b。叶绿素 a 的功能主要是将汇聚的光能转变为化学能进行光化学反应，而叶绿素 b 则主要是收集光能，说明全红杨、中红杨叶片较低的净光合速率可能主要源于内部光化学反应机能的改变，也可能与叶绿体结构、光呼吸作用有关。另外发现，随着全红杨叶片返祖现象的加重，红色和绿色叶片中叶绿素含量均有所下降，而光合速率叶片红色部分降低，绿色部分则大幅升高，其原因值得深入研究。

表 6-9　全红杨叶片净光合速率和叶绿素

类别		净光合速率 $\mu mol \cdot m^{-2} \cdot s^{-1}$	叶绿素含量 $mg \cdot g^{-1}$	叶绿素 a/b
全红杨	正常	5.70Bc	2.709Aa	2.68Cc
全红杨返祖	全红	5.19Bc	2.659Aa	2.74Bc
	半红	4.01Cc	2.548Aa	2.90ABb
	半绿	12.80Ab	2.469Aa	2.91ABb
	全绿	13.73Aa	2.469Aa	3.09Aa
2025 杨		15.30Aa	2.126Bb	3.32Aa

注：A(a)—C(c)表示不同品种的差异水平，小写字母表示在 $P=0.05$ 水平上差异显著，大写字母表示在 $P=0.01$ 水平上差异极显著，字母相同表示差异不显著。

表 6-10　中红杨叶片净光合速率和叶绿素

类别		净光合速率 $\mu mol \cdot m^{-2} \cdot s^{-1}$	叶绿素含量 $mg \cdot g^{-1}$	叶绿素 a/b
“中红杨”	正常	10.44Bb	2.334Bb	3.06Bb
“中红杨”返祖	全红	10.11Bb	2.582Ba	3.04Aa
	半红	10.83Bb	2.634Bb	2.94Aa
	半绿	14.27ABab	2.654ABb	2.93Aa
	全绿	15.37Aa	3.009Ab	2.81Aa
2025 杨		15.30Aa	2.126Bb	3.32Aa

注：A(a)—C(c)表示不同品种的差异水平，小写字母表示在 $P=0.05$ 水平上差异显著，大写字母表示在 $P=0.01$ 水平上差异极显著，字母相同表示差异不显著。

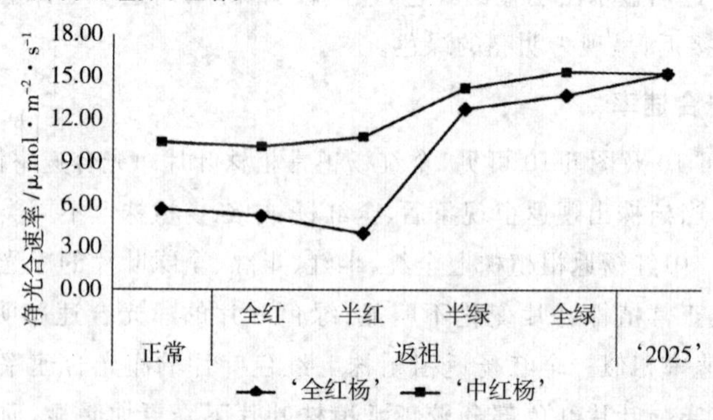

图 6-10　全红杨、中红杨各类型叶片及 2025 杨叶片净光合速率

6.3.4 讨论

研究中发现，全红杨、中红杨植株发生返祖的个体不同，表现形式也不是完全相同的。通过统计和对比，中红杨返祖现象大多只是表现在叶色上的返绿，而其叶片面积变

化并不明显。全红杨发生返祖现象之后，叶片绿色部分生长较快，尤其在半红半绿叶片上表现更为鲜明，其绿色部分叶片面积约为红色部分的 2.3 倍。另外，同一植株上发生返祖的全红杨枝条基部直径约是未发生返祖全红杨枝条的 2.75 倍，高生长约为其 4.57 倍。可见当植物出现性状返祖现象之后，会出现对原有性状补偿性的增长，这种增长也可能会是超溢性。相比较中红杨发生返祖后，叶片和枝条生长受影响并不明显，叶片红绿部分仍基本保持相对称，同一植株上返祖枝条和未发生返祖的枝条的直径与高生长差异不明显，株型均比较匀称。可能是全红杨较 2025 杨叶色变化比中红杨更为突出，导致叶色变化的内在因素差异也会更多一些，因此当发生返祖现象时，性状补偿幅度更明显，甚至出现溢补偿可能。因此进一步研究红叶杨叶片呈色机理，找出调控其色彩优势的基因片段，了解叶片色彩性状基因表达的稳定性将是红叶杨研究的重大突破。

研究中发现，全红杨、中红杨返祖叶片的色素含量发生明显变化。全红杨半红半绿及全绿的叶片中花色素苷含量及叶绿素含量均显著低于正常植株上的叶片，叶色参数 L^*、a^* 和色光值也明显减小，叶片呈绿色；中红杨半红半绿及全绿的叶片中花色素苷含量低于正常植株叶片，叶绿素含量较正常叶片增加，色光值减小。整体来说，返祖全红杨、中红杨叶片红色部分与正常植株的叶片色泽变化不是很明显，叶色均偏红，色泽深厚；而返祖的叶片绿色部分均与 2025 杨叶片色泽近乎相同，叶片呈亮绿色。中红杨叶色三季多变，9 月中红杨正常植株叶片叶色为褐绿色，返祖叶片的叶色为绿色，而全红杨叶片生长季均呈现亮丽的红色，所以全红杨返祖叶片与正常植株叶片色素含量的变化幅度会明显大于中红杨，色泽差异也更明显。

全红杨和中红杨发生返祖植株上的各类型叶片的净光合速率均高于正常植株的叶片，中红杨返祖植株全红、半红、半绿、全绿叶片净光合速率呈递增趋势，全红杨返祖植株半红半绿叶片红色部分净光合速率有明显下降，绿色部分则大幅升高，红叶和绿叶两部分的净光合速率差异极显著。全红杨、中红杨正常植株叶片和发生返祖现象植株上的各类型叶片中叶绿素含量均高于 2025 杨，而叶绿素 a/b 值又低于 2025 杨，说明叶片中含有更高的叶绿素 b，可见全红杨、中红杨叶片较低的净光合速率可能主要源于内部光化学反应机能的改变，也可能与叶绿体结构、光呼吸作用有关。全红杨返祖植株上红色叶片和绿色叶片中叶绿素含量均有所下降，而光合速率叶片红色部分降低，绿色部分则大幅升高，其原因值得深入研究。

6.4　分子检测

6.4.1　试验材料与准备

植物材料：红叶杨研发试验地苗圃基地（虞城）内的中红杨、全红杨及 2025 杨。采摘全红杨、中红杨和 2025 杨以及 全红杨、中红杨发生返祖现象植株上的各类型叶片，样叶置于冰盒带回省林科院重点实验室，经液氮速冻后，保存于−78℃的冰箱。

主要仪器设备：Li-6400 光合仪；Eppendorf 梯度 PCR 仪；Eppendorf 台式离心机和台

式冷冻离心机；恒温数码水浴锅；Eppendorf 移液枪；制冰机；琼脂糖凝胶电泳仪；凝胶成像系统；低温冰箱等。

主要试剂：CTAB，dNTP，TaqDNA 聚合酶等。

PCR 引物：SSR 引物设计参考张香华(2006)，梁海永(2005)，李世峰(2006)等人，由上海生物工程有限公司合成，共合成了 31 对引物，其序列见表 6-11。

表 6-11 用于杨树的 SSR 引物

引物编号 Codes of	核苷酸序列(5" to 3") Nucleotide sequenCEs(5"--3")	引物编号 Codes of	序列(5" to 3") Nucleotide sequenCEs(5"--3")
1	GAAGGTGGCATAGTGGTT CCCTCGGAATGAGAATAA	17	CACACCGACAAATTATGAGTG TTTTAGAGTGAATTTTCCTGCG
2	TAAAGGCATGACCAGACA CCAGCACTATTGGAAACA	18	ATTGTTCAAAATCCTCAGGTTC TAGCATAGTAGCTAGCTAGTG
3	ACACGACCAGCAGCAGTA TCCGATGATGACCCTTTA	19	ATCATGCGTTCGGCTACAGC CTCAAACTCCAACTGTTATAAC
4	TGTTTCCGACACCAGAGT CATAGGACATAGCAGCATC	20	TGCAGGTGATGTCATCACCG AACCGAATCCATGCGTCACC
5	ATTCTTCACCTGGGCAATATG CTTGGCTGTAAATGACGAGTC	21	CATCCATGATATCAAACCAAATTAG TGTAATCCAAACATAAAATCCCAAG
6	AAGAGAGATAGCATCACCAAG TATGTCGAGGAAATCCTTAGC	22	CACAGGACGTTTTGGAGCAG AATTCGGACAGTCAGTCACC
7	CACACCGACAAATTATGAGTG TTTAGAGTGAATTTTCCTGCG	23	AACCACTATGCCACCTTCTT AACTAACTCCATTCATTGCTAAA
8	GGAATCCGTTTAGGGATCTG CGTCTGGAGAACGTGATTAG	24	TTTACATAGCATTTAGCCTTTAGA TTATGATTTGGGGGTGTTATGGTA
9	CAAAAGAAGGGTAGAGTCTAC TTCTTCGGTGTGTGTTATTGC	25	TACACGGGTCTTTTATTCTCT TGCCGACATCCTGCGTTCC
10	TCTGTTAATTTCTCAGCTGTTG TGCTTTACTAAACTTTTTACT	26	TTCTTTTTCAACTGCCTAACTT TGATCCAATAACAGACAGAACA
11	AACCTCGAATTAAGAATAACCC GTCTCGGTTAAGGTATTGTCGC	27	ACTAAGGAGAATTGTTTGACTAC TATCTGGTTTCCTCTTATGTG
12	GCATTGTAGAATAATAAAAG AAGGGGTCTATTATCCACG	28	TAACATGTCCCAGCGTATTG TTTTTAGAGTGTGCATTTAGGAA
13	ATTAGCTTCTTCTAAAGCAGC TGACTGACTGTCTGTCTTCG	29	CTGCTTGCTACCGTGGAACA AAGCAATTTGGGTCTGAGTATCTG
14	GTCTATCTGTCTGATGTCACC AAATCTCACATTATAAAAGATTTAG	30	GATGAGAAACAGTGAATAGTAAGA GATTCCCAACAAGCCAAGATAAAA
15	TAGGTCACTAGAGTGGCGTG CGAAAATGGTAGCTCTAATGCC	31	TAAAGATGATGGACTGAAAAGGTA TAAAGGAGAATATAAGTGACAGTT
16	TCTGTTAATTTCTCAGCTGTTG TGCTTTACTAAACTTTTTACTGC		

6.4.2 试验设计与方法

6.4.2.1 杨树基因组 DNA 提取

(1)取植物新鲜叶片约 100 mg，加入液氮充分研磨。将研磨好的粉末迅速转移到预冷的离心管中,迅速加入 700 μL 65℃预热缓冲液 GP1,快速颠倒混匀后,将离心管放在 65℃水浴 20 min,水浴过程中颠倒离心管以混合样品数次。

(2)加入 700 μL 氯仿,充分混匀,12 000 rpm 离心 5 min。小心地将上层水相转入一个新的离心管中,加入 700 μL 缓冲液 GP2,充分混匀。

(3)将混匀的液体转入吸附柱 CB3 中,12 000 rpm 离心 30 s,弃掉废液(吸附柱容积为 700 μL 左右,可分次加入离心)。

(4)向吸附柱 CB3 中加入 500 μL 缓冲液 GD,12 000 rpm 离心 30 s,倒掉废液,将吸附柱 CB3 放入收集管中;

(5)向吸附柱 CB3 中加入 600 μL 漂洗液 PW,12 000 rpm 离心 30 s,倒掉废液,将吸附柱 CB3 放入收集管中。重复操作。

(6)将吸附柱 CB3 放回收集管中,12 000 rpm 离心 2 min,倒掉废液,将吸附柱 CB3 置于室温放置数分钟,以彻底晾干吸附材料中残余的漂洗液。

(7)将吸附柱 CB3 转入一个干净的离心管中,向吸附膜的中间部位悬空滴加 50～200 μL 洗脱缓冲液 TE,室温放置 2～5 min,12 000 rpm 离心 2 min,将溶液收集到离心管中。

(8)将提取的 DNA 保存于－78℃。

6.4.2.2 DNA 的质量鉴定

(1)DNA 纯度及浓度检测:取 6 μL DNA 样品,用紫外可见分光光度计测定 DNA 样品的在 260 nm,280 nm 及 230 nm 处的光吸收值,计算 A260/A280 和 A260/A230 的比值及 DNA 的浓度,并将浓度稀释到 50 $ng \cdot \mu L^{-1}$。

(2)DNA 琼脂糖凝胶电泳检测:琼脂糖凝胶电泳参照《分子克隆实验指南》(第三版)的方法进行。取 5 μL DNA 样品,点样于 1.0%琼脂糖凝胶(每 40 mL 凝胶中加入 1.3 μL EB (10 $mg \cdot mL^{-1}$))上,120 V 恒压电泳 20 min 后,置于凝胶成像系统中拍照,检测 DNA 的完整性。

SSR 扩增:扩增程序为:94℃预变性 5 min,94℃变性 50 s,55℃退火 50 s,72℃延伸 1 min,35 个循环,72℃后延伸 10 min,4℃保存。按以下组分配制 SSR 反应液:

ddH_2O	17.5μL
10×PCR Buffer (Mg^{2+} Plus)	2.5 μL
dNTP Mixture (2.5mM each)	0.5 μL
Forward primer	1 μL
Reverse primer	1 μL
DNA	1 μL
Taq 酶 (5U · μL^{-1})	0.5 μL
Total	25μL

6.4.2.3 变性聚丙烯酰胺凝胶电泳检测

1. 主要生化试剂及溶液配制

(1)20×TBE:Tris base 121 g,硼酸 60.7 g,EDTANa2 · $2H_2O$ 7.44 g,加 ddH_2O 溶

解定容至 1000 mL。

(2)尿素母液:尿素 86.0g,加入 20×TBE 10 mL,加 ddH_2O 定容至 200 mL。

(3)20%胶母液:丙烯酰胺 38.6 g,双丙烯酰胺 1.34 g,尿素 86 g,加 20×TBE 10 mL,ddH_2O 定容至 200 mL。

(4)10%过硫酸铵:称取 1 g 过硫酸铵,加 ddH_2O 定容至 10 mL,4℃下可保存 4 周左右。

(5)1.5 mL 结合硅烷(现用现配):硅胶烷 7.5 μL,冰乙酸 7.5 μL,95%乙醇 1485 μL。

(6)2%剥离硅烷:1 mL 二甲基二氯硅烷,加 49 mL 氯仿混匀。

(7)6%聚丙烯酰胺凝胶:20%胶母液 30 mL,10%过硫酸铵 0.8 mL,尿素母液 69.2 mL,TEMED 63 μL。

(8)固定终止液(10%冰醋酸):200 mL 冰乙酸加 ddH_2O 定容至 2 000 mL。

(9)染色液(现用现配):$AgNO_3$ 2 g+37%甲醛 3 mL(使用前加),加 ddH_2O 定容至 2 000 mL。

(10)显色液(现用现配):NaOH 30 g+37%甲醛 10 mL(使用前加),加 ddH_2O 定容至2 000 mL。

(11)上样缓冲液:980 μL 甲酰胺+20 μL 10mmol·L^{-1} EDTA(pH 8.0)+加少许溴酚蓝和二甲苯青。

2. 变性聚丙烯酰胺凝胶板的准备

(1)清洗长短两块玻璃板,要求充分干净,玻璃上不挂水珠,最后用双蒸水淋洗,晾干。

(2)分别用无水乙醇擦拭长短 2 块玻璃板,擦 3 次(每次都沿纵横两个同一方向擦拭),要尽量擦匀,还要注意手套不要碰到玻璃板以避免产生划痕。

(3)配制 1.5 mL 结合硅烷,每次吸取 750 μL 快速处理长玻璃板,然后换个方向再擦拭一次。

(4)用剥离硅烷处理短板,剥离硅烷溶于氯仿对玻璃有腐蚀,因此只能将其倒于脱脂棉上擦,擦 2 次;10 min 后,用脱脂棉蘸取 95%乙醇(拧去乙醇后)沿纵横两个同一方向轻擦,重复 3 次,每次换用新的脱脂棉;30 min 后,组装灌胶槽。

(5)配制 100 mL 6%的变性聚丙烯酰胺凝胶。立即将配好的凝胶用针管注入灌胶槽,防止产生气泡,并将梳子光边朝里插入到两块玻璃板中间(深度为梳子中间空的 1/2)。

(6)胶凝聚 3 h 后,方可进行电泳。

3. PCR 产物电泳分离

(1)安装电泳槽,向电泳槽的上槽加入 0.5×TBE,下槽加入 1×TBE 电极缓冲液。

(2)接通电源,预电泳至温度 50℃(设电压 2500 V,功率 60 W)。

(3)取出胶中梳子,掉转方向齿尖向下,插入凝胶 1mm,用吸管吹打点样孔。

(3)取 6 μL 选择性扩增产物和 3 μL 甲酰胺染料,混匀后 94℃变性 5 min,立即置于冰上。

(5)用微量注射器加入经变性的扩增样品 5 μL。

(6)恒定功率 60 W,电泳约需 2~3 h (电泳至二甲苯青距胶下缘 2/5 处)。

4. 凝胶染色

(1)固定：电泳结束后，将长板从电泳槽上取下，去掉梳子和边条并把两块玻璃板分开，将长玻璃板立即放入 2000 mL 10%冰醋酸中进行固定，轻轻振荡至指示剂颜色消失为止，胶可在溶液中浸泡过夜(不摇动)，固定结束后将溶液回收待用(若此时显色液还未预冷，可将胶板此时置于冰上)

(2)洗胶：取出凝胶板，用双蒸水漂洗 3 次，每次 2 min。

(3)染色：将凝胶板放入 2 000 mL 染色液中染色 38 min。

(4)显色：从染色液中取出凝胶板，荡去表面的染色液后，放入双蒸水中，稍作翻动，立即取出浸入显色液中(凝胶板从染色液中取出到浸入显色液中的时间不超过 10 s)。凝胶浸入预冷显色液(2 000 mL 显色液分两次倒入)中轻轻摇动 5～8 min 后出现谱带。

(5)凝胶完全显色后，将固定终止液(前面固定所用的溶液)倒入显色液中，终止显色反应。

(6)取出凝胶板，浸入双蒸水中漂洗，将凝胶板置于通风处晾干，照相保存。

6.4.3　结果与分析

6.4.3.1　杨树 DNA 质量检测结果

本研究用试剂盒法提取了中红杨、全红杨 2025 杨叶片及全红杨、中红杨返祖植株上全红、半红半绿和全绿叶片的 DNA，琼脂糖凝胶电泳图谱如图 6-11 和图 6-12 所示。由图可知，所提取的 DNA 质量纯度较高，降解少，相对完整，为精确 DNA 的浓度，经紫外分光光度计测量，样品的 OD 值(260/280)介于 1.8 与 2.0 之间，表明所提取的 DNA 纯度较好，不存在蛋白质、糖类、多酚等的污染。

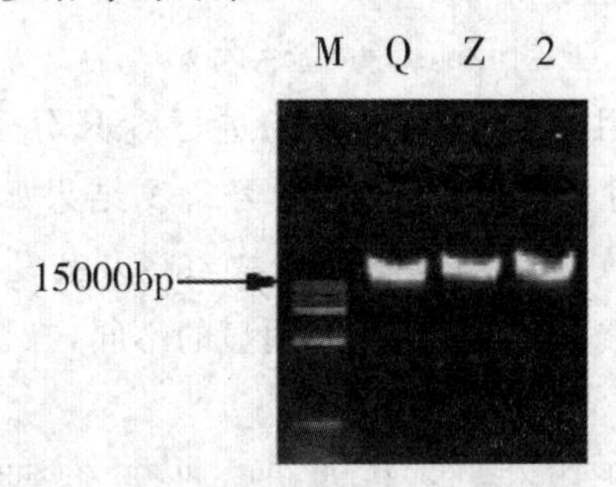

图 6-11　3 个杨树品种的质量检测电泳图谱

注：M 为 marker DL15000，Q 为全红杨，Z 为中红杨，2 为 2025 杨

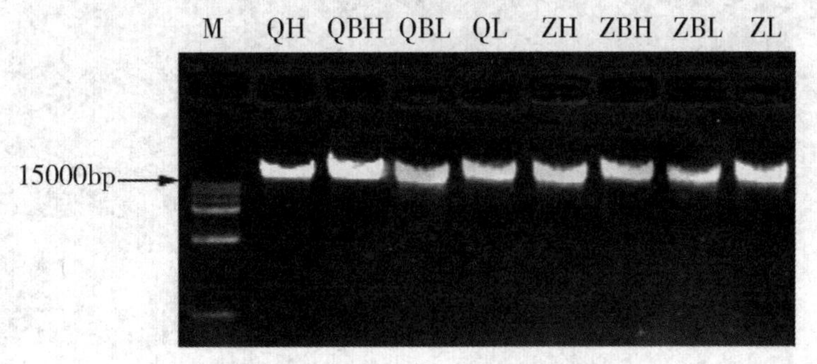

图 6-12　发生返祖的红叶杨 DNA 质量检测电泳图谱

注:M 为 marker DL15000,QH 为全红杨叶色全红叶片,QBH 为全红杨叶色半红半绿叶片的半红部分,QBL 为全红杨叶色半红半绿叶片的半绿部分,QL 为全红杨叶色全绿叶片;ZH 为中红杨叶色全红叶片,ZBH 为中红杨叶色半红半绿叶片的半红部分,ZBL 为中红杨叶色半红半绿叶片的半绿部分,ZL 为全红杨叶色全绿叶片。

6.4.3.2 SSR 检测结果

用上海生工合成出来的 31 对引物对全红杨、中红杨、2025 杨叶片进行 SSR 分析。在 31 对引物中,有 2 对引物条带不清楚,不能予以辨认。其余 29 对引物均有扩增引物,共扩增出 123 个位点,每对引物可以检测出 1～10 个数目不等的等位基因,其片段大小在 100～500 bp 之间。如图 6-13 所示,其中全红杨与中红杨无法用 SSR 分子标记区分开来,但全红杨与中红杨与 2025 杨之间有明显的差异。产生这种现象原因可能是,2025 杨芽变产生中红杨,其变异较大可以用 SSR 检测出其差异带,中红杨与全红杨之间也是基因表达不同而造成叶色的差异。

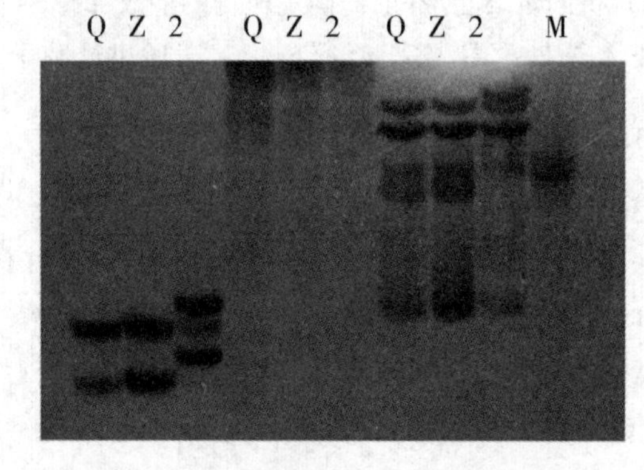

图 6-13 部分引物对 3 个品种的 SSR 分析

注:M 为 marker DL500,Q 为全红杨,Z 为中红杨,2 为 2025 杨。

用 29 对引物对发生返祖的全红杨、中红杨进行 SSR 分子检测,共有 75 个位点,片段大小在 100～500 bp 之间。其中 1 号及 31 号检测结果如图 6-12 所示,其片段大小在 100～200 bp 之间。由图 6-14 可见,全红杨、中红杨及其发生返祖的叶片 DNA 的 SSR 分子检测显示无差异,推测二者的 DNA 没有明显的不同,二者叶色的表达不同可能有外界影响原因。

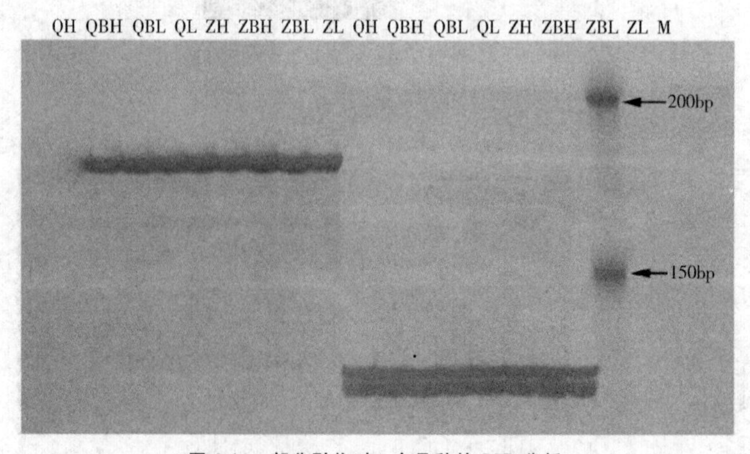

图 6-14 部分引物对 3 个品种的 SSR 分析

注：M 为 marker DL500，QH 为全红杨叶色全红叶片，QBH 为全红杨叶色半红半绿叶片的半红部分，QBL 为全红杨叶色半红半绿叶片的半绿部分，QL 为 全红杨叶色全绿叶片；ZH 为中红杨叶色全红叶片，ZBH 为中红杨叶色半红半绿叶片的半红部分，ZBL 为中红杨叶色半红半绿叶片的半绿部分，ZL 为全红杨叶色全绿叶片。

6.4.4 讨论

本次试验中，用 SSR 分子标记检测全红杨、中红杨返祖叶片的条带，没有显示出与正常叶片明显的差异，初步认为植株发生返祖后其遗传物质发生的变化不明显，其叶色不同还可能源于一些外在环境的因素，激活了在系统发育过程中已失活的基因，使其呈现绿色。在研究水稻苗期叶色突变体的蛋白质组分析中，通过对带有白苗复绿性状的温敏不育系突变体转绿前后的蛋白质表达和基因表达，推断在白 02S 白化期间，有相当一部分数量的基因低表达，甚至不表达，造成叶绿体以及叶绿素合成受阻，从而使得白 02S 在苗期不能表现正常的绿色，并在返祖转绿前后的差异基因分析中，发现 21 个与叶绿体合成代谢相关的基因(董红霞，2010)。由此，我们推断在外界环境的影响下，存在已失活的基因被激活的可能性，从而在全红杨、中红杨体内进行转录、表达，继而呈现出亲本 2025 杨的性状。

具体来说，全红杨、中红杨都属芽变栽培物种，其亲本 2025 杨作为常用用材林，栽培性状很稳定，经过长期的推广栽植，对当地的气候和土壤条件适应性极强，说明其性状基因型也相对强大和稳定。而由 2025 杨选育的芽变品种，必定也存在大多数植物芽变体性状稳定性减弱的特性。因此在生产中，当遇到不适宜的气候、土壤及管理不当等因素，植株常常会发生返祖，以求具有更强的适应能力和特性，表现出原有亲本的特性。另外，一些植物品种的突变体，由于腋芽在萌发侧枝或营养繁殖时，由于所处的位置不同，导致转化为不同类型的枝条，在枝叶上就表现不同的性状。由于本研究尚处于初级探索阶段，分析为一年的调查数据，研究结果也存在较高的偶然性，要想获得科学有力的结论就需要投入更多的研究予以佐证。另一角度也反映了仅从基因的角度来研究返祖的分子机制是远远不够，有必要结合由基因转录和翻译出蛋白质过程的研究，才能全面、真正了解红叶杨叶片呈色及返祖现象产生的机理。

返祖现象存在于自然界各种生物中，人类、动物、植物……有很多各种各样的形式。返祖现象在不同植物中表现不同，可发生于植物花、叶子、枝等不同的部位，表现的形态也不同，花型、花色，抑或是叶色、叶形，或是枝干形状，性别等等。虽然返祖现象作为自然界中经常存在的一种现象，但对于外界环境是如何使植物发生返祖，却还没有得到系统的研究。目前对植物研究中，对叶色突变体的研究较多，进行观察形态变化、叶片组织结构的变化、测定色素含量、叶绿体超微结构、蛋白质组比较分析，基因表达差异。而对于返祖现象研究的却不多，进行叶色返祖现象的研究也仅可以借鉴于此。相信随着科学技术的发展，返祖的机理会终将被破解出来。通过对中红杨、全红杨返祖现象的初步研究，我们了解了返祖现象的一些表现形式，提出了一些返祖现象发生时的对应措施。下一步着手从分子生物学角度找出调控红叶杨各品种叶片色彩优势的基因片段，对进一步探索其叶片色泽及出现返祖现象的机理研究是十分必要的。

第7章 持续干旱胁迫下的生理响应及抗旱性比较研究

7.1 植物干旱胁迫研究进展

干旱是我国面临的重要生态问题，了解树木对水分的适应，对我国干旱、半干旱地区造林树种、品种、无性系的选择具有重要的意义，因此植物的干旱胁迫研究尤为重要。植物的抗旱性由 Levitt(1972)提出，经过 Tumer(1986)、Kramer(1979)及李吉跃(1995)等人的不断完善后，大致可分为避旱性、高水势下延迟脱水的耐旱性以及低水势下忍耐脱水的耐旱性3类(Tumer, et al., 1986；李吉跃，1990；张建国，1993；黎燕琼，2007)。不同植物在其长期的进化过程中，表现出了对干旱不同形态和生理适应性，是从植物根系及地上部分的形态解剖构造、水分生理形态特征及生理生化反应到组织细胞、光合器官及原生质结构特点的综合反应(Larcher, et al., 1983；王翔等，2006；邹琦，1994)。20世纪七八十年代起各国学者对植物的抗旱性进行了大量研究(黎燕琼等，2007；杨敏生等，1997、1999、2002；季孔庶等，2006；唐承财等，2008)。

杨树在我国是重要的造林绿化速生树种，主要分布于华北、西北等地区，绝大部分属于干旱和半干旱地区(杨敏生，1997)。目前，杨树在干旱胁迫条件下的生长形态特征(王沙生等，1991；杨敏生等，1997； Ibrahim, et al., 1998；Souch, et al., 1998)、生理生化特征(王晶英等，2006；付士磊等，2006；伍维模等，2007；周朝彬等，2009)、抗旱调控技术(姜中珠等，2006；尹春英，2005)、品种抗旱性对比(尹春英，2005；焦绪娟，2007；王孟本等，2002；高建社等，2005、2007；冯玉龙等，2003)及抗旱性鉴定指标分析(杨敏生等，2002；赵凤君等，2005；周晓阳等，2000、2003)等方面都有广泛深入的研究，并处于领先地位，这对我国杨树新品种选育及其推广应用具有重要意义。因此育种资源进行抗旱性鉴定是抗旱品种选育的基础(杨敏生，1996)。杨树新品种抗旱能力与生理反应是其适应性的重要指标之一，是对逆境的忍耐能力的具体评价。

细胞维持正常的生理代谢活动，需要相对稳定的内环境，这主要是膜系统提供的。干旱胁迫时，植物细胞中活性氧产生与清除之间失去了平衡，引发膜脂过氧化作用。大量证据表明，干旱诱导的膜脂过氧化是造成植物细胞膜受到损伤的主要因素，导致细胞膜透性增加，以及生物自由基的累积，膜脂过氧化的最终产物丙二醛(MDA)可与细胞膜上的蛋白质、酶等结合、交联而使之失活，从而破坏生物膜的结构与功能，使细胞及膜相细胞器内稳定生理生化环境破坏，最终导致细胞生理功能丧失，细胞衰老死亡(Buchanan, et al., 2000；徐莲珍等，2008；阎秀峰等，1999)。同时干旱抑制蛋白质的合成并诱导其降解，蛋白质含量的降低与植物的衰老密切相关，这也是逆境对植物的一种伤害(魏良民，1991；张莉等，2003)。而植物体内一系列的抗氧化酶及小分子物质可以清除这些活性氧自由基，即植物对不良环境的适应性反应(王娟等，2002；范苏鲁等，2011)，渗透调节物质是构成其耐旱性的重要物质基础。20 世纪 80 年代以来,人们对水分胁迫下植物体内源抗氧化系统进行了大量的研究,积累了相当丰富的资料。业已知道,水分胁迫下植物可动员酶性的和非酶性的防御系统保护细胞免遭氧化伤害。酶保护系统,包括 SOD(超氧化物歧化酶)、POD(过气化物酶)、PPO(多酚氧化酶)、CAT(过氧化氢酶)等。非酶保护系统,包括 ASA(抗坏血酸)、GsH(谷胱甘肽)、Ctyf(细胞色素 f)、铁氧化蛋白和类胡萝卜素等(蒋明义等,1996;彭立新等,2002)。已有研究表明干旱胁迫下林木受到伤害程度与保护酶活性变化和抗氧化酶活性密切相关(Dhindsa,1981;王孟本,2000;王霞,2002;孙国荣,2003a;刘建新,2005)。抗氧化系统的主要作用是清除植物体内的活性氧和自由基,避免或减轻它们对植物造成的氧化伤害。SOD 主要是将·O^{2-} 歧化为 H_2O_2。CAT、ASA-POD、GsH 或 POD 清除 H_2O_2。而保护酶 PPO 是普遍存在于植物体内的一种生理防御性酶类,通过病毒侵染后的寄主的诱导而活化,从而抵抗病原菌的进一步侵染,在植物体内起到保护作用,因此 PPO 与植物抗病性和衰老密切相关。植物细胞在正常状态下,体内活性氧的产生与清除系统是处于平衡的,因此抗氧化胁迫的酶系统也处于相对稳定状态。如果植物体内清除自由基的酶功能较强,足以控制植物机体应对逆境,一旦这个酶系统的平衡体系被打破,生物膜的损伤就会加剧(万善霞等,1997)。植物体所具有的保护体系、渗透调节功能、抗氧化酶类活性及其他一些机制是某些抗旱植物在长期进化过程中所演化出的适应干旱的机制和策略,是其能够忍耐长期干旱胁迫的重要物质基础(徐莲珍等,2008)。因此,植物的抗逆性是多种因素共同作用构成的一个较复杂的综合性状,单一指标判断植物的抗逆性常存在许多缺陷,其结果往往不可靠。

本项研究是对全红杨、中红杨和 2025 杨的抗旱性生理基础进行对比研究,选用了与抗旱性密切相关的 18 项生理生化指标进行测定和分析,比较全红杨、中红杨和 2025 杨在干旱条件下的生理生化和生长差异,力求对品种抗旱能力进行准确鉴定,为新品种的选育、适应推广提供理论依据,同时为其他相关研究提供借鉴。

7.2 试验材料与准备

试验地点在河南省林业科学研究院院内(郑州),材料是以美洲黑杨派杨树 2025 杨为砧木的全红杨、中红杨和 2025 杨当年生嫁接苗(生物学特性见表 7-1)。2011 年 2 月下旬将长势一致的品种 2025 杨的 1 年生实生苗移植于普通塑料花盆中(高 350 mm、底径 2 500 mm、上口径 3 500 mm),每盆 1 株,平茬高度 20 cm,盆土为 V(普通园土):V(腐质土)=1∶1 的混合基质,装盛土量一致,为花盆容积的 98%(距上沿约 4 cm),常规管理。同年 3 月末,以此为砧木分别嫁接全红杨、中红杨和 2025 杨的接穗,每个品种各 100 盆。4 个月后,待嫁接苗稳定成活且长势旺盛时进行干旱胁迫处理试验。

试验于 2011 年 7 月 28 日开始,为了避免试验过程中植株死亡影响取样,分别挑选长势均衡且健康的 3 个杨树品种嫁接苗各 70 盆,搬至排水条件良好的硬化地面上,将所有苗木均衡浇清水至饱和。干旱胁迫实验采取完全随机区组设计,每个品种对照组与干旱胁迫处理组各 35 盆,每行 5 盆,排成 7 行,每行 5 盆视为 1 次重复;各品种小区间隔

0.5 m,对照区(CK)与干旱胁迫处理区(H)间距 3 m。对照组每隔 3～5 d 浇水至饱和;处理组自 7 月 29 日起停止浇水,阴雨天采用移动遮雨棚进行防风和遮雨,使土壤含水量逐渐降低,直至处理组存留叶片量无法满足测试需要时,即 28 d 后(8 月 25 日)解除干旱胁迫并浇复水至饱和,随后正常养护。分别在干旱胁迫 0 d(7 月 28 日)、4 d(8 月 1 日)、7 d(8 月 4 日)、14 d(8 月 11 日)、21 d(8 月 18 日)、28 d(8 月 25 日)以及复水 7 d(9 月 1 日)后的当日上午 8:00 采集对照组和处理组植株枝条顶端往下第 3～5 片叶,每重复的 5 株混合取样 8～10 片叶,设 3 个重复。叶片袋封存置于冰桶中立即带回实验室进行指标测试。另每个品种对照组和处理组中固定 5～10 株用于光合作用测定(可根据天气情况向前或向后调动 1～2 天)。试验期间同时测定对照组和处理组盆土的土壤含水量和记录叶片形态变化,并在各组随机选取 10 株用卷尺进行株高(精确到 0.01 cm)测量。

表 7-1　3 个杨树品种当年生嫁接苗生物学特性(平均值±标准误)

种类	株高/cm	叶片长度/cm	叶片宽度/cm	叶片面积/cm^2	叶片特性
2025 杨	88.65±24.00Aa	20.39±4.48Aa	18.36±1.75Aa	255.89±62.68Aa	发芽—6 月:黄绿色 6 月—10 月:绿色 10 月—落叶:黄绿色
中红杨	86.88±23.83Aa	18.63±4.51Aa	15.40±1.77Bb	194.54±48.45Bb	发芽—6 月:紫红色 6 月—10 月:暗绿色; 10 月—落叶:橙黄色
全红杨	72.35±12.10Ab	13.23±2.90Bb	10.50±1.23Cc	100.3727.70Cc	发芽—6 月:深紫红色 6 月—10 月:紫红色 10 月—落叶:橙红色

注:A(a)—C(c)表示不同品种的差异水平,小写字母表示在 $P=0.05$ 水平上差异显著,大写字母表示在 $P=0.01$ 水平上差异极显著,字母相同表示差异不显著。

7.3　生理指标与测定方法

质膜透性采用相对电导率法(李合生,2001),叶绿素、类胡萝卜素含量测定参照张宪政(1986)的方法。花色素苷含量测定参照于晓南(2000)的方法。可溶性蛋白、游离脯胺酸和可溶性糖的测定参照高俊风(2006)的方法。酶活性及丙二醛的测定参照李合生(2001)的方法。

酶液提取方法:称取所采新鲜样叶(去除叶脉)0.5 g 于预冷研钵中,加入 2 ml pH7.0 磷酸缓冲液(含 0.1% PVP)及少量细石英砂研磨成匀浆,加入提取液冲洗研钵 2～3 次,并使最终加入提取液体积为 5 ml。于 4℃下 10 000 r/min 离心 20 min,上清液即为酶液,于冰箱内保存备用。可溶性蛋白质用考马斯亮蓝法测定;游离脯胺酸测定采用磺基水杨酸比色法;可溶性糖用蒽酮比色法测定;丙二醛测定采用硫代巴比妥酸比色法;超氧化物化歧化酶(SOD)活性用氮蓝四唑(NBT)法测定,以单位时间内抑制 NBT 光化还原 50% 作为一个酶活性单位(U);愈创木酚比色法测定氧化物酶(POD)活性,以每 min A470 变化 0.01 为 1 个活性单位(U);邻苯二酚比色法测定多酚氧化酶(PPO)活性,以每 min A410 增加 0.01 为 1 个活性单位(U);过氧化氢酶(CAT)活性采用比色法测定,以每 min A240 下降 0.01 为 1 个活性单位(U)。

光合作用指标的测定：7 月 29 日至 9 月 1 日，定期在上午 10:00 选取顶端下第 3～5 片生长相对良好的功能叶，利用 Li-6400 便携式光合测定系统，采用开放式气路于测定净光合速率（*Pn*）、蒸腾速率（*Tr*）、气孔导度（*Gs*）、胞间 CO_2 浓度（*Ci*）、胞间 CO_2 浓度与空气 CO_2 浓度之比（*Ci*/*Ca*）等生理参数。每次测定 3 株，每一参数取 3～6 次测定结果的平均值。水分利用效率用净光合速率与蒸腾速率之比计算（$WUE = Pn/Tr$），羧化效率（*CE*）为 *Pn* 与 *Ci* 之比（$CE=Pn/Ci$）。

数据使用 ExCEl 2007，SPSS 17.0 和 DPS v7.05 系统软件进行处理、统计与制作图表，并在图表中标出标准误差。

7.4　结果与分析

7.4.1　土壤含水量（SMC）的变化

如图 7-1 所示，无胁迫对照组（CK）的土壤体积含水量（SMC）保持在 21.78%～39.27%，干旱胁迫组，全红杨、中红杨和 2025 杨的 SMC 的变化趋势和幅度基本相同，随着干旱胁迫处理时间的延长土壤含水量逐渐降低，处理第 28 d 降至 1.8%～3.47%。复水 7 d 后，测定干旱处理组的 SMC 为 23.98%～29.73%。对照组和处理组同一时间品种间 SMC 差异均不显著（$P>0.05$）。

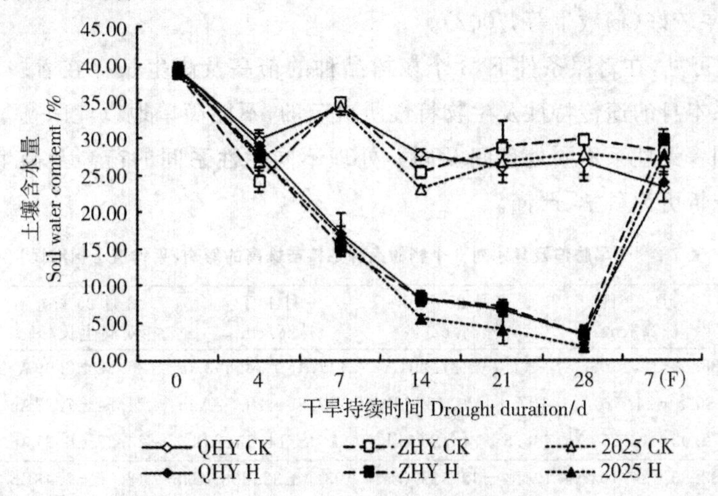

图 7-1　土壤干旱胁迫及复水对 3 个杨树品种土壤含水量变化（平均值±标准误）（F 复水后. 下同）

7.4.2　对叶片外部形态及植株生长的影响

干旱胁迫下植物外部形态会有明显变化，受到直接影响的是叶片，土壤干旱可使叶片生长缓慢，尤其是植株上部叶片和新叶反卷，下垂，光泽度下降，叶尖呈枯黄色。下部叶片逐渐衰老褐化，变黄枯萎，自然脱落，受损程度随着胁迫时间的延长而加深。植株总叶面积明显缩小，从而影响叶片的光合能力（黄华，2008，黄承玲等，2011）。因此叶片形态变化是评价植物抗逆能力的最直观和直接的一个指示。

试验期间，3 个品种无胁迫对照植株（CK）均能正常生长，没有出现落叶和死亡现象。

在持续干旱胁迫下，3 个杨树品种植株的外部形态均产生明显变化：停止供水后第12 d (2011 年 8 月 9 日)，全红杨部分植株幼叶开始出现萎蔫现象，光泽暗淡，下部老叶发黄、萎蔫至脱落，10:00 时全部叶片呈现萎蔫，16:00 时光强只有 240 μmol·m^{-2}时尚未恢复，而对照组仅个别植株幼叶中午出现短暂性萎蔫；停止供水第 15 d(2011 年 8 月 11 日)，中红杨和 2025 杨部分植株幼叶也开始出现萎蔫、下部老叶脱落现象；干旱胁迫第 28 d (2011 年 8 月 25 日)，3 个杨树品种所有苗木生长完全停滞，大部分株裸叶甚至枯萎死亡。此时，全红杨余 4 株，枝条顶部存留有小叶 1～5 片叶片/株，其余叶片全部脱落；中红杨余 6 株，枝条顶部存留小叶 1～7 片/株，其余叶片全部脱落；2025 杨余 6 株，枝条顶部存留小叶 1～7 片/株，其余叶片全部脱落。采样测定后当即恢复供水，进行正常养护 1 月后调查成活率：全红杨干旱胁迫处理组存活 3 株，存活率为 8.57%；中红杨存活 6 株，存活率为 17.14%；2025 杨存活 8 株，存活率为 22.86%。3 个杨树品种的对照组(CK)苗木长势均良好。由此可见全红杨嫁接苗受干旱胁迫影响较中红杨和 2025 杨大，抵抗干旱胁迫的能力要弱一些。

通过在干旱胁迫下直接研究树木生长指标的受害程度，进而对林木抗旱能力做出判断是应用最广泛直接的鉴定方法。生长指标一般对水分比较敏感，遗传变异较大，因此选择的余地较大，可在抗旱性鉴定中应用，特别是抗旱品种选育中，用于鉴定育种材料抗旱生产力，效果较好(杨敏生等，2002)。

由表 7-2 可见，在对照条件下，3 个杨树品种的苗高及高生长存在着一定的差异，这是由于无性系本身的遗传特性及生物特性所决定的，不能简单地以此来衡量品种间的抗旱能。结合同一无性系不同处理间及同一处理不同无性系间的苗高及高生长的差异来进行抗旱性分析更为科学、严谨。

表 7-2　干旱胁迫及复水对 3 个杨树品种嫁接苗株高的影响(平均值±标准误)

处理	种类	7 月 29 日 株高/cm	8 月 25 日 株高/cm	9 月 1 日 株高/cm	8 月 25 日 相对高生长/%	9 月 1 日 相对高生长/%
对照(CK)	2025 杨	88.50±25.198Aa	111.75±37.201Aa	117.45±38.863Aa	25.32±8.99Aa	5.19±1.66Aa
	中红杨	86.8±24.526Aa	107.4±29.387ABab	112.85±29.72Aab	24.24±7.23Aa	5.50±3.64Aa
	全红杨	72.05±12.779Aa	88.5±14.420ABbc	92.4±14.931ABbc	23.27±6.81Aa	4.44±1.57Aa
干旱(H)	2025 杨	88.80±24.104Aa	101.4±30.539ABabc	103.8±32.808ABab	13.55±7.48Bb	1.97±1.70Bb
	中红杨	86.95±24.435Aa	96.9±26.860ABabc	97.75±27.304ABabc	11.56±3.56Bb	0.85±0.78Bb
	全红杨	72.65±12.076Aa	79.1±11.160Bc	79.45±11.295Bc	9.30±4.25Bb	0.43±0.60Bb

注：A(a)—C(c)表示不同品种的差异水平，小写字母表示在 P=0.05 水平上差异显著，大写字母表示在 P=0.01 水平上差异极显著，字母相同表示差异不显著。

干旱胁迫下，3 个杨树品种嫁接苗的高生长和相对生长率均较对照组明显下降。干旱胁迫 28 d，2025 杨、中红杨和全红杨相对高生长较对照下降 46.5%，52.3%和 60.1%。恢复供水 7 d 后，三者相对高生长更加低于对照组，2025 杨、中红杨和全红杨高生长率较对照下降了 62.01%，84.47%和 90.34%，但较胁迫后期略有改善，表现出一定的补偿效应(崔晓涛等，2009)。相比之下，干旱胁迫对 3 个杨树品种的相对生长率的影响 2025

杨<中红杨<全红杨，说明干旱胁迫下全红杨和中红杨受影响程度较深，而 2025 杨程度相对较弱。多重比较表明：干旱胁迫下，3 个杨树品种嫁接苗的高生长和相对生长率与对照组差异均极显著($P<0.01$)，但品种间差异不显著($P>0.05$)。恢复供水后 2025 杨相对高生长率高于中红杨和 2025 杨，但与对照组相比品种间差异不显著($P>0.05$)。

7.4.3 各项生理指标的变化

7.4.3.1 叶片质膜相对透性(REC)的变化

细胞膜是植物体内部与外部物质交换的通道，干旱胁迫会使植物细胞膜透性的改变或丧失，膜透性增大，严重干旱时会导致大量内溶物外渗(邓丽娟等，2011)。

由图 7-2 和表 7-3(见本章末)可知，对照组，全红杨、中红杨和 2025 杨叶片细胞膜相对透性变化趋势和幅度基本相同，保持在 28.61%～33.23%之间，平均值分别为 29.69%，30.80%和 30.78%。与对照相比，在干旱胁迫下 3 个杨树品种的细胞膜相对透性明显升高。全红杨干旱胁迫 21 d 时，叶片细胞膜相对透性增加 102.27%，细胞电解质大量外泄。干旱胁迫 28 d 时，全红杨细胞膜相对透性较对照组增加 84.96%，中红杨和 2025 杨叶片细胞膜相对透性分别增加了 85.09%和 91.83%。复水 7 d 后，处理组三者叶片细胞膜相对透性均有不同程度的恢复，但仍高于对照组水平。

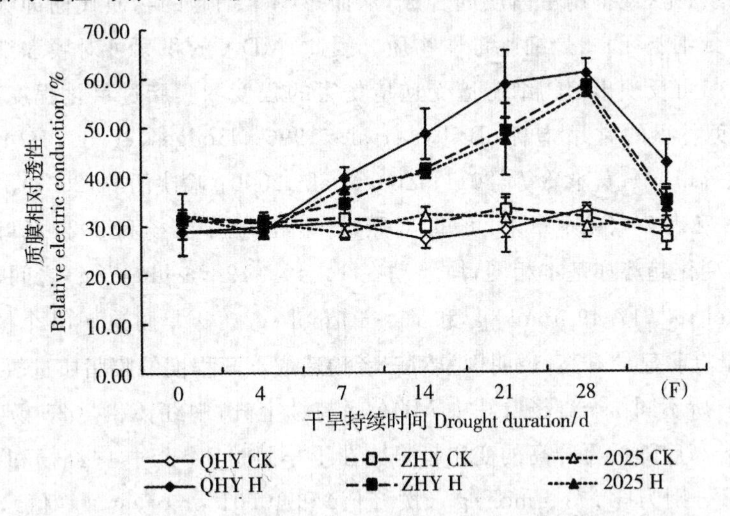

图 7-2　干旱胁迫及复水对 3 个杨树品种叶片质膜相对透性的影响(平均值±标准误)

多重比较表明：对照组，全红杨、中红杨和 2025 杨叶片细胞膜相对透性差异不显著($P>0.05$)。干旱胁迫下，三者叶片的细胞膜相对透性与对照差异均达到了极显著水平($P<0.01$)。全红杨与中红杨 2025 杨叶片的质膜相对透性差异显著($P<0.05$)，中红杨和 2025 杨叶片的质膜相对透性差异略显著($P<0.05$)。复水 7 d 后，全红杨、中红杨叶片细胞膜相对透性与对照差异仍处于极显著水平($P<0.01$)，而 2025 杨叶片细胞膜相对透性与对照的差异为显著水平($P<0.05$)。

3 个杨树品种嫁接苗受到干旱胁迫时叶片的质膜相对透性随着胁迫时间的延长而明

显增大，这与许多抗旱性研究结果一致（黄承玲等，2011；柯世省等，2007b；高建社等，2007）。其中全红杨叶片的质膜透性首先开始增大，并始终高于其他 2 个杨树品种，表明全红杨叶片受干旱胁迫时质膜的敏感程度高于其他二者，脂膜过氧化，膜的选择透性降低，细胞膜结构受到的损伤最大。2025 杨在干旱胁迫 7 d 至 14 d 叶片细胞膜相对透性增长变缓，这可能是 2025 杨此时表现出的自我调节能力和胁迫适应性。干旱胁迫 28 d 时，全红杨细胞膜相对透性有所下降，该现象可能是由于干旱胁迫对全红杨细胞破坏严重，使得细胞内电解质大量外泄，导致胁迫后期时电解质减少。这与崔晓涛等（2009）对新西伯利亚银白杨（*Populus bachofeniiXP. pyramidalis* ROZ）研究结果相类似。结果表明 3 个杨树品种均为不耐旱树种，其中全红杨耐旱能力相对最弱。恢复供水 7 d 后，3 个杨树品种叶片细胞膜结构均得到一定修复，其修复能力 2025 杨＞中红杨＞全红杨。

7.4.3.2 叶片丙二醛含量的变化

丙二醛（MDA）是植物在受到伤害时细胞膜发生膜不饱和脂肪酸氧化作用形成的最终重要分解产物，干旱胁迫下，MDA 从膜上释放后，可与细胞膜上的蛋白质、酶等结合、交联，使蛋白质和核酸变性失活，DMA 的积累会引起细胞膜过氧化作用，由于氧化膜的有序降低，结构遭到了破坏，导致膜流动性降低，膜透性增强，细胞功能下降，还可使纤维分子间的桥键松弛，或抑制蛋白质的合成，从而影响了细胞的物质代谢即吸收与同化作用，严重时导致细胞死亡，是细胞毒性物质。因此，MDA 的积累可对膜和细胞造成一定的伤害，其含量可反映出植物细胞遭受逆境伤害的程度和膜脂过氧化程度，是判断细胞遭受胁迫程度大小的常用指标（Bailly, et al., 1996；Hodges, et al., 1999，姜英淑等，2009；赵世杰等，1994；黄承玲等，2011；Zou, et al., 2000；喻晓丽等，2007）。

由图 7-3 和表 7-4（见本章末）可知，对照组，全红杨、中红杨和 2025 杨叶片丙二醛含量差别不大，变化趋势亦基本相同，均浮动在 14.49～19.78 $\mu mol \cdot g^{-1}$之间，平均值分别为 17.90 $\mu mol \cdot g^{-1}$，17.49 $\mu mol \cdot g^{-1}$和 16.96 $\mu mol \cdot g^{-1}$。干旱胁迫下，3 个杨树品种叶片中 MDA 含量有明显的升高，说明干旱对三者均造成不同程度的膜脂质过氧化，不过变化时间和幅度有所不同。全红杨叶片中 MDA 呈持续上升，中红杨和 2025 杨叶片中 MDA 含量呈现先升高后降低再升高的变化趋势。在干旱胁迫 14 d 时，中红杨和 2025 杨叶片中 MDA 含量分别为 37.71 $\mu mol \cdot g^{-1}$（次峰值）和 40.01 $\mu mol \cdot g^{-1}$（峰值），较对照升高 145.67％和 100.60％。随后 MDA 含量开始下降，到 21 d 后出现回升。胁迫 28 d 全红杨和中红杨叶片中 MDA 含量均达到峰值，分别为 44.66 $\mu mol \cdot g^{-1}$和 40.90 $\mu mol \cdot g^{-1}$，较对照升高 153.74％和 125.71％，2025 杨 MDA 含量此时达到次峰值 39.93 $\mu mol \cdot g^{-1}$，较对照升高 165.59％。全红杨在胁迫 7～14 d 叶片 MDA 含量上升缓慢，而中红杨和 2025 杨在胁迫 14～21 d 叶片 MDA 含量出现下降，说明三者对水分胁迫反应出不同程度的适应调节过程，当保护酶系统产生防御作用时，MDA 含量下降，只是全红杨适应性和调节能力要弱些。在胁迫后期受逆境引起伤害的影响，苗木生长处于衰退期，对干旱胁迫的适应性也逐渐降低。同时由于持续干旱胁迫，细胞中活性氧大量积累，加速了膜脂过氧化作用，使得氧化产物增多，3个杨树品种处理组MDA含量均出现快速升高，相比之下2025杨增加的幅度较小，表明受到的伤害程度较小(喻晓丽等，2007)。复水7 d后，3个杨树品种均有不同程度的恢复，但仍高于对照组水平。全红杨、中红杨和2025杨叶片MDA含量分别降到38.05 μmol·g^{-1}，24.90 μmol·g^{-1}和20.56 μmol·g^{-1}，分别较对照组升高99.21%，25.87%和14.14%。

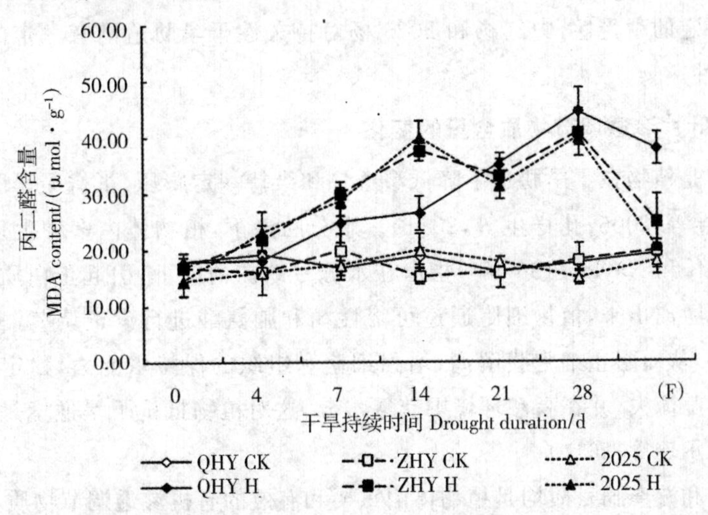

图7-3 干旱胁迫及复水对3个杨树品种叶片丙二醛含量的影响(平均值±标准误)

多重比较表明：对照组，全红杨、中红杨和2025杨叶片MDA含量差异不显著($P>0.05$)。干旱胁迫下，三者叶片的MDA含量与对照的差异均达到了极显著水平($P<0.01$)。干旱胁迫前期，全红杨与中红杨2025杨叶片的MDA含量差异极显著($P<0.01$)，中红杨与2025杨叶片的MDA含量差异略显著($P<0.05$)。干旱胁迫后期，三者叶片MDA含量差异不显著($P>0.05$)。复水7d后，全红杨叶片MDA含量与对照差异仍处于极显著水平($P<0.01$)，中红杨和2025杨叶片MDA含量与对照差异显著($P<0.05$)。胁迫处理组全红杨与中红杨2025杨差异极显著($P<0.01$)，中红杨和2025杨差异显著($P<0.05$)。

1975年，Fridovich提出生物自由基伤害学说，认为植物体内自由基大量产生会引发膜脂过氧化作用，造成细胞膜系统破坏，严重导致植物死亡，通常用膜质过氧化产物丙二醛(MDA)的变化来衡量膜的完整性和膜质过氧化程度(孙景宽等，2009)。本研究中，中红杨和2025杨叶片中MDA含量在胁迫初期开始增加，胁迫中期由于前期的胁迫锻炼，二者DMA含量有明显降低，说明对干旱胁迫已产生一定的适应性，通过一定的调节机制缓解干旱胁迫所带来的伤害。胁迫后期，随着伤害增大，生长处于衰退期，适应能力也随之下降，叶片中DMA含量又有所增加，中红杨增加幅度小于2025杨，说明受到伤害程度小。这与喻晓丽等(2007)对火炬树、黄承玲等(2011)对2种杜鹃属(*Rhododendron*)植物、王宇超等(2010)对3种滨藜属(*Atriplex*)植物的研究结果相类似。而胁迫前期叶片MDA增长一直低于中红杨和2025杨的全红杨，随着胁迫时间的延长MDA含量持续上升。胁迫 21d,MDA 含量超过中红杨和 2025 杨,持续的干旱胁迫导致全红杨叶中的膜质过氧化程度较高,这与黄承玲等(2011)对大白杜鹃(*R. decorum*)、惠竹梅(2007)对 2 个葡萄欧亚种(*V. Vinifera* L.)的研究结果一致。3 个杨树品种受干旱胁迫膜质过氧化的程度全红杨＞中红杨＞2025 杨。另外,中红杨和 2025 杨在胁迫中期就开始出现了一定程度的损伤,而全红杨的细胞膜透性到后期才发生剧烈的变化,说明全红杨对短期干旱胁迫可能具有一定的耐受性,中红杨和 2025 杨对持久性干旱胁迫则有一定的自我调节能力,更有耐受性。

7.4.3.3 叶片渗透调节物质含量的变化

渗透调节是植物在干旱胁迫下降低渗透势和维持一定膨压、抵御干旱胁迫的自身生理调节(单长卷等,2006;孔祥生等,2011)。水分胁迫下,植物体内多种生理反应被诱导和加速,Barheff 和 Naylor(1966 年)指出在水分亏缺的情况下,引起蛋白质分解,而脯氨酸首先大量地游离出来,植物细胞通过可溶性糖和脯氨酸进行渗透调节,三者的增加均可以降低水势,从而阻止细胞膜解离,增强细胞和组织的保持水能力,稳定细胞结构,防止细胞水分过度流失,并在高渗环境中获取水分,这对植物抵抗干旱逆境是有益的(吴强盛等,2003;黄承玲等,2011)。

可溶性糖和游离脯氨酸均是植物体内重要和有效的有机渗透调节物质,Shin Watanaba 等(2000)认为脯氨酸和可溶性糖的积累对植物生长和渗透调节起着重要的作用。干旱胁迫下,植物体内游离脯氨酸的积累在高等植物中是普遍现象(汤章城等,1986;高建社等,2005),有助于细胞和组织的保水,维持细胞的膨压,同时还可作为一种碳水化合物的来源、酶和细胞结构的保护剂,保护酶的空间结构,稳定膜系统,参与叶绿素合成,提高植物抗性。并有研究证明脯氨酸含量是植物对水分胁迫的一种适应,可作为植物水分胁迫的指标(Lrigoyen,et al.,1992;陆爱华等,1989;惠竹梅等,2007)。可溶性糖同时作为能源和碳源物质在植物体内对环境胁迫的变化非常敏感,是很多植物的主要渗透调节剂,也是合成其他有机溶质的碳架保护和能量来源,可溶性糖可以增加细胞原生质浓度,对细胞膜和原生胶体也有稳定作用,还可在细胞内无机离子浓度高时起保护作用(汪贵斌等,2003;陈顺伟等,2003;Ricardo,et al.,1999;张海燕和赵可夫,1998),从而起到抗脱水作用,也是指示植物遭受环境胁迫程度的重要指标。植物体内的可溶性蛋白质大多是参与各种代谢的酶类,具有较强的亲水胶体性质,干旱胁迫不仅直接影响蛋白质的合成能力,而且会引起蛋白质降解,从而使植物体内的蛋白质含量减少,植物体内蛋白质含量可影响细胞的保水力,是植物对逆境胁迫适应的一种表现,也可作为植物相对抗性的一个指标。

由图 7-4(a)和表 7-5(见本章末)可知,对照组全红杨叶片中可溶性糖含量低于中红杨和 2025 杨,浮动在 19.01～21.91 mg·g^{-1}FW,全红杨、中红杨和 2025 杨叶片中可溶性糖平均值分别为 20.69 mg·g^{-1}FW、23.79 mg·g^{-1}FW 和 23.30 mg·g^{-1}FW。持续干旱胁迫下,三者叶片中可溶性糖含量均有明显的增加,细胞内可溶性糖进行了主动积累,增强了细胞渗透调节能力。三者叶片中可溶性糖含量增加的时间和幅度存在一定的差异,全红杨叶片的可溶性糖含量在持续干旱胁迫 14 d 内迅速升高,干旱胁迫 7 d 至 14 d 可溶性糖含量高于中红杨和 2025 杨。随后增加较为平缓,干旱胁迫第 21 d 含量达最高值 29.78 mg·g^{-1}FW,较对照增加 48.95%。干旱胁迫 28 d 时含量略有下降,但仍明显高于对照。中红杨和 2025 杨叶片可溶性糖含量的变化趋势基本相似,在干旱胁迫 7 d 内没有明显变化,随后开始持续增加,在干旱 14 d 时中红杨叶片可溶性糖含量高于全红杨和 2025 杨。胁迫 14 d 以后,2025 杨叶片中可溶性糖含量增加迅速,并且高于中红杨和全红杨,干旱胁迫 28 d 时,中红杨和 2025 杨叶片中可溶性糖含量均达最高值,分别为 33.49 mg·g^{-1}FW 和 35.28 mg·g^{-1}FW,较对照升高 45.13% 和 56.17%,增幅明显高于全红杨。复水 7 d 后,全红杨叶片可溶性糖含量呈缓慢下降,中红杨和 2025 杨下降幅度大于全红杨,但全红杨、中红杨和 2025 杨叶片中可溶性糖含量仍分别较对照高 47.02%,41.43% 和 43.40%。

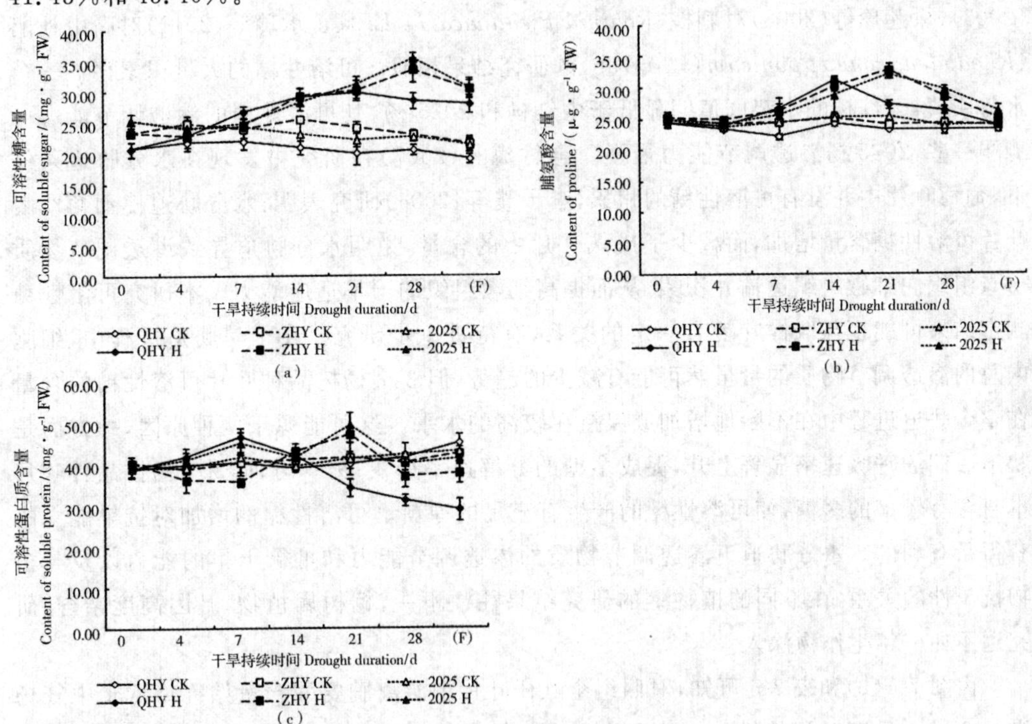

图 7-4　干旱胁迫及复水对 3 个杨树品种叶片渗透调节物质含量的影响(平均值±标准误)

多重比较表明:对照组全红杨叶片可溶性糖含量显著低于中红杨和 2025 杨($P<0.05$)。干旱胁迫下,三者叶片的可溶性糖含量与对照组的差异均达到了极显著水平($P<0.01$)。干旱胁迫 7 d,全红杨叶片可溶性糖含量极显著高于中红杨和 2025 杨($P<0.01$),中红杨和 2025 杨差异略显著($P<0.05$)。干旱胁迫 28 d,全红杨叶片可溶性糖含量极显著低于中红杨和 2025 杨($P<0.01$),中红杨和 2025 杨差异不显著($P>0.05$)。复水 7 d 后,三者叶片中可溶性糖含量与对照组的差异仍处于极显著水平($P<0.01$),并且

干旱处理组全红杨叶片中可溶性糖含量显著低于其他 2 种杨树($P<0.05$)。

可溶性糖是呼吸底物,在渗透调节过程中,呼吸作用加强,可溶性糖含量上升;呼吸底物消耗,可溶性糖含量下降(麦苗苗等,2009)。全红杨叶片可溶性糖在干旱胁迫前期就有明显的增加,可见全红杨对干旱胁迫比其他 2 种杨树反应更加敏感迅速,后期含量稳定在一定高度,可能是干旱胁迫对其造成了一定的伤害,合成和降解机制受到损伤,以至于复水 7 d 后变化仍不明显。中红杨和 2025 杨叶片可溶性糖在干旱胁迫前期表现稳定,说明轻度干旱并没对其造成影响。随着干旱胁迫的持续,可溶性糖含量持续增加,2025 杨最多增加 56.17%,复水 7 d 后有明显的恢复性降解。从实验结果来看,在干旱胁迫下 3 个杨树品种叶片可溶性糖均能进行主动积累,在全红杨上反应更为敏感。随着干旱胁迫持续,三者叶片可溶性糖含量不断积累,2025 杨、中红杨增加幅度高于全红杨,提高了细胞原生质浓度,从而起到了抗脱水的作用,对植株应对干旱胁迫和抗旱能力的获得是有利的,这与柯世省等(2007)对云锦杜鹃(*Rhododendron fortunei* Lindl.)、张莉等(2003)、徐莲珍等(2008)对刺槐(*Robinia pseudoacacia* L.)、黄承玲等(2011)对高山杜鹃(*Rhododendron lapponicum*(L.)Wah)的研究结果相似。可溶性糖的大量积累存在一个水势阈值,全红杨的水势阈值明显低于中红杨和 2025 杨,其可溶性糖的渗透调节能力可能弱一些,2025 杨渗透调节能力最强。惠竹梅等(2007)在研究中发现在水分胁迫条件下,葡萄叶片中并没有可溶性糖的积累,李予霞等(2004)研究表明:水分胁迫使葡萄幼龄叶片可溶性糖含量增加,而减少了成熟叶片中的含量,说明水分胁迫导致渗透调节物质由老组织向细嫩组织运输并积累,从而提高细嫩组织的干旱适应能力。本研究可溶性糖测定结果可能也与取样叶龄有一定的关系,有待进一步研究。在干旱胁迫进程中,细胞内总的渗透调节物质的量虽然可能有减少的趋势,但 3 个杨树品种叶片可溶性糖的含量在整个胁迫进程中在不断地增加或保持在较高的水平。这可能源于两种原因,一方面是胁迫后期的呼吸速率显著上升,促成多糖的分解速率加快;另一方面,3 个杨树品种叶片本身含有较多的多糖,使可溶性糖的产生有充足的原料。可溶性糖的增加对抗旱能力的获得是有利的。水分胁迫下渗透调节物质的渗透调节能力和抵御干旱的能力以及与植物抗旱性的关系,在不同的植物上的研究结果往往不一,杨树属植物,基因高度杂合,研究远不如一年生作物深入。

由图 7-4(b)和表 7-5 可知,对照组全红杨叶片中游离脯氨酸含量始终略低于中红杨和 2025 杨,且随时间的推移变化不大。全红杨、中红杨和 2025 杨叶片中游离脯氨酸含量平均值分别为 23.42 $\mu g \cdot g^{-1}$FW,24.47 $\mu g \cdot g^{-1}$FW 和 24.50 $\mu g \cdot g^{-1}$FW。与对照相比,持续干旱胁迫下 3 个杨树品种叶片中脯氨酸含量有明显的积累过程,脯氨酸含量都呈单峰曲线,只是出现峰值的时间和幅度不同。全红杨叶片中脯氨酸在干旱胁迫 14 d 时达到积累高峰,叶片中游离脯氨酸含量为 31.27 $\mu g \cdot g^{-1}$FW,相对于对照升高 28.96%,并且高于中红杨和 2025 杨,随后出现快速下降,但始终高于对照组。中红杨和 2025 杨叶片脯氨酸含量在持续干旱 21 d 时达到积累高峰,分别为 32.71 $\mu g \cdot g^{-1}$FW,31.98 $\mu g \cdot g^{-1}$FW,较对照增加 36.24%和 26.29%,随后也呈下降趋势,2025 杨下降较中红杨缓慢,2025 杨叶片脯氨酸含量超过中红杨,此时二者脯氨酸含量明显高于全红杨。复水 7 d 后 3 个杨树品种叶片脯氨酸含量仍呈下降趋势,并接近对照水平,全红杨、中红杨和 2025 杨分别较对照升高 2.57%,4.44%和 8.52%。

多重比较表明:对照组全红杨叶片脯氨酸含量显著低于中红杨和 2025 杨($P<0.05$)。干旱胁迫下,三者叶片的脯氨酸含量与对照组的差异均达到了极显著水平($P<0.01$)。干旱胁迫 14 d,胁迫处理组 3 个杨树品种叶片脯氨酸含量之间差异显著($P<0.05$)。干旱胁迫 21 d 至 28 d,全红杨叶片脯氨酸含量极显著低于中红杨和 2025 杨($P<0.01$),中红杨和 2025 杨间差异不显著($P>0.05$)。复水 7 d 后,三者叶片中脯氨酸含量与对照差异显著($P<0.05$),胁迫处理组 2025 杨和中红杨叶片中脯氨酸含量显著高于全红杨($P<0.05$),二者之间差异不显著($P>0.05$)。

一般认为植物体内的游离脯氨酸含量不高,只有在逆境条件下(旱、热、冷冻),植物体内脯氨酸的含量才迅速增加,然而对游离脯氨酸累积的生理效应有多种解释。植物体内脯氨酸含量在一定程度上反映了植物的抗逆性,研究表明在含水量很低的细胞内,脯氨酸溶液仍能提供足够的自由水,以维持正常的生命活动,植物体内脯氨酸含量在一定程度上反映了植物体内的水分状况,因而可以作为植物缺水情况的参考性生理指标来衡量植物的抗旱性(曹帮华等,2005;范苏鲁等,2011)。马翠兰等(2000)认为游离脯氨酸的积累与细胞膜透性的增加成正相关。研究中 3 个杨树品种叶片中脯氨酸随着干旱持续均呈先上升后下降,与黄承玲等(2011)对高山杜鹃、徐莲珍等(2008)对元宝枫(*ACEr truncatum*)和侧柏(*Platycladus orientalis*)及喻晓丽等(2007)对火炬树的研究结果一致。全红杨、中红杨和 2025 杨相对于对照增加幅度均不太大,最多增加 28.96%,36.24%和 26.29%。全红杨叶片中脯氨酸含量首先开始增加,急剧增加出现时的土壤干旱阈值不同,全红杨早于中红杨和 2025 杨。游离脯氨酸含量在能够反映植物体内一定程度上的水分情况,对渗透调节有一定的贡献,由于游离脯氨酸累积量的高低除受遗传控制外,还受干旱程度、氮素营养、氨基酸转移等多种因素的影响,并且不同无性系对这些因素的反应也不同,所以曾有人提出以干旱胁迫下游离脯氨酸大量积累的水势阈值作为评价抗旱能力的参考(张殿忠等,1990),从本研究结果来看具有一定的可行性,张莉等(2003)对刺槐的研究中也有相似的结论。大多植物研究认为植物脯氨酸积累越多抗逆性能力超强,含量有时会超过正常条件下的十倍或百倍。但也有少数植物在逆境条件下,脯氨酸含量变化不大(李晶等,2000;王占军等,2009)。其与抗旱性的关系也有不同的观点,张明生等(2004)在甘薯(*Dioscorea esculenta* (Lour.) Burkill)上的研究认为,游离脯氨酸与品种抗旱性间的相关性不显著。马讳等(2001)在对 6 种冷季型草坪草的 22 个品种抗旱比较研究后认为,脯氨酸的含量只是反映植株受旱程度,在不抗旱品种中反而积累较多。

由图 7-4(c)和表 7-5 可见,对照组全红杨、中红杨和 2025 杨叶片可溶性蛋白质含量基本相同,随时间推移变化不大,平均值分别为 41.15 mg·g^{-1}FW,41.17 mg·g^{-1}FW 和 41.35 mg·g^{-1}FW。干旱胁迫下,三者叶片可溶性蛋白质含量变化趋势有所不同,全红杨叶片可溶性蛋白质含量先升高后降低，干旱胁迫 7 d 内呈上升趋势，可溶性蛋白质含量高于对照，在干旱胁迫 7 d 达到最大值 47.17 mg·g^{-1}FW，较对照升高 15.98%，随后呈持续下降。干旱 14 d 后低于对照水平，胁迫 28 d 含量降为 29.36 mg·g^{-1}FW，较对照下降 25.12%。中红杨叶片可溶性蛋白质含量呈先下降后升高再下降的变化曲线，干旱胁迫 7 d 达到最低值 36.08 mg·g^{-1}FW，较对照下降 11.69%；胁迫 21 d 时达到最高值 47.69 mg·g^{-1}FW，较对照升高 13.42%；胁迫 28 d 含量又下降为 37.34 mg·g^{-1}FW，较对照下降 11.01%。2025 杨叶片可溶蛋白质含量呈现 M 振荡上升曲线，干旱胁迫 7 d，升高到 45.68 mg·g^{-1} FW，较对照升高 8.22%；胁迫 14 d 叶片可溶性蛋白质含量为 42.10 mg·g^{-1}FW，较对照升高 5.43%；胁迫 21d 再次升高并达到峰值 50.01 mg·g^{-1}FW，较对照升高 19.90%，；胁迫 28 d 含量为 40.65 mg·g^{-1}FW，较对照下降 5.20%。复水 7 d 后，全红杨叶片可溶性蛋白质含量继续下降，中红杨和 2025 杨变化不大，分别较对照下降 35.71%、11.01%和 4.04%。

多重比较表明：对照组 3 个杨树品种叶片可溶性蛋白质含量差异不显著（$P>0.05$）。干旱胁迫下，三者叶片的可溶性蛋白质含量与对照组的差异均达到了极显著水平（$P<0.01$）。干旱胁迫 14 d 前，全红杨和 2025 杨叶片可溶蛋白质含量极显著高于中红杨（$P<0.01$），全红杨和 2025 杨差异不显著（$P>0.05$）。干旱胁迫后期，全红杨叶片可溶蛋白质含量低于中红杨和 2025 杨，差异极显著（$P<0.01$），中红杨和 2025 杨间差异不显著（$P>0.05$）。复水 7d 后，中红杨和 2025 杨叶片中可溶蛋白质含量均与对照的差异显著（$P<0.05$），全红杨与对照差异极显著（$P<0.01$）。中红杨和 2025 杨间差异显著（$P<0.05$），二者与全红杨差异极显著（$P<0.01$）。

水分胁迫干扰植物体内氮代谢过程的最突出表现就是蛋白质分解，从而提高游离氨基酸含量（王万里，1981）。在干旱条件下，植物体内的蛋白质降解越慢越少，越有利于保持蛋白质的正常代谢，减轻过多的氨类物质对植物的毒害，其抗旱性越强（庞士铨，1990）。干旱胁迫下 3 个杨树品种叶片可溶性蛋白质含量变化趋势各不相同，这可能与其渗透调节功能有关，它们适应干旱的主导途径可能有所不同，高含量的可溶性蛋白质有利于细胞维持较低的渗透势，抵抗干旱带来的伤害（黄承玲等，2011）。最终 3 个杨树品种叶肉细胞中可溶性蛋白质降低，说明蛋白质的合成受阻，蛋白质分解加速，导致其含量下降，这可能与干旱胁迫条件下细胞肽酶活性提高有关（曹慧等，2004），王晶英等（2006）对银中杨（*Populus alba* × *Populs berolinensis*）、孙国荣等（2001）对白桦（*Betula platyphylla*）、阎秀峰等（1999）对红松（*Pinus koraiensis Sieb. et.* Zucc）及惠竹梅等（2007）对葡萄（*Vitis vinifera* L.）研究水分胁迫与可溶性蛋白质含量关系时也有类似的结果。全红杨叶片可溶性蛋白质含量呈先增加后降低的趋势，且随干旱胁迫程度的增加而下降加剧，说明在胁迫初期植物体内抗氧化酶系合成增加，不溶性蛋白质变为可溶性蛋白质以增强渗透调节能力，而在干旱后期，胁迫超过植物所能忍耐的阈值，细胞体内大量活性氧会损伤 DNA 的复制过程，使细胞蛋白质和核酸的合成能力减弱（宋纯鹏，1998；卫星等，2009），合成代谢受阻，蛋白质持续降解，这与黄承玲等（2011）对大白杜鹃和康俊梅等(2005)对苜蓿(*Medicago*)的研究结果相类似。中红杨在干旱初期对胁迫产生敏感性可溶性蛋白质降解，干旱持续增强渗透调节能力，防止细胞和组织脱水，可溶性蛋白质含量迅速增加。当超过耐受阈值时，含量又开始下降。而2025杨叶片可溶性蛋白质含量在干旱胁迫21d前整体呈上升趋势，上升过程中有波动，当超过耐受阈值时，含量下降。这与王海珍等(2004)在虎榛子(*Ostryopsis Decne*)、辽东栎(*Quercus wutaishansea* Mary)上和张莉等(2003)在刺槐上的研究结果相似。全红杨叶片中可溶性蛋白质降解速度明显高于中红杨和2025杨，表明全红杨对水分胁迫具有最强的敏感性，干旱胁迫对全红杨的危害性也最大。可溶性蛋白质含量在不同植物之间变化较为复杂，胁迫条件下，干旱引起蛋白质含量变化的同时，植物为了避免胁迫造成伤害，往往也伴随着蛋白质组分的变化，诱导产生一些抗逆蛋白质，称之为"旱胁蛋白"或"逆境蛋白"，这种热稳定性蛋白的生成很可能在抗旱中起着更大的作用(孙国荣，2003；张莉，2003；惠竹梅，2007；李妮亚，1998)。因此，可溶性蛋白质含量和组分变化对植物抗旱性的作用有待进一步研究。此外，光全碳同化中的重要限速酶Rubisco(核酮糖-1，5－二磷酸羧化酶/加氧酶；EC4.1.1.39)在植物体内含量极高，约占叶蛋白的50%以上。短时间干旱胁迫造成全红杨叶片总蛋白含量的大幅下降，而Rubisco作为叶片中最丰富的蛋白质自然随之遭到严重破坏，从而对光合作用构成极大危害(叶金山，2002)。也有学者发现，可溶性蛋白质的含量不断降低，而细胞内束缚水的含量并未减少，可溶性蛋白质在渗透调节中的作用很小，不能单通过蛋白质含量的高低来断定植物的抗旱性(孙国荣等，2011)。

7.4.3.4 叶片色素含量的变化

叶片是植物进行光合作用的主要器官，类胡萝卜素与叶绿素均为光合色素，叶绿素是光合作用中最重要的有效色素，也是植物截获光能，将光能转化为化学能的活性物质，其含量的改变会直接影响植株光合作用的强弱，植物的正常生长和抗逆性。干旱胁迫过程中叶绿素含量的变化，可以指示植物对水分胁迫的敏感性，叶绿素a和叶绿素b是植物叶绿素的两种重要色素，以叶绿素a最为重要(姜卫兵等，2002)。叶绿素a的功能主要是将汇聚的光能转变为化学能进行光化学反应，而叶绿素b则主要是收集光能，叶绿素a/b比值下降的程度也可评定植物品种的抗旱性(张明生等，2001；徐文铎等，1994)。类胡萝卜素存在于叶绿体内，是重要的内源抗氧化剂，一方面可以吸收除长波和短波以外的其他剩余波长的光，耗散叶绿素吸收的过多光能，阻止激发态叶绿素分子的激发能从反应中心向外传递。另一方面有利于防止或减轻光抑制，因为类胡萝卜素尤其是其中的β－类胡萝卜素可淬灭不稳定的三线肽叶绿素及具有强氧化作用、对光合膜有潜在破坏作用的单线肽氧，保护叶绿素分子免遭光氧化损伤，从而防止膜质过氧化(Maslenkova, et al.,1993；姜淑英等，2009；颜淑云等，2011)。类胡萝卜素含量降低，对过剩激发能的耗散减弱，使活性氧增加，不利于植物的光合作用(柯世省，2007)，通常类胡萝卜素与叶绿素呈正相关性(董金一等，2008)。植物叶片是有机物的主要合成器官，花色素苷(Ant)与叶绿素(Chl)、类胡萝卜素(Car)等色素共同决定植物叶片着色的差异，尤其是红叶植物与绿叶植物中花色素苷和叶绿素含量存在显著差异(杨淑红,2012;李雪飞,2011)。

由图 7-5、图 7-6、表 7-6、表 7-7(见本章末)可见,干旱胁迫对 3 个杨树品种叶片中叶绿素 a、叶绿素 b、总叶绿素和类胡萝卜素含量均影响显著,而对叶绿素 a/b 和花色素苷影响不明显。对照组,全红杨、中红杨和 2025 杨叶片中各色素含量也均呈现缓慢下降趋势。与对照相比,三者在干旱胁迫下叶片中叶绿素 a、叶绿素 b、总叶绿素和类胡萝卜素含量均有明显下降趋势,说明干旱胁迫对 3 个杨树品种叶片中的叶绿素和类胡萝卜素均造成不同程度破坏和损伤,产生膜脂质过氧化。干旱胁迫前期,全红杨叶片叶绿素 a、叶绿素 b、总叶绿素和类胡萝卜素就呈现持续下降趋势,而中红杨和 2025 杨叶片中叶绿素 a、叶绿素 b、总叶绿素和类胡萝卜素含量在不同时间出现了一定的反弹或下降减缓现象。胁迫 14 d 时,三者叶片中叶绿素 a 分别较对照损失了 28.60%,7.99%和 6.88%;叶绿素 b 较对照分别损失了 30.74%,6.08%和 13.33%;总叶绿素较对照损失了 29.22%,7.44%和 8.67%;类胡萝卜素较对照损失了 11.14%,6.28%和 12.47。说明全红杨在干旱胁迫前期就表现很敏感,而中红杨和 2025 杨对干旱胁迫表现出一定的适应性和调节能力。胁迫后期三者叶片中叶绿素 a、叶绿素 b、总叶绿素和类胡萝卜素含量均出现大幅度下降。干旱胁迫 28 天时,三者叶片中叶绿素 a 分别较对照损失了 54.41%,52.51%和 48.44%;绿素 b 较对照分别损失了 40.11%,47.50%和 38.44%;总叶绿素较对照损失了 50.52%,51.19%和 46.15%;类胡萝卜素较对照损失了 47.68%,50.72%和 37.25;叶绿素 a/b 值分别较对照下降了 24.04%,10.97%和 16.25%。复水7 d后,处理组 3 个杨树品种叶片中叶绿素 a、叶绿素 b、总叶绿素和类胡萝卜素均有不同程度的恢复,但只有全红杨的叶绿素 b、2025 杨的叶绿素 b 和类胡萝卜素恢复到了干旱胁迫 14 d 以前的水平。3 个杨树品种叶片中花色素苷含量在整个处理过程中均较对照变化不大,全红杨和中红杨叶片花色素苷含量出现不同程度的下降,而胁迫后期 2025 杨叶片中花色素苷含量出现了小幅升高。

多重比较表明:对照组,全红杨叶片中各色素含量均高于中红杨和 2025 杨,差异极显著($P<0.01$)。在干旱胁迫下,三者叶片叶绿素 a、叶绿素 b、总叶绿素和类胡萝卜素含量与对照的差异均达到了极显著水平($P<0.01$)。干旱胁迫 14d 时,全红杨叶片中叶绿素 a、叶绿素 b 和总叶绿素与对照差异极显著($P<0.01$),中红杨和 2025 杨叶片中叶绿素 a、叶绿素 b 和总叶绿素与对照差异显著($P<0.05$)。干旱胁迫 28 d,3 个杨树品种叶片中叶绿素 a、叶绿素 b、总叶绿素和类胡萝卜素含量与对照相比较,中红杨总叶绿素含量差异显著($P<0.05$),其他均为差异极显著($P<0.01$),全红杨和 2025 杨叶片叶绿素 a/b 值与对照差异极显著($P<0.01$),中红杨叶绿素 a/b 值与对照差异显著($P<0.05$)。复水 7 d 后,胁迫组 3 个杨树品种中只有中红杨和 2025 杨叶片叶绿素 b 含量与对照差异恢复为显著水平($P<0.05$),其他仍处于极显著水平($P<0.01$)。胁迫后期,全红杨叶片中花色素苷含量与对照差异显著($P<0.05$),中红杨和 2025 杨与对照差异不显著($P>0.05$)。综上及表 7-8(见本章末),由于叶绿素 a,b 受干旱胁迫影响大于类胡萝卜素和花色素苷,使得 3 个杨树品种叶片中花色素苷占色素比例均明显增大,2025 杨叶片中类胡

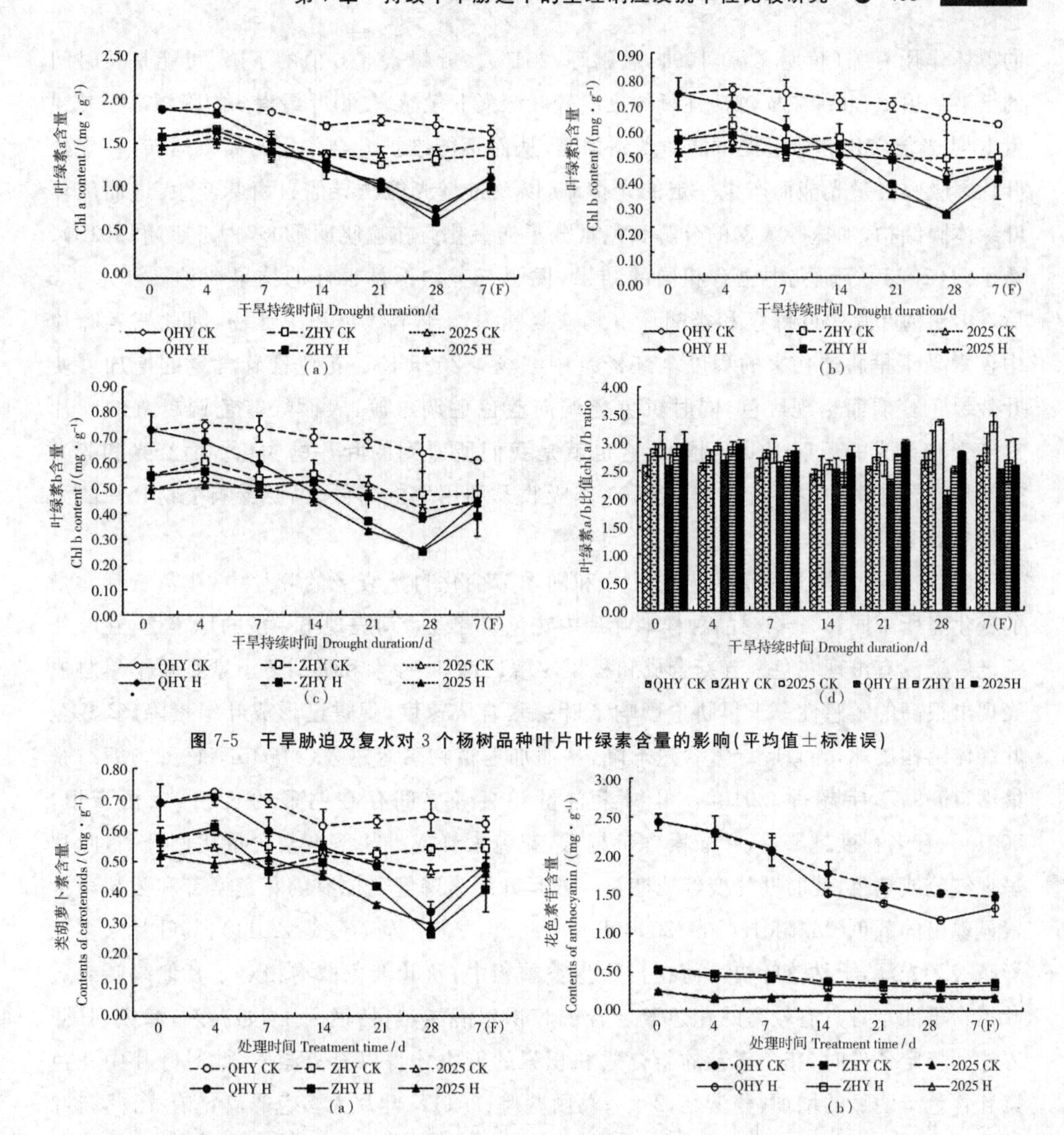

图 7-5　干旱胁迫及复水对 3 个杨树品种叶片叶绿素含量的影响(平均值±标准误)

图 7-6　干旱胁迫及复水对 3 个杨树品种叶片类胡萝卜素和花色素苷含量的影响(平均值±标准误)

萝卜素占色素比例也略有增加。

在轻度干旱胁迫到中度干旱胁迫过程中,全红杨表现敏感,这是干旱胁迫使植物体内的叶绿素降解酶的活性增强,促进叶绿素降解,从而减少了对光量子的接收数量,以避免产生多余的自由基对植物的伤害。而中红杨和 2025 杨对干旱胁迫反应稍微迟缓一些,并且叶绿素和类胡萝卜素含量在不同时间出现了一定的反弹或下降减缓现象,可能与植物对环境因子的补偿和超补偿效应有关(邹春静等,2004),是植物抵抗干旱胁迫的表现。随着胁迫的持续和加重,全红杨、中红杨和 2025 杨叶片中叶绿素和类胡萝卜素均出现了大幅下降,主要原因可能是干旱胁迫使叶绿体片层中的叶绿素 a/b-Pro 复合体合成受到抑制(Alberte,et al.,1977),或者与水分胁迫诱导叶绿体发生膜质过氧化而产生的破坏作用有关(蒋明义等,1994;孟鹏等,2010)。叶绿素 a/b 值的下降,可能是长时间的干旱胁迫下,叶绿素 a 对活性氧的反应较叶绿素 b 敏感,使得叶绿素 a 的降幅高于叶绿素 b,使光能转化和能量提供能力受到抑制,从而不能维护光合作用的高效运转,并导致叶片因吸收过量光能而产生一定的光抑制,以及过量光能诱导的自由基产生,进而破坏叶绿体膜结构,加速叶绿素的分解和色素分子光氧化。在喻晓丽(2007)、王宇超(2010)、桑子阳(2011)等研究中也有相同的结果,说明三者均不是很好的抗旱树种。复水 7 d 后,2025 杨叶片中叶绿素和类胡萝卜素恢复能力高于全红杨和中红杨,因此三者叶片中色素受干旱胁迫伤害的程度全红杨＞中红杨＞2025 杨。花色素苷含量的增加可使叶片绿色变弱而呈现红色,同时黄色色调向蓝色色调过渡,表面红蓝色调越重的叶片对红光和蓝光的反射率就会越大,这也就是我们所看到的叶片的颜色。而红光和蓝光是叶片光合作用的主要有效光,叶片对其吸收及利用率的降低,也会影响植物叶片的光合作用效率。

试验发现,由胁迫引起衰老的叶片和随季节变化自然衰老的叶片中,花色素苷含量的变化有所不同,3 个杨树品种样本叶片中花色素苷含量均表现出一定的稳定性,在叶片衰老后期没有出现花色素苷新合成和积累性增长,而叶绿素和类胡萝卜素则对干旱胁迫表现出很高的敏感性。干旱胁迫影响了叶绿素合成速度,促进已形成叶绿素降解,甚至叶绿体结构破坏,导致叶绿素含量下降,从而加速植物衰老过程(Martin,et al.,1972;张继澍,1999;王宇超等,2010)。叶绿素含量和衰老之间存在明显的负相关(杨淑慎,2001)。衰老程度越严重,叶绿素含量越低,花色素苷或类胡萝卜素含量比例升高,叶片呈现红色或黄色,此时叶片变红或变黄一般是叶绿素降解后原有的花色素苷和类胡萝卜素显现出的颜色(Matile,et al.,2000;Field,et al.,2001;葛雨萱等,2011),其叶片大多色彩暗淡无光泽,干枯落叶快。而在自然生长季相中,秋叶红色植物相对于其他绿叶或黄叶植物可能自身具有较高的花色素苷合成和积累潜能,当环境因子,如温差,海拔、日照等达到特定条件时,花色素苷的新合成和积累的能力才得以充分激发,此时叶片中花色素苷含量有明显的增加(杨淑红,2012;葛雨萱等,2011),叶片大多色彩鲜艳有光泽,持叶时间长,这也是了植株死亡性衰老和休眠性衰老其叶片表现出的生命体征的差别。

7.4.3.5 叶片气体交换特性的变化

在影响光合作用的各种环境因子中,干旱胁迫历来受到很大重视。光合作用是植物重要的生命活动,是植物生长和生理基础,植物在干旱胁迫条件下的光合生产力是鉴定植物耐旱能力的指标之一(李吉跃,1991;付士磊等,2006),因此研究植物光合作用对干旱胁迫的响应,来评价植物对干旱胁迫的适应能力是十分重要的。蒸腾作用是植物体地上部分各器官生理活动获得所需水分及水分运转的主要动力,对植物体内矿质元素的吸收以及运输都起着非常重要的作用,而消耗的水分在很大程度上来自根系土壤水分。气孔是植物叶片上的重要器官之一,它是植物与外界联系的重要通道。有关水分条件对杨树水分代谢和光合作用的影响的研究较多(侯凤莲等,1996;杨敏生等,1997;李洪建等,

2000；冯玉龙等，2003；付士磊等，2006），发现干旱胁迫对树木的光合作用的影响是非常明显的，多数研究表明，光合作用对叶片水分亏缺非常敏感，水分影响树木光合机构生理代谢，并且直接参与光合作用，轻度的干旱胁迫就会使植物的蒸腾、光合速率下降，生长受到明显的抑制，植物易受到光氧化伤害。而气孔关闭是整个树体对干旱胁迫最敏感的一项指标，可直接影响和控制植物的光合和蒸腾（颜淑云等，2011），干旱胁迫引起气孔或非气孔因素的限制也是降低光合作用的重要因素（Boyer，et al.，1983），前者是指干旱胁迫使气孔导度下降，CO_2 进入叶片受阻而使光合下降，后者指光合器官光合活性的下降（许大全等，1992）。随干旱胁迫过程的进行，植物叶片净光合速率下降固定 CO_2 能力下降，保卫细胞水势、叶肉气体扩散阻力及气孔开张有关的气体扩散过程会随之发生变化，叶肉细胞光合活性降低，水分利用效率及羧化效率随之下降，非气孔限制因素成为植株光合速率持续下降的另一个重要原因（李洪建等，2000；冯玉龙等，2003a；付士磊等，2006）。气体扩散过程和非气体扩散过程是完全独立的，众多学者对干旱胁迫下植物光合作用的气孔限制因素进行了深入探讨，阐明了干旱与光合作用的关系，但对非气孔限制因素存在许多争议，对光合作用降低的内在原因未做出明确解释（刘建伟等，1994；Calos，et al.，2001；付士磊等，2006；曹晶等，2007；伍维模等，2007；秦景等，2009；孔祥生等，2011；颜淑云等，2011）。胡新生等（1996）推论干旱胁迫处理和解除胁迫处理中不同无性系的 *Pn*、*Tr*、Gs、*Ci* 和 *Ci*/*Ca* 差异可能主要表现在非气体扩散过程，并与基因型有密切关系。因此了解树木光合生理对土壤水分条件的适应，对新品种及无性系的生产应用具有重要意义（李吉跃，1991；付士磊等，2006）。

测定了 3 个杨树品种当年生嫁接苗持续干旱胁迫和无胁迫对照条件下的叶片气体交换参数，由于不同日期测定时天气的差异，测定值会有所不同，如胁迫处理和对照均表现出晴天净光合速率较高，阴天则较低的类似规律，但从处理组和对照组各参数的差异上可以看出胁迫对 3 种个杨树品种嫁接苗叶片的影响。

由图 7-7(a)和表 7-8（见本章末）可知，对照组，全红杨叶片净光合速率（*Pn*）平均值低于中红杨和 2025 杨，随着时间的推移，全红杨、中红杨和 2025 杨叶片 *Pn* 均呈先升高后降低再升高的变化趋势，平均值分别为 8.89 $\mu mol \cdot m^{-2} \cdot s^{-1}$，10.67 $\mu mol \cdot m^{-2} \cdot s^{-1}$ 和 13.30 $\mu mol \cdot m^{-2} \cdot s^{-1}$。与对照相比，在持续干旱胁迫下 3 个杨树品种叶片 *Pn* 均呈现持续下降的趋势，干旱胁迫 7～14 d 时下降最为明显。干旱胁迫 28d 时，全红杨、中红杨和 2025 杨叶片 *Pn* 分别较对照下降 101.11%，94.73%和 99.39%。复水 7 d 后，三者叶片 *Pn* 均有明显的恢复，中红杨和 2025 杨叶片 *Pn* 恢复到对照水平，并分别高于对照 1.09%和 6.82%，全红杨叶片 *Pn* 仍低于对照 35.21%。表明中红杨和 2025 杨在胁迫解除后，其生理过程能基本恢复，对干旱胁迫具有一定的代偿能力。而持续干旱对全红杨叶片光合作用器官造成了一定程度的破坏，解除胁迫后恢复较慢，说明其适应干旱的能力弱于中红杨和 2025 杨。

多重比较表明：对照组，全红杨叶片 *Pn* 极显著低于中红杨和 2025 杨，三者之间差异极显著（$P<0.01$）。在持续干旱胁迫下，三者叶片 Pn 均低于对照，达到极显著水平（$P<$

0.01),三者之间差异逐渐变小达不显著水平($P>0.05$)。复水 7d 后,全红杨叶片 Pn 极显著低于对照($P<0.01$),中红杨与对照差异不显著($P>0.05$),2025 杨叶片 Pn 高于对照,差异显著($P<0.05$)。

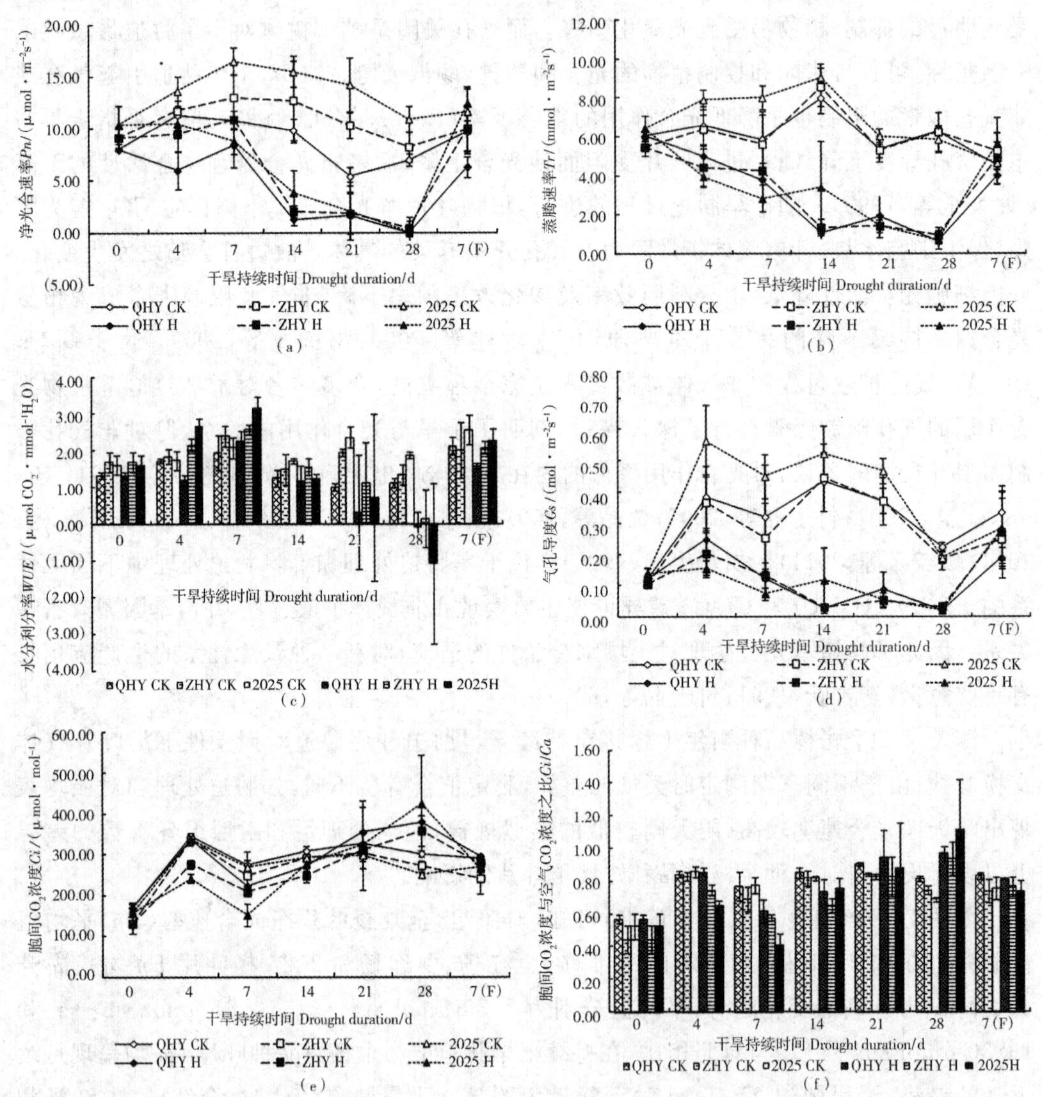

图 7-7 干旱胁迫及复水对 3 个杨树品种叶片 Pn、Tr、WUE、Gs、Ci 和 Ci/Ca 的影响(平均值±标准误)

由图 7-7(b)和表 7-8 可知,对照组,2025 杨叶片蒸腾速率(Tr)平均值略高于全红杨和中红杨,随着时间的推移,三者均起伏变化,但总体趋势是先升高后降低。全红杨、中红杨和 2025 杨叶片 Tr 平均值分别为 6.10 mmol·m^{-2}·s^{-1},6.12 mmol·m^{-2}·s^{-1}和 6.85 mmol·m^{-2}·s^{-1}。与对照相比,3 个杨树品种在持续干旱胁迫下,叶片 Tr 均呈现持续下降的趋势。干旱胁迫 28 d 时,全红杨、中红杨和 2025 杨叶片 Tr 分别较对照下降 90.05%,84.98%和 87.66%。复水 7 d 后,三者叶片 Tr 均有明显的恢复,全红杨和中红杨叶片 Tr 分别低于对照 11.92%和 7.11%。2025 杨叶片 Tr 高于对照 21.56%,说明

2025杨在根系土壤水分恢复正常后，便逐渐调整蒸腾速率来恢复体内水分的平衡。而持续干旱对全红杨和中红杨的机体已经造成了一定损伤，当干旱解除后，其吸收和运输水分的能力也不能尽快完全恢复。

多重比较表明：对照组试验前期2025杨叶片 *Tr* 极显著($P<0.01$)高于全红杨和中红杨，试验后期三者之间差异不显著($P>0.05$)。在持续干旱胁迫下，3个杨树品种叶片 *Tr* 均低于对照，达到极显水平($P<0.01$)，三者之间差异不显著($P>0.05$)。复水7 d后，全红杨叶片 *Tr* 显著低于对照($P<0.05$)，中红杨与对照差异不显著($P>0.05$)，2025杨显著高于对照($P<0.05$)。

由图7-7(c)和表7-8可知，对照组，全红杨、中红杨和2025杨叶片 *WUE* 均呈振荡起伏变化，全红杨叶片水分利用率(*WUE*)平均值低于中红杨和2025杨，三者平均值分别为1.50 μmol CO_2 ·mmol^{-1} H_2O，1.82 μmol CO_2 ·mmol^{-1} H_2O 和 1.99 μmol CO_2 ·mmol^{-1} H_2O。与对照相比，干旱胁迫7 d内，全红杨叶片 *WUE* 先略有下降后升高，中红杨和2025杨叶片 *WUE* 持续升高，干旱胁迫7d时，分别较对照升高17.37%，7.32%和51.99%。随后，三者叶片 *WUE* 均呈持续下降趋势，干旱胁迫28 d时，全红杨、中红杨和2025杨叶片 *WUE* 分别较对照下降106.86%，89.11%和158.60%。复水7 d后，3个杨树品种叶片 *WUE* 均有一定的恢复，但全红杨和2025杨叶片 *WUE* 仍分别低于对照26.08%和11.29%，中红杨叶片 *WUE* 高于对照3.61%。持续干旱胁迫下中红杨叶片水分利用率最高，复水7 d后能恢复正常水平，表现出较强的抗旱能力。全红杨和2025杨叶片 *WUE* 在胁迫末期急速下降，说明胁迫程度已达到其耐受阈值，复水7 d后2025杨机体恢复能力高于全红杨，说明干旱胁迫对全红杨机体伤害较大。

多重比较表明：对照组，全红杨叶片 *WUE* 略低于中红杨和2025杨，三者之间差异显著($P<0.05$)。在干旱胁迫7d内，三者叶片 *WUE* 高于对照，差异达显著水平($P<0.05$)。随着干旱胁迫的持续，3个杨树品种叶片 *WUE* 均逐渐低于CK，差异达极显著水平($P<0.01$)，三者之间差异极显著($P>0.01$)。复水7d后，全红杨叶片 *WUE* 极显著低于对照($P<0.01$)，2025杨显著低于对照($P<0.05$)，中红杨显著高于对照($P<0.05$)，三者之间差异显著($P<0.05$)。

净光合速率是评价抗旱能力的一个重要依据。无论在正常供水还是受干旱胁迫时，2025杨均保持相对较高的 *Pn*，3个杨树品种叶片 *Pn* 都存在较大差异。在干旱胁迫下，三者叶片 *Pn* 明显低于对照，差异达极显著水平地，说明从光合的角度看，3个杨树品种对干旱的适应能力均不强，并且有一定的差异。叶绿素存在于光合作用器官叶绿体内，许多研究证实干旱可以引起叶绿素a，b和叶绿素a/b的变化，进而引起光合功能的改变(王宇超等，2010)，研究中图7-4和表7-5叶绿素含量指标的下降程度同时也反映了光合机构的破坏程度和光合活性的强弱。解除干旱后不同树种、不同无性系 *Pn* 恢复正常所需时间不同，与胁迫强度、胁迫时间和实验材料的抗性有关(冯玉龙等，2003a；Tan，et al.，1992)。复水7 d后，全红杨仍明显低于对照(差异显著)，说明干旱胁迫对其 *Pn* 影响较大，解除胁迫后恢复较慢。而中红杨和2025杨受干旱胁迫影响小，解除胁迫后恢复略快，说明其适应干旱能力较强，这与冯玉龙等(2003)对杨树不同无性系幼苗对水分胁迫的抗性差异的比较研究结果相类似。研究中看到，随着胁迫加重，全红杨(胁迫 21 d 时)、2025 杨(胁迫 21 d 时)和中红杨(胁迫 28 d 时)单株叶片净光合速率相继开始出现负值，说明叶片不再积累光合产物，反而呈消耗代谢，生长停滞。刘建伟等(1994)提出用净光合速率为 0 时的土壤含水量，水势等评价树木的抗旱能力。由图 7-1 可知全红杨、中红杨和 2025 杨叶片 *Pn* 为 0 或接近 0 时的土壤含水量分别为 3.38%，2.27%和 1.8%，全红杨土壤含水量临界值最高，抗旱能力最弱。

植物的蒸腾作用在植物水分代谢中起着重要的调节支配作用，是植物体水分吸引和水分运转的主要动力，同时，蒸腾作用对植物体内矿质元素的吸收以及矿质元素在植物体内的运输都起着非常重要的作用，因此蒸腾速率是衡量植物水分平衡的一个重要生理指标。植物体地上部分各器官主要是靠蒸腾作用获得所需水分，蒸腾作用消耗的水分在很大程度上来自根系土壤水分。对许多树木在不同水分条件下的蒸腾速率时行的测定和研究表明，蒸腾作用随着土壤干旱胁迫的发展而降低。杨建伟等(2004)在研究中表明杨树的蒸腾速率与土壤含水量密切相关，通过测定杨树不同品种(或品系)的蒸腾速率可以了解树种调节自身水分损耗能力及适应干旱环境的能力(Levitt，et al.，1972；王孟本等，1999；李吉跃等，2002；冯玉龙等，2003)。研究中，干旱处理对 3 个杨树品种叶片蒸腾速率的影响与净光合速率相似，蒸腾速率均也随着水分胁迫程度的加剧而显著降低，试验前期三者间蒸腾速率也存在显著差异，水分胁迫中期差异最为明显。复水 7 d 后全红杨和中红杨叶片 *Tr* 仍低于对照，表现出后效应，这与冯玉龙等(2003)、付士磊等(2006)的研究结果相同。

单叶水平上水分利用效率(*WUE*)一般采用净光合速率与蒸腾速率之比来表示，表明植物消耗单位水分所产生的同化物量(颜淑云等，2011)。*WUE* 可反映植物水分的利用水平，提高水分利用效率是植物在水分胁迫下忍耐干旱能力的一种适应方式，其值越大，植物固定单位重量的 CO_2 所需水分越少，耐旱生产力越高，节水能力也越强(姜中珠等，2006；张建国等，2000)。有研究证明土壤干旱会导致植物光合速率、蒸腾速率均下降，由于蒸腾速率下降幅度大于光合速率的下降幅度，使单叶水平上的 *WUE* 升高(Thomas，et al.，1986；接玉玲等，2001)。研究中我们测定的结果来看，在不同土壤干旱下，3 个杨树品种单叶水平上的 *WUE* 和 *Tr* 并不全程符合此规律。干旱处理前期，3 个杨树品种叶片随着 *Pn*、*Tr* 降低，水分利用率高于对照，差异显著；随着胁迫的持续加剧，叶片失水程度逐渐加大，*Pn* 下降幅度大于 *Tr*，叶片 *WUE* 逐渐降低并明显低于对照，差异极显著。这表明在干旱胁迫前期，土壤水分从适宜到中度干旱的变化过程中，3 个杨树品种通过降低 *Pn*、*Tr* 和大幅提高 *WUE* 来适应渐加剧的水分胁迫，消耗单位水量所累积干物质的量增加，可理解为这是对干旱胁迫的一种生理应对策略，以提高 *WUE* 来适应干旱胁迫。而随着干旱程度的持续加重，杨树消耗单位水量累积干物质的量减小，这与冯玉龙等(2003a)、杨建伟等(2004b)的研究结果相同。

水分胁迫下 *Pn* 下降的原因可能是水作为光合作用的重要原料之一，当其供应不足时，也可直接导致光合速率的降低，同时大幅降低 Tr；另外在干旱胁迫条件下，气孔导度减小，导致胞间 CO_2 浓度和蒸腾速率下降，进而影响光合速率。由图 7-7(d)和表 7-8 可知，对照组 2025 杨叶片气孔导度(Gs)平均值高于全红杨和中红杨，随着时间的推移，全红杨、中红杨和 2025 杨叶片 Gs 的变化趋势基本一致，平均值分别为 0.312 mol·m^{-2}·s^{-1}、0.281 mol·m^{-2}·s^{-1}和 0.373 mol·m^{-2}·s^{-1}。3 个杨树品种在持续干旱胁迫下，与对照相比叶片 Gs 均呈现持续下降的趋势，全红杨较对照最多下降 93.87%(胁迫 14 d)，中红杨较对照最多下降 93.06%(胁迫 14 d)，2025 杨较对照最多下降 88.66%(胁迫 21 d)。干旱胁迫 28 d 时，全红杨、中红杨和 2025 杨叶片 Gs 分别较对照下降 90.17%、83.61%和 88.63%。复水 7 d 后，三者叶片 Gs 均有一定的恢复，中红杨恢复到高于对照 9.56%的水平，2025 杨低于对照 1.46%，全红杨仍低于对照 43.98%。持续干旱胁迫使三者叶片 Gs 明显变小，复水 7 d 后中红杨和 2025 杨叶片 Gs 几乎能恢复到正常水平，但全红杨叶片 Gs 仍明显低于对照。

多重比较表明：对照组 2025 杨叶片 Gs 显著高于中红杨和全红杨($P<0.05$)，中红杨和全红杨之间差异不显著($P>0.05$)。在持续干旱胁迫下，三者叶片 Gs 均低于对照，达到极显著水平($P<0.01$)，三者之间差异不显著($P>0.05$)。复水 7 d 后，全红杨叶片 Gs 极显著低于对照($P<0.01$)，中红杨和 2025 杨与对照差异不显著($P>0.05$)。

由图 7-7(e)和表 7-8 可知，对照组全红杨、中红杨和 2025 杨叶片 Ci 呈起伏变化，变化趋势基本一致。全红杨叶片胞间 CO_2 浓度(Ci)平均值略高于中红杨和 2025 杨，平均值分别为 287.91 μmol·mol^{-1}、261.00 μmol·mol^{-1}和 268.18 μmol·mol^{-1}。在干旱胁迫下，与对照相比 3 个杨树品种叶片 Ci 均呈现先下降后升高的变化趋势，干旱胁迫 7 d 时，全红杨、中红杨和 2025 杨叶片 Ci 均下降到了最低值为 223.14 μmol·mol^{-1}、208.86 μmol·mol^{-1}和 153.22 μmol·mol^{-1}，分别较对照分别下降 18.84%、16.01%和 43.18%。随后三者叶片 Ci 开始逐渐上升并高于对照。干旱胁迫 28d 时，全红杨、中红杨和 2025 杨叶片 Ci 均达到最高值，为 379.85 μmol·mol^{-1}、357.76 μmol·mol^{-1}和 424.56 μmol·mol^{-1}，分别较对照升高了 25.90%、30.89%和 69.27%。2025 杨叶片 Ci 受持续干旱影响的起伏最为明显，中红杨次之。复水 7 d 后，三者叶片 Ci 均有一定的下降，但全红杨和中红杨仍分别高于对照 2.06%和 15.47%，2025 杨叶片 Ci 下降到低于对照 1.54%的水平。

多重比较表明：对照组全红杨叶片 Ci 略高于中红杨和 2025 杨，差异显著($P<0.05$)，中红杨和 2025 杨间差异不显著($P>0.05$)。在干旱胁迫前期，3 个杨树品种叶片 Ci 均极显著低于对照($P<0.01$)，三者之间差异极显著($P<0.01$)；干旱后期，三者叶片 Ci 高于对照，达到极显著水平($P<0.01$)，三者之间差异极显著($P<0.01$)。复水7 d后，全红杨叶片 Ci 略高于对照，2025 杨略低于对照，差异不显著($P>0.05$)，中红杨高于对照，差异极显著($P<0.01$)。

由图 7-7(f)和表 7-8 可知，对照组全红杨、中红杨和 2025 杨叶片 Ci/Ca 呈起伏变化，变化趋势基本一致，全红杨叶片胞间 CO_2 浓度与空气 CO_2 浓度之比(Ci/Ca)平均值略高于中红杨和 2025 杨，平均值分别为 0.80、0.73 和 0.75。在持续干旱胁迫下，与对照相比

3 个杨树品种叶片 Ci/Ca 均呈现先下降后升高的变化趋势，干旱胁迫 7 d 时，全红杨和 2025 杨叶片 Ci/Ca 较对照下降幅度最大，分别较对照下降 19.96％和 46.69％，胁迫 14 d 时，中红杨叶片 Ci/Ca 较对照下降幅度最大，下降 20.14％。随后三者叶片 Ci/Ca 开始逐渐上升，并高于对照。干旱胁迫 28d 时，全红杨、中红杨和 2025 杨叶片 Ci/Ca 分别较对照升高 19.08％，25.78％和 61.46％。2025 杨叶片 Ci/Ca 受持续干旱影响的起伏最为明显，中红杨次之。复水 7 d 后，三者叶片 Ci/Ca 均有下降，并接近对照水平，中红杨叶片 Ci/Ca 高于 CK4.04％，全红杨和 2025 杨叶片 Ci/Ca 下降并分别低于对照 2.30％和 2.85％。

多重比较表明：对照组全红杨叶片 Ci/Ca 略高于中红杨和 2025 杨，三者之间差异不显著($P>0.05$)。在干旱胁迫 7～14 d，3 个杨树品种叶片 Ci/Ca 极显著低于对照，($P<0.01$)，三者之间差异极显著($P<0.01$)；干旱胁迫 21 d，3 个杨树品种叶片 Ci/Ca 与对照差异不显著($P>0.05$)，三者之间差异不显著($P>0.05$)。干旱胁迫 28 d，3 个杨树品种叶片 Ci/Ca 高于对照，达到极显著水平($P<0.01$)，全红杨与中红杨 2025 杨之间差异均极显著($P<0.01$)，中红杨与 2025 杨差异显著($P<0.05$)。复水 7 d 后，全红杨和 2025 杨叶片 Ci/Ca 略低于对照，中红杨略高于对照，差异不显著($P>0.05$)。

气孔是植物叶片上的重要器官之一，它是植物与外界联系的重要通道，直接影响和控制植物的蒸腾和光合(颜淑云等，2011)。在树木光合作用中，CO_2 从空气中向叶绿体光合部位扩散受到诸多因素的影响，如叶面 CO_2 浓度、气孔导度、叶肉导度、气孔内 CO_2 浓度及蒸腾速率等(杨敏生等，1999)。植物的蒸腾一般分为气孔蒸腾、角质层蒸腾和皮孔蒸腾，植物在受到逆境胁迫时，气孔会关闭，而气孔关闭是树木蒸腾速率大幅度下降的主要原因，一般情况下，气孔蒸腾占总蒸腾量的 80％～90％以上。研究表明，气孔关闭是整个植物对干旱胁迫最敏感的一项指标。干旱胁迫下，引起植物叶片光合速率降低的因素主要是气孔的部分关闭导致的气孔限制和叶肉细胞光合活性下降导致的非气孔限制两类。前者使 Ci 值降低，而后者使 Ci 值增高，在气孔导度(Gs)下降时，Ci 值同时下降才表明光合的气孔限制。当这两种因素同时存在时，Ci 值变化的方向取决于占优势的那个因素，哪个因素占优势，要看 Ci 的变化方向。当气孔导降低，而 Ci 值升高时，则可判定为光合作用的非气孔限制(付士磊等，2006；许大全等，1992；许大全，1997)。与光合速率和蒸腾速率相似，干旱胁迫使 3 个杨树品种叶片气孔导度明显降低，均与对照差异极显著。随着土壤相对含水量的下降，在干旱胁迫 7 d 内 Pn、Tr 下降，Gs 下降，胞间 CO_2 浓度 Ci 和 Ci/Ca 也随着下降，说明光合下降的原因为气孔限制的结果，同时也说明此时干旱胁迫并未破坏苗木的光合器官。胁迫 7 d 后 Gs 继续下降，而 Ci 和 Ci/Ca 开始升高，气孔限制和非气孔限制共同起作用。干旱胁迫 21 d 后，处理组 Ci 和 Ci/Ca 值高于对照，非气孔限制成为影响光合作用的主要因子，复水后全红杨表现出了明显的胁迫后效应。这与付士磊等(2006)、关新义等(1995)的研究结果相一致。

7.4.3.6 叶片酶活性的变化

干旱胁迫会引起植物体内活性氧大量积累，引了膜脂过氧化，膜脂组分发生变化，导致细胞结构和功能的破坏，为了防御大量活性氧的伤害，植物体内有2类防御系统：酶促和非酶促活性氧清除系统，其中酶促活性氧清除系统起着重要作用(姜英淑等，2009)。SOD(超氧化物歧化酶)、POD(过氧化物酶)和CAT(过氧化氢酶)是植物中重要的抗氧化酶，分别清除超氧阴离子自由基($\cdot O_2^-$)、单线态氧($\cdot O_2$)、羟自由基($\cdot OH$)和过氧化氢(H_2O_2)等，又可称为自由基清除酶，抗氧化酶类保持较高的活性可以保证其较强的自由基清除能力，减轻了细胞生物大分子如DNA、蛋白质、脂肪酸的伤害(蒋明义，1999)，增强了抗旱能力。PPO(多酚氧化酶)是普遍有存在于植物体内的一种生理防御性酶类，与植物抗逆性、抗病性和衰老密切相关(白宝璋等，1996)。有研究表明，抗旱性强的植物在水分胁迫下SOD，POD，PPO和CAT这四种酶均能维持较高水平，协同清除体内积累的活性氧和抵抗病原菌的进一步侵染(陈立松等，1998；林利，2006；戴金平等，1990；苏维埃，1999)。一般情况下这四种酶的含量高低和协同程度可以体现植株抗旱能力高低(王玉国等，2000)。

由图7-8(a)和表7-9(见本章末)可知，对照组3个杨树品种叶片中SOD酶活性变化不大，全红杨叶片中SOD酶活性平均值略低于中红杨和2025杨，平均值分别为487.94 units·g^{-1} FW，498.16 units·g^{-1} FW和501.40 units·g^{-1} FW。与对照相比，持续干旱胁迫下3个杨树品种叶片SOD活性均呈现先升高后降低的变化趋势，但达到峰值的时间及升高和下降的幅度有所不同。全红杨在干旱胁迫7 d时达到最大值569.91 units·g^{-1} FW，中红杨和2025杨在干旱持续14 d时达到最大值，分别为589.31 units·g^{-1} FW和588.13 units·g^{-1} FW，分别较对照分别升高14.72%，18.54%和17.81%。随后3个杨树品种叶片SOD活性均开始下降，全红杨在干旱胁迫21 d时下降迅速，28 d时全红杨、中红杨和2025杨叶片中SOD酶活性均达到最低值435.92 units·g^{-1} FW，512.89 units·g^{-1} FW和493.25 units·g^{-1} FW，分别较CK下降了13.36%，−3.07%和2.87%。在持续干旱胁迫下，三者叶片中活性氧不断产生，SOD活性迅速响应，全红杨叶片SOD活性率先提高，但SOD活性一直低于中红杨和2025杨，随着干旱胁迫的加深全红杨叶片SOD活性下降幅度也明显大于中红杨和2025杨。复水7 d后，全红杨和2025杨叶片SOD活性有所恢复，但中红杨叶片SOD活性呈继续下降，全红杨和中红杨的SOD活性分别较对照下降2.56%和0.94%，而2025杨SOD活性高于对照6.65%，全红杨和中红杨也基本恢复到接近对照水平，但相比之下全红杨和中红杨受持续干旱胁迫的影响大，解除胁迫后全红杨和2025杨表现出一定的代偿能力。

多重比较表明：对照组全红杨、中红杨和2025杨叶片SOD酶活性差异不显著($P>0.05$)，在干旱胁迫下，3个杨树品种叶片SOD活性均高于对照，差异极显著($P<0.01$)，干旱胁迫7 d，全红杨叶片SOD显著高于中红杨和2025杨($P<0.05$)，随后，中红杨和2025杨SOD活性超过全红杨；干旱胁迫28 d时，全红杨SOD活性极显著低于对照及胁迫处理组的中红杨、2025杨($P<0.01$)，中红杨与2025杨差异不显著($P>0.05$)。复水7 d后，2025杨树叶片SOD显著高于对照($P<0.05$)，而全红杨和中红杨与对照差异不显著($P>0.05$)，三者之间差异显著($P<0.05$)。

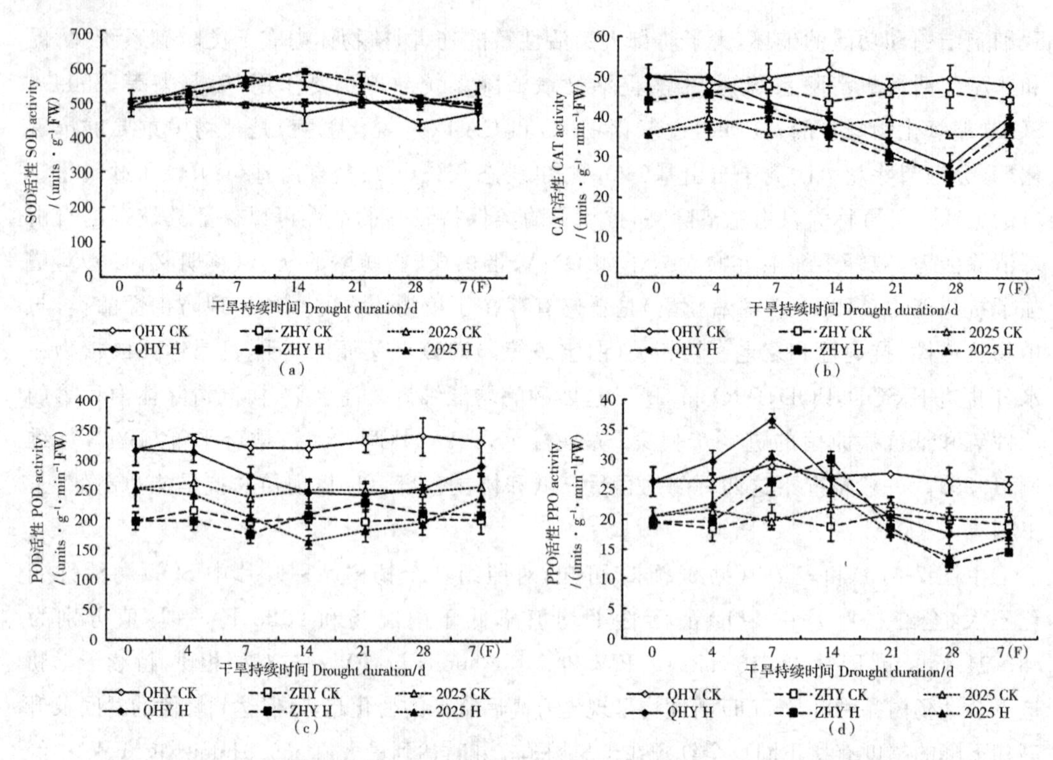

图 7-8 干旱胁迫及复水对 3 个杨树品种叶片酶活性的影响(平均值±标准误)

由图 7-8(b)和表附 7-9 可知,对照组 3 个杨树品种叶片 CAT 活性均呈起伏变化,全红杨、中红杨和 2025 杨叶片 CAT 活性平均值分别为 49.27 units·g^{-1}·min^{-1} FW,45.43 units·g^{-1}·min^{-1} FW 和 37.24 units·g^{-1}·min^{-1} FW,全红杨高于中红杨和 2025 杨 8.5%和 32.3%,全红杨叶片 CAT 酶活性幅动在 47.75~51.89 units·g^{-1}·min^{-1} FW 之间。与对照相比,干旱胁迫初期全红杨和 2025 杨叶片 CAT 活性有所升高,2025 杨上升的幅度略大。随着干旱胁迫的持续,三者叶片 CAT 活性均呈现大幅下降的趋势,在持续干旱 28 d 时,全红杨、中红杨和 2025 杨叶片 CAT 酶活性降为28.02 units·g^{-1}·min^{-1} FW,25.82 units·g^{-1}·min^{-1} FW 和 23.91 units·g^{-1} min^{-1} FW,较对照分别降低了 43.61%,43.96%和 33.24%,此时干旱胁迫组 3 个杨树品种的苗木大多数已经死亡。复水 7 d 后,全红杨、中红杨和 2025 杨叶片 CAT 活性均有所恢复,但仍分别较对照低 16.34%,14.46%和 5.99%,2025 杨回复能力最强,持续干旱对全红杨和中红杨的伤害程度较深,而 2025 杨具有更强的代偿能力。

多重比较表明:对照组全红杨和中红杨叶片 CAT 酶活性与 2025 杨差异极显著($P<0.01$),全红杨和中红杨差异显著($P<0.05$)。在干旱胁迫下,3 个杨树品种叶片 CAT 活性与对照的差异均达到了极显著水平($P<0.01$),干旱胁迫后期三者间差异不显著($P>0.05$)。复水 7 d 后,全红杨和中红杨低于对照水平,差异极显著($P<0.01$),2025 杨显著低于对照水平($P<0.05$)。

由图 7-8(c)和表 7-9 可知,对照组 3 个杨树品种叶片 POD 活性均呈起伏变化,全红杨、中红杨和 2025 杨叶片 POD 酶活性平均值分别为 324.79 units $\cdot g^{-1} \cdot min^{-1}$ FW，200.97 units $\cdot g^{-1} \cdot min^{-1}$ FW 和 248.80 units $\cdot g^{-1} \cdot min^{-1}$ FW，全红杨叶片 POD 酶活性幅动在 312.89～337.32 units $\cdot g^{-1} \cdot min^{-1}$ FW 之间，全红杨 POD 酶活性平均值分别高于中红杨和 2025 杨 61.61%和 30.54%。与对照相比，持续干旱胁迫下全红杨和 2025 杨叶片 POD 酶活性呈现先降后升的变化趋势，并始终低于对照；而中红杨呈现先降后升再降的变化趋势，在干旱胁迫前期 POD 活性低于对照，胁迫后期高于对照水平。干旱胁迫持续 7 d 时，中红杨叶片 POD 酶活性最低值为 174.29 units $\cdot g^{-1} min^{-1}$ FW，较对照下降 10.94%，干旱胁迫持续 21 d 时达最高值为 227.79 units $\cdot g^{-1} \cdot min^{-1}$ FW，较对照升高 15.92%；干旱胁迫持续 14 d 时，2025 杨叶片 POD 酶活性最低值为 163.32 units $\cdot g^{-1} \cdot min^{-1}$ FW，较 CK 下降 34.19%；干旱胁迫持续 21 d 时，全红杨叶片 POD 酶活性最低值为 239.47 units $\cdot g^{-1} min^{-1}$ FW，较对照下降 27.02%。在持续干旱 28 d 时，受胁迫苗木大多已经死亡的情况下，全红杨、中红杨和 2025 杨叶片 POD 酶活性分别为 250.73 units $\cdot g^{-1} \cdot min^{-1}$ FW、210.42 units $\cdot g^{-1} \cdot min^{-1}$ FW 和 192.69 units $\cdot g^{-1} \cdot min^{-1}$ FW，较对照分别降低 25.67%，－4.67%和 21.10%。复水 7 d 后，全红杨、中红杨和 2025 杨叶片 POD 活性均有一定升高，但全红杨和 2025 杨仍分别低于对照 12.12%和 7.18%，中红杨高于对照 4.11%。中红杨叶片 POD 酶表现出较为稳定的活性，这可能因为中红杨在正常条件下表达的 POD 酶活性低于中红杨和 2025 杨，而在干旱胁迫下，激发了中红杨 POD 酶活性的潜能，这对其抗干旱能力具有积极意义。

多重比较表明：对照组 3 个杨树品种叶片 POD 酶活性差异极显著（$P<0.01$）。干旱胁迫下全红杨和 2025 杨叶片 POD 活性与对照的差异均达到了极显著水平（$P<0.01$），中红杨与对照的差异为显著水平（$P<0.05$）。复水 7 d 后，全红杨和 2025 杨极显著低于对照（$P<0.01$），中红杨与对照差异不显著（$P>0.05$）。

超氧化物歧化酶（SOD）是生物细胞中普遍存在的金属酶，是植物体内第一个清除活性氧，是氧自由基代谢的关键细胞保护酶，在好气性生物氧化代谢过程中极为重要（蒋明义等，1991，1996；姚延梼，2006），因此也是抗逆生理中研究最多的一种酶，在逆境与抗氧化胁迫的关系上研究也较为深入（Dickmann，et al.，1992；崔晓涛等，2009）。一般来说水分胁迫下植物体内的 SOD 活性与植物抗氧能力呈正相关，抗旱强的品种较抗旱弱的品种能维持较高的 SOD 活性（Scandalios，et al.，1993，Seel，et al.，1992；林利，2006；周瑞莲等，1997；孙国荣等，2003）。杨建伟等（2004）、崔晓涛等（2009）认为杨树在适宜水分下 SOD 活性变化幅度较小，但随着土壤水分下降 SOD 活性会大幅提升。李彦慧等（2004）和龚吉蕊等（2009）认为抗旱性强的杨树品种 SOD 活性最高，干旱胁迫越强，SOD 活性上升幅度越大。本研究中 3 个杨树品种均在轻度或短期水分胁迫下植物 SOD 活性呈上长趋势，但较对照组上升的幅度均不是很大，说明在干旱胁迫时植物体内会产生大量的 O_2^-，诱发 SOD 活性升高（宋纯鹏，1998；卫星，2009），对其抗旱性有一定的贡献。而在持续干旱胁迫条件下 3 个杨树品种叶片 SOD 活性出现下降走向，表明其歧化$\cdot O_2^-$的能力减弱。$\cdot O_2^-$是细胞衰老过程中最先大量产生的活性氧分子，是引发细胞氧化还原状况改变的信号(Buchanan,et al.,2000)，在植物细胞正常的呼吸代谢过程中，线粒体呼吸链中的铺酶Q(UQH_2)氧化形成UQ，也能产生$\cdot O_2^-$。因此在胁迫条件下，如果线粒体电子传递链受损，呼吸产生的$\cdot O_2^-$不能及时清除，便会造成$\cdot O^2$氧化伤害线粒体膜(宋纯鹏,1998)，导致细胞呼吸代谢功能减弱和活力降低。由此可见3个美洲黑杨品种均为不抗旱品种。另有前人研究表明，杨树等树种在中度干旱和严重干旱土壤水分下的SOD活性常表现为先升后降，且SOD活性出现峰值时间越晚，下降越是滞后抗旱性越强(杨建伟等,2004；李彦慧等,2004；Kalir,et al.,1981)，由此推断3个杨树品种品种中全红杨抗旱性最弱，这与王晶英等(2006)对银中杨、孙国荣等(2003)对白桦及黄承玲等(2011)对高山杜鹃的研究结果相一致。复水7 d后，全红杨和2025杨SOD活性有明显的恢复现象，这可能是因为植物在亚致死(sublethal)胁迫解除情况下SOD活性具有反弹倾向，抗旱性较强的品种回升幅度较大(蒋明义,1996)。植物在受到干旱胁迫进，会通过以下3种途径导致细胞内H_2O_2的积累：①用于光呼吸的能量随干旱胁迫而增加，光呼吸作用增强，从而产生大量的H_2O_2(Noctor,et al.,2002)；②当干旱胁迫导致线粒体结构和功能受到破坏时，H_2O_2也会显著提高(卫星等,2009)；③SOD清除$\cdot O_2^-$后产物也为H_2O_2。

CAT普遍存在于植物的所有组织中，其活性与植物的抗性有一定关系，它是生物体内过氧化物酶体中极为重要的保护酶。CAT能清除细胞内过多的H_2O_2，使其维持在低水平上，保护膜透性，减少植物受到损伤。许多学者认为植物的CAT活性与抗旱性呈正相关，抗旱性植物CAT活性一般随着干旱胁迫程度的增强而增加，增幅越大的树种越耐旱，可作为植物抗旱性的指标(赵银河等,2007；孟鹏等,2010；王雁等,1995)。吴志华等(2004)在研究中说明CAT活性变化模式与SOD类似，即轻度胁迫的植物其活性基本不变或上升，严重胁迫时下降，而这种变化的形式和程度与品种的抗旱性相关。本研究中3个杨树品种叶片CAT酶活性没有随着SOD酶活性的增长而增长，只是在干旱胁迫初期2025杨略有上升，全红杨和中红杨基本不变，并随着胁迫持续均快速大幅下降，整体变化模式与SOD类似度不高。这与崔晓涛等(2009)对新西伯利亚杨，刘丹等(2011)对银杏的研究结果相似。与孙国荣等(2003)在白桦上的研究结果完全不同。

POD也可分解一些干旱胁迫条件下所产生的过氧化物，是植物体内的另一种保护酶，POD在植物体内具有广泛的作用，其主要作用之一是分解或清除体内的超氧阴离子自由基及催化H_2O_2降解(麦苗苗等,2009；颜淑云等,2011)。POD的作用具有双重性，一方面POD可在逆境或衰老初期表达，清除H_2O_2，表现为保护效应，另一方面POD也可在逆境或衰老后期表达，参与活性氧的生成、叶绿素的降解，并能引起膜脂过氧化作用，表现为伤害效应(赵丽英等,2005；黄承玲等,2011)。有研究表明，抗旱性强的树种POD活性随SOD活性升高而升高，且在胁迫过程中较晚或未出现下降现象(王霞等,2002；姜淑英等,2009；崔晓涛等,2009)。本研究中全红杨和2025杨POD酶活性在胁迫前期不同程度的降低，后略有升高，复水7 d后仍低于胁迫前的酶活性，说明了POD作用双重性的存在。在持续干旱后期 POD 活性的上升，加重叶片细胞的质膜过氧化程度，抗旱能力较弱，这与孙国荣等(2003)对白桦(*Betula platyphylla*)，黄承玲等(2011)对大白杜鹃的研究结果一致。中红杨 POD 活性虽呈先降后升高再降的变化模式，可协作 SOD 清除体内有害的自由基，起着一定的保护效应，但相对于 CK 升高的幅度不大，说明在 POD 活性的表达上中红杨在干旱耐受方面比全红杨和 2025 杨稳定。

由图 7-8(d)和表 7-9 可知，对照组 3 个杨树品种叶片 PPO 活性均呈小幅起伏变化。全红杨、中红杨和 2025 杨叶片中 PPO 酶活性平均值分别为 26.395 units·g^{-1}·min^{-1} FW、19.56 units·g^{-1}·min^{-1} FW 和 20.98 units·g^{-1}·min^{-1} FW，全红杨平均值依次高于中红杨和 2025 杨 37.76%和 28.42%，全红杨叶片 POD 酶活性浮动在 25.87～27.61 units·g^{-1}·min^{-1} FW。与对照相比，持续干旱胁迫下 3 个杨树品种叶片 PPO 活性均呈现先升高后降低的变化趋势，但达到峰值的时间及升高和下降的幅度有所不同。全红杨和 2025 杨在干旱胁迫 7 d时 PPO 活性分别达到最大值 36.43 units·g^{-1}·min^{-1} FW 和 30.53 units·g^{-1}·min^{-1} FW，较对照升高 25.96%和 55.52%；而中红杨在干旱持续14 d时达到最大值 30.12 units·g^{-1} min^{-1} FW，较对照升高 60.04%。随后三者叶片 PPO 活性均呈下降趋势，持续干旱胁迫 28 d 时分别降到最低值 17.48 units·g^{-1} min^{-1} FW，14.60 units·g^{-1}·min^{-1} FW 和 17.19 units·g^{-1} min^{-1} FW，分别较对照下降 33.83%，37.02%和 32.76%。复水 7 d 后，PPO 酶活性均有所恢复，但仍低于对照水平，2025 杨的恢复能力最强，全红杨最弱。在持续干旱胁迫下植物生长环境的不断恶化有利于病原菌的滋生和侵染，全红杨和 2025 杨防御系统迅速响应，对环境变化体现出更高的敏感性，全红杨 PPO 酶活性较对照增长幅度低于中红杨和 2025 杨，表明持续全红杨的防御能力较弱或干旱对防御系统受伤害程度较深，而 2025 杨防御酶对胁迫具有更强的代偿能力。随着干旱胁迫的加重全红杨、中红杨和 2025 杨叶片中 PPO 酶活性大幅下降，低于对照水平，病虫害防御能力均受到严重挫伤。

多重比较表明：对照组全红杨叶片中 PPO 酶活性极显著高于中红杨和 2025 杨($P<0.01$)，中红杨和 2025 杨差异不显著($P>0.05$)。干旱胁迫前期，3 个杨树品种叶片 PPO 酶活性均高于对照，达到极显著水平($P<0.01$)，三者之间差异极显著($P<0.01$)。干旱胁迫后期，三者叶片 PPO 酶活性均低于对照，差异极显著($P<0.01$)，全红杨 PPO 酶活性高于中红杨和 2025 杨，差异极显著($P<0.01$)，中红杨和 2025 杨差异显著($P<0.05$)。复水 7 d 后，三者叶片 PPO 酶活性均仍低于对照水平，差异极显著($P<0.01$)，全红杨和 2025 杨显著高于中红杨($P<0.05$)，全红杨和 2025 杨之间差异不显著($P>0.05$)。

随着有关多酚氧化酶(PPO)成果的获得，人们对多酚氧化酶的认识更加深刻，研究也更加深入。PPO(Polyphenol Oxidase) 是一类与植物抗病性密切相关的末端氧化酶，是普遍存在于植物体内的一种生理防御性酶类，通过病毒侵染后的寄主的诱导而活化，有资料表明(Gupta，et al.，1993；宋凤鸣等，1997)：当植物在受到病原菌的侵害时，PPO 会氧化植物体内的酚类物质成为比病原菌毒性更大的醌类物质(或其衍生物)而杀死病菌，来抵抗病原菌的进一步侵染，从而在植物体内起到保护作用，因此 PPO 与植物抗病性和衰老密切相关。另外,也有报道表明当外界环境发生剧烈变化时,植物体内 PPO 含量也发生变化(戴金平等,1990;苏维埃,1999),表明 PPO 与植物各种抗逆性有较密切的关系。商振清等(1994)在温室中用 PEG 处理水稻幼苗,发现处理后的幼苗体内 PPO 活性有所升高。李天星等(1999)研究结果表明随水分亏缺程度的增加,植物体内 PPO 活性逐渐增加。段永新等(1999)在对杂交水稻(Hybrid ri*CE*)叶片中活性氧防御酶的研究中表明 PPO 酶活性与植株的抗逆性呈正相关。遇逆境植物体内 PPO 含量的变化可能有两方面的含义,一是植物体通过自身 PPO 含量的变化使植物顺利度过逆境;二是植物对各种逆境的自卫反应。因而有人提出 PPO 可以作为植物抗逆性的生化指标。我国 PPO 的研究多限于农学方面,近年来林业上的研究有所发展(许明丽等,2000;白宝璋等,1996;姚延梼,2006;林利,2006)。白宝璋等(1996)表明 PPO 不仅与植物各种抗逆性有较密切的关系,还与林木生长发育也有一定的关系。姚延梼(2006)在研究华北落叶松叶片中的 PPO 酶活性时表明,PPO 酶活性和林木抗热、抗旱特别是抗寒性有关,同时 PPO 酶在华北落叶松苗木速生期活性最高,既与林木树干加粗生长有关。本研究中,3 个杨树品种在干旱胁迫前期 PPO 活性均不同程度地升高,可见干旱胁迫会使 PPO 活性升高,可能抗病机制与抗旱机制有某些共同点,触发了自我防御反应,帮助植株适应不良环境及增强了对有害侵染的防御能力,这与任安芝等(2004)对黑麦草(*Lolium perenne* L.)叶内同工酶 PPO 受干旱胁迫影响的研究结果一致。但是随着胁迫的持续,植物体内有害物质不断积累,导致细胞结构受到破坏,细胞代谢功能紊乱和活力降低,防御机制因此受到破坏或减弱,PPO 酶活性也很难维持较高水平,3 个杨树品种叶片 PPO 酶活性的大幅下降失活说明干旱胁迫对其伤害性极大,可能也是植物生长发育停止或走向衰亡的一个信号。彭淼(2007)在草莓的研究上也出现类似现象,而孙程旭等(2011)对蛇皮果(*Salacca zalacca*)幼苗的研究中 PPO 活性相对稳定,表现出了对干旱胁迫较强的防御能力。

干旱胁迫的机理是水分胁迫造成的膜伤害包括一个活性氧自由基伤害过程(Mehdy,et al.,1994)。干旱胁迫干扰植物细胞中活性氧产生与清除之间的平衡,导致植物细胞遭受氧化胁迫,质膜受到伤害。干旱胁迫下,保护酶活性的变化因植物品种,胁迫方式,胁迫强度和时间而不同。整个保护酶系统的防御能力的变化取决于几种酶彼此协调综合结果(陈少裕,1991a;蒋明义等,1996)。一般来说,当植物受到干旱胁迫时,体内会有大量 O_2^- 产生,从而对植物细胞造成伤害,而 SOD 是解除自由基$\cdot O_2^-$ 对植物伤害的保护酶之一。SOD 是植物细胞内普遍存在的一类金属酶,可催化$\cdot O_2^-$ 发生歧化反应成活性较低的 O_2 和 H_2O_2,CAT 和 POD 将 H_2O_2 转变为 H_2O,从而防止活性氧自由基毒害(Hugo,et al.,2004;Niedzwiedz-Siegien,et al.,2004; 黎裕,1999;焦绪娟,2007;柯世省等,2007;姜英淑等,2009)。PPO 是植物体内的一种生理防御性酶类,在干旱胁迫下植物更容易受到病原菌的侵染,PPO 可抵抗病原菌的进一步侵染保护植物顺利度过逆境,并有利于植物的生长发育。在植物正常生长的条件下,它们彼此协调,使植物体内活性氧维持在较低水平,不会引起植物损伤。当处于干旱胁迫时,植物体内活性氧产生和清除的平衡遭到破坏,从而加速活性氧的积累,Dhindsa 等(1981)研究表明,此时保护酶系统活性的上升和下降,与植物品种的抗旱性强弱有关,许多研究认为抗旱性强的品种在逆境条件下能使这些保护酶活性维持在一个较高的水平,清除活性氧自由基的能力越强,有利于降低膜脂过氧化水平,从而减轻膜伤害程度,植物的抗逆性越强。当活性氧自由基其浓度超过一定阈值时,就会使植物细胞内的大分子物质发生过氧化,影响植物的正常生长。因此,各种酶对活性氧的协作清除能力是决定细胞对胁迫抗性的关键因素(夏新莉等,2000;柯世省等,2007)。桑子阳(2011)、周瑞莲(1977)等在研究中说明,SOD,POD,CAT 和 APA 4 种保护酶的协同作用使红花玉兰(*Magnolia wufengensis* L. Y. Ma et L. R. Wang)和豌豆表现出较强的抗旱能力。孙程旭等(2011)在对蛇皮果幼苗研究中发现 PEG 激发了 SOD 酶和 PPO 酶活性以及 PPO 酶的相对稳定,从而更好地保持活性氧自由基与防御系统之间的平衡。POD,PPO 的变化比 SOD 和 CAT 复杂,不同作者以不同的材料研究,其变化模式不同(崔晓涛等,2009;刘丹等,2011;孙国荣等,2003)。颜淑云等(2011)发现紫穗槐(*Amorpha fruticosa Linn.*)幼苗叶片 SOD 活性随土壤相对含水量的下降而逐渐升高,但 POD 活性变化无明显趋势。孙景宽等(2009)发现沙枣(*Elaeagnus angustifolia Linn.*)根茎叶中 SOD,CAT 和 POD3 种保护酶对干旱胁迫的响应方式存在差别,同一种保护酶在不同的器官中的响应方式和酶活性大小也存在差异。王宝山等(1988)和王振镒等(1989)发现小麦和玉米幼苗无论在轻度和严重水分胁迫下,POD,PPO 与 CAT 均呈上升趋势,抗旱品种上升幅度大,可在玉米老叶的 POD 活性与品种抗旱性之间无规律可循。

本研究结果:干旱胁迫下比较 4 种酶活性变化,3 个杨树品种叶片中 SOD,CAT,POD 和 PPO 酶的活性变化各不相同(见图 7-8 和表 7-9)。在胁迫的初期和中期,3 个杨树品种叶片 SOD 酶和 PPO 酶活性的变化趋势最为相近,说明干旱胁迫初期更有效地调动了第一线保护酶的活性机制,SOD 在活性氧的清除方面可能发挥着主要的作用,PPO 也在防御病原菌侵染,保护植物生长发育方面发挥着重要作用。干旱胁迫末期,当 3 个杨树品种叶片 SOD 酶活性升高时,CAT 酶活性持续下降,叶片 POD 活性出现不同程度的回升缓解,POD 可能发挥出一些作用。当恢复供水 7 d 后,3 个杨树品种叶片各保护酶活性大多仍低于对照。SOD 是受到底物浓度诱导的一种诱导酶,说明短期的干旱胁迫促进了 3 个杨树品种叶片 O_2^- 的生成诱导了 SOD 活性增加。由 SOD 歧化 O_2^- 产生的 H_2O_2 也必然增多,而 3 种个杨树品种叶片中清除 H_2O_2 的 2 种酶 CAT 和 POD 在受胁迫前期活性均下降,只是在胁迫后期三者叶片中 POD 酶活性有不同程度的上升,但上升幅度较小或上升后又快速下降。同时干旱胁迫前期升高的 PPO 酶活性在胁迫后期快速下降至低于 CK 水平,说明自由基的过量生成超越防御系统的清除能力,植物的生理防御系统也受到了极大的伤害,整个清除自由基防御系统的防御能力已经极弱。正如孙国荣(2003)对白桦研究的结果一样,仅仅增加 SOD 活性或许不足以抵抗逆境诱导的氧化胁迫,需在

SOD表达的同时也增加POD和CAT的活性。否则,单纯大幅提高SOD酶的活性,在CAT和POD酶活性没有相应提高的情况下往往会导致细胞内H_2O_2积累,它一方面抑制了SOD酶的活性,另一方面$\cdot O_2^-$和H_2O_2可通过Harbe-weiss反应生成更稳定、更活跃的OH,不但不能有效提高植物抗氧化的能力,反而会对细胞造成严重的氧化损害(蒋明义等,1993)。在干旱胁迫下,3个杨树品种均不能通过保护酶的有效协作来清除体内的有害自由基,维持系统的平衡。相比之下,持续胁迫过程中全红杨SOD活性率先升高和下降,升高幅度低于中红杨和2025杨,而下降幅度高于中红杨和2025杨。中红杨SOD、POD、PPO酶活性升高幅度最大,2025杨CAT保护酶活性下降幅度最小。复水7 d后,2025杨和中红杨各种酶活性的恢复能力高于全红杨。中红杨的干旱耐受能力可能比全红杨和2025杨更加稳定(姜英淑等,2009),长时间的水分胁迫2025杨具有更强的代偿能力。

研究还发现,3个杨树品种无性系无胁迫条件下叶片内各种酶活性的高低并不能说明其抗逆能力的强弱,对照组叶片POD和PPO酶活性较低的中红杨往往在逆境胁迫中酶的活性能得到更有效的激发,对其抗逆境发挥出作用。这可能是抗性强的无性系在正常条件下,维持较低的酶活性就能满足其正常的生理需求,当遭遇逆境时,更多处于隐性状态的酶活性就会被激发。由此对不同无性系的抗逆性进行比较研究时,应主要以植物体内各种酶在逆境条件下发生的变化作为衡量其抗逆能力强弱的方法和指标。

7.4.4 抗旱性综合评价

干旱胁迫条件下3个杨树品种各生理指标的变化均存在显著差异,因而采用单项指标评价品种耐旱性强弱存在片面性,说明植物的耐旱性是一个复杂的综合性状,因而利用隶属函数法对品种各性状进行抗旱性综合评价。

使用Excel 2007,SPSS 17.0和DPS v7.05软件进行数据处理和统计分析,图表中均用"平均值±标准误"表示。

采用隶属函数法对3个杨树品种抗旱能力进行综合评定(黄承玲等,2011;周江等,2012)。为避免不同物种间对照值的差异对实验结果造成影响,求得各生理指标在不同时间的变化系数,公式为$I_i=i/i_0$,式中,i为处理指标;i_0为对照指标。

指标与抗旱性正相关隶属函数公式为$R(X_{ij})=(X_{ij}-X_{\min})/(X_{\max}-X_{\min})$;指标与抗旱性负相关隶属函数公式为$R(X_{ij})=1-(X_{ij}-X_{\min})/(X_{\max}-X_{\min})$。式中,$R(X_{ij})$为$i$品种$j$指标的抗旱隶属值;$X_{ij}$为$i$品种$j$指标抗旱系数;$X_{\max}$及$X_{\min}$分别为$j$指标抗旱系数的最大值和最小值。求取各抗旱指标隶属函数值的平均值,平均值越大说明抗旱能力越强。

采用灰色关联分析法(邓聚龙,1986),将3个杨树品种的各生理指标及抗旱隶属函数值的均值为数据集合,建立抗旱指标灰色系统。设抗旱隶属函数平均值作为参考数据列(母序列)X_0;以各项生理指标的平均抗旱系数作为比较列(子序列)$X_1,X_2,X_3,\cdots$利用计算机 DPS v7.05 处理系统执行灰色关联分析，分辨系数取常规值 $\zeta=0.5$（黄承玲等，2011；周江等，2012），得出 3 个杨树品种生理指标与抗旱性的关联度与关联序。

7.4.4.1　叶片色素含量及光合特性的综合评价及相关性分析

$X_1, X_2, X_3, X_4, X_5, X_6, X_7, X_8$ 分别表示叶绿素 a，叶绿素 b，叶绿素 a/b，类胡萝卜素，花色素苷，净光合速率，蒸腾速率，水分利用率。

8 个生理指标与土壤含水量 SWC 相关性分析可知，全红杨叶绿素 a 和 b 的变化趋势与土壤含水量 SWC 呈显著正相关（$R=0.834$；$R=0.801$），而中红杨和 2025 杨为正有相关（$0.5\leqslant R\leqslant 0.7$）；全红杨和 2025 类胡萝卜素变化趋势与 SWC 呈显著正相关（$R=0.764$；$R=0.759$），中红杨为正有相关（$R=0.621$）；全红杨花色素苷变化趋势与 SWC 呈显著正相关（$R=0.783$），中红杨为正有相关（$R=0.675$），2025 杨为无相关（$R\leqslant 0.5$）；3 个杨树品种叶片净光合速率 Pn 和蒸腾速率 Tr 均与土壤含水量 SWC 呈显著正相关（$R\geqslant 0.7$），而水分利用率 WUE 与 SMC 为无相关（$R\leqslant 0.5$）（北京林业大学，1986）。

利用隶属函数法对 3 个杨树品种叶片叶绿素 a，叶绿素 b，叶绿素 a/b，类胡萝卜素，花色素苷，净光合速率，蒸腾速率，水分利用率所表现的抗旱性状进行综合评价，结果见表 7-10，抗旱能力由强到弱顺序为 2025 杨、中红杨、全红杨，差异显著（$P<0.05$）。

表 7-10　3 个杨树品种生理指标的平均隶属函数值及排序

指标	全红杨	中红杨	2025 杨
叶绿素 a Chla	0.516	0.673	0.684
叶绿素 b Chlb	0.504	0.653	0.693
叶绿素 a/b Chla/b	0.514	0.583	0.569
类胡萝卜素 Car	0.578	0.593	0.666
花色素苷 Ant	0.442	0.447	0.761
净光合速率 Pn	0.457	0.546	0.509
蒸腾速率 Tr	0.592	0.582	0.602
水分利用率 WUE	0.599	0.681	0.638
隶属函数平均值	0.525	0.595	0.640
排序	3Bb	2ABa	1Aa

注：A(a)—C(c)表示不同品种的差异水平，小写字母表示在 $P=0.05$ 水平上差异显著，大写字母表示在 $P=0.01$ 水平上差异极显著，字母相同表示差异不显著。

根据灰色系统理论，若某指标与抗旱性的关联度越大，则说明该指标与抗旱系数的关系越密切，对干旱胁迫的反应越敏感。从表 7-11 可知，8 个生理指标与 3 个杨树品种抗旱系数关联度均大于 0.6，处于强关联水平，其中叶绿素 a、叶绿素 b、类胡萝卜素与抗旱性关联度最大，花色素苷和蒸腾速率对干旱胁迫敏感度则最小。

表 7-11　3 个杨树品种抗旱性与各生理指标的关联系数、关联度和关联序

指标	系数	全红杨 $\Delta_{max}=3.2594$	中红杨 $\Delta_{max}=3.3607$	2025 杨 $\Delta_{max}=3.3942$	关联度	关联序
叶绿素 a Chla	ξ_1	0.905 6	0.957 0	0.917 9	0.926 8	1
叶绿素 b Chlb	ξ_2	0.856 7	0.928 3	0.838 1	0.874 4	3
叶绿素 a/b Chla/b	ξ_3	0.878 6	0.783 8	0.697 0	0.786 5	5
类胡萝卜素 Car	ξ_4	0.900 4	0.932 8	0.867 1	0.9001	2
花色素苷 Ant	ξ_5	0.870 7	0.771 0	0.634 0	0.758 6	7
净光合速 *Pn*	ξ_6	0.805 5	0.764 5	0.752 0	0.774 0	6
蒸腾速率 *Tr*	ξ_7	0.588 3	0.610 9	0.645 5	0.614 9	8
水分利用率 *WUE*	ξ_8	0.825 2	0.870 6	0.887 6	0.861 1	4

注：max 为被评价对象序列与参考序列间两极最大差值。

进一步分析各生理指标与 *Pn* 相关性，并建立 $|R|\geqslant 0.6$ 的 Pn 数学拟合模型，由表 7-12可知，3 个杨树品种 *Pn-Tr* 数学拟合方程的判定系数 R^2 均大于 0.8，经显著性水平关系显著，说明 Tr 变化对 Pn 的解释程度最高，拟合优度最大。同时，全红杨叶片花色素苷、叶绿素 a 和 2025 杨叶片类胡萝卜素、叶绿素 b 与 Pn 模拟方程的判定系数 R_2 均在 0.53～0.60 之间，对 Pn 变化具有一定解释关系且联合影响程度相近。

表 7-12　干旱胁迫下叶片净光合速率与 Tr、*WUE* 及各色素含量变化的数学拟合

种类	因素	模拟方程	$R^2(R)$	自由度 *df*	*F* 值
全红杨	*Pn-Tr*	$y=-0.20165x^2+2.90526x-1.88233$	0.8588(0.9267)	2,60	182.4699
	Pn-WUE	$y=1.46810x+2.73155$	0.54146(0.7358)	1,61	72.0310
	Pn-Chla	$y=-5.28435x^2+20.9591x-13.34558$	0.53930(0.7344)	2,60	35.1194
	Pn-Chlb	$y=-50.40408x^2+76.40092x-21.31503$	0.48897(0.6993)	2,60	28.7053
	Pn-Car	$y=18.57182x-5.68644$	0.43028(0.6560)	1,61	46.0695
	Pn-Ant	$y=4.94423x-4.14281$	0.59029(0.7683)	1,61	84.6001
中红杨	*Pn－Tr*	$y=-0.34359x^2+4.45106x-3.31542$	0.91914(0.9587)	2,60	341.0062
	Pn-WUE	$y=3.81643x+0.09666$	0.59182(0.7693)	1,61	88.4434
	Pn-Chla	$y=8.24816x-3.84151$	0.39229(0.6263)	1,61	39.3773
	Pn-Ant	$y=-102.25984x^2+112.22546x-21.11858$	0.34919(0.5909)	2,60	16.0965
2025 杨	*Pn－Tr*	$y=-0.45333x^2+5.25225x-3.72274$	0.84786(0.9208)	2,60	167.1910
	Pn-WUE	$y=1.98364x+3.89581$	0.52224(0.7227)	1,61	66.6791
	Pn-Chla	$y=11.78602x-7.51946$	0.45035(0.6711)	1,61	49.9789
	Pn-Chlb	$y=38.55247x-9.62719$	0.55487(0.7449)	1,61	76.0394
	Pn-Car	$y=46.73479x-13.72309$	0.59698(0.7726)	1,61	90.3568

7.4.4.2　叶片脂质过氧化及保护酶活性的综合评价及相关性分析

X_1，X_2，X_3，X_4，X_5 分别表示丙二醛 MDA，多酚氧化酶 PPO，超氧化物歧化酶 SOD，过氧化氢酶 CAT 和过氧化物酶 POD。

相关分析表明：干旱胁迫下，全红杨 PPO 活性与 MDA 含量呈极显著负相关（*Y*＝

$124.293-6.661X+0.107X^2$，$r=-0.732^{**}$，$df=18$，$F=26.261$，$P=0.01$)，中红杨和2025杨为无相关($r=0.098$，$r=-0.059$)；全红杨、中红杨和2025杨SOD活性与MDA含量分别为负有相关、正有相关和正无相关($r=-0.428$，$r=0.519$，$r=0.240$)，相关性均不显著($P=0.05$)；全红杨和中红杨CAT活性与MDA含量呈极显著负相关($Y=71.995-1.045X$，$r=-0.854^{***}$，$df=19$，$F=51.072$，$P=0.01$；$Y=62.455-0.886X$，$r=-0.768^{***}$，$df=19$，$F=27.406$，$P=0.01$)，2025杨则为无相关($r=-0.303$)；全红杨和2025杨POD活性与MDA含量为负有相关($r=-0.514$；$r=-0.699$)，中红杨为无相关($r=0.303$)，相关性均不显著($P=0.05$)(北京林业大学，1986)。

利用隶属函数法对3个杨树品种在干旱胁迫下叶片MDA含量及PPO、SOD、CAT和POD活性所表现的抗旱性状进行综合评价，结果见表7-13，抗旱能力由强到弱依次为2025杨、中红杨、全红杨。

表7-13 3个杨树品种生理指标的平均隶属函数值及排序

种类	丙二醛 MDA	多酚氧化酶 PPO	超氧化物歧化酶 SOD	过氧化氢酶 CAT	过氧化物酶 POD	隶属函数平均值	排序
全红杨	0.588	0.303	0.55	0.489	0.481	0.482	3
中红杨	0.560	0.418	0.627	0.478	0.551	0.527	2
2025杨	0.581	0.389	0.618	0.655	0.423	0.533	1

由表7-14可知，3个杨树品种的抗旱系数与各生理指标关联度均大于0.6，处于较强关联水平，其中保护酶CAT对干旱胁迫最敏感，关联度为0.793，其次是PPO和MDA，POD和SOD对干旱胁迫的敏感度相对较弱。

表7-14 3个杨树品种抗旱性与各生理指标的关联系数、关联度和关联序

指标	全红杨 $\Delta_{max}=2.8214$	中红杨 $\Delta_{max}=2.1336$	2025杨 $\Delta_{max}=2.8916$	关联度	关联序
丙二醛 MDA	0.909	0.601	0.752	0.754	3
多酚氧化酶 PPO	0.808	0.709	0.767	0.761	2
超氧化物歧化酶 SOD	0.724	0.584	0.632	0.647	5
过氧化氢酶 CAT	0.806	0.648	0.924	0.793	1
过氧化物酶 POD	0.633	0.644	0.705	0.661	4

注：*max* 为被评价对象序列与参考序列间两极最大差值。

7.4.4.3 叶片膜透性及部分渗透调节物质的综合评价及相关性分析

X_1，X_2，X_3，X_4 分别表示质膜相对透性，可溶性糖、脯胺酸和可溶性蛋白质。

相关分析表明：干旱胁迫下，全红杨、中红杨和2025杨叶片可溶性糖的变化均与质膜相对透性呈显著相关($Y=3.1196+0.8917X-0.0076X^2$，$r=0.793^{***}$，$df=18$，$F=24.074^{***}$；$Y=14.3991+0.3312X$，$r=0.791^{***}$，df $=19$，$F=31.7233^{**}$；$Y=22.0955+0.0039X^2$，$r=0.806^{***}$，$df=19$，$F=37.7383^{***}$；$P=0.01$，$1>|r|\geqslant0.7$ 为显著相关；$0.7\geqslant|r|\geqslant0.4$ 为有相关；$0.4>|r|\geqslant0$ 为无相关)；叶片脯氨酸的变化与质膜相对透性

全红杨、中红杨为有相关（$r=0.473$；$r=0.671$），2025 杨为显著相关（$Y=18.4872+0.2228X$，$r=0.748^{***}$，$df=19$，$F=24.134^{**}$）；全红杨可溶性蛋白质的变化与质膜相对透性为有相关（$r=-0.456$），中红杨和 2025 杨可溶性蛋白质的变化与质膜相对透性为无相关（$r=0.291$；$r=0.208$）（北京林业大学，1986）。

利用隶属函数法对 3 个杨树品种在干旱胁迫下叶片质膜相对透性、可溶性糖、游离脯氨酸和可溶性蛋白质所表现的抗旱性状进行综合评价。结果见表 7-15，抗旱能力由强到弱依次为 2025 杨、中红杨、全红杨，差异不显著（$P>0.05$）。

表 7-15　3 个杨树品种生理指标的平均隶属函数值及排序

指　标	全红杨	中红杨	2025 杨
质膜相对透性 REC	0.492	0.658	0.668
可溶性糖 Soluble sugar	0.578	0.399	0.496
游离脯氨酸 Proline	0.291	0.304	0.270
可溶性蛋白质 Soluble protein	0.525	0.593	0.717
隶属函数平均值	0.472	0.489	0.538
排序	3Aa	2Aa	1Aa

注：A(a)—C(c)表示不同品种的差异水平，小写字母表示在 $P=0.05$ 水平上差异显著，大写字母表示在 $P=0.01$ 水平上差异极显著，字母相同表示差异不显著。

从表 7-16 可以看出，游离脯氨酸与 3 个杨树品种的变化系数关联度最大为 0.746，其次是可溶性蛋白质和可溶性糖，均处于较强关联水平，而质膜相对透性对三者抗旱性的影响较小。

表 7-16　3 个杨树品种抗旱性与各生理指标的关联系数、关联度和关联序 1)

指标	系数	全红杨 $\Delta_{max}=2.0363$	中红杨 $\Delta_{max}=2.5310$	2025 杨 $\Delta_{max}=2.3408$	关联度	关联序
质膜相对透性 REC	ξ_1	0.520	0.518	0.554	0.531	4
可溶性糖 Soluble sugar	ξ_2	0.440	0.689	0.751	0.627	3
游离脯氨酸 Proline	ξ_3	0.637	0.813	0.787	0.746	1
可溶性蛋白质 Soluble protein	ξ_4	0.748	0.720	0.637	0.702	2

注：max 为被评价对象序列与参考序列间两极最大差值。

7.4.4.4　生理指标的综合评价

1. 部分生理指标的综合评价

$X_1, X_2, X_3, X_4, X_5, X_6, X_7, X_8$ 分别表示叶片叶绿素质量分数 Chl、净光合速率 Pn、水分利用率、SOD 活性、CAT 活性、质膜相对透性、MDA 质量摩尔浓度和脯氨酸质量分数。

利用隶属函数法对 3 个杨树品种在干旱胁迫下叶片叶绿素质量分数、净光合速率、水分利用率 *WUE*、超氧化物歧化酶 SOD 活性、过氧化氢酶 CAT 活性、质膜相对透性、丙二醛 MDA 质量摩尔浓度和脯氨酸质量分数所表现的抗旱性状进行综合评价。结见

表 7-17，抗旱能力由强到弱依次为 2025 杨、中红杨、全红杨，全红杨与中红杨和 2025 杨抗旱性差异显著（$P<0.05$），中红杨和 2025 杨差异不显著（$P>0.05$）。

表 7-17　3 个杨树品种生理指标的平均隶属函数值及排序

指　标	全红杨	中红杨	2025 杨
叶绿素 Chl	0.501	0.659	0.674
净光合速率 *Pn*	0.457	0.546	0.509
水分利用率 *WUE*	0.599	0.681	0.638
超氧化物歧化酶 SOD	0.550	0.627	0.618
过氧化氢酶 CAT	0.489	0.478	0.655
质膜相对透性 Relative electric conduction	0.492	0.658	0.668
丙二醛 MDA	0.588	0.560	0.581
脯氨酸 Proline	0.291	0.304	0.270
隶属函数平均值	0.496	0.564	0.577
排序	3Ab	2Aa	1Aa

注：A(a)—C(c)表示不同品种的差异水平，小写字母表示在 $P=0.05$ 水平上差异显著，大写字母表示在 $P=0.01$ 水平上差异极显著，字母相同表示差异不显著。

从表 7-18 可以看出，8 个生理指标中除脯氨酸，其余指标与 3 个杨树品种的抗旱系数关联度均大于 0.6，处于较强关联水平。其中叶绿素与抗旱系数关联度最大，其次是质膜相对透性和水分利用率，关联度分别为 0.8565 和 0.8360、0.8356，而 SOD 和脯氨酸对干旱胁迫的敏感度最小。

表 7-18　3 个杨树品种抗旱性与各生理指标的关联系数、关联度和关联序

指标	系数	全红杨 $\Delta_{max}=2.2190$	中红杨 $\Delta_{max}=2.5846$	2025 杨 $\Delta_{max}=3.5580$	关联度	关联序
叶绿素 Chl	ξ_1	0.8267	0.8786	0.8642	0.8565	1
净光合速率 *Pn*	ξ_2	0.7237	0.7633	0.7941	0.7604	6
水分利用率 *WUE*	ξ_3	0.8137	0.8319	0.8613	0.8356	3
超氧化物歧化酶 SOD	ξ_4	0.7315	0.5865	0.7093	0.6758	7
过氧化氢酶 CAT	ξ_5	0.8072	0.8307	0.8401	0.8260	4
质膜相对透性 Relative electric conduction	ξ_6	0.7199	0.8945	0.8936	0.8360	2
丙二醛 MDA	ξ_7	0.8338	0.7357	0.8241	0.7979	5
脯氨酸 Proline	ξ_8	0.5639	0.5381	0.6201	0.5740	8

注：max 为被评价对象序列与参考序列间两极最大差值。

2.22 个生理指标的综合评价

植物抗旱性是一个复合的生理过程，利用隶属函数法，对 3 个杨树品种在干旱胁迫下测定的 22 个生理指标所表现的抗旱性状进行综合评价。结果见表 7-19 所示，抗旱能力由强到弱依次为 2025 杨、中红杨、全红杨，全红杨与中红杨和 2025 杨抗旱性差异显著（$P<0.05$），中红杨和 2025 杨差异不显著（$P>0.05$）。

表 7-19　3 个杨树品种测定的 22 个生理指标的平均隶属函数值及排序

指　标	全红杨	中红杨	2025 杨
质膜相对透性 Relative electric conduction	0.492	0.658	0.668
丙二醛 MDA	0.588	0.560	0.581
可溶性糖 Soluble sugar	0.578	0.399	0.496
游离脯氨酸 Proline	0.291	0.304	0.270
可溶性蛋白质 Soluble protein	0.525	0.593	0.717
叶绿素 a Chla	0.516	0.673	0.684
叶绿素 b Chlb	0.504	0.653	0.693
叶绿素 a/b Chla/b	0.514	0.583	0.569
叶绿素 Chl	0.501	0.659	0.674
类胡萝卜素 Car	0.578	0.593	0.666
花色素苷 Ant	0.442	0.447	0.761
净光合速率 *Pn*	0.457	0.546	0.509
蒸腾速率 *Tr*	0.592	0.582	0.602
水分利用率 *WUE*	0.599	0.681	0.638
气孔导度 *Cs*	0.352	0.430	0.338
胞间 CO_2 浓度 *Ci*	0.388	0.384	0.383
胞间 CO_2 浓度与空气 CO_2 浓度之比 *Ci/Ca*	0.582	0.593	0.586
羧化效率 *CE*	0.480	0.573	0.608
超氧化物歧化酶 SOD	0.550	0.627	0.618
过氧化氢酶 CAT	0.489	0.478	0.655
过氧化物酶 POD	0.481	0.551	0.423
多酚氧化酶 PPO	0.303	0.418	0.389
隶属函数平均值 Subordinate function values	0.491	0.545	0.569
排序 Order	3Ab	2Aa	1Aa

注：A(a)—C(c)表示不同品种的差异水平，小写字母表示在 $P=0.05$ 水平上差异显著，大写字母表示在 $P=0.01$ 水平上差异极显著，字母相同表示差异不显著。

从表 7-20 可以看出，3 个杨树品种的抗旱系数与 22 个生理指标关联度最大的为光合有效色素叶绿素和类胡萝卜素，其次水分利用率和过氧化氢酶 ，关联度均在 0.850 以上，可溶性糖及蒸腾速率对干旱胁迫的敏感度相对最小，关联度均小于 0.6，其余指标处于较强关联水平。

表 7-20　3 个杨树品种抗旱性与测定的 22 个生理指标的关联系数、关联度和关联序 1)

指标	系数	全红杨 $\Delta_{max}=3.0056$	中红杨 $\Delta_{max}=3.7989$	2025 杨 $\Delta_{max}=3.8731$	关联度	关联序
质膜相对透性 Relative electric conduction	ξ_1	0.7859	0.8677	0.8809	0.8448	7
丙二醛 MDA	ξ_2	0.8792	0.7705	0.8245	0.8247	8
可溶性糖 Soluble sugar	ξ_3	0.5327	0.6064	0.6208	0.5866	22
游离脯氨酸 Proline	ξ_4	0.6078	0.6164	0.5884	0.6042	20
可溶性蛋白质 Soluble protein	ξ_5	0.7522	0.6429	0.6943	0.6965	18
叶绿素 a Chla	ξ_6	0.9	0.9262	0.8949	0.9070	1
叶绿素 b Chlb	ξ_7	0.8379	0.9335	0.8938	0.8884	3

指标	系数	全红杨 $\Delta_{max}=3.0056$	中红杨 $\Delta_{max}=3.7989$	2025 杨 $\Delta_{max}=3.8731$	关联度	关联序
叶绿素 a/b Chla/b	ξ_8	0.8486	0.7627	0.6834	0.7649	14
叶绿素 Chl	ξ_9	0.8847	0.929	0.8978	0.9038	2
类胡萝卜素 Car	ξ_{10}	0.8768	0.8798	0.9017	0.8861	4
花色素苷 Ant	ξ_{11}	0.875	0.7817	0.6599	0.7722	13
净光合速率 *Pn*	ξ_{12}	0.7874	0.7868	0.7888	0.7877	11
蒸腾速率 *Tr*	ξ_{13}	0.5543	0.6007	0.6306	0.5952	21
水分利用率 *WUE*	ξ_{14}	0.8273	0.8534	0.9123	0.8643	5
气孔导度 *Cs*	ξ_{15}	0.7348	0.7065	0.7197	0.7203	15
胞间 CO_2 浓度 *Ci*	ξ_{16}	0.5686	0.6188	0.6594	0.6156	19
胞间 CO_2 浓度与空气 CO_2 浓度之比 *Ci/Ca*	ξ_{17}	0.7452	0.8288	0.8584	0.8108	9
羧化效率 *CE*	ξ_{18}	0.7823	0.7738	0.8164	0.7908	10
超氧化物歧化酶 SOD	ξ_{19}	0.7802	0.6389	0.6883	0.7025	16
过氧化氢酶 CAT	ξ_{20}	0.8663	0.8386	0.874	0.8596	6
过氧化物酶 POD	ξ_{21}	0.6585	0.7022	0.7431	0.7013	17
多酚氧化酶 PPO	ξ_{22}	0.8308	0.7337	0.7645	0.7763	12

注：max 为被评价对象序列与参考序列间两极最大差值。

7.4.4.5　叶片气体交换特性及其与土壤含水量的相关性分析和关系数学拟合

结合 7.4.1 中的图 7-1 正常供水和干旱胁迫下土壤含水量(SWC)的变化及 7.4.3.5 中的图 7-7 和表 7-8 干旱胁迫及复水对 3 个杨树品种叶片净光合速率(*Pn*)、蒸腾速率(*Tr*)、气孔导度(*Gs*)、胞间 CO_2 浓度(*Ci*)的变化。

单叶水平上水分利用效率(*WUE*)一般采用 *Pn* 与 *Tr* 之比来表示，表明消耗单位水分所产生的同化物量，可反映植物水分的利用水平。提高水分利用效率是植物忍耐干旱能力的一种适应方式，其值越大，固定单位重量的 CO_2 所需水分越少，节水能力也越强(张建国等，2000；姜中珠等，2006；颜淑云等，2011)。羧化效率(*CE*)为 *Pn* 与 *Ci* 之比，可以反映叶片对进入叶片细胞间隙 CO_2 的同化状况，*CE* 越高，说明光合作用对 CO_2 的利用越充分(董晓颖等，2005；秦景等，2009)。

图 7-9 可知，对照组全红杨叶片 *WUE* 和 *CE* 低于中红杨和 2025 杨，三者间 *WUE* 差异显著($P<0.05$)，*CE* 差异极显著($P<0.01$)。干旱胁迫初期，全红杨叶片 *WUE* 先下降后升高，中红杨和 2025 杨叶片 *WUE* 持续升高，三者叶片 *CE* 振荡下降，随后，三者叶片 *WUE* 和 *CE* 均呈持续下降趋势，干旱胁迫 7d，全红杨、中红杨和 2025 杨叶片 *WUE* 分别较对照组升高 17.37%、7.32%和 51.99%，差异显著($P<0.05$)，*CE* 分别较对照组下降 6.67%、-0.26%和 6.50%，差异不显著($P>0.05$)。干旱胁迫 28 d，全红杨、中红杨和 2025 杨叶片 *WUE* 分别较对照下降 106.86%、89.11%和 158.60%，*CE* 分别较对照下降 100.77%、95.41%和 97.28%，差异极显著($P<0.01$)，三者间 *WUE* 差异极显著($P<0.01$)，*CE* 差异不显著($P>0.05$)。复水 7 d 后，全红杨、中红杨和 2025 杨叶片 *WUE* 分别低于对照 26.08%、－3.61%和 11.29%，*CE* 分别低于对照 36.89%、12.13%和－7.46%，全红杨与对照差异极显著($P<0.01$)，中红杨和 2025 杨与对照组差异显著

($P<0.05$),三者间差异显著($P<0.05$)。

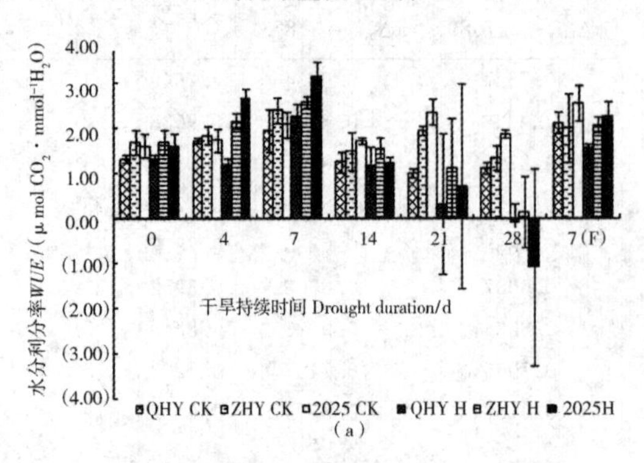

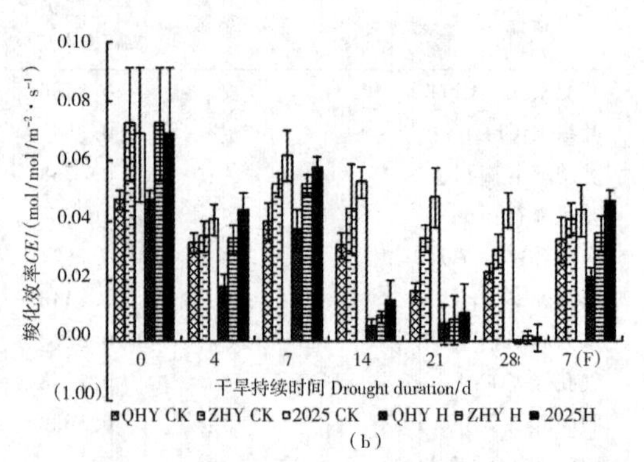

图 7-9 正常供水和持续干旱胁迫下 3 个杨树品种叶片 *WUE*、*CE* 的变化(平均值±标准误)

3 个杨树品种在未受到干旱胁迫条件下,均持有较高的光合速率(*Pn*)、蒸腾速率(*Tr*)和气孔导度(*Gs*)和相对稳定的胞间 CO_2 浓度(*Ci*)及胞间 CO_2 浓度与空气 CO_2 浓度之比(*Ci*/*Ca*)。干旱胁迫条件下,随着胁迫时间的延长,三者叶片 *Pn*、*Tr* 和 *Gs* 均下降明显,其变化趋势基本一致;*Ci* 和 *Ci*/*Ca* 的变化趋势基本一致。在不同处理条件下,影响 *Pn* 的主导因子有所不同。

由表 7-21(见本章末)分析结果可见,在正常供水条件下,全红杨、中红杨和 2025 杨叶片 *Pn* 和 *Tr*、*Gs* 相关性均不明显,其中 2025 杨 *Pn* 和 *Tr*、*Pn* 和 *Gs*、*Tr* 和 *Gs* 相关系数(*r*)最大,分别为 0.648,0.686 和 0.694。全红杨 *Pn* 与 *WUE* 相关系数(*r*)为 0.704,为显著相关。三者 *Gs* 和 *Ci* 、*Ci*/*Ca* 及 *Ci* 和 *Ci*/*Ca* 则存在紧密相关关系,全红杨、中红杨和 2025 杨的 *Gs* 和 *Ci* 的相关系数(*r*)分别为 0.720,0.760 和 0.802,全红杨、中红杨和 2025 杨的 *Gs* 和 *Ci*/*Ca* 的相关系数(*r*)分别为 0.774,0.788 和 0.842,均为显著正相关;全红杨、中红杨和 2025 杨的 *Ci* 和 *Ci*/*Ca* 的相关系数(*r*)分别为 0.949,0.964 和 0.973,为高度正相关。全红杨、中红杨 *CE* 与 *Ci* 相关系数分别为−0.716,−0.743,均为显著负相关。同时全红杨 *Tr* 与 *WUE*、*Gs* 相关系数分别为−0.455,0.544,中红杨 *Pn*、*Tr* 与 *WUE*、*Gs* 相关系数分别为 0.549,0.620 和−0.556,0.604,2025 杨 *Pn* 与 *Tr*、*Gs* 及 *Tr* 与 *WUE*、*Gs* 的相关系数分别为 0.648,0.686 和−0.542,0.694,全红杨 *CE* 与 *Pn* 相关系数为 0.641,2025 杨 *CE* 与 *Ci* 相关系数为−0.644,均为有相关。主要原因可理解为,苗木在正常供水条件下,气孔开放,植物光合作用原料充足,叶片净光合速率、蒸腾速率和气孔导度均能满足植物正常的生理生长需求,处于平衡稳定的运作状态。此时植物叶片固定 CO_2 的速率较快,蒸腾旺盛,苗木体内与大气水分和热量的交换速率很快,叶片光合作用也很旺盛,因此 *Tr*、*Gs* 对 *Pn* 影响较小;而用于光合作用的 CO_2 浓度就成为限制光合作用的主导因素,因此相对于 *Tr*,*Gs* 对 *Pn* 的相关系数要高一些。同时叶片气孔导度较大,叶片胞间 CO_2 浓度及胞间 CO_2 浓度与空气 CO_2 浓度之比相应增大,*Ci* 和 *Ci*/*Ca* 为高度正相关。

在干旱胁迫下,各因素对 *Pn* 的作用也发生改变。气孔开度逐渐受到水分亏缺的影响,气孔逐渐关闭,*Gs* 有所降低,*Tr*、*Gs* 对 *Pn* 产生影响,*Ci* 也对 *Pn* 产生一定的负相关性影响。全红杨、中红杨和2025杨的 *Pn* 和 *Tr* 的相关系数(*r*)分别为0.904、0.934和0.840,为高度正相关和正相关;*Pn* 和 *Gs* 的相关系数(*r*)分别为0.703、0.755和0.768,*Pn* 与 *CE* 相关系数分别为0.922、0.845、0.874,*Tr* 和 *Gs* 的相关系数(*r*)分别为0.805、0.776和0.846,*Tr* 与 *CE* 相关系数分别为0.841、0.845、0.715,均为显著正相关;*Ci* 和 *Ci*/*Ca* 的相关系数(*r*)分别为0.984、0.990和0.993,为高度正相关;三者 *CE* 与 *Ci* 相关系数分别为−0.832、−0.834、−0.787,全红杨、2025杨 *WUE* 与 *Ci* 相关系数分别为−0.749、−0.899,为显著负相关。同时全红杨、中红杨和2025杨 *CE* 与 *WUE* 相关系数分别为0.638、0.601、0.650,*CE* 与 *Gs* 相关系数分别为0.443、0.417、0.455,为正有相关,三者 *Pn* 与 *Ci* 相关系数分别为−0.677、−0.581、−0.685,*Tr* 与 *Ci* 相关系数分别为−0.529、−0.584、−0.508,中红杨 *WUE* 与 *Ci* 相关系数为−0.647,为负有相关。全红杨、中红杨和2025杨叶片的 *Ci* 和 *Ci*/*Ca* 与 *WUE* 均成负相关,全红杨相关系数(*r*)分别为−0.749和−0.821;中红杨相关系数(*r*)分别为−0.647和−0.685;2025杨相关系数(*r*)分别为−0.899和−0.924,相关性最高。

表7-22通过分析,得出持续土壤干旱胁迫下全红杨、中红杨和2025杨各光合生理指标与土壤含水量的相关系数,三者 *Pn*、*Tr*、*CE* 与SWC均有显著关系,建立其数学拟合模型(见表7-23),模拟方程的判定系数 R^2 在0.625−0.813之间,方程拟合效果良好。经显著性水平,3个杨树品种叶片 *Pn*、*Tr*、*CE* 与SWC关系显著,模拟方程可用。

表7-22 持续干旱胁迫下3个杨树品种叶片光合生理特性与土壤含水量的相关系数

指标	种类	*Pn*	*Tr*	*WUE*	*Gs*	*Ci*	*CE*
SWC	全红杨	0.760	0.886	0.396	0.580	−0.590	0.791
	中红杨	0.757	0.874	0.455	0.570	−0.626	0.800
	2025杨	0.833	0.793	0.453	0.556	−0.583	0.832

表7-23 持续干旱胁迫下3个杨树品种光合生理特征与土壤含水量的数学拟合模型

种类	生理因子	模拟方程	$R^2(R)$	自由度 *df*	*F* 值
全红杨	*Pn*-SWC	$y=-0.008\,56x^2+0.567\,5x-1.681\,5^{**}$	0.672 2(0.819 9)	61	61.542
	Tr-SWC	$y=-0.001\,62x^2+0.214\,1x+0.091\,2^{**}$	0.795 7(0.892 0)	61	116.822
	CE-SWC	$y=0.001\,08x-0.000\,566^{**}$	0.624 9(0.790 5)	61	101.637
中红杨	*Pn*-SWC	$y=-0.016\,05x^2+0.928\,1x-2.884\,0^{**}$	0.748 5(0.865 2)	61	89.340
	Tr-SWC	$y=-0.003\,19x^2+0.263\,0x-0.038\,3^{**}$	0.801 7(0.895 4)	61	121.375
	CE-SWC	$y=0.001\,63x-0.000\,16^{**}$	0.640 4(0.800 2)	61	108.612
2025杨	*Pn*-SWC	$y=-0.012\,59x^2+0.779\,3x-0.640\,7^{**}$	0.812 7(0.901 5)	61	130.096
	Tr-SWC	$y=0.000\,28x^2+0.119\,8x+1.257\,4^{**}$	0.628 7(0.792 9)	61	50.806
	CE-SWC	$y=0.001\,6x+0.005\,92^{**}$	0.692 6(0.832 2)	61	137.387

注:** 回归方程在 $P=0.01$ 水平呈极显著回归关系。

表7-23结果表明,*Pn*、*Tr*、*CE* 与SWC关系密切,*Pn*、*Tr* 和SWC符合二次曲线形式,*CE* 和SWC符合一次直线形式。利用方程求出 *Pn*=0时所对应的临界水势值SWC,称之为土壤水合补偿点,一般水合补偿点越低,表明植物忍耐干旱的能力也就越强(秦景

等,2009)。经计算全红杨、中红杨和2025杨土壤水合补偿点分别为3.11%,3.295%,0.834%。试验测定中,全红杨、中红杨和2025杨叶片Pn接近0时的土壤含水量分别为3.30%,3.13%和1.45%,与计算出的土壤水合补偿点非常接近。同时三者的P_{max}分别为7.727 $\mu mol \cdot m^{-2} \cdot s^{-1}$,10.536 $\mu mol \cdot m^{-2} \cdot s^{-1}$,11.418 $\mu mol \cdot m^{-2} \cdot s^{-1}$,对应的SWC分别为33.16%,28.92%,30.95%。参照孙景生等(1998)提出的指导作物生长的光合土壤水分指标,设定80%P_{max}对应的SWC为适宜土壤含水量的上、下限的方法(秦景等,2009),结合本研究,采用最适SWC值和SWC下限值作为适宜土壤含水量的上、下限。由此确定全红杨、中红杨和2025杨以植物光合产量为标准的适宜土壤含水量范围依次为:19.72%~33.16%,17.46%~28.92%,17.48%~30.95%。经计算当全红杨、中红杨最大值分别为7.166 $mmol \cdot m^{-2} \cdot s^{-1}$,5.391 $mmol \cdot m^{-2} \cdot s^{-1}$,对应的SWC分别为66.08%,41.28%,均大于试验中正常浇水情况下的SWC最大值,2025杨Tr与CE一样接近直线形式随SWC增加而增加。

7.5 讨论与结论

水对树种分布、生长和生理过程等有着重要的影响,由于中国南北方水资源分布严重失衡,伴随高温热浪等极端天气事件的不断增多和增强,干旱已成为中国当前大部分地区面临的重要生态问题,因此了解树木品种的抗旱性对区域环境绿化及经济稳定发展具有重要的意义(Feng,et al.,1996;吴建国等,2010)。干旱胁迫引起植物生理代谢的变化是多方面的,树木的耐干旱性是长期自然选择的结果,主要由体内的遗传基因控制,具有遗传的相对稳定性和潜在反应性,树木只有处于干旱环境一段时间,耐水胁迫性才能充分显示出来。通过为期35 d的干旱胁迫模拟试验,以全红杨、中红杨和2025杨3个杨树品种无性系当年生嫁接苗为试材,在干旱胁迫下的适应性和生理调节机制进行了初步的研究。可以看出:3个杨树品种的生长和生理生化受到干旱胁迫的显著影响,其干旱适应症性均较弱。在无胁迫对照条件下,3个杨树品种叶片的净光合速率和气孔导度也存在较大差异,说明三者叶片在气体扩散过程中有一定的差异。受干旱胁迫后,3个杨树品种的生长有显著的影响,三者主要通过个体变小,部分气孔关闭等策略来降低蒸腾量,利用有限的可利用水分维持生命活动,其生理特征主要表现在抗旱性,生长性受到限制,净光合速率(Pn)、蒸腾速率(Tr)、气孔导度(Gs)降到次要地位。3个杨树品种苗木叶片均出现了黄化、脱落现象,致使总叶面积降低。在严重干旱胁迫下,气孔完全关闭,非气孔因素逐渐成为Pn继续降低的主要原因,可见气孔因素和非气孔因素共同影响着3个杨树品种叶片Pn的差异及其对干旱胁迫的适应和响应。

干旱胁迫前期,3个杨树品种叶片光合作用和类胡萝卜素含量均降低,超氧阴离子产生速率增大,气孔部分关闭进入叶肉组织的CO_2的量减少,气孔限制是光合速率降低的主要原因。叶片内可溶性糖和游离脯氨酸的主动积累,这有利于全红杨、中红杨和2025杨对干旱胁迫和抗旱能力的获得。同时SOD活性上升,超氧阴离子转化为H_2O_2的量增多,中红杨POD活性和2025杨CAT活性的增加使其对H_2O_2有一定的清除能力。而全红杨各种活性氧清除酶之间活性变化的不平衡，也使其活性氧的产生与清除失衡。三者叶片PPO酶活性的升高在防御病原菌侵染，保护植物生长发育方面发挥着重要作用。胁迫中期，叶片光合色素、净光合速率（*Pn*）和气孔导度（*Gs*）快速下降，胞间CO_2浓度升高。全红杨叶片可溶性糖含量增长缓慢，3个杨树品种叶片游离脯氨酸和蛋白质含量均出现下降趋势。超氧阴离子产生速率继续增大，中红杨和2025杨叶片SOD酶活性虽仍有上升，而CAT酶活性大幅下降，中红杨尽管POD活性有所上升，但活性氧的增加超出了细胞的清除能力，活性氧积累使得膜脂过氧化作用加重，三者叶片MDA含量快速升高，膜透性增大。干旱胁迫后期，由于叶绿体和细胞严重失水，叶绿体中一些参与碳固定的酶活性受到抑制，叶肉细胞的CO_2固定能力降低。3个杨树品种叶片*Pn*的再次快速降低也使碳同化利用的光能减少，过剩光能增加，这些过剩光能若不能及时耗散掉，就会产生光氧化，加速形成活性氧。活性氧可破坏光合机构和电子传递，结果就会产生光抑制。非气孔因素均成为全红杨、中红杨和2025杨叶片净光合速率降低的主要原因，复水7 d后的恢复期内三者叶片净光合速率仍没有摆脱非气孔限制，此时叶片正常生理代谢受到影响，植物体内代谢趋于混乱失调，细胞内积累大量过剩的活性氧自由基。由氧自由基引发的膜脂过氧化产物丙二醛（MDA）也不断积累，引发或加剧膜脂过氧化，导致叶片叶绿素合成受阻，降解加快，叶片的黄化也加速了植株和叶片的衰老。同时由于氧自由基MDA在叶片中大量积累，抑制了3个杨树品种氧自由基清除能力有关的抗氧化保护酶（SOD，CAT，POD，PPO等）活性。而CAT可能发生像POD的伤害效应，参与活性氧的生成，加剧膜脂过氧作用，从而丧失了保护酶系统的功能。此时膜脂脂肪酸中不饱和键被氧化，膜系统发生过氧化反应破坏膜结构的完整性，促使细胞膜系统受到破坏，导致其膜透性大增，细胞内电解质大量外泄，可溶性糖和游离脯氨酸含量降低，蛋白质迅速丧失，叶绿素加速降解，最终导致干旱胁迫组3个杨树品种大多数植株均无法渡过胁迫而衰老死亡，与刘丹等（2011）对银杏在干旱胁迫下叶片生理生化特性的研究结果相类似。

相比之下，全红杨对持续干旱的适应症性最弱，抗旱性最差，2025杨抗旱能力最强。但中红杨在保护酶（SOD、CAT、POD）活性和气体交换特性（*Pn*、*WUE*、*Ci*、*Ci/Ca*）方面，对干旱胁迫的响应表现出了一定的抗旱能力，并且在恢复供水后生长生理代谢恢复的速度较快，表现出较好的偿代能力，说明该品种具有较强的适应能力潜质（Dichio B，2006；邓丽娟等，2011）。中红杨对干旱胁迫有一定的应对潜质，这对今后选育耐旱性相对较强的中红杨和全红杨品种，具有重要的意义。

7.5.1　干旱胁迫下叶片色素含量及光合特性的关系

叶片是植物进行光合作用的主要器官，对水分亏缺非常敏感。叶绿素（Chl）与类胡萝卜素（Car）是植物叶片中的重要有效光合色素，叶绿素主要成分叶绿素a（Chla）和叶绿素b（Chlb）大多承担着光能捕获的作用，类胡萝卜素则作为重要的内源抗氧化剂可以耗散叶绿素吸收的过多光能，防止或减轻光抑制。干旱可以引起叶绿素、类胡萝卜素及叶绿素 a/b 值的变化，进而引起光合功能的改变(姜英淑等，2009；王宇超等，2010)，干旱胁迫条件下测定不同树种(或品系)叶片的光合色素含量及光合特性，可以了解树种的光合生产力及水分损耗调节能力，是评价植株抗旱能力的重要依据(冯玉龙等，2003；陈登举等，2013)。花色素苷(Ant)也是植物叶片中的重要色素之一，通常叶绿素 a、b 和类胡萝卜素分别使叶片表现为蓝绿色、黄绿色和橙黄色，花色素苷则可使叶片绿色变弱呈现红色，同时黄色色调向蓝色色调过渡，因此植物红色与绿色叶片中花色素苷和叶绿素含量及比例存在着显著差异(董金一等，2008；杨淑红，2013)。不同水分条件下，有关植物叶片光合色素含量与光合特性影响关系的研究较为普遍，而针对红叶植物，叶片主要色素花色素苷与光合特性影响关系的研究尚未见报道。但从光物理学角度来讲，植物叶片表面红、蓝色调越浓重对光合有效光红光和蓝紫光的反射率就会越大，这也就是我们所看到的树叶的颜色，因此推测叶色对光合有效光的反射差异可能会改变叶片内部光反应条件，从而影响光合作用效率。

试验期间，无胁迫对照组植株均长势良好，没有出现落叶和死亡现象。植物根系与地上部分之间的信息传递可使叶片及时感知土壤水势变化，在没有真正受到伤害时即可做出主动、快速的应答反应(刘静等，2008)。大多植物研究表明轻度的干旱胁迫就会使叶片光合能力下降，植株易受到光氧化伤害，随胁迫时间和程度的加大，不同品种的光合特性有着明显的变化差异，并且光合特性恢复正常所需时间与胁迫强度、胁迫时间和实验材料的抗性有关(付士磊等，2006；朱成刚等，2011)。土壤干旱胁迫下，3 个杨树品种全红杨、中红杨和 2025 杨叶片光合色素含量和蒸腾速率迅速下降，说明植株对干旱反应敏感，通过提高水分利用率(*WUE*)来适应干旱逆境。胁迫中期，中红杨和 2025 杨叶片光合色素含量出现短暂的小幅反弹或下降减缓现象，这与植物对逆境的补偿和超补偿效应有关，也是植株抵抗干旱胁迫所表现出的一定适应性和调节能力(邹春静等，2003)。干旱胁迫 28 d，全红杨、中红杨和 2025 杨叶片叶绿素和类胡萝卜素含量分别较对照组下降 50.52%，51.20%，46.15 %和 47.68%，50.72%，37.25%，单株叶片 *Pn* 和 *WUE* 也相继出现负值，说明叶片不再积累光合产物，反而呈消耗代谢。同时，叶绿素 a/b 值的下降表明叶片光能转化和能量提供能力失衡，光抑制和自由基的产生可引起色素分子光氧化并造成叶绿体伤害，使之无法维持光合作用的正常运转(朱成刚等，2011；陈健辉等，2011)。复水 7 d，3 个杨树品种叶片光合色素含量和光合特性均有明显恢复，但全红杨各色素含量仍极显著低于对照组($P<0.01$)，光合特性显著低于对照($P<0.05$)，中红杨和 2025 杨也仅有叶绿素 b 和 *Pn*、*WUE* 基本能恢复到正常水平，与实验开始时相同，全红杨叶片光合活性依次低于中红杨和 2025 杨，这与光合色素所反映出的光合机构破坏程度基本吻合。另外，正常条件下，全红杨和中红杨秋季逐渐衰老的叶片中会有一定的花色素苷新合成或积累性增长，以适应日照和温差的变化，叶片大多色彩鲜艳有光泽，持叶时间长(杨淑红等，2012；2013)。研究中干旱逆境同样加速了植株叶片的衰老过程，花色素苷是存在于植物表皮细胞液泡中的水溶性色素，可以降低细胞渗透势，全红杨和中红杨叶片中花色素苷含量较对照组有明显下降，不利于植株的抗旱(胡可等，2010)，叶片变红或变

黄是叶绿素大量降解后原有的花色素苷和类胡萝卜素显现出的颜色(Collier,et al.,1995;Field,et al.,2001;文陇英等,2012),此类叶片色彩暗淡无光泽,干枯落叶快。可见花色素苷作为叶片红色的主要影响色素,在不同生境发挥的作用不同,也体现出了植株逆境死亡与自然休眠过程中其衰老叶片生命体征的差别。

综上所述,正常条件下,全红杨叶片各色素含量均极显著高于中红杨和2025杨($P<0.01$),叶片主要色素及色素含量、比例的变化使其与原株的叶色差异极为明显,但全红杨叶片净光合速率和生长势显著低于中红杨和2025杨($P<0.05$),说明叶片光合能力的差异并不是光合色素含量差异所造成的,这与其他一些红叶类植物相似(姜卫兵等,2006;王庆菊等,2007;李雪飞等,2011),其抗旱性也发生了明显的变化。干旱逆境不仅极大降低了全红杨、中红杨叶片的光合生产力,影响植株的生长和存活,同时对全红杨叶色影响也较大,这对彩叶树木十分重要,管理中更不宜缺水。全红杨叶片红色主要是由花色素苷和叶绿素a造成的,分析认为叶片中大比例的花色素苷含量不仅作用于叶色,对叶片光合能力和植株抗旱性可能也产生了不可忽视的影响,但花色素苷作为非光合色素,自然与叶绿素和类胡萝卜素对 *Pn* 的影响机理也不尽相同。光合作用本质是光生物化学过程,花色素苷中糖配基也是植物光合作用的产物(王庆菊等,2007),光为光合作用提供能量的同时也对植物光合作用和基因表达具有调控作用(Eskins,et al.,1989),姜卫兵等(2006)认为红色叶片光合速率的下降有可能是光合产物运输和转化不畅所致。另有研究表明植物叶片由绿色向紫红色转变过程中其光谱反射峰明显向长波红光波段方向移动,红光波反射率显著增大,同时蓝紫光波段的反射率也有所提高(王庆菊等,2007;李雪飞等,2011)。红光可促进光系统Ⅱ(PSⅡ)相关基因的表达(Leong,1985),并影响光合产物的运输(Sæbø,et al.,1995),而反射光谱的红移与叶绿素的低能态及叶绿素光能在PSⅠ内部传递的调节作用均有关(Kochubey and Samokhval,2000),叶片中低红光比例不利于叶绿素b的合成,同时蓝光不足也可导致PSⅡ激发能分配降低(陈登举等,2013)。综上所述,虽然我们的研究目前不能直接证实全红杨叶片呈色色素对光合作用的影响关系,但也不排除植物红色叶片对光合有效光红光和蓝紫光的截获不仅会影响叶片对光能的吸收,同时也改变了叶片内部光化学反应的条件,使叶片色素从不同侧面影响光合作用的可能性存在。有关物体对光波的吸收和反射原理的争论颇大,揭示植物叶色差异影响光合作用的机制原理,在不同条件下最大程度挖掘植物叶片色素含量与光合作用效率的关系,对彩叶植物的育种工作具有重要的意义,这也是今后值得我们深入探讨的课题。

7.5.2 干旱胁迫下叶片脂质过氧化及保护酶活性的关系

干旱胁迫下,植物体内产生的大量活性氧会引发膜不饱和脂肪酸氧化作用,其主要产物丙二醛(MDA)是细胞毒性物质,可破坏膜系统,并导致细胞结构和功能的破坏,其含量能反映出植物细胞受伤害程度和膜脂过氧化程度(姜英淑等,2009)。植物受到的氧化伤害程度与抗氧化酶活性密切相关,超氧化物歧化酶(SOD)、过氧化物酶(POD)和过氧化氢酶(CAT)是植物体内重要的抗氧化酶，分别清除超氧阴离子自由基(·O)、单线态氧(·O_2)、羟自由基(·OH)和过氧化氢(H_2O_2)等，减轻细胞内生物大分子如DNA、蛋白质、脂肪酸受到的伤害程度。各种酶对活性氧的协作清除能力是决定细胞对逆境抗性的关键因素，一旦酶系统的平衡体系被打破，生物膜受到的损伤程度就会加剧(蒋明义等，1999；柯世省等，2007；桑子阳等，2011)。多酚氧化酶(PPO)也是植物体内普遍存在的一种生理防御性酶类，有研究证实植物生长环境的恶化有利于病原菌的滋生和侵染，当植物受到病原菌的侵害时，PPO可将植物体内的酚类物质氧化为毒性更大的醌类物质(或其衍生物)从而杀死病原菌，保护植株顺利度过逆境(姚延梼等，2006；孙程旭等，2011)。

生物膜是水分敏感的原初部位，干旱胁迫下3个杨树品种全红杨、中红杨和2025杨叶片MDA含量极显著升高($P<0.01$)，表明植株对胁迫产生了强烈的反应(姜英淑等，2009；孙程旭等，2011)。胁迫中期，中红杨和2025杨MDA含量有明显下降，能通过积极调节作用来缓解干旱所带来的伤害，但随着干旱持续加重，DMA含量再次升高，说明植物体机能衰退，适应能力也随之下降。而全红杨叶片MDA含量在胁迫前期低于中红杨和2025杨，可能是最先启动了保护防御系统，但MDA在叶片中的不断积累，以至胁迫后期明显高于其他2个杨树品种，全红杨叶片受膜质过氧化伤害程度最大，在高山杜鹃的研究中存在同样现象(黄承玲等，2011)。

干旱胁迫造成的膜伤害主要包括一个活性氧自由基伤害过程，SOD受到底物浓度诱导产生，可歧化超氧阴离子成为活性较低的O_2和H_2O_2，CAT和POD则将H_2O_2转变为H_2O，防止活性氧自由基毒害(Hugo A P，2004；李会欣等，2010)。近年来随着PPO研究在林业领域的深入(姚延梼等，2006；张绮纹等，1999)，证实干旱等逆境和病原菌侵染一样会使PPO活性升高，PPO活性与植物抗病性、抗逆性、衰老及生长发育均有着密切的关系(Siegel M R，et al.，1995；任安芝等，2004)。干旱条件下抗旱性强的品种这些保护酶活性能维持在一个较高的水平，以维持有害物质的产生与清除的动态平衡，但当胁迫程度超过一定耐受阈值时，活性氧自由基等的大量产生就会使细胞发生过氧化，破坏防御系统(柯世省等，2007；孙程旭等，2011；黄承玲等，2006)。本研究中，干旱胁迫有效激发了3个杨树品种一线保护酶SOD和PPO的活性，快速应答不良环境，以保持活性氧自由基与防御系统之间的平衡，并帮助植株增强对有害侵染的防御能力(任安芝等，2004)。但3个杨树品种POD活性呈下降趋势，全红杨、中红杨CAT活性也无明显升高，细胞内H_2O_2的积累不仅会抑制SOD酶的活性，同时O_2和H_2O_2可通过Harbe-weiss反应生成更稳定、更活跃的·OH，这对细胞会造成更严重的氧化损害(蒋明义，1999)。胁迫后期，3个杨树品种CAT，SOD和PPO活性均快速下降，虽然POD活性有不同程度的升高，在清除H_2O_2方面发挥出一些作用，但上升幅度较小或上升后又快速下降，说明自由基的过量生成已超越防御系统的清除能力(孙国荣等，2003)。或是与植物对逆境的补偿和超补偿效应有关，是对长期干旱逆境表现出的应急动力，叶片膜脂过氧化程度加重最终导致细胞代谢功能紊乱和活力降低。PPO大幅下降失活说明植物有害侵染防御机制也受到了极大的伤害，是植物生长发育停止或走向衰亡的一个信号。恢复供水7 d后,3个杨树品种保护酶活性大多不能恢复到正常水平,叶片MDA含量也均显著高于对照组,相比较全红杨对长时间干旱胁迫的代偿能力最弱。

7.5.3 干旱胁迫下叶片膜透性及部分渗透调节物质的关系

大量证据表明,细胞膜是植物体内部与外部物质交换的通道,为植物细胞维持正常的生理代谢活动提供相对稳定的内环境。干旱胁迫首先造成细胞膜系统状态发生改变而触发一系列水分伤害反应,树木叶片质膜相对透性变化可反映出细胞遭受逆境伤害的程度,质膜相对透性增强,细胞及细胞器内稳定生理生化环境遭到破坏,导致细胞生理功能丧失,大量内溶物外渗,最终细胞衰老死亡(胡化广等,2014;黄承玲等,2011;邓丽娟等,2011),严重影响林木的正常生长发育。干旱胁迫也可使蛋白质和核酸变性失活,严重时会抑制蛋白质的合成并诱导其降解,纤维分子间的桥键松弛,从而破坏生物膜的结构与功能,可溶性蛋白质、可溶性糖和游离脯氨酸均是植物体内重要的有机渗透调节物质,其含量有助于细胞和组织的保水,起到抗脱水作用,是判断植物细胞遭受水分胁迫程度的常用生理指标(张莉等,2003;尤丽佳等,2014;孔祥生等,2011)。

随着干旱胁迫的持续,3个杨树品种叶片的质膜相对透性均明显增大,全红杨质膜透性始终高于中红杨和2025杨,细胞内电解质大量外泄,电解质减少,干旱逆境对细胞膜的选择透性破坏严重,使得胁迫后期全红杨细胞膜相对透性升高减缓,这与新西伯利亚银白杨研究结果相类似(崔晓涛等,2009)。蛋白质分解是水分胁迫干扰植物体内氮代谢过程的最突出表现,轻度干旱胁迫可刺激植物体内抗氧化酶合成以增强渗透调节能力,不溶性蛋白质变为可溶性蛋白质,当胁迫超过植物所能忍耐的阈值时,细胞体内肽酶活性提高,大量活性氧会损伤DNA的复制过程,使细胞蛋白质和核酸的合成代谢能力减弱,最终叶肉细胞中可溶性蛋白质均合成受阻降解(王晶英等,2006),蛋白质降解越慢越少可减轻产生的氨类物质对植物的毒害,植株抗性越强,蛋白质含量的降低与植物的衰老也密切相关(张莉等,2003;魏良民,1991)。研究中全红杨叶片可溶性蛋白质含量先升高后急速降低,与大白杜鹃(黄承玲等,2011)、苜蓿(*Medicago*)(康俊梅等,2005)等不抗旱树种的研究结果相同;中红杨和2025杨在胁迫中期可溶性蛋白质含量升高,表现出不同形式的渗透调节能力,与虎榛子、辽东栎(王海珍等,2004)、刺槐(张莉等,2003)等的研究相似。3个杨树品种的可溶性蛋白质含量变化不同,可能与各自渗透调节功能有关,适应干旱的主导途径有所差异。可溶性蛋白质含量在不同植物之间变化也较为复杂,有学者发现,白桦实生苗在干旱胁迫下细胞内束缚水的含量并未随可溶性蛋白质含量的降低而减少(孙国荣等,2001)。另外,植物为了避免胁迫造成伤害,干旱引起蛋白质含量变化的同时,往往也伴随诱导产生一些抗逆蛋白质,称之为“旱胁蛋白”或“逆境蛋白”,这种热稳定性蛋白的生成很可能在抗旱中起着更大的作用(张莉等,2003;胡玉净等,2012)。

大多研究认为植物脯氨酸积累越多抗逆性能力超强,含量有时会超过正常条件下的十倍或百倍,但也有少数植物在逆境条件下,脯氨酸含量变化不大(李晶等,2000)。其与抗旱性的关系也有不同的观点,张明生等(2004)认为游离脯氨酸与品种抗旱性间的相关性不显著，马讳等(2001)认为脯氨酸的含量只是反映植株受旱程度，在不抗旱品种中反而积累较多。干旱胁迫下，全红杨、中红杨和2025杨叶片脯氨酸变化与高山杜鹃(黄承玲等，2011)、火炬树(喻晓丽等，2007)等的研究结果类似，脯氨酸含量均先升后降，相对于对照组增幅不大，最多增加28.96%、36.24%和26.29%。全红杨叶片中脯氨酸急剧增加出现的时间早于中红杨和2025杨，曾有人提出以干旱胁迫下游离脯氨酸大量积累的水势阈值作为评价抗旱能力的参考(张莉等，2003)。

干旱胁迫过程中，3个杨树品种叶片可溶性蛋白质和游离脯氨酸总量有减少的趋势，但可溶性糖含量不断地增加或能保持在较高的水平，有利于植株应对干旱胁迫和获得抗旱能力(张莉等，2003；柯世省等，2007)。一方面是胁迫后期呼吸速率显著上升，促成多糖的分解速率加快，另外可能三者叶片本身含有较多的多糖，使可溶性糖的产生有充足的原料。胁迫后期全红杨叶片可溶性糖含量稳定在一定高度，复水后变化也不明显，说明干旱对其造成了一定的伤害，合成和降解机制受到损伤，其可溶性糖的渗透调节能力相对弱一些。

7.5.4 全红杨、中红杨和2025杨抗旱性及生理指标综合评价

在生理指标叶绿素a，叶绿素b，叶绿素a/b，类胡萝卜素，花色素苷，净光合速率，蒸腾速率，水分利用率的综合评价研究中，品种和指标综合评价结果表明：8个生理指标与3个杨树品种抗旱系数关联度均大于0.6，处于强关联水平，其中叶绿素a、叶绿素b、类胡萝卜素与抗旱性关联度最大，是衡量品种抗旱性的首要指标，这与周江等(2012)的研究结果基本类似，花色素苷和蒸腾速率对干旱胁迫敏感度则最小。抗旱能力由强到弱依次为2025杨、中红杨和全红杨，品种间差异显著($P<0.05$)。测定指标相关性分析表明，3个杨树品种叶片净光合速率Pn、蒸腾速率Tr均与土壤含水量SWC呈显著正相关，Pn-Tr模拟方程的判定系数R^2均大于0.8，经显著性水平关系显著，土壤含水量SWC持续下降引起的Tr下降是叶片Pn变化的共同主要原因，说明全红杨、中红杨作为2025杨的芽变品种，受干旱胁迫时叶片光合生产力主要影响因子的变化趋势与2025杨基本一致。同时，全红杨叶片各色素含量和2025杨类胡萝卜素含量与SWC呈显著正相关，全红杨花色素苷、叶绿素a和2025杨类胡萝卜素、叶绿素b与Pn的模拟方程判定系数R^2均在0.53～0.60，叶色主要影响因子均对Pn变化具有一定解释关系，且联合影响程度相近。

在生理指标丙二醛(MDA)，多酚氧化酶(PPO)，超氧化物歧化酶(SOD)，过氧化氢酶(CAT)，过氧化物酶(POD)综合评价研究中，品种和指标综合评价结果表明：CAT，PPO活性与3个杨树品种抗旱系数关联度最大，可作为衡量抗旱性的首要指标，研究中MDA，POD，SOD对胁迫的敏感排序与黄承玲等(2011)的研究结果相似，而与胡尚连等(2010)对不同竹种抗寒性的研究结果不同。抗旱能力由强到弱依次为2025杨、中红杨和全红杨。相关分析表明：全红杨叶片CAT，PPO活性和中红杨叶片CAT活性与叶片丙二醛MDA含量均呈极显著负相关($Y=71.995-1.045X$，$r=-0.854^{***}$，$df=19$，$F=$

51.072,P=0.01;$Y=124.293-6.661X+0.107X^2$,$r=-0.732^{***}$,$df=18$,$F=26.261$,P=0.01;$Y=62.455-0.886X$,$r=-0.768^{***}$,$df=19$,$F=27.406$,$P=0.01$),意味着二者膜伤害主要来自CAT对$H_2O_2$清除能力下降引起的活性氧机制,同时全红杨机体防御能力衰退也与膜质过氧化程度关系密切。中红杨叶片SOD活性与MDA含量呈正有相关($r=0.519$),推测有$\dot{OH}$对细胞造成伤害的可能性。而2025杨细胞膜脂过氧化的加剧则更多与POD活性下降有关($r=-0.699$),但相关性不显著($P=0.05$),说明叶片膜脂过氧化程度解释变量较综合复杂。另外,正常条件下POD和PPO活性较低的中红杨在干旱胁迫下酶活性得到了更有效的激发,对其抗干旱发挥出作用,有可能是较低的酶活性就能满足中红杨正常生理需求,当遭遇逆境时,更多处于隐性状态的酶活性才会被激发。

在生理指标质膜相对透性(REC),可溶性糖、脯胺酸和可溶性蛋白质综合评价研究中,品种和指标综合评价结果表明:渗透调节物质游离脯氨酸与3个杨树品种的抗旱性关系较密切,其次是可溶性蛋白质,而质膜相对透性对三者抗旱性的影响较小,可见叶片中游离脯氨酸含量的变化及其对膜系统稳定的影响是反映3个杨树品种抗旱能力差异的主要指标。此研究结果与黄承玲(2011)、周江(2012)等的基本相同,而与胡尚连等(2010)的研究结果不同。通过生理指标的隶属函数平均值对3个杨树品种进行综合评价,表明抗旱能力由强到弱依次为2025杨、中红杨和全红杨,三者间差异不显著($P>0.05$)。相关分析表明:全红杨、中红杨和2025杨叶片可溶性糖的变化与质膜相对透性均呈显著正相关($Y=3.1196+0.8917X-0.0076X^2$,$r=0.793^{***}$,$df=18$,$F=24.074^{***}$;$Y=14.3991+0.3312X$,$r=0.791^{***}$,$df=19$,$F=31.7233^{**}$;$Y=22.0955+0.0039X^2$,$r=0.806^{***}$,$df=19$,$F=37.7383^{***}$),可溶性糖在渗透调节中均发挥着重要作用。2025杨叶片脯氨酸的变化与质膜相对透性呈显著正相关($Y=18.4872+0.2228X$,$r=0.748^{***}$,$df=19$,$F=24.134^{***}$),有利于2025杨膜系统的稳定,使其具有较强的抗旱能力。全红杨可溶性蛋白质的变化与质膜相对透性成负有相关,干旱胁迫导致苗木明显衰老,虽然中红杨和2025杨叶片可溶性蛋白质的变化与质膜相对透性为无相关,但相关性为正,可能与"旱胁蛋白"或"逆境蛋白"的生成有关。

在生理指标叶绿素质量分数、净光合速率、水分利用率、SOD活性、CAT活性、质膜相对透性、MDA质量摩尔浓度和脯氨酸质量分数综合评价研究中,品种和指标综合评价结果表明:全红杨的抗旱能力显著低于中红杨和2025杨($P<0.05$),而中红杨与2025杨差异不显著($P<0.05$)。根据灰色系统理论进行抗旱性关联分析表明:叶绿素、质膜相对透性和水分利用率与3个杨树品种的抗旱系数关系密切,是衡量三者受干旱胁迫影响的首要指标。在其他植物研究中,有表明叶绿素与植物抗旱系数关系密切,而质膜相对透性干旱敏感度则较低(黄承玲等,2011;周江等,2012),另外胡尚连等(2010)在研究中表明质膜相对透性与不同类型竹种抗寒性的关联度较高。

对3个杨树品种在干旱胁迫下测定的22个生理指标所表现的抗旱性状进行综合评价。结果所示抗旱能力由强到弱依次为2025杨、中红杨、全红杨,全红杨与中红杨和

2025 杨抗旱性差异显著($P<0.05$),中红杨和 2025 杨差异不显著($P>0.05$)。3 个杨树品种的抗旱系数与 22 个生理指标关联度最大的为光合有效色素叶绿素和类胡萝卜素,其次水分利用率和过氧化氢酶 ,关联度均在 0.850 以上,可溶性糖及蒸腾速率对干旱胁迫的敏感度相对最小,关联度均小于 0.6,其余指标处于较强关联水平。叶绿素关联度与周江等(2012)的研究结果相同,质膜相对透性关联度与胡尚连等(2010)的研究结果相同,而与黄承玲等(2011)、周江等(2012)的研究结果不同。

7.5.5 干旱胁迫下叶片光合生理特征与土壤含水量的关系

光照和水分共同决定植物光合作用的强弱,当光强不成为限制因子时,植物叶片光合速率主要受土壤含水量的影响。干旱胁迫条件下,引起叶片净光合速率 *Pn* 降低的因素主要是气孔部分关闭 CO_2 进入叶片受阻导致的气孔限制和叶肉细胞光合器官活性下降导致的非气孔限制两类,气孔关闭也是树木蒸腾速率大幅度下降的主要原因,前者使胞间 CO_2 浓度(*Ci*)值降低,后者使 *Ci* 值增高。气孔导度(*Gs*)和叶片胞间 CO_2 浓度(*Ci*)值同时下降表明光合的气孔限制;气孔导降低,而 *Ci* 值升高时,则可判定为光合的非气孔限制;当两种因素同时存在时,*Ci* 值变化方向取决于占优势的那个因素(许大全等,1992;许大全,1997;付士磊等,2006)。植物根系与地上部分之间的信息传递可使叶片及时感知土壤水势变化,在没有真正受到伤害时即可做出主动、快速的应答反应。大多研究表明轻度的干旱胁迫就会使叶片光合能力下降,植株易受到光氧化伤害,随胁迫时间和程度的加大,不同品种的光合特性有着明显的变化差异,并且光合特性恢复正常所需时间与胁迫强度、胁迫时间和实验材料的抗性有关(付士磊等,2006;朱成刚等,2011)。

无胁迫对照条件下,3 个杨树品种苗木光合作用原料充足,气孔处于正常开张状态,体内与大气水分和热量的交换速率及叶片固定 CO_2 的速率较快,叶片净光合速率 *Pn*、蒸腾速率 *Tr* 和气孔导度 *Gs* 处于平衡稳定的运作状态,能满足植物正常的生理生长需求,此时蒸腾速率 *Tr*、胞间 CO_2 浓度 *Ci* 对 *Pn* 影响较小,用于光合作用的 CO_2 浓度就成为限制光合作用的主导因素,因此气孔导度 *Gs* 与 *Pn* 的相关系数要高一些。三者叶片在气体扩散过程中有一定的差异,全红杨叶片 *Pn*、*Tr* 和 *Gs* 低于中红杨和 2025 杨,细胞内含有相对较高的胞间 CO_2 浓度 *Ci*,*Pn* 差异显著性大于 *Tr* 和 *Gs*($P<0.01$),主要原因是叶片水分利用(*WUE*)、羧化效率(*CE*)相对较低,非气孔调节因素对 *Pn* 的影响比较明显。

干旱胁迫下,3 个杨树品种光合特性指标间的相关性突显出来,各因子对 *Pn* 的影响基本趋于一致。受到水分亏缺的影响,气孔逐渐关闭,*Gs* 降低,气孔限制因素与非气孔限制因素接继产生,对 *Pn* 的作用也发生改变,*Tr*、*Gs*、*WUE*、*CE* 对 *Pn* 有正相关性影响,*Ci* 则对 *Pn* 产生负相关影响。有研究证明,适度的干旱对光合有一定促进作用,当部分土壤可利用水耗尽,叶水势下降到一定程度时,*Pn* 才迅速下降(杨敏生等,1999),研究中干旱胁迫处理组和无胁迫对照组的 3 个杨树品种在试验第 7 d 叶片净光合速率 *Pn* 均有不同程度的上升,说明生长季植株叶片的 *Pn* 逐渐增强,而轻度缺水对光合作用的影响不大。干旱胁迫前期,3 个杨树品种叶片 *Pn*、*Tr* 随 *Gs* 的下降呈下降趋势,Ci 同时降低,说明进

入叶肉组织的 CO_2 的量减少，气孔限制是 *Pn* 降低的主要原因(Calos, et al., 2001；付士磊等，2006)，三者通过降低 *Pn*、*Tr* 和大幅提高 *WUE* 来适应干旱胁迫，消耗单位水量所累积干物质的量增加，不同程度表现出对干旱胁迫的生理应对策略，此时如及时补充水分，*Pn* 就可能恢复到正常水平。

适应能力也有一定的限度，*Pn* 降低使碳同化利用的光能减少，过剩光能增加，过剩光能逐渐超出了植物对过剩光能耗散的能力，就会产生光抑制，甚至活性氧积累致膜脂过氧化，从而对植株光合机构造成深刻影响(Demmig-Adams, et al., 1992；冯玉龙等，2003)。随着干旱胁迫的加重延长，3 个杨树品种叶片 *Pn*、*Tr* 降得更低，*Gs* 下降变缓，消耗单位水量累积干物质的量减小，这与活性氧代谢失调有关。全红杨、2025 杨(干旱胁迫 21 d)及中红杨(干旱胁迫 28 d)单株叶片净光合速率相继开始出现负值，说明叶片不再积累光合产物，反而呈消耗代谢，生长停滞。同时由于叶绿体和细胞在严重干旱胁迫下失水，叶绿体中一些参与碳固定的酶活性受到抑制，叶绿体会发生不可逆破坏，叶肉细胞的 CO_2 固定能力降低，叶片 *Ci* 升高，*WUE*、*CE* 大幅降低，非气孔因素成为三者 *Pn* 降低的主要原因，3 个杨树品种间差异不显著($P>0.05$)。这与杨敏生(1999)、冯玉龙(2003)、杨建伟(2004)等人对其他杨树的研究结果非常类似。解除干旱胁迫 7 d，3 个杨树品种叶片 *Pn*、*Tr*、*Gs* 和 *Ci* 间差异显著，考虑是复水 7 d 后的恢复期内 *Pn* 仍受非气孔限制，但也有气孔限制因素。胡新生等(1996)在研究中推论，水分胁迫处理和解除胁迫处理中无性系的 *Pn*、*Tr*、*Gs* 和 *Ci* 差异可能主要表现在非气体扩散过程，并与基因型有密切关系。相比之下全红杨、中红杨对水分敏感度高，在水量刚下降时，气孔开度即受到影响，从而 *Pn*、*Tr* 下降迅速于 2025 杨，*Pn* 的差异显著性高于 *Tr* 和 *Gs*($P<0.01$)，原因主要在 CO_2 固定效率上，说明三者光合作用对干旱胁迫的敏感程度和适应能力不同。解除胁迫后，全红杨叶片 *Gs* 恢复较慢，水分利用率 *WUE* 和羧化效率 CE 仍较低，其吸收运输水分和固定 CO_2 的能力也不能尽快完全恢复，干旱胁迫对全红杨叶片光合作用器官造成更大程度的破坏，表现出了明显的胁迫后效应，这与冯玉龙等(2003)、付士磊等(2006)的研究结果类似，因此气孔因素和非气孔因素共同影响着 3 个杨树品种 *Pn* 的差异和对干旱胁迫的适应和响应。

刘建伟等(1994)提出用净光合速率为 0 时的土壤含水量等评价树木的抗旱能力，因此建立了 3 个杨树品种叶片净光合速率 *Pn* 与土壤含水量 SWC 间的数学拟合模型，计算出全红杨、中红杨和 2025 杨土壤水合补偿点分别为 3.11%、3.295%，0.834%，以植物光合产量为标准的适宜土壤含水量范围依次为：19.72%～33.16%，17.46%～28.92%，17.48%～30.95%。相比之下，全红杨、中红杨土壤含水量临界值较高，全红杨适宜土壤含水量上限和下限均高于中红杨与 2025 杨，说明全红杨喜水性更强、抗旱能力也相对较弱。

表 7-3 干旱胁迫及复水对 3 个杨树品种叶片质膜相对透性的影响(%平均值±标准误)

参数	种类	干旱持续时间/d						复水 7d	平均值
		0	4	7	14	21	28	F	
对照(CK)	全红杨	28.87±4.767Aa	29.77±2.207Aa	30.73±3.712Ccd	27.12±1.764Cd	29.06±4.620Bc	32.98±0.950Bc	29.30±2.343Bcd	29.69±1.813Cb
	中红杨	31.36±1.430Aa	30.47±1.659Aa	31.57±0.953BCcd	29.92±1.290Ccd	33.23±2.861Bc	31.59±2.738Bc	27.45±2.667Bd	30.80±1.806BCb
	2025 杨	32.14±4.751Aa	30.74±2.206Aa	28.61±1.445Cd	32.01±1.921Cc	31.55±4.175Bc	29.80±2.348Bc	30.61±0.197Bbcd	30.78±1.268BCb
干旱(H)	全红杨	28.87±4.767Aa	28.90±1.593Aa	39.82±2.221Aa	48.70±5.530Aa	58.79±6.809Aa	61.00±3.046Aa	42.61±4.558Aa	44.10±12.949Aa
	中红杨	31.36±1.430Aa	31.25±0.812Aa	34.53±2.250ABCbc	41.57±0.824Bb	49.34±2.405Ab	58.48±1.108Aab	35.02±2.418ABb	40.22±10.302Aa
	2025 杨	32.14±4.751Aa	28.53±0.591Aa	37.53±1.906ABab	40.71±0.134Bb	47.52±7.269Ab	57.17±0.720Ab	33.80±3.456Bbc	39.63±9.906ABa

注：A(a)—D(d)表示不同品种的差异水平，小写字母表示在 $P=0.05$ 水平上差异显著，大写字母表示在 $P=0.01$ 水平上差异极显著，字母相同表示差异不显著。

表 7-4 干旱胁迫及复水对 3 个杨树品种叶片丙二醛含量的影响($\mu mol \cdot g^{-1}$,平均值±标准误)

参数	种类	干旱持续时间/d						复水 7d	平均值
		0	4	7	14	21	28	F	
对照(CK)	全红杨	17.77±1.143Aa	19.14±1.075ABbc	26.53±3.455ABa	18.90±1.367Cc	15.92±2.769Bb	17.60±1.344Bb	19.10±1.829Bbc	17.90±1.228Bb
	中红杨	16.96±2.593Aab	16.17±0.594Bc	27.72±4.137Aa	15.35±1.306Cc	15.98±0.649Bb	18.12±2.978Bb	19.78±4.185Bbc	17.47±1.849Bb
	2025 杨	14.49±2.484Ab	16.02±3.740Bc	28.51±4.077Aa	19.94±3.096BCc	17.93±0.776Bb	15.03±1.295Bb	18.01±1.272Bc	16.96±1.905Bb
干旱(H)	全红杨	17.77±1.143Aa	18.22±1.730ABbc	20.69±1.006Cc	26.59±2.985Bb	35.18±1.074Aa	44.66±4.311Aa	38.05±2.912Aa	29.34±10.244Aa
	中红杨	16.96±2.593Aab	21.95±2.630Aab	23.79±1.318BCb	37.71±1.656Aa	33.22±4.144Aa	40.90±4.185Aa	24.90±5.063Bb	29.38±8.629Aa
	2025 杨	14.49±2.484Ab	23.26±0.921Aa	23.30±1.438BCb	40.01±5.957Aa	31.39±3.336Aa	39.93±1.691Aa	20.56±4.086Bbc	28.32±9.643Aa

注：A(a)—C(c)表示不同品种的差异水平，小写字母表示在 $P=0.05$ 水平上差异显著，大写字母表示在 $P=0.01$ 水平上差异极显著，字母相同表示差异不显著。

表 7-5 干旱胁迫及复水对 3 个杨树品种叶片渗透调节物质含量的影响(平均值±标准误)

指标	处理	种类	干旱持续时间/d						复水 7d	平均值
			0	4	7	14	21	28	F	
可溶性糖 /mg·g^{-1}	对照(CK)	全红杨	20.70±1.219Bc	21.76±1.313Bc	21.91±1.299Bb	20.97±1.178Dd	19.99±1.807Cd	20.50±0.837Cd	19.01±0.769Bd	20.69±1.006Cc
		中红杨	23.30±0.247Ab	24.94±1.170Aa	24.01±1.861ABab	25.53±0.435BCb	24.14±0.925Bb	23.07±0.641Cc	21.52±1.208Bc	23.79±1.318BCb
		2025 杨	25.38±1.106Aa	24.21±0.860Aab	24.38±2.573ABab	23.14±2.093CDc	22.08±1.096BCc	22.59±0.704Ccd	21.29±1.100Bc	23.30±1.438BCb
	干旱(H)	全红杨	20.70±1.219Bc	22.82±0.203ABbc	26.74±0.910Aa	29.21±1.353Aa	29.78±0.910Aa	28.55±1.300Bb	27.95±1.483Ab	26.53±3.455ABa
		中红杨	23.30±0.247Ab	22.76±1.701ABbc	24.62±2.041ABab	29.26±1.399Aa	30.16±1.581Aa	33.49±1.956Aa	30.44±1.340Aa	27.72±4.137Aa
		2025 杨	25.38±1.106Aa	24.07±1.670ABab	24.87±0.758ABa	28.28±1.287ABa	31.15±1.352Aa	35.28±0.971Aa	30.52±1.573Aa	28.51±4.077Aa

续表

指标	处理	种类	干旱持续时间/d						复水 7d	平均值
			0	4	7	14	21	28	F	
脯氨酸 /μg·g^{-1}	对照 (CK)	全红杨	24.45±0.751Aa	23.34±0.158Bc	22.19±0.453Ab	24.24±0.370Cc	23.26±0.094Cd	23.16±0.603Dc	23.31±0.227Bb	23.42±0.749Cc
		中红杨	25.23±0.981Aa	24.18±0.606ABb	24.46±2.892Aab	25.14±0.920Cc	24.01±0.089Ccd	24.29±1.338CDc	23.96±0.992ABb	24.47±BCbc0.518
		2025 杨	24.86±1.069Aa	23.70±0.350Bbc	24.47±1.973Aab	25.19±0.607Cc	25.32±1.863BCc	23.84±1.170Dc	24.15±1.298ABb	24.50±0.643BCbc
	干旱 (H)	全红杨	24.45±0.751Aa	23.94±0.147Bbc	26.67±1.738Aa	31.27±0.566Aa	27.21±0.674Bb	26.31±0.491BCb	23.91±0.685ABb	26.25±2.593ABab
		中红杨	25.23±0.981Aa	24.88±0.481Aa	26.23±0.633Aa	30.22±0.874ABab	32.71±1.114Aa	28.43±1.380ABa	25.03±0.999ABab	27.53±3.030Aa
		2025 杨	24.86±1.069Aa	24.23±0.322ABb	25.55±1.345Aa	28.73±2.810Bb	31.98±0.517Aa	29.66±0.677Aa	26.20±1.085Aa	27.32±2.861Aa
可溶性蛋白质 /mg·g^{-1}	对照 (CK)	全红杨	39.35±1.768Aa	40.23±1.603ABab	40.67±2.834CDb	39.41±0.858Ac	40.58±1.238CDb	42.18±0.485Aa	45.66±2.187Aa	41.15±2.203Aab
		中红杨	40.73±1.652Aa	39.27±2.403ABbc	40.86±2.228Cb	41.50±2.015Aabc	42.05±1.343BCb	40.77±1.917Aab	42.99±0.689ABab	41.17±1.174Aab
		2025 杨	39.56±2.147Aa	39.59±2.414ABab	42.21±0.612BCb	39.93±0.859Abc	41.71±3.970BCDb	42.88±2.639Aa	43.58±1.250Aab	41.35±1.658Aab
	干旱 (H)	全红杨	39.35±1.768Aa	42.40±1.194Aa	47.17±2.300Aa	42.69±1.580Aab	34.72±2.133Dc	31.59±1.440Bc	29.36±2.674Cd	38.18±6.500Ab
		中红杨	40.73±1.652Aa	36.57±2.795Bc	36.08±1.004Dc	43.68±1.842Aa	47.69±1.958Aa	37.34±2.585Ab	38.26±2.493Bc	40.05±4.290Aab
		2025 杨	39.56±2.147Aa	41.46±3.118Aab	45.68±2.754ABa	42.10±1.707Aabc	50.01±3.078Aa	40.65±2.565Aab	41.82±1.330ABbc	43.04±3.611Aa

注：A(a)—D(d)表示不同品种的差异水平，小写字母表示在 $P=0.05$ 水平上差异显著，大写字母表示在 $P=0.01$ 水平上差异极显著，字母相同表示差异不显著。

表 7-6　干旱胁迫及复水对 3 个杨树品种叶片色素含量(平均值±标准误)的影响

指标	处理	种类	干旱持续时间/d						复水 7d	平均值
			0	4	7	14	21	28	F	
叶绿素 a Chla /mg·g^{-1}	对照 (CK)	全红杨	1.88±0.033Aa	1.92±0.010Aa	1.85±0.005Aa	1.70±0.041Aa	1.76±0.055Aa	1.71±0.119Aa	1.63±0.088Aa	1.78±0.110Aa
		中红杨	1.58±0.098Bb	1.66±0.016Bc	1.52±0.119Bb	1.39±0.013Bb	1.27±0.039Bc	1.32±0.059Bb	1.37±0.046Bb	1.45±0.145Bb
		2025 杨	1.47±0.088Cc	1.59±0.020BCde	1.39±0.064Bb	1.38±0.038Bb	1.38±0.090Bb	1.40±0.059Bb	1.50±0.046ABab	1.44±0.080Bb
	干旱 (H)	全红杨	1.88±0.033Aa	1.84±0.037Ab	1.53±0.075Bb	1.21±0.110Bc	1.08±0.006Cd	0.78±0.032Cc	1.12±0.048Cc	1.35±0.414Bbc
		中红杨	1.58±0.098Bb	1.65±0.008Bcd	1.41±0.109Bb	1.28±0.089Bbc	1.03±0.030Cd	0.63±0.020Dd	1.02±0.084Cc	1.23±0.359Bc
		2025 杨	1.47±0.088Cc	1.53±0.077Ce	1.42±0.038Bb	1.28±0.027Bbc	1.00±0.034Cd	0.72±0.025CDcd	1.13±0.111Cc	1.22±0.289Bc
叶绿素 b Chlb /mg·g^{-1}	对照 (CK)	全红杨	0.73±0.064Aa	0.75±0.020Aa	0.74±0.052Aa	0.70±0.034Aa	0.69±0.028Aa	0.64±0.072Aa	0.61±0.013Aa	0.69±0.052Aa
		中红杨	0.55±0.037Bb	0.61±0.032Bc	0.54±0.028BCbc	0.56±0.056Bb	0.47±0.045Bc	0.47±0.088Bb	0.48±0.056Bb	0.52±0.052BCb
		2025 杨	0.49±0.035Bb	0.54±0.015BCde	0.49±0.023Cc	0.53±0.018Bbc	0.52±0.028Bb	0.42±0.017Bbc	0.45±0.015Bbc	0.49±0.045BCDbc
	干旱 (H)	全红杨	0.73±0.064Aa	0.69±0.040Ab	0.60±0.047Bb	0.49±0.027Bbc	0.47±0.011Bc	0.38±0.016Bc	0.45±0.021Bbc	0.54±0.131Bb
		中红杨	0.55±0.037Bb	0.57±0.024BCcd	0.51±0.029BCc	0.52±0.088Bbc	0.37±0.011Cd	0.25±0.009Cd	0.39±0.079Bc	0.45±0.118CDcd
		2025 杨	0.49±0.035Bb	0.52±0.016Ce	0.50±0.029BCc	0.46±0.028Bc	0.33±0.008Cd	0.26±0.007Cd	0.44±0.045Bbc	0.43±0.097Dd

续表

指标	处理	种类	干旱持续时间/d						复水 7d	平均值
			0	4	7	14	21	28	F	
总叶绿素 Chl (a+b) /mg·g^{-1}	对照 (CK)	全红杨	2.61±0.086Aa	2.67±0.031Aa	2.59±0.048Aa	2.40±0.063Aa	2.45±0.082Aa	2.34±0.189Aa	2.24±0.100Aa	2.47±0.159Aa
		中红杨	2.13±0.130Bb	2.27±0.047Bc	2.06±0.147Bbc	1.94±0.043Bb	1.74±0.073Bc	1.80±0.145Bb	1.85±0.103Bb	1.97±0.192Bb
		2025 杨	1.96±0.107Cc	2.13±0.033BCde	1.87±0.060Bc	1.91±0.049Bbc	1.90±0.087Bb	1.82±0.076Bb	1.95±0.023Bb	1.93±0.099BCb
	干旱 (H)	全红杨	2.61±0.086Aa	2.52±0.071Ab	2.13±0.119Bb	1.70±0.122Bd	1.55±0.011Cd	1.16±0.036Cc	1.56±0.069Cc	1.89±0.544BCbc
		中红杨	2.13±0.130Bb	2.21±0.029Bcd	1.92±0.137Bc	1.80±0.175Bbcd	1.41±0.041CDe	0.88±0.028Dd	1.41±0.159Cc	1.68±0.474BCcd
		2025 杨	1.96±0.107Cc	2.04±0.091Ce	1.92±0.066Bc	1.74±0.050Bcd	1.33±0.041De	0.98±0.031CDd	1.58±0.071Cc	1.65±0.384Cd
叶绿素 a/b Chla/b /mg·g^{-1}	对照 (CK)	全红杨	2.59±0.196Ab	2.57±0.056Cc	2.53±0.195Ac	2.43±0.107Ab	2.56±0.028BCb	2.68±0.133Bbc	2.66±0.098ABb	2.58±0.084BCcd
		中红杨	2.88±0.111Aab	2.76±0.124ABCbc	2.80±0.075Aab	2.50±0.258Aab	2.72±0.216ABb	2.84±0.374Bb	2.90±0.261ABab	2.77±0.133ABabc
		2025 杨	2.98±0.210Aa	2.94±0.060ABab	2.85±0.216Aa	2.61±0.085Aab	2.66±0.260Bb	3.37±0.047Aa	3.37±0.171Aa	2.97±0.306Aa
	干旱 (H)	全红杨	2.59±0.196Ab	2.68±0.124BCc	2.57±0.090Abc	2.51±0.224Aab	2.30±0.061Cc	2.04±0.117Cd	2.49±0.036Bb	2.45±0.217Cd
		中红杨	2.88±0.111Aab	2.91±0.115ABab	2.75±0.074Aabc	2.46±0.231Ab	2.79±0.007ABab	2.53±0.056Bc	2.67±0.374ABb	2.71±0.168ABCbc
		2025 杨	2.98±0.210Aa	2.96±0.081Aa	2.85±0.088Aa	2.81±0.138Aa	3.01±0.047Aa	2.82±0.025Bb	2.58±0.478Bb	2.86±0.146Aab
类胡萝卜素 Car /mg·g^{-1}	对照 (CK)	全红杨	0.69±0.062Aa	0.72±0.003Aa	0.70±0.021Aa	0.61±0.057Aa	0.63±0.020Aa	0.64±0.053Aa	0.62±0.027Aa	0.66±0.043Aa
		中红杨	0.57±0.038Bb	0.60±0.014Bb	0.55±0.035BCbc	0.53±0.009Bb	0.52±0.020Bb	0.54±0.016Bb	0.54±0.029ABb	0.55±0.026Bb
		2025 杨	0.52±0.032Cc	0.55±0.006Cc	0.48±0.018Cd	0.52±0.017BCb	0.50±0.016Bbc	0.47±0.020Bc	0.48±0.014BCbc	0.50±0.029BCbc
	干旱 (H)	全红杨	0.69±0.062Aa	0.71±0.024Aa	0.60±0.044Bb	0.55±0.020ABb	0.48±0.012Bc	0.34±0.033Cd	0.49±0.025BCbc	0.55±0.130Bb
		中红杨	0.57±0.038Bb	0.61±0.020Bb	0.47±0.038Cd	0.50±0.027BCbc	0.42±0.011Cd	0.27±0.005Ce	0.41±0.071Cd	0.46±0.115Cc
		2025 杨	0.52±0.032Cc	0.49±0.023Dd	0.51±0.017Ccd	0.45±0.010Cc	0.36±0.007De	0.29±0.007Cde	0.46±0.026BCcd	0.44±0.084Cc
花色素苷 Ant /mg·g^{-1}	对照 (CK)	全红杨	2.44±0.111Aa	2.29±0.044Aa	2.06±0.173Aa	1.78±0.150Aa	1.59±0.068Aa	1.52±0.035Aa	1.48±0.055Aa	1.88±0.387Aa
		中红杨	0.54±0.033Bb	0.49±0.047Bb	0.46±0.016Bb	0.39±0.049Cc	0.35±0.033Cc	0.35±0.022Cc	0.37±0.018Cc	0.42±0.075Bb
		2025 杨	0.27±0.022Cc	0.19±0.016Cc	0.18±0.006Bc	0.20±0.015Dd	0.18±0.049Dd	0.17±0.007De	0.17±0.024Dd	0.19±0.033Bb
	干旱 (H)	全红杨	2.44±0.111Aa	2.31±0.212Aa	2.08±0.207Aa	1.52±0.025Bb	1.39±0.033Bb	1.18±0.011Bb	1.33±0.108Bb	1.75±0.513Aa
		中红杨	0.54±0.033Bb	0.45±0.062Bb	0.43±0.033Bb	0.34±0.075CDc	0.32±0.052Cc	0.31±0.029Cd	0.33±0.017Cc	0.39±0.087Bb
		2025 杨	0.27±0.022Cc	0.17±0.037Cc	0.19±0.038Bc	0.19±0.035Dd	0.18±0.018Dd	0.19±0.026De	0.18±0.007Dd	0.20±0.032Bb

注：A(a)—E(e)表示不同品种的差异水平，小写字母表示在 $P=0.05$ 水平上差异显著，大写字母表示在 $P=0.01$ 水平上差异极显著，字母相同表示差异不显著。

表 7-7 干旱胁迫及复水叶片色素比例(%)变化

种类	处理	叶绿素 a:叶绿素 b:类胡萝卜素:花色素苷 持续时间/d 0d	4d	7d	14d	21d	28d	复水 7d	平均值
全红杨	对照 CK	32.8:12.7:12.0:42.5	33.9:13.1:12.7:40.3	34.7:13.8:13.0:38.5	35.5:14.6:12.8:37.1	37.8:14.7:13.4:34.1	37.9:14.1:14.2:33.8	37.5:14.1:14.3:34.1	35.5:13.8:13.2:37.5
	干旱 H	32.8:12.7:12.0:42.5	33.1:12.4:12.8:41.7	31.9:12.4:12.4:43.3	32.3:12.8:14.5:40.4	31.4:13.7:14.1:40.8	29.1:14.2:12.6:44.1	33.0:13.2:14.3:39.5	32.2:12.9:13.1:41.8
中红杨	对照 CK	48.7:17.0:17.6:16.7	49.6:18.0:17.8:14.6	49.5:17.7:17.8:15.0	48.5:19.5:18.5:13.5	48.6:17.9:20.0:13.5	49.2:17.6:20.0:13.2	49.7:17.3:19.6:13.4	49.1:17.9:18.7:14.3
	干旱 H	48.7:17.0:17.6:16.7	50.2:17.3:18.6:13.9	49.9:18.2:16.6:15.3	48.4:19.9:18.8:12.9	48.2:17.2:19.5:15.1	43.2:17.1:18.2:21.5	47.5:18.2:19.0:15.3	48.5:17.8:18.3:15.4
2025 杨	对照 CK	53.5:18.0:18.8:9.7	55.5:18.9:19.1:6.5	54.8:19.3:18.8:7.1	52.6:20.1:19.8:7.5	53.6:20.2:19.4:6.8	57.1:16.9:19.0:7.0	57.7:17.2:18.4:6.7	54.9:18.7:19.1:7.3
	干旱 H	53.5:18.0:18.8:9.7	56.4:19.1:18.1:6.4	54.3:19.0:19.5:7.2	53.8:19.1:19.0:8.1	53.3:17.7:19.1:9.9	49.5:17.5:20.1:12.9	51.1:20.0:20.8:8.1	53.4:18.7:19.3:8.6

表 7-8 干旱胁迫及复水对 3 个杨树品种叶片气体交换特性的影响(平均值±标准误)

指标	处理	种类	干旱持续时间/d 0	4	7	14	21	28	复水 7d F	平均值
净光合速率 Pn /μmol·m^{2}·s^{1}	对照 (CK)	全红杨	8.01±0.148Cc	11.35±1.398BCb	10.87±0.873CDc	9.86±1.138Cc	5.40±0.910Cc	6.99±0.607Cc	9.74±1.928Bb	8.89±2.168BCbc
		中红杨	9.16±0.996Bb	11.78±1.647ABb	13.06±2.194Bb	12.76±3.839Bb	10.35±1.273Bb	8.23±1.482Bb	9.94±2.364ABd	10.76±1.832ABab
		2025 杨	10.43±1.870Aa	13.69±1.377Aa	16.55±1.295Aa	15.54±1.514Aa	14.26±2.573Aa	10.94±1.231Aa	11.66±2.175ABab	13.30±2.351Aa
	干旱 (H)	全红杨	8.01±0.148Cc	6.00±1.771Dd	8.42±2.149Ed	1.30±0.631De	1.63±2.299Dd	-0.079±0.290Cd	6.31±0.965Cc	4.51±3.481Dd
		中红杨	9.16±0.996Bb	9.50±1.651Cc	10.93±0.803Cc	2.05±0.559Dde	1.84±1.930Dd	0.43±0.673Cd	10.04±2.132ABb	6.28±4.588CDcd
		2025 杨	10.43±1.870Aa	10.54±1.381Bc	8.81±1.222DEd	3.87±2.175Dd	2.07±2.780Dd	0.07±1.479Cd	12.45±1.636Aa	6.89±4.820CDcd
蒸腾速 Tr /mmol·m^{-2}·s^{-1}	对照 (CK)	全红杨	6.04±0.270ABa	6.57±1.028Bb	5.86±1.427Bb	7.99±0.807Ab	5.36±0.683Ab	6.30±0.257Aa	4.54±0.449ABbc	6.10±1.069Aa
		中红杨	5.47±0.437Bb	6.38±0.769Bb	5.61±1.560Bb	8.57±0.993Aab	5.31±0.399Ab	6.24±1.010Aa	5.27±0.949ABab	6.12±1.164Aa
		2025 杨	6.44±0.626Aa	7.91±0.512Aa	8.02±0.625Aa	9.05±0.691Aa	6.02±0.391Aa	5.86±0.657Aa	4.64±1.084ABabc	6.85±1.530Aa
	干旱 (H)	全红杨	6.04±0.270ABa	5.01±1.404Cc	3.80±1.256Cc	1.05±0.268Cd	1.94±1.030Bc	0.63±0.109Bb	4.00±0.463Bc	3.21±2.047Bb
		中红杨	5.47±0.437Bb	4.43±0.966Ccd	4.26±0.396Ccd	1.36±0.441Cd	1.42±0.333Bc	0.94±0.444Bb	4.89±1.298ABabc	3.25±1.930Bb
		2025 杨	6.44±0.626Aa	3.95±0.519Cd	2.84±0.675Cd	3.41±2.340Bc	1.42±0.564Bc	0.72±0.456Bb	5.64±1.336Aa	3.49±2.079Bb

续表

指标	处理	种类	干旱持续时间/d						复水 7d	平均值
			0	4	7	14	21	28	F	
水分利用率 *WUE* /μmol CO_2·mmol^{-1} H_2O	对照（CK）	全红杨	1. 33±0. 079Bb	1. 74±0. 067Cc	1. 94±0. 470De	1. 25±0. 223BCb	1. 00±0. 099ABCbc	1. 11±0. 127ABCa	2. 13±0. 251ABb	1. 50±0. 434ABab
		中红杨	1. 69±0. 260Aa	1. 85±0. 189Cc	2. 40±0. 284BCbc	1. 50±0. 418ABCa	1. 94±0. 107ABab	1. 34±0. 264ABa	2. 01±0. 755BCb	1. 82±0. 350ABa
		2025 杨	1. 62±0. 269Aa	1. 74±0. 256Cc	2. 08±0. 293CDde	1. 71±0. 062AA	2. 36±0. 292Aa	1. 87±0. 090Aa	2. 56±0. 397Aa	1. 99±0. 365Aa
	干旱（H）	全红杨	1. 33±0. 079Bb	1. 20±0. 130Dd	2. 28±0. 266BCDcd	1. 18±0. 401CB	0. 32±1. 556Cc	-0. 076±0. 408CDb	1. 57±0. 069Cc	1. 12±0. 783Bb
		中红杨	1. 69±0. 260Aa	2. 17±0. 170Bb	2. 57±0. 122Bb	1. 56±0. 234ABa	1. 13±1. 094ABCbc	0. 15±0. 778BCb	2. 08±0. 184ABCb	1. 62±0. 800ABab
		2025 杨	1. 62±0. 269Aa	2. 68±0. 204Aa	3. 17±0. 305Aa	1. 22±0. 147Cb	0. 71±2. 276BCc	-1. 096±2. 189Dc	2. 27±0. 318ABab	1. 51±1. 436ABab
气孔导度 *Gs* /mol·m^{-2}·s^{-1}	对照（CK）	全红杨	0. 121±0. 008Bb	0. 383±0. 100Bb	0. 319±0. 167Bb	0. 432±0. 095Ab	0. 369±0. 075Bb	0. 222±0. 014Aa	0. 333±0. 070Aa	0. 312±0. 106Aa
		中红杨	0. 104±0. 011Cc	0. 366±0. 090Aa	0. 252±0. 112Bb	0. 444±0. 107Ab	0. 370±0. 040Bb	0. 184±0. 034Bb	0. 247±0. 087ABab	0. 281±0. 119Aa
		2025 杨	0. 139±0. 019Aa	0. 562±0. 115BCb	0. 449±0. 072Aa	0. 521±0. 090Aa	0. 466±0. 040Aa	0. 187±0. 019Bb	0. 283±0. 115ABab	0. 373±0. 168Aa
	干旱（H）	全红杨	0. 121±0. 008Bb	0. 247±0. 113CDc	0. 121±0. 053Cc	0. 026±0. 008Bd	0. 087±0. 055Cc	0. 022±0. 003Cc	0. 187±0. 032Bb	0. 116±0. 082Bb
		中红杨	0. 104±0. 011Cc	0. 202±0. 069Dcd	0. 131±0. 016Cc	0. 031±0. 010Bd	0. 052±0. 014Cc	0. 030±0. 015Cc	0. 270±0. 149ABab	0. 117±0. 092Bb
		2025 杨	0. 139±0. 019Aa	0. 154±0. 026Dd	0. 074±0. 020Cc	0. 117±0. 104Bc	0. 053±0. 024Cc	0. 021±0. 014Cc	0. 279±0. 099ABab	0. 120±0. 085Bb
胞间 CO_2 浓度 *Ci* /μmol·mol^{-1}	对照（CK）	全红杨	170. 10±8. 850Aa	344. 92±5. 902 Aa	274. 94±31. 164Aa	308. 91±11. 599Aa	325. 70±2. 429Aab	301. 70±7. 836CDc	289. 11±10. 281ABab	287. 91±56. 801Aa
		中红杨	131. 93±25. 479Bb	336. 86±11. 727Aa	248. 67±23. 368ABb	292. 41±21. 121ABab	302. 57±4. 957Ab	273. 32±9. 961Dcd	241. 26±36. 690Cd	261. 00±65. 602Aa
		2025 杨	157. 90±24. 301Aa	338. 38±12. 292Aa	269. 66±16. 134Aa	292. 29±3. 952ABab	298. 57±14. 586Ab	250. 82±6. 486Dd	269. 64±26. 426ABbc	268. 18±56. 127Aa
	干旱（H）	全红杨	170. 10±8. 850Aa	336. 24±13. 857Aa	223. 14±25. 542BCb	272. 06±28. 416Bbc	354. 24±63. 306Aa	379. 85±16. 239ABab	295. 07±1. 617Aa	290. 10±74. 755Aa
		中红杨	131. 93±25. 479Bb	276. 91±10. 333Bb	208. 86±7. 416Cc	248. 05±17. 250Bc	310. 96±46. 084 Aa	357. 76±38. 008BCb	278. 57±18. 949ABabc	259. 01±72. 959Aa
		2025 杨	157. 90±24. 301Aa	241. 40±10. 564Cc	153. 22±26. 642Dd	277. 33±17. 286Cd	322. 89±108. 794Aab	424. 56±120. 034Aa	265. 48±24. 491BCc	263. 25±94. 396Aa
Ci/Ca	对照（CK）	全红杨	0. 57±0. 028Aa	0. 84±0. 019Aab	0. 77±0. 086Aa	0. 85±0. 032Aa	0. 90±0. 008Aa	0. 81±0. 019BCcd	0. 83±0. 020Aa	0. 80±0. 108Aa
		中红杨	0. 44±0. 086Bb	0. 83±0. 026Ab	0. 69±0. 074Bb	0. 82±0. 047ABa	0. 84±0. 009Aa	0. 74±0. 026Cde	0. 74±0. 071Cc	0. 73±0. 137Aa
		2025 杨	0. 52±0. 077Aa	0. 86±0. 033Aa	0. 77±0. 047Aa	0. 81±0. 015ABa	0. 82±0. 018Aa	0. 69±0. 014Ce	0. 75±0. 068BCc	0. 75±0. 113Aa
	干旱（H）	全红杨	0. 57±0. 028Aa	0. 85±0. 025Aa	0. 61±0. 073BCc	0. 74±0. 074BCb	0. 94±0. 167Aa	0. 97±0. 046ABb	0. 81±0. 003ABab	0. 78±0. 153Aa
		中红杨	0. 44±0. 086Bb	0. 74±0. 034Aab	0. 57±0. 021Cc	0. 65±0. 042Cb	0. 83±0. 121Aa	0. 93±0. 100Bbc	0. 77±0. 058ABCbc	0. 71±0. 163Aa
		2025 杨	0. 52±0. 077Aa	0. 65±0. 029Ad	0. 41±0. 068Dd	0. 75±0. 064Dc	0. 88±0. 275Aa	1. 11±0. 309Aa	0. 73±0. 072Cc	0. 72±0. 229Aa

注：A(a)—E(e)表示不同品种的差异水平，小写字母表示在 $P=0.05$ 水平上差异显著，大写字母表示在 $P=0.01$ 水平上差异极显著，字母相同表示差异不显著。

表 7-9 干旱胁迫及复水对 3 个杨树品种叶片酶活性的影响(平均值±标准误)

指标	处理	种类	干旱持续时间/d 0	4	7	14	21	28	复水 7d F	平均值
SOD /U·g⁻¹	对照(CK)	全红杨	484.02±25.017Aa	488.70±18.164Bc	496.78±3.311Bb	465.29±32.916Cd	497.37±6.719Cb	503.12±12.974Aa	480.26±2.063ABb	487.94±12.817Bb
		中红杨	499.21±2.003Aa	508.32±7.426ABbc	490.25±5.033Bb	497.11±8.591Cc	500.03±8.061Cb	497.63±7.858Aa	494.52±3.000ABab	498.15±5.553ABb
		2025 杨	507.33±26.772Aa	508.88±11.924ABbc	492.19±6.486Bb	499.21±8.966Cc	496.65±10.780Cb	507.82±12.865Aa	497.69±12.663ABab	501.40±6.558ABb
	干旱(H)	全红杨	484.02±25.017Aa	537.38±6.200Aa	569.91±18.874Aa	553.80±17.155Bb	514.22±11.364BCb	435.92±16.181Bb	467.89±41.798Bb	509.02±48.657ABab
		中红杨	499.21±2.003Aa	517.68±6.563ABab	556.08±10.888Aab	589.31±4.316Aa	563.84±21.874Aa	512.89±5.735Aa	489.86±19.786ABb	532.70±37.183Aa
		2025 杨	507.33±26.772Aa	525.30±7.976Aab	546.89±13.879Ab	588.13±8.118ABa	549.92±18.308ABa	493.25±12.247Aa	530.77±25.646Aa	534.51±31.107Aa
CAT /U·g⁻¹ min⁻¹	对照(CK)	全红杨	50.13±2.961Aa	47.75±5.977ABa	49.72±3.718Aa	51.89±3.393Aa	47.81±0.165Aa	49.70±3.370Aa	47.92±0.345Aa	49.27±1.543Aa
		中红杨	44.07±2.746Ab	45.84±3.473ABab	47.84±0.308ABab	43.83±3.458ABb	45.98±3.664ABa	46.08±3.748Aa	44.34±3.503ABa	45.43±1.433ABa
		2025 杨	35.74±0.321BC	39.85±3.507ABbc	35.90±0.149Cd	37.75±3.402Bbc	39.75±3.182BCb	35.81±0.179Bb	35.92±0.190CDcd	37.24±1.878CDbc
	干旱(H)	全红杨	50.18±2.961Aa	49.90±3.463Aa	43.67±3.256ABCabc	39.90±3.566Bbc	34.00±2.580CDc	28.02±3.318Cc	40.09±3.559BCb	40.82±8.051BCb
		中红杨	44.07±2.746Ab	45.78±3.388ABab	41.97±5.989ABCbcd	35.86±0.071Bc	30.04±0.151Dc	25.82±3.363Cc	37.93±3.285CDbc	37.35±7.375CDbc
		2025 杨	35.74±0.321Bc	37.80±3.483Bc	39.87±3.663BCcd	37.05±4.314Bc	31.72±3.280Dc	23.91±0.171Cc	33.77±3.184Dd	34.26±5.290Dc
POD /U·g⁻¹ min⁻¹	对照(CK)	全红杨	312.89±24.482Aa	333.43±7.484Aa	317.85±9.941Aa	316.23±13.448Aa	328.11±16.324Aa	337.32±30.733Aa	327.72±24.785Aa	324.79±9.258Aa
		中红杨	196.98±13.936Cc	214.86±5.394Ccd	195.69±13.154Dde	202.46±18.389CDc	196.51±16.258CDc	201.02±25.483BCd	199.3±22.637De	200.97±6.603Cd
		2025 杨	249.47±27.410Bb	260.93±19.576Bb	236.00±14.919BCc	248.17±18.957Bb	248.69±10.581Bb	244.23±23.748BCbc	254.12±23.245BCc	248.80±7.758Bc
	干旱(H)	全红杨	312.89±24.482Aa	310.40±16.905Aa	270.98±16.815Bb	242.95±19.909BCb	239.47±22.706BCb	250.73±7.897Bb	288.01±15.243ABb	273.63±30.931Bb
		中红杨	196.98±13.936Cc	197.63±15.788Cd	174.29±13.732De	206.97±11.756BCDc	227.79±31.067BCb	210.42±6.779BCcd	207.50±13.930Dde	203.08±16.304Cd
		2025 杨	249.47±27.410Bb	240.13±21.511BCbc	203.34±24.912CDd	163.32±11.213Dd	182.18±19.527Dc	192.69±16.607Cd	235.89±35.734CDcd	209.57±32.739Cd
PPO /U·g⁻¹ min⁻¹	对照(CK)	全红杨	26.30±2.397Aa	26.39±1.205ABb	28.92±2.456Bbc	27.13±2.524ABb	27.61±0.095Aa	26.42±2.352Aa	25.87±1.371Aa	26.95±1.043Aa
		中红杨	19.37±0.786Bb	18.40±1.938Cd	20.49±2.001Cd	18.82±2.448Dc	20.85±1.927BCbc	19.98±1.371Bbc	19.02±1.942BCbc	19.56±0.906Cb
		2025 杨	20.51±1.394Bb	21.33±1.261Ccd	19.63±1.365Cd	21.81±0.601CDc	22.63±1.123Bb	20.52±1.373Bb	20.45±2.505Bb	20.98±1.005BCb
	干旱(H)	全红杨	26.30±2.397Aa	29.64±1.901Aa	36.43±1.130Aa	26.73±2.780ABb	20.57±3.246BCbc	17.48±1.335BCc	17.87±1.843BCbc	25.00±6.877ABa
		中红杨	19.37±0.786Bb	19.68±0.736Ccd	26.27±2.199Bc	30.12±1.225Aa	18.72±1.211BCcd	12.58±1.265Dd	14.60±0.661Cd	20.19±6.160BCb
		2025 杨	20.51±1.394Bb	22.62±2.212BCc	30.53±0.904Bb	24.94±2.381BCb	17.65±1.193Cd	13.80±1.160CDd	17.19±2.623BCcd	21.03±5.580BCb

注：A(a)—E(e)表示不同品种的差异水平，小写字母表示在 $P=0.05$ 水平上差异显著，大写字母表示在 $P=0.01$ 水平上差异极显著，字母相同表示差异不显著。

表 7-21 正常供水和持续干旱胁迫下 3 个杨树品种叶片光合生理特性的相关系数

无胁迫对照组																	
全红杨	*Pn*	*Tr*	WUE	*Gs*	*Ci*	中红杨	*Pn*	*Tr*	*WUE*	*Gs*	*Ci*	2025 杨	*Pn*	*Tr*	*WUE*	*Gs*	*Ci*
Tr	0.283					*Tr*	0.346					*Tr*	0.648				
WUE	0.704	-0.455				*WUE*	0.549	-0.556				*WUE*	0.257	-0.542			
Gs	0.338	0.544	-0.072			*Gs*	0.620	0.604	0.048			*Gs*	0.686	0.694	-0.083		
Ci	0.067	0.215	-0.115	0.720		*Ci*	0.276	0.329	-0.021	0.760		*Ci*	0.368	0.313	0.046	0.802	
Ci/Ca	-0.064	0.182	-0.192	0.774	0.949	*Ci/Ca*	0.254	0.362	-0.062	0.788	0.964	*Ci/Ca*	0.430	0.367	0.041	0.842	0.973
CE	0.641	0.040	0.566	-0.302	-0.716	*CE*	0.361	-0.081	0.343	-0.277	-0.743	*CE*	0.407	0.224	0.114	-0.177	-0.644
干旱胁迫处理组																	
全红杨	*Ph*	*Tr*	*WUE*	*Gs*	*Ci*	中红杨	*Ph*	*Tr*	*WUE*	*Gs*	*Ci*	2025 杨	*Ph*	*Tr*	*WUE*	*Gs*	*Ci*
Tr	0.904					*Tr*	0.934					*Tr*	0.840				
WUE	0.736	0.483				*WUE*	0.769	0.591				*WUE*	0.723	0.422			
Gs	0.703	0.805	0.373			*Gs*	0.755	0.776	0.444			*Gs*	0.768	0.846	0.359		
Ci	-0.677	-0.529	-0.749	-0.067		*Ci*	-0.581	-0.584	-0.647	-0.059		*Ci*	-0.685	-0.508	-0.899	-0.231	
Ci/Ca	-0.675	-0.494	-0.821	-0.085	0.984	*Ci/Ca*	-0.548	-0.514	-0.685	-0.008	0.990	*Ci/Ca*	-0.661	-0.434	-0.924	-0.189	0.993
CE	0.922	0.841	0.638	0.443	-0.832	*CE*	0.845	0.845	0.601	0.417	-0.834	*CE*	0.874	0.715	0.650	0.455	-0.787

注：$1>|r|\geqslant 0.7$ 为显著相关；$0.7>|r|\geqslant 0.4$ 为有相关；$0.4>|r|\geqslant 0$ 为无相关(北京林业大学，1986)，下同。

第 8 章　持续水淹胁迫下的生理响应及抗涝性比较研究

8.1　植物水淹胁迫研究进展

几十年来，由于自然资源的不合理利用，环境污染日益加剧，厄尔尼诺现象时常发生，全球性生态环境日渐恶化，使全球干旱和洪涝灾害明显增多，干旱胁迫是全世界面临的重要生态问题，但水淹胁迫也不容忽视。土壤干旱和涝渍是水分胁迫的重要表现形式，是植物主要的非生物胁迫，涝害是世界上许多国家的重大自然灾害之一。世界上水分过多的耕作地土壤约占全部耕作土壤的 12% 。土壤涝渍是地表滞水或地下水位偏高，土壤长期或一定时期内处于水分饱和或过饱和状态，致使土壤理化性状发生特殊变化的过程(唐罗忠等，1998)。导致土壤涝渍的原因很多，除了地壳运动形成较稳定的负地形以外，气候因子、人为因子也能造成土壤涝渍。我国目前有涝渍土地 65.94 万 km^2，占国土总面积的 6.6%，主要分布在长江和黄河的中下游地区，仅长江中下游沿江就有江、河、湖滩地约 600 000 hm(杜克兵等，2010)。这些地区经常会受到降雨等洪涝灾害的影响，在很大程度限制植物的生长，甚至导致植株死亡。随着 20 世纪 80 年代"兴林灭螺"项目的实施，杨树由于耐水湿的特性，已经成为长江中下游平原水网区及季节性水淹滩地工业原料林、生态防护林建设的首选树种。例如，2002 年我国仅在湖北、湖南、安徽的河滩地区就营造杨树林约 6.90 km^2。开展杨树耐涝性研究对我国广大地区经济建设和生态环境保护具有重要意义(李义良等，2009；杜克兵等，2010)。

长期涝渍胁迫会引发土壤物理、化学、电化学、生物区及土壤肥力等变化，水淹土壤中氧气和光照供给不足，CO_2 浓度升高，其中氧气的不足是因为水分饱和状态下气体扩散放慢(Ponnamperuma，et al.，1984；陈高，2002)。诸多文献表明，土壤涝渍胁迫对许多植物形态解剖、生理和代谢等都会产生显著的影响，导致植物生长发育受到限制甚至死亡，从而破坏生态环境(Toai，et al.，2001；Ye，et al.，2003；Melissa，et al.，2005；Vicent，et al.，2008；汪贵斌等，2009；杜克兵等，2010)。持续涝渍胁迫条件下植物外部形态会产生明显变化，包括叶片的展开与生长速度减缓、叶片发黄、变红、枯萎和脱落、茎基部皮孔膨大，对于一些适应能力低的植物而言，植物根系活力常常降低，根系死亡等，解剖发现长期水淹使植物细胞排列疏松、间隙增大，这些变化可能与植物体改善氧运输有关。除此之外还有水套作用引起植物体无氧呼吸，产生乙醇等有毒中间产物，植物根区形成有毒环境，从而使植物发生某些适应性变化，活性氧和丙二醛的产生与积累是目前已知的水分胁迫对植物伤害的主要生理响应特征，湿涝缺氧逆境能诱导植物体产生过量的活性氧自由基，破坏和降低活性氧清除剂，引发膜脂过氧化作用，并对植物细胞膜系统、抗氧化系统、能量代谢系统等造成生理伤害(卓仁英等，2001；SIMON，et al.，2003)。

植物抗涝能力主要取决于形态结构和生理代谢上对缺氧的适应能力，植物为了适应或减轻缺氧伤害，会启动形态和生理代谢等方面的应对机制。最明显的形态变化是促进叶片衰老，脱落、茎直径增加。初生根系大量死亡，在水面的茎基部形成大量的不定根或气生根，通气组织的形成，使植物组织孔隙度的渗漏氧增加，其本质是涝渍引起生长素和乙烯相互作用，引起植物体各部分生长变化，以维持氧气的扩散和高的吸收效率，减轻水淹引起的氧胁迫。最重要的代谢变化是启动无氧呼吸途径，抵御缺氧伤害的内在机理涉及保护酶和抗氧化剂诱导等方面（Crawford，et al.，1996；Visser，et al.，2003；Perata，et al.，1993；Sachs，et al.，1996），通过如改变光合产物的分配比例等方式维持糖供应和调节碳代谢以避免有毒物质的形成。此外还可通过改变代谢途径等代谢调节以保持低的能量储备和低的代谢速率，从而保证水淹条件下植物体正常的生命活动（Hook D D，1984）。赤桉（*Eucalyptus camaldolensia Dehuh.*）在水淹情况下分枝减少，并形成一些白色不定根。而美洲榆（*Ulmus americana*）则产生两种不定根，一种是密而多分枝的，另一种是疏而无分枝的，前者通常深入土壤并靠近茎，后者常漂浮在水面（Sena，et al.，1980）。在缺氧情况下，植物细胞中积累较多的自由基，而有些植物会启动抗氧化机制，细胞内各种抗氧化酶活性增加，以清除自由基，避免或者减轻细胞受到伤害（Keles and Öncel I，2000）。如乳酸脱氢酶（LDH）、乙醇脱氢酶（ADH）和丙酮酸脱羧酶（PDC）活性升高，促进乳酸发酵了乙醇发酵，通过乙醇发酵和糖酵解可获得能量生成和 NAD＋再生，维持适当的能荷水平（Ricoult，et al.，2006；康云艳等，2008；王文泉等，2001；张往祥等，2011）。许多湿生植物在湿生环境里会产生抗坏血酸（ASA）、谷胱甘肽（*Gs*H）等抗氧化剂，诱导超氧物歧化酶（SOD）、过氧化氢酶（CAT）、过氧化物酶（POD）、脱氢抗坏血酸酶（DHAR）、单脱氢抗坏血酸还原酶（MR）等酶类，以清除细胞中累积的自由基。SOD，CAT，POD 和 DHAR 对 H_2O_2 等有害物质具有解毒作用，MR 能催化丙二醛（MDA）还原（Biemelt，et al.，1998；Ahmed，et al.，2002）。涝渍胁迫下，耐涝植物通过内部生理代谢的变化适应水淹胁迫，并通过自身抗氧化酶活性的增加，有效清除活性氧自由基，减轻其对细胞膜的伤害（汤玉喜等，2008）。

以往国内外学者对植物在土壤涝渍逆境下的形态、生长和生理变化的研究主要集中在农作物上，有关林木的耐涝性研究较少（徐锡增等，1999；范川等，2009；张往祥等，2011）。从 20 世纪 80 年代以来，国外一些学者对部分树种在涝渍逆境下形态适应性和生长等进行了较系统的研究（唐罗忠等，1999；Gomes，et al.，1988；Batzil，et al.，1997；范川等，2006）。国内一些学者相继对红叶石楠、红树（*Rhizophora apiculata*）、银杏、杨树等的耐涝性了研究与报道（王华田等，1997；李环等，2010；胡田田等，2005；张往祥等，2011；王义强等，2005；张晓平等，2007；范川等，2009）。有研究认为，缘于水淹或干旱的水分胁迫不同逆境，都会引起植物气孔关闭、蒸腾速率下降等相似的生理响应（*Liu*，et al.，1993）。植物对水淹的响应包含着极其复杂的生理生化变化，并形成了受遗传性制约的内部适应机制。涝渍胁迫下扭叶松（*Pinus contorta* Dougl. *ex* Loud.）的高生长、死亡率、根茎比和根系糖分含量变化的研究表明林木生理代谢对涝渍胁迫的反应存在明显差异(Vester,et al.,1978)。2年生的日本桤木(*Alnus japonica*(Thunb.) Steud.)、白桦(*Betula platyphylla Suk.*)苗水淹试验表明,日本桤木除高生长外其他不受影响,白桦则生长严重下降,20周后全部死亡(Terazawa,et al.,1994)。水淹24h后红桤木(*A. rubraBong.*)、裂叶桤木(*A. sinuata*(Reg.) Rydb.)的固氮酶都没有活性,停止水淹10 d后红桤木的固氮酶活性逐渐恢复,而裂叶桤木却未能恢复(Batzli,et al.,1997)。Wallace等(1996)研究了美国东南部9个湿地树种苗木在7种土壤上的耐涝性,结果表明池杉(*Taxodium ascendens* Brongn.)、落羽杉(*Taxodium distichum*(L.) Rich.)、红花槭、沼松(*P. serotina* Michx.)和加罗林木岑(*Fraxinus carolinicana* Mill.)的耐涝性最强,苗木经过连续水淹11个月后都没有死亡。在涝渍胁迫下,琴叶栎(*Quercus lyrata* Watt.)和樱皮栎(*Q. falcate* Michx.)的气孔导度明显降低,落羽杉的光合速率水淹两星期后开始恢复,而其他树种都未能恢复(Pezeshki,et al.,1996)。Gravatt等(1998)发现,水淹32 d后美国白栎(*Q. alba* L.)和美国黑栎(*Q. nigra* L.)的净光合速率降为对照的30%和23%,最耐水淹的蓝果树(*Nyssa sinensis* Oliv.)仍保持其对照的75%,叶片淀粉含量只有较小的增加,而美国白栎的叶片淀粉是对照的2倍。综上所述,不同树种、种源和无性系间抗涝性有明显差异。在涝渍胁迫下,植物体的形态结构、生长和生理代谢反应的不同变化,细胞内抗氧酶的活性的显著差异在一定程度上反映了植物耐水的能力,通过研究涝渍胁迫下不同树种耐涝性差异,进行抗性品种选择是可行的(Keles and Öncel,2000;卓仁英等,2001)。Putnam J A. Hook D D等 (1960;1984)曾将美国南部一些树种按抗涝性强弱划分为高抗性、中抗性、低抗性和无抗性4类。

国内外对杨树生长与水分之间的关系研究过去主要集中于杨树的抗旱机理,近年来对淹涝胁迫方面也有部分学者展开相关的研究,多集中在形态、生理响应、耐涝树种选择等方面。对抗涝性机理、抗涝性指标及评价研究报道较少(王宝松,1993;唐罗忠等,1999;王生等,1998;曹福亮等,1993;徐锡增等,1999;汤玉喜等,2008ab;杜克兵等,2010)。陈章水(1995)研究了杨树水淹前后叶量、树高与胸径生长的变化,指出水淹时间在3个月以内、水淹深度在3 m以下时,用杨树大苗造林,不影响林木成活,但生长量会受影响。高健等(2000)开展了滩地杨树光合作用生理生态的研究,指出在水淹胁迫条件下净光合速率、蒸腾速率和气孔导度都有不同程度的下降,滩地地形(高程)对杨树光合影响很大,低凹地杨树生长势差,净光合速率显著降低,大行距栽植对单位面积净光合速率的提高有利,而宽行距窄株距对群体的光能利用率有利。因此,研究杨树新品种的抗涝性,评价其抗涝能力,对杨树新品种的合理应用和推广,发挥其生态保护和恢复作用具有重要意义,对比研究不同杨树耐涝能力和耐涝机制很有必要(杜克兵等,2010)。

为了解全红杨、中红杨和2025杨3个杨树品种无性系苗木在水淹逆境下的形态、生理反应变化,本书对其在水淹胁迫条件下的抗涝性生理基础进行了研究。从与抗水淹性密切相关的18项生理生化指标进行测定和分析,比较3个杨树品种在涝渍条件下的生理生化和生长差异,以期了解品种抗涝能力及抗涝机理,为新品种的选育、适应推广提供理论依据,同时为其他相关研究提供借鉴。

8.2 试验材料与准备

试验地点在河南省林业科学研究院院内(郑州),材料是以美洲黑杨派杨树 2025 杨为砧木的全红杨、中红杨和 2025 杨当年生嫁接苗(其生物学特性见表 8-1)。2011 年 2 月下旬将长势一致的品种 2025 杨 1 年生实生苗移植于普通塑料花盆内(高 350 mm、底径 2 500 mm、上口径 3 500 mm),每盆 1 株,平茬 20 cm 高,盆土为 V(普通园土):V(腐质土)=1:1 的混合基质,装盛土量一致,为花盆容积的 98%(距上沿约 4 cm),常规管理。同年 3 月末以此为砧木分别嫁接全红杨、中红杨和 2025 杨的接穗,每个品种各 100 盆。待嫁接苗稳定成活 4 个月后,苗木长势旺盛时进行水淹模拟试验。

表 8-1　3 个杨树品种当年生嫁接苗生物学特性(平均值±标准误)

种类	株高/cm	叶片长度/cm	叶片宽度/cm	叶片面积/cm^2	叶片特性
2025 杨	88.65±24.00Aa	20.39±4.48Aa	18.36±1.75Aa	255.89±62.68Aa	发芽—6 月:黄绿色 6 月—10 月:绿色 10 月—落叶:黄绿色
中红杨	86.88±23.83Aa	18.63±4.51Aa	15.40±1.77Bb	194.54±48.45Bb	发芽—6 月:紫红色 6 月—10 月:暗绿色 10 月—落叶:橙黄色
全红杨	72.35±12.10Ab	13.23±2.90Bb	10.50±1.23Cc	100.3727.70Cc	发芽—6 月:深紫红色 6 月—10 月:紫红色 10 月—落叶:橙红色

注:A(a)—C(c)表示不同品种的差异水平,小写字母表示在 $P=0.05$ 水平上差异显著,大写字母表示在 $P=0.01$ 水平上差异极显著,字母相同表示差异不显著。

试验于 2011 年 7 月 28 日开始,为了避免试验过程中植株死亡影响取样,分别挑选长势均衡且健康的 3 个杨树品种嫁接苗各 70 盆,搬至排水条件良好的硬化地面上,将所有苗木均衡浇清水至饱和。水淹胁迫实验分组采用完全随机区组设计,每个品种对照组与水淹胁迫处理组各 35 盆,每行 5 盆,排成 7 行,每行 5 盆视为 1 次重复;各品种小区间隔 0.5 m,对照区(CK)与水淹胁迫处理区(Y)间距 1 m。对照组每隔 3～5 d 浇水至饱和;水淹处理组(Y)进行土壤水淹胁迫处理,即采用套盆法将其整盆移入盛水的塑料大盆中进行水淹处理,持续保持水面不低于茎干基部 5 cm 左右,直至处理组存留叶片量无法满足测试需要时,即 70 d 后(10 月 6 日)解除水淹胁迫恢复正常养护。分别在水淹胁迫 0 d(7 月 28 日),14 d(8 月 11 日),28 d(8 月 25 日),42 d(9 月 8 日),56 d(9 月 22 日),70 d(10 月 6 日)及解除胁迫后第 14 d(10 月 20 日)的上午 8:00 采集对照和处理组植株枝条顶端往下第 3～5 片叶,每重复的 5 株混合取样 8～10 片叶,设 3 个重复,采样后的植株不再重复采样,叶片袋封存置于冰桶中立即带回实验室进行理化指标测试。另每个品种对照和处理组中固定 5～10 株用于光合作用测定(可根据天气情况向前或向后调动 1～2 d)。试验期间同时用卷尺对各处理组随机选取 10 株进行株高(精确到 0.01 cm)测量,观察记录叶片形态变化。

8.3　生理指标与测定方法

质膜透性采用相对电导率法(李合生,2001),叶绿素、类胡萝卜素含量测定参照张宪政(1986)的方法。花色素苷含量测定参照于晓南(2000)的方法。可溶性蛋白、游离脯胺酸和可溶性糖的测定参照高俊风(2006)的方法。酶活性及丙二醛的测定参照李合生(2001)的方法。

酶液提取方法:同前。数据使用 Excel 2007、SPSS 17.0 和 DPS v7.05 系统软件进行处理、统计与制作图表,并在图表中标出标准误差。

8.4　结果与分析

8.4.1　对叶片外部形态及植株生长的影响

木本植物在水淹情况下,其高生长、生物量积累、死亡率均发生相应的变化,但不同树种的反应有明显的差异(张晓平,2004)。水淹影响苗木的二氧化碳的同化,蛋白质的合成、呼吸作用及植物激素的代谢等,这一系列变化均会影响苗木叶原基的分化,植物体新叶形成受阻,叶片减少,使植株总叶面积急剧下降,同时诱导叶片衰老发红、变黄,叶片中总叶绿素和叶绿素 a 含量下降,从而影响叶片的光合能力并加快脱落(黄华等,2008)。植物形态结构也发生明显的变化:茎间细胞的纵向延长和横向扩展,使基茎明显变粗,苗木高生长受到阻碍,皮孔肥胖,茎基部形成不定根。受损程度随着胁迫时间的延长而加深,叶面积不断缩小,最终树高、形成层、根系生长减缓或停止,甚至死亡(卓仁英等,2001)。多数情况下水淹胁迫抑制了木本植物高生长,但抗涝性强的植物受影响程度较小(李环等,2010)。因此叶片形态变化是评价植物抗逆能力的最直观和直接的一个指示。水淹条件下落羽杉的生物量积累变化不明显,而湿地松(*P. elliottii Engelm.*)、美国山核桃(*Carya illinoensis*(Wangenh.) K.)的生物量显著减少(Pezeshki S R,1998)。

试验期间,对照组(CK)所有植株均正常生长,除试验末期夏末秋初时出现个别落叶,但没有植株死亡现象。在水淹胁迫 28 d 内,全红杨、中红杨和 2025 杨 3 个杨树品种植株的外部形态没有产生明显变化。随着水淹胁迫的持续加重,3 个杨树品种的形态逐渐产生明显变化,包括叶片的展开与生长速度减缓,叶片变黄、枯萎和脱落、高生长受阻、部分植株根系死亡等。

水淹胁迫第 42 天(2011 年 9 月 8 日),水淹胁迫处理组中 3 个杨树品种植株幼叶均出现萎蔫现象,色泽变淡,下部老叶发黄、萎蔫,有少量脱落现象。10:00 全部叶片萎蔫下垂,16:00 光强只有 200 $\mu mol \cdot m^{-2}$时尚未恢复,而对照组只有个别植株中午幼叶出现短暂性萎蔫,15:00 后能快速恢复。水淹胁迫第 56 天(2011 年 9 月 22 日),3 个杨树品种植株上部叶片出现褐色斑点,下部老叶变黄或发红、萎蔫脱落现象严重。全红杨大部分植株出现叶片萎蔫脱落现象,中红杨植株叶片脱落现象相对最轻。水淹胁迫第 70 天(2011 年 10 月 6 日),所有苗木生长几乎停滞,下部叶片枯萎死亡脱落。全红杨余 9 株 1～2 个枝条顶部共存留2～5片叶片，中红杨余12株1～2个枝条顶部共存留1～7片叶片，2025杨余13株1～2个枝条顶部共存留1～7片叶片。考虑到试验结束时已至夏末秋初，作为落叶树木的杨树品种，其自然物候期特性会对试验结果产生一定影响。因此在10月6日采样后仍存留一定数量叶片的情况下解除水淹胁迫，对所有苗木进行正常管理。于解除胁迫13 d后，10月20日采样进行一次指标测定，随后将所有试验苗木进行正常供水养护管理至第二年春季，于2012年4月初调查成活率。成活率调查结果为：3个杨树品种对照组植株(CK)均成活，且长势良好。水淹胁迫处理组，全红杨存活7株，其余死亡，存活率为20%；中红杨存活10株，存活率为28.57%；2025杨存活9株，存活率为25.71%。可见3个杨树品种均有较强的耐水淹能力，相比较全红杨对持续水淹胁迫的适应能力最弱，中红杨抗水淹能力最强。

由表8-2可见，随着水淹时间的延长，3个杨树品种无性系苗高增长率均有所降低，不同水淹时间对高生长的抑制影响也不同。水淹胁迫28 d内对3个杨树品种的高生长影响均不大，且长势均略高于对照组(CK)。全红杨、中红杨和2025杨相对高生长率分别为23.42%，26.10%和28.26%，较对照组分别高0.64%，7.68%和0.87%，可以认为3个杨树品种可以适应近1个月时间地下水位较高的环境且生长良好。随后三者生长速度明显减慢，随水淹胁迫强度的加大苗高所受到的影响也逐渐表现出来。水淹胁迫56 d时全红杨、中红杨和2025杨相对高生长率分别降到4.56%，4.99%和5.39%，较对照组分别下降80.13%，75.17%和77.20%。水淹70 d，由于长期水淹根系长时间得不到充足的氧气，阻碍了有氧呼吸的进行，抑制了苗木根系正常的生长活动、代谢功能和吸收作用，导致各无性系生长受阻，除2025杨个别植株还有一定明显增长外，全红杨和中红杨几乎无相对增长，三者相对高生长率分别为0.26%，0.56%和0.80%，分别较对照组下降97.17%，93.15%和91.26%。

表8-2 水淹胁迫对3个杨树品种嫁接苗株高的影响(平均值±标准误)

处理	种类	7月28日	8月25日		9月22日		10月6日	
		株高/cm	株高/cm	相对高生长/%	株高/cm	相对高生长/%	株高/cm	相对高生长/%
对照(CK)	2025杨	88.50±25.198 Aa	113.90±36.103 Aa	28.02±6.183 Aa	140.55±46.410 Aa	23.65±11.516 Aa	153.65±51.595 Aa	9.16±2.826 Aa
	中红杨	86.8±24.526 Aa	107.4±29.387 Aab	24.24±7.621 Aa	128.4±33.394 ABab	20.09±5.684 Aa	138.45±33.883 ABab	8.21±2.895 Aa
	全红杨	72.05±12.779 Aa	88.5±14.420 Ab	23.27±6.812 Aa	108±16.926 ABbc	22.96±4.438 Aa	118.55±18.819 ABCbc	9.04±2.227 Aa
水淹(Y)	2025杨	89.10±24.124 Aa	114.30±32.216 Aa	28.26±6.074 Aa	120.40±33.817 ABabc	5.39±1.336 Bb	121.70±35.575 ABCbc	0.80±1.440 Bb
	中红杨	87.05±24.174 Aa	109.80±30.717 Aab	26.10±5.465 Aa	115.65±33.663 ABabc	4.99±1.594 Bb	116.6±35.013 BCbc	0.56±1.252 Bb
	全红杨	72.95±11.310 Aa	90.0±15.17 Ab	23.42±8.914 Aa	94.35±17.637 Bc	4.56±2.805 Bb	94.65±18.069 Cc	0.26±0.997 Bb

注：A(a)—C(c)表示不同品种的差异水平，小写字母表示在$P=0.05$水平上差异显著，大写字母表示在$P=0.01$水平上差异极显著，字母相同表示差异不显著。

多重比较表明，在相同处理下，3个杨树品种全红杨、中红杨和2025杨的苗高及高生长均存在着极显著的差异($P<0.01$)。这是由各无性系本身的遗传特性及生物特性所决定的,不能简单地以此来衡量品种间的抗水淹能力,应综合同一无性系不同处理间苗高及高生长变化存在的差异比较分析抗水淹能力。

水淹胁迫 28 d 内,水淹胁迫组 3 个杨树品种苗高和高生长几乎没有造成影响,三者胁迫组植株与对照组植株差异均不显著($P>0.05$)。水淹胁迫 28 d 后,3 个杨树品种嫁接苗的高生长明显减少,苗高和相对生长率与对照组差异极显著($P<0.01$)。水淹胁迫对 3 个杨树品种苗高及相对高生长的影响均为全红杨>中红杨>2025 杨,三者间苗高差异极显著($P<0.01$),相对高生长差异不显著($P>0.05$)

水淹胁迫对植物体营养生长的伤害主要体现在叶片变小、叶片数量减少,叶片萎蔫、失绿、坏死、脱落,顶芽变化,以及根系停止生长发育、腐烂等现象(张晓平,2004)。植物体受到胁迫后会产生功能与生长发育的下降或变化,这种变化称为协变,协变表现为物理变化和化学变化。物理变化主要体现在原生质体的变化,叶片的萎蔫、失绿脱落等变化。协变程度与胁迫强度和持续时间密切相关。如果胁迫解除后,协变症状消失,植物体恢复正常状况,这种协变称为弹性协变;如果胁迫解除后,在最适生长条件下,植物体仍不能恢复正常状况,这种协变称为塑性协变。本研究中短期水淹(28 d 以内)均没有对 3 个杨树品种生长产生很大影响,高生长略高于对照组(CK),并且叶态良好,如能及时排除土壤中多余水分,苗木生长即恢复。这与曹福亮等(2010)对乌桕(*Sapium sebiferum* (L.)Roxb.)、侯嫦英(2003)和杨静(2007)对落羽杉的研究结果一致。随着水淹时间的延长,细胞器间的动态平衡被打破,导致细胞内各种细胞器结构的破坏和解体可能是最终导致植株死亡的重要原因。这与唐罗忠等(1999)、杜克兵等(2010)对其他美洲黑杨无性系的研究结果相同。大量研究表明:水淹胁迫会显著减少植物的生长,甚至导致植株死亡(魏和平等,2000;Marcelo,et al.,2005) 。程淑婉等(1997)指出,涝渍条件下苗木生长量下降是由于基茎韧皮部 PAL 活力变化引起的,PAL 与细胞分化尤其是管状分子的形成有关。曹福亮等(2010,1993)认为水淹造成苗木高生长降低的直接影响是阻碍节间的生长,间接作用是通过阻止叶原基分化、叶片生长以及诱导加速叶衰老、脱落等。Kozlowski 等(1997)就水分胁迫对树木生长的影响进行了论述,指出水淹不仅影响到当年的生长,而且会因养分积累的减少,间接影响到次年树木的生长。美洲榆在涝渍胁迫处理 39 d 后,高生长降为对照的 1/5(Newsome R D,1982)。本研究正常环境中 3 个杨树品种在生长季节新叶迅速形成并扩展,而水淹胁迫下,随着水淹胁迫处理时间的延长,对 3 个杨树品种的苗高产生显著的抑制作用,新叶形成受抑制,老叶加快脱落,使植株叶面积减少,且随胁迫程度的增大抑制作用增强,影响了个杨树品种总叶面积和主干生长,树高生长减缓或停止,使苗高生长较对照组降低 42.79%~53.33%,甚至死亡。这与 Tang Z C(1982)研究纸皮桦(*Betula papyrifera* Marsh.)、曹福亮等(2010)研究乌桕及王生(1998)、唐罗忠等(1998)、焦绪娟(2007)等研究杨树的结果相同。

存活率和高生长则是评价抗涝性强弱的最直接标准。存活率是评价植物抗涝性的一个重要指标，长期涝渍胁迫下强抗涝性植物的存活率明显高于弱抗性的植物（卓仁英等，2001）。Angelov 等（1996）试验发现，在连续 2 a 以上的根涝条件下，美国蓝果树和美国枫香（*Liquidambar styraciflua* L.）的苗木成活率达 95%，而 2 种栎树（*Quercussssp.*）在 1 a 之内全部死亡。已有研究表明不同杨树品种间耐涝能力差异极大，有些品种在长期水淹的条件下仍能成活，并获得产量，而有些品种短期水淹后产量即极大降低，甚至死亡（Cao，et al.，1999；Du，et al.，2008；Gong，et al.，2007）。适度的水分胁迫可以促进其生长，经过研究认为 3 个杨树品种为喜水树种，水淹胁迫处理近 3 个月后，三者存活率均高于 20%以上，可见对水淹环境应对能力均较强。相比之下，全红杨苗高生长量和成活率的水淹变化率均高于中红杨和 2025 杨，这与三者成活率的结果一致，说明长期水淹胁迫对全红杨造成的影响会最大。

8.4.2 各项生理指标的变化

8.4.2.1 叶片质膜相对透性（REC）的变化

由图 8-1 和表 8-3（见本章末）可知，对照组植株在生长季里随叶片的生长、成熟逐步衰老，细胞膜相对透性均略有缓慢升高趋势。全红杨、中红杨和 2025 杨叶片细胞膜相对透性变化趋势基本相同和幅度相似，平均值分别为 30.90%，31.63%和 33.25%。与对

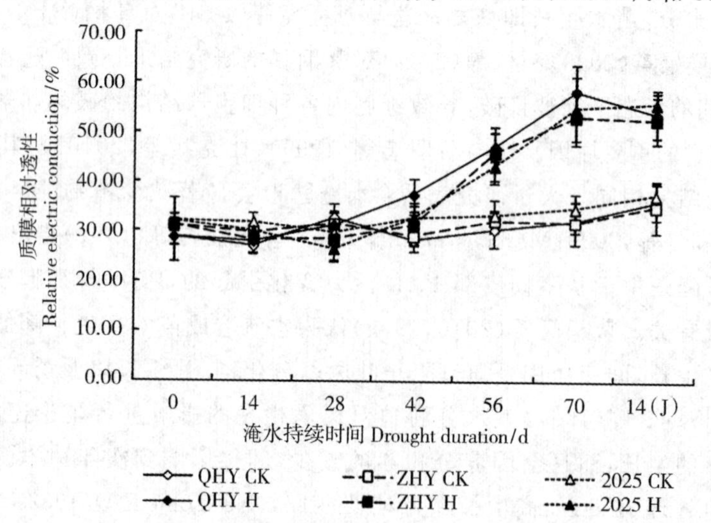

图 8-1 持续水淹胁迫对 3 个杨树品种叶片质膜相对透性的影响（%平均值±标准误）

备注：J 解除胁迫后。下同。

照组相比，水淹胁迫 28 d，3 个杨树品种的叶片电导率略有下降，水淹胁迫 28 d，全红杨、中红杨和 2025 杨叶片细胞膜相对透性为 31.41%，28.50%和 26.59%，较对照组分别下降 4.76%，9.78%和 10.77%。随后 3 个杨树品种叶片细胞膜相对透性逐渐升高，水淹胁迫 42 d，全红杨和中红杨叶片细胞膜相对透性较对照组升高 32.70%和 7.76%；水淹胁迫 56 d，2025 杨细胞膜相对透性较对照组升高 29.31%，说明细胞电解质出现外泄现象。随着胁迫的持续三者叶片细胞电解质外泄加重，水淹胁迫 70 d，全红杨、中红杨和 2025

杨叶片细胞膜相对透性为 58.28%,53.14%和 54.91%。分别较对照组升高 80.59%,66.18%和 57.67%。胁迫解除 14 d 后,处理组 3 个杨树品种叶片细胞膜相对透性均有所恢复,但仍明显高于对照组水平,分别较对照组升高 48.54%,49.47%和 48.73%。

多重比较表明:无胁迫对照组,2025 杨叶片细胞膜相对透性略高于全红杨和中红杨,三者间差异显著($P<0.05$)。在水淹胁迫 28 d 内,中红杨叶片的细胞膜相对透性与对照组差异不显著($P>0.05$),全红杨和 2025 杨与对照组差异显著($P<0.05$);随着水淹胁迫的持续,三者叶片细胞膜相对透性均高于对照组,差异均达到极显著水平($P<0.01$),三者之间差异不显著($P>0.05$);解除胁迫 14 d 后,三者叶片细胞膜相对透性仍极显著均高于对照组($P<0.01$),三者之间差异不显著($P>0.05$)。

水淹胁迫 28 d 内,3 个杨树品种叶片质膜透性没有出现升高,甚至低于对照。随着水淹胁迫的持续,3 个杨树品种叶片的相对电导率开始呈现增加的趋势,但增加的速度有所不同。由图 8-1 可见全红杨叶片的质膜相对透性最先升高,增加的幅度也最大,2025 杨最晚增加幅度最小,水淹胁迫 42 d 时三者间差异显著($P<0.05$)。说明全红杨叶片受水淹胁迫时脂膜过氧化程度早于中红杨和 2025 杨,细胞膜结构最先受到的损伤,膜的选择透性降低,2025 杨细胞膜在水淹条件下损坏最晚也最低,即为抗水涝相对更好的种源,这与张晓平(2004)研究不同种源及杂种鹅掌楸(*Liriodendron chinense.*)、张晓磊等(2010)研究不同种源麻栎(*Quercus acutissima.*)的结果相类似。水淹胁迫下,3 个杨树品种叶片相对电导率有极显著影响,但三者间相对电导率差异性不显著,这与焦绪娟(2007)对多个美洲黑杨无性系的研究结果一致。解除胁迫后,3 个杨树品种叶片细胞膜结构均得到一定修复,但仍极显著高于对照,无胁迫对照条件下 3 个杨树品种叶片的相对电导率也呈现明显的升高。这可能与试验结束正处夏末秋初季节,树木叶片开始出现年周期中的自然衰老枯萎,树木即将进入休眠阶段,此时树木各项机能也自然衰退,致使 3 个杨树品种叶片细胞膜结构的修复能力也受到影响。但从恢复的幅度及能力来看全红杨>中红杨>2025 杨,说明水淹胁迫引起的叶片细胞膜结构的变化可能处于弹性协变期,全红杨受胁迫变化幅度最大,其恢复的弹性空间亦最大。

8.4.2.2 叶片丙二醛含量(MDA)的变化

由图 8-2 和表 8-4(见本章末)可知,对照组,全红杨叶片丙二醛含量略高于中红杨和 2025 杨,生长季里随叶片的生长、成熟到逐步衰老,3 个杨树品种叶片丙二醛含量均呈现缓慢升高趋势,三者变化基本相同。全红杨、中红杨和 2025 杨叶片丙二醛含量平均值分别为 21.30 $\mu mol \cdot g^{-1}$,19.93 $\mu mol \cdot g^{-1}$和 19.62 $\mu mol \cdot g^{-1}$。水淹胁迫 28 d天内,3 个杨树品种叶片 MDA 含量较对照组有明显的下降,全红杨和中红杨下降幅度小于 2025 杨。水淹胁迫 14 d,全红杨、中红杨和 2025 杨叶中片 MDA 含量下降到最低值,分别为 15.98 $\mu mol \cdot g^{-1}$,13.51 $\mu mol \cdot g^{-1}$ 和 14.49 $\mu mol \cdot g^{-1}$,较对照组下降 15.42%,11.98%和 27.34%。水淹胁迫 28 d 后 3 个杨树品种叶片中 MDA 含量开始明显升高,全红杨叶片 MDA 含量始终高于中红杨和 2025 杨,说明水淹胁迫造成三者叶片不同程度的膜脂质过氧化。胁迫 70 d,全红杨、中红杨和 2025 杨叶片中 MDA 含量达到最大值 39.02 μmol·g^{-1},37.77 μmol·g^{-1}和 34.86 μmol·g^{-1},分别较对照组升高 52.82%,51.14%和 56.88%。解除胁迫 14d,处理组 3 个杨树品种均有不同程度的恢复,全红杨、中红杨和 2025 杨叶片 MDA 含量降到 36.79 μmol·g^{-1},33.07 μmol·g^{-1}和 35.44 μmol·g^{-1},仍分别高于对照组 32.86%,31.64%和 30.95%。

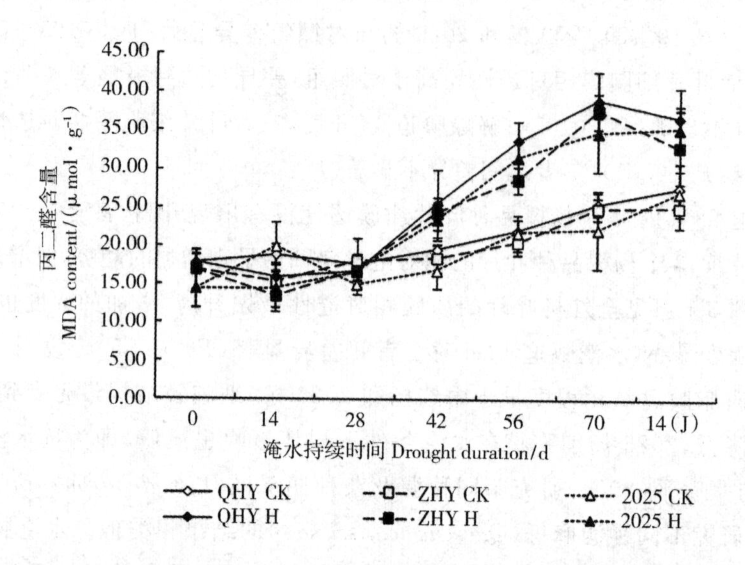

图 8-2 持续水淹胁迫对 3 个杨树品种叶片丙二醛含量的影响(平均值±标准误)

多重比较表明:无胁迫对照组全红杨叶片 MDA 含量显著高于中红杨和 2025 杨($P<0.05$)。水淹胁迫 28 d 前,全红杨、中红杨和 2025 杨叶片的 MDA 含量显著低于对照组($P<0.05$),三者间差异显著($P<0.05$)。胁迫 28 d 后,三者叶片 MDA 含量极显著高于对照组($P<0.01$),三者间差异不显著($P>0.05$)。解除胁迫 14 d,3 个杨树品种叶片 MDA 含量仍极显著高于对照组($P<0.01$),全红杨和中红杨显著高于 2025 杨($P<0.05$)。

本研究中,3 个杨树品种叶片中 MDA 含量呈先下降后升高的趋势,原因可能是:当保护酶系统产生防御作用时,叶片 MDA 含量出现下降,说明三者对水分胁迫表现出不同程度的适应过程。李淑琴等(2007)在三种冬青属(*Ilex* L.)树种的研究中,耐涝性较强的无刺枸骨也与本研究结果相似,而耐涝性弱的冬青研究结果不尽一致。这与汤玉喜等(2008)对其他美洲黑杨品种的研究结果相似,与唐罗忠等(1998)对杨树的研究结果及鹅掌楸(张晓平,2004)、喜树(*Camptotheca acuminata*.)(汪贵斌等,2009)、毛豹皮樟(*Litsea coreana* Levl. *var. lanuginosa*(Migo) Yang et. P. H. Huang)(范川等,2009)等一些不耐涝种的研究结果有所不同。另外,美洲黑杨派树木大多为喜水湿树种,试验前期天气较为干旱,盆栽苗木水分供应不足,水淹初期 MDA 含量较对照略有下降也可能是盆栽苗水分亏缺状况得到缓解的一种反应。胁迫后期,随着伤害增大,受逆境引起伤害的影响苗木生长处于衰退期,对水淹胁迫的适应性也逐渐降低,同时由于持续水淹胁迫,细胞中活性氧大量积累，加速了膜脂过氧化作用，使得氧化产物增多。另一方面，试验持续了近 70 d 时，已经进入 10 月处于秋末季节，苗木所有机能在年周期中处于衰退期，适应能力也会随之下降，此时无胁迫对照组 3 个杨树品种叶片中 MDA 含量也有明显的升高趋势。此时多重因素使水淹处理组 3 个杨树品种叶片的 MDA 含量快速升高，并且叶片整体机能衰退，已经失去了恢复正常水平的能力，导致在解除胁迫 14 d 后处理组 3 个杨树品种叶片中 MDA 含量仍极显著高于对照组。从恢复的幅度来看，中红杨＞2025 杨＞全红杨，说明中红杨对持久性水淹胁迫更有耐受性。

8.4.2.3　叶片渗透调节物质含量的变化

由图 8-3(a)和表 8-5(见本章末)可知，对照组，全红杨叶片中可溶性糖含量低于中红杨和 2025 杨，全红杨、中红杨和 2025 杨叶片中可溶性糖随时间均呈缓慢升高趋势，三者平均值分别为 24.80 mg·g^{-1}FW，26.40 mg·g^{-1}FW 和 26.16 mg·g^{-1}FW，中红杨振荡幅度较大。与对照组相比，持续水淹胁迫下，3 个杨树品种叶片中可溶性糖含量均

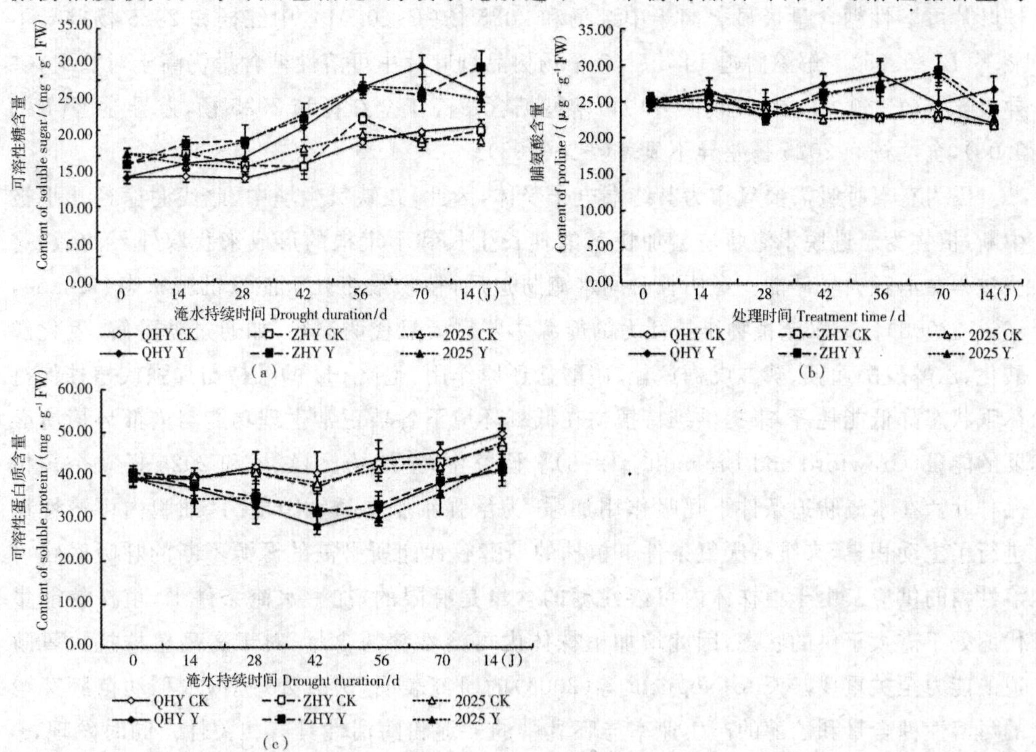

图 8-3　持续水淹胁迫对 3 个杨树品种叶片渗透调节物质含量的影响(平均值±标准误)

明显增加，说明在水淹胁迫条件下为增强细胞渗透调节能力，细胞内可溶性糖进行了主动积累。全红杨叶片的可溶性糖含量在水淹胁迫 56d 内低于中红杨和 2025 杨。水淹胁迫 56 d 后，中红杨和 2025 杨叶片的可溶性糖含量呈下降趋势，而全红杨仍持续升高，叶片可溶性糖含量超过中红杨和 2025 杨。胁迫 70 d 全红杨叶片可溶性糖含量最高值为 42.78 mg·g^{-1}FW，较对照组升高 43.80%。由于对照组中红杨叶片可溶性糖含量上下浮

动较大，水淹胁迫 42 d，中红杨叶片可溶性糖含量为 32.39 mg·g^{-1}FW，较对照组升高 41.67%，升高幅度最大，水淹胁迫 56 d，叶片可溶性糖含量达到最高值 38.41 mg·g^{-1}FW，较对照组升高 18.26%。水淹胁迫 56 d，2025 杨 叶片可溶性糖含量达到最高值 38.711 mg·g^{-1}FW，较对照组升高 35.18%。解除胁迫 14 d 后，除中红杨叶片可溶性糖含量出现升高，全红杨和 2025 杨均有所下降，但三者仍明显高于对照组。此时全红杨叶片可溶性糖含量为 37.27 mg·g^{-1}FW，较对照组升高 20.85%；中红杨叶片可溶性糖含量为 42.57 mg·g^{-1}FW，较对照组升高 41.74%；2025 杨叶片可溶性糖含量为 36.20 mg·g^{-1}FW，较对照组升高 29.18%。

多重比较表明：无胁迫对照组全红杨、中红杨和 2025 杨叶片可溶性糖含量差异不显著($P>0.05$)。持续水淹胁迫下，3 种个杨树品种叶片的可溶性糖含量与对照组差异均达到极显著水平($P<0.01$)。水淹胁迫 42 d 前，全红杨叶片可溶性糖含量显著低于中红杨和 2025 杨($P<0.05$)，中红杨和 2025 杨差异不显著($P>0.05$)。水淹胁迫 70 d，全红杨叶片可溶性糖含量极显著高于中红杨和 2025 杨($P<0.01$)，中红杨和 2025 杨差异不显著($P>0.05$)。解除胁迫 14 d 后，3 个杨树品种叶片中可溶性糖含量仍高于对照组，差异极显著($P<0.01$)，中红杨叶片中可溶性糖含量高于全红杨和 2025 杨，差异显著($P<0.05$)，全红杨和 2025 杨差异不显著($P>0.05$)。

因为有氧呼吸需要氧作为其终端电子受体，因此，在缺氧生境中，此代谢途径几乎被中断，植物为了逃脱水淹胁迫会加快茎的伸长生长和不定根的形成来获取外界的氧，这些过程会消耗大量储能。经历长时间水淹胁迫后，植物最终处于能量饥饿状态(Huang, et al.,2008)。耐水淹植物维持活力的能源主要靠厌氧代谢途径，如通过糖酵解、氧化磷酸化、乙醇发酵途径、磷酸戊糖途径、硝酸盐还原作用、胞质 pH 的维持与加强或植株保持休眠状态降低能耗等，来提供维持植物在低氧环境下各项正常生理功能与内部环境所必要的能量(Crawford and Braendle, 1996)。研究中，全红杨、中红杨和 2025 杨 3 个杨树品种叶片在水淹胁迫条件下呼吸作用加强，为增强细胞渗透调节能力，细胞内可溶性糖进行了主动积累，来维持厌氧条件下植株的糖酵解代谢所必需的源源不断的呼吸底物可溶性糖的供应。由于植株体内可溶性糖的含量是有限的，加上水淹条件下，植株的能量代谢处于需大于供的状态，因此增加植株体内可溶性糖的含量，对于提高植株抗厌氧胁迫的能力至关重要。Kato-Noguchi 等(2008)的研究表明，厌氧处理后，水稻幼苗胚芽鞘的可溶性糖含量和乙醇的产生速率与胚乳中的 a-淀粉酶活性具有相关性。同时发现，a-淀粉酶与厌氧忍耐有关的胚芽鞘伸长和胚芽鞘中 ATP 含量具有很好的相关性。表明胚乳内 a-淀粉酶将淀粉降解为可溶性糖的能力对于保证水稻胚芽鞘的厌氧忍耐能力是重要的。研究表明水淹胁迫下 3 种杨叶片可溶性糖含量保持长时间的持续升高，可认为 a-淀粉酶在将储存的碳水化合物降解成易被利用的可溶性糖的过程中起着主要作用(Guglielminetti,et al.,1995)，从而保证全红杨、中红杨和 2025 杨在水淹等厌氧条件下维持生命所需的能力供应。卓仁英等(2001)认为，一些植物在水涝胁迫时光合本身并不改变，只是光合产物输出受阻。也有研究表明，植株体内的碳水化合物含量被发现与植株的耐淹和耐淹后的恢复生长呈显著正相关(Panda,et al.,2008;Kawano,et al.,2008)。研究中解除胁迫 14 d 后,中红杨叶片可溶性糖的含量的升高可能为胁迫后效应,全红杨和 2025 杨呼吸底物消耗,可溶性糖含量下降,出现"糖饥饿"现象(麦苗苗等,2009;利容千等,2002)。可溶性糖的大量积累存在一个水势阈值,从实验结果来看,2025 杨的水势阈值低于全红杨和中红杨,从另一侧面来看,在无胁迫对照条件下全红杨、中红杨叶片可溶性糖含量升高的趋势亦明显大于 2025 杨。李予霞等(2004)研究表明:水分胁迫使葡萄幼龄叶片可溶性糖含量增加,而减少了成熟叶片中的含量,不同材料在不同逆境胁迫时,其体内可溶性糖含量变化不一,说明水分胁迫导致渗透调节物质由老组织向细嫩组织运输并积累,从而提高细嫩组织的干旱适应能力,因此本研究中可溶性糖测定结果可能也与取样叶龄有一定的关系。但是范川等(2009)在研究中发现,涝害和品种对可溶性糖没有显著影响,惠竹梅等(2007)在研究中发现在水分胁迫条件下,葡萄叶片中并没有可溶性糖的积累,因此可溶性糖含量作为 3 个杨树品种耐涝性评价指标的可行性有待进一步探讨。

大量研究表明,在干旱、盐渍、涝渍等环境胁迫下,脯氨酸会大量积累,其含量甚至提高百倍以上(黄承玲等,2011;张晓平,2004;张晓磊等,2010)。脯氨酸具有偶极性,对生物大分子多聚体的空间结构有保护作用,它可以改善细胞膜和其他分子物质的水环境,增强结构的稳定性,它不会渗入到蛋白质分子疏水相中引起蛋白质的变性,因此脯氨酸在稳定蛋白质特性方面有较为重要的作用(张晓平,2004)。脯氨酸的积累可能具有清除活性氧的作用,在逆境条件下,脯氨酸的积累可能一方面是细胞结构和功能遭受伤害时,集体做出的反应;另一方面也是植物对逆境适应性的表现,可作为鉴定植物相对抗性的指标。

由图 8-3(b)和表 8-5 可知,对照组,全红杨、中红杨和 2025 杨叶片中游离脯氨酸含量均随时间的推移略有下降,变化趋势基本一致,平均值分别为 23.61 $\mu g \cdot g^{-1}$ FW,23.92 $\mu g \cdot g^{-1}$ FW 和 23.79 $\mu g \cdot g^{-1}$ FW。与对照组相比,水淹胁迫 28 d 内,3 个杨树品种叶片中脯氨酸含量没有明显的变化。水淹 42 d 后三者叶片脯氨酸含量出现了明显的积累现象,全红杨叶片脯氨酸含量高于中红杨和 2025 杨。全红杨叶片中脯氨酸含量在水淹胁迫 56 d 时达到积累高峰,为 28.81 $\mu g \cdot g^{-1}$ FW,较对照组增加 25.79%,高于中红杨和 2025 杨,随后呈现快速下降趋势,胁迫 70 d 下降为 24.85 $\mu g \cdot g^{-1}$ FW,较对照组升高 2.25%。水淹胁迫 70 d,中红杨和 2025 杨叶片脯氨酸含量在达到积累高峰,分别为 29.28 $\mu g \cdot g^{-1}$ FW 和 28.77 $\mu g \cdot g^{-1}$ FW,较对照组增加 27.15%和 25.76%,此时二者叶片脯氨酸含量明显高于全红杨。解除胁迫 14 d,中红杨和 2025 杨树叶片脯氨酸含量下降,而全红杨叶片中脯氨酸含量出现了升高趋势,全红杨、中红杨和 2025 杨叶片中脯氨酸含量为 26.73 $\mu g \cdot g^{-1}$ FW,23.99 $\mu g \cdot g^{-1}$ FW 和 22.82 $\mu g \cdot g^{-1}$ FW,分别较对照组升高 21.79%,10.46%和 4.99%。

多重比较表明:无胁迫对照组全红杨、中红杨和 2025 杨叶片脯氨酸含量差异不显著($P>0.05$)。胁迫组水淹前 28 d 内,3 个杨树品种叶片脯氨酸含量与对照组差异不显著

($P>0.05$),三者间差异不显著($P>0.05$)。水淹胁迫 28 d 至 56 d,3 个杨树品种叶片的脯氨酸含量与对照组均差异极显著($P<0.01$),此时全红杨叶片脯氨酸含量显著高于中红杨和 2025 杨($P<0.05$),中红杨和 2025 杨差异不显著($P>0.05$)。水淹胁迫 70 d,全红杨叶片脯氨酸含量与对照组差异不显著($P>0.05$),中红杨和 2025 杨极显著高于对照组($P<0.01$),此时全红杨低于中红杨和 2025 杨,差异极显著($P<0.01$),中红杨和 2025 杨差异不显著($P>0.05$)。解除胁迫 14 d,全红杨和中红杨叶片脯氨酸含量极显著高于对照组($P<0.01$),2025 杨显著高于对照组($P<0.05$),三者叶片中脯氨酸含量差异显著($P<0.05$)。

20 世纪 80 年代以来,有关逆境条件下脯氨酸含量变化的研究很多,一般认为植物体内的游离脯氨酸含量不高,只有在逆境条件下(旱、热冷冻),植物体内脯氨酸的含量才迅速增加,然而对游离脯氨酸累积的生理效应有多种解释。大部分研究结果认为,在逆境条件下,脯氨酸的含量可以成倍地增加,但脯氨酸在湿害条件下,只能在植株体内短时间积累(汤章城,1984),植物在逆境下游离脯氨酸的大量积累被认为是对逆境胁迫的适应性反应。脯氨酸是细胞内重要的渗透调节物质,具有溶解度高,在细胞内积累无毒性,水溶液水势较高等特点,因此,脯氨酸可以作为抗性保护物质,为生化反应提供足够的自由水和化学生理活动物质,对细胞起保护作用(张晓平,2004)。

本研究中,在水淹胁迫前期全红杨、中红杨和 2025 杨 3 个杨树品种叶片脯氨酸含量变化不明显,且胁迫 28 d 时中红杨和 2025 杨还出现了小幅下降,说明水淹本身对植株还未达到胁迫条件,则游离脯氨酸不积累。随着水淹胁迫的持续全红杨叶片中脯氨酸含量率先增加,也最先达到了峰值。水淹胁迫下,全红杨、中红杨和 2025 杨相对于对照组增加幅度均不太大,较对照组胁迫 56 d 全红杨增加 25.77%、胁迫 70 d 中红杨增加 27.15%、胁迫 70 d2025 杨增加 25.76%,说明当水淹成为 3 个杨树品种各种源生长的不利因素时,其体内出现游离脯氨酸积累,存在于细胞质中的游离脯氨酸能调节渗透平衡,对细胞质中的各种酶起到保护作用,是植物对逆境适应的表现(汤章城,1984;赵福庚等,1999)。这与李淑琴等(2007)对无刺构骨(*Ilex cornuta Lindl. et* Paxt.),张晓磊等(2010)对麻栎的研究结果相同。其中,中红杨和 2025 杨叶片游离脯氨酸含量保持上升趋势,持续时间长,而全红杨呈现先升高后降解,这可能是达到最大值时能够起到的保护作用已达到极限,这时如果外界胁迫还未改变,植株则趋于死亡,从脯氨酸含量高峰值出现的时间来看,与植株接近死亡的时间相吻合,可以认为高峰值出现得越迟,耐涝性越强,中红杨和 2025 杨具有更强耐涝能力的信号,在张往祥等(2011)、李淑琴等(2007)的研究中也有相类似的结论。植物脯氨酸积累越多抗逆性能力超强,含量有时会超过正常条件下的十倍或百倍,这一结论虽在大多植物上得到证实(黄承玲等,2011;张晓平,2004;张晓磊等,2010),但也有少数植物在逆境条件下,脯氨酸含量变化不大(李晶,2000;王占军,2009)。本研究中 3 个杨树品种均表现出了较强的耐水淹能力,但在水淹胁迫下叶片中脯氨酸含量增幅不大。解除胁迫 14 d后,全红杨叶片中脯氨酸含量呈现增加趋势,这种增加是由于细胞结构和功能遭受破坏后,集体做出的反应;另一方面是植物对逆境适应的表现。可见胁迫解除后，伤害依然存在，但体内的适应机制同时也开始启动，以尽量减少逆境胁迫对植物体造成的更大的伤害。中红杨和 2025 杨叶片脯氨酸含量开始回落，说明胁迫对其的伤害较轻，能够在排水处理后逐步恢复正常。这与张晓平(2004)的结果相类似。

由图 8-3(c)和表 8-5 可见，对照组，全红杨叶片可溶性蛋白质含量略高于中红杨和 2025 杨，随时间的推移呈缓慢升高，变化趋势基本相同，三者平均值分别为 43.01 $mg \cdot g^{-1}$ FW，41.67 $mg \cdot g^{-1}$ FW 和 41.52 $mg \cdot g^{-1}$ FW。与对照组相比，水淹胁迫下，3 个杨树品种叶片可溶性蛋白质含量均先下降后升高，呈单峰曲线的变化趋势。水淹胁迫前期，全红杨、中红杨和 2025 杨 三者叶片中可溶性蛋白质含量均呈逐渐下降的趋势。淹水胁迫 42 d，全红杨、中红杨叶片可溶性蛋白质含量达到最低值 28.36 $mg \cdot g^{-1}$ FW 和31.55 $mg \cdot g^{-1}$ FW，较对照组下降 30.43%和 15.70%，而从图表中可见，胁迫 56 d，中红杨较对照组下降幅度为最大，此时叶片可溶性蛋白质含量为 33.37 $mg \cdot g^{-1}$ FW，较对照组下降 22.72%；胁迫 56 d，2025 杨叶片可溶性蛋白质含量达到最低值 30.11 $mg \cdot g^{-1}$ FW，较对照组下降 27.74%。随后全红杨、中红杨和 2025 杨叶片可溶性蛋白质含量均开始回升，胁迫 70 d 升至 38.27 $mg \cdot g^{-1}$ FW，38.94 $mg \cdot g^{-1}$ FW 和 35.91 $mg \cdot g^{-1}$ FW，此时仍分别较对照组低 16.29%、10.25%和 15.11%。解除胁迫 14 d，三者叶片可溶性蛋白质含量继续回升，但仍分别均低于对照组 17.02%、11.09%和 9.30%。

多重比较表明：无胁迫对照组全红杨叶片可溶性蛋白质含量显著高于中红杨和 2025 杨($P<0.05$)。持续水淹胁迫下，3 个杨树品种叶片的可溶性蛋白质含量低于对照组，差异极显著($P<0.01$)，三者之间差异显著($P<0.05$)。解除胁迫 14 d，全红杨、中红杨和 2025 杨叶片可溶性蛋白质含量低于对照组，全红杨与对照组差异极显著($P<0.01$)，中红杨和 2025 杨与对照组差异显著($P<0.05$)，2025 杨叶片可溶性蛋白质含量显著高于全红杨和中红杨($P<0.05$)。

可溶性蛋白质含量的变化与植物体的氮代谢过程密切相关(汤玉喜等，2008)。植物在水淹和厌氧胁迫下，同样会抑制正常蛋白的合成引起蛋白质含量变化，同时引发新的特异蛋白合成，这些蛋白主要是涝渍胁迫下的贮藏蛋白、逆境蛋白、参与糖代谢的酶(如脱氢酶、醇氢同工酶、蔗糖合成酶等)。根据代谢功能，可以将缺氧条件下合成的蛋白质分成三个功能群：一是调节糖类化合物进入糖酵解途径的酶，如蔗糖合成酶；二是糖酵解代谢途径的酶，如醛缩酶；三是乙醇发酵途径的酶，如丙酮酸脱羧酶，这些酶是植物在缺氧条件下，完成从淀粉或蔗糖到乙醇全过程以获取需要的能量所必需的(利容千等，2002)。现在已经克隆出几百种逆境响应基因，其中大多数可受 ABA 的影响，诱导许多基因表达和蛋白质的合成(陆旺金等，2000；张晓平，2004)。有研究表明，这些特异蛋白的产生与植物的生理生化过程有关，并且诱导蛋白的形成因实验材料、胁迫方式、处理时间、器官部位等而有所不同(李妮亚等，1998)。有研究人员发现：在水淹条件下，ADH 活性逐渐提高，而且两种不同的基因同时表达 ADH，和 ADHZ，多数植物在水涝胁迫下都会诱导合成一种 33KD 的蛋白质。而玉米在厌氧胁迫时，会产生两种类型的特异蛋白：

第一类是与热休克蛋白类似，在较短的时间内（5 h 达到高峰）合成，然后迅速下降，称之为过渡多肽；第二类是在缺氧 1.5 h 开始合成，可一直持续 72 h，直到细胞死亡，大致有 20 多种，称之为厌氧多肽（张继峰等，1998）。不同材料，在不同逆境胁迫时，其体内蛋白质含量变化不一，有些材料蛋白质含量会减少，有些材料会增加，而且增加幅度与抗逆性密切相关（张晓平，2004）。

本研究中，水淹胁迫前期 3 个杨树品种叶片可溶性蛋白质含量均呈下降趋势，叶肉细胞中可溶性蛋白质降低，说明蛋白质的合成受阻，蛋白质分解加速，导致其含量下降，这可能与水淹胁迫条件下细胞肽酶活性提高有关。水淹 42 d 至 56 d 时分别达到最低点，随后均又小幅上升，但均低于对照水平，上升幅度中红杨＞2025 杨＞ 全红杨，说明在胁迫后期植物体内抗氧化酶系合成增加，不溶性蛋白质变为可溶性蛋白质以增强渗透调节能力。解除胁迫后三者叶片可溶性蛋白质含量继续升高，2025 杨回升幅度最大。上述变化趋势一方面表明，水淹胁迫前期对植物体造成了伤害，导致可溶性蛋白质含量较对照显著下降；水淹处理后期可溶性蛋白质含量的小幅上升，也表明了耐淹涝的 3 个杨树品种自身对淹涝逆境形成了一种适应性机制，同时引发新的特异蛋白合成。不同参试材料蛋白质含量下降和回升幅度及达到极值的时间表明全红杨、中红杨和 2025 杨间受伤害程度有所区别，但差异分析表明三者间差异不显著（$P<0.05$），这与汤玉喜等（2008a）对其他美洲黑杨无性系的研究结果相同。也有研究表明在一定期限内，涝渍胁迫可促进可溶性蛋白积累，但不同树种之间累积趋势不尽相同。杜克兵等（2011）在研究中阐明，2 种水淹胁迫（水淹 10 cm，淹没）显著降低杨树叶片蛋白质含量，但不同树种不同处理蛋白质含量的变化无明显规律。徐锡增等（1999）在对 3 种美洲黑杨无性系的研究中发现，抗涝性强的无性系蛋白质含量明显升高，并随着胁迫的持续又明显下降；而耐涝能力弱的无性系蛋白质含量略升高，与对照差异始终很小，且未出现在峰值和下降的趋势。张往祥（2011）、张晓平（2004）等分别在研究中说明具有更强耐涝能力的落羽杉和杂种鹅掌楸在涝渍胁迫下，植物体内可溶性蛋白含量持续上升。范川等（2009）在研究中发现，涝害和品种对可溶性蛋白均没有显著影响，因此不适合作为毛豹皮樟耐涝性的评价指标。

8.4.2.4　叶片色素含量的变化

植物叶片是有机物的合成器官，是进行光合作用的主要器官。叶绿素是植物叶片中的基本组成物质，是光合作用中最重要的有效色素，也是植物截获光能，将光能转化为化学能的活性物质，其含量的改变会直接影响植株光合作用的强弱，植物的正常生长和抗逆性。尤其是叶绿素 a 是高等植物光合作用的主要色素，叶绿素 a 的功能主要是将汇聚的光能转变为化学能进行光化学反应，与叶片光合速率及植物体的有机物质积累、生长发育、产量形成密切相关（焦绪娟，2007）。而叶绿素 b 则主要是收集光能，叶绿素 a/b 比值下降的程度也可评定植物品种的抗旱性（张明生等，2001；徐文铎等，1994）。类胡萝卜素与叶绿素均为光合色素，类胡萝卜素存在于叶绿体内，是重要的内源抗氧化剂，一方面可以吸收除长波和短波以外的其他剩余波长的光，耗散叶绿素吸收的过多光能，阻止激发态叶绿素分子的激发能从反应中心向外传递；另一方面有利于防止或减轻光抑制，因为类胡萝卜素尤其是其中的β-类胡萝卜素可淬灭不稳定的三线肽叶绿素及具有强氧化作用、对光合膜有潜在破坏作用的单线肽氧，保护叶绿素分子免遭光氧化损伤，从而防止膜质过氧化(Maslenkova，et al.，1993；姜英淑等，2009；颜淑云等，2011)。类胡萝卜素含量降低，对过剩激发能的耗散减弱，使活性氧增加，不利于植物的光合作用，通常类胡萝卜素与叶绿素呈正相关性(柯世省等，2007；董金一等，2008)。花色素苷是彩叶植物的重要色素之一，在叶片中其含量比例的变化可影响叶片对光的吸收和利用效率。花色素苷(Ant)与叶绿素(Chl)、类胡萝卜素(Car)等色素共同决定植物叶片着色的差异，尤其是红叶植物与绿叶植物中花色素苷和叶绿素含量存在显著差异(杨淑红，2012；李雪飞，2011)。

由图 8-4、图 8-5 和表 8-6、表 8-7(见本章末)可见，对照组全红杨叶片中各色素含量均高于中红杨和 2025 杨。水淹胁迫对 3 个杨树叶片中叶绿素 a、叶绿素 b、总叶绿素、类胡萝卜素和花色素苷含量均影响显著，而对叶绿素 a/b 值影响较小。无胁迫对照组，全红杨、中红杨和 2025 杨叶片中除花色素苷含量先降后升外，其他各色素含量均呈现缓慢下降趋势。与对照相比，水淹条件下 3 个杨树品种叶片中叶绿素 a、叶绿素 b、总叶绿素和类胡萝卜素含量总体呈现下降趋势，但较对照组降低的幅度上下起伏。在水淹胁迫28 d时，全红杨、中红杨和 2025 杨叶片中叶绿素 a 含量均出现了大幅下降，分别较对照组下降 25.03%，21.66%和 22.61%，之后呈振荡回升再下降趋势。水淹胁迫 56 d 时，全红杨较对照组下降 25.54%，此时下降幅度最大；解除胁迫后 14 d 时，中红杨和 2025 杨较对照组下降幅度最大，分别下降 29.62%和 23.76%。叶绿素 b 含量变化趋势与叶绿素 a 基本相同，在水淹胁迫 28 d 时，全红杨、中红杨和 2025 杨 叶片叶绿素 b 含量分别较对照组下降 30.10%，21.58%和 19.19%；水淹胁迫 56 d 时，全红杨较对照组下降 26.78%，下降幅度较大；解除胁迫 14 d 时，全红杨、中红杨和 2025 杨叶片叶绿素 b 含量分别较对照组下降 22.65%，20.84%和 23.63%。叶绿素含量为叶绿素 a 和叶绿素 b 的和，因此 3 个杨树品种叶片中叶绿素含量也是呈振荡下降趋势。水淹胁迫28 d时，全红杨较对照组下降了 26.41%，此时下降幅度最大；水淹胁迫 42 d 时，中红杨较对照组下降幅度最大，下降 28.61；解除胁迫 14 d 时，2025 杨较对照组下降幅度最大，下降 23.73%。另外发现，3 个杨树品种叶绿素 a/b 的值均呈振荡下降趋势，说明叶绿素 a 的下降幅度大于叶绿素 b。3 个杨树品种叶片中类胡萝卜素含量同叶绿素含量一样较对照组呈持续下降趋势，解除胁迫 14 d 时，全红杨较对照组最多下降幅度最大，下降 28.82%，胁迫 70 d 时，中红杨较对照组下降 21.31%，解除胁迫 14 d 时，2025 杨较对照组下降 21.48%。可见持续水淹胁迫对 3 个杨树品种叶片中的叶绿素和类胡萝卜素均造成不同程度破坏和损伤，产生膜脂质过氧化，但三者对持续胁迫均表现出一定的调节和适应能力。研究中，中红杨和 2025 杨叶片中花色素苷含量在整个处理过程中较对照组均有升高的趋势，而全红杨叶片中花色素苷含量在胁迫前期和后期较对照组是有所下降的。

多重比较表明：无胁迫对照组全红杨叶片中各色素含量均高于中红杨和 2025 杨，差异极显著($P<0.01$)。持续水淹胁迫下,3 个杨树品种叶片叶绿素 a、叶绿素 b、总叶绿素和类胡萝卜素含量与对照组的差异均达到了极显著水平($P<0.01$)。水淹胁迫28 d左右和胁迫解除 14 d 时,3 个杨树品种叶片中叶绿素 a、叶绿素 b 和总叶绿素与对照组差异显著性最明显,全红杨与对照组的差异明显高于中红杨和 2025 杨。全红杨叶片叶绿素 a/b 值与对照组差异不显著($P>0.05$),而中红杨和 2025 杨与对照组差异显著($P<0.05$)。水淹胁迫不同阶段 3 个杨树品种叶片中花色素苷含量与对照组有极显著差异($P<0.01$),但全红杨平均水平上与对照组差异并不显著($P>0.05$),中红杨和 2025 杨与对照组差异显著($P<0.05$)。

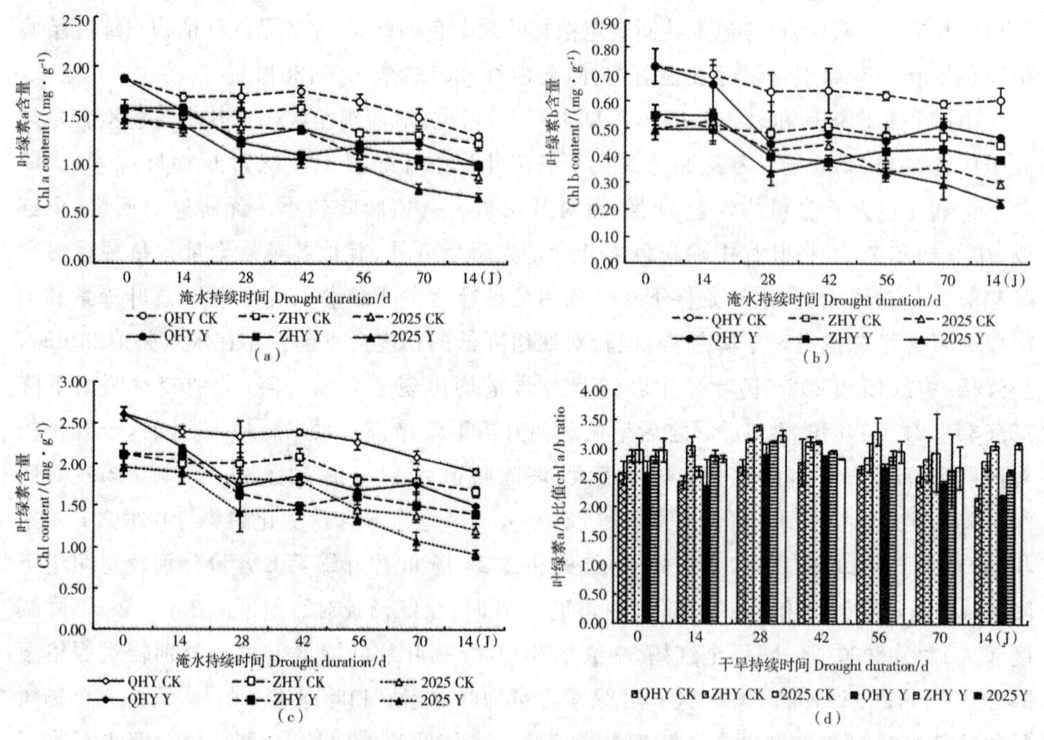

图 8-4 持续水淹胁迫对 3 个杨树品种叶片叶绿素含量的影响(平均值±标准误)

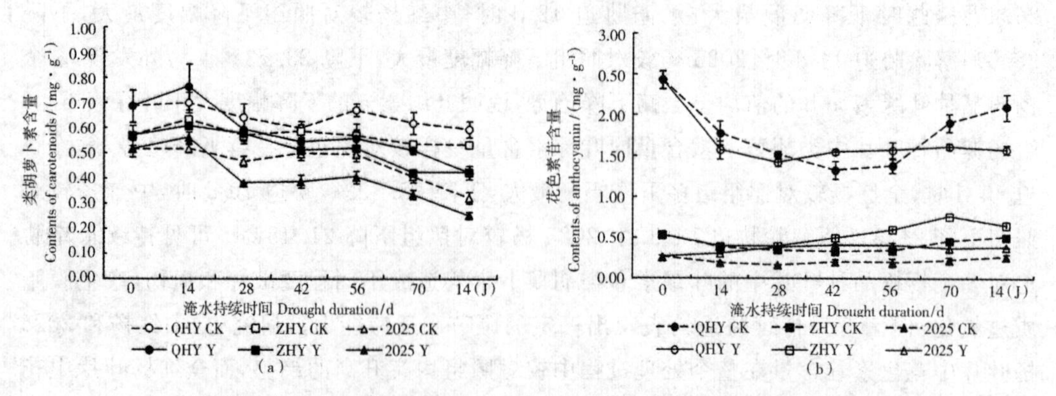

图 8-5 持续水淹胁迫对 3 个杨树品种叶片类胡萝卜素和花色素苷含量的影响(平均值±标准误)

叶绿体是植物光合作用的主要机构,叶绿素作为主要光合色素,参与光合作用中光能吸收、电子传递和转化、还原能力的强弱以及初级光合产物的形成都与其结构密切相关(肖祥希等,2003)。叶绿素的降解是植物叶片对水淹的生化响应(Fernandez M D,2006),叶绿素含量的降低说明水淹胁迫抑制叶片的光合性能,叶片超微结构受损,尤其光合机构的损伤是光合性能下降的重要原因。杜克兵等(2010)在研究中说明基粒的受损程度与叶绿素含量下降趋势的一致性说明基粒的损伤是水淹胁迫下叶绿素含量降低的重要原因之一,水淹胁迫下植物体内产生的多种活性氧使光合色素发生降解可能是叶绿素含量降低的另一因素(蒋明义等,1996)。水淹胁迫下叶绿体结构的损伤对杨树光合作用的影响是多方面的,叶绿体对水淹胁迫敏感,可能是由于叶绿体是植物细胞中最需 O_2 的分区,在水淹胁迫下,由于基粒片层垛叠结构的损失,结合在基粒膜上的活性氧清除酶的活力下降。同时,由于碳同化过程受阻,过剩电子传递给 O_2,造成活性氧等有害物质的积累,积累的活性氧可直接启动膜脂过氧化,造成叶绿体伤害(Allen,et al.,2001)。

研究中全红杨叶片中各色素含量均高于中红杨和2025杨,差异极显著($P<0.01$)。在轻度水淹胁迫到中度水淹胁迫过程中,3个杨树品种叶片中叶绿素和类胡萝卜素均有一定的升高,这可能是3个杨树品种喜水性的嗜水生理反应。由于正常供水提供的土壤水分暂时未能满足苗木生长的所需,而短时间的胁迫处理不仅没有对苗木造成影响,而且有助于满足苗木的生理需求。随水淹时间的延长,3个杨树品种的叶绿素a含量、叶绿素b含量、总叶绿素含量和叶绿素a/b的比值均呈下降趋势,叶绿素a的下降幅度大于叶绿素b。持续水淹胁迫导致叶绿素和类胡萝卜素含量大幅度下降,可见严重的水淹胁迫会使叶片的叶绿素和类胡萝卜素含量降低,叶绿素含量的降低是光合作用减弱的主要原因之一(隆小华等,2006),3个杨树品种叶片叶绿素含量的下降,表明水淹胁迫对3个杨树品种叶片叶绿素有明显的破坏作用,在一定程度上影响了叶片的光合能力。多重比较表明水淹处理均造成全红杨、中红杨和2025杨叶片叶绿素含量降低,与对照组差异极显著($P<0.01$),但3个无性系之间差异不显著($P>0.05$)。由于叶绿素a更多地结合在光系统反应中心上,而叶绿素b主要结合在捕光色素蛋白复合物上(陈芳清等,2008),叶绿素a/b值的下降,可能是长时间的水淹胁迫下,叶绿素a对活性氧的反应较叶绿素b敏感,使得叶绿素a的降幅高于叶绿素b,使光能转化和能量提供能力受到抑制,从而不能维护光合作用的高效运转,并导致叶片因吸收过量光能而产生一定的光抑制,以及过量光能诱导的自由基产生,进而破坏叶绿体膜结构,加速叶绿素的分解和色素分子光氧化。研究中3个杨树品种叶片各光合色素指标下降幅度上下起伏,含量下降幅度出现缓解,可能是植株经历胁迫过程中,抗涝机制启动,在其所能承受的胁迫范围内,叶绿素和类胡萝卜素降解减缓,同时又有新的叶绿素合成。因此表明,3个杨树品种受到水淹胁迫后,均能通过叶片叶绿素a与叶绿素b的含量变化来调节光合作用机制,以维持其生存所需的光合能力,这与李环(2010)、杜克兵(2010)、焦绪娟(2007)等人对其他杨树的研究结果相类似。在解除胁迫14 d后,三者叶片叶绿素和类胡萝卜素含量仍呈下降趋势,这表明水淹胁迫对叶绿素和类胡萝卜素的破坏存在明显的滞后现象。另有研究表明水,淹处理后意大利桤木(*Alnus cordata*)固氮酶活性在 4 h 内急剧下降，并难以恢复(焦绪娟，2007)，后期叶绿素 a 和叶绿素 b 含量下降或许是叶绿素分解以弥补 N 的不足(Euzwiser J,et al.,2002)。

许多研究表明抗涝性较强的树木在涝渍胁迫下体内叶绿素含量呈升一降的趋势(范川等,2009;曹晶等,2007)。Ye(2003)认为，涝害导致红树(*Rhizophoraceae*)的叶绿素 a 和叶绿素 b 含量上升，涝害时加强了叶绿素的合成，表明红树对涝害有较强的反应能力，是植物耐涝性强的表现。也见报道水渍并不减少木榄(*Bruguiera gymnorrhiza* (L.) Poir.)和秋茄(*Kandelia candel* (Linn.)Druce)的光合色素含量(叶勇,2001)。但对多数植物的研究表明，水涝胁迫可使梭化酶活性逐渐降低，叶绿素含量下降，叶片早衰和脱落，植物叶绿素含量降低(杜克兵等,2010;李环等,2010;王华田等,1997;李纪元,2006;张晓平等,2006;薛艳红等,2007;焦绪娟,2007;张晓磊等,2010;魏风珍等,2000)。

叶绿素含量和衰老之间存在明显的负相关(杨淑慎等,2001)。研究中水淹胁迫影响了全红杨、中红杨和 2025 杨 3 个杨树品种叶片叶绿素合成速度，促进已形成叶绿素降解，甚至叶绿体结构破坏，导致叶绿素含量下降，从而加速植物衰老过程(Martin,et al.,1972;张继澍,1999;王宇超等,2010)。花色素苷含量的增加可使叶片绿色变弱，呈现红色，同时黄色色调向蓝色色调过渡，而红光和蓝光是叶片光合作用的主要有效光，因此红蓝色调越重的叶片对红光和蓝光的反射率越高、吸收及利用率降低，从而影响植物叶片的光合作用。在水淹胁迫前期和后期全红杨叶片中花色素苷含量低于对照组，胁迫中期高于对照组水平；胁迫使中红杨和 2025 杨叶片中花色素苷含量高于对照组。3 个杨树品种叶片中花色素苷含量表现出一定的稳定性，在叶片衰老后期没有出现花色素苷新合成和积累性增长，而叶绿素和类胡萝卜素则对水分胁迫表现出很高的敏感性。这与 3 个杨树品种材料失绿、变黄等一系列外观特征变化基本一致。水淹胁迫 28 d 后，3 个杨树品种叶片中叶绿素和类胡萝卜素含量越低，叶片有明显的失绿现象，表现出一定的伤害症状。尽管水淹胁迫过程中 3 个杨树品种叶片叶绿素含量下降略有缓解，但仍明显低于对照组水平，花色素苷含量比例升高，叶片呈现黄色或红斑，此时叶片变黄或变红一般是叶绿素降解后原有的花色素苷和类胡萝卜素显现出的颜色(Matile et al.,2000; Field et al.,2001;葛雨萱等,2011)。随着水淹胁迫时间的延长叶片衰老症状越严重，其叶片大多色彩暗淡无光泽，萎蔫脱叶快。而在自然生长季中，秋叶红色植物相对于其他绿叶或黄叶植物可能自身具有较高的花色素苷合成和积累潜能，并只有当环境因子，如温差，海拔、日照等达到特定条件时，花色素苷的新合成和积累的能力才得以充分激发，此时红色叶叶片中花色素苷含量有明显的增加(杨淑红,2012;葛雨萱等,2011)，其叶片大多色彩鲜艳有光泽，持叶时间长，这也体现了植株死亡性衰老和休眠性衰老其叶片生命体征的差别。

8.4.2.5 叶片气体交换特性的变化

叶片是植物最主要的光合器官，对外界环境的改变最为敏感(杜克兵等,2010)。有研究表明缘于涝渍或干旱的水分胁迫不同逆境，都会引起植物气孔关闭，光合及蒸腾速率下降等相似的生理响应，并最终表现在生长量显著下降（汤玉喜等，2008）。涝渍胁迫主要限制光合作用与有氧呼吸，而促进无氧呼吸，长期水淹会引起植物体叶片中总叶绿素和叶绿素 a 含量下降，从而引起植物光合速率下降，叶片衰老凋落，最终使植物的地上部分枯死，生长发育停滞、生物量丧失，严重的会导致植株死亡。渍水下净光合速率与产量的变化显著正相关，可作为耐渍性选择指标（曾建军等，2004）。

土壤淹水后，不耐涝植物的光合速率迅速下降，水淹初期光合作用下降的原因主要是气孔关闭，CO_2 扩散的气孔阻力增加（Mekevlin et al.，1998）。土壤淹水不仅降低光合速率，光合产物的运输也有所下降（吕军，1994），也有一些植物在水涝胁迫下光合本身不改变，但光合产物输出受阻，因产物抑制而降低了光合速率。水淹条件下植物光呼吸酶活性受影响，光呼吸加强，水分胁迫下光呼吸具有特殊的防止光抑制作用，通过 CO_2 循环有效耗散过剩能量，从而保护植物在逆境下的光抑制（钟雪花等，2002；Tolbert，et al.，1971；Powles，et al.，1975）。

测定了 3 个杨树品种当年生嫁接苗水淹处理和 CK 的叶片气体交换参数，由于不同日期测定时天气的差异，测定值会有所不同，如胁迫处理和 CK 均表现出晴天净光合速率较高，阴天则较低的类似规律，但从处理组和对照组各参数的差异上可以看出胁迫对 3 个杨树品种嫁接苗叶片的影响。

由图 8-6(a)和表 8-8(见本章末)可知，对照组，全红杨、中红杨和 2025 杨叶片净光合速率（Pn）均呈先缓慢升高后降低的变化趋势，全红杨叶片 Pn 低于中红杨和 2025 杨，平均值为 8.69 $\mu mol \cdot m^{-2} \cdot s^{-1}$，10.20 $\mu mol \cdot m^{-2} \cdot s^{-1}$ 和 12.52 $\mu mol \cdot m^{-2} \cdot s^{-1}$。与对照组相比，持续水淹胁迫下，3 个杨树品种叶片 Pn 均呈现持续下降的趋势。水淹胁迫42 d内下降较为明显，全红杨、中红杨和 2025 杨叶片 Pn 分别较对照组最多下降 73.21%（水淹胁迫 28 d），64.25%（水淹胁迫 42 d）和 50.77%（水淹胁迫 28 d）。随后下降有所缓解，水淹胁迫 70 d 时下降幅度再次增大，全红杨、中红杨和 2025 杨 Pn 降为 2.51 $\mu mol \cdot m^{-2} \cdot s^{-1}$，4.70 $\mu mol \cdot m^{-2} \cdot s^{-1}$ 和 3.68 $\mu mol \cdot m^{-2} \cdot s^{-1}$，分别较对照组下降 72.93%，60.54% 和 76.72%。解除胁迫 14 d，三者叶片 Pn 均有一定的恢复，但仍明显低于对照组水平，此时全红杨、中红杨和 2025 杨叶片 Pn 分别为 3.03 $\mu mol \cdot m^{-2} \cdot s^{-1}$，4.67 $\mu mol \cdot m^{-2} \cdot s^{-1}$ 和 3.75 $\mu mol \cdot m^{-2} \cdot s^{-1}$，较对照组下降 66.33%，56.95% 和 72.79%。70 d的持续水淹胁迫过程中，中红杨叶片 Pn 下降幅度最小，2025 杨最大，解除胁迫后三者叶片 Pn 恢复均不明显，说明持续水淹对三者叶片光合作用器官均造成了一定程度的破坏，另外时至夏末秋初季节，季节性植物代偿能力的损失与植物叶片 Pn 下降也有很大的关系。

多重比较表明：无胁迫对照组全红杨叶片 Pn 低于中红杨和 2025 杨，差异极显著（$P<0.01$）。持续水淹胁迫下，3 个杨树品种叶片 Pn 均低于对照组，差异极显著（$P<0.01$），三者之间差异逐渐变小，为显著水平（$P<0.05$）。解除胁迫 14 d，3 个杨树品种叶片 Pn 均仍低于对照组，差异极显著（$P<0.01$），三者间差异显著（$P<0.05$）。

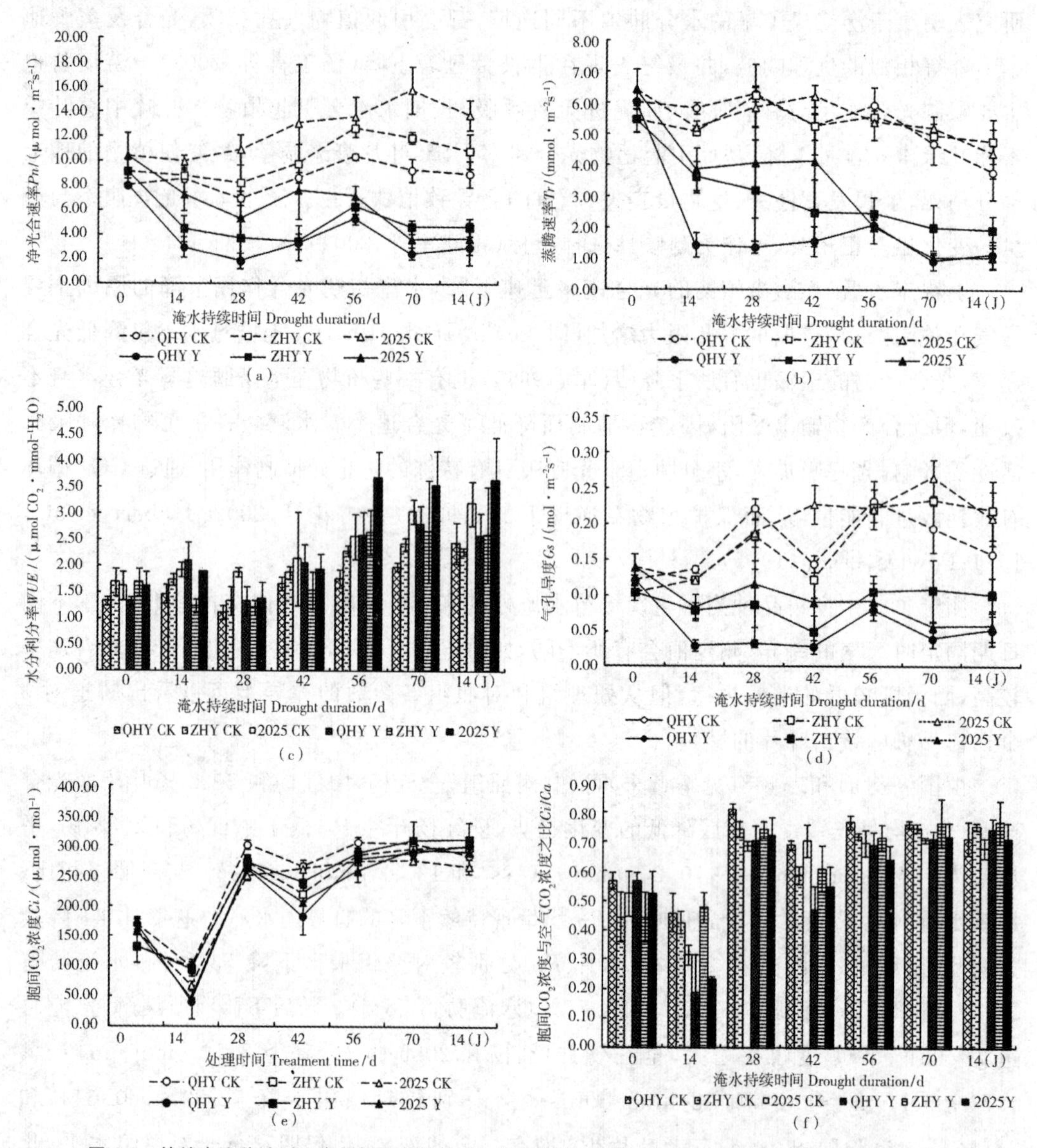

图 8-6 持续水淹胁迫对 3 个杨树品种叶片 Pn、Tr、WUE、Gs、Ci 和 Ci/Ca 的影响(平均值±标准误)

由图 8-6(b)和表 8-8 可知,对照组,全红杨、中红杨和 2025 杨叶片蒸腾速率(Tr)均呈起伏缓慢下降的变化趋势,全红杨、中红杨和 2025 杨叶片 Tr 平均值为 5.41 mmol·m^{-2}·s^{-1},5.33 mmol·m^{-2}·s^{-1}和 5.53 mmol·m^{-2}·s^{-1},2025 杨 Tr 略高于全红杨和中红杨。与对照组相比,持续水淹胁迫下,3 个杨树品种叶片 Tr 均呈持续下降的趋势。水淹胁迫 14 d 时,全红杨在叶片 Tr 急速下降到 1.44 mmol·m^{-2}·s^{-1},较对照组下降 75.29%,随后振荡起伏下降,胁迫 70 d 时大幅下降为 0.923 mmol·m^{-2}·s^{-1},较对照组下降 80.33%;水淹胁迫 70 d 时,中红杨和 2025 杨叶片 Tr 下降幅度最大,降为 2.012 mmol·m^{-2}·s^{-1}和 1.028 mmol·m^{-2}·s^{-1},分别较对照组下降 59.36%和 80.26%。解除胁迫 14 d 后,三者叶片 Tr 均有一定的恢复,但仍明显低于对照组,全红杨、中红杨和 2025 杨叶片 Tr 为

1.130mmol·m^{-2}·s^{-1}，1.930 mmol·m^{-2}·s^{-1}和 1.036 mmol·m^{-2}·s^{-1}，分别较对照组下降 70.11%，59.59%和 76.41%。

多重比较表明：无胁迫对照组 3 个杨树品种叶片 Tr 差异不显著（$P>0.05$）。持续水淹胁迫下，3 个杨树品种叶片 Tr 均低于对照组水平，差异极显著（$P<0.01$）。水淹胁迫前期，2025 杨和中红杨叶片 Tr 极显著高于全红杨（$P<0.01$）；胁迫后期，中红杨叶片 Tr 极显著高于全红杨和 2025 杨（$P<0.01$）。解除胁迫 14 d，3 个杨树品种叶片 Tr 仍低于对照组水平，差异极显著（$P<0.01$），中红杨极显著高于全红杨和 2025 杨（$P<0.01$）。

由图 8-6(c)和表 8-8 可知，对照组，全红杨、中红杨和 2025 杨叶片水分利用率（WUE）均呈逐渐升高的趋势，全红杨叶片 WUE 低于中红杨和 2025 杨，平均值为 1.68 μmol CO_2·$mmol^{-1}$ H_2O，1.94 μmol CO_2·$mmol^{-1}$ H_2O 和 2.33 μmol CO_2·$mmol^{-1}$ H_2O。与对照组相比，持续水淹胁迫使全红杨叶片 WUE 始终高于对照组水平，而中红杨和 2025 杨叶片 WUE 较对照组先降低后升高。水淹胁迫 14 d，全红杨叶片 WUE 急速升高为 2.10 μmol CO_2·$mmol^{-1}$ H_2O，较对照组升高 43.42%；随后升高幅度下降，胁迫 56 d叶片 WUE 再次升高为 2.58 μmol CO_2·$mmol^{-1}$ H_2O，较对照组升高 46.77%。水淹胁迫 42 d 内，中红杨和 2025 杨叶片 WUE 低于对照组水平，最多分别较对照组下降 28.89%（胁迫 14 d，1.24 μmol CO_2·$mmol^{-1}$ H_2O）和 26.88%（胁迫 28 d，1.37 μmol CO_2·$mmol^{-1}$ H_2O）；随后，二者叶片 WUE 超过对照组水平，水淹胁迫 56 d 时为 2.64 μmol CO_2·$mmol^{-1}$ H_2O 和 3.67 μmol CO_2·$mmol^{-1}$ H_2O，分别高于对照组 15.46%和 43.75%，较对照组增幅均最大。解除胁迫 14 d，全红杨和 2025 杨叶片 WUE 均有一定的下降，而中红杨继续升高，此时全红杨、中红杨和 2025 杨叶片 WUE 为 2.57 μmol CO_2·$mmol^{-1}$ H_2O，2.60 μmol CO_2·$mmol^{-1}$ H_2O 和 3.62 μmol CO_2·$mmol^{-1}$ H_2O，仍分别高于对照组水平 5.35%，14.20%和 13.55%。持续水淹胁迫下，全红杨叶片水分利用率最高，解除胁迫后能下降到接近对照组水平；而中红杨和 2025 杨在水淹胁迫前期叶片水分利用率下降，随后慢慢适应环境，能适当调节提高机体应对胁迫能力。说明三者对水淹胁迫均能表现出较强的应对能力。

多重比较表明：无胁迫对照组全红杨叶片 WUE 低于中红杨和 2025 杨，3 个杨树品种之间差异显著（$P<0.05$）。持续水淹胁迫下，全红杨叶片 WUE 始终高于对照组水平，差异极显著（$P<0.01$），2025 杨叶片 WUE 与对照组差异显著（$P<0.05$），中红杨与对照组差异不显著（$P>0.05$）。中红杨和 2025 杨叶片 WUE，水淹胁迫前期低于对照组水平，差异极显著（$P<0.01$）；胁迫后期高于对照组水平，差异显著（$P<0.05$）。3 个杨树品种之间差异显著（$P<0.05$）。解除胁迫 14d，全红杨叶片 WUE 与对照组差异不显著（$P>0.05$），中红杨和 2025杨高于对照组水平，差异显著（$P<0.05$），三者间差异极显著（$P<0.01$）。

净光合速率是评价植物抗逆境能力的一个重要依据。叶绿素存在于光合作用器官叶绿体内，许多研究证实水淹胁迫可以引起叶绿素 a，b 和叶绿素 a/b 的变化，进而引起光合功能的改变（杜克兵等，2010；李环等，2010；张晓平等，2006；焦绪娟，2007；张晓磊等，2010）。在无胁迫对照条件下，全红杨、中红杨和 2025 杨 3 个杨树品种叶片净光合速

率 Pn 存在较大差异，2025 杨具有相对较高的 Pn。持续水淹胁迫下，3 个杨树品种叶片 Pn 明显低于对照组水平，胁迫前期差异达极显著水平，而后期差异不显著。从光合的角度看，水淹胁迫对 3 个杨树品种生理均产生了一定的影响，但三者对持续水淹胁迫的应对能力差异不显著。解除胁迫 14 d，3 个杨树品种叶片 Pn 恢复并不明显，说明持续水淹对三者叶片光合作用器官可能均造成了一定程度的破坏，解除胁迫后不同树种、不同无性系 Pn 恢复正常所需时间不同，与胁迫强度、胁迫时间和实验材料的抗性有关（冯玉龙，2003；Tan *et al*. 1992）。图 8-6(b)和表 8-8 叶绿素含量指标的下降程度同时也反映出了 3 个杨树品种光合机构的破坏程度和光合活性的强弱。另外时至夏末秋初落叶时，叶片季节性衰老与植物代偿能力损失也有很大的关系。

植物的蒸腾作用在植物水分代谢中起着重要的调节支配作用，蒸腾作用对植物体内矿质元素的吸收以及矿质元素在植物体内的运输都起着非常重要的作用，是植物体水分吸引和水分运转的主要动力，因此蒸腾速率是衡量植物水分平衡的一个重要生理指标。植物体地上部分各器官主要是靠蒸腾作用获得所需水分，蒸腾作用消耗的水分在很大程度上来自根系土壤水分。本研究中，持续水淹胁迫对 3 个杨树品种叶片蒸腾速率 Tr 的影响与净光合速率 Pn 相似，3 个杨树品种叶片的 Tr 也均随着水分胁迫程度的加剧而显著降低。试验前期全红杨、中红杨和 2025 杨间 Tr 存在显著差异，水分胁迫后期全红杨与 2025 杨差异不显著($P>0.05$)，二者与中红杨差异极显著($P<0.01$)。

单叶水平上水分利用效率(WUE)一般采用净光合速率与蒸腾速率之比来表示，表明植物消耗单位水分所产生的同化物量（颜淑云等，2011）。WUE 可反映植物水分的利用水平，提高水分利用效率是植物在水分胁迫下忍耐逆境能力的一种适应方式。从本研究中我们测定的结果来看，持续水淹胁迫下，全红杨、中红杨和 2025 杨叶片随着 Pn、Tr 降低，水分利用率均显著高于对照组水平，这表明 3 个杨树品种均是通过降低 Pn、Tr 并大幅提高 WUE 来适应渐加剧的水分胁迫，使消耗单位水量所累积干物质的量增加，这与汤玉喜等(2008)对其他美洲黑杨无性系的研究结果相同。

由图 8-6(d)和表 8-8 可知，对照组，全红杨和中红杨叶片气孔导度(Gs)出现较大的起伏变化，但三者的总体变化趋势基本一致。2025 杨叶片 Gs 平均值高于全红杨和中红杨，平均值分别为 0.173 $mol \cdot m^{-2} \cdot s^{-1}$，0.173 $mol \cdot m^{-2} \cdot s^{-1}$ 和 0.196 $mol \cdot m^{-2} \cdot s^{-1}$。与对照组相比，持续水淹胁迫下，3 个杨树品种叶片 Gs 均呈现大幅下降，全红杨较对照组最多下降 85.08%（胁迫 28 d，0.080 $mol \cdot m^{-2} \cdot s^{-1}$），中红杨较对照组最多下降 59.48%（胁迫 42 d，0.050 $mol \cdot m^{-2} \cdot s^{-1}$），2025 杨较对照组最多下降 78.65%（胁迫70 d，0.057 $mol \cdot m^{-2} \cdot s^{-1}$）。解除胁迫 14 d，全红杨、中红杨和 2025 杨叶片 Gs 为 0.052 $mol \cdot m^{-2} \cdot s^{-1}$，0.100 $mol \cdot m^{-2} \cdot s^{-1}$ 和 0.058 $mol \cdot m^{-2} \cdot s^{-1}$，分别低于对照组水平 67.35%，54.14%和 72.37%。持续水淹使 3 个杨树品种叶片 Gs 明显变小，解除胁迫14 d仍恢复不明显，说明持续水淹胁迫使 3 个杨树品种气孔关闭，输导功能明显下降。

多重比较表明：无胁迫对照组，3 个杨树品种叶片 Gs 均呈振荡起伏变化，整体上 2025 杨显著高于全红杨和中红杨($P<0.05$)，并在多个胁迫时间点三者差异达到极显著

水平($P<0.01$)。持续水淹胁迫下,3个杨树品种叶片 Gs 均低于对照组水平,差异极显著($P<0.01$),全红杨显著低于中红杨和2025杨($P<0.05$)。解除胁迫14 d,3个杨树品种叶片 Gs 仍极显著低于对照组水平($P<0.01$),中红杨极显著高于全红杨和2025杨($P<0.01$),二者差异不显著($P>0.05$)。

由图8-6(e)和表8-8可知,对照组,全红杨、中红杨和2025杨叶片胞间 CO_2 浓度(Ci)总体变化趋势基本一致,呈起伏升高,全红杨叶片 Ci 平均值高于中红杨和2025杨,平均值为247.31 μmol·mol^{-1},228.68 μmol·mol^{-1} 和222.10 μmol·mol^{-1}。持续水淹胁迫下,全红杨叶片 Ci 始终低于对照组水平,胁迫14 d下降最多,为40.56 μmol·mol^{-1},较对照组下降58.45%,随后下降幅度变小,胁迫70 d为288.13 μmol·mol^{-1},较对照组下降5.34%。中红杨在水淹胁迫28 d内叶片 Ci 始终低于对照组水平,随后高于对照组水平,但变化幅度较小,最多低于对照组2.48%(胁迫14 d,94.88 μmol·mol^{-1}),最多高于对照组8.60%(胁迫42 d,239.27 μmol·mol^{-1})。在水淹胁迫14 d时,2025杨同全红杨一样叶片 Ci 大幅下,为46.80 μmol·mol^{-1},较对照组下降30.55%,随后下降幅度逐渐变小,胁迫70 d为292.54 μmol·mol^{-1},高于对照组5.99%。解除胁迫14 d,全红杨、中红杨和2025杨叶片 Ci 为300.96 μmol·mol^{-1},311.02 μmol·mol^{-1} 和289.94 μmol·mol^{-1},分别略高于对照组5.66%,4.28%和8.85%。

多重比较表明:无胁迫对照组,全红杨叶片 Ci 显著高于中红杨和2025杨($P<0.05$),中红杨和2025杨间差异不显著($P>0.05$)。持续水淹胁迫下,全红杨叶片 Ci 低于对照组水平,差异极显著($P<0.01$),中红杨和2025杨与对照组差异不显著($P>0.05$),三者间差异显著($P<0.05$)。解除胁迫14 d,3个杨树品种叶片 Ci 显著高于对照组水平($P<0.05$),二者差异不显著($P>0.05$)。

由图8-6(f)和表8-8可知,对照组,全红杨、中红杨和2025杨叶片胞间 CO_2 浓度与空气 CO_2 浓度之比(Ci/Ca)呈起伏变化,变化趋势基本一致,全红杨叶片 Ci/Ca 平均值略高于中红杨和2025杨,三者平均值分别为0.681,0.631和0.616。与无胁迫对照组相比,持续水淹胁迫下3个杨树品种叶片 Ci/Ca 变化与 Ci 变化趋势基本一致。胁迫14 d时全红杨叶片 Ci/Ca 快速下降为0.187,较对照组下降59.13%,随后下降幅度逐渐变小,但始终低于对照组水平;胁迫70 d时全红杨叶片 Ci/Ca 为0.711,较对照组下降6.44%。中红杨叶片 Ci/Ca 除在水淹胁迫28 d和56 d分别略低于组0.03%和0.64%外,其他时间均高于对照组水平,胁迫14 d时,中红杨叶片 Ci/Ca 为0.477,高于对照组12.21%。同全红杨一样,2025杨在水淹胁迫14 d时叶片 Ci/Ca 大幅下降,为0.234,较对照组下降25.57%,随后下降幅度逐渐变小,胁迫70 d时为0.719,高于对照组1.56%。解除胁迫14 d,全红杨、中红杨和2025杨叶片 Ci/Ca 为0.743,0.768和0.712,分别高于对照组4.32%,2.06%和4.84%。

多重比较表明:无胁迫对照组全红杨叶片 Ci/Ca 略高于中红杨和2025杨,三者之间差异显著($P<0.05$)。持续水淹胁迫下,全红杨叶片 Ci/Ca 低于对照组水平,差异极显著($P<0.01$),中红杨和2025杨与对照组差异不显著($P>0.05$),中红杨高于全红杨和

2025 杨，三者间差异显著（$P<0.05$）。解除胁迫 14 d，3 个杨树品种叶片 Ci/Ca 显著高于对照组水平（$P<0.05$），三者间差异显著（$P<0.05$）。

正常情况下，随着午间有效光辐射增强、大气温度上升、相对湿度降低，叶片蒸汽压亏缺增大，气孔开度降低，但仍维持在较高水平，胞间 CO_2 略有下降，净光合速率会出现午休现象。水淹胁迫条件下，气孔开度大幅度降低，接近关闭状态，叶片蒸汽压亏缺同样在午间达到最高值，作为对淹涝胁迫下因水套作用引起的水分亏缺的一种保护性反应。植物的蒸腾一般分为气孔蒸腾、角质层蒸腾和皮孔蒸腾。一般情况下，气孔蒸腾占总蒸腾量的 80～90%以上，植物在受到逆境胁迫时，气孔会关闭，而气孔关闭是树木蒸腾速率大幅度下降的主要原因。逆境胁迫下，引起植物叶片光合速率降低的因素主要是气孔的部分关闭导致的气孔限制和叶肉细胞光合活性下降导致的非气孔限制两类。前者使 Ci 值降低，而后者使 Ci 值增高。当气孔导降低，而 Ci 值升高时，则可判定为光合作用的非气孔限制（付士磊等，2006；许大全等，1992；许大全，1997）。高健（2000）等对不同年龄的杨树研究表明：在水淹胁迫下，净光合速率、蒸腾速率、气孔导度均有所下降，但不同年龄的 I-69/55 杨蒸腾速率显著变化规律是 1a 生＞3a 生＞7a 生；涝渍处理 20 d 后，柳树（*Salix* sp.）的气孔开度明显恢复，而两种杨树却继续下降，说明气孔在一定程度上能反映树种的耐涝能力。Pezeshki（1998）等研究认为部分气孔的重新开放和维持较高的气孔导度是落羽杉和白蜡（*Fraxinus chinensis* Roxb）重要的抗涝特征。

本研究表明，与光合速率和蒸腾速率相似，水淹胁迫使全红杨、中红杨和 2025 杨3 个杨树品种叶片气孔导度明显降低，与无胁迫对照组差异极显著（$P<0.01$），并且气孔关闭是整个植物对水淹胁迫最敏感的一项指标，下降幅度高于净光合速率。可见，气孔导度的变化反映了植物体对水淹胁迫环境适应能力的高低，可作为衡量不同树种或无性系耐水湿能力的一个评价指标（汤玉喜等，2008）。在水淹胁迫前期 Pn、Tr 下降，Gs 下降，胞间 CO_2 浓度 Ci 和 Ci/Ca 也随着下降，说明光合下降的原因为气孔限制的结果，同时也说明此时水淹胁迫并未破坏 3 个杨品种嫁接苗木的光合器官。持续水淹胁迫14 d后三者叶片 Gs 保持下降局势，而 Ci 和 Ci/Ca 开始迅速升高，逐渐接近对照组水平，非气孔限制成为影响光合作用的主要因子。

8.4.2.6 叶片酶活性的变化

水淹对植物的胁迫作用最主要的是缺氧，植物周期性或长期性的缺氧会在电子传递水平上干扰植物正常的呼吸作用（Panda et al.，2008）。当植物处于各种逆境胁迫下或衰老时，细胞内自由基产生和清除的平衡系统受到破坏而出现自由基积累，并由此诱发或加剧了细胞膜质过氧化，根系内活性氧产生和清除的平衡受到破坏，体内分子态氧还原成有毒的活性氧自由基如超氧阴离子自由基（O_2^-）、单线态氧（$\cdot O_2$）、羟氧基（$\cdot OH$）和过氧化氢（H_2O_2）等并在细胞内积聚（Blokhina e et al.，2003）。

由图 8-7(a)和表 8-9（见本章末）可知，对照组全红杨、中红杨和 2025 杨 3 个杨树品种叶片中 SOD 酶活性变化幅动不明显，全红杨、中红杨和 2025 杨叶片中 SOD 酶活性平均值为 468.88 units·g^{-1}FW，480.87 units·g^{-1}FW 和 481.70 units·g^{-1}FW，全红杨叶片中 SOD 酶活性平均值略低于中红杨和 2025 杨。与无胁迫对照组相比，持续水淹胁迫下全红杨叶片 SOD 活性的变化规律与中红杨和 2025 杨略有不同。胁迫28 d内全红杨就出现持续升高趋势，胁迫 28 d 后开始逐渐下降；水淹胁迫 14 d 内中红杨和 2025 杨叶片 SOD 活性有所下降，随后快速持续升高，胁迫 42 d 后又逐渐下降。三者达到峰值的时间也有所不同，持续水淹 28 d，全红杨叶片 SOD 活性达到最大值 582.72 units·g^{-1}FW，较对照组升高 24.82%；胁迫 70 d 时降到最低值 409.53 units·g^{-1}FW，较对照组下降 17.51%；持续水淹 14 d，中红杨和 2025 杨叶片 SOD 活性降为422.76 units·g^{-1}FW 和 392.41 units·g^{-1}FW，分别较对照组下降 14.19%和 20.74%，胁迫42 d时均达到最大值 593.43 units·g^{-1}FW 和 575.84 units·g^{-1}FW，分别较对照组升高 27.79%和 28.38%，胁迫 70 d 时又分别下降到 415.32 units·g^{-1}FW 和 460.09 units·g^{-1}FW，较对照组下降 18.40%和 10.16%。说明持续水淹胁迫下，3 个杨树叶片中活性氧不断产生，全红杨叶片的 SOD 活性迅速响应，随着水淹胁迫的持续全红杨叶片 SOD 活性下降时间明显提前于中红杨和 2025 杨，幅度也大于二者，但持续水淹胁迫下 3 个杨树品种叶片 SOD 活性均较对照组上升和下降的幅度不是很大。解除胁迫 14 d，3 个杨树品种叶片中 SOD 活性均有所恢复，但仍低于对照组水平，此时全红杨、中红杨和 2025 杨叶片的 SOD 活性为 403.89 units·g^{-1}FW，442.72 units·g^{-1}FW 和 456.45 units·g^{-1}FW，分别低于对照组 5.43%，2.56%和 4.52%，表明长期的持续水淹胁迫对 3 个杨树品种均造成了伤害，相比之下中红杨和 2025 杨对较长时间的水淹胁迫具有更强的代偿能力。

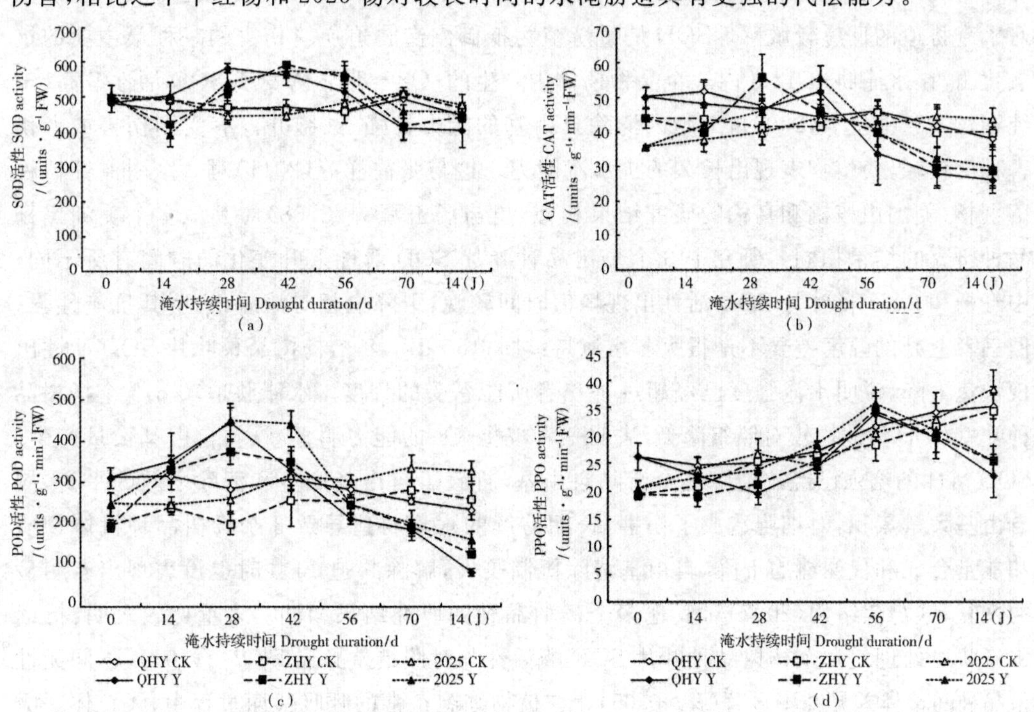

图 8-7 持续水淹胁迫及复水对 3 个杨树品种叶片酶活性的影响(平均值±标准误)

多重比较表明：实验期间无胁迫对照组全红杨、中红杨和2025杨叶片SOD酶活性差异不显著（$P>0.05$）。水淹胁迫28 d内，全红杨叶片SOD酶活性高于对照组水平，中红杨和2025杨低于对照组水平，差异均极显著（$P<0.01$），三者间差异极显著（$P<0.01$）；水淹胁迫28～56 d，三者叶片SOD活性均高于对照组水平，差异极显著（$P<0.01$），三者间差异显著（$P<0.05$）；水淹胁迫70 d，3个杨树品种叶片SOD活性均低于对照组水平，差异极显著（$P<0.01$），2025杨与全红杨、中红杨差异显著（$P<0.05$），全红杨和中红杨差异不显著（$P>0.05$）。解除胁迫14 d，3种个杨树品种叶片SOD活性仍低于对照组水平，均差异显著（$P<0.05$），全红杨显著低于中红杨和2025杨（$P<0.05$），中红杨和2025杨差异不显著（$P>0.05$）。

超氧化物歧化酶（SOD）是好气性生物在氧化代谢过程中极为重要的，是植物体内第一个清除活性氧的关键细胞保护酶（蒋明义等，1991；蒋明义等，1996；姚延梼，2006）。SOD作为生物体内最重要的活性氧"清除剂"之一，因此也是抗逆生理中研究最多的一种酶，20年来受到了人们普遍重视，在逆境与抗氧化胁迫的关系上研究也较为深入（Dickmann et al.，1992；崔晓涛等，2009），并不断有人证明植物抗衰老能力的强弱在很大程度上与SOD活性大小有关（王建华等，1989）。一般来说水分胁迫下植物体内的SOD活性与植物抗氧能力呈正相关（Scandalios，1993；Seel et al.，1992）。研究中，中红杨和2025杨叶片SOD酶活性在水淹处理前期较对照组明显下降，而全红杨有所升高。随着水淹胁迫的持续，3个杨树品种叶片SOD活性均表现为上升的趋势，水淹胁迫56 d内，三者叶片SOD活性均较对照组显著提高。3个杨树品种叶片SOD活性的变化趋势表明全红杨对水淹胁迫的反应较敏感。SOD是耐涝植物抵御淹涝胁迫逆境伤害的一种最主要的抗氧化酶，在水淹胁迫42 d内3个品种杨体内产生的·O2－明显诱发了SOD活性升高（宋纯鹏，1998；卫星等，2009），细胞内清除自由基的能力较强，细胞并没有受到伤害或者伤害程度较轻，使植物表现出长久的抗水淹能力。这与张往祥等（2011）对3个耐淹性树种落羽杉、美国山核桃和乌桕的研究结果相似，也与汤玉喜等（2008）对其他多个美洲黑杨品种研究的结果相同。研究中3个杨树品种叶片SOD活性上升变化的时间有所不同，中红杨和2025杨叶片SOD活性出现峰值时间较晚，下降也相对滞后，说明其抗淹性强，但三者上升的幅度差异不是很大。水淹持续胁迫56 d后，3个杨树品种叶片SOD活性出现快速下降，说明水淹强度已经超过了三者所能忍受的程度。水淹胁迫70 d，3个杨树品种叶片SOD活性均较对照组降低，表明三者歧化·O_2^-的能力明显减弱，自由基大量产生，SOD活性的增强已经不清除完全清除自由基，打破了自由基产生和清除之间的平衡，故自由基大量累积，对细胞造成了伤害，长期持续的水淹胁迫导致3个杨树品种机体物质和能量合成和代谢能力下降，自由基清除机制丧失，解除胁迫14 d时也没表现出有明显的恢复，这与焦绪娟（2007）对其他多个杨树品种的研究结果相同。多重比较表明：持续水淹胁迫处理使3个杨树品种叶片SOD酶活性与对照组差异显著（$P<0.01$），不同无性系品种间整体差异并不显著（$P>0.05$）。在植物细胞正常的呼吸代谢过程中，线粒体呼吸链中的辅酶Q（UQH_2）氧化形成UQ，也能产生·O_2^-。·O_2^-是细胞衰老过程中最先大量产生的活性氧分子，是引发细胞氧化还原状况改变的信号(Buchanan et al. 2000)。因此在胁迫条件下，如果线粒体电子传递链受损，呼吸产生的$\cdot O_2^-$不能及时清除，便会造成$\cdot O_2^-$氧化伤害线粒体膜(宋纯鹏，1998)，导致细胞呼吸代谢功能减弱和活力降低。研究表明水淹胁迫下 SOD 活性高低与植物耐涝性具有紧密的联系，可以作为评判美洲黑杨不同无性系材料耐涝性强弱的重要依据(汤玉喜等，2008)。而唐罗忠等(1999)在研究中说明，杨树无性系涝渍胁迫下 SOD 活性没有明显变化，不是抑制杨树无性系在涝渍胁迫下叶片发生衰老的直接原因。

由图 8-7(b)和表 8-9 可知，对照组全红杨和中红杨叶片 CAT 活性呈逐渐下降趋势，2025 杨叶片 CAT 活性逐渐升高，全红杨、中红杨和 2025 杨叶片 CAT 活性平均值为 45.73 units $\cdot g^{-1}\cdot min^{-1}$ FW，42.33 units $\cdot g^{-1}\cdot min^{-1}$ FW 和 41.06 units $\cdot g^{-1}\cdot min^{-1}$ FW，全红杨叶片中 CAT 酶活性高于中红杨和 2025 杨。与无胁迫对照组相比较，持续水淹胁迫下 3 个杨树品种叶片 CAT 活性的变化趋势略有不同，全红杨和中红杨呈下降升高再下降的变化趋势，而 2025 杨叶片 CAT 活性呈升高下降的变化，三者达到峰值的时间及升高和下降的幅度也略有所不同。水淹胁迫 14 d，全红杨、中红杨叶片 CAT 活性为 48.10 units $\cdot g^{-1}\cdot min^{-1}$ FW，39.85 units $\cdot g^{-1} min^{-1}$ FW，分别较对照组下降 7.31% 和 9.04%，而中红杨叶片 CAT 活性为 41.97 units $\cdot g^{-1}\cdot min^{-1}$ FW，较对照组升高 11.20%。随后三者叶片 CAT 活性均出现明显的升高，全红杨、中红杨和 2025 杨叶片 CAT 活性最高值为 51.67 units $\cdot g^{-1}\cdot min^{-1}$ FW(水淹 42 d)，55.95 units $\cdot g^{-1}\cdot min^{-1}$ FW(水淹 28 d)和 55.78 units $\cdot g^{-1}\cdot min^{-1}$ FW(水淹 42 d)，分别较对照组升高 16.36%，35.66%和 26.83%。随着水淹胁迫持续，3 个杨树品种叶片 CAT 活性均开始大幅下降，胁迫 70 d，全红杨、中红杨和 2025 杨叶片 CAT 活性降为 27.90 units $\cdot g^{-1}\cdot min^{-1}$ FW，29.85 units $\cdot g^{-1}\cdot min^{-1}$ FW 和 32.44 units $\cdot g^{-1}\cdot min^{-1}$ FW，较对照组分别下降 33.41%，25.20% 和 27.11%，此时，受水淹胁迫组的苗木大多已经显现出枯死的状态。解除胁迫 14 d，全红杨、中红杨和 2025 杨叶片 CAT 活性下降的幅度有所缓和，降为 26.11 units $\cdot g^{-1}\cdot min^{-1}$ FW，28.91 units $\cdot g^{-1}\cdot min^{-1}$ FW 和 29.94 units $\cdot g^{-1}\cdot min^{-1}$ FW，分别低于对照组 31.55%，27.36% 和 31.66%。

多重比较表明：实验期间无胁迫对照组全红杨、中红杨和 2025 杨叶片 CAT 酶活性总体差异不显著($P>0.05$)。持续水淹胁迫下，3 个杨树品种叶片 CAT 活性与对照组的差异均达到了极显著水平($P<0.01$)，水淹胁迫过程中三者变化形态不一，不同胁迫时间三者间的差异显著($P<0.05$)或极显著($P<0.01$)，但平均值上三者间差异不显著($P>0.05$)。解除胁迫 14d，3 个杨树品种叶片中 CAT 酶活性极显著低于对照组($P<0.01$)，三者间差异不显著($P>0.05$)。

由图 8-7(c)和表 8-9 可知，对照组全红杨叶片中 POD 酶活性呈逐渐下降趋势，而中红杨和 2025 杨叶片中 POD 酶活性逐渐升高，全红杨、中红杨和 2025 杨叶片 POD 活性平均值为 285.43 units $\cdot g^{-1}\cdot min^{-1}$ FW，242.32 units $\cdot g^{-1}\cdot min^{-1}$ FW 和 292.36 units $\cdot g^{-1}\cdot min^{-1}$ FW，总体平均值全红杨高于中红杨，低于 2025 杨。与无胁迫对照组相比，持续水淹胁迫下 3

个杨树品种叶片POD酶活性均呈现先升后降的变化趋势。水淹胁迫42 d内。3个杨树品种叶片CAT活性均高于对照组水平,随后持续下降并低于对照组水平。水淹胁迫28 d,全红杨、中红杨和2025杨叶片POD酶活性在均达到最高值为444.98 units $\cdot g^{-1}\cdot min^{-1}$FW,427.62 units $\cdot g^{-1}\cdot min^{-1}$FW和449.42 units $\cdot g^{-1}\cdot min^{-1}$FW,分别较对照组升高55.88%,86.61%和72.77%。持续水淹70 d,持续水淹胁迫组大多苗木已经表现出枯死的状态,三者存留叶片POD酶活性下降到186.91 units $\cdot g^{-1}\cdot min^{-1}$FW,194.57 units $\cdot g^{-1}\cdot min^{-1}$FW和203.50 units $\cdot g^{-1}\cdot min^{-1}$FW,分别较对照组下降27.08%,31.17%和39.45%。解除胁迫 全红杨、中红杨和2025杨叶片POD活性继续下降,解除胁迫14 d降到84.07 units $\cdot g^{-1}\cdot min^{-1}$FW,128.03 units $\cdot g^{-1}\cdot min^{-1}$FW和162.12 units $\cdot g^{-1}\cdot min^{-1}$FW,较对照组下降64.18%,50.95%和50.80%。在无胁迫正常条件下中红杨叶片表达的POD酶活性低于中红杨和2025杨,而在持续水淹胁迫下,中红杨叶片POD酶活性升高时,升高幅度大于全红杨和2025杨,下降时,下降幅度又小于全红杨和2025杨,可见水淹胁迫下激发了中红杨潜在的POD酶活性,并处在一个较为稳定的状态下。

多重比较表明:无胁迫对照组全红杨、中红杨和2025杨叶片POD酶活性总体平均值差异不显著($P>0.05$)。持续水淹胁迫下,3个杨树品种叶片中POD活性与对照组差异均达到了极显著水平($P<0.01$)。水淹胁迫14～42 d,3个杨树品种叶片SOD活性均高于对照组水平,差异极显著($P<0.01$),三者间差异显著($P<0.05$);水淹胁迫56～70 d,3个杨树品种叶片SOD活性均低于对照组水平,差异极显著($P<0.01$),三者间差异显著($P<0.05$)。解除胁迫14d,3个杨树品种叶片POD活性仍低于对照组水平,差异极显著($P<0.01$),全红杨显著低于中红杨和2025杨($P<0.05$),中红杨和2025杨差异不显著($P>0.05$)。

当水淹胁迫导致线粒体结构和功能受到破坏时,H_2O_2就会显著提高(卫星等,2009),同时SOD清除·O_2后产物也为H_2O_2。CAT能清除细胞内过多的H_2O_2,使其维持在低水平的上,保护膜透性,减少植物受到损伤。水分胁迫下植物的CAT活性与抗旱性呈正相关(王雁等,1995)。吴志华等(2004)在研究中说明CAT活性变化模式与SOD类似,即轻度胁迫的植物其活性基本不变或上升,严重胁迫时下降,而这种变化的形式和程度与品种的抗旱性相关。曾淑华等(2005)在研究中说明短期水淹可显著激活3个品系烟草的SOD酶和POD酶活性。

本研究中,3个杨树品种叶片CAT酶活性变化规律不是很明显,整体变化模式与SOD类似度也不高。水淹胁迫14 d,全红杨和中红杨叶片CAT酶活性较对照组有所下降,而2025杨活性高于对照组。随后3个杨树品种叶片CAT酶活性均较对照有不同幅度的升高,中红杨至水淹胁迫28 d和全红杨、2025杨至水淹胁迫42 d时叶片CAT酶活性开始降低,水淹处理56 d时3个无性系叶片CAT活性均低于对照。

3个杨树品种叶片POD酶活性变化趋势和SOD酶活性类似,但升高幅度高于SOD,活性降低早于SOD酶活性。水淹胁迫42 d内,3个杨树品种叶片中SOD,CAT和POD酶活性均显著上升,SOD,CAT和POD酶活性的变化趋势表现出明显的一致性和同步性，POD 酶活性提高的幅度远远大于 SOD 酶，表明细胞内对 H_2O_2 的分解能力较强，有效的清除氧自由基的伤害，减少了对植株的危害。水淹胁迫 42 d，3 个杨树品种叶片中的 SOD 酶活性继续升高，而 CAT 和 POD 酶活性开始出现明显下降，表明水淹胁迫临界于 3 个杨树品种所能承受的程度，细胞已经开始受到了伤害。水淹胁迫 56 d 后，3 个杨树品种叶片 SOD，CAT 和 POD 酶活性均呈下降趋势并低于对照组，CAT 和 POD 酶活性降失的速度大于 SOD 酶，说明长期水淹均导致 3 个杨树品种机体物质和能量合成和代谢能力下降，自由基清除机制丧失，同时 CAT 和 POD 酶活性对水淹逆境比 SOD 更为敏感，同样的，3 个无性系品种间的 CAT 和 POD 酶活性变化差异也比 SOD 大。SOD，CAT，POD 等氧化酶的活性随着水淹胁迫的加深而急剧下降，从而急剧降低其对质膜进行有效保护的能力，最终导致膜脂的过氧化产物（如 MDA）迅速积累。在其他杨树品种，枫杨（*Pterocarya stenoptera*）和喜树等的研究中也有类似的结论（焦绪娟，2007；汤玉喜等，2008；李纪元，2006；汪贵斌等，2009）。张往祥等（2011）对耐淹性树种美国山核桃和乌桕的研究中说明耐涝性更强的落羽杉的 SOD 和 POD 酶活性始终保持高于对照的水平。银杏、枫杨、毛豹皮樟和杂交鹅掌楸等不耐涝树种，在涝渍胁迫下其 SOD，CAT 和 POD 酶系活性维持能力不强（王义强等，2005；潘向燕，2006；范川等，2009；张晓平，2004；李纪元，2006）。

由图 8-7(d)和表 8-9 可知，对照组 3 个杨树品种叶片 PPO 酶活性均逐渐升高，全红杨、中红杨和 2025 杨叶片中 PPO 酶活性平均值为 29.22 units $\cdot g^{-1} \cdot min^{-1}$ FW，26.68 units $\cdot g^{-1} \cdot min^{-1}$ FW和 28.24 units $\cdot g^{-1} \cdot min^{-1}$ FW，全红杨略高于中红杨和 2025 杨。与无胁迫对照组相比，持续水淹胁迫下 3 个杨树品种叶片 PPO 活性均呈现先降低后升高再降低的变化趋势，达到峰值的时间及升高和下降的幅度均有所不同。水淹胁迫 28 d，全红杨和中红杨叶片 PPO 活性为 19.62 units $\cdot g^{-1} \cdot min^{-1}$ 和 21.27 units $\cdot g^{-1} \cdot min^{-1}$ FW；水淹胁迫 42 d，2025 杨叶片 PPO 活性为 23.77 units $\cdot g^{-1} \cdot min^{-1}$ FW，相对各自对照组下降的幅度最大，分别较对照组下降 21.99%，16.22%和 15.66%。水淹胁迫 56 d，全红杨中红杨和 2025 杨叶片 PPO 酶活性均升高到最大值，为 33.92 units $\cdot g^{-1} \cdot min^{-1}$ FW，34.60 units $\cdot g^{-1} \cdot min^{-1}$ FW 和 35.87 units $\cdot g^{-1} \cdot min^{-1}$ FW，分别较对照组升高 7.05%，21.77%和 17.64%。水淹胁迫 70 d，全红杨、中红杨和 2025 杨叶片 PPO 活性下降到 29.69 units $\cdot g^{-1} \cdot min^{-1}$ FW，29.74 units $\cdot g^{-1} \cdot min^{-1}$ FW 和 31.00 units $\cdot g^{-1} \cdot min^{-1}$ FW，又分别较对照组降低 13.32%，25.82%和 33.51%。持续水淹胁迫下，植物生长环境的不断恶化有利于病原菌的滋生和侵染，全红杨和 2025 杨对环境变化体现出较高的敏感性，防御系统做出响应，全红杨叶片 PPO 酶活性较对照组增加幅度低于中红杨和 2025 杨。解除胁迫 14 d，全红杨、中红杨和 2025 杨叶片 PPO 活性继续下降为 22.84 units $\cdot g^{-1} \cdot min^{-1}$，25.55 units $\cdot g^{-1} \cdot min^{-1}$ 和 25.53 units $\cdot g^{-1} \cdot min^{-1}$，分别较对照组下降 35.28%，25.82%和 33.51%。持续水淹胁迫前期，3 个杨树品种的病虫防御能力有所下降，随后可能出于对不良环境的应急机制，PPO 酶活性均有一定提高。但长期持续的水淹环境使 3 个无性系植物体受伤害程度加深，PPO 活性再次出现大幅下降，说明 3 个杨树品种的病虫害防御

机制也受到严重挫伤，解除胁迫 14 d 其防御病虫害的能力也不能有效提高。

多重比较表明：无胁迫对照组全红杨叶片中 PPO 酶活性显著高于中红杨和 2025 杨（$P<0.05$），中红杨和 2025 杨差异不显著（$P>0.05$）。持续水淹胁迫下，3 个杨树品种叶片 PPO 酶活性与对照组差异显著（$P<0.05$）。水淹胁迫 28 d 内，3 个杨树品种叶片中 PPO 酶活性低于对照组水平，差异极显著（$P<0.01$），三者间差异显著（$P<0.05$）；水淹胁迫 56 d，3 个杨树品种叶片中 PPO 酶活性高于对照组水平，中红杨和 2025 杨与对照组差异显著（$P<0.05$），全红杨与对照组差异不显著（$P>0.05$），三者间差异显著（$P<0.05$）；水淹胁迫 70 d，3 个杨树品种叶片中 PPO 酶活性均低于对照组水平，差异不显著（$P>0.05$），三者间差异不显著（$P>0.05$）。解除胁迫 14 d，3 个杨树品种叶片 PPO 酶活性仍低于对照组水平，差异极显著（$P<0.01$），三者间差异不显著（$P>0.05$）。

PPO（Polyphenol Oxidase）是一类与植物抗病性密切相关的末端氧化酶，是普遍存在于植物体内的一种生理防御性酶类，通过病毒侵染后的寄主的诱导而活化，有资料表明：当植物在受到病原菌的侵害时，PPO 会氧化植物体内的酚类物质成为比病原菌毒性更大的醌类物质（或其衍生物）而杀死病菌，从而抵抗病原菌的进一步侵染，从而在植物体内起到保护作用，因此 PPO 与植物抗病性和衰老密切相关（Gupta et al.，1993；宋凤鸣等，1997）。另外，也有报道表明当外界环境发生剧烈变化时，植物体内 PPO 含量也发生变化（戴金平等，1990），表明 PPO 与植物各种抗逆性有较密切的关系。商振清等（1994）在温室中用 PEG 处理水稻幼苗，发现处理后的幼苗体内 PPO 活性有所升高；段永新等（1999）在对杂交水稻叶片中活性氧防御酶的研究中表明 PPO 酶活性与植株的抗逆性呈正相关。遇逆境植物体内 PPO 含量的变化可能有两方面的含义，一是植物体通过自身 PPO 含量的变化使植物顺利度过逆境，二是植物对各种逆境的自卫反应，因而有人提出 PPO 可以作为植物抗逆性的生化指标。

我国 PPO 的研究多限于农学方面，近年来林业上的研究有所发展（许明丽等，2000；白宝璋等，1996；姚延梼，2006；林利，2006）。李天星等（1999）在田间环境下对云南松（*Pinus yunnanensis*）进行水分处理，结果表明随水分亏缺程度的增加，PPO 活性逐渐增加。本研究中，3 个杨树品种在持续水淹胁迫 42d 内 PPO 活性均低于对照组，而在水淹 56 d 时 PPO 活性突然升高，随后又快速下降。出现这种现象的情况的原因可能较为复杂，前期 PPO 酶活性的降低有可能是水淹环境降低了植株对病原菌的防御能力，也可能是水淹胁迫条件并没有引起病原菌对 3 个杨树品种的侵害。随着水淹胁迫的持续加重，植物体内有害物质不断积累，细胞结构已经受到破坏，危险信号触发了自我防御的反应机制，细胞代谢功能紊乱和活力降低，刺激诱导了植物体内 PPO 酶活性的增加。但是此时植物 PPO 酶活性也很难维持在较高水平，3 个杨树品种叶片中 PPO 酶活性的短暂提升又快速下降失活，可能说明水淹胁迫对其已经造成了极大的伤害，也是植物生长发育停止或走向衰亡的一个信号。

植物体内水淹缺氧，导致根部厌氧代谢产生的乙醇、乙醛等物质对细胞具有毒性，发酵会使线粒体结构破坏，细胞能荷下降，细胞中氧自由基增加，保护酶如 SOD，POD 等活性下降，质膜透性剧增，导致细胞严重的厌氧伤害（冯道俊，2006）。SOD，CAT 和 POD 是植物体内重要的抗性酶，是参与活性氧代谢的主要酶（汤玉喜等，2008）。一般来说 SOD 是解除自由基$\cdot O_2^-$对植物伤害的保护酶之一，可催化$\cdot O_2^-$发生歧化反应成活性较低的 O_2 和 H_2O_2，在涝害发生时，正常的活性氧代谢平衡遭到破坏，首先是 SOD 活性受到影响（范川等，2009）。CAT 和 POD 则催化 H_2O_2 分解，将 H_2O_2 转变为 H_2O，有效降低了活性氧生成$\cdot OH$ 的量，从而防止活性氧自由基毒害（Hugo et al.，2004；Niedzwiedz-Siegien et al.，2004；黎裕，1999；焦绪娟，2007；柯世省等，2007；姜英淑等，2009）。它们的活性变化在一定程度上反映了植物体内活性氧的代谢情况（蔡志全等，2004；汤玉喜等，2008 ）。PPO 是植物体内的一种生理防御性酶类，在逆境胁迫下植物更容易受到病原菌的侵染，PPO 可抵抗病原菌的进一步侵染保护植物顺利度过逆境，并有利于植物的生长发育。在植物正常生长的条件下，植物体内活性氧的产生与清除系统及防御系统处于平衡状态，它们彼此协调，使植物体内活性氧维持在较低水平，不会引起植物损伤。当植物处于衰老、涝害、干旱、高温等逆境下，这种平衡遭到破坏，植物体内发生$\cdot O_2^-$、H_2O_2 等活性氧的积累，并由此引发和加剧膜脂过氧化作用，导致脂质过氧化产物 MDA 等在植物细胞内积累，植物细胞受到伤害（Crawford et al.，1994）。许多研究认为植物品种在逆境条件下能使这些保护酶活性维持在一个较高的水平，清除活性氧自由基的能力越强，有利于降低膜脂过氧化水平，从而减轻膜伤害程度，植物的抗逆性越强（张往祥等，2011；汤玉喜等，2008；孔德政等，2010；孔祥生等，2011；汪贵斌等，2009；张晓平，2004），但当其浓度超过一定阈值时，就会使植物细胞内的大分子物质发生过氧化，影响植物的正常生长。因此，各种酶对活性氧的协作清除能力是决定细胞对胁迫抗性的关键因素。张往祥等（2011）在对 3 种抗涝渍能力较强的树种研究中说明，SOD，POD 等保护酶表现出明显的一致性和同步性。孙程旭等（2011）在对蛇皮果幼苗研究中发现聚乙二醇 PEG 激发了 SOD 酶和 PPO 酶活性以及 PPO 酶的相对稳定，从而更好地保持活性氧自由基与防御系统之间的平衡。银杏、枫杨和杂交鹅掌楸等不耐涝树种，在涝渍胁迫下其 SOD，CAT 和 POD 酶系活性维持能力不强（王义强等，2005；潘向燕，2006；张晓平，2004；李纪元，2006）。

研究结果表明：持续水淹胁迫前 42 d，3 个杨树品种叶片中的 SOD，CAT 和 POD 酶成分显著上升，清除自由基的 SOD，CAT 和 POD 酶活性增加，$\cdot O_2^-$，H_2O_2 等活性氧以及膜脂氧化产物 MDA 含量有所降低，SOD，CAT 和 POD 的变化趋势表现出明显的一致性和同步性，这与一些学者的研究结果相一致（张往祥等，2011；汪贵斌等，2009）。SOD 和 CAT，POD 酶活性在涝渍处理早期的提高，被认为是细胞$\cdot O_2^-$，H_2O_2 等活性氧活性增强的一种应激反应（Yordanova et al.，2004），活性氧活性的增强刺激了细胞内保护机制的形成，避免或者减轻细胞受到伤害。SOD，POD 酶对水淹胁迫的反应较敏感，是耐涝植物抵御淹涝逆境伤害的最主要的抗氧化酶，耐涝性略强的树种在水淹胁迫不同时期 SOD 酶活性均最高，表明 SOD 活性高低可以作为评判不同材料耐涝性强弱的重要依据（张往祥等，2011；汤玉喜等，2008）；另一方面 SOD，CAT，POD 在抗氧化作用机制上存在明显的补偿性，这应与SOD,CAT,POD酶参与植物体内活性氧代谢的作用过程有关。随着水淹胁迫的持续进行，3个杨树品种叶片中CAT和POD活性率先急剧下降，SOD,CAT和POD酶活性在水淹胁迫56 d后明显降低，从而导致了$\cdot O_2^-$，H_2O_2等活性氧，以及MDA在叶片中的积累(Yan et al.,1996；汪贵斌等，2009)。这种现象在银杏、枫杨和杂交鹅掌楸等不耐涝树种中更为明显(王义强等，2005；潘向燕，2006；张晓平，2004；李纪元，2006)。表明全红杨、中红杨和2025杨3个杨树品种叶片分解$\cdot O_2^-$，H_2O_2等活性氧的能力下降，自由基的过量生成超越防御系统的清除能力，此时整个清除自由基防御系统的防御能力已经极弱了，植物的生理防御系统也受到了极大的伤害。也有研究认为导致这种现象的产生的原因有两种：一种是在水淹胁迫下，SOD和POD等抗氧化酶由于某些未知的原因导致其生物合成受阻；另一个原因可能是在长期水淹和渍水环境下，活性氧的生产或者活性氧的种类发生了改变(Ahmed et al.,2002)。相比之下PPO酶活性升高和下降的幅度远远小于SOD,CAT和POD,3个杨树品种在水淹胁迫42 d时PPO活性均低于对照，原因可能是长期的水淹环境降低了植株对病原菌的防御能力，也可能水淹胁迫条件并没有引起病原菌对3个杨树品种的侵害。随着水淹胁迫的持续加重，植物体内有害物质不断积累，细胞结构已经受到破坏，水淹56 d时三者PPO酶活性在短暂提升后又大幅下降，可能危险信号触发了自我防御的反应机制，细胞代谢功能紊乱和活力降低，刺激诱导了植物体内PPO酶活性的增加，但是此时植物PPO酶活性也很难维持在较高水平，也是植物生长发育停止或走向衰亡的一个信号。POD,PPO的变化比SOD和CAT复杂，不同作者以不同的材料研究，其变化模式不同(唐罗忠等，1999；崔晓涛等，2009；刘丹等，2011；孙国荣等，2003)。

8.4.3 抗水淹性的综合评价

8.4.3.1 叶片色素含量及光合特性的相关性分析

数据使用Excel 2007,SPSS 17.0和DPSv 7.05系统软件进行处理、统计，图表标出标准误差。为避免天气、季节因素对测定结果的影响，各参数以持续水淹胁迫处理组较无胁迫对照组的差异变化进行分析淹水胁迫对全红杨、中红杨和2025杨3个杨树品种影响。

结合研究中的图8-8和表8-8(见本章末)中水淹胁迫对3个杨树品种叶片净光合速率(Pn)、蒸腾速率(Tr)、气孔导度(Gs)、胞间CO_2浓度(Ci)的变化。

表8-10(见本章末)分析结果表明，无胁迫对照组，全红杨叶片净光合速率(Pn)和蒸腾速率(Tr)、叶片气孔导度(Gs)相关性均不明显，全红杨叶片Pn与WUE为正相关，叶片Tr与WUE为显著负相关。中红杨和2025杨叶片Pn和Tr、Gs相关系数大于0.7，为正相关。全红杨、中红杨和2025杨叶片气孔导度(Gs)和胞间CO_2浓度(Ci)、胞间CO_2浓度与空气CO_2浓度之比(Ci/Ca)均存在一定的相关性，中红杨均为显著正相关，2025杨叶片Gs与Ci/Ca为显著正相关；三者Ci和Ci/Ca的相关系数(r)分别为0.967,0.981

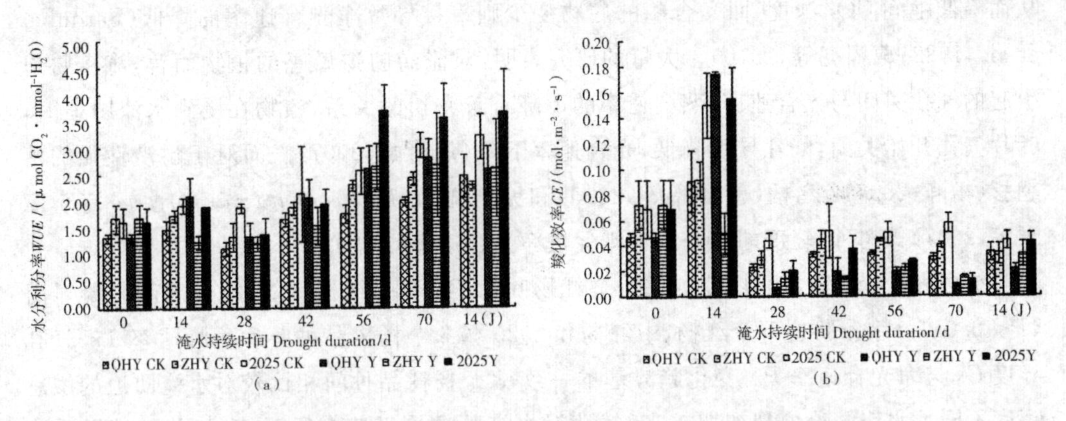

图 8-8　淹水胁迫下 3 个杨树品种叶片 *WUE*、CE 的变化(平均值±标准误)

和 0.985,为高度显著正相关,说明关系紧密。三者叶片 *Ci* 与 *CE* 均为显著负相关。主要原因可理解为,苗木在正常供水条件下,气孔开放,叶片气孔导度较大,叶片胞间 CO_2 浓度及胞间 CO_2 浓度与空气 CO_2 浓度之比相应增大,*Ci* 和 *Ci*/*Ca* 为高度正相关,植物光合作用原料充足,叶片净光合速率、蒸腾速率和气孔导度均能满足植物正常的生理生长需求,处于平衡稳定的运作状态。同时正常生长条件下叶片固定 CO_2 的速率较快,蒸腾旺盛,苗木体内与大气水分和热量的交换速率很快,叶片光合作用也很旺盛,因此 *Tr*、*Gs* 对 *Pn* 影响较小。

持续水淹胁迫下,全红杨、中红杨和 2025 杨三者叶片气孔开度受到生理水分亏缺的影响逐渐关闭,各因素对 *Pn* 的作用也发生改变。*Gs* 有所降低,*Tr*、*Gs* 对 *Pn* 产生影响,Ci 与 *Pn* 相关性均由正转变为负,2025 杨相关性最强为有相关。全红杨、中红杨和 2025 杨的 *Pn* 和 *Tr* 的相关系数(*r*)分别为 0.899,0.701 和 0.836,均为正相关;*Pn* 和 *Gs* 的相关系数(*r*)分别为 0.923,0.508 和 0.758,*Tr* 和 *Gs* 的相关系数(*r*)分别为 0.890,0.472 和 0.869,全红杨和 2025 杨均表现出了较高的正相关性;同时全红杨、中红杨和 2025 杨 *Ci* 和 *Ci*/*Ca* 的相关系数(*r*)分别为 0.970,0.952 和 0.979,为高度正相关。持续水淹胁迫下,三者叶片 CE 对 *Pn* 产生的影响也发生变化,中红杨和 2025 杨叶片 *CE* 对 *Pn* 产生一定的正影响,分别为显著相关和有相关,全红杨相关性仍不明显。同时全红杨、中红杨叶片 *Ci* 与 *CE*,全红杨叶片 *Tr* 与 *WUE* 的相关性均降低,2025 杨则保持显著的负相关性,三者叶片的 *Tr* 与 *WUE* 均成负相关,2025 杨负相关性最明显,相关系数(*r*)为−0.758。

持续水淹胁迫对植物体的营养生长和生殖生长均有一定的影响,带来伤害。这种伤害不是单单因为水分过多而引起的直接效应,水淹胁迫对植物的伤害主要是由水淹诱导的次生胁迫引起的。植物遭受水淹胁迫后,其根系生长的土壤环境中的氧气逐渐被消耗,而使根际的氧气转变为低氧,再到缺氧。虽然在水淹胁迫时,植物的茎部并不完全受淹没,但植物地上部分生长和代谢与根系的代谢是紧密相关的,同样根系的缺氧也会影响叶片的光合特征。叶片是植物最主要的光合器官,对外界环境的改变最为敏感,植物对土壤水淹缺氧最敏感的响应就是气孔关闭,气孔导度下降,叶片吸收 CO_2 的能力降低,

从而降低胞间 CO_2 浓度，而光合酶的底物变少则直接导致净光合速率的降低(Farquhar et al.,1982;曹福亮等,2010)。大量的研究表明:对淹涝胁迫敏感的植物而言，淹涝胁迫引起的气孔关闭与光合速率、蒸腾速率的下降有着密切的关系，植物在受到水淹胁迫时，叶片气孔开始关闭，气孔导度降低，光合速率下降(焦绪娟,2007)。而对于耐涝性强的落羽杉(杨静,2007)，乌桕(曹福亮等,2010)和无刺枸骨(*Ilex cornuta varfortunei*)(李淑琴等,2007)等树种，轻度的水淹胁迫则促进净光合速率的增加。

结合表8-8可知，无胁迫对照组，全红杨叶片 Pn 与中红杨和2025杨之间差异显著($P<0.01$)。水淹胁迫下全红杨、中红杨和2025杨3个杨树品种叶片蒸腾速率 Tr、气孔导度 Gs 与净光合速率 Pn 变化趋势基本一致，3个杨树品种间相比较对水淹胁迫的敏感程度不同。水淹胁迫处理初期，三者气孔对水淹胁迫均迅速有所反应，气孔开度即受到影响，Gs 急速降低，Tr 降低，其光合作用、蒸腾作用也受到相应程度的抑制，胞间 CO_2 浓度 Ci 和 Pn 均有降低，但 Pn 下降幅度明显不及 Ci，说明净光合速率的下降首先是由于根系缺氧导致叶片气孔关闭，增大 CO_2 向叶片扩散的阻力，全红杨叶片 Pn、Tr、Gs 和 Ci 的降低幅度均大于中红杨和2025杨，对水淹胁迫最为敏感。水淹胁迫中期，气孔受影响变小，Gs 降低较慢，对 Pn 的影响较缓慢，Pn、Tr 和 Gs 的变化逐渐平缓，甚至 Pn 略有回升，3个杨树品种各因子差异逐渐变小，对 Pn 的影响趋于一致。这一点也说明全红杨、中红杨和2025杨3个杨树品种的光合作用对水淹胁迫的适应能力趋于相似，可能是3个杨树品种株系经历一定时间的水淹胁迫过程中产生了不定根以及与水接触的茎基部形成肥大的皮孔，有效弥补地下根系的低氧状态，能维持一定的生理平衡以适应水淹环境，与此同时，持续水淹胁迫下3个杨树品种均因气孔开度降低、水分蒸腾通道受阻，叶片 Tr 下降幅度大于 Pn 下降幅度，水分利用效率有所提高。可见全红杨和中红杨有一定的选种潜力，并且通过胁迫条件下的 Pn、Tr 和 Gs 生理指标的变化对植物材料耐涝性强弱进行评价在理论上具有一定的可行性。3个杨树品种无性系在水淹环境下表现出较为稳定的耐淹涝遗传特征与乌桕(曹福亮等,2010)和枫杨(衣英华等,2006)的研究结果非常相似。随着水淹胁迫的继续加重，叶片胞间 CO_2 浓度并不随着气孔导度降低而下降，反而有所升高，表明水淹胁迫下影响植物 Pn 的因素既包括气孔因素，还有非气孔限制因素的作用，按照 Farquhar 等(1982)的观点，即只有当胞间 CO_2 浓度的降低和气孔限制值增大时，才可以做出光合速率的下降是由气孔导度的下降所引起的结论，推测实验中3个杨树品种后期光合速率的下降主要是由非气孔限制所致。植株叶片受到水淹胁迫的伤害加速衰老，叶肉细胞光合活性的降低，PSII 损伤，光合磷酸化受阻，电子传递活性和光化学量子产量降低，随之 PSII 的原初光能转化效率和光合活力受到抑制，与对照组相比较表现出明显的光胁迫效应，光抑制成为光合速率下降的决定因素，3个杨树品种的 Pn、Tr 和 Gs 均出现更显著的下降，但较前期下降幅度小。尽管水淹胁迫处理组3个杨树品种叶片的净光合速率始终低于正常对照处理组，但测出的净光合速率始终为正值，在水淹胁迫70 d时，3个杨树品种植株的叶片脱落所剩无几，但叶片还能进行一定的光合作用，

表明 3 个杨树品种具有较强的耐水淹能力。

生理参数间相关分析表明：正常情况下 3 个杨树品种叶片 *Ci* 与 *Pn* 呈正相关，但在水淹胁迫条件下叶片 *Ci* 与 *Pn* 呈负相关，进一步表明水淹胁迫导致 *Pn* 下降既有因气孔导度降低而引起的光合代谢所需物质进出通道受阻的因素，还应有植物叶片本身光合系统活性降低、碳同化速率下降或植物体内代谢产物运输途径受阻等非气孔因素的共同作用，这与焦绪娟(2007)、汤玉喜等(2008c)、李环等(2010)和杜克兵等(2010)对其他杨树的研究结果相一致。也与乌桕(曹福亮等，2010)、鹅掌楸(张晓平，2004)、枫杨和栓皮栎(*Quercus variabilis* Bl.)(衣英华等，2006)的研究结果相类似。

通过分析持续淹水胁迫下 3 个杨树品种叶片净光合速率与色素含量及光合生理指标的相关系数(见表 8-10、表 8-11)得出，全红杨叶片 *Pn* 与 *Tr*、*Gs*、Ant，中红杨叶片 *Pn* 与 *Tr*、*CE*，2025 杨叶片 *Pn* 与 *Tr*、*Gs*、Chla、Chlb、Car 均有着显著关系，分别建立数学拟合模型(表 8-12)，全红杨 *Pn*-*Tr*，*Pn*-*Gs*，*Pn*-TA，2025 杨 *Pn*-*Tr*，*Pn*-*Gs* 模拟方程的判定系数 R^2 大于 0.6，方程拟合效果良好，经显著性水平关系显著，能满足自变量对因变量的解释程度，模拟方程可用，其他方程拟合的效果略低，说明叶片 *Pn* 的变化方向有其他重要解释变量。

表 8-11　持续水淹胁迫下叶片光合与各色素含量的相关系数

Pn	Chla	Chlb	Car	Ant
全红杨	0.570	0.483	0.281	0.797
中红杨	0.477	0.495	0.168	0.142
2025 杨	0.707	0.671	0.639	−0.429

表 8-12　持续水淹胁迫下色素及光合生理指标与叶片净光合速率的数学拟合模型

种类	因素	模拟方程	$R^2(R)$	自由度 *df*	*F* 值
全红杨	*Pn*-*Tr*	$y=-0.286889x^2+3.17753x-0.684323^{**}$	0.8851(0.9408)	61	230.9885
	Pn-*Gs*	$y=9.51388x^2+57.7856x+0.658499^{**}$	0.8521(0.9231)	61	172.8434
	Pn-Ant	$y=0.188857x^2+4.56457x-4.36819^{**}$	0.6353(0.7971)	61	52.2682
中红杨	*Pn*-*Tr*	$y=0.0395728x^2+1.779969^{**}$	0.50088(0.7077)	61	61.2148
	Pn-CE	$y=-68.069457x+3.089853^{**}$	0.59310(0.7701)	61	88.9150
2025 杨	*Pn*-*Tr*	$y=-0.0582x^2+1.5273x+2.40489$	0.70398(0.8390)	61	71.3450
	Pn-*Gs*	$y=-597.01854x^2+180.427x-4.01087$	0.76125(0.8725)	61	95.6561
	Pn-Chla	$y=6.962968x-0.997066^{**}$	0.50000(0.7071)	61	60.9996
	Pn-Chlb	$y=18.63397x-0.35826^{**}$	0.45089(0.6715)	61	50.0878
	Pn-Car	$y=-43.7575+54.0102x-7.8362^{**}$	0.43568(0.6601)	61	23.1615

8.4.3.2　生理指标的综合评价

数据使用 Excel 2007，SPSS 17.0 和 DPSv 7.05 系统软件进行处理、统计并作图，在图中标出标准误差。为避免不同物种间对照值的差异及气候因素对试验结果造成的影响，转换求得各生理指标在不同时间的变化系数：$I_i=i/i_0$(*i* 为处理组指标；i_0 为对照组指标）。

采用隶属函数法对品种抗水淹胁迫能力进行综合评定（黄承玲等，2011；周江等，2012）。如指标与抗水淹能力呈正相关，隶属函数公式：$R(X_{ij})=(X_{ij}-X_{min})/(X_{max}-X_{min})$，如果指标与抗水淹胁迫能力呈负相关，则公式为：$R(X_{ij})=1-(X_{ij}-X_{min})/(X_{max}-X_{min})$。式中，$R(X_{ij})$为 i 品种 j 指标的抗水淹隶属函数值；X_{ij} 为 i 品种 j 指标抗水淹系数；X_{max} 及 X_{min} 分别为 j 指标抗水淹系数的最大值和最小值。求取各抗水淹指标隶属函数值的平均值，平均值越大说明抗水淹能力越强。

1. 部分生理指标综合评价

采用灰色关联分析法（邓聚龙，1986），将品种的各项生理指标变化系数及抗水淹隶属函数均值为数据集合，建立灰色系统。设隶属函数均值作为参考数据列（母序列）X_0；以各项生理指标的变化系数作为比较列（子序列），X_1，X_2，X_3，X_4，X_5，X_6，X_7，X_8 分别表示叶片叶绿素质量分数 Chl、净光合速率 Pn、气孔导度 *Gs*、超氧化物歧化酶 SOD 活性、过氧化氢酶 CAT 活性、丙二醛 MDA、质膜相对透性和脯氨酸。利用计算机 DPS v7.05 处理系统执行灰色关联分析，分辨系数取常规值 0.5（黄承玲等，2011；周江等，2012），得出 3 个杨树品种各指标与抗持续水淹胁迫能力的关联度与关联序。

利用隶属函数法，对 3 个杨树品种在持续淹水胁迫下的部分性状表现进行综合评价分析，如表 8-13 结果表明，抗水淹胁迫能力 2025 杨＞中红杨＞全红杨，三者间差异显著（$P<0.05$）。

表 8-13 3 个杨树品种生理指标的平均隶属函数值及排序

指　标	全红杨	中红杨	2025 杨
叶绿素 Chl	0.278	0.483	0.440
净光合速率 *Pn*	0.587	0.501	0.553
气孔导度 *Gs*	0.580	0.726	0.774
超氧化物歧化酶 SOD	0.633	0.727	0.700
过氧化氢酶 CAT	0.424	0.494	0.519
丙二醛 MDA	0.847	0.858	0.841
质膜相对透性 Relative elec*Tric* conduction	0.654	0.737	0.779
脯氨酸 Proline	0.266	0.198	0.214
隶属函数平均值	0.534	0.591	0.602
排序	3Ab	2Aa	1Aa

注：A(a)—C(c)表示不同品种的差异水平，小写字母表示在 $P=0.05$ 水平上差异显著，大写字母表示在 $P=0.01$ 水平上差异极显著，字母相同表示差异不显著。

根据灰色系统理论，与抗持续水淹胁迫能力关系越密切的指标与变化系数的关联度越大，即对水淹胁迫的反应越敏感。从表 8-14 可以看出，8 个生理指标中除脯氨酸外，其余指标与变化系数关联度均大于 0.6，处于较强关联水平，其中质膜相对透性与变化系数的关联度最大（0.7773），其次是保护酶 CAT，SOD 活性。

表 8-14　3 个杨树品种抗涝性与各生理指标的关联系数、关联度和关联序

指　　标	系数	全红杨 $\Delta_{max}=2.3994$	中红杨 $\Delta_{max}=3.1018$	2025 杨 $\Delta_{max}=2.7795$	关联度	关联序
叶绿素 Chl	ξ_1	0.5998	0.6494	0.6615	0.6369	7
净光合速率 *Pn*	ξ_2	0.6254	0.6868	0.7332	0.6818	5
气孔导度 *Gs*	ξ_3	0.6066	0.6466	0.723	0.6587	6
超氧化物歧化酶 SOD	ξ_4	0.7134	0.6836	0.6634	0.6868	3
过氧化氢酶 CAT	ξ_5	0.7333	0.7596	0.8108	0.7679	2
丙二醛 MDA	ξ_6	0.6498	0.7019	0.6994	0.6837	4
质膜相对透性 Relative electric conduction	ξ_7	0.7426	0.8014	0.7878	0.7773	1
脯氨酸 Proline	ξ_8	0.5394	0.5738	0.5509	0.5547	8

注：max 为被评价对象序列与参考序列间两极最大差值。

2.22 个生理指标的综合评价

能量代谢体系、抗氧化体系及细胞膜渗透调节功能均是树木能够忍耐长期逆境胁迫的重要物质基础，其抗涝性也是多种因素共同作用的综合性状（徐莲珍等，2008）。利用隶属函数法，对 3 个杨树品种在持续淹水胁迫下测定的 22 个指标性状表现进行综合评价分析，如表 8-15 结果表明，抗水淹胁迫能力 2025 杨＞中红杨＞全红杨，三者间差异不显著（$P>0.05$）。

表 8-15　3 个杨树品种测定的 22 个生理指标的平均隶属函数值及排序

指标	全红杨	中红杨	2025 杨
质膜相对透性 Relative electric conduction	0.654	0.737	0.779
丙二醛 MDA	0.847	0.858	0.841
可溶性糖 Soluble sugar	0.501	0.496	0.470
游离脯氨酸 Proline	0.266	0.198	0.214
可溶性蛋白质 Soluble protein	0.339	0.441	0.397
叶绿素 a Chla	0.656	0.727	0.705
叶绿素 b Chlb	0.598	0.758	0.723
叶绿素 a/b Chla/b	0.672	0.542	0.545
叶绿素 Chl	0.633	0.727	0.700
类胡萝卜素 TAC	0.701	0.711	0.655
花色素苷 TA	0.575	1.733	2.881
净光合速率 *Pn*	0.424	0.494	0.519
蒸腾速率 *Tr*	0.755	0.583	0.589
水分利用率 *WUE*	0.868	0.736	0.771
气孔导度 *Cs*	0.278	0.483	0.440
胞间 CO_2 浓度 *Ci*	0.242	0.405	0.336
胞间 CO_2 浓度与空气 CO_2 浓度之比 *Ci/Ca*	0.722	0.542	0.626
羧化效率 *CE*	0.708	0.558	0.665
超氧化物歧化酶 SOD	0.587	0.501	0.553

续表

指标	全红杨	中红杨	2025 杨
过氧化氢酶 CAT	0.580	0.726	0.774
过氧化物酶 POD	0.634	0.810	0.599
多酚氧化酶 PPO	0.262	0.325	0.347
隶属函数平均值 Subordinate function values	0.568	0.640	0.688
排序 Order	3Aa	2Aa	1Aa

注：A(a)—C(c)表示不同品种的差异水平，小写字母表示在 $P=0.05$ 水平上差异显著，大写字母表示在 $P=0.01$ 水平上差异极显著，字母相同表示差异不显著。

根据灰色系统理论，若某指标与抗旱性的关联度越大，则说明该指标与抗旱系数的关系越密切，对干旱胁迫的反应越敏感。从表 8-16 可以看出，3 个杨树品种的抗旱系数与 22 个生理指标关联度最大的为光合有效色素叶绿素和类胡萝卜素，其次水分利用率和过氧化氢酶，关联度均在 0.850 以上，可溶性糖及蒸腾速率对干旱胁迫的敏感度相对最小，关联度均小于 0.6，其余指标处于较强关联水平。

表 8-16　3 个杨树品种抗涝性与各生理指标的关联系数、关联度和关联序

指标	系数	全红杨 $\Delta_{max}=3.4309$	中红杨 $\Delta_{max}=3.4753$	2025 杨 $\Delta_{max}=2.9072$	关联度	关联序
质膜相对透性 Relative electric conduction	ξ_1	0.797 6	0.661 4	0.788 7	0.749 2	3
丙二醛 MDA	ξ_2	0.763 2	0.655 3	0.633 2	0.683 9	11
可溶性糖 Soluble sugar	ξ_3	0.629 0	0.633 9	0.598 5	0.620 5	19
游离脯氨酸 Proline	ξ_4	0.655 1	0.680 8	0.638 4	0.658 1	16
可溶性蛋白质 Soluble protein	ξ_5	0.721 6	0.643 8	0.533 1	0.632 8	18
叶绿素 a Chla	ξ_6	0.717 4	0.716 2	0.616 7	0.683 4	12
叶绿素 b Chlb	ξ_7	0.726 9	0.685 1	0.714 4	0.708 8	8
叶绿素 a/b Chla/b	ξ_8	0.674 7	0.718 4	0.577 8	0.657 0	17
叶绿素 Chl	ξ_9	0.719 2	0.709 4	0.639 5	0.689 4	10
类胡萝卜素 TAC	ξ_{10}	0.796 4	0.631 9	0.560 6	0.663 0	14
花色素苷 TA	ξ_{11}	0.681 2	0.7753	0.7063	0.7209	6
净光合速率 *Pn*	ξ_{12}	0.714 0	0.7108	0.7176	0.7141	7
蒸腾速率 *Tr*	ξ_{13}	0.656 2	0.6479	0.54	0.6147	20
水分利用率 *WUE*	ξ_{14}	0.702 7	0.7019	0.5729	0.6592	15
气孔导度 *Cs*	ξ_{15}	0.693 4	0.715 5	0.7	0.7030	9
胞间 CO_2 浓度 *Ci*	ξ_{16}	0.615 8	0.666 9	0.5548	0.6125	21
胞间 CO_2 浓度与空气 CO_2 浓度之比 *Ci/Ca*	ξ_{17}	0.7852	0.7152	0.6844	0.7283	5
羧化效率 *CE*	ξ_{18}	0.7517	0.6611	0.6005	0.6711	13
超氧化物歧化酶 SOD	ξ_{19}	0.7246	0.7484	0.7455	0.7395	4
过氧化氢酶 CAT	ξ_{20}	0.7419	0.6714	0.8530	0.7554	1
过氧化物酶 POD	ξ_{21}	0.5945	0.6851	0.5055	0.5950	22
多酚氧化酶 PPO	ξ_{22}	0.7021	0.8413	0.7065	0.7500	2

注：max 为被评价对象序列与参考序列间两极最大差值。

8.5 讨论与结论

近年来，全球范围均出现气候乱象，强降雨等极端天气造成的洪涝、内涝及积水事件不断发生，所带来的社会影响是极大的，预计今后这类灾难事件的出现将会更加广泛频繁。树木对环境发挥着重要的生态调节和保护作用，环境也对树木的分布和生长健康产生重要的影响，美洲黑杨由于耐水湿的特性，已成为我国亚热带、暖温带平原水网区及季节性淹水滩地工业原料林和生态防护林建设的首选树种(张绮纹等，1999；李文文等，2010)。土壤水淹胁迫对杨树生长的抑制作用主要是由于根系缺氧而引起的，在一定程度上，涝渍胁迫会导致杨树生理干旱，进而导致叶片气孔开度缩小，甚至关闭，根系活力下降，苗木通过根系吸收的无机物质明显减少，膜脂过氧化产物 MDA 含量提高，促使叶片衰老脱落，最终导致苗木叶面积显著减小、光合作用和呼吸作用受到抑制，光合产物减少(汪宗立等，1988；汤章城，1983；Philipson et al.，1980；陈少裕，1991；许大全，1984)。同时，原本通过呼吸作用将大分子物质氧化为小分子可溶性物质的速率也可能降低，使叶片内水溶性物质的总量下降，从而导致渗透势提高(唐罗忠等，1999)。了解树木新品种的耐淹水能力，对我国区域环境建设和经济稳定发展均具有重要的意义(冯玉龙等，2003)。

通过为期 84 d 的水淹模拟试验，以全红杨、中红杨和 2025 杨 3 个杨树品种无性系当年生嫁接苗为试材，对 3 个杨树品种在持续水淹胁迫下的适应性和生理调节机制进行了初步的研究。可以看出：短期水淹处理(15 d 以内)不会对 3 个杨树品种嫁接苗生长产生明显影响，如能及时排除土壤中多余水分，苗木生长可以恢复。在较长期的水淹胁迫后，3 个杨树品种苗木叶片均出现了黄化、脱落现象，最终致使总叶面积降低。尤其是水淹胁迫 42 d 以后，3 个杨树品种生长均受到明显抑制。叶面积的降低可以减少蒸腾失水强度，但苗木的光合面积也随之降低。由于水分和二氧化碳吸收量减少及总光合叶面积的降低将导致苗木高生长降低，生物量积累减少。与无胁迫对照组苗木相比，在水淹胁迫下全红杨、中红杨和 2025 杨苗木的生长量明显下降，2025 杨下降 49.96%，中红杨下降 42.79%，全红杨下降 53.33%。可见 3 个杨树品种苗木在受到长期的水淹胁迫后才有显著影响，其水淹适应性均较强。唐罗忠等(1999)在研究中有相类似的结论，但他同时还说明苗木阶段，如果长期水淹后(30 d 以上)，又排除了土壤中多余水分，则杨树苗期更易受害，甚至会导致苗木死亡。

持续水淹胁迫下，全红杨、中红杨和 2025 杨 3 个杨树品种叶片叶绿素含量和净光合速率 Pn、蒸腾速率 Tr、气孔导度 Gs 均明显降低，叶绿素的降解是植物叶片对水淹胁迫的生化响应(Fernandez et al.，2006)，说明水淹胁迫抑制了叶片的光合性能，3 个杨树品种叶片叶绿素含量与光合能力呈相类似的变化趋势，可以说叶片叶绿素含量的下降，在一定程度上影响了叶片的光合能力。长期的水淹胁迫使 3 个杨树品种叶片中叶绿素 a 和叶绿素 b 含量持续降低，但前者的下降幅度较大，二者比值也显著下降。由于叶绿素 a 更多地结合在光系统反应中心上，而叶绿素 b 主要结合在捕光色素蛋白复合物上(陈芳清等,2008),因此说明,3 个杨树品种受到水淹胁迫后均能通过叶片叶绿素 a 与叶绿素 b 的含量变化来调节光合作用机制,以维持其生存所需的光合能力。3 个杨树品种均具有一定程度的耐水淹能力,这与美洲黑杨派品种的喜水特性相符。在水淹胁迫前 28 d,与正常对照组苗木相比,水淹胁并没对 3 个杨树品种苗木的生长、叶片质膜相对透性、叶片内渗透调节物质可溶性糖、可溶性蛋白质和游离脯氨酸含量及丙二醛(MDA)含量产生较大影响。在水淹胁迫 42 d 内,3 个杨树品种无性系叶片中内的超氧化物歧化酶(SOD)、过氧化氢酶(CAT)和抗坏血酸过氧化物酶(POD)活性皆呈显著上升趋势,SOD,CAT 和 POD 的变化趋势表现出明显的一致性和同步性。提高水分利用效率是植物在水分胁迫下忍耐逆境能力的一种适应方式,在整个水淹过程中,3 个杨树品种叶片脯氨酸含量和可溶性糖含量及水分利用率 *WUE* 始终保持较高水平,三者通过降低叶片净光合速率 *Pn*、蒸腾速率 *Tr* 和大幅提高 *WUE* 来适应渐加剧的水分胁迫,消耗单位水量所累积干物质的量增加。在持续水淹胁迫 70 d 时,3 个杨树品种的植株叶片脱落所剩无几,此时存留的叶片还能进行一定的光合作用,表明 3 个杨树品种具有较强的耐水淹能力。另外,虽然 2025 杨和中红杨叶片 SOD,CAT,POD,可溶性糖、脯氨酸等增长幅度略高于全红杨,但全红杨也能保持连续增长并维持在较高水平,并且出现大幅下降的时间和幅度同 2025 杨和中红杨基本相同,可以认为,被选育栽培的彩叶新品种全红杨和中红杨同其母本 2025 杨一样具有较强的耐水淹能力。相比而言,2025 杨耐水淹能力更强,但三者之间差异并不显著($P>0.05$),中红杨对长期水淹胁迫也有较高的抗性,全红杨对短期的水淹胁迫则有充分的应对能力。

研究表明,当水淹胁迫持续时间超过了 3 个杨树品种所能忍受的程度时,就会对 3 个杨树无性系造成了伤害,导致其膜透性增大,各种酶快速失活,可溶性糖和游离脯氨酸含量开始降低,细胞内电解质大量外泄,叶绿素加速降解,蛋白质迅速丧失。光合色素含量、净光合速率及蒸腾速率再次下降,最终导致淹胁迫处理组 3 个杨树品种大多植株无法渡过胁迫而衰老死亡。3 个杨树品种的耐水淹机制可能与形态建成、酶促和非酶促抗氧化、渗透调节等适应性环节的启动有关。其中表现在 SOD,CAT,POD 等氧化酶的活性随着水涝胁迫的加深而急剧下降,从而急剧降低其对质膜进行有效保护的能力,最终导致膜脂的过氧化产物(如 MDA)迅速积累。并且通过淹水胁迫条件下的叶片膜透性、色素、MDA、渗透调节物质含量、氧化酶的活性及光合等生理指标的变化对植物材料耐水淹能力强弱进行评价在理论上具有一定的可行性。

8.5.1 持续水淹胁迫下叶片色素含量及光合特性的关系

地表滞水或地下水位偏高对树木的抑制作用主要是由于根系缺氧引起的,而叶片是植物最主要的光合器官,对外界环境的改变也最为敏感(杜克兵等,2010)。叶片气孔关闭 CO_2 扩散的气孔阻力增加,光合产物的运输也受到抑制是植物光合作用下降的一个原因(Mekevlin et al.,1998;曾建军等,2004)。另外,叶片中光合色素含量和比例的改变也会直接影响植株光合作用的强弱及植物的正常生长和抗逆性(焦绪娟,2007)。花色素苷(Ant)是彩叶植物的重要色素之一,与光合色素叶绿素、类胡萝卜素等色素共同决定植物叶片的着色,尤其是红叶植物与绿叶植物中花色素苷和叶绿素含量存在显著差异。不同的色素在叶片外观上表现为不同的颜色,叶绿素 a 为蓝绿色,叶绿素 b 为黄绿色,类胡萝卜素为橙黄色,花色素苷在酸性和碱性条件下分别呈现红色或蓝色,花色素苷含量的增加可使叶片绿色变弱表现为红色,同时黄色色调向蓝色色调过渡(董金一等,2008;杨淑红等,2013)。从光物理学角度来讲,不透明物体的颜色由其反射的色光决定,这也就是我们所看到的物体颜色,因此表色偏呈红、蓝色调的叶片对植物光合的主要有效光红光和蓝紫光的反射率就越大,由此推测花色素苷含量及所占色素比例对叶色的影响会对叶片光合作用效率产生间接影响。

研究中全红杨叶片中叶绿素、类胡萝卜素和花色素苷含量均极显著高于中红杨和2025 杨,而净光合速率极显著低于二者($P<0.01$),说明全红杨叶色对光合作用效率存在着影响,而较多的叶绿素含量缓解了叶色对光合有效光吸收利用的影响,使植株能维持正常生命活动所需的光化学反应。

通过为期 84 d 的淹水模拟实验,3 个杨树品种叶片中光合色素含量均显著降低,其中叶绿素最为敏感,主要是其载体叶绿体是光合作用的主要机构,参与光能吸收、电子传递和转化,是植物细胞中最需要 O_2 的分区,而淹水胁迫破坏了其正常的 O_2 条件。淹水中期,三者叶片叶绿素和类胡萝卜素含量出现下降减缓甚至有所升高,说明植株抗涝机制启动及对地下高水位的适应,在其他杨树研究中也有相类似的结果(焦绪娟,2007;李环等,2010;杜克兵等,2010)。胁迫持续,叶片光合色素含量再次下降,同时叶绿素 a/b 值降低,由于叶绿素 a 大多在光系统反应中心上进行光化学反应,叶绿素 b 主要结合在捕光色素蛋白复合物上收集光能(陈芳清等,2008),因此光能转化和能量提供能力失衡导致叶片因吸收过量光能而产生光抑制,过剩电子传递给 O_2 造成活性氧等有害物质的积累,进而造成叶绿体伤害(Allen et al.,2001)。此时三者叶片中叶绿素较对照组下降幅度小于前期,一方面与植物对逆境的补偿和超补偿效应有关,对淹水胁迫表现出一定的适应和调节能力。另外叶绿素对气温变化较为敏感,10 月气温下降加速叶绿素 a 的分解,限制叶绿素的合成,无胁迫对照组叶片叶绿素含量也有所下降。叶绿素的降解加速植物衰老过程,但全红杨叶片中花色素苷含量稳定,没有出现其秋季自然衰老叶片中明显的花色素苷新合成和积累性增长(杨淑红等,2013),此时叶片变红变黄是叶绿素降解后原有的花色素苷和类胡萝卜素比例升高显现出的颜色(Field et al.,2001; 葛雨萱等,2011),胁迫衰老叶片较正常衰老叶片色泽暗淡,干枯落叶快,体现了植株死亡与自然休眠过程中其衰老叶片的生命体征差别。

淹水胁迫使 3 个杨树品种叶片 Gs、Pn、Tr 和 Ci 迅速下降,符合光合色素的变化趋势。淹水胁迫初期三者叶片 Pn 下降幅度均明显小于 Gs,说明根系缺氧使叶片气孔关闭,CO_2 向叶片扩散的阻力增大导致叶片净光合速率受到抑制。淹水胁迫中期,三者叶片 *Tr* 和 *Gs* 下降逐渐变缓,*Pn* 略有回升,可能是与水接触的茎基部产生的不定根和肥大的皮孔有效地弥补了根系的低氧状态,来维持一定的生理平衡,这与耐水湿树种乌桕(曹福亮等,2010)和枫杨(衣英华等,2006)的研究结果相类似。随着胁迫持续,三者叶片 *Pn*、*Tr* 和 *Gs* 再次下降,同时 *Ci* 升高,*CE* 下降,说明叶肉细胞光合活性和碳同化速率降低及植物体内代谢产物运输途径受阻,表现出明显的光胁迫效应。经相关分析,淹水胁迫使 3 个杨树品种叶片 *Ci* 与 *Pn* 的相关性由正变负,同样说明 *Pn* 的下降除气孔关闭因素外,最终还是由非气孔限制所致(Farquhar et al. ,1982)。淹水胁迫可造成叶绿体基粒的损伤及基粒片层垛叠结构的损失,光合色素还原能力以及初级光合产物的形成也都与其结构密切相关(杜克兵等,2010),解除胁迫 14 d,三者叶绿素和类胡萝卜素含量仍持续下降,光合活性特征恢复也不明显,表明胁迫对光合机构的破坏存在明显的延滞现象,另外与植物夏末秋初代偿能力损失也有很大的关系。

持续水淹胁迫下,3 个杨树种品种叶片光特性较对照组变化差异逐渐变小,淹水持续 70 d,三者叶片 *Pn* 均始终为正值,所剩无几的叶片也仍保持一定的净光合速率,并能通过大幅提高 *WUE* 来适应渐加剧的水分胁迫,3 个杨树品种均表现出一定的耐涝遗传特质,这与汤玉喜(2008)、杜克兵(2010)、徐锡增(1999)和唐罗忠(1999)等人对其他美洲黑杨的研究结果相同,相比较全红杨对淹水胁迫更为敏感,耐淹水能力略弱。

分析淹水胁迫下三者叶片色素和光合参数与叶片净光合速率的变化关系,并建立数学拟合模型,可知:全红杨和 2025 杨叶片 *Tr* 和 *Gs* 对 *Pn* 存在显著解释关系,说明气孔限制因素是二者 *Pn* 下降的主要原因。另外,全红杨叶片中花色素苷含量对 *Pn* 也有着显著解释关系,说明在叶绿素 a 大幅下降的情况下,叶片中花色素苷与类胡萝卜素及叶绿素 b 所占色素比例的升高使全红杨叶色向橙红色或橙色转变,这有利于叶片吸收更多互补的蓝紫色光用于光合作用。而 2025 杨叶片花色素苷含量 *TA* 与 *Pn* 呈负有相关,原因是叶片中花色素苷含量和比例的提高使叶片红色调增强,降低了叶片对原有红光的吸收利用率,相比 2025 杨叶片光合色素叶绿素和类胡萝卜素对 *Pn* 更具解释关系。证明植物叶片色素含量及比例变化影响叶片着色的同时也对叶片光合作用效率产生着间接影响,关键可能在于叶色改变对光合有效光反射率的影响。中红杨叶片 *Tr*、*CE* 与 *Pn* 存在显著关系,但方程拟合的效果略低,说明 Pn 的变化方向有其他重要解释变量,影响因素更加综合复杂。

8.5.2 全红杨、中红杨和 2025 杨抗水淹性及生理指标综合评价

土壤长期或一定时期内处于水分饱和或过饱和状态,会致使土壤理化性状、生物区及土壤肥力等发生特殊变化,是植物主要的非生物胁迫之一(Ponnamperuma E N,1984;张往祥等,2011)。淹水土壤中气体扩散放慢,氧气和光照供给不足,CO_2 浓度升高,植物根系进行无氧呼吸产生乙醇等有毒中间产物,缺氧有毒逆境可诱导植物体活性氧和丙二

醛的过量产生与积累，进而破坏和降低活性氧清除剂，引发膜脂过氧化作用，对植物细胞膜系统、抗氧化系统、能量代谢系统等造成生理伤害（张往祥等，2011；卓仁英等，2001）。植物外部形态也产生明显变化，包括植株生长速度与叶片的展开减缓、叶片发黄变红、枯萎和脱落、有不定根和通气组织形成等。适应能力低的植物根系活力降低甚至腐烂，最终植株地上部分枯死，从而破坏生态环境（汪贵斌等，2009；杜克兵等，2010）。

无胁迫对照条件下，源自品种特性和遗传基因的差异，全红杨的株高、叶片大小及生长速度均极显著低于中红杨和 2025 杨（$P<0.01$）。全红杨与中红杨的叶片色彩、质感及树形姿态等性格特征也各有变化，全红杨体态秀丽、叶色鲜亮、观赏期长，更适宜城市园林绿化的造景需求。

84 d 的淹水模拟试验可以看出：短期较高的地下水位环境不会对 3 个杨树品种叶片质膜相对透性及脯氨酸、丙二醛含量产生较大影响，淹水 28 d 高生长均略高于对照组（$P>0.05$），符合美洲黑杨派品种的喜水特性。三者叶片叶绿素含量和 Pn、Gs 对淹水胁迫较为敏感，叶绿素的降解和气孔关闭均是植株叶片对根系缺氧环境的生化响应，气孔限制增大了根系 CO_2 向叶片扩散的阻力及 O_2 供给，在一定程度上限制了叶片的光合能力，如能及时排除土壤中多余水分，即可恢复正常。淹水 56 d，丙二醛含量升高使叶片细胞膜受到伤害，3 个杨树品种逐渐出现了不同程度的新叶萎蔫、老叶黄化或脱落现象。但功能叶叶绿素含量和 Gs 下降减缓，Pn 有所回升，说明胁迫过程中株系抗涝机制启动，叶片 SOD 和 CAT 酶活性皆呈上升趋势，能有效地清除因胁迫产生的 $\cdot O_2^-$，H_2O_2 等活性氧，保护了膜系统。同时三者茎基部产生的不定根也有效弥补淹水根系的低氧状态，使叶片又有新的叶绿素合成来调节光合作用机制，维持其生存所需的光合能力，三者均表现出较为稳定的耐淹涝遗传特质。淹水 70 d，自由基的过量生成已超越三者防御系统的清除能力，SOD 和 CAT 活性明显降低，导致 $\cdot O^2$，H_2O_2 等活性氧以及 MDA 在叶片中的快速积累，植物体内产生的多种活性氧可造成叶绿体结构损伤，此时非气孔限制是叶绿素加速降解和 Pn 再次下降的主要原因。三者的生理防御系统受到了极大的伤害，膜透性继续增大，全红杨叶片中游离脯氨酸含量降低。全红杨、中红杨和 2025 杨大部分植株裸叶，生长量分别较对照组下降了 53.33%，42.79%和 49.96%，大多植株无法渡过胁迫而衰老死亡，全红杨几乎无相对高生长，这种现象在银杏、鹅掌楸等不耐涝树种中更为迅速明显（王义强等，2005；潘向燕等，2006），但 3 个杨树品种存留功能叶片仍能保持一定的净光合速率，说明叶片有光合产物积累，具有相应的生命体征。解除胁迫14 d，苗木死亡数增多，说明长期淹水导致根系缺氧腐烂，即使排除土壤中多余水分，其伤害后效应仍继续。翌年春，全红杨、中红杨和 2025 杨的存活率分别为 14.29%，28.57%和 25.71%，三者均表现出较强的耐淹水能力。通过对叶片叶绿素质量分数 Chl、净光合速率 Pn、气孔导度 Gs、超氧化物歧化酶 SOD 活性、过氧化氢酶 CAT 活性、丙二醛 MDA、质膜相对透性和脯氨酸 8 个生理指标隶属函数平均值对抗淹水能力进行综合评价，表明全红杨的抗淹水能力较弱，与中红杨和 2025 杨差异显著（$P<0.05$），中红杨与 2025 杨差异不显著

($P>0.05$)。关联分析表明,质膜相对透性和过氧化氢酶 CAT、超氧化物歧化酶 SOD 活性是影响 3 个杨树品种抗涝性的首要指标。

能量代谢体系、抗氧化体系及细胞膜渗透调节功能均是树木能够忍耐长期逆境胁迫的重要物质基础,其抗涝性也是多种因素共同作用的综合性状(徐莲珍等,2008)。利用隶属函数法,对 3 个杨树品种在持续淹水胁迫下测定的 22 个指标性状表现进行综合评价分析结果表明,抗水淹胁迫能力 2025 杨>中红杨>全红杨,三者间差异不显著($P>0.05$)。3 个杨树品种的抗旱系数与 22 个生理指标关联度最大的为光合有效色素叶绿素和类胡萝卜素,其次水分利用率和过氧化氢酶 ,关联度均在 0.850 以上,可溶性糖及蒸腾速率对干旱胁迫的敏感度相对最小,关联度均小于 0.6,其余指标处于较强关联水平。叶绿素关联度与周江等(2012)的研究结果相同,质膜相对透性关联度与胡尚连等(2010)的研究结果相同,而与黄承玲等(2011)、周江等(2012)的研究结果不同。

表 8-3　持续水淹胁迫对 3 个杨树品种叶片质膜相对透性的影响(%平均值±标准误)

处理	种类	水淹持续时间/d						解除胁迫/d	平均值
		0	14	28	42	56	70	14	
对照(CK)	全红杨	28.87±4.767Aa	27.12±1.764Ab	32.98±0.950Aa	28.27±2.25Bb	30.53±3.517Bb	32.27±2.306Bb	36.28±3.626Bb	30.9±3.177Cc
	中红杨	31.36±1.43Aa	29.92±1.29Aab	31.59±2.738Aab	29.1±1.402Bb	32.28±2.263Bb	31.98±4.387Bb	35.21±5.063Bb	31.63±1.947BCc
	2025 杨	32.14±4.751Aa	32.01±1.921Aa	29.8±2.348Aab	32.94±3.062ABab	33.49±3.086Bb	34.83±2.811Bb	37.56±3.001Bb	33.25±2.446ABCbc
水淹(Y)	全红杨	28.87±4.767Aa	28.02±2.345Ab	31.41±4.231Aab	37.52±3.25Aa	47.20±2.863Aa	58.28±5.496Aa	53.89±4.75Aa	40.74±12.398Aa
	中红杨	31.36±1.43Aa	28.45±2.715Aab	28.5±4.182Aab	31.36±4.053ABb	45.92±5.345Aa	53.14±5.512Aa	52.63±4.538Aa	38.77±11.339ABCab
	2025 杨	32.14±4.751Aa	30.11±1.254Aab	26.59±2.561Ab	32.89±0.764ABab	43.3±3.495Aa	54.91±6.432Aa	55.87±2.226Aa	39.4±12.059ABab

注：A(a)—C(c)表示不同品种的差异水平，小写字母表示在 $P=0.05$ 水平上差异显著，大写字母表示在 $P=0.01$ 水平上差异极显著，字母相同表示差异不显著。

表 8-4　持续水淹胁迫对 3 个杨树品种叶片丙二醛含量的影响($\mu mol \cdot g^{-1}$ 平均值±标准误)

处理	种类	水淹持续时间/d						解除胁迫/d	平均值
		0	14	28	42	56	70	14	
对照(CK)	全红杨	17.77±1.143Aa	18.90±1.367ABab	17.60±1.344Aa	19.57±0.72ABbcd	22.00±1.463Bc	25.54±1.548Bb	27.69±3.307ABCbc	21.30±3.962ABbc
	中红杨	16.96±2.593Aab	15.35±1.306ABCbc	18.12±2.978Aa	18.45±1.859ABcd	20.52±1.658Bc	24.99±1.395Bb	25.12±2.482Cc	19.93±3.833Bc
	2025 杨	14.49±2.484Ab	19.94±3.096Aa	15.03±1.295 Aa	16.81±2.373Bd	21.78±2.227Bc	22.22±5.019Bb	27.07±2.919BCbc	19.62±4.514Bc
水淹(Y)	全红杨	17.77±1.143Aa	15.98±1.796ABCbc	16.74±2.137 Aa	25.43±4.56Aa	33.83±2.437Aa	39.02±3.726Aa	36.79±3.930Aa	26.51±9.997Aa
	中红杨	16.96±2.593Aab	13.51±1.524Cc	16.82±1.234 Aa	24.32±2.113Aab	28.68±1.790Ab	37.77±0.900Aa	33.07±4.720ABCab	24.45±9.161ABab
	2025 杨	14.49±2.484Ab	14.49±2.227BCc	16.68±3.044 Aa	23.50±3.294ABabc	31.62±3.131Aab	34.86±2.017Aa	35.44±0.916ABa	24.44±9.490ABab

注：A(a)—C(c)表示不同品种的差异水平，小写字母表示在 $P=0.05$ 水平上差异显著，大写字母表示在 $P=0.01$ 水平上差异极显著，字母相同表示差异不显著。

表 8-5　干旱胁迫及复水对 3 个杨树品种叶片渗透调节物质含量的影响(平均值±标准误)

指标	处理	种类	水淹持续时间/d						解除胁迫/d	平均值
			0	14	28	42	56	70	14	
可溶性糖 /mg·g^{-1}	对照 (CK)	全红杨	20.70±1.219Bc	20.97±1.178Cc	20.50±0.837Bb	23.25±1.865Cbc	27.59±0.829Cc	29.75±0.397Cc	30.84±1.371CDc	24.8±4.492Bb
		中红杨	23.30±0.247Ab	25.53±0.435ABab	23.07±0.641ABb	22.86±2.404Cc	32.48±0.909Bb	27.51±1.523Cc	30.03±1.072CDc	26.4±3.772Bb
		2025 杨	25.38±1.106Aa	23.14±2.093BCbc	22.59±0.704ABb	26.42±0.451BCb	29.22±1.073BCc	28.32±1.57Cc	28.02±1.052Dc	26.16±2.581Bb
	水淹 (Y)	全红杨	20.70±1.219Bc	23.44±1.196BCbc	24.41±3.419ABab	30.64±2.481ABa	38.39±1.248Aa	42.78±2.188Aa	37.27±3.636ABb	31.09±8.557Aa
		中红杨	23.30±0.247Aa	27.42±1.491Aa	27.90±3.188Aa	32.39±1.29Aa	38.41±1.132Aa	36.86±1.048ABb	42.57±3.229Aa	32.69±6.912Aa
		2025 杨	25.38±1.106Aa	24.91±1.047ABab	27.57±1.107Aa	33.23±2.1Aa	38.71±2.358Aa	38.28±4.378Bb	36.2±1.549BCb	32.04±6.018Aa

续表

指标	处理	种类	水淹持续时间/d						解除胁迫/d	平均值
			0	14	28	42	56	70	14	
脯氨酸/μg·g^{-1}	对照(CK)	全红杨	24.45±0.751Aa	24.24±0.370Aa	23.16±0.603Aa	24.00±0.905BCbc	22.90±0.304Bb	24.30±0.61Bb	21.95±0.332Cc	23.57±0.929CDb
		中红杨	23.71±1.279Aa	25.14±0.920Aa	24.29±1.338Aa	23.68±1.08Bc	22.88±0.394Bb	23.03±0.653Bb	21.72±0.179Cc	23.71±1.279BCDb
		2025杨	23.43±1.256Aa	25.19±0.607Aa	23.84±1.17Aa	22.62±0.726Cc	22.86±0.551Bb	22.88±0.129Bb	21.74±0.274Cc	23.43±1.256Db
	水淹(Y)	全红杨	26.17±1.617Aa	26.17±1.086Aa	24.74±1.957Aa	27.45±1.36Aa	28.81±2.013Aa	24.84±1.77Bb	26.73±1.781Aa	26.17±1.617Aa
		中红杨	25.76±2.048Aa	25.94±2.270Aa	22.92±1.187Aa	26.20±1.097ABa	26.78±0.953Aa	29.28±2.052Aa	23.99±0.189Bb	25.76±2.048Aba
		2025杨	25.60±2.351Aa	26.67±1.628Aa	22.57±0.285Aa	25.79±0.266ABab	27.71±2.919ABa	28.77±1.043Aa	22.82±0.813BCbc	25.60±2.351ABCa
可溶性蛋白质/mg·g^{-1}	对照(CK)	全红杨	39.35±1.768Aa	39.41±0.858Aa	42.18±0.485Aa	40.77±4.833Aa	43.73±4.663Aa	45.71±2.336Aa	49.95±1.267Aa	43.01±3.831Aa
		中红杨	40.73±1.652Aa	39.50±2.485Aa	40.77±1.917ABab	37.43±0.419ABab	43.17±3.337 Aa	43.39±4.056ABab	46.73±4.363ABabc	41.67±3.035Aa
		2025杨	39.56±2.147Aa	39.93±0.859Aa	40.89±4.745ABab	38.3±1.644ABab	41.67±1.077 Aa	42.31±0.875 ABab	47.96±5.454ABab	41.52±3.141Aa
	水淹(Y)	全红杨	39.35±1.768Aa	37.30±1.745Aab	32.83±3.961Bc	28.36±0.65Bc	32.05±3.476Bb	38.27±2.621ABbc	41.45±2.584Bc	35.66±4.671Bb
		中红杨	40.73±1.652Aa	37.69±2.362Aab	35.14±1.715ABbc	31.55±5.03ABbc	33.37±3.086Bb	38.94±2.26ABbc	41.55±3.77Bc	36.99±3.768Bb
		2025杨	39.56±2.147Aa	34.55±3.47Ab	34.71±3.505ABc	32.63±4.97ABbc	30.11±1.713Bb	35.91±4.64Bc	43.5±3.251ABbc	35.85±4.444Bb

注：A(a)—C(c)表示不同品种的差异水平，小写字母表示在 $P=0.05$ 水平上差异显著，大写字母表示在 $P=0.01$ 水平上差异极显著，字母相同表示差异不显著。

表 8-6　持续水淹胁迫对 3 个杨树品种叶片色素含量及比例(%)的影响(平均值±标准误)

指标	处理	种类	水淹持续时间/d						解除胁迫/d	平均值
			0	14	28	42	56	70	14	
叶绿素 a Chla/mg·g^{-1}	对照(CK)	全红杨	1.88±0.033Aa	1.7±0.041Aa	1.71±0.119Aa	1.76±0.057Aa	1.66±0.081Aa	1.5±0.084Aa	1.31±0.031Aa	1.65±0.186Aa
		中红杨	1.58±0.098Bb	1.52±0.107ABbcd	1.53±0.067ABab	1.59±0.067Bb	1.35±0.024Bb	1.32±0.059Bb	1.24±0.066Aa	1.45±0.141Bb
		2025杨	1.47±0.088Bc	1.38±0.038Bd	1.4±0.059ABabc	1.37±0.041Cc	1.12±0.013CDd	1.03±0.016Cc	0.91±0.064Bb	1.24±0.218BCbc
	水淹(Y)	全红杨	1.88±0.033Aa	1.54±0.074ABbc	1.28±0.375ABbc	1.38±0.025Cc	1.23±0.084BCc	1.24±0.055Bb	1.03±0.016Bb	1.37±0.274Ccd
		中红杨	1.58±0.098Bb	1.58±0.04ABab	1.25±0.04ABbc	1.12±0.022Dd	1.2±0.06Ccd	1.08±0.041Cc	1.02±0.034Bb	1.26±0.229Cd
		2025杨	1.47±0.088Bc	1.41±0.094Bcd	1.09±0.013Bc	1.07±0.071Dd	1.01±0.035De	0.78±0.052Dd	0.7±0.042Cc	1.07±0.289De
叶绿素 b Chlb/mg·g^{-1}	对照(CK)	全红杨	0.73±0.064Aa	0.70±0.034Aa	0.64±0.072Aa	0.64±0.081Aa	0.62±0.015Aa	0.59±0.014Aa	0.61±0.048Aa	0.65±0.05Aa
		中红杨	0.55±0.037Bb	0.5±0.058Cb	0.48±0.018ABb	0.51±0.031Bb	0.47±0.045Bb	0.47±0.088ABCabc	0.44±0.003Bb	0.49±0.034BCc
		2025杨	0.49±0.035Bb	0.53±0.018Cb	0.42±0.017Bbc	0.44±0.014BCbc	0.34±0.019Cc	0.36±0.077BCcd	0.3±0.014Dd	0.41±0.084DEde
	水淹(Y)	全红杨	0.73±0.064Aa	0.66±0.092ABa	0.45±0.155ABbc	0.48±0.009BCb	0.46±0.034Bb	0.51±0.026ABab	0.47±0.003Bb	0.54±0.113Bb
		中红杨	0.55±0.037Bb	0.55±0.019BCb	0.4±0.013Bbc	0.38±0.007Cc	0.42±0.034BCb	0.43±0.104ABCbc	0.39±0.011Cc	0.44±0.073CDd
		2025杨	0.49±0.035Bb	0.5±0.042Cb	0.34±0.008Bc	0.38±0.026Cc	0.34±0.034Cc	0.3±0.057Cd	0.23±0.016Ee	0.37±0.1Ee

续表

指标	处理	种类	水淹持续时间/d						解除胁迫/d	平均值
			0	14	28	42	56	70	14	
总叶绿素 Chl (a+b) /mg·g⁻¹	对照 (CK)	全红杨	2.61±0.086 Aa	2.4±0.063Aa	2.34±0.189Aa	2.4±0.03Aa	2.28±0.095Aa	2.1±0.076Aa	1.92±0.039Aa	2.29±0.226Aa
		中红杨	2.13±0.13Bb	2.02±0.161BCcd	2.01±0.085ABab	2.1±0.097Bb	1.82±0.064Bb	1.8±0.145ABb	1.68±0.066Bb	1.94±0.171Bb
		2025 杨	1.96±0.107Cc	1.91±0.049Cd	1.82±0.076ABbc	1.81±0.055Cc	1.46±0.012CDd	1.38±0.075Cc	1.21±0.078De	1.65±0.295Cc
	水淹 (Y)	全红杨	2.61±0.086Aa	2.21±0.027ABb	1.72±0.531ABbc	1.86±0.034Cc	1.69±0.117Bbc	1.76±0.08Bb	1.5±0.018Cc	1.91±0.378Bb
		中红杨	2.13±0.13Bb	2.12±0.05BCbc	1.64±0.053Bbc	1.5±0.029Dd	1.61±0.091BCc	1.51±0.143BCc	1.41±0.044Cd	1.7±0.298Cc
		2025 杨	1.96±0.107Cc	1.91±0.136Cd	1.42±0.009Bc	1.45±0.097Dd	1.35±0.069Dd	1.08±0.108Dd	0.92±0.057Ef	1.44±0.387Dd
叶绿素 a/b Chla/b /mg·g⁻¹	对照 (CK)	全红杨	2.59±0.196Aa	2.43±0.107Bc	2.68±0.133Cd	2.77±0.406Ab	2.65±0.069Bb	2.53±0.183Aa	2.17±0.216Cc	2.55±0.199Bc
		中红杨	2.88±0.111Aab	3.05±0.168Aa	3.16±0.023ABb	3.13±0.089Aa	2.86±0.249ABb	2.84±0.374 Aa	2.8±0.151ABb	2.96±0.151Aab
		2025 杨	2.98±0.21Aa	2.61±0.085ABbc	3.37±0.047Aa	3.13±0.026Aa	3.31±0.23Aa	2.94±0.667 Aa	3.08±0.075Aa	3.06±0.253Aa
	水淹 (Y)	全红杨	2.59±0.196Ab	2.37±0.453Bc	2.91±0.177BCc	2.88±0.017Aab	2.7±0.061Bb	2.42±0.044 Aa	2.2±0.03Cc	2.58±0.267Bc
		中红杨	2.88±0.111Aab	2.89±0.102ABab	3.13±0.013ABb	2.96±0.028Aab	2.87±0.126ABb	2.64±0.64 Aa	2.62±0.032Bb	2.85±0.177Ab
		2025 杨	2.98±0.21Aa	2.83±0.058ABab	3.23±0.104Aab	2.84±0.006Aab	2.96±0.186ABb	2.69±0.364 Aa	3.08±0.051Aa	2.94±0.178Aab
类胡萝卜素 Car /mg·g⁻¹	对照 (CK)	全红杨	0.69±0.065Aa	0.7±0.043ABab	0.64±0.053Aa	0.6±0.026Aa	0.67±0.027Aa	0.62±0.045Aa	0.6±0.032Aa	0.65±0.043Aa
		中红杨	0.57±0.038Bb	0.63±0.003BCbc	0.57±0.02Ab	0.59±0.024Aa	0.57±0.045Bb	0.54±0.016Bb	0.53±0.009Bb	0.57±0.034BCb
		2025 杨	0.52±0.032BCc	0.52±0.017Cd	0.47±0.02Bc	0.5±0.014Cc	0.5±0.03BCc	0.41±0.023Cc	0.32±0.022Dd	0.46±0.071DEd
	水淹 (Y)	全红杨	0.69±0.065Bbc	0.77±0.093Aa	0.59±0.054Aab	0.55±0.012Bb	0.56±0.033Bb	0.51±0.015Bbc	0.42±0.008Cc	0.59±0.113ABb
		中红杨	0.57±0.038Bbc	0.61±0.012BCc	0.58±0.015Ab	0.51±0.039Cc	0.52±0.03Bbc	0.42±0.011Bbc	0.43±0.028Cc	0.52±0.074CDc
		2025 杨	0.52±0.032Cd	0.56±0.022Ccd	0.38±0.003Bd	0.39±0.026Dd	0.41±0.024Cd	0.34±0.018Cd	0.25±0.013Ee	0.41±0.105Ee
花色素苷 Ant /mg·g⁻¹	对照 (CK)	全红杨	2.44±0.111Aa	1.78±0.150Aa	1.52±0.035Aa	1.33±0.108Bb	1.39±0.087Bb	1.91±0.108Aa	2.11±0.158Aa	1.78±0.404Aa
		中红杨	0.54±0.033Bb	0.39±0.049Cc	0.35±0.022Cd	0.34±0.041DEd	0.35±0.004DEd	0.47±0.03Dd	0.51±0.041CDd	0.42±0.084BCbc
		2025 杨	0.27±0.022Cc	0.2±0.015Dd	0.17±0.007De	0.21±0.034Ee	0.2±0.047Ee	0.23±0.031Ee	0.27±0.032Ee	0.22±0.036Cc
	水淹 (Y)	全红杨	2.44±0.111Aa	1.58±0.105Bb	1.43±0.042Bb	1.56±0.031Aa	1.58±0.103Aa	1.62±0.04Bb	1.58±0.053Bb	1.68±0.339Aa
		中红杨	0.54±0.033Bb	0.4±0.007Cc	0.4±0.027Cc	0.51±0.024Cc	0.61±0.029Cc	0.77±0.004Cc	0.66±0.022Cc	0.56±0.136Bb
		2025 杨	0.27±0.022Cc	0.31±0.008CDcd	0.39±0.047Ccd	0.42±0.022CDcd	0.41±0.034Dd	0.38±0.053Dd	0.39±0.008DEde	0.37±0.056BCbc

注：A(a)—F(f)表示不同品种的差异水平，小写字母表示在 $P=0.05$ 水平上差异显著，大写字母表示在 $P=0.01$ 水平上差异极显著，字母相同表示差异不显著。

表 8-7 持续水淹胁迫及解除胁迫后叶片色素比例(%)变化

种类	处理	叶绿素 a:叶绿素 b:类胡萝卜素:花色素苷 持续时间/d						解除胁迫/d	平均值
		0d	14d	28d	42d	56d	70d	14d	
全红杨	对照 CK	32.78:12.71:12.00:42.51	34.81:14.34:14.37:36.48	37.82:14.14:14.28:33.76	40.58:14.82:13.84:30.76	38.12:14.37:15.5:32.01	32.43:12.83:13.41:41.34	28.37:13.13:12.89:45.6	34.82:13.72:13.68:37.78
	水淹 Y	32.78:12.71:12.00:42.51	33.91:14.59:20:16.82:34.68	34.12:11.89:15.88:38.11	4.79:12.10:19:13.81:39.3	32.22:11.94:14.63:41.21	31.97:13.19:13.18:41.66	29.41:13.39:19:12.1:45.1	32.81:12.86:14.01:40.32
中红杨	对照 CK	48.71:16.95:17.62:16.72	49.95:16.44:20.88:12.73	52.09:16.47:19.37:12.08	52.53:16.79:19.48:11.21	49.12:17.27:20.9:12.71	47.26:16.92:19.2:16.62	45.39:16.22:19.63:18.75	49.3616.72:19.55:14.37
	水淹 Y	48.71:16.95:17.62:16.72	50.40:17.45:19.47:12.68	47.43:15.17:22.09:15.30	44.50:15.03:20.35:20.11	43.54:15.22:18.98:22.26	40.07:15.82:15.67:28.46	40.84:15.57:17.06:26.53	45.33:15.96:18.73:19.98
2025 杨	对照 CK	53.47:17.99:18.86:9.68	52.57:20.15:19.77:7.51	57.03:16.93:19.01:7.04	54.47:17.43:19.75:8.35	51.88:15.72:23.04:9.36	50.61:17.75:20.24:11.4	50.61:16.43:17.98:14.99	53.13:17.59:19.79:9.49
	水淹 Y	53.47:17.99:18.87:9.68	50.46:17.89:20.25:11.22	49.42:15.32:17.39:17.86	47.49:16.75:17.24:18.52	46.44:15.74:18.80:19.04	43.58:16.51:18.84:21.07	44.46:14.46:16.26:24.82	48.48:16.57:18.39:16.55

表 8-8 持续水淹胁迫对 3 个杨树品种叶片气体交换特性的影响(平均值±标准误)

指标	处理	种类	水淹持续时间/d						解除胁迫/d	平均值
			0	14	28	42	56	70	14	
净光合速率 Pn /μmol·m^{-2}·s^{-1}	对照(CK)	全红杨	8.01±0.148Cc	8.55±1.034Bb	6.99±0.607BCc	8.66±0.441Bb	10.38±0.222Bc	9.28±0.909Cc	8.99±1.043Cc	8.69±1.054BCb
		中红杨	9.16±0.996Bb	8.8±0.500ABb	8.23±1.482Bb	9.79±1.555Bb	12.68±0.135Ab	11.91±0.468Bb	10.84±1.41Bb	10.2±1.661ABb
		2025 杨	10.43±1.870Aa	9.96±0.517Aa	10.94±1.231Aa	13.08±4.821Aa	13.62±1.661Aa	15.82±1.915Aa	13.77±1.205Aa	12.52±2.134Aa
	水淹(Y)	全红杨	8.01±0.148Cc	3.00±0.835Ee	1.87±0.622Ef	3.36±1.446Cc	5.33±0.419Df	2.51±0.479Ee	3.03±1.446Ee	3.87±2.116Ed
		中红杨	9.16±0.996Bb	4.54±1.057Dd	3.77±1.625De	3.50±0.607Cc	6.33±0.614CDe	4.70±0.547Dd	4.67±0.732Dd	5.24±1.953DEcd
		2025 杨	10.43±1.870Aa	7.28±1.282Cc	5.39±1.883CDd	7.66±2.366Bb	7.19±0.789Cd	3.68±1.013DEd	3.75±1.302DEde	6.48±2.404CDc
蒸腾速 Tr /mmol·m^{-2}·s^{-1}	对照(CK)	全红杨	6.04±0.270ABa	5.83±0.179Aa	6.3±0.257Aa	5.25±0.427ABb	5.94±0.567Aa	4.7±0.643Ab	3.78±0.866Bb	5.41±0.898Aa
		中红杨	5.47±0.437Bb	5.05±0.115Bb	6.24±1.01Aa	5.26±0.923 ABb	5.56±0.219Aab	4.95±0.094Aab	4.78±0.691Aa	5.33±0.49Aa
		2025 杨	6.44±0.626Aa	5.2±0.208Bb	5.86±0.657Aa	6.22±0.351Aa	5.38±0.587Ab	5.21±0.362Aa	4.39±0.78ABa	5.53±0.702Aa
	水淹(Y)	全红杨	6.04±0.270ABa	1.44±0.39Dd	1.37±0.207Bb	1.57±0.491Ce	2.09±0.178Bc	0.92±0.285Cd	1.13±0.45Dd	2.08±1.784Bc
		中红杨	5.47±0.437Bb	3.62±0.500Cc	3.2±1.61Bb	2.49±1.066Cd	2.46±0.507Bc	2.01±0.736Bc	1.93±0.447Cc	3.03±1.24Bbc
		2025 杨	6.44±0.626Aa	3.86±0.695Cc	4.08±1.748Cc	4.12±1.528Bc	2.02±0.52Bc	1.03±0.103Cd	1.04±0.336Dd	3.23±1.974Bb"

续表

指标	处理	种类	水淹持续时间/d						解除胁迫/d	平均值
			0	14	28	42	56	70	14	
水分利用率 *WUE* /μmol CO_2 · $mmol^{-1}$ H_2O	对照(CK)	全红杨	1.33±0.079Bb	1.47±0.177Cd	1.11±0.127Bc	1.66±0.132ABbc	1.76±0.165Cc	1.98±0.078Dd	2.44±0.393Cb	1.68±0.442Cd
		中红杨	1.69±0.260Aa	1.74±0.106Bc	1.34±0.264Bb	1.87±0.126ABabc	2.28±0.105Bb	2.41±0.119CDcd	2.28±0.074Cb	1.94±0.39BCcd
		2025 杨	1.62±0.269Aa	1.92±0.141ABb	1.87±0.09Aa	2.14±0.889Aa	2.56±0.423Bb	3.03±0.233ABb	3.19±0.42ABa	2.33±0.606ABCab
	水淹(Y)	全红杨	1.33±0.079Bb	2.1±0.347Aa	1.33±0.274Bb	2.05±0.353ABab	2.58±0.438Bb	2.8±0.337BCbc	2.57±0.432Cb	2.11±0.598ABCcd
		中红杨	1.69±0.260Aa	1.24±0.135De	1.21±0.139Bbc	1.53±0.347Bc	2.64±0.427Bb	2.65±0.969BCbc	2.6±0.909BCb	1.94±0.669BCcd
		2025 杨	1.62±0.269Aa	1.89±0.01Bbc	1.37±0.327Bb	1.94±0.293ABabc	3.67±0.482Aa	3.52±0.657Aa	3.62±0.821Aa	2.52±1.036Aa
气孔导度 *Gs* /mol · m^{-2} · s^{-1}	对照(CK)	全红杨	0.121±0.008Bb	0.14±0.0056Aa	0.22±0.014Aa	0.14±0.012Bb	0.23±0.029Aa	0.19±0.034Bc	0.16±0.051Bb	0.17±0.044Aa
		中红杨	0.104±0.011Cc	0.12±0.0014Bb	0.18±0.034Ab	0.12±0.025Bb	0.22±0.009Aa	0.23±0.007Ab	0.22±0.042Aa	0.17±0.056Aa
		2025 杨	0.139±0.019Aa	0.12±0.0020Bb	0.19±0.019Aab	0.23±0.027Aa	0.22±0.029Aa	0.27±0.025Aa	0.21±0.038Aa	0.2±0.051Aa
	水淹(Y)	全红杨	0.121±0.008Bb	0.03±0.0080Dd	0.03±0.0050 Cd	0.03±0.0092Dd	0.08±0.0067Bc	0.04±0.012De	0.05±0.02Dd	0.05±0.034Bb
		中红杨	0.104±0.011Cc	0.08±0.0112Cc	0.09±0.050Bc	0.05±0.023Dd	0.11±0.023Bb	0.11±0.042Cd	0.1±0.025Cc	0.09±0.021Bb
		2025 杨	0.139±0.019Aa	0.08±0.0182Cc	0.12±0.060 Bc	0.09±0.036Cc	0.09±0.026Bbc	0.06±0.0072De	0.06±0.021Dd	0.09±0.030Bb
胞间 CO_2 浓度 *Ci* /μmol · mol^{-1}	对照(CK)	全红杨	170.10±8.850Aa	97.63±14.214Aa	301.7±7.836Aa	266.46±5.038Aa	306.05±8.779Aa	304.37±4.74ABab	284.84±21.799BCc	247.31±81.449Aa
		中红杨	131.93±25.479Bb	97.3±10.5Aa	273.32±9.961Bb	220.33±11.757BCbc	285.03±4.855Bb	294.58±5.933ABCabc	298.25±3.701ABabc	228.68±82.707ABab
		2025 杨	157.90±24.301Aa	67.39±7.246Bb	250.82±6.486Cc	261.7±15.112Aa	274.57±18.077BCb	276±4.221Cd	266.36±12.537Cd	222.1±79.653 ABab
	水淹(Y)	全红杨	170.10±8.850Aa	40.56±27.737Cc	262.69±17.669BCbc	183.24±31.402Dd	277.56±17.926BCb	288.13±9.899BCcd	300.96±16.259ABab	217.61±93.39ABb
		中红杨	131.93±25.479Bb	94.88±10.963Aa	272.72±9.562Bb	239.27±30.489ABb	287.41±16.531ABb	309.75±31.491Aa	311.02±28.984Aa	235.28±87.378Bb
		2025 杨	157.90±24.301Aa	46.8±1.197Cc	263.79±22.225BCb	206.64±24.551CDc	258±18.044Cc	292.54±19.656ABCbc	289.94±21.723ABbc	216.52±88.941Bb
Ci/Ca	对照(CK)	全红杨	0.57±0.028Aa	0.46±0.065Aa	0.81±0.019Aa	0.69±0.016Aa	0.77±0.022Aa	0.76±0.014ABa	0.71±0.057BCbc	0.68±0.125Aa
		中红杨	0.44±0.086Bb	0.43±0.039Aa	0.74±0.026Bb	0.59±0.03Bbc	0.72±0.012ABb	0.75±0.014ABCab	0.75±0.012Aba	0.63±0.146ABab
		2025 杨	0.52±0.077Aa	0.31±0.033Bb	0.69±0.014Cd	0.7±0.055Aa	0.7±0.044Bb	0.71±0.009Cc	0.68±0.034Cc	0.62±0.147ABb
	水淹(Y)	全红杨	0.57±0.028Aa	0.19±0.128Cc	0.7±0.049BCbc	0.47±0.077Cd	0.69±0.044BCb	0.71±0.025BCbc	0.74±0.037ABab	0.58±0.199Bb
		中红杨	0.44±0.086Bb	0.48±0.052Aa	0.74±0.029Bb	0.61±0.079Bb	0.71±0.043Bb	0.77±0.081Aa	0.77±0.072Aa	0.65±0.138ABab
		2025 杨	0.52±0.077Aa	0.23±0.01Cc	0.72±0.063BCcd	0.55±0.069Bc	0.64±0.047Cc	0.72±0.046ABCbc	0.71±0.052BCbc	0.59±0.175Bb

注：A(a)—F(f)表示不同品种的差异水平，小写字母表示在 $P=0.05$ 水平上差异显著，大写字母表示在 $P=0.01$ 水平上差异极显著，字母相同表示差异不显著。

表 8-9　持续水淹胁迫及复水对 3 个杨树品种叶片酶活性的影响(平均值±标准误)

指标	处理	种类	水淹持续时间/d					解除胁迫/d		平均值
			0	14	28	42	56	70	14	
SOD /U·g⁻¹	对照(CK)	全红杨	484.02±25.017Aa	459.46±34.504ABCab	466.87±37.303CDd	472.27±7.765Bb	456.15±4.91Cc	496.48±0.371Aab	446.91±9.136Aab	468.88±17.029Aa
		中红杨	499.21±2.003Aa	492.68±8.668ABa	472.51±17.819CDcd	464.37±28.552Bb	460.19±34.302Cc	509±5.761Aa	468.15±17.739Aa	480.87±19.143Aa
		2025 杨	507.33±26.772Aa	495.09±9.235ABa	446.39±24.5Dd	448.54±9.569Bb	484.39±6.021BCbc	512.11±17.839Aa	478.07±1.587Aa	481.7±26.228Aa
	水淹(Y)	全红杨	484.02±25.017Aa	503.48±39.51Aa	582.72±13.373Aa	563.12±28.134Aa	515.62±32.333ABb	409.53±30.032Bc	403.89±48.525Ab	494.63±68.99Aa
		中红杨	499.21±2.003Aa	422.76±34.597BCbc	515.49±16.029BCbc	593.43±0.953Aa	557.3±32.375Aa	415.32±40.206Bc	442.72±12.178Aab	492.32±68.625Aa
		2025 杨	507.33±26.772Aa	392.41±33.749Cc	541.25±31.63ABab	575.84±18.621Aa	570.2±32.958Aa	460.09±20.021ABb	456.45±51.265Aab	500.51±67.697Aa
CAT /U·g⁻¹ min⁻¹	对照(CK)	全红杨	50.13±2.961Aa	51.89±3.393Aa	47.72±0.343ABb	44.4±2.966BCb	45.97±3.406Aa	41.89±6.013ABab	38.14±3.325ABa	45.73±4.752Aa
		中红杨	44.07±2.746Ab	43.83±3.458BCbc	41.24±4.675Bbc	41.62±0.044Cb	45.88±3.563Aa	39.9±6.963ABCab	39.8±3.412ABa	42.33±2.304Aa
		2025 杨	35.74±0.321Bc	37.75±3.402Cd	39.78±3.273Bc	43.98±3.311BCb	41.89±5.948Aab	44.5±3.058Aa	43.81±3.475Aa	41.06±3.405Aa
	水淹(Y)	全红杨	50.18±4.033Aa	48.1±6.428ABab	46.71±4.352ABbc	51.67±3.587ABa	33.83±9.132Ab	27.9±3.437Cc	26.11±3.558Cb	40.64±10.992Aa
		中红杨	44.07±2.746Ab	39.86±3.413Ccd	55.95±6.737Aa	45.96±3.44BCb	39.98±3.426Aab	29.85±5.992BCc	28.91±4.401BCb	40.65±9.394Aa
		2025 杨	35.74±0.321Bc	41.97±0.257BCcd	45.99±3.74ABbc	55.78±3.498Aa	39.95±6.89Aab	32.44±3.143ABCbc	29.94±5.956BCb	40.26±8.802Aa
POD /U·g⁻¹ min⁻¹	对照(CK)	全红杨	312.89±24.482Aa	316.23±13.448ABCa	285.42±21.958Bb	307.79±25.734Bbc	284.59±17.079ABab	256.33±7.888Bb	234.74±22.919Bb	285.43±30.606Aa
		中红杨	196.98±13.936Bc	240.4±15.051Cb	201.02±25.483Cc	258.27±61.552Bc	255.92±16.087BCbc	282.69±23.762Bb	260.99±37.142Bb	242.32±32.1Aa
		2025 杨	249.47±27.41Bb	248.17±18.957BCb	260.13±28.225BCb	318.1±23.774Bbc	304.23±16.661Aa	336.07±31.048Aa	329.49±24.182Aa	292.24±38.563Aa
	水淹(Y)	全红杨	312.89±24.482Aa	351.84±68.09Aa	444.89±45.497Aa	330.88±46.123Bbc	213.13±12.259Cd	186.91±25.322Cc	84.07±9.667Dd	274.94±120.668Aa
		中红杨	196.98±13.936Bc	332.21±32.107ABCa	427.62±20.795Aa	350.64±36.645ABb	247.7±17.754BCc	194.57±16.011Cc	128.03±4.002CDc	268.25±105.57Aa
		2025 杨	249.47±27.41Bb	336.76±30.957ABa	449.42±30.734Aa	461.33±35.576Aa	247.91±20.172BCc	203.5±31.597Cc	162.12±22.183Cc	301.5±117.812Aa
PPO /U·g⁻¹ min⁻¹	对照(CK)	全红杨	26.30±2.397Aa	24.63±1.412Aa	25.15±2.23ABa	27.21±2.022Aab	31.68±2.555Aab	34.25±3.596Aa	35.29±2.124Aa	29.22±4.444Aa
		中红杨	19.37±0.786Bb	20.91±2.488Aab	25.39±1.546ABa	26.49±2.496Aab	28.41±2.935Ab	31.75±2.652Aa	34.44±4.528ABa	26.68±5.437Aab
		2025 杨	20.51±1.394Bb	23.91±2.481Aa	26.81±2.641Aa	24.59±1.345Aab	30.49±1.397Aab	32.99±2.905Aa	38.39±3.473Aa	28.24±6.119Aab
	水淹(Y)	全红杨	26.30±2.397Aa	22.89±1.546Aab	19.62±1.905Cc	24.32±3.042Ab	33.92±3.315Aab	29.69±3.816Aa	22.84±3.87Cb	25.65±4.809Ab
		中红杨	19.37±0.786Bb	19.23±1.918Ab	21.27±2.256BCbc	25.44±1.462Aab	34.6±3.675Aa	29.74±2.639Aa	25.55±2.667BCb	25.03±5.686Ab
		2025 杨	20.51±1.394Bb	22.52±2.278Aab	23.77±0.153ABCab	28.44±3.035Aa	35.87±3.115Aa	30.99±0.799Aa	25.53±3.122BCb	26.8±5.344Aab

注：A(a)—C(c)表示不同品种的差异水平，小写字母表示在 $P=0.05$ 水平上差异显著，大写字母表示在 $P=0.01$ 水平上差异极显著，字母相同表示差异不显著。

表 8-10 正常供水和持续水淹胁迫下叶片光合生理特性的相关系数

无胁迫对照组																	
全红杨	*Pn*	*Tr*	*WUE*	*Gs*	*Ci*	中红杨	*Pn*	*Tr*	*WUE*	*Gs*	*Ci*	2025 杨	*Pn*	*Tr*	*WUE*	*Gs*	*Ci*
Tr	−0.111					*Tr*	0.035					*Tr*	−0.165				
WUE	0.500	−0.892				*WUE*	0.794	−0.564				*WUE*	0.831	−0.662			
Gs	0.319	0.386	−0.169			*Gs*	0.711	0.197	0.515			*Gs*	0.769	0.057	0.543		
Ci	0.184	−0.217	0.273	0.674		*Ci*	0.469	0.083	0.405	0.824		*Ci*	0.441	−0.065	0.402	0.806	
Ci/Ca	0.053	−0.040	0.079	0.701	0.967	*Ci/Ca*	0.387	0.151	0.298	0.838	0.981	*Ci/Ca*	0.333	0.052	0.262	0.761	0.985
CE	0.157	0.164	−0.080	−0.431	−0.876	*CE*	−0.155	−0.138	−0.104	−0.593	−0.901	*CE*	−0.117	−0.047	−0.128	−0.508	−0.885
水淹胁迫处理组																	
全红杨	*Pn*	*Tr*	*WUE*	*Gs*	*Ci*	中红杨	*Pn*	*Tr*	*WUE*	*Gs*	*Ci*	2025 杨	*Pn*	*Tr*	*WUE*	*Gs*	*Ci*
Tr	0.899				0.899	*Tr*	0.701					*Tr*	0.836				
WUE	−0.116	−0.480			−0.116	*WUE*	0.121	−0.547				*WUE*	−0.380	−0.758			
Gs	0.923	0.890	−0.202		0.923	*Gs*	0.508	0.472	−0.103			*Gs*	0.758	0.869	−0.534		
Ci	−0.205	−0.250	0.206	0.056	−0.205	*Ci*	−0.344	−0.539	0.336	0.284		*Ci*	−0.528	−0.487	0.421	−0.152	
Ci/Ca	−0.089	−0.069	0.027	0.200	0.970	*Ci/Ca*	−0.433	−0.468	0.160	0.367	0.952	*Ci/Ca*	−0.450	−0.332	0.271	−0.006	0.979
CE	0.021	0.002	0.096	−0.116	−0.665	*CE*	0.770	0.646	−0.046	0.149	−0.741	*CE*	0.441	0.372	−0.289	0.143	−0.899

注：$1>|r|\geqslant 0.7$ 为显著相关；$0.7>|r|\geqslant 0.4$ 为有相关；$0.4>|r|\geqslant 0$ 为无相关(北京林业大学，1986)，下同。

参 考 文 献

[1]Takh tajan A. 植物演化形态学问题[Z]. 匡可任，石铸，译. 西宁：青海省科学技术协会，1979.

[2]安田齐. 花色的生理生化化学[M]. 傅玉兰，译. 北京：中国林业出版社，1989.

[3]才淑英. 园林花木扦插育苗技术[M]. 北京：中国林业出版社，1998.

[4]蔡志全，等. 七种热带雨林树苗叶片气孔特征及 其可塑性对不同光照强度的响应[J]. 应用生态学报 ，2004，15(2)：201-204.

[5]曹福亮，蔡金峰，汪贵斌，张往祥. 淹水胁迫对乌桕生长及光合作用的影响[J]. 林业科学，2010，46(10)：57-61.

[6]曹福亮，罗伯特·法门. 人工淹水逆境处理对美洲黑杨苗生理特性的影响[J]. 南京林业大学学报(自然科学版)，1993(2)：18-24.

[7]曹晶，姜卫兵，翁忙玲，等. 夏秋季旱涝胁迫对红叶石楠光合特性的影响[J]. 园艺学报，2007，34(1)：163-172.

[8]曾建军，等. 植物涝害生理研究进展[J]. 聊城大学学报(自然科学版)，2004，17(3)：54-56.

[9]曾淑华，等. 淹水对转超氧化物歧化酶或过氧化物酶基因烟草某些生理生化指标的影响[J]. 植物生理学通讯，2005，41(5)：603-606.

[10]曾骧. 果树生理学[M]. 北京：北京农业大学出版社，1992.

[11]曾云英，徐幸福. 彩叶植物分类及其在我国园林中的应用[J]. 九江学院学报(自然科学版)，2005，20(2)：16-19.

[12]常鸿莉，任毅，冯鲁田. 小花草玉梅变态花萼片的形态学研究[J]. 植物分类学报，2005，43(3)：225-232.

[13]常青山，陈发棣，滕年军，等. 菊花黄绿叶突变体不同类型叶片的叶绿素含量和结构特征比较[J]. 西北植物学报，2008，28(9)：1772-1777.

[14]晁月文，李竞芸，张广辉. 彩叶植物呈色机理及其育种研究进展[J]. 江苏林业科技，2008，35(4)：46-52.

[15]陈登举，高培军，吴兴波，等. 毛竹茎秆叶绿体超微结构及其发射荧光光谱特征[J]. 植物学报，2013，48(6)：635-642.

[16]陈芳清，李永，郄光武，等. 水蓼对水淹胁迫的耐受能力和形态学响应[J]. 武汉植物学研究，2008，26(2)：142-145.

[17]陈高，代力民，范竹华，王庆礼. 森林生态系统健康及其评估监测[J]. 应用生态学报，2002，13(5)：605-610

[18]陈健辉，李荣华，郭培国，等. 干旱胁迫对不同耐旱性大麦品种叶片超微结构的影响[J]. 植物学报，2011，46(1)：28-36.

[19]陈容茂. 观叶植物彩斑及其稳定性[J]. 亚热带植物通讯，1989(1)：43-47.

[20]陈秀龙，孙蔡江，丁建林，等. 使用不同农药对香榧结果的影响[J]. 林业科技通讯，2001，15(2)：23-25.

[21]陈勇. 一株雌雄同株的胡杨[J]. 新疆林业，1983(5)：22-22.

[22]陈章水，邢玮. 杨树人工林内招引益鸟防治虫害试验[J]. 安徽林业科技，1995(a10)：28-29.

[23]程淑婉，唐罗忠. 涝渍条件下黑杨派无性系基茎韧皮部的 PAL 活力和有机质含量[J]. 南京林业大学学报(自然科学版)，1997(1)：51-55.

[24]崔晓涛，杨玲，沈海龙. 干旱胁迫对新西伯得亚银白杨抗氧化系统和幼苗生长的影响[J]. 植物研究，2009，29(6)：701-707.

[25]达尔文. 动物和植物在家养下的变异(下册)[M]. 叶笃庄，译. 北京：科学出版社，1996，1-33.

[26]戴日春，薛建明，朱军. 陆地棉新的黄绿苗突变体浙 12～12N 叶绿素含量与净光合速率研究[J]. 棉花学报，1995，7(3)：14-15.

[27]邓聚龙. 灰色预测与决策[M]. 武汉：华中科技大学出版社，1986：103-108.

[28]邓丽娟，沈红香，姚允聪. 观赏海棠品种对土壤干旱胁迫的响应差异[J]. 林业科学，2011，47(3)：25-32.

[29]丁鑫，杨玉金，张秋娟，等. 中红杨繁育技术研究[J]. 河南林业科技，2007，27(3)：68-69.

[30]董红霞. 水稻苗期叶色突变体的蛋白质分析[D]. 武汉：华中农业大学，2010.

[31]董金一，程晓舫，符泰然，等. 利用吸收光谱确定叶绿素 a 和 b 的颜色[J]. 光谱学与光谱分析，2008，(01)：141-144.

[32]董晓颖，李培环，王永章，等. 水分胁迫对不同生长类型桃叶片水分利用效率和羧化效率的影响[J]. 灌溉排水学报，2005，24(5)：67-69.

[33]董遵，刘敬阳，马红梅，等. 甘蓝型油菜黄化(苗)突变体的叶绿素含量及超微结构[J]. 中国油料作物学报，2000，22(3)：27-34.

[34]杜克兵，许林，涂炳坤，等. 淹水胁迫对种杨树 1 年生苗叶片超微结构和光合特性的影响[J]. 林业科学，2010，46(6)：58-64.

[35]范川，等. 毛豹皮樟 4 个品种幼苗对水涝胁迫的生理响应[J]. 西北林学院学报，2009，24(6)：10-14

[36]冯道俊，水分胁迫下非气孔因素对玉米幼苗光合作用影响机理的研究[D]. 济南：山东师范大学，2006.

[37]冯立娟，苑兆和，尹燕雷，等. 美国红枫叶色表达期间相关物质的研[J]. 山东林业科

技,2008,20(2):9-11.

[38]冯玉龙,张亚杰,朱春全.根系渗透胁迫时杨树光合作用光抑制与活性氧的关系[J].应用生态学报,2003,14(8):1213-1217.

[39]付士磊,周永斌,何兴元,等.干旱胁迫对杨树光合生理指标的影响[J].应用生态学报,2006,17(11):2016-2019.

[40]傅瑞树,卢健.苏铁白化苗叶片细胞的超微结构[J].亚热带植物通讯,1997,26(1):29-31.

[41]甘德欣,谭勇,龙岳林,等.紫薇和紫荆及樱花的光合特性研究[J].湖南农业大学学报(自然科学版),2006,32(5):505-507.

[42]甘志军,王晓云.叶绿素酶的研究进展[J].生命科学研究,2002,6(1):21-24.

[43]高爱琴,余仲东,王建国.美洲黑杨无性系对杨叶锈病的抗性研究[J].西北林学院学报,2004,19(4):100-102.

[44]高建社,孙楠,马宝有,等.白杨派几个无性系抗旱性比较研究[J].西北林学院学报,2007,22(3): 64-66.

[45]高建社,王军,周永学,刘永红,郑书星.5 个杨树无性系抗旱研究[J].西北农林科技大学学报,2005,33(2):112-116.

[46]高健,吴泽民,彭镇华.滩地杨树光合作用生理生态的研究[J].林业科学研究,2000,13(2):147-152.

[47]高俊凤.植物生理学实验指导[M].北京:高等教育出版社,2006.

[48]葛雨萱,王亮生,周肖红,等.香山黄栌叶色和色素组成的相互关系及时空变化[J].林业科学,2011,47(4):38-42.

[49]郭衍银,徐坤,王秀峰,等.矿质营养与植物病害机理研究进展[J].甘肃农业大学学报,2003,38(4):385-393.

[50]国艳梅,杜永臣,王孝宣,等.利用色差仪估测番茄果实番茄红素含量的研究[J].中国蔬菜,2008,(11):10-14.

[51]国艳梅,顾兴芳,等.黄瓜叶色突变体遗传机制的研究[J].园艺学报,2003,30(4):409-412.

[52]韩海华,梁名志,王丽,等.花青素的研究进展及其应用[J].茶叶,2011,37(4):217-220.

[53]何亦昆,代庆阳,苏学辉.雁来红叶色转变与超微结构及色素含量的关系[J].四川师范学院学报(自然科学版),1995,16(3):195-198.

[54]侯凤莲,王文章,冯玉龙,等.小青杨生理生态特性的研究[J].植物研究,1996,16(2): 208-213.

[55]侯曼玲,宋鸽,梁文海.大然竹肉红色素提取土艺的研究田[C].广西化工,2000 年中南、西南分析化学学术会议论文专集.

[56]候嫦英,方升佐,薛建辉,等.干旱胁迫对青檀等树种苗木生长及生理特性的影响[J].南京林业大学学报(自然科学版),2003(6):103-104.

[57]胡化广,张振铭,李芳芳.干旱胁迫对两种结缕草草坪质量和生理特征的影响[J].上海农业学报.2014,30(5):109-113.

[58]胡敬志,田旗,鲁心安.枫香叶片色素含量变化及其与叶色变化的关系[J].西北农林科技大学学报(自然科学版),2007,35(10):219-223.

[59]胡可,韩科厅,戴思兰.环境因子调控植物花青素苷合成及呈色的机理[J].植物学报,2010,45(3):307-318.

[60]胡尚连,曹颖,段宁,等.不同类型竹种抗寒性的灰色关联与聚类分析[J].福建林学院学报,2010,30(4):327-332.

[61]胡田田,康绍忠,李志军,张富仓.局部供应水氮条件下玉米不同根区的耗水特点[J].农业工程学报,2005,21(5):34-37.

[62]胡新生,王世绩.水分胁迫条件下4个杨树无性系气体交换特征比较[J].南京林业大学学报,1996,20(3):21-25.

[63]黄承玲,陈训,高贵龙.3种高山杜鹃对持续干旱的生理响应及抗旱性评价[J].林业科学,2011,47(6):48-55.

[64]黄敏玲,陈诗林,陈扬春.两种光强对银丝水竹草叶片观赏价值的影响及其同工酶比较研究[J].福建农业学报,1989(1):89-92.

[65]黄秦军,袁定昌,赵自成,等.美洲黑杨生长及其基因表达差异[J].东北林业大学学报,2010,38(8):1-3.

[66]黄献生.变异珍品现形记[J].中国花卉盆景,2004,(7):4-5.

[67]黄振英,董学军,蒋高明,等.沙柳光合作用和蒸腾作用日动态变化的初步研究[J].西北植物学报,2002,22(4):817-823.

[68]计玮玮,鲁聪,刘中华,等.吊兰光合色素与叶绿素生物合成特性的初步研究[J].安徽农业科学,2008,36(32):14065-14066.

[69]季孔庶,孙志勇,方彦.林木抗旱性研究进展[J].南京林业大学学报,2006,30(6):123-128.

[70]贾俊丽,刘艳艳,谈建中.桑树形态变异研究进展[J].中国蚕业,2008,29(3):4-6.

[71]江锡兵,李 博,张志毅,等.美洲黑杨与大青杨杂种无性系苗期光合特性研究[J].北京林业大学学报,2009,31(5):151-154.

[72]姜卫兵,庄猛,韩浩章,等.彩叶植物呈色机理及光合特性研究进展[J].园艺学报,2005,32(2):352-358.

[73]姜卫兵,庄猛,沈志军,等.不同季节红叶桃、紫叶李的光合特性研究[J].园艺学报,2006,33(3):577-582.

[74]姜英淑,陈书明,王秋玉,等.干旱胁迫对2个欧李种源生理特征的影响[J].林业科

学,2009,45(6):6-10.

[75]姜中珠,陈祥伟.多效唑对银中杨、白榆和白桦抗旱性的影响[J].林业科学,2006,42(8):130-134.

[76]蒋高明,渠春梅.北京山区辽东栎林中几种木本植物光合作用对 CO_2 浓度升高的响应[J].植物生态学报,2000.24(2):204-208.

[77]蒋明义.水分胁迫下植物体内·OH 的产生与细胞的氧化损伤[J].植物学报,1999,41(3):229-234.

[78]蒋世云,宁正祥,师玉钟.荔枝果皮变色机理的研究[J].食品科学,1999(4):l8-20.

[79]焦绪娟.几个杨树杂交无性系抗逆性研究与评价[D].济南:山东农业大学,2007.

[80]解思敏,董晓玲,杜根盛.新红星苹果叶片解剖构造与光合特性的研究[J].山西农业大学学报,1993,13(1):9-12.

[81]康俊梅,杨青川,樊奋成.2005.干旱对苜蓿叶片可溶性蛋白的影响[J].草地学报,13(3):199-202.

[82]康云艳,郭世荣,李娟,段九菊.24-表油菜素内脂对低氧胁迫下黄瓜幼苗根系抗氧化系统的影响[J].中国农业科学,2008,41(1):153-161.

[83]柯世省,金则新.干旱胁迫对夏腊梅叶片脂质过氧化及抗氧化系统的影响[J].林业科学,2007,43(10):28-33.

[84]柯世省,杨敏文.水分胁迫对云锦杜鹃抗氧化系统和脂类过氧化的影响[J].园艺学报,2007,34(5):1217-1222.

[85]孔德政,于红芳,李永华,田彦彦.干旱胁迫对不同品种菊花叶片光合生理特性的影响[J].西北农林科技大学学报,2010(11):103-108.

[86]孔祥生,张妙霞,王学永,等.水分胁迫下2个牡丹品种生理生化差异比较[J].林业科学,2011,9:162-167.

[87]李保印,周秀梅,王西波,等.不同彩叶植物叶片中叶绿体色素含量研究[J].河南农业大学学报,2004,38(3):285-288.

[88]李合生.植物生理生化实验原理和技术[M].北京:高等教育出版社,2000.

[89]李红秋,刘石军.光照强度和光照时间对色叶树叶色变的影响[J].植物研究,1998,18(2):194-208.

[90]李洪建,柴宝峰,王孟本.北京杨水分生理生态特性研究[J].生态学报,2000,20(3):417-422.

[91]李火根,黄敏仁.美洲黑杨新无性系生长遗传稳定性分析[J].东北林业大学学报,1997(6):1-5.

[92]李吉跃.植物耐旱性及其机理[J].北京林业大学学报,1991,13(3):92-100.

[93]李纪元.涝渍胁迫对枫杨幼苗保护酶活性及膜脂过氧化物的影响[J].安徽农业大学学报,2006,33(4):450-453.

[94]李晶,阎秀峰,祖元刚.低温胁迫下红松幼苗活性氧的产生及保护酶的变化[J].植物学报,2000,42(2):148-152.

[95]李士美,邢世岩,李保进,等.叶籽银杏的发生及其个体与系统发育研究述评[J].林业科学,2007,43(5): 90-98.

[96]李世峰,张博,陈英,等.美洲黑杨种质资源遗传多样性的 SSR 分析[J].南京林业大学学报,2006,30(4): 10-14.

[97]李淑琴,张璐,张纪林,等.三种冬青属树种的耐涝性和耐旱性评价[J].生态学杂志,2007,26(2):204-208.

[98]李万芳,杨勤槐.斑叶变绿探因与矫治[J].中国花卉盆景,2009,(4): 22-22.

[99]李文文,黄秦军,丁昌俊,等.南方型和北方型美洲黑杨幼苗光合作用的日季节变化[J].林业科学研究,2010,23(2): 227-233.

[100]李小康,朱延林,宁豫婷,等.不同光照条件下外施营养液对中红杨叶色变化的影响[J].上海农业学报,2008,24(2): 20-24.

[101]李雪飞,韩甜甜,董彦,等.紫叶稠李叶片色素与氮含量与其光谱反射特性的相关性[J].林业科学,2011,47(8):75-81.

[102]利容千,王建波.植物逆境细胞及生理学[M].武汉:武汉大学出版社,2002.

[103]梁海永,刘彩霞,刘兴菊,等.杨树品种的 SSR 分析及鉴定[J].河北农业大学学报,2005,28(4):27-31.

[104]梁立兴.我国雌雄同株银杏的发现[J].经济林研究,2002,20(1): 42-43.

[105]林舜华,高雷明,黄银晓.大气 CO_2 倍增对草原羊草的影响[J].生态学杂志,1998,17(6):1-6.

[106]林友河,詹道潮,李微.四季橘花斑变异原因的研究[J].海南大学学报自然科学版,2000,18(4): 406-408.

[107]林植芳,李双顺,张东林,等.采后荔枝果皮色素、总酚及有关酶活性的变化[J].植物学报,1988,30(1):40-45.

[108]刘冬云,王海英,等.常见室内观叶植物的习性与养护[J].河北林果研究,2000,(5): 104-105.

[109]刘桂林,梁海永,刘兴菊.国槐光合特性研究[J].河北农业大学学报,2003,26(4):68-70.

[110]刘国顺,李姗姗,位辉琴,等.不同浓度氯营养液对烤烟叶片生理特性的影响[J].华北农学报,2005,(4):72-75.

[111]刘弘,李保印,马杰,周秀梅.紫叶桃和绿叶桃光合特性及其影响因素研究[J].安徽农业科学,2004,32(2):318-320.

[112]刘建伟,刘雅荣,王世绩.不同杨树无性系光合作用与其抗旱能力的初步研究[J].林业科学,1994,30(1): 83-87.

[113]刘静,魏开发,高志晖,等.干旱胁迫下氮素营养与根信号在气孔运动调控中的协同作用[J].植物学通报,2008,25(1): 34-40.

[114]刘维华,李梅.彩叶植物的观赏价值及其应用和发展前景探讨[J].广西园艺,2006,17(2).

[115]刘晓东,于晶.紫叶风箱果叶片花色苷的提取及稳定性[J].东北林业大学学报,2011,39(2):38-39,81.

[116]龙光生,卢秋霞.影响油茶芽苗砧嫁接成活及生长因子的探讨[J].中南林学院学报,1990,10(1): 48-52.

[117]隆小华,刘兆普,蒋云芳,等.海水处理对不同产地菊芋幼苗光合作用及叶绿素荧光特性的影响[J].植物生态学报,2006,30(5):827-834.

[118]卢万鸿.美洲黑杨无性系材性性状变异研究[D].南京:南京林业大学,2008.

[119]陆国权,吴小蓉.黑显皮色素的提取及其理化性质研究[J].中国粮油学报,1997,12(3): 53-58.

[120]陆旺金,李雪萍,等.植物耐寒性的诱导及其蛋白质的合成,基因表达的关系[J].华南农业大学学报,2000,21(1):82-85.

[121]路端正.植物界的返祖现象种种[J].植物杂志.1992,(6): 31-31.

[122]罗成.华南地区彩叶植物资源调查及应用的初步研究[D].北京:北京林业大学,1994.

[123]吕福梅.四种彩叶植物叶片色素及光合特性研究[D].泰安:山东农业大学,2005.

[124]吕军.渍水对冬小麦生长的危害及其生理效应[J].植物生理学报,1994(3):221-226.

[125]马讳,王彩云.几种引进冷季型草坪草的生长及抗旱生理指标[J].草地科学,2001,18(2): 57-61.

[126]孟祥春.非洲菊花生长、花色素苷积累及CHS、DFR基因表达的光调控研究[D].广州:华南师范大学,2004.

[127]聂庆娟,史宝胜,孟朝,等.不同叶色红栌叶片中色素含量、酶活性及内含物差异的研究[J].植物研究,2008,28(5):599-602.

[128]潘惠新,刘晓宇,唐进根,等.美洲黑杨叶片主要化学物质差异及其对扬四瘿螨的抗性[J].林业科学,2008,44(10):76-81.

[129]潘瑞炽.植物生理学[M].北京:高等教育出版社,2001.

[130]潘瑞炽,董愚得.植物生理学[M].3版.北京:高等教育出版社,1995.

[131]潘瑞炽,董愚得编.植物生理学(第二版)上册[M].北京:高等教育出版社,1985.

[132]彭尽晖.檵木芽变生物学特性及离体培养研究[D].长沙:湖南农业大学,2004.

[133]钱远槐,张菁.玉米辐射诱变返祖遗传的研究[J].湖北大学学报(自然科学版),1996,18(4): 324-328.

[134]秦景,贺康宁,朱艳艳.库布齐沙漠几种常见灌木光合生理特征与土壤含水量的关系[J].北京林业大学学报,2009,31(1):37-43.

[135]任安芝,高玉葆,陈悦.干旱胁迫下内生真菌感染对黑麦草叶内几种同工酶的影响[J].生态学报,2004,24(7):1323 - 1329.

[136]任少伯,李春涛.浅谈园林彩色植物及其发展现状[J].安徽农业科学,2005,33(8):1426,1448.

[137]桑子阳,马履一,陈发菊.干旱胁迫对红花玉兰幼苗生长和生理特性的影响[J].西北植物学报,2011,31(1):0109-0115.

[138]陕建伟,邓树元.番茄的怪现象[J].山西农业,2001(9):16-16.

[139]余叔文,汤章城.植物生理与分子生物学[M].北京:科学出版社,1999.

[140]孙程旭,刘立云,李荣生,等.PEG 处理对蛇皮果幼苗的生理响应及酶变化研究[J].云南农业大学学报,2011,26(5):673-677.

[141]孙国荣,彭永臻,阎秀峰,等.干旱胁迫对白桦实生苗保护酶活性及脂质过氧化作用的影响[J].林业科学,2003,39(1):165-167.

[142]孙国荣,张睿,姜丽芬,等.干旱胁迫下白桦实生苗叶片的水分代谢与部分渗透调节物质的变化[J].植物研究,2001,21(3):431-415.

[143]孙景宽,夏江宝,田家怡,等.干旱胁迫对沙枣幼苗根茎叶保护酶系统的影响.江西农业大学学报,2009,31(5):799-884.

[144]孙明霞,王宝增,范海,等.叶片中的花色素苷及其对植物适应环境的意义[J].植物生理学通讯,2003,39(6):688-694.

[145]谈建中,刘美娟,张国英,等.桑树叶色突变体类型与特性的初步研究[J].蚕业科学,2003,29(3):286-290.

[146]谭大海,李富恒,于龙凤,等.甘蓝幼苗期叶片生理指标的变化[J].长江蔬菜,2009,(11):40-42.

[147]谭淑端,朱明勇,党海山,等.三峡库区狗牙根对深淹胁迫的生理响应[J].生态学报,2009,29:3685-3691.

[148]谭新星,许大全.叶绿素缺乏的大麦突变体的光合作用和叶绿素荧光.植物生理学报,(1996) 22(1):51-57.

[149]汤玉喜,刘友全,吴敏,等.淹水胁迫下美洲黑杨无性系生理生化指标的变化[J].中国农学通报,2008,24(8):156-161.

[150]汤泽生,何亦昆.南黄大麦光合性状的研究[J].西南农业学报,1990,3(4):38-41.

[151]汤章城.逆境条件下植物脯氨酸的积累及可能的意义[J].植物生理学通讯,1984,20(3):51-54.

[152]汤章城.植物对水分胁迫的反应和适应性——抗逆性的一般概念和植物的抗涝性[J].植物生理生化进展,1986(4):51-60.

[153]汤章城.植物对水分胁迫的反应和适应性[J].植物生理学通讯,1983(3):21-29.

[154]唐承财,钟全林,王健.林木抗旱生理研究进展[J].世界林业研究,2008,21(1):20-26.

[155]唐罗忠,程淑婉,徐锡增,等.涝渍胁迫对杨树苗期叶片生长及其生理性状的影响[J].植物资源与环境学报,1999(1):15-21.

[156]唐罗忠,徐锡增,程淑婉.淹水胁迫对杨树生物量及生理性状影响的比较[J].南京林业大学学报,1998,22(2):14-18.

[157]唐罗忠,徐锡增,方升佐.土壤涝渍对杨树和柳树苗期生长及生理性状影响的研究[J].应用生态学报,1998,9(5):471-474.

[158]唐前瑞.红檵木和檵木叶绿体超微结构的比较[J].湖南农业大学学报(自然科学版),2003,29(1):41-42.

[159]唐前瑞.红檵木遗传多样性及叶色变化的生理生化研究[D].长沙:湖南农业大学,2001.

[160]田志峰,孟文献,沈植国,等.中红杨的栽培管理及开发利用[J].林业科学,2010(16):212-213.

[161]汪贵斌,蔡金峰,何肖华.涝渍胁迫对喜树幼苗形态和生理的影响[J].植物生态学报,2009,33(1):134-140.

[162]汪宗立,刘晓忠,李建坤.玉米的涝渍伤害与膜脂过氧化作用和保护酶活性的关系[J].江苏农业学报,1988,4(3):3-10.

[163]王爱珍.雌雄同株的杨树[J].新疆林业,1985(2):25-27.

[164]王宝松,涂忠虞,潘明建,郭群.杨树新无性系耐水性差异研究[J].江苏林业科技,1993(4):1-4.

[165]王聪田.水稻淡黄叶突变体——安农标810S的农艺、生理及遗传特性研究[D].武汉:湖南农业大学,2007.

[166]王聪田,匡晓东.一份新的水稻淡黄叶色突变体的叶色表现及叶片结构的观察[J].江西农业学报,2008,20(10):14-15.

[167]王得祥.四种城区绿化树种生理特性比较研究[J].西北林学院学报,2002,17(3):5-7.

[168]王海珍,梁宗锁,韩蕊莲,等.土壤干旱对黄土高原乡土树种水分代谢与渗透调节物质的影响[J].西北植物学报,2004,24(10):1822-1827.

[169]王华田,孙明高.水涝对银杏生长及生理的影响[J].经济林研究,1997(2):31-31.

[170]王惠聪,黄旭明,胡桂兵,等.荔枝果皮花青苷合成与相关酶的关系研究[J].中国农业科学,2004,37(12):2028-2032.

[171]王慧娟,赵秀山,孟月娥,等.彩叶植物及其在园林中的应用[J].河南农业科学,2004,11,70-72.

[172]王建华，刘鸿先，徐同. 超氧物歧化酶(SOD)在植物逆境和衰老生理中的作用[J]. 植物生理学报，1989(1)：1-7.

[173]王晶英，赵雨森，王臻，等. 干旱胁迫对银中杨生理生化特性的影响[J]. 水土保持学报，2006，20(1)：197-200.

[174]王孟本，李洪建，任建中，周玉泉. 杨树杂交无性系品种抗旱性的比较研究[J]. 山西大学学报，2002，25(2)：176-179.

[175]王庆菊. 李属红叶树种叶片花色素苷合成规律及影响因素研究[D]. 泰安：山东农业大学，2007.

[176]王庆菊，李晓磊，沈向，等. 紫叶稠李叶片花色苷及其合成相关酶动态[J]. 林业科学，2008，44(3)：45-49.

[177]王庆菊，李晓磊，王磊，等. 桃、李属红叶树种叶片光合特性[J]. 林业科学，2007，43(6)：32-37.

[178]王森，代力民，韩士杰，等. 高 CO_2 浓度对长白山阔叶红松林主要树种的影响[J]. 应用生态学报，2000，11(5)：675-679.

[179]王生. 淹水胁迫对杨树无性系苗期生长及生理的影响[J]. 西部林业科学，1998(2)：28-33.

[180]王文泉，张福锁. 高等植物厌氧适应的生理及分子机制. 植物生理学报，2001，37(1)：63-70.

[181]王小菁，孟祥春，彭建宗. 花色形成与花生长的调控[J]. 西北植物学报，2003，23(7)：1105-1110.

[182]王义强，谷文众，姚水攀，等. 淹水胁迫下银杏主要生化指标的变化[J]. 中南林业科技大学学报，2005，25(4)：78-80.

[183]王颖翔. 星球属少棱品种怎么样[J]. 中国花卉盆景，2004(7)：2-3.

[184]王宇超，王得祥，彭少兵，等. 干旱胁迫对木本滨藜生理特性的影响[J]. 林业科学，2010，46(1)：61-67.

[185]魏风珍，等. 孕穗期至抽穗期湿害对耐湿性不同品种冬小麦光合特性的影响[J]. 植物生理学通讯，2000，36(2)：119-122.

[186]魏和平，得容千. 淹水对玉米叶片细胞超微结构的影响[J]. 植物学报(英文版)，2000，42(8)：811-817.

[187]魏良民. 几种旱生植物碳水化合物和蛋白质变化的研究[J]. 干旱区研究，1991，8(4)：38-41.

[188]文陇英，陈拓. 不同海拔高度祁连圆柏和青海云杉叶片色素的变化特征[J]. 植物学报，2012，47(4)：405-412.

[189]文祥凤，赖家业，和太平. 温度与光照对黄素梅、黄金榕叶色变化的影响[J]. 广西农业生物科学，2003，22(1)：32-34.

[190]吴存祥,韩天富.植物开花逆转研究进展[J].植物学通报,2002,19(5):523-529.

[191]吴道南.返祖奇花"绿宝石野玫瑰"[J].花木盆景:花卉园艺,2003(5):25-25.

[192]吴殿星,舒庆尧,夏英武,等.60Co-γ射线诱发水稻温度调控叶色白化突变基因表达突变系[J].中国农业科学,1997,30(3):95.

[193]吴建国,吕佳佳,周巧富.气候变化对6种荒漠植物分布的潜在影响[J].植物学报,2010,45(6):723-738.

[194]吴锦华.紫叶小檗的栽培与应用[J].花木盆景,1997(1):15-15.

[195]吴丽媛,罗向东,戴亮芳,等.杜鹃花色素的分离与鉴定分析[J].食品科学,2011,32(13):19-22.

[196]吴志华,曾富华,马生坚 ,等.水分胁迫下植物活性氧代谢研究进展(综述Ⅰ)[J].亚热带植物科学 ,2004,33(2):77-80.

[197]伍维模,李志军,罗青红,等.土壤水分胁迫对胡杨、灰叶胡杨光合作用——光响应特性的影响.林业科学,2007,43(5):30-35.

[198]夏英武,刘贵付,等.籼型温敏核不育水稻叶绿素突变体的诱变及其初步研究[J].核农学报,1995,9(3):129-133.

[199]肖祥希,杨宗武,肖晖,等.铝胁迫对龙眼活性氧代谢及膜系统的影响[J].林业科学,2003,39(专刊):52-57.

[200]徐华金,张志毅,王莹.彩叶植物研究开发现状及展望[J].四川林业科技,2007,28(1):44-49.

[201]徐娟,邓秀新.红肉脐橙(Citrus sinensis L.)果肉中特征色素提取方法探索[J].果树学报,2002,19(4):223-226.

[202]徐莲珍,蔡靖,姜在民,等.水分胁迫对3种苗木叶片渗透调节物质与保护酶活性的影响[J].西北林学院学报,2008,23(2):12-16.

[203]徐锡增,唐罗忠,程淑婉.涝渍胁迫下杨树内源激素及其他生理反应[J].南京林业大学学报:自然科学版,1999,23(1):1-5.

[204]徐智民,用殿元,潘今嘉,等.幽门螺旋菌的球形体及体外返祖[J].现代消化病及内镜杂志,1997,2(4):293-295.

[205]许大全.光合作用气孔限制分析中的一些问题[J].植物生理学通讯,1997,33(4):241-244.

[206]许大全.光合作用效率[M].上海:上海科学技术出版社,2002:39-56,84-98.

[207]许大全.气孔运动与光合作用[J].植物生理学通讯,1984(6):6-12.

[208]许大全,张玉忠,张荣铣.植物光合作用的光抑制[J].植物生理学通讯,1992,28(4):237- 243.

[209]薛艳红,陈芳清,樊大勇,等.宜昌黄杨对夏季淹水的生理生态学响应[J].生物多样性,2007,15(5):542-547.

[210]闫海芳.光环境影响花青素合成途径中相关基因表达的机制[D].哈尔滨:东北林业大学,2003.

[211]颜淑云,周志宇,邹丽娜,等.干旱胁迫对紫穗槐幼苗生理生化特性的影响[J].干旱区研究,2011,28(1):139-145.

[212]杨建伟,梁宗锁,韩蕊莲,等.不同干旱土壤条件下杨树的耗水规律及水分利用效率研究[J].植物生态学报,2004,28(5):630-636.

[213]杨今后.栽植桑树为什么要用无性繁殖系[J].蚕桑通报,1981(4): 56-56.

[214]杨静,几种城市森林优良景观生态树的抗涝性研究[D].南京:南京林业大学,2007.

[215]杨敏生,裴保华,朱之悌.白杨双交杂种无性系抗旱性鉴定指标分析[J].林业科学,2002,38(11):36-42.

[216]杨敏生,裴保华,朱之悌.水分胁迫下白杨派双交无性系主要生理过程研究[J].生态学报,1999,19(3): 312-317.

[217]杨敏生,王春荣,裴保华.白杨杂种无性系的抗寒性[J].东北林业大学学报,1997(4):20-23.

[218]杨瑞因,李曙.苋菜的叶绿素和花青素含量的变化[J].植物生理学通讯,1986(4): 27-29.

[219]杨淑红.美洲黑杨新品种全红杨叶片色素含量与叶色的对比研究[J].河南农业科学,2012,41(12):131-137.

[220]杨淑红,宋德才,刘艳萍,等.土壤干旱胁迫和复水后3个杨树品种叶片部分生理指标变化及抗旱性评价[J].植物资源与环境学报,2014,23(3):65-73.

[221]杨淑红,朱镝,任媛媛,等.干旱胁迫下3个杨树品种叶片膜透性及部分渗透调节物质的变化[J].上海农业学报,2016,32(6):118-123.

[222]杨淑红,朱延林,马永涛,等.生长季全红杨叶色与色素组成的相关性[J].东北林业大学学报,2013,41(7):63-68.

[223]杨淑红,朱延林,张江涛,等.外施不同浓度 KH_2PO_4 营养液对4年生中红杨叶色的影响[J].上海农业学报,2012,28(3):59-62.

[224]姚延梼.华北落叶松营养元素及酶活性与抗逆性研究[D].北京:北京林业大学林学院,2006.

[225]姚砚武,周连第,李淑英,等.美国红栌光合作用季节性变化的研究[J].北京农业科学,2000,18 (5):32-34.

[226]叶勇,卢昌义,谭凤仪.木榄和秋茄对水渍的生长与生理反应的比较研究[J].生态学报,2001,21(10):1654-1661.

[227]衣英华,樊大勇,谢宗强,等.模拟淹水对枫杨和栓皮栎气体交换、叶绿素荧光和水势的影响[J].植物生态学报,2006,30:960-968.

[228]尤丽佳,郭新波,付雪晴,等.干旱胁迫对转拟南芥 Atpsy 基因生菜的影响[J].上海

农业学报,2014,30(5):38-43.

[229]于继洲,宣有林,李登科.核桃叶片的叶绿素含量与光合速率关系的研究[J].北京农业科学,1994,13(5):31-33.

[230]于晓南,张启翔.观赏植物的花色苷与花色[J].林业科学,2002,38(3):147-153.

[231]于晓南,张启翔.彩叶植物多彩形成的研究进展[J].园艺学报,2000,27(增刊):533-538.

[232]余叔文等.植物生理与分子生物学[M].北京:科学出版社,1999.

[233]喻晓丽,邸雪颖,宋丽萍.水分胁迫对火炬树幼苗生长和生理特性的影响[J].林业科学,2007,43(11):56-61.

[234]袁涛.彩叶植物漫谈[J].植物杂志,2001(5):12-13.

[235]臧德奎.彩叶树选择与造景[M].北京:中国林业出版社,2003.

[236]张富仓,康绍忠,马清林.大气 CO_2 浓度升高对棉花生理特性和生长的影响[J].应用基础与工程科学学报,1999,7(3):267-272.

[237]张光辉.人类的返祖现象[J].小学科技,2007(3):30-31.

[238]张建国,李吉跃,沈国舫,等.树木耐旱特性及其机理研究[M].北京:中国林业出版社,2000.

[239]张江涛,晏增,杨淑红,等.干旱胁迫对杨树品种 2025 及其 2 个芽变品种叶片光合生理特征的影响[J].中南林业科技大学学报,2017,37(3):17-23,78.

[240]张江涛,杨亚峰,刘艳,等.杨树品种 2025 及其 2 个芽变彩叶品种对土壤持续干旱胁迫的生理响应[J].东北林业大学学报,2014,42(11):1-6.

[241]张景光,周海燕,王新平,等.沙坡头地区一年生植物的生理生态特性研究[J].中国沙漠,2002,22(4):350-353.

[242]张利平,滕元文,王新平.沙生植物花棒气孔导度的剧期波动[J].兰州大学学报(自然科学版),1996,32(4):128-131.

[243]张莉,续九如.水分胁迫下刺槐不同无性系生理生化反应的研究[J].林业科学,2003,39(4):162-167.

[244]张龙,李卫华,姜淑梅,等.花色素苷生物合成与分子调控研究进展[J].园艺学报,2008,35(6):909-916.

[245]张明生,彭忠华,谢波,等.甘薯离体叶片失水速率及渗透调节物质与品种抗旱性的关系[J].中国农业科学,2004,37(1):152-156.

[246]张其德.大气 CO_2 含量升高对光合作用的影响[J].植物通报,1992,9(4):18-23.

[247]张启翔,吴静.彩叶植物资源及其在园林中的应用[J].北京林业大学学报,1999,20(4):126-127.

[248]张启翔,吴静,周肖红,等.彩叶植物资源及其在园林中的应用[J].北京林业大学学报,1998,20(4):126-127.

[249]张绮纹，苏晓华，李金花，等．美洲黑杨基因资源收存及其遗传评价的研究[J]．林业科学，1999，35(2)：31-37.

[250]张瑞粉．中红杨叶色变化规律及外施 KH_2PO_4 对叶色影响的研究[D]．郑州：河南农业大学，2010.

[251]张瑞粉，朱延林，杨淑红，等．不同时期中红杨叶片色差值与花色素苷含量的关系分析[J]．河南农业大学学报，2010，44(2)：151-154.

[252]张往祥，张晓燕，曹福亮，等．涝渍胁迫下3个树种幼苗生理特性的响应[J]．南京林业大学学报(自然科学版)，2011，35(5)：11-15.

[253]张宪政．作物生理研究法[M]．北京：中国农业出版社，1986.

[254]张香华，苏晓华，黄秦军，等．欧洲黑杨育种基因资源SSR多态性比较研究[J]．林业科学研究，2006，19(4)：477-483.

[255]张晓磊，马凤云，等．水涝胁迫下不同种源麻栎生长与生理特性变化[J]．西南林业大学学报，2010，30(3)：16-19.

[256]张晓平，不同种源鹅掌楸和杂种鹅掌楸对淹水胁迫的响应[D]．南京：南京林业大学，2004.

[257]张晓平等，淹涝胁迫对鹅掌楸属植物叶片部分生理指标的影响[J]．植物资源与环境学报，2006，15(1)：41-44.

[258]张晓平等，淹水胁迫对浙江种源鹅掌楸光合特征的影响[J]．南京林业大学学报(自然科学版)，2007，31(3)：136-138.

[259]张莹，李思峰．雌雄同株连香树的发现[J]．陕西林业科技，2009(1)：53-54.

[260]张志良．植物生理学实验指导[M]．北京：高等教育出版社，1990.

[261]赵昶灵，郭维明，陈俊愉．植物花色呈现的生物化学、分子生物学机制及其基因工程改良[J]．西北植物学报，2003，23(6)：1024-1035.

[262]赵凤君，高荣孚，沈应柏，等．水分胁迫下黑杨不同无性系间δ13C和水分利用效率的研究[J]．林业科学，2005，41(1)：36-41.

[263]赵亚洲．上海彩叶树种引种适应性研究[D]．哈尔滨：东北林业大学，2006.

[264]郑宝强，王雁．卡特兰花朵的变异[J]．中国花卉园艺，2008(12)：16-17.

[265]植物通．银波锦[EB]．http://www.zhiwutong.com/gardens/09-28/9531.htm，2009-9-28.

[266]钟雪花，杨万年，吕应堂，等．淹水胁迫下对烟草、油菜某些生理指标的比较研究[J]．武汉植物学研究，2002，20(5)：395-398.

[267]周爱琴，祝军，生吉萍，等．苹果花青素形成与PAL活性及蛋白质含量的关系[J]．中国农业大学学报，1997，2(3)：97-99.

[268]周江，裴宗平，胡佳佳，等．2012．干旱胁迫下3种岩石边坡生态修复植物的抗旱性[J]．干旱区研究，29(3)：440-444.

[269]周晓阳,赵楠,张辉.水分胁迫下中东杨气孔运动与保卫细胞离子含量变化的关系[J].林业科学研究,2000,13(1):71-74.

[270]朱成刚,陈亚宁,李卫红,等.干旱胁迫对胡杨 PSII 光化学效率和激能耗散的影响[J].植物学报,2011,46(4):413-424.

[271]朱书香,杨建民,王中华,等.4 种李属彩叶植物色素含量与叶色参数的关系[J].西北植物学报,2009(8):1663-1669.

[272]朱延林,王新建,程相军,等.中华红叶杨生物学及光合特性的研究[J].上海农业学报,2005,21(4):9-12.

[273]朱振宝,吴园芳,易建华.紫甘蓝花色苷的分离纯化[J].食品科技.2012,37(6):239-243.

[274]庄猛,姜卫兵,马瑞娟,等.Rutgers 桃(红叶)与百芒蟠桃(绿叶)光合生理特性的比较[J].南京农业大学学报,2005,28(4):26-29.

[275]庄猛,姜卫兵,宋宏峰,等.紫叶李与红美丽李(绿叶)光合特性的比较[J].江苏农业学报,2006,22(2):154-158.

[276]卓仁英,陈益泰.木本植物抗涝性研究进展[J].林业科学研究,2001,14(2):215-222.

[277]邹春静,韩士杰,徐文铎,等.沙地云杉生态型对干旱胁迫的生理生态响应[J].应用生态学报,2003,14(9):1446-1450.

[278]邹文玲.红叶石楠的栽培管理及观赏应用[J].中国园艺文摘,2008(6):24-25.

[279]Arias R,Lee T C. Correlation of lycopene measured by HPLC with the L^*, a^*, b^* color readings of a hydroponic tomato and the relationship of maturity with color and lycopene content[J]. Journal of Agricultural and Food Chemistry,2000,48(5):1697-1702.

[280]Ashraf E I K,Christian C,Jean-Mare S,et al. Ethanol triggers grape gene expression leading to anthocyanin accumulation during berry ripening[J]. Plant Science,2002,163(3):449-454.

[281]Baleman L. Assimilation lighting for cordyline[J]. Verbonsnleuws Voorde Belgishe Sierteelt,1991,35(17):1021-1023.

[282]Bartley GE. Scolnik PA. Plant carotenoids:Pigments for photoprotection,visual attraction and human health[J]. Plant Cell,1995,7(7):1027-1038.

[283]Bogs J,Jaffe F W,Takos A M,et al. The grapevine transcription factor VvMYB-PA1 regulates proanthocyanidin synthesis during fruit development[J]. Plant Physiology,2007,143(3):1347-1361.

[284]Calos G M,Lorenzo L. Nitric oxide induces stom atal closure and enhances the adaptive plant responses against drought stress[J]. Plant Physiology,2001,126(3):

1196-1204.

[285]Chalker-Scott L. Environmental significance of anthocyanins in plant stress responses[J]. Photochemistry and Photobiology,1999,70(1):1-9.

[286]Chen L J,Hrazdina G. Structural aspects of anthocyanin-flavonoid complex formation and its role in plant color[J]. Phytochemistry,1981,20(2):297-303.

[287]Coen E S,Carpenter R Martin C. Transposable elements generate novol spatial patterns of gene expression in Antirrhinium majus[J]. Cell,1986,47(2):285-297.

[288]Collier D E,Thibodeau B A. Changes in respiration and chemical content during autumnal senescence of Populus tremuloides and Quercus rubra leaves[J]. Tree Physiology,1995,15(11):759-764.

[289]Czygan F C. Pigment in Plants(D)[M]. New York:Gustav Fischer Verlag,Stultgant。1980:189-190.

[290]Deal D L. Leaf color retention,dark respiration,and growth of red-leafed Japanese maples under high night temperature[J]. Journal of the America Society for Horticultural Science,1990,115(1): 135-140.

[291]Demmig-Adams B,Adams Ⅲ WW. Photoprotection and other responses of plants to high stress[J]. Annual Review of Plant Physiology and Plant Molecular Biology,1992,43(x):599-626.

[292]Dhindsa R S,Mutoue W. Drought tolerance in two mosses: Correlated with enzymatic defense against lipid peroxidation[J]. Journal of Experimental Botany,1981, 32(1):79-91.

[293]Downton WJS,Grant WJR. Photosynthetic and growth responses of variegated ornamental species to elevated CO_2 [J]. Australian Journal of Plant Physiology, 1994,21(1):273-279.

[294]Eskins K,Westhoff P,Beremand PD . Light quality and irradiance level interaction in the control of expression of light-harvesting complex of photosystem II: pigments,pigment-proteins and mRNA accumulation[J]. Plant Physiology,1989,91 (12): 163-169.

[295]Fambrini M,Castagna A,Vecchia FD. Characterization of a pigment-deficient mutant of sunflower(Helianthus annuus L.) with abnormal chloroplast biogenesis, reduced PS Ⅱ activity and low endogenous level of abscisic acid[J]. Plant Science, 2004,167(1): 79-89.

[296]Farzad M,Griesbach R,Weiss M R. Floral color change in Viola cornuta L. (Violaceae): a model system to study regulation of anthocyanin production[J]. Plant Science. 2002,162(2):225-231.

[297]Feng Y L, Wang W Z, Zhu H. Comparative study on drought resistance of Larix olgensis Henry and Pinus sylvestris var. mongolica(I)[J]. Journal of Northeast Forestry University, 1996, 7(2): 1-5.

[298]Field T S, Lee D W, Holbrook N M. Why leaves turn red in autumn. The role of anthocyanins in senescing leaves of red-osier dogwood[J]. Plant Physiology, 2001, 127(2): 566-574.

[299]Fincham J R S. Patterns in flower pigmentation[J]. Nature, 1987, 325(6103): 390-391.

[300]Funayama S, Hikosaka K, Yahara T. Effects of virus infection and growth irradiance on fitness components and photosynthetic properties of Eupatorium makinoi (Compositae)[J]. American Journal of Botany, 1997, 84(6): 823-829.

[301]Gould K S, Markham K R, Smith R H, et a1. Functional role of anthocyanins in the leaves of Quintinia serrata A. Cunn[J]. Journal of Experimental Botany, 2000, 51(347): 1107-1115.

[302]Graham T L. Flavonoid and flavonol glycoside metabolism in Arabidopsis[J]. Plant Physiology and Biochemistry, 1998, 36(1): 135-144.

[303]Griesbach R J. Orchid flower color-genetic and cultural interactions[J]. American Orchid Society Bulletin, 1983, 52(10): 1056-1061.

[304]Hall B K. Atavisms and atavistic mutations[J]. Nature Genetics, 1995, 10(2): 126-127.

[305]Havaux M, Tardy F. Thermostability and photostability of photosystem II in leaves of the Chlorina-f2 barley mutant deficient in light-harvesting chlorophyll a/b protein complexes[J]. Plant Physiology, 1997, 113(3): 913-923.

[306]Hoch H C, Charlotte Pratt, Marx G A. Subepidermal air spaces: baisis for the phenotypic expression of the argenteum mutant of pisum sativum[J]. American Journal of Botany, 1980, 67(6): 905-911.

[307]Holton T A, Cornish E C. Genetics and biochemistry of anthocyanin biosynthesis [J]. Plant Cell, 1995, 7(7): 1071-1083.

[308]Hugo K , Timothy P. Genetic and developmental control of anthocyanin biosynthesis[J]. Annual Review of Genetics, 1991, 25(1): 173-199.

[309]Isabel N, Boivin R, Levasseur C, et al. Occurrence of somaclonal variation among somatic embryo～derived white spruces (Picea glauca , Pinaceae)[J]. American Journal of Botany, 1996, 83(9): 1121-1130.

[310]Jamieson A P, Willmer C M. Functional stomata in a variegated leaf chimera of Pelargonium zonale L. without guard cell chloroplasts[J]. Journal of Experimental

Botany,1984,35(7):1053-1059.

[311]Kobayashi S,Ishimaru M,Ding C K,et al. Comparison of UDP-gucose:flavonoid 3-O-glucosyltransferase (UFGT) gene suquences between white grapes (Vitis vinifera) and their sports with red skin[J]. Plant Science,2001,160(3):543-550.

[312]Kochubey S M,Samokhval EG. Long-wavelength chlorophyll forms in photosystem I from pea thylakoids[J]. Photosynthesis Research,2000,63(3): 281-290.

[313]Kondo T K,Yoshida A,Nakagawa T,et al. Structural basis of blue color developmentin flower petals from Commelina communis[J]. Nature,1992,358(6386):515-518.

[314]Lennart Olsson,Uwe Ho? feld,Olaf Breidbach. Preface. Between Ernst Haeckel and the homeobox: the role of developmental biology in explaining evolution[J]. Theory in Biosciences,2009,128(1):1-5.

[315]Leong TY,Goodchild DJ,Anderson JM. Effect of light quality on the composition, function,and structure of photosynthetic thylakoid membranes of Asplenium australasicum (Sm.) Hook[J]. Plant Physiology,1985,78(3): 561-567.

[316]Li JH,Gale J,Volokita M.,et al. A Effect of leaf variegation on acclimation of photosynthesis and growth response to elevated ambient CO_2[J]. Journal of Horticultural Science and Biotechnology,2000,75(6):679-683.

[317]Martin C,Gerats T. Control of pigment biosynthesis genes during petal development[J]. Plant cell,1993,5(10): 1253-1264.

[318]María Ydelia Sánchez-Tinoco,E. Mark Engleman. Seed coat anatomy of Ceratozamia mexicana (Cycadales)[J]. The Botanical Review,2004,70(1): 24-38.

[319]Mazza G,Miniati E. Anthocyanins in fruits,vegetables and grains[J]. USA: CRC Press,1993,1-2829.

[320]Mc pheeters K,Skirvin R M. Histogenic layer manipulation in chimeral "Thornless Evergreen"trailing blackberry[J]. Euphytica,1983,32:351-360.

[321]Michael M. Chimeras and variegation: pattems of deceit[J]. Hortscience,1997,32(5):773-784.

[322]Micheal E. The history of research on white-green variegated plants[J]. Botanical Review,1989,55(2):106-133.

[324]Neta S I,Shoseyov O,Weiss D. Sugars enhance the expression of gibberellins-induced genes in developing petunia flowers[J]. Physiologia Plantarum,2000,109(2): 196-202.

[325]Nothnagel T,Straka P. Inheritance and mapping of a yellow leaf mutant of carrot (Daucus carota)[J]. Plant Breeding,2003,122(4):339-342.

[326]Ohto M,Onai K,Furukawa Y,et al. Effects of sugar on vegetative development and floral transition in Arabidopsis[J]. Plant Physiology,2001,127(1): 252-261.

[327]Oren S M,Levi NA. Temperature effect on the leaf pigmentation of Cotinus coggygri "Royal Purple" [J]. Journal of Horticulture Science, 1997, 72 (1-2): 425-432.

[328]Pietrini F,Iannelli M A,Massacci A.. Anthocyanin accumulation in the illuminated surface of maize leaves enhances protection from photo-inhibitory risks at low temperature ,without further limitation to photosynthesis[J]. Plant,Cell and Environment,2002,25(10):1251-1259.

[329]Prakash N S, Harini I, Lakshimi N. Interchange heterozygosity in a yellow leaf mutant of Capsicum annuum L[J]. Cytologia,1992,57(1):81-83.

[330]Rabino I, Mancineilli A L. Light, temperature and anthocyanin production[J]. Plant Physiology,l986,81(3):922-924.

[331]Raveh E,Wang N,Nobel PS. Gas exchange and metabolite fluctuations in green and yellow bands of variegated leaves of the monocotyledonous CAM species Agave americana[J]. Physiologia Plantarum,1998,103(1):99-106.

[332]Reinbothe S,Reinbothe C. Regulation of chlorophyll biosynthesis in angiosperms [J]. Plant Physiology,1996,111(1): 1-17.

[333]Ricardo Noguera-Solano,Rosaura Ruiz-Gutiérrez. Darwin and Inheritance: The Influence of Prosper Lucas[J]. Journal of the History of Biology, 2009, 42 (4): 685-714.

[334]Richardson C,Hobson G E. Compositional changes in normal and mutant tomato fruit during ripening and storage[J]. Journal of the Science of Food and Agriculture,1987,40(3): 245-252.

[335]Ryder T B,Hedrick S A,Bell J N,et a1. Organization and diferential activation of a gene family encoding the plant defence enzyme chalcone synthase in Phaseolus vulgris[J]. Molecular & General Genetics Mgg,1987,210(2):219-233.

[336]S b A,Krekling T,Appelgren M. Light quality affects photosynthesis and leaf anatomy of birch plantlets in vitro[J]. Plant Cell Tissue and Organ Culture,1995, 41(2):177-185.

[337]Sebanek J. Concrete examples of leaf atavism[J]. Developments in Crop Science, 1991,18:361-364.

[338]Siegel M R,Schardl C L,Phillips T D. Incidence and compatibility of non-clavicipitaceous fungal endophytes in Festuca and Lolium grass species[J]. Mycologia, 1995,87(2):196-202.

[339]Singh S, Singh S O. Photosynthetic and non-photosynthetic pigments in croton varieties[J]. Journal of the Andaman Science Association, 1988, 4(1): 77-78.

[340]Sladky Z. Phylogenetic recapitulation and Haeckel's biogenetic law. Developments in Crop Science, 1991, 18: 359-360.

[341]Stamps R H. Effects of shade level and fertilizer rate on yield and vase life of Aspidistra elatior"Variegata" leaves[J]. Journal of Environmental Horticulture, 1995, 13(3): 137-139.

[342]Steward F C. Plant Physiology[M]. New Yord and London: Academic Press, 1960.

[343]Sweeney M T, ThomsonM J, Pfeil B E, et al. Caught red-handed: Rc encodes abasic helix-loop-helix protein conditioning red pericap in rice. Plant Cell, 2006, 18 (2): 283-294.

[344]Takos A M, Jaffe F W, Jacob S R, BoGs J, Robinson S P, and Walker AR. Light-induced expression of a MYB gene regulates anthocyanin biosynthesis in red apples[J]. Plant Physiology, 2006, 142(3): 1216-1232.

[345]Tatsuru M, Keiji T, Hiroyuki O, Yuzo S K Takamiya. Enzymatic activities for the synthesis of chlorophyll in pigment-deficient variegated leaves of Euonymus japonicus[J]. Plant and Cell Physiology, 1996, 37(4): 381-487.

[346]Thomas H. Tansley Review No. 92. Chlorophyll: a symptom and a regulator of plastid development[J]. New Phytologist, 1997, 136(2): 163-181.

[347]Tsuda T, Shiga K, Ohshima K et a1. Inhibition of lipid peroxidationan and the active oxygen radical scavenging effect of anthocyanin pigments isolated from Phaseolus vulgaris L[J]. Biochem Pharmacology, 1996, 52(7): l033-1039.

[348]Vaughn K C. Development of "Air Blisters" in Pilea cadierei Gagnep. and Guillaumin[J]. Annals of Botany, 1981b, 48: 467-472 .

[349]Vaughn K C. Investigations of the plastome of chlorophytum J[J]. Journal of Heredity, 1980, 71(3): 154 -157.

[350]Vaughn K C, Downs B D, wilson K G. Ultrastructural and cytochemical studies of "air blisters" in Plies cadierei Gagnep and guillaumin[J]. Annals of Botany, 1980, 46: 221-224.

[351]Vaughn K C, Wilson K G. Devenlopment of air blisters in Pilea cadierei Gagnep. and guillaumin[J]. Annals of Botany, 1981, 48: 46-47.

[352]Wang Y C, Duby G, Purnelle B, et al. Tobacco VDL gene encodes a plastid DEAD box RNA helicase and is involved in chloroplast differentiation and plant morphogenesis[J]. The Plant Cell, 2000, 12(11): 2129-2142.

[353]Weisburg L. A. , Wimmers LE. , Turgeon R. . Photoassimilate-transport character-

istics of nonchlorophyllous and green tissue in variegated leaves of Coleus blumei Benth[J]. Planta,1988,175(1):1-8.

[354]Winkel-Shirley B. Flavoniod biosynthesis. A colorful model for geneics,biochemistry,cell biology,and biotechnology[J]. Plant Physiology. 2001,126(2):485-493.

[355]Y S Liu,X M Zhou,M X Zhi,et al. Darwin's contributions to genetics[J]. Journal of Applied Genetics,2009,50(3): 177-184.

[356]Zhang Z Q,Pang X Q. Role of anthocyanin degradation in litchi percarp browning [J]. Food Chemistry,2001,75(2):217-221.

杨树新品种中红杨

Yang Shuhong *et al*：A new popelar red foliar variety “zhonghong”

A：春季(2006-5-9)

B：初夏(2006-7-2)

C：夏秋(2006-9-15)

D：落叶前(2006-10-15)

E：雄花芽

F：绿化工程林

杨树新品种全红杨

Yang Shuhong *et al*：A new popelar red foliar variety “quanhong”

A：春季（2011-5-8）

B：初夏（2011-7-10）

C：夏秋（2011-9-15）

D：落叶前（2011-10-10）

E：大树单株效果

F：绿化工程林

杨树新品种金红杨

Yang Shuhong *et al* :A new popelar red foliar variety "Jinhong"

A:春季 Spring(2013-5-10)

B:初夏 Early summer(2013-7-6)

C:夏秋 Summer and fall(2013-10-8)

D:夏季金红杨与中红杨对比(2013-8-26)

E: 金红杨试验林景观(2013-8-26)

F:夏季金红杨与中红杨对比(2013-8-26)

叶色对比及叶色返祖现象

A:全红杨　　B:中红杨　　C;2025 杨

砧木 2025 杨与全红杨枝干色彩对比

叶片局部返祖

返祖枝条与正常枝条叶色对比